工程招标投标十日通

(第三版)

张 毅 顾耀明 主编
王 玮 主审

中国建筑工业出版社

图书在版编目(CIP)数据

工程招标投标十日通/张毅等主编. —3版. —北京：中国建筑工业出版社，2012.4
ISBN 978-7-112-14233-0

Ⅰ.①工… Ⅱ.①张… Ⅲ.①建筑工程-招标-问题解答②建筑工程-投标-问题解答 Ⅳ.①TU723-44

中国版本图书馆 CIP 数据核字 (2012) 第 062876 号

责任编辑：杨 军
责任设计：赵明霞
责任校对：刘梦然 陈晶晶

工程招标投标十日通
（第三版）

张 毅 顾耀明 主编
王 玮 主审

*

中国建筑工业出版社出版、发行（北京西郊百万庄）
各地新华书店、建筑书店经销
北京红光制版公司制版
北京富生印刷厂印刷

*

开本：787×1092 毫米 1/16 印张：40¾ 字数：1012 千字
2012 年 5 月第三版 2012 年 5 月第八次印刷
定价：80.00 元
ISBN 978-7-112-14233-0
(22282)

版权所有 翻印必究
如有印装质量问题，可寄本社退换
（邮政编码 100037）

本书编委会

主　　编：张　毅　顾耀明

主　　审：王　玮

副 主 编：严伟娟　任云琦　朱晓桦　姚　蓁　岳家莹

参编人员：王金伟　王　菜　包晓诚　李　玮　杨志龙
　　　　　孙海峰　郑克雄　张　奕　金　晶　张长赢
　　　　　俞永康　朱新婷　罗春红　张伟伟　沈忠义
　　　　　欧阳肖　马宣镇　万　鹏　徐国明　姚　峰
　　　　　刘　轶　刘志文　严素华　李德平　丁亚利

上海容基工程项目管理有限公司参编

《工程招标投标十日通》（第三版）前言

国务院颁布的《招标投标法实施条例》（国务院令第613号）已于2012年2月1日起实施。针对当前招标投标领域中一些项目规避招标或者搞"明招暗定"的虚假招标、利用权力插手干预招标投标、当事人互相串通围标串标等突出问题，《招标投标法实施条例》细化、完善了保障公开公平公正、预防和惩治腐败、维护招标投标正常秩序的规定，进一步明确了应当公开招标的项目范围，充实、细化了防止虚假招标的规定，完善了评标委员会成员选取和规范评标行为的规定，进一步明确了防止招标人与中标人串通搞权钱交易的规定，强化了禁止利用权力干预、操纵招标投标的规定，完善了防止和严惩串通投标、弄虚作假骗取中标行为的规定。《招标投标法实施条例》还规定了招标专业人员的职业资格制度，完善了对招标投标的行政监督规定。同时，《招标投标法》实施12年以来，特别是《国务院关于投资体制改革的决定》颁布实施后，国家发改委、国土资源部、住建部、交通运输部、水利部、商务部、工信部、科技部、财政部、中国民航总局、广电总局等部门以及各级地方人民政府相继出台了与之配套的有关工程投资项目审批、核准、备案和工程招标投标管理的政策法规。

本书第二版付梓后历经五次印刷，一再得到建设业主、项目法人、金融机构、项目管理公司、承包商、招标代理机构以及各级招标投标管理部门的业内人士的欢迎和肯定。《招标投标法》实施后历经12年，跨越"九五"、"十五"、"十一五"规划，而今是"十二五"开局之年，许多读者希望结合《招标投标法实施条例》的颁布实施，对第二版修编重订。《工程招标投标十日通》（第三版）为问答形式的工程招投标普及读本，分节配置了最新"十二五"投资建设项目相关工程招投标法律法规和规范性文件，便于读者及时查询法规依据并对照贯彻和运用。

本次修订依据《招标投标法》和最新颁布的《招标投标法实施条例》对工程招投标管理的要求，对各个篇段全面地进行了新写、改写、重写及补充，突出时效性、广泛性、权威性、实用性。内容涉及工程建设项目管理，审批核准备案制，勘察设计，施工监理，材料设备招投标管理的招标、投标、开标、评标、定标、投诉、处理和法律责任等，包括房屋、市政、公路、水运、水利、铁路、机电产品、货物和服务、招标代理案例以及国家通信、储备粮库、农业、民航和国家电网等专业建设项目的招投标，共计十九节，并全面充实了最新"十二五"投资建设项目相关工程招投标法律法规和规范性文件。资料丰富翔实，覆盖面广，政策性强，并具有通俗易懂及可操作性强的特点，可作为我国工程建设项目招标投标领域管理部门、建设单位、代建单位、项目管理公司、招标代理机构以及投资策划师、工程咨询师、建造师、造价师、招标师、监理师、评估师、商务师等专业人员的参考用书。

本书第三版的出版得到了住建部和上海市建交委有关领导的关怀和提携，住建部建筑市场监管司处长王玮在百忙之中审定全部稿件，谨表深深的谢意，同时，中国建筑工业出版社也给予了大力的支持和热情的帮助，在此，谨向各级领导、同仁以及给予工程项目管理和招标代理案例支持的上海容基工程项目管理有限公司表示衷心的感谢！由于时间仓促，作者水平有限，书中疏漏、偏差之处在所难免，敬请专家、同仁和读者不吝赐教，使之能更好地为广大读者服务。

编著者
2012 年 3 月

目　录

一、工程建设项目管理 ·· 1
　　1. 工程项目建设管理单位有哪些要求？ ························ 1
　　2. 建设工程项目管理有哪些要求？ ···························· 1
　　3. 在项目可行性研究报告中增加的招标内容有哪些？ ············ 2
　　4. 调整完善土地招拍挂出让有哪些政策？ ······················ 2
　　5. 工程建设项目报建有哪些要求？ ···························· 3
　　6. 电子政务项目管理有哪些要求？ ···························· 4
　　7. 南水北调工程代建项目管理有哪些要求？ ···················· 4
　　8. 北京市政府投资建设项目代建制管理有哪些要求？ ············ 5
　　9. 天津市建设工程项目代建管理有哪些要求？ ·················· 5
　　10. 各类投资项目开工建设必须符合哪些条件？ ················· 6

附录一：工程建设项目管理相关法规 ···························· 7
　　1. 建设工程项目管理试行办法 ································ 7
　　2. 工程建设项目可行性研究报告增加招标内容和核准招标事项暂行规定 ··· 10
　　3. 国家电子政务工程建设项目管理暂行办法 ··················· 12
　　4. 南水北调工程代建项目管理办法（试行） ··················· 23
　　5. 北京市政府投资建设项目代建制管理办法（试行） ··········· 26
　　6. 天津市建设工程项目代建管理试行办法 ····················· 30
　　7. 中小企业划型标准规定 ··································· 33
　　8. 国务院办公厅关于加强和规范新开工项目管理的通知 ········· 36

二、工程项目审批核准备案制 ·································· 39
　　1. 深化投资体制改革有哪些要求？ ··························· 39
　　2. 企业投资项目核准制有哪些要求？ ························· 39
　　3. 外商投资项目核准制有哪些要求？ ························· 39
　　4. 境外投资项目核准制有哪些要求？ ························· 40
　　5. 指导外商投资方向有哪些规定？ ··························· 41
　　6. 办理工程建设项目审批（核准）时，核准招标内容有哪些要求？ ··· 42
　　7. 中央党政机关等建设项目管理有哪些要求？ ················· 42

附录二：工程项目审批核准备案制相关法规 ···················· 44
　　1. 国务院关于投资体制改革的决定 ··························· 44
　　2. 企业投资项目核准暂行办法 ······························· 52
　　3. 外商投资项目核准暂行管理办法 ··························· 56

4. 境外投资项目核准暂行管理办法 ……………………………………… 59
　　5. 指导外商投资方向规定 …………………………………………………… 62
　　6. 关于印发《国家发展改革委核报国务院核准或审批的固定资产投资
　　　 项目目录（试行）》的通知 ……………………………………………… 64
　　7. 国务院关于调整固定资产投资项目资本金比例的通知 ……………… 66
　　8. 关于我委办理工程建设项目审批（核准）时核准招标内容的意见 …… 67
　　9. 关于委托地方审批部分外国政府贷款项目资金申请报告的通知 …… 70
　　10. 国家发展改革委关于进一步加强和规范外商投资项目管理的通知 …… 71

三、工程招标投标管理 …………………………………………………………… 73
　　1.《招标投标法》要求哪些项目招标？ …………………………………… 73
　　2.《建筑法》要求建筑工程如何招标发包？ ……………………………… 73
　　3. 国务院有关部门实施招标投标活动行政监督的职责如何分工？ …… 74
　　4. 招标投标部际协调机制有哪些职责？ ………………………………… 74
　　5.《招标投标法》中，对必须进行招标而不招标的项目如何处罚？ …… 74
　　6.《招标投标法》中，泄露应当保密的与招标投标活动有关的情况如何处罚？ …… 75
　　7.《招标投标法》中，招标人以不合理的条件限制或者排斥潜在投标人的
　　　 如何处罚？ ……………………………………………………………… 75
　　8.《招标投标法》中，招标人透露潜在投标人有关招标投标的如何处罚？ …… 75
　　9.《招标投标法》中，投标人相互串通投标或者与招标人串通投标如何处罚？ …… 75
　　10.《招标投标法》中，投标人以他人名义投标骗取中标的如何处理？ …… 75
　　11.《招标投标法》中，招标人与投标人就投标价格等实质性内容进行
　　　　谈判的如何处罚？ ……………………………………………………… 76
　　12.《招标投标法》中，评标委员会成员收受投标人的财物或者其他好处
　　　　的如何处罚？ …………………………………………………………… 76
　　13.《招标投标法》中，招标人在中标候选人以外确定中标人的如何处罚？ …… 76
　　14.《招标投标法》中，中标人将中标项目转让给他人的如何处罚？ …… 76
　　15.《招标投标法》中，招标人与中标人不按照招标投标文件订立合同的
　　　　如何处罚？ ……………………………………………………………… 76
　　16.《招标投标法》中，中标人不履行与招标人订立的合同的如何处罚？ …… 76
　　17.《招标投标法》中，限制或者排斥本地区以外的法人参加投标的如何处罚？ …… 76
　　18.《招标投标法》中，对招标投标活动的国家机关工作人员徇私舞弊
　　　　如何处罚？ ……………………………………………………………… 77

附录三：工程招标投标管理相关法规 …………………………………………… 78
　　1. 招标投标法 ………………………………………………………………… 78
　　2. 政府采购法 ………………………………………………………………… 85
　　3. 建筑法 ……………………………………………………………………… 94
　　4. 招标投标法实施条例（征求意见稿） …………………………………… 102
　　5. 关于国务院有关部门实施招标投标活动行政监督的职责分工的意见 …… 117

7

  6. 工程建设项目招标范围和规模标准规定 …………………… 118
  7. 招标投标部际协调机制暂行办法 …………………………… 120

四、招标 …………………………………………………………… 122
  1. 何谓工程、货物、服务的招标项目？ ……………………… 122
  2. 全国工程招标投标活动如何监督？ ………………………… 122
  3. 项目的招标范围、招标方式如何审批？ …………………… 122
  4. 哪些项目应当公开招标或邀请招标？ ……………………… 122
  5. 有哪些情形可以不进行招标？ ……………………………… 123
  6. 对招标人和招标代理机构有哪些要求？ …………………… 123
  7. 依法必须进行招标的项目如何发布预审公告和招标公告？ … 123
  8. 招标的项目如何进行资格预审？ …………………………… 123
  9. 招标人如何编制招标文件？ ………………………………… 124
  10. 招标人如何编制标底？ …………………………………… 124
  11. 招标人如何对工程实行总承包招标？ …………………… 124
  12. 招标人如何分两阶段进行招标？ ………………………… 124
  13. 招标人如何终止招标？ …………………………………… 125
  14. 招标人的哪些行为属于以不合理条件限制、排斥潜在投标人或者投标人？ …… 125

附录四：招标管理相关法规 ………………………………………… 126
  1. 招标公告发布暂行办法 ……………………………………… 126
  2. 工程建设项目自行招标试行办法 …………………………… 128
  3. 国家计委关于指定发布依法必须招标项目招标公告的媒介的通知 … 130

五、投标 …………………………………………………………… 131
  1. 对投标人有哪些要求？ ……………………………………… 131
  2. 投标人如何撤回已提交的投标文件？ ……………………… 131
  3. 联合体投标有哪些要求？ …………………………………… 131
  4. 有哪些情形属于投标人相互串通投标？ …………………… 131
  5. 有哪些情形视为投标人相互串通投标？ …………………… 131
  6. 有哪些情形属于招标人与投标人串通投标？ ……………… 132
  7. 投标人的哪些情形属于弄虚作假的行为？ ………………… 132

附录五：投标管理相关法规 ………………………………………… 133
  1. 对外承包工程管理条例 ……………………………………… 133
  2. 对外承包工程项目投标（议标）管理办法 ………………… 138
  3. 对外援助成套项目管理办法（试行） ……………………… 141
  4. 关于培育发展工程总承包和工程项目管理企业的指导意见 … 148

六、开标、评标和定标 …………………………………………… 151

1. 招标人如何开标？ ……………………………………………………… 151
2. 国家对评标专家有哪些要求？ ………………………………………… 151
3. 何谓特殊招标项目？ …………………………………………………… 151
4. 招标人如何与评标委员会沟通信息？ ………………………………… 151
5. 评标委员会成员如何评标？ …………………………………………… 151
6. 招标人如何公布标底？ ………………………………………………… 152
7. 有哪些情形评标委员会否决其投标？ ………………………………… 152
8. 评标委员会要求投标人如何澄清？ …………………………………… 152
9. 评标委员会如何提交书面评标报告？ ………………………………… 152
10. 招标人收到评标报告如何公示？ …………………………………… 152
11. 国有资金占控股或者主导地位招标的项目如何确定中标人？ …… 152
12. 对中标人有哪些要求？ ……………………………………………… 153

附录六：开标、评标和定标管理相关法规 ……………………………… 154
1. 评标委员会和评标方法暂行规定 …………………………………… 154
2. 评标专家和评标专家库管理暂行办法 ……………………………… 160
3. 关于改进公路工程施工招标评标办法的指导意见 ………………… 162
4. 公路工程施工招标评标委员会评标工作细则 ……………………… 165
5. 公路建设项目评标专家库管理办法（试行） ……………………… 171
6. 铁路建设工程招标评标委员会评委专家库管理办法 ……………… 173

七、投诉与处理 …………………………………………………………… 176
1. 投标人或者其他利害关系人如何投诉？ …………………………… 176
2. 行政监督部门处理投诉时效有哪些？ ……………………………… 176
3. 行政监督部门如何处理投诉？ ……………………………………… 176

附录七：招标投标监督管理相关法规 ………………………………… 177
1. 国家重大建设项目招标投标监督暂行办法 ………………………… 177
2. 工程建设项目招标投标活动投诉处理办法 ………………………… 180

八、法律责任 ……………………………………………………………… 183
1. 《招标投标法实施条例》对招标人限制或者排斥潜在投标人的行为
   如何处罚？ …………………………………………………………… 183
2. 《招标投标法实施条例》对招标人的哪些情形由有关行政监督部门
   予以罚款？ …………………………………………………………… 183
3. 《招标投标法实施条例》对招标代理机构的哪些行为追究法律责任？ …… 183
4. 《招标投标法实施条例》对招标人超过规定收取投标保证金的行为
   如何追究赔偿责任？ ………………………………………………… 183
5. 《招标投标法实施条例》对投标人相互串通投标如何追究刑事责任？ …… 183
6. 《招标投标法实施条例》对投标人弄虚作假骗取中标的行为如何

追究法律责任？ ·· 184
7.《招标投标法实施条例》对招标人不按照规定组建评标委员会如何处罚？ ········ 184
8.《招标投标法实施条例》对评标委员会成员的哪些行为予以处罚？ ············· 184
9.《招标投标法实施条例》对招标人的哪些行为予以处罚？ ····················· 185
10.《招标投标法实施条例》对中标人的哪些行为予以处罚？ ···················· 185
11.《招标投标法实施条例》对投标人的哪些行为予以处罚？ ···················· 185
12.《招标投标法实施条例》对专业人员的哪些行为予以处罚？ ·················· 186
13.《招标投标法实施条例》对行政监督部门的哪些行为予以处罚？ ·············· 186

附录八：违规责任相关法规 ··· 187
 1. 国家重大建设项目稽查办法 ··· 187
 2. 招标投标违法行为记录公告暂行办法 ·· 190

九、勘察设计招标投标 ··· 192
 1. 哪些项目的勘察设计可以不进行招标？ ·· 192
 2. 勘察设计如何招标？ ··· 192
 3. 勘察设计在招标时应当具备哪些条件？ ·· 192
 4. 工程建设项目勘察设计招标有哪些方式？ ·· 192
 5. 勘察设计招标文件应当包括哪些内容？ ·· 193
 6. 对勘察设计投标人有何要求？ ·· 193
 7. 勘察设计如何评标？ ··· 193
 8. 哪些情况应作废标处理或被否决？ ·· 194
 9. 勘察设计招标的书面报告有何要求？ ·· 194
 10. 勘察设计招标出现哪些情况后应当重新招标？ ···································· 194

附录九：勘察设计招标投标管理相关法规 ··· 196
 1. 工程建设项目勘察设计招标投标办法 ·· 196
 2. 建筑工程设计招标投标管理办法 ·· 203

十、施工招投标 ··· 206
 1. 工程施工招标人招标有何要求？ ·· 206
 2. 工程施工招标人邀请招标有何要求？ ·· 206
 3. 哪些项目可以不进行施工招标？ ·· 206
 4. 招标公告或者投标邀请书应当载明哪些内容？ ···································· 207
 5. 何谓资格预审和资格后审？ ·· 207
 6. 施工招标文件包括哪些要求？ ·· 207
 7. 对招标人编制标底有何要求？ ·· 208
 8. 对施工投标人和投标文件有何要求？ ·· 208
 9. 对联合体投标有何要求？ ··· 209
 10. 哪些行为属于串通投标？ ··· 209

11. 对开标活动有哪些要求？ ………………………………………………… 210
12. 对评标活动有哪些要求？ ………………………………………………… 210
13. 对中标通知书和合同有何要求？ ………………………………………… 211
14. 对招标人应当提交的招标投标情况的书面报告有何要求？ …………… 211
15. 对房屋建筑和市政基础设施工程施工分包有何要求？ ………………… 212
16. 何谓分包工程转包分包？ ………………………………………………… 212
17. 对分包工程承包人有何要求？ …………………………………………… 213
18. 对建筑工程工程发承包计价有哪些要求？ ……………………………… 213
19. 对建筑工程工程发承包合同计价有哪些要求？ ………………………… 213
20. 对工程竣工结算有哪些要求？ …………………………………………… 214

附录十：房建和市政施工招标投标管理相关法规 ……………………………… 216
1. 工程建设项目施工招标投标办法 …………………………………………… 216
2. 房屋建筑和市政基础设施工程施工招标投标管理办法 …………………… 228
3. 房屋建筑和市政基础设施工程施工分包管理办法 ………………………… 235
4. 建筑工程施工发包与承包计价管理办法 …………………………………… 237
5. 建设工程工程量清单计价规范（GB 50500—2008） ……………………… 240
6. 《标准施工招标资格预审文件》和《标准施工招标文件》试行规定 …… 252
7. 建设工程价款结算暂行办法 ………………………………………………… 254
8. 土木工程承包招标投标指南 ………………………………………………… 260

十一、公路工程招标投标 …………………………………………………………… 270
1. 公路建设项目的勘察设计招标划分有哪些范围？ ………………………… 270
2. 公路工程勘察设计招标有哪些要求？ ……………………………………… 270
3. 公路工程勘察设计招标实行哪些资格审查制度？ ………………………… 270
4. 公路工程勘察设计投标有哪些要求？ ……………………………………… 270
5. 公路工程施工监理招标应当具备哪些条件？ ……………………………… 271
6. 公路工程施工监理招标的招标人如何对潜在投标人进行资格
   审查？ ………………………………………………………………………… 271
7. 公路工程施工监理招标应当如何实施程序？ ……………………………… 272
8. 哪些公路工程施工项目必须进行招标？ …………………………………… 272
9. 公路工程施工招标的项目应当具备哪些条件？ …………………………… 273
10. 公路工程施工招标应当按哪些程序进行？ ……………………………… 273
11. 公路工程施工招标投标如何对潜在投标人进行资格审查？ …………… 273
12. 对公路工程施工招标的投标人有何要求？ ……………………………… 273

附录十一：公路工程招标投标管理相关法规 …………………………………… 275
1. 公路工程勘察设计招标投标管理办法 ……………………………………… 275
2. 公路工程施工监理招标投标管理办法 ……………………………………… 282
3. 公路工程施工招标投标管理办法 …………………………………………… 288

  4. 公路工程施工招标资格预审办法 ·················· 295
  5. 经营性公路建设项目投资人招标投标管理规定 ·················· 301

十二、水运工程招标投标 ·················· 306
  1. 水运工程建设项目的勘察设计招标划分哪些范围？ ·················· 306
  2. 水运工程勘察设计招标公告（投标邀请书）和资格审查申请文件
    包括哪些内容？ ·················· 306
  3. 水运工程勘察设计招标文件应当包括哪些内容？ ·················· 307
  4. 水运工程勘察设计投标文件由哪些内容组成？ ·················· 307
  5. 水运工程施工监理如何招标？ ·················· 308
  6. 水运工程施工监理招标文件应包括哪些内容？ ·················· 308
  7. 水运工程机电设备的采购如何进行招标？ ·················· 309
  8. 水运工程机电设备的投标人如何投标？ ·················· 310

附录十二：水运工程招标投标管理相关法规 ·················· 311
  1. 水运工程勘察设计招标投标管理办法 ·················· 311
  2. 水运工程施工监理招标投标管理办法 ·················· 318
  3. 水运工程施工招标投标管理办法 ·················· 325
  4. 水运工程机电设备招标投标管理办法 ·················· 331

十三、水利工程招标投标 ·················· 336
  1. 哪些规模标准的水利工程建设项目必须进行招标？ ·················· 336
  2. 水利工程建设项目招标应当具备哪些条件？ ·················· 336
  3. 招标工作一般按哪些程序进行？ ·················· 337
  4. 对水利工程建设项目投标人有哪些要求？ ·················· 337
  5. 对评标标准和方法有哪些要求？ ·················· 338
  6. 招标人对有哪些情况之一的投标文件可以拒绝或按无效标处理？ ·················· 339
  7. 如何确定中标人？ ·················· 339
  8. 水利工程建设项目重要设备材料的采购如何鉴定？ ·················· 340
  9. 对水利工程建设项目招标投标如何实施审计监督？ ·················· 340

附录十三：水利工程招标投标管理相关法规 ·················· 341
  1. 水利工程建设项目招标投标管理规定 ·················· 341
  2. 水利工程建设项目监理招标投标管理办法 ·················· 349
  3. 水利工程建设项目重要设备材料采购招标投标管理办法 ·················· 357
  4. 水利工程建设项目招标投标审计办法 ·················· 365
  5. 水利工程建设项目招标投标行政监察暂行规定 ·················· 368

十四、铁路工程招标投标 ·················· 373
  1. 何谓铁路建设活动？ ·················· 373

2. 铁路建设单位有哪些条件和主要职责? ……………………………………… 373
3. 铁路建设资金如何管理? ……………………………………………………… 374
4. 铁路建设资金如何竣工验收? ………………………………………………… 374
5. 铁路工程勘察设计如何发包与承包? ………………………………………… 375
6. 铁路建设项目达到哪些规模和标准之一的必须进行招标? ………………… 375
7. 铁路建设项目招标应具备哪些条件? ………………………………………… 375
8. 铁路建设工程招标有哪些程序? ……………………………………………… 376
9. 招标文件的编制应符合哪些要求? …………………………………………… 376
10. 资格审查一般应审查潜在投标人是否符合哪些条件? …………………… 376
11. 铁路建设工程项目的投标人应具备哪些条件? …………………………… 377
12. 投标文件的编制应符合哪些要求? ………………………………………… 377
13. 铁路工程标段划分有哪些标准? …………………………………………… 378

附录十四：铁路工程招标投标管理相关法规 ………………………………… 380
1. 铁路建设管理办法 ……………………………………………………………… 380
2. 铁路建设工程勘察设计管理办法 ……………………………………………… 388
3. 铁路建设工程招标投标实施办法 ……………………………………………… 394
4. 铁路建设工程施工招标投标实施细则 ………………………………………… 407

十五、国家建设项目招标投标 …………………………………………………… 419
1. 通信建设项目招标如何确认? ………………………………………………… 419
2. 对招标人有哪些要求? ………………………………………………………… 419
3. 国家储备粮库建设项目施工招标有哪些要求? ……………………………… 419
4. 农业基本建设项目招标管理有哪些要求? …………………………………… 420
5. 符合哪些条件之一的农业基本建设项目必须进行公开招标? ……………… 420
6. 农业基本建设项目招标应当具备哪些条件? ………………………………… 421
7. 民航专业工程及货物招标有哪些管理要求? ………………………………… 421
8. 招标的民航专业工程及货物的范围和规模标准如何划分? ………………… 422
9. 招标的工程建设项目应当具备哪些条件? …………………………………… 422
10. 国家电网公司招标活动管理有哪些要求? ………………………………… 422

附录十五：国家建设项目招标投标管理相关法规 …………………………… 424
1. 通信建设项目招标投标管理暂行规定 ………………………………………… 424
2. 国家储备粮库建设项目施工招标管理办法 …………………………………… 431
3. 农业基本建设项目招标投标管理规定 ………………………………………… 434
4. 民航专业工程及货物招标投标管理办法 ……………………………………… 443
5. 国家电网公司招标活动管理办法 ……………………………………………… 450

十六、货物和服务招标投标 ……………………………………………………… 458
1. 工程建设项目货物招标有哪些要求? ………………………………………… 458

2. 招标的工程建设项目应当具备哪些条件才能进行货物招标? …………… 458
  3. 货物招标人怎么采用两阶段招标程序? ………………………………… 458
  4. 对货物投标人有哪些要求? ……………………………………………… 458
  5. 对政府采购货物和服务招标有哪些要求? ……………………………… 459
  6. 对货物服务招标方式有哪些要求? ……………………………………… 459
  7. 对货物服务投标有哪些要求? …………………………………………… 460
  8. 对前期物业管理招标有哪些要求? ……………………………………… 460
  9. 对招标人采取招标方式有哪些要求? …………………………………… 460
  10. 对外国政府贷款项目采购公司招标有哪些要求? ……………………… 461

附录十六：货物和服务招标投标管理相关法规………………………………… 462
  1. 工程建设项目货物招标投标办法 ………………………………………… 462
  2. 政府采购货物和服务招标投标管理办法 ………………………………… 471
  3. 前期物业管理招标投标管理暂行办法 …………………………………… 482
  4. 外国政府贷款项目采购公司招标办法 …………………………………… 487

十七、机电产品招标投标…………………………………………………………… 490
  1. 机电产品国际招标有哪些要求? ………………………………………… 490
  2. 根据招标人所需机电产品的商务和技术要求，招标文件主要
     包括哪些内容? …………………………………………………………… 490
  3. 评审专家组如何审核招标文件? ………………………………………… 491
  4. 机电产品国际招标机构的资格等级如何划分? ………………………… 491
  5. 机电产品国际招标项目综合评价法有哪些要求? ……………………… 491

附录十七：机电产品招标投标管理相关法规……………………………………… 494
  1. 机电产品国际招标投标实施办法 ………………………………………… 494
  2. 机电产品国际招标综合评价法实施规范（试行） ……………………… 507
  3. 进一步规范机电产品国际招标投标活动有关规定 ……………………… 510

十八、招标代理机构资格…………………………………………………………… 515
  1. 何谓工程建设项目招标代理? …………………………………………… 515
  2. 如何申请工程招标代理机构资格? ……………………………………… 515
  3. 如何贯彻实施工程建设项目招标代理合同示范文本? ………………… 516
  4. 机电产品国际招标资格如何划分? ……………………………………… 516
  5. 政府采购代理机构资格如何划分? ……………………………………… 516
  6. 中央投资项目招标代理机构资格如何划分? …………………………… 516
  7. 招标代理服务如何收费? ………………………………………………… 517

附录十八：招标代理机构资格管理相关法规……………………………………… 518
  1. 工程建设项目招标代理机构资格认定办法 ……………………………… 518

  2. 工程建设项目招标代理机构资格认定办法实施意见 …………………… 523
  3. 机电产品国际招标机构资格审定办法 ………………………………… 529
  4. 政府采购代理机构资格认定办法 ……………………………………… 533
  5. 中央投资项目招标代理机构资格认定管理办法 ……………………… 539
  6. 招标代理服务收费管理暂行办法 ……………………………………… 543

十九、招标代理案例 …………………………………………………………… 545
  1. RJ 项目管理策划书案例 ………………………………………………… 545
  2. 设计院办公楼项目管理策划案例 ……………………………………… 549
  3. 体育中心招标策划案例 ………………………………………………… 555
  4. 拆除工程招标案例 ……………………………………………………… 558
  5. 岩土工程勘察招标案例 ………………………………………………… 561
  6. 新城设计招标案例 ……………………………………………………… 568
  7. 工程勘察设计施工总承包案例 ………………………………………… 575
  8. 施工监理招标评标案例 ………………………………………………… 589
  9. 财务监理招标案例 ……………………………………………………… 591
  10. 施工招标案例 ………………………………………………………… 598
  11. 办公楼装修项目施工评标案例 ……………………………………… 602
  12. 幕墙分包施工招标案例 ……………………………………………… 604
  13. 电梯采购招标案例 …………………………………………………… 612
  14. 弱电系统分包施工招标案例 ………………………………………… 616
  15. 泛光照明分包施工招标案例 ………………………………………… 619

附录十九：工程招标文件标准和工程项目建设合同文本，详见 E 土网 www.etutu.net
  1.《标准施工招标资格预审文件》和《标准施工招标文件》试行规定（国家发展和改革委员会、财政部、建设部、铁道部、交通部、信息产业部、水利部、民用航空总局、广播电影电视总局令第 56 号）
    附件：《中华人民共和国标准施工招标资格预审文件》（2007 年版）
      《中华人民共和国标准施工招标文件》（2007 年版）
  2. 关于印发《房屋建筑和市政工程标准施工招标资格预审文件》和《房屋建筑和市政工程标准施工招标文件》的通知（建市 [2010] 88 号）
    附件：房屋建筑和市政工程标准施工招标资格预审文件（2010 年版）
      房屋建筑和市政工程标准施工招标文件（2010 年版）
  3. 关于印发《简明标准施工招标文件》和《标准设计施工总承包招标文件》的通知（发改法规 [2011] 3018 号）
    附件：《中华人民共和国简明标准施工招标文件》（2012 年版）
      《中华人民共和国标准设计施工总承包招标文件》（2012 年版）
  4. 关于发布《公路工程标准施工招标资格预审文件》和《公路工程标准施工招标文件 2009 年版》的通知（交公路发 [2009] 221 号）
    附件：公路工程标准施工招标资格预审文件（2009 年版）

公路工程标准施工招标文件（2009年版）
5. 关于发布《公路工程标准勘察设计招标资格预审文件》和《公路工程标准勘察设计招标文件》的通知（交公路发【2010】742号）
   附件：公路工程标准勘察设计招标资格预审文件（2011年版）
   　　　公路工程标准勘察设计招标文件（2011年版）
6. 关于发布《公路工程施工监理招标文件范本》的通知（交质监发〔2008〕557号）
   附件：公路工程标准监理招标文件（2008年版）
7. 关于印发《水利水电工程标准施工招标资格预审文件》和《水利水电工程标准施工招标文件》的通知（水建管〔2009〕629号）
   附件：水利水电工程标准施工招标资格预审文件
   　　　水利水电工程标准施工招标文件
8. 关于印发《水利工程施工监理招标文件示范文本》的通知（水建管〔2007〕165号）
   附件：水利工程施工监理招标文件示范文本
9. 《建设项目工程总承包合同示范文本》（GF—2011—0216）
10. 《建设工程勘察合同文本（一）》（GF—2000—0203）
11. 《建设工程勘察合同文本（二）》（GF—2000—0204）
12. 《建设工程设计合同（一）》（GF—2000—0209）
13. 《建设工程设计合同文本（二）》（GF—2000—0210）
14. 《建设工程施工合同》（GF—1999—0201）
15. 《建筑装饰工程施工合同（甲种本）》（GF—96—0205）
16. 《建筑装饰工程施工合同（乙种本）》（GF—96—0206）
17. 《建设工程施工专业分包合同（示范文本）》（GF—2003—0213）
18. 《建设工程施工劳务分包合同（示范文本）》（GF—2003—0214）
19. 《建设工程委托监理合同》（GF—2000—0202）
20. 《工程建设项目招标代理合同（示范文本）》（GF—2005—0215）
21. 《建设工程造价合同示范文本（示范文本）》（GJ—2002—0212）
22. 最高人民法院关于建设工程价款优先受偿权问题的批复
    （法释〔2002〕16号）
23. 最高人民法院关于审理建设工程施工合同纠纷案件适用法律问题的解释（法释〔2004〕14号）

一、工程建设项目管理

1. 工程项目建设管理单位有哪些要求?

工程项目建设管理单位,是指建设项目法人(业主)及房地产开发商为实施工程项目建设而设置的管理机构。在工程建设项目可行性研究报告或其他立项文件被批准后,应向当地建设行政主管部门或其授权机构进行报建。工程项目建设管理单位应在工程建设项目开工前,到当地工程质量、安全监督机构办理工程质量、安全监督手续。工程项目建设管理单位应认真履行建设项目法人(业主)与承包商、材料供应商、中介组织等签订的合同,不得依赖行业特权垄断市场和肢解发包单位工程。工程项目建设管理单位及其工作人员不得以任何方式指定分包单位,不得强行要求承包单位购买其指定厂家生产的材料、设备,不得要求施工单位以带资承包作为招标投标条件,更不得强行要求施工单位将此类内容写入工程承包合同。

工程项目建设管理单位的主要负责人和技术负责人,应掌握和熟悉国家有关工程建设的方针、政策、法规和建设程序,应有工程建设实践经验和组织、协调、指挥能力,参与管理过一个相应等级的工程建设项目。应当监理的工程建设项目,须委托经建设行政主管部门认可的、具备相应资质等级的建设监理单位实行监理。

2. 建设工程项目管理有哪些要求?

建设工程项目管理,是指从事工程项目管理的企业(以下简称项目管理企业),受工程项目业主方委托,对工程建设全过程或分阶段进行专业化管理和服务活动。项目管理企业应当具有工程勘察、设计、施工、监理、造价咨询、招标代理等一项或多项资质。从事工程项目管理的专业技术人员,应当具有城市规划师、建筑师、工程师、建造师、监理工程师、造价工程师等一项或者多项执业资格。取得上述多项执业资格的专业技术人员,可以在同一企业分别注册并执业。项目管理企业应当改善组织结构,建立项目管理体系,充实项目管理专业人员,按照现行有关企业资质管理规定,在其资质等级许可的范围内开展工程项目管理业务。工程项目管理业务范围包括:

(1) 协助业主方进行项目前期策划、经济分析、专项评估与投资确定;

(2) 协助业主方办理土地征用、规划许可等有关手续;

(3) 协助业主方提出工程设计要求,组织评审工程设计方案,组织工程勘察设计招标,签订勘察设计合同并监督实施,组织设计单位进行工程设计优化、技术经济方案比选并进行投资控制;

(4) 协助业主方组织工程监理、施工、设备材料采购招标;

(5) 协助业主方与工程项目总承包企业或施工企业及建筑材料、设备、构配件供应等企业签订合同并监督实施;

(6) 协助业主方提出工程实施用款计划,进行工程竣工结算和工程决算,处理工程索赔,组织竣工验收,向业主方移交竣工档案资料;

(7) 生产试运行及工程保修期管理,组织项目后评估;

(8) 项目管理合同约定的其他工作。

工程项目业主方可以通过招标或委托等方式选择项目管理企业，并与选定的项目管理企业以书面形式签订委托项目管理合同。合同中应当明确履约期限，工作范围，双方的权利、义务和责任，项目管理酬金及支付方式，合同争议的解决办法等。工程勘察、设计、监理等企业同时承担同一工程项目管理和其资质范围内的工程勘察、设计、监理业务时，依法应当招标投标的应当通过招标投标方式确定。施工企业不得在同一工程中从事项目管理和工程承包业务。两个及以上项目管理企业可以组成联合体以一个投标人身份共同投标。联合体中标的，联合体各方应当共同与业主方签订委托项目管理合同，对委托项目管理合同的履行承担连带责任。联合体各方应签订联合体协议，明确各方权利、义务和责任，并确定一方作为联合体的主要责任方，项目经理由主要责任方选派。项目管理企业经业主方同意，可以与其他项目管理企业合作，并与合作方签订合作协议，明确各方权利、义务和责任。合作各方对委托项目管理合同的履行承担连带责任。项目管理企业应当根据委托项目管理合同的约定，选派具有相应执业资格的专业人员担任项目经理，组建项目管理机构，建立与管理业务相适应的管理体系，配备满足工程项目管理需要的专业技术管理人员，制定各专业项目管理人员的岗位职责，履行委托项目管理合同。工程项目管理实行项目经理责任制。项目经理不得同时在两个及以上工程项目中从事项目管理工作。

3. 在项目可行性研究报告中增加的招标内容有哪些？

在项目可行性研究报告中增加的招标内容包括：

（1）建设项目的勘察、设计、施工、监理以及重要设备、材料等的采购活动的具体招标范围（全部或者部分招标）。

（2）建设项目的勘察、设计、施工、监理以及重要设备、材料等的采购活动拟采用的招标组织形式（委托招标或者自行招标）；拟自行招标的，还应按照《工程建设项目自行招标试行办法》规定报送书面材料。

（3）建设项目的勘察、设计、施工、监理以及重要设备、材料等采购活动拟采用的招标方式（公开招标或者邀请招标）；国家发展计划委员会确定的国家重点项目和省、自治区、直辖市人民政府确定的地方重点项目，拟采用邀请招标的，应对采用邀请招标的理由作出说明。

（4）其他有关内容。报送招标内容时应附招标基本情况表。

属于下列情况之一的，建设项目可以不进行招标，但在报送的可行性研究报告中须提出不招标申请，并说明不招标原因：

（1）涉及国家安全或者有特殊保密要求的；

（2）建设项目的勘察、设计，采用特定专利或者专有技术的，或者其建筑艺术造型有特殊要求的；

（3）承包商、供应商或者服务提供者少于三家，不能形成有效竞争的；

（4）因其他原因不适宜招标的。

4. 调整完善土地招拍挂出让有哪些政策？

（1）限定房价或地价，以挂牌或拍卖方式出让政策性住房用地。

以"限房价、竞地价"方式出让土地使用权的，市、县国土资源主管部门应在土地出让前，会同住房建设、物价、规划行政主管部门，按相关政策规定确定住房销售条件，根据拟出让宗地所在区域商品住房销售价格水平，合理确定拟出让宗地的控制性房屋销售价格上限和住房套型面积标准，以此作为土地使用权转让的约束性条件，一并纳入土地出让方案，报经政府批准后，以挂牌、拍卖方式公开出让土地使用权，符合条件、承诺地价最高且不低于底价的为土地使用权竞得人。出让成交后，竞得人接受的宗地控制性房屋销售价格、成交地价、土地使用权转让条件及违约处罚条款等，均应在成交确认书和出让合同中明确。

以"限地价、竞房价"方式出让土地使用权的，市、县国土资源主管部门应在土地出让前，根据拟出让宗地的征地拆迁安置补偿费、土地前期开发成本、同一区域基准地价和市场地价水平、土地使用权转让条件、房屋销售价格和政府确定的房价控制目标等因素，综合确定拟出让宗地的出让价格，同时应确定房价的最高控制价（应低于同区域、同条件商品住房市场价），一并纳入土地出让方案，报经政府批准后，以挂牌、拍卖方式公开出让土地使用权，按照承诺销售房价最低者（开发商售房时的最高售价）确定为土地竞得人。招拍挂成交后，竞得人承诺的销售房价、成交地价、土地使用权转让条件及违约处罚条款等，均应在成交确认书和出让合同中明确。

（2）限定配建保障性住房建设面积，以挂牌或拍卖方式出让商品住房用地。

以"商品住房用地中配建保障性住房"方式出让土地使用权的，市、县国土资源主管部门应会同住房建设、规划、房屋管理和住房保障等部门确定拟出让宗地配建廉租房、经济适用房等保障性住房的面积、套数、建设进度、政府收回条件、回购价格及土地面积分摊办法等，纳入出让方案，经政府批准后，写入出让公告及文件，组织实施挂牌、拍卖。土地出让成交后，成交价款和竞得人承诺配建的保障性住房事项一并写入成交确认书和出让合同。

（3）对土地开发利用条件和出让地价进行综合评定，以招标方式确定土地使用权人。

以"土地利用综合条件最佳"为标准出让土地使用权，市、县国土资源主管部门应依据规划条件和土地使用标准按照宗地所在区域条件、政府对开发建设的要求，制定土地出让方案和评标标准，在依法确定土地出让底价的基础上，将土地价款及交付时间、开发建设周期、建设要求、土地节约集约程度、企业以往出让合同履行情况等影响土地开发利用的因素作为评标条件，合理确定各因素权重，会同有关部门制定标书，依法依纪，发布公告，组织招标投标。经综合评标，以土地利用综合条件最佳确定土地使用者。确定中标人后，应向社会公示并将上述土地开发利用条件写入中标通知书和出让合同。

5. 工程建设项目报建有哪些要求？

工程建设项目是指各类房屋建筑、土木工程设备安装、管道线路敷设、装饰装修等固定资产投资的新建、扩建、改建以及技改等建设项目，通称为工程建设项目。凡在我国境内投资兴建的工程建设项目以及外国独资、合资、合作的工程建设项目，都必须实行报建制度，接受当地建设行政主管部门或其授权机构的监督管理。工程建设项目在工程项目可行性研究报告或其他立项文件批准后，须由建设单位或其代理机构向当地建设行政主管部门或其授权机构进行报建，交验工程项目立项的批准文件，建设项目的报建内容主要包括：

①工程名称；②建设地点；③投资规模；④资金来源；⑤当年投资额；⑥工程规模；⑦开工、竣工日期；⑧发包方式；⑨工程筹建情况。

工程建设项目的投资和建设规模有变化时，建设单位应及时到建设行政主管部门或其授权机构进行补充登记。筹建负责人变更时，应重新登记。凡未报建的工程建设项目，不得办理招标手续和发放施工许可证，设计、施工单位不得承接该项工程的设计和施工任务。

6. 电子政务项目管理有哪些要求？

电子政务项目主要是指国家统一电子政务网络、国家重点业务信息系统、国家基础信息库、国家电子政务网络与信息安全保障体系相关基础设施、国家电子政务标准化体系和电子政务相关支撑体系等建设项目。电子政务项目原则上包括以下审批环节：项目建议书、可行性研究报告、初步设计方案和投资概算。对总投资在 3000 万元以下及特殊情况的，可简化为审批项目可行性研究报告（代项目建议书）、初步设计方案和投资概算。项目可行性研究报告的编制内容与项目建议书批复内容有重大变更的，应重新报批项目建议书。项目初步设计方案和投资概算报告的编制内容与项目可行性研究报告批复内容有重大变更或变更投资超出已批复总投资额度百分之十的，应重新报批可行性研究报告。项目初步设计方案和投资概算报告的编制内容与项目可行性研究报告批复内容有少量调整且其调整内容未超出已批复总投资额度百分之十，需在提交项目初步设计方案和投资概算报告时以独立章节对调整部分进行定量补充说明。

项目建设单位应建立健全责任制，并严格执行招标投标、政府采购、工程监理、合同管理等制度。项目建设单位应确定项目实施机构和项目责任人，并建立健全项目管理制度。项目责任人应向项目审批部门报告项目建设过程中的设计变更、建设进度、概算控制等情况。项目建设单位主管领导应对项目建设进度、质量、资金管理及运行管理等负总责。电子政务项目采购货物、工程和服务应按照《招标投标法》和《政府采购法》的有关规定执行，并遵从优先采购本国货物、工程和服务的原则。项目建设单位应依法并依据可行性研究报告审批时核准的招标内容和招标方式组织招标采购，确定具有相应资质和能力的中标单位。项目建设单位与中标单位订立合同，并严格履行合同。电子政务项目实行工程监理制。项目建设单位应按照信息系统工程监理的有关规定，委托具有信息系统工程相应监理资质的工程监理单位，对项目建设进行工程监理。

7. 南水北调工程代建项目管理有哪些要求？

南水北调工程代建制，是指在南水北调主体工程建设中，南水北调工程项目法人通过招标方式择优选择具备项目建设管理能力，具有独立法人资格的项目建设管理机构或具有独立签订合同的权利的其他组织（即项目管理单位），承担南水北调工程中一个或若干个单项、设计单元、单位工程项目全过程或其中部分阶段建设管理活动的建设管理模式。项目管理单位依据国家有关规定以及与项目法人签署的委托合同，独立进行项目建设管理并承担相应责任，同时接受依法进行的行政监督及合同约定范围内项目法人的检查。项目法人通过招标方式择优选择南水北调工程项目勘察设计单位和监理单位，其勘察设计合同和监理合同可由项目法人委托项目管理单位管理。项目管理单位通过招标方式择优选择南水北调工程项目施工单位以及重要设备供应单位。招标文件以及中标候选人需报项目法人备案。

项目法人在招标选择项目管理单位时，在招标文件中明确资格条件要求，并对有投标意向的项目管理单位进行资格条件审查。资格条件审查，是指项目法人对项目管理单位的人员素质及构成、技术装备配置和管理经验等综合项目管理能力进行审查确认，只有通过南水北调工程项目管理资格条件审查的项目管理单位才可以承担相应工程项目的建设管理。项目管理单位按基本条件分为甲类项目管理单位和乙类项目管理单位，其中，甲类项目管理单位可以承担南水北调工程各类工程项目的建设管理，乙类项目管理单位可以承担南水北调工程，投资规模在建安工作量 8000 万元以下的渠（堤）、河道等，技术要求一般的工程项目的建设管理。项目管理单位在合同约定范围内就工程项目建设的质量、安全、进度和投资效益对项目法人负责，并在工程设计使用年限内负质量责任。项目管理单位的具体职责范围、工作内容、权限及奖惩等，由项目法人与项目管理单位在项目建设管理委托合同中约定。项目管理单位应当为所承担管理的工程项目派出驻工地代表处。工地代表处的机构设置和人员配置应满足工程项目现场管理的需要。项目管理单位派驻现场的人员应与投标承诺的人员结构、数量、资格相一致，派驻人员的调整需经项目法人同意。项目工程款的核定程序为：监理单位审核，经项目管理单位复核后报项目法人审定。项目工程款的支付流程为：项目法人拨款到项目管理单位，由项目管理单位依据合同支付给施工承包单位。

8. 北京市政府投资建设项目代建制管理有哪些要求？

在北京市行政区域内，政府投资占项目总投资60%以上的公益性建设项目适用。公益性建设项目主要包括：①党政工团、政协、公检法司、人民团体机关的办公业务用房及培训教育中心等。②科教文卫体、民政及社会福利等社会事业项目。③看守所、劳教所、监狱、消防设施、审判用房、技术侦察用房等政法设施。④环境保护、市政道路、水利设施、风沙治理等公用事业项目。⑤其他公用事业项目。

代建制，是指政府通过招标的方式，选择社会专业化的项目管理单位，负责项目的投资管理和建设，组织实施工作，项目建成后交付使用单位的制度。代建期间，代建单位按照合同约定代行项目建设的投资主体职责。有关行政部门对实行代建制的建设项目的审批程序不变。政府投资代建项目的代建单位应通过招标确定。政府投资代建项目按照《招标投标法》、《北京市招标投标条例》和《北京市政府投资建设项目管理暂行规定》有关规定，由代建单位对建设项目的勘察、设计、施工、监理、主要设备材料采购进行公开招标。政府投资代建项目实行合同管理，代建单位确定后，市发改委、使用单位、代建单位三方签订相关项目委托代建合同。

9. 天津市建设工程项目代建管理有哪些要求？

建设工程项目代建活动，是指建设单位通过招标或委托的方式，选择专业化的项目管理单位（以下简称代建单位），对新建、改建、扩建项目（以下简称代建项目）的组织实施进行全过程或若干阶段管理咨询的服务。实行代建制的项目投资主体或建设单位，在工程建设期间，作为委托人，负责提供建设条件和外部环境，在项目建成后实施运营管理。代建期间，代建单位按照合同约定履行项目建设的投资主体或建设单位职责。业主单位可以通过依法招标或直接委托的方式选择代建单位。政府投资项目选择代建单位，应当从已取得建设行政主管部门资格认定的代建单位中依法通过招标选择。代建单位不得在其代建的项目中承担施工、监理和重要设备、材料供应等工作。政府投资项目的代建单位与业主单位不得存在行政隶属关系或其他利益关系。

建设工程项目代建活动实行合同备案制度。建设工程项目采用代建方式实施的，业主单位应当与代建单位依法签订《建设工程项目委托代建合同》，并在签订合同后15日内，到建设行政主管部门备案。项目代建可以实行全过程代建或分项委托，具体内容由业主单位与代建单位在合同中约定。在合同委托范围内，代建单位独立开展勘察、设计、施工、材料及设备采购的招标工作，实施计划、组织、指挥、协调和控制等管理，接受相关行政主管部门的监督，并承担相应责任。代建单位应严格按照合同的约定履行义务，项目代建的主体不得再委托。业主单位可以要求代建单位提供履约担保或工程保险，其具体金额由双方在合同中约定。建设工程项目的代建费和支付方式由业主单位和代建单位双方通过协商自行约定。代建项目的建设资金可以由业主单位直接向工程建设相关用款单位支付，或委托代建单位代为支付。政府投资项目应采用财政集中支付方式向承包单位或用款单位支付。

10. 各类投资项目开工建设必须符合哪些条件？

各类投资项目开工建设必须符合下列条件：

（1）符合国家产业政策、发展建设规划、土地供应政策和市场准入标准。

（2）已经完成审批、核准或备案手续。实行审批制的政府投资项目，已经批准可行性研究报告，其中需审批初步设计及概算的项目，已经批准初步设计及概算；实行核准制的企业投资项目，已经核准项目申请报告；实行备案制的企业投资项目，已经完成备案手续。

（3）规划区内的项目选址和布局必须符合城乡规划，并依照城乡规划法的有关规定办理相关规划许可手续。

（4）需要申请使用土地的项目，必须依法取得用地批准手续，并已经签订国有土地有偿使用合同或取得国有土地划拨决定书。其中，工业、商业、旅游、娱乐和商品住宅等经营性投资项目，应当依法以招标、拍卖或挂牌出让的方式取得土地。

（5）已经按照建设项目环境影响评价分类管理、分级审批的规定完成环境影响评价审批。

（6）已经按照规定完成固定资产投资项目的节能评估和审查。

（7）建筑工程开工前，建设单位依照建筑法的有关规定，已经取得施工许可证或者开工报告，并采取保证建设项目工程质量安全的具体措施。

（8）符合国家法律法规的其他相关要求。

实行审批制的政府投资项目，项目单位应首先向发展改革等项目审批部门报送项目建议书，依据项目建议书批复文件分别向城乡规划、国土资源和环境保护部门申请办理规划选址、用地预审和环境影响评价审批手续。完成相关手续后，项目单位根据项目论证情况向发展改革等项目审批部门报送可行性研究报告，并附规划选址、用地预审和环评审批文件。项目单位依据可行性研究报告批复文件向城乡规划部门申请办理规划许可手续，向国土资源部门申请办理正式用地手续。实行核准制的企业投资项目，项目单位分别向城乡规划、国土资源和环境保护部门申请办理规划选址、用地预审和环评审批手续，完成相关手续后，项目单位向发展改革等项目核准部门报送项目申请报告，并附规划选址、用地预审和环评审批文件。项目单位依据项目核准文件向城乡规划部门申请办理规划许可手续，向国土资源部门申请办理正式用地手续。实行备案制的企业投资项目，项目单位必须首先向发展改革等备案管理部门办理备案手续，备案后，分别向城乡规划、国土资源和环境保护部门申请办理规划选址、用地和环评审批手续。各级的发展改革等项目审批（核准、备案）部门和城乡规划、国土资源、环境保护、建设等部门都要严格遵守程序和规定，建立新开工项目管理联动机制。对未取得规划选址、用地预审和环评审批文件的项目，发展改革等部门不得予以审批或核准。对于未履行备案手续或者未予备案的项目，城乡规划、国土资源、环境保护等部门不得办理相关手续。对于以招标、拍卖或挂牌出让方式取得土地的项目，国土资源管理部门要会同发展改革、城乡规划、环境保护等部门将有关要求纳入土地出让方案。对未按规定取得项目审批（核准、备案）、规划许可、环评审批、用地管理等相关文件的建筑工程项目，建设行政主管部门不得发放施工许可证。对于未按程序和规定办理审批和许可手续的，要撤销有关审批和许可文件，并依法追究相关人员的责任。

附录一：工程建设项目管理相关法规

1. 建设工程项目管理试行办法

建市 [2004] 200 号

第一条 [目的和依据] 为了促进我国建设工程项目管理健康发展，规范建设工程项目管理行为，不断提高建设工程投资效益和管理水平，依据国家有关法律、行政法规，制定本办法。

第二条 [适用范围] 凡在中华人民共和国境内从事工程项目管理活动，应当遵守本办法。

本办法所称建设工程项目管理，是指从事工程项目管理的企业（以下简称项目管理企业），受工程项目业主方委托，对工程建设全过程或分阶段进行专业化管理和服务活动。

第三条 [企业资质] 项目管理企业应当具有工程勘察、设计、施工、监理、造价咨询、招标代理等一项或多项资质。

工程勘察、设计、施工、监理、造价咨询、招标代理等企业可以在本企业资质以外申请其他资质。企业申请资质时，其原有工程业绩、技术人员、管理人员、注册资金和办公场所等资质条件可合并考核。

第四条 [执业资格] 从事工程项目管理的专业技术人员，应当具有城市规划师、建筑师、工程师、建造师、监理工程师、造价工程师等一项或者多项执业资格。

取得城市规划师、建筑师、工程师、建造师、监理工程师、造价工程师等执业资格的专业技术人员，可在工程勘察、设计、施工、监理、造价咨询、招标代理等任何一家企业申请注册并执业。

取得上述多项执业资格的专业技术人员，可以在同一企业分别注册并执业。

第五条 [服务范围] 项目管理企业应当改善组织结构，建立项目管理体系，充实项目管理专业人员，按照现行有关企业资质管理规定，在其资质等级许可的范围内开展工程项目管理业务。

第六条 [服务内容] 工程项目管理业务范围包括：

（一）协助业主方进行项目前期策划、经济分析、专项评估与投资确定；

（二）协助业主方办理土地征用、规划许可等有关手续；

（三）协助业主方提出工程设计要求，组织评审工程设计方案，组织工程勘察设计招标、签订勘察设计合同并监督实施，组织设计单位进行工程设计优化、技术经济方案比选并进行投资控制；

（四）协助业主方组织工程监理、施工、设备材料采购的招标；

（五）协助业主方与工程项目总承包企业或施工企业及建筑材料、设备、构配件供应等企业签订合同并监督实施；

（六）协助业主方提出工程实施用款计划，进行工程竣工结算和工程决算，处理工程索赔，组织竣工验收，向业主方移交竣工档案资料；

（七）生产试运行及工程保修期管理，组织项目后评估；

（八）项目管理合同约定的其他工作。

第七条 ［委托方式］工程项目业主方可以通过招标或委托等方式选择项目管理企业，并与选定的项目管理企业以书面形式签订委托项目管理合同。合同中应当明确履约期限，工作范围，双方的权利、义务和责任，项目管理酬金及支付方式，合同争议的解决办法等。

工程勘察、设计、监理等企业同时承担同一工程项目管理和其资质范围内的工程勘察、设计、监理业务时，依法应当招标投标的，应当通过招标投标方式确定。

施工企业不得在同一工程中从事项目管理和工程承包业务。

第八条 ［联合投标］两个及以上项目管理企业可以组成联合体以一个投标人身份共同投标。联合体中标的，联合体各方应当共同与业主方签订委托项目管理合同，对委托项目管理合同的履行承担连带责任。联合体各方应签订联合体协议，明确各方权利、义务和责任，并确定一方作为联合体的主要责任方，项目经理由主要责任方选派。

第九条 ［合作管理］项目管理企业经业主方同意，可以与其他项目管理企业合作，并与合作方签订合作协议，明确各方权利、义务和责任。合作各方对委托项目管理合同的履行承担连带责任。

第十条 ［管理机构］项目管理企业应当根据委托项目管理合同约定，选派具有相应执业资格的专业人员担任项目经理，组建项目管理机构，建立与管理业务相适应的管理体系，配备满足工程项目管理需要的专业技术管理人员，制定各专业项目管理人员的岗位职责，履行委托项目管理合同。

工程项目管理实行项目经理责任制。项目经理不得同时在两个及以上工程项目中从事项目管理工作。

第十一条 ［服务收费］工程项目管理服务收费应当根据受委托工程项目规模、范围、内容、深度和复杂程度等，由业主方与项目管理企业在委托项目管理合同中约定。

工程项目管理服务收费应在工程概算中列支。

第十二条 ［执业原则］在履行委托项目管理合同时，项目管理企业及其人员应当遵守国家现行的法律法规、工程建设程序，执行工程建设强制性标准，遵守职业道德，公平、科学、诚信地开展项目管理工作。

第十三条 ［奖励］业主方应当对项目管理企业提出并落实的合理化建议按照相应节省投资额的一定比例给予奖励。奖励比例由业主方与项目管理企业在合同中约定。

第十四条 ［禁止行为］项目管理企业不得有下列行为：

（一）与受委托工程项目的施工以及建筑材料、构配件和设备供应企业有隶属关系或者其他利害关系；

（二）在受委托工程项目中同时承担工程施工业务；

（三）将其承接的业务全部转让给他人，或者将其承接的业务肢解以后分别转让给他人；

（四）以任何形式允许其他单位和个人以本企业名义承接工程项目管理业务；

（五）与有关单位串通，损害业主方利益，降低工程质量。

第十五条 ［禁止行为］项目管理人员不得有下列行为：

（一）取得一项或多项执业资格的专业技术人员，不得同时在两个及以上企业注册并执业。

（二）收受贿赂、索取回扣或者其他好处；

（三）明示或者暗示有关单位违反法律法规或工程建设强制性标准，降低工程质量。

第十六条 〔监督管理〕国务院有关专业部门、省级政府建设行政主管部门应当加强对项目管理企业及其人员市场行为的监督管理，建立项目管理企业及其人员的信用评价体系，对违法违规等不良行为进行处罚。

第十七条 〔行业指导〕各行业协会应当积极开展工程项目管理业务培训，培养工程项目管理专业人才，制定工程项目管理标准、行为规则，指导和规范建设工程项目管理活动，加强行业自律，推动建设工程项目管理业务健康发展。

第十八条 本办法由建设部负责解释。

第十九条 本办法自 2004 年 12 月 1 日起执行。

2. 工程建设项目可行性研究报告增加招标内容和核准招标事项暂行规定

国家发展计划委员会令第 9 号

第一条　为了规范工程建设项目的招标活动，依据《中华人民共和国招标投标法》，制定本规定。

第二条　本规定适用于《工程建设项目招标范围和规模标准规定》（国家发展计划委员会令第 3 号）中规定的依法必须进行招标的各类工程建设项目。

第三条　依法必须进行招标的工程建设项目中，按照工程建设项目审批管理规定，凡应报送项目审批部门审批的，必须在报送的项目可行性研究报告中增加有关招标的内容。

第四条　在项目可行性研究报告中增加的招标内容包括：

（一）建设项目的勘察、设计、施工、监理以及重要设备、材料等采购活动的具体招标范围（全部或者部分招标）。

（二）建设项目的勘察、设计、施工、监理以及重要设备、材料等采购活动拟采用的招标组织形式（委托招标或者自行招标）；拟自行招标的，还应按照《工程建设项目自行招标试行办法》（国家发展计划委员会令第 5 号）的规定报送书面材料。

（三）建设项目的勘察、设计、施工、监理以及重要设备、材料等采购活动拟采用的招标方式（公开招标或者邀请招标）；国家发展计划委员会确定的国家重点项目和省、自治区、直辖市人民政府确定的地方重点项目，拟采用邀请招标的，应对采用邀请招标的理由作出说明。

（四）其他有关内容。

报送招标内容时应附招标基本情况表。

第五条　属于下列情况之一的，建设项目可以不进行招标。但在报送的可行性研究报告中须提出不招标申请，并说明不招标原因：

（一）涉及国家安全或者有特殊保密要求的；

（二）建设项目的勘察、设计，采用特定专利或者专有技术的，或者其建筑艺术造型有特殊要求的；

（三）承包商、供应商或者服务提供者少于三家，不能形成有效竞争的；

（四）其他原因不适宜招标的。

第六条　经项目审批部门批准，工程建设项目因特殊情况可以在报送可行性研究报告前先行开展招标活动，但应在报送的可行性研究报告中予以说明。项目审批部门认定先行开展的招标活动中有违背法律、法规的情形的，应要求其纠正。

第七条　在项目可行性研究报告中增加的招标内容，作为可行性研究报告附件与可行性研究报告一同报送。

第八条　项目审批部门在批准项目可行性研究报告时，应依据法律、法规规定的权限，对项目建设单位拟定的招标范围、招标组织形式、招标方式等内容提出核准或者不予核准的意见。项目审批部门对招标事项的核准意见的格式见附表二。

第九条　核准招标事项，按以下分工办理：

（一）应报送国家计委审批和国家计委核报国务院审批的建设项目，由国家计委核准；

（二）应报送国务院行业主管部门审批的建设项目，由国务院行业主管部门核准；

（三）应报送省、自治区、直辖市政府发展计划部门审批和省、自治区、直辖市政府发展计划部门核报省、自治区、直辖市政府审批的建设项目，由省、自治区、直辖市政府发展计划部门核准。

第十条 使用国际金融组织或者外国政府资金的建设项目，资金提供方对建设项目报送招标内容有规定的，从其规定。

第十一条 项目建设单位在招标活动中对项目审批部门核准的招标范围、招标组织形式、招标方式等作出改变的，应向原审批部门重新办理有关核准手续。

第十二条 项目审批部门应将核准建设项目招标内容的意见抄送有关行政监督部门。

第十三条 项目建设单位在报送招标内容中弄虚作假，或者在招标活动中违背项目审批部门核准事项，按照国办发〔2000〕34号文的规定，由项目审批部门和有关行政监督部门依法处罚。

第十四条 本规定由国家发展计划委员会解释。

第十五条 本规定自发布之日起施行。

3. 国家电子政务工程建设项目管理暂行办法

国家发展和改革委员会令第 55 号

第一章 总 则

第一条 为全面加强国家电子政务工程建设项目管理，保证工程建设质量，提高投资效益，根据《国务院关于投资体制改革的决定》及相关规定，制定本办法。

第二条 本办法适用于使用中央财政性资金的国家电子政务工程建设项目（以下简称"电子政务项目"）。

第三条 本办法所称电子政务项目主要是指：国家统一电子政务网络、国家重点业务信息系统、国家基础信息库、国家电子政务网络与信息安全保障体系相关基础设施、国家电子政务标准化体系和电子政务相关支撑体系等建设项目。

电子政务项目建设应以政务信息资源开发利用为主线，以国家统一电子政务网络为依托，以提高应用水平、发挥系统效能为重点，深化电子政务应用，推动应用系统的互联互通、信息共享和业务协同，建设符合中国国情的电子政务体系，提高行政效率，降低行政成本，发挥电子政务对加强经济调节、市场监管和改善社会管理、公共服务的作用。

第四条 本办法所称项目建设单位是指中央政务部门和参与国家电子政务项目建设的地方政务部门。项目建设单位负责提出电子政务项目的申请，组织或参与电子政务项目的设计、建设和运行维护。

第五条 本办法所称项目审批部门是指国家发展改革委。项目审批部门负责国家电子政务建设规划的编制和电子政务项目的审批，会同有关部门对电子政务项目实施监督管理。

第二章 申报和审批管理

第六条 项目建设单位应依据中央和国务院的有关文件规定和国家电子政务建设规划，研究提出电子政务项目的立项申请。

第七条 电子政务项目原则上包括以下审批环节：项目建议书、可行性研究报告、初步设计方案和投资概算。对总投资在 3000 万元以下及特殊情况的，可简化为审批项目可行性研究报告（代项目建议书）、初步设计方案和投资概算。

第八条 项目建设单位应按照《国家电子政务工程建设项目项目建议书编制要求》（附件一）的规定，组织编制项目建议书，报送项目审批部门。项目审批部门在征求相关部门意见，并委托有资格的咨询机构评估后审核批复，或报国务院审批后下达批复。项目建设单位在编制项目建议书阶段应专门组织项目需求分析，形成需求分析报告送项目审批部门组织专家提出咨询意见，作为编制项目建议书的参考。

第九条 项目建设单位应依据项目建议书批复，按照《国家电子政务工程建设项目可行性研究报告编制要求》（附件二）的规定，招标选定或委托具有相关专业甲级资质的工程咨询机构编制项目可行性研究报告，报送项目审批部门。项目审批部门委托有资格的咨询机构评估后审核批复，或报国务院审批后下达批复。

第十条 项目建设单位应依据项目审批部门对可行性研究报告的批复，按照《国家电子政务工程建设项目初步设计方案和投资概算报告编制要求》（附件三）的规定，招标选定或委托具有相关专业甲级资质的设计单位编制初步设计方案和投资概算报告，报送项目审批部门。项目审批部门委托专门的评审机构评审后审核批复。

第十一条 中央和地方政务部门共建的电子政务项目，由中央政务部门牵头组织地方政务部门共同编制项目建议书，涉及地方的建设内容及投资规模的，应征求地方发展改革部门的意见。项目审批部门整体批复项目建议书后，其项目可行性研究报告、初步设计方案和投资概算，由中央和地方政务部门分别编制，并报同级发展改革部门审批。地方发展改革部门应按照项目建议书批复要求审批地方政务部门提交的可行性研究报告，并事先征求中央政务部门的意见。地方发展改革部门在可行性研究报告、初步设计方案和投资概算审批方面有专门规定的，可参照地方规定执行。

第十二条 中央和地方共建的需要申请中央财政性资金补助的地方电子政务项目，应按照《中央预算内投资补助和贴息项目管理暂行办法》（国家发展和改革委员会令第31号）的规定，由地方政务部门组织编制资金申请报告，经地方发展改革部门审查并报项目审批部门审批。补助资金可根据项目建设进度一次或分次下达。

第十三条 项目审批部门对电子政务项目的项目建议书、可行性研究报告、初步设计方案和投资概算的批复文件是项目建设的主要依据。批复中核定的建设内容、规模、标准、总投资概算和其他控制指标，原则上应严格遵守。

项目可行性研究报告的编制内容与项目建议书批复内容有重大变更的，应重新报批项目建议书。项目初步设计方案和投资概算报告的编制内容与项目可行性研究报告批复内容有重大变更或变更投资超出已批复总投资额度百分之十的，应重新报批可行性研究报告。项目初步设计方案和投资概算报告的编制内容与项目可行性研究报告批复内容有少量调整且其调整内容未超出已批复总投资额度百分之十的，需在提交项目初步设计方案和投资概算报告时以独立章节对调整部分进行定量补充说明。

第三章 建 设 管 理

第十四条 项目建设单位应建立健全责任制，并严格执行招标投标、政府采购、工程监理、合同管理等制度。

第十五条 项目建设单位应确定项目实施机构和项目责任人，并建立健全项目管理制度。项目责任人应向项目审批部门报告项目建设过程中的设计变更、建设进度、概算控制等情况。项目建设单位主管领导应对项目建设进度、质量、资金管理及运行管理等负总责。

第十六条 电子政务项目采购货物、工程和服务，应按照《中华人民共和国招标投标法》和《中华人民共和国政府采购法》的有关规定执行，并遵从优先采购本国货物、工程和服务的原则。

第十七条 项目建设单位应依法并依据可行性研究报告审批时核准的招标内容和招标方式组织招标采购，确定具有相应资质和能力的中标单位。项目建设单位与中标单位订立合同，并严格履行合同。

第十八条 电子政务项目实行工程监理制。项目建设单位应按照信息系统工程监理的有关规定，委托具有信息系统工程相应监理资质的工程监理单位，对项目建设进行工程监理。

第十九条 项目建设单位应于每年七月底和次年一月底前，向项目审批部门、财政部门报告项目上半年和全年建设进度及概预算执行情况。

第二十条 项目建设单位必须严格按照项目审批部门批复的初步设计方案和投资概算实

施项目建设。如有特殊情况，主要建设内容或投资概算确需调整的，必须事先向项目审批部门提交调整报告，履行报批手续。对未经批准，擅自进行重大设计变更而导致超概算的，项目审批部门不再受理事后调概申请。

  第二十一条 项目建设过程中出现工程严重逾期、投资重大损失等问题，项目建设单位应及时向项目审批部门报告，项目审批部门依照有关规定可要求项目建设单位进行整改和暂停项目建设。

第四章 资 金 管 理

  第二十二条 项目建设单位在可行性研究报告批复后，可申请项目前期工作经费。项目前期工作经费主要用于开展应用需求分析、项目建议书、可行性研究、初步设计方案和投资概算的编制、专家咨询评审等工作。项目审批部门根据项目实际情况批准下达前期工作经费，前期工作经费计入项目总投资。

  第二十三条 项目建设单位应在初步设计方案和投资概算获得批复及具备开工建设条件后，根据项目实施进度向项目审批部门提出年度资金使用计划申请，项目审批部门将其作为下达年度中央投资计划的依据。

  初步设计方案和投资概算未获批复前，原则上不予下达项目建设资金。对确需提前安排资金的电子政务项目（如用于购地、购房、拆迁等），项目建设单位可在项目可行性研究报告批复后，向项目审批部门提出资金使用申请，说明要提前安排资金的原因及理由，经项目审批部门批准后，下达项目建设资金。

  第二十四条 项目建设单位应严格按照财政管理的有关规定使用财政资金，专账管理、专款专用。

第五章 监 督 管 理

  第二十五条 项目建设单位应接受项目审批部门及有关部门的监督管理。

  第二十六条 项目审批部门负责对电子政务项目进行稽察，主要监督检查在项目建设过程中，项目建设单位执行有关法律、法规和政策的情况以及项目招标投标、工程质量、工程进度、资金使用和概算控制等情况。对稽察过程中发现有违反国家有关规定及批复要求的，项目审批部门可要求项目建设单位限期整改或遵照有关规定进行处理。对拒不整改或整改后仍不符合要求的，项目审批部门可对其进行通报批评、暂缓拨付建设资金、暂停项目建设直至终止项目。

  第二十七条 有关部门依法对电子政务项目建设中的采购情况、资金使用情况以及是否符合国家有关规定等实施监督管理。

  第二十八条 项目建设单位及相关部门应当协助稽察、审计等监督管理工作，如实提供建设项目的有关资料和情况，不得拒绝、隐匿、瞒报。

第六章 验 收 评 价 管 理

  第二十九条 电子政务项目建设实行验收和后评价制度。

  第三十条 电子政务项目应遵循《国家电子政务工程建设项目验收工作大纲》（附件四，以下简称《验收工作大纲》）的相关规定开展验收工作。项目验收包括初步验收和竣工验收两个阶段。初步验收由项目建设单位按照《验收工作大纲》的要求自行组织；竣工验收由项目审批部门或其组织成立的电子政务项目竣工验收委员会组织；对建设规模较小或建设内容较简单的电子政务项目，项目审批部门可委托项目建设单位组织验收。

第三十一条 项目建设单位应在完成项目建设任务后的半年内，组织完成建设项目的信息安全风险评估和初步验收工作。初步验收合格后，项目建设单位应向项目审批部门提交竣工验收申请报告，将项目建设总结、初步验收报告、财务报告、审计报告和信息安全风险评估报告等文件作为附件一并上报。项目审批部门应适时组织竣工验收。项目建设单位未按期提出竣工验收申请的，应向项目审批部门提出延期验收申请。

第三十二条 项目审批部门根据电子政务项目验收后的运行情况，可适时组织专家或委托相关机构对建设项目的系统运行效率、使用效果等情况进行后评价。后评价认为建设项目未实现批复的建设目标或未达到预期效果的，项目建设单位要限期整改，对拒不整改或整改后仍不符合要求的，项目审批部门可对其进行通报批评。

第七章 运 行 管 理

第三十三条 电子政务项目建成后的运行管理实行项目建设单位负责制。项目建设单位应确立项目运行机构，制定和完善相应的管理制度，加强日常运行和维护管理，落实运行维护费用。鼓励专业服务机构参与电子政务项目的运行和维护。

第三十四条 项目建设单位或其委托的专业机构应按照风险评估的相关规定，对建成项目进行信息安全风险评估，检验其网络和信息系统对安全环境变化的适应性及安全措施的有效性，保障信息安全目标的实现。

第八章 法 律 责 任

第三十五条 相关部门、单位或个人违反国家有关规定，截留、挪用电子政务项目资金等，由有关部门按照《财政违法行为处罚处分条例》等相关规定予以惩处；构成犯罪的，移交有关部门依法追究刑事责任。

第三十六条 对违反本办法其他规定的或因管理不善、弄虚作假，造成严重超概算、质量低劣、损失浪费、安全事故或者其他责任事故的，项目审批部门可予以通报批评，并提请有关部门对负有直接责任的主管人员和其他责任人员依法给予处分；构成犯罪的，移交有关部门依法追究刑事责任。

第九章 附 则

第三十七条 本办法由国家发展和改革委员会负责解释。

第三十八条 本办法自2007年9月1日起施行。

附件一：

国家电子政务工程建设项目项目建议书编制要求（提纲）

第一章 项目简介

1. 项目名称
2. 项目建设单位和负责人、项目责任人
3. 项目建议书编制依据

4. 项目概况
5. 主要结论和建议

第二章　项目建设单位概况
1. 项目建设单位与职能
2. 项目实施机构与职责

第三章　项目建设的必要性
1. 项目提出的背景和依据
2. 现有信息系统装备和信息化应用状况
3. 信息系统装备和应用目前存在的主要问题和差距
4. 项目建设的意义和必要性

第四章　需求分析
1. 与政务职能相关的社会问题和政务目标分析
2. 业务功能、业务流程和业务量分析
3. 信息量分析与预测
4. 系统功能和性能需求分析

第五章　总体建设方案
1. 建设原则和策略
2. 总体目标与分期目标
3. 总体建设任务与分期建设内容
4. 总体设计方案

第六章　本期项目建设方案
1. 建设目标与主要建设内容
2. 标准规范建设
3. 信息资源规划和数据库建设
4. 应用支撑平台和应用系统建设
5. 网络系统建设
6. 数据处理和存储系统建设
7. 安全系统建设
8. 其他（终端、备份、运维等）系统建设
9. 主要软硬件选型原则和软硬件配置清单
10. 机房及配套工程建设

第七章　环保、消防、职业安全、职业卫生和节能
1. 环境影响和环保措施
2. 消防措施
3. 职业安全和卫生措施
4. 节能目标及措施

第八章　项目组织机构和人员
1. 项目领导、实施和运维机构及组织管理
2. 人员配置
3. 人员培训需求和计划

第九章　项目实施进度
第十章　投资估算和资金筹措
1. 投资估算的有关说明
2. 项目总投资估算
3. 资金来源与落实情况
4. 中央对地方的资金补贴方案
第十一章　效益与风险分析
1. 项目的经济效益和社会效益分析
2. 项目风险与风险对策
附表：
1. 项目软硬件配置清单
2. 应用系统定制开发工作量初步核算表
3. 项目总投资估算表
4. 项目资金来源表
附件：项目建议书编制依据及与项目有关的政策、技术、经济资料。

附件二：

国家电子政务工程建设项目可行性研究报告编制要求（提纲）

第一章　项目概述
1. 项目名称
2. 项目建设单位及负责人、项目责任人
3. 可行性研究报告编制单位
4. 可行性研究报告编制依据
5. 项目建设目标、规模、内容、建设期
6. 项目总投资及资金来源
7. 经济与社会效益
8. 相对项目建议书批复的调整情况
9. 主要结论与建议

第二章　项目建设单位概况
1. 项目建设单位与职能
2. 项目实施机构与职责

第三章　需求分析和项目建设的必要性
1. 与政务职能相关的社会问题和政务目标分析
2. 业务功能、业务流程和业务量分析
3. 信息量分析与预测
4. 系统功能和性能需求分析
5. 信息系统装备和应用现状与差距
6. 项目建设的必要性

第四章　总体建设方案

1. 建设原则和策略
2. 总体目标与分期目标
3. 总体建设任务与分期建设内容
4. 总体设计方案

第五章　本期项目建设方案
1. 建设目标、规模与内容
2. 标准规范建设内容
3. 信息资源规划和数据库建设方案
4. 应用支撑平台和应用系统建设方案
5. 数据处理和存储系统建设方案
6. 终端系统建设方案
7. 网络系统建设方案
8. 安全系统建设方案
9. 备份系统建设方案
10. 运行维护系统建设方案
11. 其他系统建设方案
12. 主要软硬件选型原则和详细软硬件配置清单
13. 机房及配套工程建设方案
14. 建设方案相对项目建议书批复变更调整情况的详细说明

第六章　项目招标方案
1. 招标范围
2. 招标方式
3. 招标组织形式

第七章　环保、消防、职业安全和卫生
1. 环境影响分析
2. 环保措施及方案
3. 消防措施
4. 职业安全和卫生措施

第八章　节能分析
1. 用能标准及节能设计规范
2. 项目能源消耗种类和数量分析
3. 项目所在地能源供应状况分析
4. 能耗指标
5. 节能措施和节能效果分析等内容

第九章　项目组织机构和人员培训
1. 领导和管理机构
2. 项目实施机构
3. 运行维护机构
4. 技术力量和人员配置
5. 人员培训方案

第十章 项目实施进度
1. 项目建设期
2. 实施进度计划

第十一章 投资估算和资金来源
1. 投资估算的有关说明
2. 项目总投资估算
3. 资金来源与落实情况
4. 资金使用计划
5. 项目运行维护经费估算

第十二章 效益与评价指标分析
1. 经济效益分析
2. 社会效益分析
3. 项目评价指标分析

第十三章 项目风险与风险管理
1. 风险识别和分析
2. 风险对策和管理

附表：
1. 项目软硬件配置清单
2. 应用系统定制开发工作量核算表
3. 项目招标投标范围和方式表
4. 项目总投资估算表
5. 项目资金来源和运用表
6. 项目运行维护费估算表

附件：可研报告编制依据，有关的政策、技术、经济资料。

附件三：

国家电子政务工程建设项目初步设计方案和投资概算编制要求（提纲）

第一章 项目概述
1. 项目名称
2. 项目建设单位及负责人，项目责任人
3. 初设及概算编制单位
4. 初设及概算编制依据
5. 建设目标、规模、内容、建设期
6. 总投资及资金来源
7. 效益及风险
8. 相对可研报告批复的调整情况
9. 主要结论与建议

第二章 项目建设单位概况
1. 项目建设单位与职能

2. 项目实施机构与职责

第三章 需求分析

1. 政务业务目标需求分析结论
2. 系统功能指标
3. 信息量指标
4. 系统性能指标

第四章 总体建设方案

1. 总体设计原则
2. 总体目标与分期目标
3. 总体建设任务与分期建设内容
4. 系统总体结构和逻辑结构

第五章 本期项目设计方案

1. 建设目标、规模与内容
2. 标准规范建设内容
3. 信息资源规划和数据库设计
4. 应用支撑系统设计
5. 应用系统设计
6. 数据处理和存储系统设计
7. 终端系统及接口设计
8. 网络系统设计
9. 安全系统设计
10. 备份系统设计
11. 运行维护系统设计
12. 其他系统设计
13. 系统配置及软硬件选型原则
14. 系统软硬件配置清单
15. 系统软硬件物理部署方案
16. 机房及配套工程设计
17. 环保、消防、职业安全卫生和节能措施的设计
18. 初步设计方案相对可研报告批复变更调整情况的详细说明

第六章 项目建设与运行管理

1. 领导和管理机构
2. 项目实施机构
3. 运行维护机构
4. 核准的项目招标方案
5. 项目进度、质量、资金管理方案
6. 相关管理制度

第七章 人员配置与培训

1. 人员配置计划
2. 人员培训方案

第八章 项目实施进度
第九章 初步设计概算
1. 初步设计方案和投资概算编制说明
2. 初步设计投资概算书
3. 资金筹措及投资计划
第十章 风险及效益分析
1. 风险分析及对策
2. 效益分析
附表：
1. 项目软硬件配置清单
2. 应用系统定制开发工作量核算表
附件：初步设计和投资概算编制依据，有关的政策、技术、经济资料。
附图：1. 系统网络拓扑图
2. 系统软硬件物理布置图

附件四：

国家电子政务工程建设项目验收大纲（提纲）

一、验收时限

电子政务项目建设完成半年内，项目建设单位应完成初步验收工作，并向项目审批部门提交竣工验收的申请报告。

因特殊原因不能按时提交竣工验收申请报告的，项目建设单位应向项目审批部门提出延期验收申请。经项目审批部门批准，可以适当延期进行竣工验收。

二、验收任务

（一）审查项目的建设目标、规模、内容、质量及资金使用等情况。

（二）审核项目形成的资产情况。

（三）评价项目交付使用情况。

（四）检查项目建设单位执行国家法律、法规情况。

三、验收依据

（一）国家有关法律、法规以及国家关于信息系统和电子政务建设项目的相关标准。

（二）经批准的建设项目项目建议书报告及批复文件。

（三）经批准的建设项目可行性研究报告及批复文件。

（四）经批准的建设项目初步设计和投资概算报告及批复文件。

（五）建设项目的合同文件、施工图、设备和软件技术说明书。

四、验收条件

（一）建设项目确定的网络、应用、安全等主体工程和辅助设施，已按照设计建成，能满足系统运行的需要。

（二）建设项目确定的网络、应用、安全等主体工程和配套设施，经测试和试运行合格。

（三）建设项目涉及的系统运行环境的保护、安全、消防等设施已按照设计与主体工程同时建成并经试运行合格。

（四）建设项目投入使用的各项准备工作已经完成，能适应项目正常运行的需要。

（五）完成预算执行情况报告和初步的财务决算。

（六）档案文件整理齐全。

五、验收组织

建设项目竣工验收一般分为初步验收和竣工验收两个阶段。

（一）建设项目的初步验收，由项目建设单位按照本大纲规定组织，并提出初步验收报告。

（二）建设项目的竣工验收一般由项目审批部门或其组织成立的电子政务项目竣工验收委员会组织；建设规模较小或建设内容较简单的建设项目，项目审批部门可委托项目建设单位组织验收。

六、初步验收

（一）项目建设单位依据合同组织单项验收，形成单项或专项验收报告。

（二）项目建设单位或相关单位组织信息安全风险评估，提出信息安全风险评估报告。

（三）项目建设单位对项目的工程、技术、财务和档案等进行验收，形成初步验收报告。

（四）项目建设单位向项目审批单位提交竣工验收申请报告。

七、竣工验收

（一）组织竣工验收的单位（机构）组建竣工验收委员会，下设专家组。

（二）专家组负责开展竣工验收的先期基础性工作，重点检查项目建设、设计、监理、施工、招标采购、档案资料、预（概）算执行和财务决算等情况，提出评价意见和建议。

（三）竣工验收委员会基于专家组评价意见提出竣工验收报告。

4. 南水北调工程代建项目管理办法（试行）

（国调办建管〔2004〕78号）

第一条 为加强对实行代建制管理的南水北调工程项目的建设管理，规范项目建设管理行为，确保工程质量、安全、进度和投资效益，根据《南水北调工程建设管理的若干意见》和国家有关规定，结合南水北调工程的特点，制定本办法。

第二条 本办法所称代建制，是指在南水北调主体工程建设中，南水北调工程项目法人（以下简称项目法人）通过招标方式择优选择具备项目建设管理能力，具有独立法人资格的项目建设管理机构或具有独立签订合同权利的其他组织（即项目管理单位），承担南水北调工程中一个或若干个单项、设计单元、单位工程项目全过程或其中部分阶段建设管理活动的建设管理模式。

南水北调工程涉及省（市）边界等特殊项目需要实行代建制的，经国务院南水北调工程建设委员会办公室（以下简称国务院南水北调办）同意，项目法人可以通过直接指定的方式选定项目管理单位。

第三条 本办法适用于南水北调主体工程项目建设，配套工程项目的建设可参照执行。

第四条 项目管理单位依据国家有关规定以及与项目法人签署的委托合同，独立进行项目建设管理并承担相应责任，同时接受依法进行的行政监督及合同约定范围内项目法人的检查。

第五条 项目法人通过招标方式择优选择南水北调工程项目勘察设计单位和监理单位，其勘察设计合同和监理合同可由项目法人委托项目管理单位管理。

项目管理单位通过招标方式择优选择南水北调工程项目施工单位以及重要设备供应单位。招标文件以及中标候选人需报项目法人备案。

第六条 项目法人在招标选择项目管理单位时，按本办法规定的基本条件在招标文件中明确资格条件要求，并对有投标意向的项目管理单位进行资格条件审查。

项目法人应及时将通过资格条件审查的项目管理单位名单报国务院南水北调办备案。

第七条 本办法所称资格条件审查，是指项目法人对项目管理单位的人员素质及构成、技术装备配置和管理经验等综合项目管理能力进行审查确认。

只有通过南水北调工程项目管理资格条件审查的项目管理单位，才可以承担相应工程项目的建设管理。

第八条 项目管理单位按基本条件分为甲类项目管理单位和乙类项目管理单位，其中甲类项目管理单位可以承担南水北调工程各类工程项目的建设管理，乙类项目管理单位可以承担南水北调工程投资规模在建安工作量8000万元以下的渠（堤）、河道等技术要求一般的工程项目的建设管理。

第九条 甲类项目管理单位必须具备以下基本条件：

（一）具有独立法人资格或具有独立签订合同权利的其他组织，一般应从事过类似大型工程项目的建设管理；

（二）派驻项目现场的负责人应当主持过或参与主持过大型工程项目的建设管理，经过专项培训；

（三）项目现场的技术负责人应当具有高级专业技术职称，主持过或参与主持过大中型水利工程项目的建设技术管理，经过专项培训；

（四）在技术、经济、财务、招标、合同、档案管理等方面有完善的管理制度，能够满足工程项目建设管理的需要；

（五）组织机构完善，人员结构合理，能够满足南水北调工程各类项目建设管理的需要；

（六）在册建设管理人员不少于 50 人，其中具有高级专业技术职称或相应执业资格的人员不少于总人数的 30%，具有中级专业技术职称或相应执业资格的人员不少于总人数的 30%，具有各类专业技术职称或相应执业资格的人员不少于总人数的 70%；

（七）工作场所固定，技术装备齐备，能满足工程建设管理的需要；

（八）注册资金 800 万元人民币以上；

（九）净资产 1000 万元人民币以上；

（十）具有承担与代建项目建设管理相应的责任的能力。

第十条 乙类项目管理单位必须具备以下基本条件：

（一）具有独立法人资格或具有独立签订合同权利的其他组织，一般应从事过类似中小型工程项目的建设管理；

（二）派驻项目现场的负责人应当主持过或参与主持过中小型工程项目的建设管理，经过专项培训；

（三）项目现场的技术负责人应当具有高级专业技术职称，主持过或参与主持过中小型水利工程项目的建设技术管理，经过专项培训；

（四）在技术、经济、财务、招标、合同、档案管理等方面有较完善的管理制度，能够满足工程项目建设管理的需要；

（五）组织机构完善，人员结构合理，能够满足渠（堤）、河道以及中小型水利工程项目建设管理的需要；

（六）在册建设管理人员不少于 30 人，其中具有高级专业技术职称或相应执业资格的人员不少于总人数的 20%，具有中级专业技术职称或相应执业资格的人员不少于总人数的 30%，具有各类专业技术职称或相应执业资格的人员不少于总人数的 70%；

（七）工作场所固定，技术装备齐备，能满足工程建设管理的需要；

（八）注册资金 400 万元人民币以上；

（九）净资产 500 万元人民币以上；

（十）具有承担与代建项目建设管理相应的责任的能力。

第十一条 项目法人与项目管理单位、项目管理单位与监理单位的有关职责划分应当遵循有利于工程项目建设管理，提高管理效率和责权利统一的原则。

第十二条 项目管理单位在合同约定范围内就工程项目建设的质量、安全、进度和投资效益对项目法人负责，并在工程设计使用年限内负质量责任。项目管理单位的具体职责范围、工作内容、权限及奖惩等，由项目法人与项目管理单位在项目建设管理委托合同中约定。项目法人应当为项目管理单位实施项目管理创造良好的条件。

第十三条 项目管理单位应当为所承担管理的工程项目派出驻工地代表处。工地代表处的机构设置和人员配置应满足工程项目现场管理的需要。项目管理单位派驻现场的人员应与投标承诺的人员结构、数量、资格相一致，派驻人员的调整需经项目法人同意。

第十四条 项目工程款的核定程序为监理单位审核，经项目管理单位复核后报项目法人审定。

第十五条 项目工程款的支付流程为项目法人拨款到项目管理单位,由项目管理单位依据合同支付给施工承包单位。

第十六条 项目法人与项目管理单位签订的有关项目建设管理委托合同(协议、责任书)应当体现奖优罚劣的原则。项目法人对在南水北调工程建设中做出突出成绩的项目管理单位及有关人员进行奖励,对违反委托合同(协议、责任书)或由于管理不善给工程造成影响及损失的,根据合同进行惩罚。

第十七条 国务院南水北调办对违反国家有关法律、法规和规章制度以及由于工作失误造成后果的项目管理单位及有关人员给予警告公示,造成严重后果的,清除出南水北调工程建设市场。

第十八条 在工程项目建设管理中,项目管理单位和有关人员因人为失误给工程建设造成重大负面影响和损失以及严重违反国家有关法律、法规和规章的,依据有关规定给予处罚;构成犯罪的,依法追究法律责任。

第十九条 本办法由国务院南水北调办负责解释。

第二十条 本办法自印发之日起施行。

5. 北京市政府投资建设项目代建制管理办法（试行）

京发改（2004）298号

一、总则

第一条 为进一步深化固定资产投资体制改革，充分利用社会专业化组织的技术和管理经验，提高政府投资项目的建设管理水平和投资效益，规范政府投资建设程序，依据国家有关法律、法规和《北京市政府投资建设项目管理暂行规定》（京政发［1999］31号）有关规定，特制定本办法。

第二条 在本市行政区域内，政府投资占项目总投资60％以上的公益性建设项目，适用本办法。

本办法所称代建制，是指政府通过招标的方式，选择社会专业化的项目管理单位（以下简称代建单位），负责项目的投资管理和建设组织实施工作，项目建成后交付使用单位的制度。代建期间，代建单位按照合同约定代行项目建设的投资主体职责。有关行政部门对实行代建制的建设项目的审批程序不变。

本办法所指公益性建设项目，主要包括：

（1）党政工团、×—×政协、公检法司、人民团体机关的办公业务用房及培训教育中心等。

（2）科教文卫体、民政及社会福利等社会事业项目。

（3）看守所、劳教所、监狱、消防设施、审判用房、技术侦察用房等政法设施。

（4）环境保护、市政道路、水利设施、风沙治理等公用事业项目。

（5）其他公用事业项目。

第三条 市发改委牵头负责实行代建制的组织实施工作；市财政局对代建制项目的财务活动实施财政管理和监督；市有关行政主管部门按照各自职责做好相关管理工作。

第四条 政府投资代建项目的代建单位应通过招标确定。市发改委负责政府投资项目代建单位的招标工作，各相关专业部门按照职责分工参与或配合招标工作。

第五条 政府投资代建项目，按照《招标投标法》、《北京市招标投标条例》和《北京市政府投资建设项目管理暂行规定》的有关规定，由代建单位对建设项目的勘察、设计、施工、监理、主要设备材料采购进行公开招标。

第六条 政府投资代建项目实行合同管理制，代建单位确定后，市发改委、使用单位、代建单位三方签订相关项目委托代建合同。

二、代建单位和使用单位职责

第七条 政府投资代建项目的代建工作分两阶段实施：

（一）招标确定项目前期工作代理单位。由中标的项目前期工作代理单位负责根据批准的项目建议书，对工程的可行性研究报告、勘察直至初步设计实行阶段代理。

（二）招标确定建设实施代建单位。由中标的建设实施代建单位负责根据批准的初步设计概算，对项目施工图编制、施工、监理直至竣工验收实行阶段代理。

根据项目的具体情况，政府投资项目的代建形式，也可以委托一个单位进行全过程代建管理。

第八条 政府投资代建项目的前期工作代理单位和建设实施代建单位必须是具有相应资

质并能够独立承担履约责任的法人。

第九条 前期工作代理单位的主要职责：

（一）会同使用单位，依据项目建议书批复内容组织编制项目可行性研究报告；

（二）组织开展工程勘察、规划设计等招标活动，并将招标投标情况书面报告和中标合同报市发改委备案；

（三）组织开展项目初步设计文件编制修改工作；

（四）办理项目可行性研究报告审批、土地征用、房屋拆迁、环保、消防等有关手续报批工作。

第十条 建设实施代建单位的主要职责：

（一）组织施工图设计；

（二）组织施工、监理和设备材料选购招标活动，并将招标投标书面情况报告和中标合同报市发改委备案；

（三）负责办理年度投资计划、建设工程规划许可证、施工许可证和消防、园林绿化、市政等工程竣工前的有关手续；

（四）负责工程合同的洽谈与签订工作，对施工和工程建设实行全过程管理；

（五）按项目进度向市发改委提出投资计划申请，向市财政局报送项目进度用款报告，并按月向市发改委、财政局及使用单位报送工程进度和资金使用情况；

（六）组织工程中间验收，会同市发改委、使用单位共同组织竣工验收，对工程质量实行终身负责制；

（七）编制工程决算报告，报市发改委、财政局审批，负责将项目竣工及有关技术资料整理汇编移交，并按批准的资产价值向使用单位办理资产交付手续。

第十一条 项目使用单位的主要职责：

（一）根据项目建议书批准的建设性质、建设规模和总投资额，提出项目使用功能配置、建设标准；

（二）协助前期工作代理单位和建设实施代建单位办理计划、规划、土地、施工、环保、消防、园林、绿化及市政接用等审批手续；

（三）参与项目设计的审查工作及施工、监理招标的监督工作；

（四）监督代建项目的工程质量和施工进度，参与工程验收；

（五）监督前期工作代理单位和建设实施代建单位对政府资金的使用情况；

（六）负责政府差额拨款投资项目中的自筹资金的筹措，建立项目专门账户，按合同约定拨款。

三、代建项目组织实施程序

第十二条 使用单位提出项目需求，编制项目建议书，按规定程序报市发改委审批。

第十三条 市发改委批复项目建议书，并在项目建议书批复中确定该项目实行代建制，明确具体代建方式。

第十四条 市发改委委托具有相应资质的社会招标代理机构，按照国家和市有关规定，通过招标确定具备条件的前期工作代理单位，市发改委与前期工作代理单位、使用单位三方签订《前期工作委托合同》。

第十五条 前期工作代理单位应遵照国家和市有关规定，对项目勘察、设计进行公开招标投标，并按照《前期工作委托合同》开展前期工作，前期工作深度必须达到国家有关规定。如果报审的初步设计概算投资超过可行性研究报告批准估算投资3％或建筑面积超过批准面积5％，需修改初步设计或重新编制可行性研究报告，并按规定程序报原审批部门审批。

第十六条 市发改委会同市规划等部门，对政府投资代建项目的初步设计及概算投资进行审核批复。

第十七条 市发改委委托具有相应资质的招标代理机构，依据批准的项目初步设计及概算投资编制招标文件，并组织建设实施代建单位的招标投标。

招标代理机构受市发改委委托，依法组织建设实施代建单位公开招标，提出书面评标报告和中标候选人，报市发改委审定，并抄送市财政局。其中，市重大项目建设实施代建单位中标人，应报市政府批准后确定。

第十八条 市发改委与建设实施代建单位、使用单位三方签订《项目代建合同》，建设实施代建单位按照合同约定在建设实施阶段代行使用单位职责。《项目代建合同》生效前，建设实施代建单位应提供工程概算投资10％～30％的银行履约保函。具体保函金额，根据项目行业特点，在项目招标文件中确定。

第十九条 建设实施代建单位应按照国家和市有关规定，对项目施工、监理和重要设备材料采购进行公开招标，并严格按照批准的建设规模、建设内容、建设标准和概算投资，进行施工组织管理，严格控制项目预算，确保工程质量，按期交付使用。严禁在施工过程中利用施工洽商或者补签其他协议，随意变更建设规模、建设标准、建设内容和总投资额。因技术、水文、地质等原因必须进行设计变更的，应由建设实施代建单位提出，经监理和使用单位同意，报市发改委审批后，再按有关程序规定向其他相关管理部门报审。

第二十条 政府投资代建制项目建成后，必须按国家有关规定和《项目代建合同》约定进行严格的竣工验收，办理政府投资财务决算审批手续。工程验收合格后，方可交付使用。

第二十一条 自项目初步设计批准之日起，前期工作代理单位应在一个月内，向使用单位办理移交手续。自项目竣工验收之日起，建设实施代建单位应在三个月内按财政部门批准的资产价值向使用人办理资产交付手续。

第二十二条 前期工作代理单位和建设实施代建单位要按照《中华人民共和国档案法》的有关规定，建立健全有关档案。项目筹划、建设各环节的文件资料，都要严格按照规定收集、整理、归档。在向使用单位办理移交手续时，一并将工程档案、财务档案及相关资料向使用单位和有关部门移交。

第二十三条 前期代理单位和建设实施代建单位确定后，应当严格按照《前期工作委托合同》和《项目代建合同》约定履行义务，不得擅自向他人转包或分包该项目。

四、资金拨付、管理与监督

第二十四条 项目前期费用由前期工作代理单位管理，并纳入项目总投资中。《前期工作委托合同》签订后，市发改委安排部分前期费用，前期工作代理单位根据实际工作内容和进度，提供有效的合同、费用票据，经项目使用单位审核确认后，方可报销。市发改委将前期费用资金计划下达给前期工作代理单位，由市财政部门直接拨付给前期代理单位用于项目前期工作。

第二十五条 项目建设资金由建设实施代建单位负责管理。《项目代建合同》签订后，市发改委根据国家和市政府有关规定，批准该项目正式年度投资计划，并根据项目具体进展情况，实施按进度拨款。建设实施代建单位根据实际工作进度和资金需求，提出资金使用计划，经项目使用单位和监理单位确认后，报请市发改委安排建设资金。市发改委将建设资金投资计划直接下达给建设实施代建单位，由市财政部门拨付给建设实施代建单位按规定使用。

第二十六条　前期工作代理单位和建设实施代建单位应严格执行国家和北京市的建设单位财务会计制度，设立专项工程资金账户，专款专用，严格资金管理。

第二十七条　前期工作代理单位管理费和建设实施代建单位管理费，在招标投标中确定。前期代理单位管理费与建设实施代建单位管理费最高可按3∶7比例确定。

第二十八条　试行代建制的项目，条件成熟的，要逐步开展部门预算和国库集中支付试点工作。

第二十九条　前期工作代理单位应每月向市发改委报送《项目前期工作进度月报》，建设实施代建单位应每月向市发改委和市财政局分别报送《项目进度月报》，监理单位应每月向市发改委和市财政局分别报送《项目监理月报》。

第三十条　市有关部门依据国家和北京市有关规定，对政府投资代建制项目进行稽查、评审、审计和监察。

五、奖惩规定

第三十一条　前期工作代理单位和建设实施代建单位应当严格依法进行勘察、设计、施工、监理、主要设备材料采购的招标工作，未经批准擅自邀请招标或不招标的，由市有关行政监督部门依法进行处罚，市发改委可暂停合同执行或暂停资金拨付。

第三十二条　前期工作代理单位未能恪尽职守，导致由于前期工作质量缺陷而造成工程损失的，应按照《前期工作委托合同》的约定，承担相应的赔偿责任。同时，该前期工作代理单位三年内不得参与本市政府投资建设项目前期工作。

第三十三条　建设实施代建单位未能完全履行《项目代建合同》，擅自变更建设内容、扩大建设规模、提高建设标准，致使工期延长、投资增加或工程质量不合格，所造成的损失或投资增加额一律从建设实施代建单位的银行履约保函中补偿；履约保函金额不足的，相应扣减项目代建管理费；项目代建管理费不足的，由建设实施代建单位用自有资金支付。同时，该建设实施代建单位三年内不得参与本市政府投资建设项目代建单位投标。

第三十四条　在政府投资代建项目的稽查、评审、审计、监察过程中，发现前期工作代理单位或建设实施代建单位存在违纪违规行为的，市发改委可中止有关合同的执行。由此造成的损失由前期工作代理单位或建设实施代建单位赔偿。

第三十五条　项目建成竣工验收，并经竣工财务决算审核批准后，如决算投资比合同约定投资有节余，建设实施代建单位可参与分成。其中，不低于30％的政府投资节余资金作为对建设实施代建单位的奖励，其余节余部分上缴市财政。使用单位自筹资金节余部分分成办法，由使用单位在代建合同中确定。

6. 天津市建设工程项目代建管理试行办法

建筑〔2006〕22号

第一章 总 则

第一条 为加强对建设工程项目实施委托建设行为的监管，提高工程项目的管理水平，发挥投资效益，规范建筑市场秩序，根据国家相关法律法规和政策，结合本市具体情况，制定本办法。

第二条 本市行政区域内建设工程项目的代建活动，应当遵守本办法。

第三条 本办法所称建设工程项目代建活动，是指建设单位通过招标或委托的方式，选择专业化的项目管理单位（以下简称代建单位），对新建、改建、扩建项目（以下简称代建项目）的组织实施进行全过程或若干阶段管理咨询的服务。

实行代建制的项目投资主体或建设单位（以下简称业主单位），在工程建设期间作为委托人，负责提供建设条件和外部环境，在项目建成后实施运营管理。代建期间，代建单位按照合同约定履行项目建设的投资主体或建设单位职责。

第四条 市建设行政主管部门负责对全市建设工程项目代建活动实施统一监督管理。区、县建设行政主管部门按照职责分工，对本行政区域内的建设工程项目代建活动实施监督管理。

第二章 代 建 单 位

第五条 从事建设工程项目代建活动的代建单位，应当具备下列条件：

（一）有综合工程勘察、设计、监理、施工、招标代理、工程造价咨询等一项或多项资质，且从事过与工程项目管理相关的建设工程，有同类建设工程项目管理的业绩；

（二）有满足项目管理需要的专业技术人员（有同类或相近项目的管理业绩）；

（三）法律、法规规定的其他条件。

有下列情形之一的，不得作为代建单位：

（一）已被行政或司法机关责令停业或停止承接工程任务的；

（二）上一年度中承接建设项目发生过重大责任事故或者有重大违规、违约行为的；

（三）资金、专业技术人员、技术装备及工程业绩等达不到已有资质规定标准的；

（四）无法履行代建职责的其他情形。

第六条 承接政府投资项目代建的代建单位，应按照其拥有的注册资本、专业技术人员和已完成的项目管理业绩等，到建设行政主管部门进行资格认定。

第三章 代建的委托

第七条 业主单位可以通过依法招标或直接委托的方式选择代建单位。政府投资项目选择代建单位，应当从已取得建设行政主管部门资格认定的代建单位中，依法通过招标进行选择。

第八条 代建单位不得在其代建的项目中承担施工、监理和重要设备、材料供应等工作。

政府投资项目的代建单位与业主单位不得存在行政隶属关系或其他利益关系。

第四章 项目代建的实施

第九条 本市建设工程项目代建活动实行合同备案制度。建设工程项目采用代建方式实施的，业主单位应当与代建单位依法签订《建设工程项目委托代建合同》，并在签订合同15日内，到建设行政主管部门备案。

第十条 项目代建可以实行全过程代建或分项委托，具体内容由业主单位与代建单位在合同中约定。

在合同委托范围内，代建单位独立开展勘察、设计、施工、材料及设备采购的招标工作，实施计划、组织、指挥、协调和控制等管理，接受相关行政主管部门的监督，并承担相应责任。

第十一条 代建单位应严格按照合同的约定履行义务，项目代建的主体不得再委托。

第十二条 业主单位可以要求代建单位提供履约担保或工程保险，其具体金额由双方在合同中约定。

第十三条 建设工程项目的代建费和支付方式由业主单位和代建单位双方通过协商自行约定。

政府投资项目代建费用标准和拨付方式应当执行财政部和我市相关规定。

第十四条 代建项目的建设资金可以由业主单位直接向工程建设相关用款单位支付，或委托代建单位代为支付。

政府投资项目应采用财政集中支付方式向承包单位或用款单位支付。

第五章 附 则

第十五条 代建项目建设完工后，应按国家和我市有关规定和项目代建合同的约定进行工程竣工验收。

工程验收合格的，代建单位应当自项目竣工验收合格之日起三个月内向业主单位办理资产交付手续，双方结清代建费用。实行分项委托的，代建单位应当自该分项业务完成之日起一个月内，按照合同约定与业主单位结清代建费用，办理移交手续。

项目保修期内的维修工作应由双方在合同中约定。

第十六条 代建单位应当按照档案管理法律、法规，建立健全项目筹划、建设等各环节的档案。在向业主单位办理移交手续时，一并将工程档案、财务档案及相关资料向业主单位和有关部门移交。

第十七条 对于项目代建过程中出现的建筑市场违法违规行为，实行全过程代建的项目，由代建单位承担相应责任；实行分项代建的项目，业主单位和代建单位应当在合同中对各自承担的责任进行划分和明确，除法律、法规和规章另有规定外，业主单位和代建单位按照合同约定承担相应责任。

第十八条 业主单位或代建单位一方违反合同约定，对方可以中止合同，并依法要求赔偿。

代建单位未能完全履行项目代建合同，或者擅自变更建设内容、扩大建设规模、提高建设标准，致使工期延长、投资增加或者工程质量不合格的，实施履约担保的，所造成的损失或投资增加额一律从建设实施代建单位的银行履约保函中补偿；未实行履约担保或履约保函金额不足的,从项目代建管理费中相应扣除;项目代建管理费不足的,由代建单位以自有资金支付。

第十九条 对实行代建制的政府投资项目实行稽查、评审、审计、检查的过程中,发现代建单位存在违约、违规、违法行为的,项目资金管理部门可依据情况进行警告、暂停资金拨付、暂停合同执行,直至解除合同,所造成的损失由代建单位承担。

第二十条 实行代建制的建设工程项目,未按要求进行合同备案的,建设行政主管部门不得直接受理代建单位的各项审批申请。

第二十一条 代建单位近三年的建设工程项目代建活动中有严重违法违规行为的,不得从事政府投资项目的代建活动。

第二十二条 本办法自发布之日起实施。

7. 中小企业划型标准规定

工信部联企业〔2011〕300号

一、根据《中华人民共和国中小企业促进法》和《国务院关于进一步促进中小企业发展的若干意见》（国发〔2009〕36号），制定本规定。

二、中小企业划分为中型、小型、微型三种类型，具体标准根据企业从业人员、营业收入、资产总额等指标，结合行业特点制定。

三、本规定适用的行业包括：农、林、牧、渔业，工业（包括采矿业，制造业，电力、热力、燃气及水生产和供应业），建筑业，批发业，零售业，交通运输业（不含铁路运输业），仓储业，邮政业，住宿业，餐饮业，信息传输业（包括电信、互联网和相关服务），软件和信息技术服务业，房地产开发经营，物业管理，租赁和商务服务业，其他未列明行业（包括科学研究和技术服务业，水利、环境和公共设施管理业，居民服务、修理和其他服务业，社会工作，文化、体育和娱乐业等）。

四、各行业划型标准为：

（一）农、林、牧、渔业。营业收入20000万元以下的为中小微型企业。其中，营业收入500万元及以上的为中型企业，营业收入50万元及以上的为小型企业，营业收入50万元以下的为微型企业。

（二）工业。从业人员1000人以下或营业收入40000万元以下的为中小微型企业。其中，从业人员300人及以上，且营业收入2000万元及以上的为中型企业；从业人员20人及以上，且营业收入300万元及以上的为小型企业；从业人员20人以下或营业收入300万元以下的为微型企业。

（三）建筑业。营业收入80000万元以下或资产总额80000万元以下的为中小微型企业。其中，营业收入6000万元及以上，且资产总额5000万元及以上的为中型企业；营业收入300万元及以上，且资产总额300万元及以上的为小型企业；营业收入300万元以下或资产总额300万元以下的为微型企业。

（四）批发业。从业人员200人以下或营业收入40000万元以下的为中小微型企业。其中，从业人员20人及以上，且营业收入5000万元及以上的为中型企业；从业人员5人及以上，且营业收入1000万元及以上的为小型企业；从业人员5人以下或营业收入1000万元以下的为微型企业。

（五）零售业。从业人员300人以下或营业收入20000万元以下的为中小微型企业。其中，从业人员50人及以上，且营业收入500万元及以上的为中型企业；从业人员10人及以上，且营业收入100万元及以上的为小型企业；从业人员10人以下或营业收入100万元以下的为微型企业。

（六）交通运输业。从业人员1000人以下或营业收入30000万元以下的为中小微型企业。其中，从业人员300人及以上，且营业收入3000万元及以上的为中型企业；从业人员20人及以上，且营业收入200万元及以上的为小型企业；从业人员20人以下或营业收入200万元以下的为微型企业。

（七）仓储业。从业人员200人以下或营业收入30000万元以下的为中小微型企业。其中，从业人员100人及以上，且营业收入1000万元及以上的为中型企业；从业人员20人及以上，且营业收入 100 万元及以上的为小型企业；从业人员 20 人以下或营业收入 100 万元以下的为微型企业。

（八）邮政业。从业人员 1000 人以下或营业收入 30000 万元以下的为中小微型企业。其中，从业人员 300 人及以上，且营业收入 2000 万元及以上的为中型企业；从业人员 20 人及以上，且营业收入 100 万元及以上的为小型企业；从业人员 20 人以下或营业收入 100 万元以下的为微型企业。

（九）住宿业。从业人员 300 人以下或营业收入 10000 万元以下的为中小微型企业。其中，从业人员 100 人及以上，且营业收入 2000 万元及以上的为中型企业；从业人员 10 人及以上，且营业收入 100 万元及以上的为小型企业；从业人员 10 人以下或营业收入 100 万元以下的为微型企业。

（十）餐饮业。从业人员 300 人以下或营业收入 10000 万元以下的为中小微型企业。其中，从业人员 100 人及以上，且营业收入 2000 万元及以上的为中型企业；从业人员 10 人及以上，且营业收入 100 万元及以上的为小型企业；从业人员 10 人以下或营业收入 100 万元以下的为微型企业。

（十一）信息传输业。从业人员 2000 人以下或营业收入 100000 万元以下的为中小微型企业。其中，从业人员 100 人及以上，且营业收入 1000 万元及以上的为中型企业；从业人员 10 人及以上，且营业收入 100 万元及以上的为小型企业；从业人员 10 人以下或营业收入 100 万元以下的为微型企业。

（十二）软件和信息技术服务业。从业人员 300 人以下或营业收入 10000 万元以下的为中小微型企业。其中，从业人员 100 人及以上，且营业收入 1000 万元及以上的为中型企业；从业人员 10 人及以上，且营业收入 50 万元及以上的为小型企业；从业人员 10 人以下或营业收入 50 万元以下的为微型企业。

（十三）房地产开发经营。营业收入 200000 万元以下或资产总额 10000 万元以下的为中小微型企业。其中，营业收入 1000 万元及以上，且资产总额 5000 万元及以上的为中型企业；营业收入 100 万元及以上，且资产总额 2000 万元及以上的为小型企业；营业收入 100 万元以下或资产总额 2000 万元以下的为微型企业。

（十四）物业管理。从业人员 1000 人以下或营业收入 5000 万元以下的为中小微型企业。其中，从业人员 300 人及以上，且营业收入 1000 万元及以上的为中型企业；从业人员 100 人及以上，且营业收入 500 万元及以上的为小型企业；从业人员 100 人以下或营业收入 500 万元以下的为微型企业。

（十五）租赁和商务服务业。从业人员 300 人以下或资产总额 120000 万元以下的为中小微型企业。其中，从业人员 100 人及以上，且资产总额 8000 万元及以上的为中型企业；从业人员 10 人及以上，且资产总额 100 万元及以上的为小型企业；从业人员 10 人以下或资产总额 100 万元以下的为微型企业。

（十六）其他未列明行业。从业人员 300 人以下的为中小微型企业。其中，从业人员 100 人及以上的为中型企业；从业人员 10 人及以上的为小型企业；从业人员 10 人以下的为微型企业。

五、企业类型的划分以统计部门的统计数据为依据。

六、本规定适用于在中华人民共和国境内依法设立的各类所有制和各种组织形式的企业。个体工商户和本规定以外的行业，参照本规定进行划型。

七、本规定的中型企业标准上限即为大型企业标准的下限，国家统计部门据此制定大中小微型企业的统计分类。国务院有关部门据此进行相关数据分析，不得制定与本规定不一致的企业划型标准。

八、本规定由工业和信息化部、国家统计局会同有关部门根据《国民经济行业分类》修订情况和企业发展变化情况适时修订。

九、本规定由工业和信息化部、国家统计局会同有关部门负责解释。

十、本规定自发布之日起执行，原国家经贸委、原国家计委、财政部和国家统计局2003年颁布的《中小企业标准暂行规定》同时废止。

8. 国务院办公厅关于加强和规范新开工项目管理的通知

国办发〔2007〕64号

各省、自治区、直辖市人民政府，国务院各部委、各直属机构：

新开工项目管理是投资管理的重要环节，也是宏观调控的重要手段。近年来，新开工项目过多，特别是一些项目开工建设有法不依、执法不严、监管不力，加剧了投资增长过快、投资规模过大、低水平重复建设等矛盾，扰乱了投资建设秩序，成为了影响经济稳定运行的突出问题。为深入贯彻落实科学发展观，加强和改善宏观调控，各地区、各有关部门要根据《国务院关于投资体制改革的决定》（国发〔2004〕20号）和国家法律法规有关规定，进一步深化投资体制改革，依法加强和规范新开工项目管理，切实从源头上把好项目开工建设关，维护投资建设秩序，以促进国民经济又好又快发展。经国务院同意，现就有关事项通知如下：

一、严格规范投资项目新开工条件

各类投资项目开工建设必须符合下列条件：

（一）符合国家产业政策、发展建设规划、土地供应政策和市场准入标准。

（二）已经完成审批、核准或备案手续。实行审批制的政府投资项目，已经批准可行性研究报告，其中，需审批初步设计及概算的项目，已经批准初步设计及概算；实行核准制的企业投资项目，已经核准项目申请报告；实行备案制的企业投资项目，已经完成备案手续。

（三）规划区内的项目选址和布局必须符合城乡规划，并依照城乡规划法的有关规定办理相关规划许可手续。

（四）需要申请使用土地的项目必须依法取得用地批准手续，并已经签订国有土地有偿使用合同或取得国有土地划拨决定书。其中，工业、商业、旅游、娱乐和商品住宅等经营性投资项目，应当依法以招标、拍卖或挂牌出让方式取得土地。

（五）已经按照建设项目环境影响评价分类管理、分级审批的规定完成环境影响评价审批。

（六）已经按照规定完成固定资产投资项目的节能评估和审查。

（七）建筑工程开工前，建设单位依照建筑法的有关规定，已经取得施工许可证或者开工报告，并采取保证建设项目工程质量安全的具体措施。

（八）符合国家法律法规的其他相关要求。

二、建立新开工项目管理联动机制

各级发展改革、城乡规划、国土资源、环境保护、建设和统计等部门要加强沟通，密切配合，明确工作程序和责任，建立新开工项目管理联动机制。

实行审批制的政府投资项目，项目单位应首先向发展改革等项目审批部门报送项目建议书，依据项目建议书批复文件分别向城乡规划、国土资源和环境保护部门申请办理规划选址、用地预审和环境影响评价审批手续。完成相关手续后，项目单位根据项目论证情况向发展改革等项目审批部门报送可行性研究报告，并附规划选址、用地预审和环评审批文件。项目单位依据可行性研究报告批复文件向城乡规划部门申请办理规划许可手续，向国土资源部门申请办理正式用地手续。

实行核准制的企业投资项目，项目单位分别向城乡规划、国土资源和环境保护部门申请办理规划选址、用地预审和环评审批手续。完成相关手续后，项目单位向发展改革等项目核准部门报送项目申请报告，并附规划选址、用地预审和环评审批文件。项目单位依据项目核准文件向城乡规划部门申请办理规划许可手续，向国土资源部门申请办理正式用地手续。

实行备案制的企业投资项目，项目单位必须首先向发展改革等备案管理部门办理备案手续，备案后，分别向城乡规划、国土资源和环境保护部门申请办理规划选址、用地和环评审批手续。

各级发展改革等项目审批（核准、备案）部门和城乡规划、国土资源、环境保护、建设等部门都要严格遵守上述程序和规定，加强相互衔接，确保各个工作环节按规定程序进行。对未取得规划选址、用地预审和环评审批文件的项目，发展改革等部门不得予以审批或核准。对于未履行备案手续或者未予备案的项目，城乡规划、国土资源、环境保护等部门不得办理相关手续。对应以招标、拍卖或挂牌出让方式取得土地的项目，国土资源管理部门要会同发展改革、城乡规划、环境保护等部门将有关要求纳入土地出让方案。对未按规定取得项目审批（核准、备案）、规划许可、环评审批、用地管理等相关文件的建筑工程项目，建设行政主管部门不得发放施工许可证。对于未按程序和规定办理审批和许可手续的，要撤销有关审批和许可文件，并依法追究相关人员的责任。

三、加强新开工项目统计和信息管理

各级发展改革、城乡规划、国土资源、环境保护、建设等部门要加快完善本部门的信息系统，并建立信息互通制度，将各自办理的项目审批、核准、备案和城乡规划、土地利用、环境影响评价等文件相互送达，同时抄送同级统计部门。统计部门要依据相关信息加强对新开工项目的统计检查，及时将统计的新开工项目信息抄送同级发展改革、城乡规划、国土资源、环境保护、建设等部门。部门之间要充分利用网络信息技术，逐步建立新开工项目信息共享平台，及时交换项目信息，实现资源共享。有关部门应制定实施细则，明确信息交流的内容、时间和具体方式等。

各级统计部门要坚持依法统计，以现行规定的标准为依据，切实做好新开工项目统计工作。要加强培训工作，不断提高基层统计人员的业务素质，保证新开工项目统计数据的质量。地方各级政府要树立科学发展观和正确的政绩观，不得干预统计工作。

各级发展改革部门应在信息互通制度的基础上，为总投资5000万元以上的拟建项目建立管理档案，包括项目基本情况、有关手续办理情况（文件名称和文号）等内容，定期向上级发展改革部门报送项目信息。在项目完成各项审批和许可手续后，各省级发展改革部门应将项目名称、主要建设内容和规模、各项审批和许可文件的名称和文号等情况，通过本单位的门户网站及其他方式，从2008年1月起按月向社会公告。

四、强化新开工项目的监督检查

各级发展改革、城乡规划、国土资源、环境保护、建设、统计等部门要切实负起责任，严格管理，强化对新开工项目事中、事后的监督检查。要建立部门联席会议制度等协调机制，对新开工项目管理及有关制度、规定执行情况进行交流和检查，不断完善管理办法。

各类投资主体要严格执行国家法律、法规、政策规定和投资建设程序。项目开工前，必须履行完各项建设程序，并自觉接受监督。对于以化整为零、提供虚假材料等不正当手段取得审批、核准或备案文件的项目，发展改革等项目审批（核准、备案）部门要依法撤销该项目的审批、核准或备案文件，并责令其停止建设。对于违反城乡规划、土地管理、环境保

护、施工许可等法律法规和国家相关规定擅自开工建设的项目，一经发现，即应停止建设，并由城乡规划、国土资源、环境保护、建设部门依法予以处罚，由此造成的损失均由项目投资者承担。对于在建设过程中不遵守城乡规划、土地管理、环境保护和施工许可要求的项目，城乡规划、国土资源、环境保护、建设部门要依法予以处罚，责令其停止建设或停止生产，并追究有关单位和人员的责任。对于篡改、编造虚假数据和虚报、瞒报、拒报统计资料等行为，要依法追究有关单位和个人的责任。对于存在上述问题且情节严重、性质恶劣的项目单位和个人，除依法惩处外，还应将相关情况通过新闻媒体向社会公布。

上级发展改革、城乡规划、国土资源、环境保护、建设等部门要对下级部门加强指导和监督。对项目建设程序的政策规定执行不力并已造成严重影响的地区，要及时予以通报批评。

五、提高服务意识和工作效率

各级发展改革、城乡规划、国土资源、环境保护、建设等部门要严格执行国家法律法规和政策规定，努力提高工作效率，不断增强服务意识。对于符合国家产业政策、发展建设规划、市场准入标准和土地供应政策、环境保护政策，符合城乡规划、土地利用总体规划且纳入年度土地利用计划的项目，要积极给予指导和支持，尽快办理各项手续，主动帮助解决项目建设过程中遇到的问题和困难。要坚决贯彻有保有压、分类指导的宏观调控方针，引导投资向国家鼓励的产业和地区倾斜，加大对重点建设项目的扶持力度，推动投资结构优化升级，提高投资质量和效益。要切实加强投资建设法律法规的宣传培训工作，引导各类投资主体依法投资建设，营造和维护正常的投资建设秩序。

各地区、各有关部门要高度重视新开工项目的管理工作，认真贯彻执行上述规定，抓紧制定相关配套措施和实施细则，不断提高投资管理水平。

国务院办公厅
二〇〇七年十一月十七日

二、工程项目审批核准备案制

1. 深化投资体制改革有哪些要求?

深化投资体制改革的目标是:改革政府对企业投资的管理制度,按照"谁投资、谁决策、谁收益、谁承担风险"的原则,落实企业投资自主权。

(1) 改革项目审批制度,落实企业投资自主权。

(2) 规范政府核准制。企业投资建设实行核准制的项目,仅需向政府提交项目申请报告,不再经过批准项目建议书、可行性研究报告和开工报告的程序。

(3) 健全备案制。对于《目录》以外的企业投资项目,实行备案制,国家另有规定的除外。

(4) 简化和规范政府投资项目审批程序,合理划分审批权限。

(5) 加强政府投资项目管理,改进建设实施方式。

(6) 引入市场机制,充分发挥政府投资的效益。

2. 企业投资项目核准制有哪些要求?

项目核准机关,是指《目录》中规定的具有企业投资项目核准权限的行政机关。其中,国务院投资主管部门是指国家发展和改革委员会;地方政府投资主管部门,是指地方政府发展改革委(计委)和地方政府规定具有投资管理职能的经贸委(经委)。企业投资建设实行核准制的项目,应按国家有关要求编制项目申请报告,报送项目核准机关。项目核准机关应依法进行核准,并加强监督管理。项目申报单位应向项目核准机关提交项目申请报告,一式五份。项目申请报告应由具备相应工程咨询资格的机构编制,其中由国务院投资主管部门核准的项目,其项目申请报告应由具备甲级工程咨询资格的机构编制。项目申请报告应主要包括以下内容:

(1) 项目申报单位情况。

(2) 拟建项目情况。

(3) 建设用地与相关规划。

(4) 资源利用和能源耗用分析。

(5) 生态环境影响分析。

(6) 经济和社会效果分析。

项目申报单位在向项目核准机关报送申请报告时,需根据国家法律法规的规定附送以下文件:

(1) 城市规划行政主管部门出具的城市规划意见;

(2) 国土资源行政主管部门出具的项目用地预审意见;

(3) 环境保护行政主管部门出具的环境影响评价文件的审批意见;

(4) 根据有关法律法规应提交的其他文件。

3. 外商投资项目核准制有哪些要求?

对外商投资项目的核准管理,适用于中外合资、中外合作、外商独资、外商购并境内企业、外商投资企业增资等各类外商投资项目的核准。按照《外商投资产业指导目录》分类，总投资（包括增资额，下同）1亿美元及以上的鼓励类、允许类项目和总投资5000万美元及以上的限制类项目，由国家发展改革委核准项目申请报告，其中总投资5亿美元及以上的鼓励类、允许类项目和总投资1亿美元及以上的限制类项目由国家发展改革委对项目申请报告审核后报国务院核准。总投资1亿美元以下的鼓励类、允许类项目和总投资5000万美元以下的限制类项目由地方发展改革部门核准，其中限制类项目由省级发展改革部门核准，此类项目的核准权不得下放。报送国家发展改革委的项目申请报告应包括以下内容：

（1）项目名称、经营期限、投资方基本情况；

（2）项目建设规模，主要建设内容及产品，采用的主要技术和工艺，产品目标市场，计划用工人数；

（3）项目建设地点，对土地、水、能源等资源的需求以及主要原材料的消耗量；

（4）环境影响评价；

（5）涉及公共产品或服务的价格；

（6）项目总投资、注册资本及各方出资额、出资方式及融资方案，需要进口设备及金额。

报送国家发展改革委的项目申请报告应附以下文件：

（1）中外投资各方的企业注册证（营业执照）、商务登记证及经审计的最新企业财务报表（包括资产负债表、损益表和现金流量表）、开户银行出具的资金信用证明；

（2）投资意向书，增资、购并项目的公司董事会决议；

（3）银行出具的融资意向书；

（4）省级或国家环境保护行政主管部门出具的环境影响评价意见书；

（5）省级规划部门出具的规划选址意见书；

（6）省级或国家国土资源管理部门出具的项目用地预审意见书；

（7）以国有资产或土地使用权出资的，需有有关主管部门出具的确认文件。

4. 境外投资项目核准制有哪些要求？

境外投资项目核准制适用于中华人民共和国境内各类法人（以下称"投资主体"）及其通过在境外控股的企业或机构，在境外进行的投资（含新建、购并、参股、增资、再投资）项目的核准，包括投资主体在香港特别行政区、澳门特别行政区和台湾地区进行的投资项目的核准。境外投资项目指投资主体通过投入货币、有价证券、实物、知识产权或技术、股权、债权等资产和权益或提供担保，获得境外所有权、经营管理权及其他相关权益的活动。国家对境外投资资源开发类和大额用汇项目实行核准管理。资源开发类项目指在境外投资勘探开发原油、矿山等资源的项目。此类项目，中方投资额3000万美元及以上的，由国家发展改革委核准，其中中方投资额2亿美元及以上的，由国家发展改革委审核后报国务院核准。大额用汇类项目指在前款所列领域之外中方投资用汇额1000万美元及以上的境外投资项目，此类项目由国家发展改革委核准，其中中方投资用汇额5000万美元及以上的，由国家发展改革委审核后报国务院核准。中方投资额3000万美元以下的资源开发类和中方投资用汇额1000万美元以下的其他项目，由各省、自治区、直辖市及计划单列市和新疆生产建设兵团等省级发展改革部门核准，项目核准权不得下放。中央管理企业投资的中方投资额3000万美元以下的资源开发类境外投资项目和中方投资用汇额1000万美元以下的其他境外投资项目,由其自主决策并在决策后将相关文件报国家发展改革委备案。国家发展改革委在收到上述备案材料之日起7个工作日内出具备案证明。前往台湾地区投资的项目和前往未建交国家投资的项目,不分限额,由国家发展改革委核准或经国家发展改革委审核后报国务院核准。

5. 指导外商投资方向有哪些规定?

指导外商投资方向的规定,适用于在我国境内投资举办中外合资经营企业、中外合作经营企业和外资企业(以下简称外商投资企业)的项目以及其他形式的外商投资项目(以下简称外商投资项目)。外商投资项目分为鼓励、允许、限制和禁止四类。

鼓励类、限制类和禁止类的外商投资项目,列入《外商投资产业指导目录》。不属于鼓励类、限制类和禁止类的外商投资项目,为允许类外商投资项目。允许类外商投资项目不列入《外商投资产业指导目录》。属于下列情形之一的,列为鼓励类外商投资项目:

(1) 属于农业新技术、农业综合开发和能源、交通、重要原材料工业的;

(2) 属于高新技术、先进适用技术,能够改进产品性能、提高企业技术经济效益或者生产国内生产能力不足的新设备、新材料的;

(3) 适应市场需求,能够提高产品档次、开拓新兴市场或者增加产品国际竞争能力的;

(4) 属于新技术、新设备,能够节约能源和原材料、综合利用资源和再生资源以及防治环境污染的;

(5) 能够发挥中西部地区的人力和资源优势,并符合国家产业政策的;

(6) 法律、行政法规规定的其他情形。

属于下列情形之一的,列为限制类外商投资项目:

(1) 技术水平落后的;

(2) 不利于节约资源和改善生态环境的;

(3) 从事国家规定实行保护性开采的特定矿种的勘探、开采的;

(4) 属于国家逐步开放的产业的;

(5) 法律、行政法规规定的其他情形。

属于下列情形之一的,列为禁止类外商投资项目:

(1) 危害国家安全或者损害社会公共利益的;

(2) 对环境造成污染损害,破坏自然资源或者损害人体健康的;

(3) 占用大量耕地,不利于保护、开发土地资源的;

(4) 危害军事设施安全和使用效能的;

(5) 运用我国特有工艺或者技术生产产品的;

(6) 法律、行政法规规定的其他情形。

《外商投资产业指导目录》可以对外商投资项目规定"限于合资、合作"、"中方控股"或者"中方相对控股"。限于合资、合作,是指仅允许中外合资经营、中外合作经营;中方控股,是指中方投资者在外商投资项目中的投资比例之和为51%及以上;中方相对控股,是指中方投资者在外商投资项目中的投资比例之和大于任何一方外国投资者的投资比例。

鼓励类外商投资项目,除依照有关法律、行政法规的规定享受优惠待遇外,从事投资额大、回收期长的能源、交通、城市基础设施(煤炭、石油、天然气、电力、铁路、公路、港口、机场、城市道路、污水处理、垃圾处理等)建设、经营的,经批准,可以扩大与其相关的经营范围。

产品全部直接出口的允许类外商投资项目，视为鼓励类外商投资项目；产品出口销售额占其产品销售总额70%以上的限制类外商投资项目，经省、自治区、直辖市及计划单列市人民政府或者国务院主管部门批准，可以视为允许类外商投资项目。

根据现行审批权限，外商投资项目按照项目性质分别由发展计划部门和经贸部门审批、备案；外商投资企业的合同、章程由外经贸部门审批、备案。其中，限制类限额以下的外商投资项目由省、自治区、直辖市及计划单列市人民政府的相应主管部门审批，同时报上级主管部门和行业主管部门备案，此类项目的审批权不得下放。属于服务贸易领域逐步开放的外商投资项目，按照国家有关规定审批。涉及配额、许可证的外商投资项目，须先向外经贸部门申请配额、许可证。

6. 办理工程建设项目审批（核准）时，核准招标内容有哪些要求？

办理工程建设项目审批（核准）时，核准招标内容应包括的招标内容和程序事项，具体分为：

招标内容应包括：

（1）建设项目的勘察、设计、施工、监理以及重要设备、材料等的采购活动的具体招标范围（全部或者部分招标）。

（2）建设项目的勘察、设计、施工、监理以及重要设备、材料等的采购活动拟采用的招标组织形式（委托招标或者自行招标），拟自行招标的，还应按照《工程建设项目自行招标试行办法》的规定报告书面材料。

（3）建设项目的勘察、设计、施工、监理以及重要设备、材料等的采购活动拟采用的招标方式（公开招标或者邀请招标），国家重点项目拟采用邀请招标的，应对采用邀请招标的理由作出说明。

核准招标内容的程序：

（1）各有关司局审批、核准项目可行性研究报告、项目申请报告或资金申请报告时，按规定会签其他有关司局的，有关司局会签时应一并对相关招标内容提出会签意见。

（2）招标内容核准后，对招标内容的核准意见应包含在对可行性研究报告、项目申请报告或资金申请报告的批复中，具体内容按照本意见第四条的规定确定。

（3）有关司局核准招标内容后，应将包括招标内容核准意见的可行性研究报告、项目申请报告或者资金申请报告批复文件抄送投资司和稽查办（各一式五份）。

（4）项目建设单位在招标活动中对招标内容提出变更的，应向原核准招标内容的司局重新办理有关招标内容核准手续。

7. 中央党政机关等建设项目管理有哪些要求？

国家发展改革委对政府投资项目的项目建议书、可行性研究报告和初步设计概算的批复文件是建设项目开展工作的主要依据。批复中核定的建设内容、规模、标准、总投资概算和其他控制指标，必须严格遵守。项目建议书批复的建设规模，原则上在可行性研究报告、初步设计等后续工作中不能突破。今后，对于不按批复要求编报的可研报告或初步设计方案，国家发展改革委不予受理，对承担编制可行性研究报告或初步设计方案的相关咨询、设计单位，国家发展改革委将视情况给予劝诫或限制其承担政府投资项目的设计任务，并建议有关资质管理部门给予相应处罚。

工程监理单位的主要责任是依照法律法规、有关技术标准、设计文件和建筑工程承包合同，对承担施工的单位在施工质量、建设工期和建设资金使用等方面，代表项目业主方实施监督。中央党政机关建设项目，在实施过程中，对项目使用单位未经国家发展改革委批准，擅自提高建设标准、扩大建设规模、改变建设方案的行为，监理单位有责任和义务向项目使用单位的上级主管部门和国家发展改革委报告。对未及时制止和报告上述行为的监理单位，视情况给予劝诫或限制其承担政府投资项目的监理任务，并建议有关资质管理部门给予相应处罚。

（1）建立项目责任人制度。中央党政机关建设项目，从立项开始，要由项目使用单位确定一名项目责任人（在立项批复文件中明确）。项目责任人的主要职责是定期向国家发展改革委报告建设项目在可行性研究报告、初步设计方案和投资概算的编报过程中以及项目建设过程中的设计变更、建设进度、概算控制等情况。

（2）建立项目进展情况报告制度。中央党政机关建设项目开工后，由项目责任人按季度定期向国家发展改革委报告项目建设进度和概算执行情况，主要是反映建设项目是否按国家批准的规模和标准进行建设、有无超概算等问题。党中央机关、国务院机关各部门的建设项目要同时将项目建设进展情况抄报中直管理局或国管局。

（3）对投资和建设规模较大的项目，国家发展改革委可在当地建设主管部门对工程施工图设计完成结构安全审查后，委托有关单位对施工图设计是否符合批准的初步设计方案进行复核。对不依据国家发展改革委批准的初步设计方案进行施工图设计的项目，国家发展改革委将要求修改或重新进行施工图设计，并暂停开工建设。

（4）项目实施过程中，如有重大设计变更和超概算因素（建设规模、内外装修标准、设备、材料选型等发生变化），必须事先向国家发展改革委提交报告，履行报批手续。对未经批准擅自进行重大设计变更而导致超概算的，国家发展改革委不再受理事后调概申请。

根据《国务院关于投资体制改革的决定》的精神，对政府投资的中央党政机关建设项目将逐步推行"代建制"，即通过招标等方式，选择专业化的项目管理单位负责建设实施，严格控制项目投资、质量和工期，竣工验收后移交给使用单位。

附录二：工程项目审批核准备案制相关法规

1. 国务院关于投资体制改革的决定

国发［2004］20号

各省、自治区、直辖市人民政府，国务院各部委、各直属机构：

改革开放以来，国家对原有的投资体制进行了一系列改革，打破了传统计划经济体制下高度集中的投资管理模式，初步形成了投资主体多元化、资金来源多渠道、投资方式多样化、项目建设市场化的新格局。但是，现行的投资体制还存在不少问题，特别是企业的投资决策权没有完全落实，市场配置资源的基础性作用尚未得到充分发挥，政府投资决策的科学化、民主化水平需要进一步提高，投资宏观调控和监管的有效性需要增强。为此，国务院决定进一步深化投资体制改革。

一、深化投资体制改革的指导思想和目标

（一）深化投资体制改革的指导思想是：按照完善社会主义市场经济体制的要求，在国家宏观调控下充分发挥市场配置资源的基础性作用，确立企业在投资活动中的主体地位，规范政府投资行为，保护投资者的合法权益，营造有利于各类投资主体公平、有序竞争的市场环境，促进生产要素的合理流动和有效配置，优化投资结构，提高投资效益，推动经济协调发展和社会全面进步。

（二）深化投资体制改革的目标是：改革政府对企业投资的管理制度，按照"谁投资、谁决策、谁收益、谁承担风险"的原则，落实企业投资自主权；合理界定政府投资职能，提高投资决策的科学化、民主化水平，建立投资决策责任追究制度；进一步拓宽项目融资渠道，发展多种融资方式；培育规范的投资中介服务组织，加强行业自律，促进公平竞争；健全投资宏观调控体系，改进调控方式，完善调控手段；加快投资领域的立法进程；加强投资监管，维护规范的投资和建设市场秩序。通过深化改革和扩大开放，最终建立起市场引导投资、企业自主决策、银行独立审贷、融资方式多样、中介服务规范、宏观调控有效的新型投资体制。

二、转变政府管理职能，确立企业的投资主体地位

（一）改革项目审批制度，落实企业投资自主权。彻底改革现行不分投资主体、不分资金来源、不分项目性质，一律按投资规模大小分别由各级政府及有关部门审批的企业投资管理办法。对于企业不使用政府投资建设的项目，一律不再实行审批制，区别不同情况实行核准制和备案制。其中，政府仅对重大项目和限制类项目从维护社会公共利益角度进行核准，其他项目无论规模大小，均改为备案制，项目的市场前景、经济效益、资金来源和产品技术方案等均由企业自主决策、自担风险，并依法办理环境保护、土地使用、资源利用、安全生产、城市规划等许可手续和减免税确认手续。对于企业使用政府补助、转贷、贴息投资建设的项目，政府只审批资金申请报告。各地区、各部门要相应改进管理办法，规范管理行为，不得以任何名义截留下放给企业的投资决策权利。

（二）规范政府核准制。要严格限定实行政府核准制的范围，并根据变化的情况适时调整。《政府核准的投资项目目录》（以下简称《目录》）由国务院投资主管部门会同有关部门研究提出，报国务院批准后实施。未经国务院批准，各地区、各部门不得擅自增减《目录》规定的范围。

企业投资建设实行核准制的项目，仅需向政府提交项目申请报告，不再经过批准项目建议书、可行性研究报告和开工报告的程序。政府对企业提交的项目申请报告，主要从维护经济安全、合理开发利用资源、保护生态环境、优化重大布局、保障公共利益、防止出现垄断等方面进行核准。对于外商投资项目，政府还要从市场准入、资本项目管理等方面进行核准。政府有关部门要制定严格规范的核准制度，明确核准的范围、内容、申报程序和办理时限，并向社会公布，提高办事效率，增强透明度。

（三）健全备案制。对于《目录》以外的企业投资项目，实行备案制，除国家另有规定外，由企业按照属地原则向地方政府投资主管部门备案。备案制的具体实施办法由省级人民政府自行制定。国务院投资主管部门要对备案工作加强指导和监督，防止以备案的名义变相审批。

（四）扩大大型企业集团的投资决策权。基本建立现代企业制度的特大型企业集团，投资建设《目录》内的项目，可以按项目单独申报核准，也可编制中长期发展建设规划，规划经国务院或国务院投资主管部门批准后，规划中属于《目录》内的项目不再另行申报核准，只需办理备案手续。企业集团要及时向国务院有关部门报告规划执行和项目建设情况。

（五）鼓励社会投资。放宽社会资本的投资领域，允许社会资本进入法律法规未禁入的基础设施、公用事业及其他行业和领域。逐步理顺公共产品价格，通过注入资本金、贷款贴息、税收优惠等措施，鼓励和引导社会资本以独资、合资、合作、联营、项目融资等方式，参与经营性的公益事业、基础设施项目建设。对于涉及国家垄断资源开发利用、需要统一规划布局的项目，政府在确定建设规划后，可向社会公开招标选定项目业主。鼓励和支持有条件的各种所有制企业进行境外投资。

（六）进一步拓宽企业投资项目的融资渠道。允许各类企业以股权融资方式筹集投资资金，逐步建立起多种募集方式相互补充的多层次资本市场。经国务院投资主管部门和证券监管机构批准，选择一些收益稳定的基础设施项目进行试点，通过公开发行股票、可转换债券等方式筹集建设资金。在严格防范风险的前提下，改革企业债券发行管理制度，扩大企业债券发行规模，增加企业债券品种。按照市场化原则改进和完善银行的固定资产贷款审批和相应的风险管理制度，运用银团贷款、融资租赁、项目融资、财务顾问等多种业务方式，支持项目建设。允许各种所有制企业按照有关规定申请使用国外贷款。制定相关法规，组织建立中小企业融资和信用担保体系，鼓励银行和各类合格担保机构对项目融资的担保方式进行研究创新，采取多种形式增强担保机构资本实力，推动设立中小企业投资公司，建立和完善创业投资机制。规范发展各类投资基金。鼓励和促进保险资金间接投资基础设施和重点建设工程项目。

（七）规范企业投资行为。各类企业都应严格遵守国土资源、环境保护、安全生产、城市规划等法律法规，严格执行产业政策和行业准入标准，不得投资建设国家禁止发展的项目；应诚信守法，维护公共利益，确保工程质量，提高投资效益。国有和国有控股企业应按照国有资产管理体制改革和现代企业制度的要求，建立和完善国有资产出资人制度、投资风险约束机制、科学民主的投资决策制度和重大投资责任追究制度。严格执行投资项目的法人责任制、资本金制、招标投标制、工程监理制和合同管理制。

三、完善政府投资体制，规范政府投资行为

（一）合理界定政府投资范围。政府投资主要用于关系国家安全和市场不能有效配置资源的经济和社会领域,包括加强公益性和公共基础设施建设,保护和改善生态环境,促进欠发达地区的经济和社会发展,推进科技进步和高新技术产业化。能够由社会投资建设的项目,尽可能利用社会资金建设。合理划分中央政府与地方政府的投资事权。中央政府投资除本级政权等建设外,主要安排跨地区、跨流域以及对经济和社会发展全局有重大影响的项目。

(二)健全政府投资项目决策机制。进一步完善和坚持科学的决策规则和程序,提高政府投资项目决策的科学化、民主化水平;政府投资项目一般都要经过符合资质要求的咨询中介机构的评估论证,咨询评估要引入竞争机制,并制定合理的竞争规则;特别重大的项目还应实行专家评议制度;逐步实行政府投资项目公示制度,广泛听取各方面的意见和建议。

(三)规范政府投资资金管理。编制政府投资的中长期规划和年度计划,统筹安排、合理使用各类政府投资资金,包括预算内投资、各类专项建设基金、统借国外贷款等。政府投资资金按项目安排,根据资金来源、项目性质和调控需要,可分别采取直接投资、资本金注入、投资补助、转贷和贷款贴息等方式。以资本金注入方式投入的,要确定出资人代表。要针对不同的资金类型和资金运用方式,确定相应的管理办法,逐步实现政府投资的决策程序和资金管理的科学化、制度化和规范化。

(四)简化和规范政府投资项目审批程序,合理划分审批权限。按照项目性质、资金来源和事权划分,合理确定中央政府与地方政府之间、国务院投资主管部门与有关部门之间的项目审批权限。对于政府投资项目,采用直接投资和资本金注入方式的,从投资决策角度只审批项目建议书和可行性研究报告,除特殊情况外,不再审批开工报告,同时应严格政府投资项目的初步设计、概算审批工作;采用投资补助、转贷和贷款贴息方式的,只审批资金申请报告。具体的权限划分和审批程序由国务院投资主管部门会同有关方面研究制定,报国务院批准后颁布实施。

(五)加强政府投资项目管理,改进建设实施方式。规范政府投资项目的建设标准,并根据情况变化及时修订完善。按项目建设进度下达投资资金计划。加强政府投资项目的中介服务管理,对咨询评估、招标代理等中介机构实行资质管理,提高中介服务质量。对非经营性政府投资项目,加快推行"代建制",即通过招标等方式,选择专业化的项目管理单位负责建设实施,严格控制项目投资、质量和工期,竣工验收后移交给使用单位。增强投资风险意识,建立和完善政府投资项目的风险管理机制。

(六)引入市场机制,充分发挥政府投资的效益。各级政府要创造条件,利用特许经营、投资补助等多种方式,吸引社会资本参与有合理回报和一定投资回收能力的公益事业和公共基础设施项目建设。对于具有垄断性的项目,试行特许经营,通过业主招标制度,开展公平竞争,保护公众利益。已经建成的政府投资项目,具备条件的经过批准可以依法转让产权或经营权,以回收的资金滚动投资于社会公益等各类基础设施建设。

四、加强和改善投资的宏观调控

(一)完善投资宏观调控体系。国家发展和改革委员会要在国务院领导下会同有关部门,按照职责分工,密切配合、相互协作、有效运转、依法监督,调控全社会的投资活动,保持合理投资规模,优化投资结构,提高投资效益,促进国民经济持续快速协调健康发展和社会全面进步。

(二)改进投资宏观调控方式。综合运用经济的、法律的和必要的行政手段,对全社会投资进行以间接调控方式为主的有效调控。国务院有关部门要依据国民经济和社会发展中长期规划，编制教育、科技、卫生、交通、能源、农业、林业、水利、生态建设、环境保护、战略资源开发等重要领域的发展建设规划，包括必要的专项发展建设规划，明确发展的指导思想、战略目标、总体布局和主要建设项目等。按照规定程序批准的发展建设规划是投资决策的重要依据。各级政府及其有关部门要努力提高政府投资效益，引导社会投资。制定并适时调整国家固定资产投资指导目录、外商投资产业指导目录，明确国家鼓励、限制和禁止投资的项目。建立投资信息发布制度，及时发布政府对投资的调控目标、主要调控政策、重点行业投资状况和发展趋势等信息，引导全社会投资活动。建立科学的行业准入制度，规范重点行业的环保标准、安全标准、能耗水耗标准和产品技术、质量标准，防止低水平重复建设。

（三）协调投资宏观调控手段。根据国民经济和社会发展要求以及宏观调控需要，合理确定政府投资规模，保持国家对全社会投资的积极引导和有效调控。灵活运用投资补助、贴息、价格、利率、税收等多种手段，引导社会投资，优化投资的产业结构和地区结构。适时制定和调整信贷政策，引导中长期贷款的总量和投向。严格和规范土地使用制度，充分发挥土地供应对社会投资的调控和引导作用。

（四）加强和改进投资信息、统计工作。加强投资统计工作，改革和完善投资统计制度，进一步及时、准确、全面地反映全社会固定资产存量和投资的运行态势，并建立各类信息共享机制，为投资宏观调控提供科学依据。建立投资风险预警和防范体系，加强对宏观经济和投资运行的监测分析。

五、加强和改进投资的监督管理

（一）建立和完善政府投资监管体系。建立政府投资责任追究制度，工程咨询、投资项目决策、设计、施工、监理等部门和单位，都应有相应的责任约束，对不遵守法律法规给国家造成重大损失的，要依法追究有关责任人的行政和法律责任。完善政府投资制衡机制，投资主管部门、财政主管部门以及有关部门，要依据职能分工，对政府投资的管理进行相互监督。审计机关要依法全面履行职责，进一步加强对政府投资项目的审计监督，提高政府投资管理水平和投资效益。完善重大项目稽查制度，建立政府投资项目后评价制度，对政府投资项目进行全过程监管。建立政府投资项目的社会监督机制，鼓励公众和新闻媒体对政府投资项目进行监督。

（二）建立健全协同配合的企业投资监管体系。国土资源、环境保护、城市规划、质量监督、银行监管、证券监管、外汇管理、工商管理、安全生产监管等部门，要依法加强对企业投资活动的监管，凡不符合法律法规和国家政策规定的，不得办理相关许可手续。在建设过程中不遵守有关法律法规的，有关部门要责令其及时改正，并依法严肃处理。各级政府投资主管部门要加强对企业投资项目的事中和事后监督检查，对于不符合产业政策和行业准入标准的项目以及不按规定履行相应核准或许可手续而擅自开工建设的项目，要责令其停止建设，并依法追究有关企业和人员的责任。审计机关依法对国有企业的投资进行审计监督，促进国有资产保值增值。建立企业投资诚信制度，对于在项目申报和建设过程中提供虚假信息、违反法律法规的，要予以惩处，并公开披露，在一定时间内限制其投资建设活动。

（三）加强对投资中介服务机构的监管。各类投资中介服务机构均须与政府部门脱钩，坚持诚信原则，加强自我约束，为投资者提供高质量、多样化的中介服务。鼓励各种投资中介服务机构采取合伙制、股份制等多种形式改组改造。健全和完善投资中介服务机构的行业协会，确立法律规范、政府监督、行业自律的行业管理体制。打破地区封锁和行业垄断，建立公开、公平、公正的投资中介服务市场，强化投资中介服务机构的法律责任。

（四）完善法律法规，依法监督管理。建立健全与投资有关的法律法规，依法保护投资者的合法权益，维护投资主体公平、有序竞争，投资要素合理流动、市场发挥配置资源的基础性作用的市场环境，规范各类投资主体的投资行为和政府的投资管理活动。认真贯彻实施有关法律法规，严格财经纪律，堵塞管理漏洞，降低建设成本，提高投资效益。加强执法检查，培育和维护规范的建设市场秩序。

附件：政府核准的投资项目目录（2004年本）

二○○四年七月十六日

简要说明：

（一）本目录所列项目，是指企业不使用政府性资金投资建设的重大和限制类固定资产投资项目。

（二）企业不使用政府性资金投资建设本目录以外的项目，除国家法律法规和国务院专门规定禁止投资的项目以外，实行备案管理。

（三）国家法律法规和国务院有专门规定的项目的审批或核准，按有关规定执行。

（四）本目录对政府核准权限作出了规定。其中：

1. 目录规定"由国务院投资主管部门核准"的项目，由国务院投资主管部门会同行业主管部门核准，其中重要项目报国务院核准。

2. 目录规定"由地方政府投资主管部门核准"的项目，由地方政府投资主管部门会同同级行业主管部门核准。省级政府可根据当地情况和项目性质，具体划分各级地方政府投资主管部门的核准权限，但目录明确规定"由省级政府投资主管部门核准"的，其核准权限不得下放。

3. 根据促进经济发展的需要和不同行业的实际情况，可对特大型企业的投资决策权限特别授权。

（五）本目录为2004年本。根据情况变化，将适时调整。

一、农林水利

农业：涉及开荒的项目由省级政府投资主管部门核准。

水库：国际河流和跨省（区、市）河流上的水库项目由国务院投资主管部门核准，其余项目由地方政府投资主管部门核准。

其他水事工程：需中央政府协调的国际河流、涉及跨省（区、市）水资源配置调整的项目由国务院投资主管部门核准，其余项目由地方政府投资主管部门核准。

二、能源

（一）电力。

水电站：在主要河流上建设的项目和总装机容量25万千瓦及以上项目由国务院投资主管部门核准，其余项目由地方政府投资主管部门核准。

抽水蓄能电站：由国务院投资主管部门核准。

火电站：由国务院投资主管部门核准。

热电站：燃煤项目由国务院投资主管部门核准，其余项目由地方政府投资主管部门核准。

风电站：总装机容量5万千瓦及以上项目由国务院投资主管部门核准，其余项目由地方政府投资主管部门核准。

核电站：由国务院核准。

电网工程：330千伏及以上电压等级的电网工程由国务院投资主管部门核准，其余项目由地方政府投资主管部门核准。

（二）煤炭。

煤矿：国家规划矿区内的煤炭开发项目由国务院投资主管部门核准，其余一般煤炭开发项目由地方政府投资主管部门核准。

煤炭液化：年产50万吨及以上项目由国务院投资主管部门核准，其他项目由地方政府投资主管部门核准。

（三）石油、天然气。

原油：年产100万吨及以上的新油田开发项目由国务院投资主管部门核准，其他项目由具有石油开采权的企业自行决定，报国务院投资主管部门备案。

天然气：年产20亿立方米及以上新气田开发项目由国务院投资主管部门核准，其他项目由具有天然气开采权的企业自行决定，报国务院投资主管部门备案。

液化石油气接收、存储设施（不含油气田、炼油厂的配套项目）：由省级政府投资主管部门核准。

进口液化天然气接收、储运设施：由国务院投资主管部门核准。

国家原油存储设施：由国务院投资主管部门核准。

输油管网（不含油田集输管网）：跨省（区、市）干线管网项目由国务院投资主管部门核准。

输气管网（不含油气田集输管网）：跨省（区、市）或年输气能力5亿立方米及以上项目由国务院投资主管部门核准，其余项目由省级政府投资主管部门核准。

三、交通运输

（一）铁道。

新建（含增建）铁路：跨省（区、市）或100公里及以上项目由国务院投资主管部门核准，其余项目按隶属关系分别由国务院行业主管部门或省级政府投资主管部门核准。

（二）公路。

公路：国道主干线、西部开发公路干线、国家高速公路网、跨省（区、市）的项目由国务院投资主管部门核准，其余项目由地方政府投资主管部门核准。

独立公路桥梁、隧道：跨境、跨海湾、跨大江大河（通航段）的项目由国务院投资主管部门核准，其余项目由地方政府投资主管部门核准。

（三）水运。

煤炭、矿石、油气专用泊位：新建港区和年吞吐能力200万吨及以上项目由国务院投资主管部门核准，其余项目由省级政府投资主管部门核准。

集装箱专用码头：由国务院投资主管部门核准。

内河航运：千吨级以上通航建筑物项目由国务院投资主管部门核准，其余项目由地方政府投资主管部门核准。

（四）民航。

新建机场：由国务院核准。

扩建机场：总投资10亿元及以上项目由国务院投资主管部门核准，其余项目按隶属关系由国务院行业主管部门或地方政府投资主管部门核准。

扩建军民合用机场：由国务院投资主管部门会同军队有关部门核准。

四、信息产业

电信：国内干线传输网（含广播电视网）、国际电信传输电路、国际关口站、专用电信网的国际通信设施及其他涉及信息安全的电信基础设施项目由国务院投资主管部门核准。

邮政：国际关口站及其他涉及信息安全的邮政基础设施项目由国务院投资主管部门核准。

电子信息产品制造：卫星电视接收机及关键件、国家特殊规定的移动通信系统及终端等生产项目由国务院投资主管部门核准。

五、原材料

钢铁：已探明工业储量 5000 万吨及以上规模的铁矿开发项目和新增生产能力的炼铁、炼钢、轧钢项目由国务院投资主管部门核准，其他铁矿开发项目由省级政府投资主管部门核准。

有色：新增生产能力的电解铝项目、新建氧化铝项目和总投资 5 亿元及以上的矿山开发项目由国务院投资主管部门核准，其他矿山开发项目由省级政府投资主管部门核准。

石化：新建炼油及扩建一次炼油项目、新建乙烯及改扩建新增能力超过年产 20 万吨乙烯的项目，由国务院投资主管部门核准。

化工原料：新建 PTA、PX、MDI、TDI 项目以及 PTA、PX 改造能力超过年产 10 万吨的项目，由国务院投资主管部门核准。

化肥：年产 50 万吨及以上钾矿肥项目由国务院投资主管部门核准，其他磷、钾矿肥项目由地方政府投资主管部门核准。

水泥：除禁止类项目外，由省级政府投资主管部门核准。

稀土：矿山开发、冶炼分离和总投资 1 亿元及以上稀土深加工项目由国务院投资主管部门核准，其余稀土深加工项目由省级政府投资主管部门核准。

黄金：日采选矿石 500 吨及以上项目由国务院投资主管部门核准，其他采选矿项目由省级政府投资主管部门核准。

六、机械制造

汽车：按照国务院批准的专项规定执行。

船舶：新建 10 万吨级以上造船设施（船台、船坞）和民用船舶中、低速柴油机生产项目由国务院投资主管部门核准。

城市轨道交通：城市轨道交通车辆、信号系统和牵引传动控制系统制造项目由国务院投资主管部门核准。

七、轻工烟草

纸浆：年产 10 万吨及以上纸浆项目由国务院投资主管部门核准，年产 3.4（含）万吨~10（不含）万吨纸浆项目由省级政府投资主管部门核准，其他纸浆项目禁止建设。

变性燃料乙醇：由国务院投资主管部门核准。聚酯：日产 300 吨及以上项目由国务院投资主管部门核准。

制盐：由国务院投资主管部门核准。糖：日处理糖料 1500 吨及以上项目由省级政府投资主管部门核准，其他糖料项目禁止建设。烟草：卷烟、烟用二醋酸纤维素及丝束项目由国务院投资主管部门核准。

八、高新技术

民用航空航天：民用飞机（含直升机）制造、民用卫星制造、民用遥感卫星地面站建设项目由国务院投资主管部门核准。

九、城建

城市快速轨道交通：由国务院核准。城市供水：跨省（区、市）日调水 50 万吨及以上项目由国务院投资主管部门核准，其他城市供水项目由地方政府投资主管部门核准。

城市道路桥梁：跨越大江大河（通航段）、重要海湾的桥梁、隧道项目由国务院投资主管部门核准。其他城建项目：由地方政府投资主管部门核准。

十、社会事业

教育、卫生、文化、广播电影电视：大学城、医学城及其他园区性建设项目由国务院投资主管部门核准。旅游：国家重点风景名胜区、国家自然保护区、国家重点文物保护单位区域内总投资 5000 万元及以上旅游开发和资源保护设施，世界自然、文化遗产保护区内总投资 3000 万元及以上项目由国务院投资主管部门核准。体育：F1 赛车场由国务院投资主管部门核准。娱乐：大型主题公园由国务院核准。其他社会事业项目：按隶属关系由国务院行业主管部门或地方政府投资主管部门核准。

十一、金融

印钞、造币、钞票纸项目由国务院投资主管部门核准。

十二、外商投资

《外商投资产业指导目录》中总投资（包括增资）1 亿美元及以上鼓励类、允许类项目由国家发展和改革委员会核准。

《外商投资产业指导目录》中总投资（包括增资）5000 万美元及以上限制类项目由国家发展和改革委员会核准。

国家规定的限额以上、限制投资和涉及配额、许可证管理的外商投资企业的设立及其变更事项，大型外商投资项目的合同、章程及法律特别规定的重大变更（增资减资、转股、合并）事项，由商务部核准。上述项目之外的外商投资项目由地方政府按照有关法规办理核准。

十三、境外投资

中方投资 3000 万美元及以上资源开发类境外投资项目由国家发展和改革委员会核准。中方投资用汇额 1000 万美元及以上的非资源类境外投资项目由国家发展和改革委员会核准。上述项目之外的境外投资项目，中央管理企业投资的项目报国家发展和改革委员会、商务部备案；其他企业投资的项目由地方政府按照有关法规办理核准。国内企业对外投资开办企业（金融企业除外）由商务部核准。

2. 企业投资项目核准暂行办法

国家发改委 19 号令

第一章 总　则

第一条 为适应完善社会主义市场经济体制的需要，进一步推动我国企业投资项目管理制度的改革，根据《中华人民共和国行政许可法》和《国务院关于投资体制改革的决定》，制定本办法。

第二条 国家制定和颁布《政府核准的投资项目目录》（以下简称《目录》），明确实行核准制的投资项目范围，划分各项目核准机关的核准权限，并根据经济运行情况和宏观调控需要适时调整。

前款所称项目核准机关，是指《目录》中规定具有企业投资项目核准权限的行政机关。其中，国务院投资主管部门是指国家发展和改革委员会；地方政府投资主管部门，是指地方政府发展改革委（计委）和地方政府规定具有投资管理职能的经贸委（经委）。

第三条 企业投资建设实行核准制的项目，应按国家有关要求编制项目申请报告，报送项目核准机关。项目核准机关应依法进行核准，并加强监督管理。

第四条 外商投资项目和境外投资项目的核准办法另行制定，其他各类企业在中国境内投资建设的项目按本办法执行。

第二章　项目申请报告的内容及编制

第五条 项目申报单位应向项目核准机关提交项目申请报告一式五份。项目申请报告应由具备相应工程咨询资格的机构编制，其中由国务院投资主管部门核准的项目，其项目申请报告应由具备甲级工程咨询资格的机构编制。

第六条 项目申请报告应主要包括以下内容：

（一）项目申报单位情况。
（二）拟建项目情况。
（三）建设用地与相关规划。
（四）资源利用和能源耗用分析。
（五）生态环境影响分析。
（六）经济和社会效果分析。

第七条 国家发展改革委将根据实际需要，编制并颁发主要行业的项目申请报告示范文本，指导企业的项目申报工作。

第八条 项目申报单位在向项目核准机关报送申请报告时，需根据国家法律法规的规定附送以下文件：

（一）城市规划行政主管部门出具的城市规划意见；
（二）国土资源行政主管部门出具的项目用地预审意见；
（三）环境保护行政主管部门出具的环境影响评价文件的审批意见；
（四）根据有关法律法规应提交的其他文件。

第九条 项目申报单位应对所有申报材料内容的真实性负责。

第三章 核 准 程 序

第十条 企业投资建设应由地方政府投资主管部门核准的项目，须按照地方政府的有关规定，向相应的项目核准机关提交项目申请报告。

国务院有关行业主管部门隶属单位投资建设应由国务院有关行业主管部门核准的项目，可直接向国务院有关行业主管部门提交项目申请报告，并附上项目所在地省级政府投资主管部门的意见。

计划单列企业集团和中央管理企业投资建设应由国务院投资主管部门核准的项目，可直接向国务院投资主管部门提交项目申请报告，并附上项目所在地省级政府投资主管部门的意见；其他企业投资建设应由国务院投资主管部门核准的项目，应经项目所在地省级政府投资主管部门初审并提出意见，向国务院投资主管部门报送项目申请报告（省级政府规定具有投资管理职能的经贸委、经委应与发展改革委联合报送）。

企业投资建设应由国务院核准的项目，应经国务院投资主管部门提出审核意见，向国务院报送项目申请报告。

第十一条 项目核准机关如认为申报材料不齐全或者不符合有关要求，应在收到项目申请报告后5个工作日内一次告知项目申报单位，要求项目申报单位澄清、补充相关情况和文件，或对相关内容进行调整。

项目申报单位按要求上报材料齐全后，项目核准机关应正式受理，并向项目申报单位出具受理通知书。

第十二条 项目核准机关在受理核准申请后，如有必要，应在4个工作日内委托有资格的咨询机构进行评估。

接受委托的咨询机构应在项目核准机关规定的时间内提出评估报告，并对评估结论承担责任。咨询机构在进行评估时，可要求项目申报单位就有关问题进行说明。

第十三条 项目核准机关在进行核准审查时，如涉及其他行业主管部门的职能，应征求相关部门的意见。相关部门应在收到征求意见函（附项目申请报告）后7个工作日内，向项目核准机关提出书面审核意见；逾期没有反馈书面审核意见的，视为同意。

第十四条 对于可能会对公众利益造成重大影响的项目，项目核准机关在进行核准审查时应采取适当方式征求公众意见。对于特别重大的项目，可以实行专家评议制度。

第十五条 项目核准机关应在受理项目申请报告后20个工作日内，做出对项目申请报告是否核准的决定并向社会公布，或向上级项目核准机关提出审核意见。由于特殊原因确实难以在20个工作日内做出核准决定的，经本机关负责人批准，可以延长10个工作日，并应及时书面通知项目申报单位，说明延期理由。

项目核准机关委托咨询评估、征求公众意见和进行专家评议的，所需时间不计算在前款规定的期限内。

第十六条 对同意核准的项目，项目核准机关应向项目申报单位出具项目核准文件，同时抄送相关部门和下级项目核准机关；对不同意核准的项目，应向项目申报单位出具不予核准决定书，说明不予核准的理由，并抄送相关部门和下级项目核准机关。经国务院核准同意的项目，由国务院投资主管部门出具项目核准文件。

第十七条 项目申报单位对项目核准机关的核准决定有异议的，可依法提出行政复议或行政诉讼。

第四章 核准内容及效力

第十八条 项目核准机关主要根据以下条件对项目进行审查：

（一）符合国家法律法规；

（二）符合国民经济和社会发展规划、行业规划、产业政策、行业准入标准和土地利用总体规划；

（三）符合国家宏观调控政策；

（四）地区布局合理；

（五）主要产品未对国内市场形成垄断；

（六）未影响我国经济安全；

（七）合理开发并有效利用了资源；

（八）生态环境和自然文化遗产得到有效保护；

（九）未对公众利益，特别是项目建设地的公众利益产生重大不利影响。

第十九条 项目申报单位依据项目核准文件，依法办理土地使用、资源利用、城市规划、安全生产、设备进口和减免税确认等手续。

第二十条 项目核准文件有效期2年，自发布之日起计算。项目在核准文件有效期内未开工建设的，项目单位应在核准文件有效期届满30日前向原项目核准机关申请延期，原项目核准机关应在核准文件有效期届满前作出是否准予延期的决定。项目在核准文件有效期内未开工建设也未向原项目核准机关申请延期的，原项目核准文件自动失效。

第二十一条 已经核准的项目，如需对项目核准文件所规定的内容进行调整，项目单位应及时以书面形式向原项目核准机关报告。原项目核准机关应根据项目调整的具体情况，出具书面确认意见或要求其重新办理核准手续。

第二十二条 对应报项目核准机关核准而未申报的项目，或者虽然申报但未经核准的项目，国土资源、环境保护、城市规划、质量监督、证券监管、外汇管理、安全生产监管、水资源管理、海关等部门不得办理相关手续，金融机构不得发放贷款。

第五章 法 律 责 任

第二十三条 项目核准机关及其工作人员，应严格执行国家法律法规和本办法的有关规定，不得变相增减核准事项，不得拖延核准时限。

第二十四条 项目核准机关的工作人员，在项目核准过程中滥用职权、玩忽职守、徇私舞弊、索贿受贿的，依法给予行政处分；构成犯罪的，依法追究刑事责任。

第二十五条 咨询评估机构及其人员，在评估过程中违反职业道德、造成重大损失和恶劣影响的，应依法追究相应责任。

第二十六条 项目申请单位以拆分项目、提供虚假材料等不正当手段取得项目核准文件的，项目核准机关应依法撤销对该项目的核准。

第二十七条 项目核准机关要会同城市规划、国土资源、环境保护、银行监管、安全生产等部门，加强对企业投资项目的监管。对于应报政府核准而未申报的项目、虽然申报但未经核准擅自开工建设的项目以及未按项目核准文件的要求进行建设的项目，一经发现，相应的项目核准机关应立即责令其停止建设，并依法追究有关责任人的法律和行政责任。

第六章 附 则

第二十八条 省级政府投资主管部门和具有核准权限的国务院有关行业主管部门，可按照《中华人民共和国行政许可法》、《国务院关于投资体制改革的决定》以及本办法的精神和要求，制定具体实施办法。

第二十九条 事业单位、社会团体等非企业单位投资建设《政府核准的投资项目目录》内的项目，按照本办法进行核准。

第三十条 本办法由国家发展和改革委员会负责解释。

第三十一条 本办法自发布之日起施行。此前发布的有关企业投资项目审批管理的规定，凡与本办法有抵触的，均按本办法执行。

3. 外商投资项目核准暂行管理办法

国家发改委 22 号令

第一章 总 则

第一条 根据《中华人民共和国行政许可法》和《国务院关于投资体制改革的决定》，为规范对外商投资项目的核准管理，特制定本办法。

第二条 本办法适用于中外合资、中外合作、外商独资、外商购并境内企业、外商投资企业增资等各类外商投资项目的核准。

第二章 核准机关及权限

第三条 按照《外商投资产业指导目录》分类，总投资（包括增资额，下同）1亿美元及以上的鼓励类、允许类项目和总投资5000万美元及以上的限制类项目，由国家发展改革委核准项目申请报告，其中总投资5亿美元及以上的鼓励类、允许类项目和总投资1亿美元及以上的限制类项目由国家发展改革委对项目申请报告审核后报国务院核准。

第四条 总投资1亿美元以下的鼓励类、允许类项目和总投资5000万美元以下的限制类项目由地方发展改革部门核准，其中限制类项目由省级发展改革部门核准，此类项目的核准权不得下放。地方政府按照有关法规对上款所列项目的核准另有规定的，从其规定。

第三章 项目申请报告

第五条 报送国家发展改革委的项目申请报告应包括以下内容：

（一）项目名称、经营期限、投资方基本情况；

（二）项目建设规模、主要建设内容及产品，采用的主要技术和工艺，产品目标市场，计划用工人数；

（三）项目建设地点，对土地、水、能源等资源的需求以及主要原材料的消耗量；

（四）环境影响评价；

（五）涉及公共产品或服务的价格；

（六）项目总投资、注册资本及各方出资额、出资方式及融资方案，需要进口的设备及金额。

第六条 报送国家发展改革委的项目申请报告应附以下文件：

（一）中外投资各方的企业注册证（营业执照）、商务登记证及经审计的最新企业财务报表（包括资产负债表、损益表和现金流量表）、开户银行出具的资金信用证明；

（二）投资意向书，增资、购并项目的公司董事会决议；

（三）银行出具的融资意向书；

（四）省级或国家环境保护行政主管部门出具的环境影响评价意见书；

（五）省级规划部门出具的规划选址意见书；

（六）省级或国家国土资源管理部门出具的项目用地预审意见书；

（七）以国有资产或土地使用权出资的，需由有关主管部门出具的确认文件。

第四章 核准程序

第七条 按核准权限属于国家发展改革委和国务院核准的项目，由项目申请人向项目所在地的省级发展改革部门提出项目申请报告，经省级发展改革部门审核后报国家发展改革委。计划单列企业集团和中央管理企业可直接向国家发展改革委提交项目申请报告。

第八条 国家发展改革委核准项目申请报告时，需要征求国务院行业主管部门意见的，应向国务院行业主管部门出具征求意见函并附相关材料。国务院行业主管部门应在接到上述材料之日起7个工作日内，向国家发展改革委提出书面意见。

第九条 国家发展改革委在受理项目申请报告之日起5个工作日内，对需要进行评估论证的重点问题委托有资质的咨询机构进行评估论证。接受委托的咨询机构应在规定的时间内向国家发展改革委提出评估报告。

第十条 国家发展改革委自受理项目申请报告之日起20个工作日内，完成对项目申请报告的核准，或向国务院报送审核意见。如20个工作日内不能做出核准决定或报送审核意见的，由国家发展改革委负责人批准延长10个工作日，并将延长期限的理由告知项目申请人。前款规定的核准期限，不包括委托咨询机构进行评估的时间。

第十一条 国家发展改革委对核准的项目向项目申请人出具书面核准文件；对不予核准的项目，应以书面决定通知项目申请人，说明理由并告知项目申请人享有依法申请行政复议或者提起行政诉讼的权利。

第五章 核准条件及效力

第十二条 国家发展改革委对项目申请报告的核准条件是：
（一）符合国家有关法律法规和《外商投资产业指导目录》、《中西部地区外商投资优势产业目录》的规定；
（二）符合国民经济和社会发展中长期规划、行业规划和产业结构调整政策的要求；
（三）符合公共利益和国家反垄断的有关规定；
（四）符合土地利用规划、城市总体规划和环境保护政策的要求；
（五）符合国家规定的技术、工艺标准的要求；
（六）符合国家资本项目管理、外债管理的有关规定。

第十三条 项目申请人凭国家发展改革委的核准文件，依法办理土地使用、城市规划、质量监管、安全生产、资源利用、企业设立（变更）、资本项目管理、设备进口及适用税收政策等方面的手续。

第十四条 国家发展改革委出具的核准文件应规定核准文件的有效期。在有效期内，核准文件是项目申请人办理本办法第十三条所列相关手续的依据；有效期满后，项目申请人办理上述相关手续时，应同时出示国家发展改革委出具的准予延续文件。

第十五条 未经核准的外商投资项目，土地、城市规划、质量监管、安全生产监管、工商、海关、税务、外汇管理等部门不得办理相关手续。

第十六条 项目申请人以拆分项目或提供虚假材料等不正当手段取得项目核准文件的，国家发展改革委可以撤销对该项目的核准文件。

第十七条 国家发展改革委可以对项目申请人执行项目情况和地方发展改革部门核准外商投资项目情况进行监督检查，并对查实问题依法进行处理。

第六章 变更及其核准

第十八条 经国家发展改革委核准的项目如出现下列情况之一的,需向国家发展改革委申请变更:
(一)建设地点发生变化;
(二)投资方或股权发生变化;
(三)主要建设内容及主要产品发生变化;
(四)总投资超过原核准投资额20%及以上;
(五)有关法律法规和产业政策规定需要变更的其他情况。

第十九条 变更核准的程序比照本办法第四章的规定执行。

附 则

第二十条 为及时掌握核准项目信息,地方核准的总投资3000万美元以上的外商投资项目,由省级发展改革部门在项目核准之日起20个工作日内,将项目核准文件抄报国家发展改革委。

第二十一条 各省级发展改革部门应依据《指导外商投资方向规定》(国务院令第346号)和本办法的规定,制定相应的管理办法。

第二十二条 香港特别行政区、澳门特别行政区和台湾地区的投资者在祖国大陆举办的投资项目,参照本办法执行。

第二十三条 本办法由国家发展改革委负责解释。

第二十四条 本办法自2004年10月9日起施行。此前有关外商投资项目审批的规定,凡与本办法有抵触的,均按本办法执行。

4. 境外投资项目核准暂行管理办法

国家发改委 21 号令

第一章 总 则

第一条 根据《中华人民共和国行政许可法》和《国务院关于投资体制改革的决定》，为规范对境外投资项目的核准管理，特制定本办法。

第二条 本办法适用于中华人民共和国境内各类法人（以下称"投资主体"），及其通过在境外控股的企业或机构，在境外进行的投资（含新建、购并、参股、增资、再投资）项目的核准。

投资主体在香港特别行政区、澳门特别行政区和台湾地区进行的投资项目的核准，适用本办法。

第三条 本办法所称境外投资项目，指投资主体通过投入货币、有价证券、实物、知识产权或技术、股权、债权等资产和权益或提供担保，获得境外所有权、经营管理权及其他相关权益的活动。

第二章 核准机关及权限

第四条 国家对境外投资资源开发类和大额用汇项目实行核准管理。

资源开发类项目指在境外投资勘探开发原油、矿山等资源的项目。此类项目，中方投资额 3000 万美元及以上的，由国家发展改革委核准，其中中方投资额 2 亿美元及以上的，由国家发展改革委审核后报国务院核准。

大额用汇类项目指在前款所列领域之外中方投资用汇额 1000 万美元及以上的境外投资项目，此类项目由国家发展改革委核准，其中中方投资用汇额 5000 万美元及以上的，由国家发展改革委审核后报国务院核准。

第五条 中方投资额 3000 万美元以下的资源开发类项目和中方投资用汇额 1000 万美元以下的其他项目，由各省、自治区、直辖市及计划单列市和新疆生产建设兵团等省级发展改革部门核准，项目核准权不得下放。为及时掌握核准项目信息，省级发展改革部门在核准之日起 20 个工作日内，将项目核准文件抄报国家发展改革委。

地方政府按照有关法规对上款所列项目的核准另有规定的，从其规定。

第六条 中央管理企业投资的中方投资额 3000 万美元以下的资源开发类境外投资项目和中方投资用汇额 1000 万美元以下的其他境外投资项目，由其自主决策并在决策后将相关文件报国家发展改革委备案。国家发展改革委在收到上述备案材料之日起 7 个工作日内出具备案证明。

第七条 前往台湾地区投资的项目和前往未建交国家投资的项目，不分限额，由国家发展改革委核准或经国家发展改革委审核后报国务院核准。

第三章 核准程序

第八条 按核准权限属于国家发展改革委或国务院核准的项目，由投资主体向注册所在地的省级发展改革部门提出项目申请报告，经省级发展改革部门审核后报国家发展改革委。

计划单列企业集团和中央管理企业可直接向国家发展改革委提交项目申请报告。

第九条 国家发展改革委核准前往香港特别行政区、澳门特别行政区、台湾地区投资的项目以及核准前往未建交国家、敏感地区投资的项目前，应征求有关部门的意见。有关部门在接到上述材料之日起 7 个工作日内，向国家发展改革委提出书面意见。

第十条 国家发展改革委在受理项目申请报告之日起 5 个工作日内，对需要进行评估论证的重点问题，委托有资质的咨询机构进行评估。接受委托的咨询机构应在规定的时间内向国家发展改革委提出评估报告。

第十一条 国家发展改革委在受理项目申请报告之日起 20 个工作日内，完成对项目申请报告的核准，或向国务院提出审核意见。如 20 个工作日不能作出核准决定或提出审核意见，由国家发展改革委负责人批准延长 10 个工作日，并将延长期限的理由告知项目申请人。

前款规定的核准期限，不包括委托咨询机构进行评估的时间。

第十二条 国家发展改革委对核准的项目向项目申请人出具书面核准文件；对不予核准的项目，应以书面决定通知项目申请人，说明理由并告知项目申请人享有依法申请行政复议或者提起行政诉讼的权利。

第十三条 境外竞标或收购项目，应在投标或对外正式开展商务活动前，向国家发展改革委报送书面信息报告。国家发展改革委在收到书面信息报告之日起 7 个工作日内出具有关确认函件。信息报告的主要内容包括：

（一）投资主体基本情况；

（二）项目投资背景情况；

（三）投资地点、方向、预计投资规模和建设规模；

（四）工作时间计划表。

第十四条 投资主体如需投入必要的项目前期费用涉及用汇数额的（含履约保证金、保函等），应向国家发展改革委申请核准。经核准的该项前期费用计入项目投资总额。

第十五条 已经核准的项目如出现下列情况之一的，需向国家发展改革委申请变更：

（一）建设规模、主要建设内容及主要产品发生变化；

（二）建设地点发生变化；

（三）投资方或股权发生变化；

（四）中方投资超过原核准的中方投资额 20% 及以上。

变更核准的程序比照本章的相关规定执行。

第四章 项目申请报告

第十六条 报送国家发展改革委的项目申请报告应包括以下内容：

（一）项目名称、投资方基本情况；

（二）项目背景情况及投资环境情况；

（三）项目建设规模、主要建设内容、产品、目标市场以及项目效益、风险情况；

（四）项目总投资、各方出资额、出资方式、融资方案及用汇金额；

（五）购并或参股项目，应说明拟购并或参股公司的具体情况。

第十七条 报送国家发展改革委的项目申请报告应附以下文件：

（一）公司董事会决议或相关的出资决议；

（二）证明中方及合作外方资产、经营和资信情况的文件；

（三）银行出具的融资意向书；

（四）以有价证券、实物、知识产权或技术、股权、债权等资产权益出资的，按资产权益的评估价值或公允价值核定出资额，应提交具备相应资质的会计师、资产评估机构等中介机构出具的资产评估报告，或其他可证明有关资产权益价值的第三方文件；

（五）投标、购并或合资合作项目，中外方签署的意向书或框架协议等文件；

（六）境外竞标或收购项目，应按本办法第十三条规定报送信息报告，并附国家发展改革委出具的有关确认函件。

第五章 核准条件及效力

第十八条 国家发展改革委核准项目的条件为：

（一）符合国家法律法规和产业政策，不危害国家主权、安全和公共利益，不违反国际法准则。

（二）符合经济和社会可持续发展要求，有利于开发国民经济发展所需战略性资源；符合国家关于产业结构调整的要求，促进国内具有比较优势的技术、产品、设备的出口和劳务输出，吸收国外先进技术。

（三）符合国家资本项目管理和外债管理规定。

（四）投资主体具备相应的投资实力。

第十九条 投资主体凭国家发展改革委的核准文件，依法办理外汇、海关、出入境管理和税收等相关手续。本办法第六条规定的中央管理企业凭国家发展改革委出具的备案证明，办理上述有关手续。

第二十条 投资主体就境外投资项目签署任何具有最终法律约束力的相关文件前，须取得国家发展改革委出具的项目核准文件或备案证明。

第二十一条 国家发展改革委出具的核准文件应规定核准文件的有效期。在有效期内，核准文件是投资主体办理本办法第十九条所列相关手续的依据；有效期满后，投资主体办理上述相关手续时，应同时出示国家发展改革委出具的准予延续文件。

第二十二条 对未经有权机构核准或备案的境外投资项目，外汇管理、海关、税务等部门不得办理相关手续。

第二十三条 投资主体以提供虚假材料等不正当手段取得项目核准文件或备案证明的，国家发展改革委可以撤销对该项目的核准文件或备案证明。

第二十四条 国家发展改革委可以对投资主体执行项目情况和省级发展改革部门核准境外投资项目情况进行监督检查，并对查实问题依法进行处理。

第六章 附 则

第二十五条 各省级发展改革部门依据本办法的规定，制定相应的核准管理办法。

第二十六条 自然人和其他组织在境外进行的投资项目的核准，参照本办法执行。

第二十七条 本办法由国家发展改革委负责解释。

第二十八条 本办法自2004年10月9日起施行。此前有关境外投资项目审批的规定，凡与本办法有抵触的，均按本办法执行。

5. 指导外商投资方向规定

国务院令第 346 号

第一条 为了指导外商投资方向，使外商投资方向与我国国民经济和社会发展规划相适应，并有利于保护投资者的合法权益，根据国家有关外商投资的法律规定和产业政策要求，制定本规定。

第二条 本规定适用于在我国境内投资举办中外合资经营企业、中外合作经营企业和外资企业（以下简称外商投资企业）的项目以及其他形式的外商投资项目（以下简称外商投资项目）。

第三条 《外商投资产业指导目录》和《中西部地区外商投资优势产业目录》由国家发展计划委员会、国家经济贸易委员会、对外贸易经济合作部会同国务院有关部门制定，经国务院批准后公布；根据实际情况，需要对《外商投资产业指导目录》和《中西部地区外商投资优势产业目录》进行部分调整时，由国家经济贸易委员会、国家发展计划委员会、对外贸易经济合作部会同国务院有关部门适时修订并公布。

《外商投资产业指导目录》和《中西部地区外商投资优势产业目录》是指导审批外资项目和外商投资企业适用有关政策的依据。

第四条 外商投资项目分为鼓励、允许、限制和禁止四类。

鼓励类、限制类和禁止类的外商投资项目，列入《外商投资产业指导目录》。不属于鼓励类、限制类和禁止类的外商投资项目，为允许类外商投资项目。允许类外商投资项目不列入《外商投资产业指导目录》。

第五条 属于下列情形之一的，列为鼓励类外商投资项目：

（一）属于农业新技术、农业综合开发和能源、交通、重要原材料工业的；

（二）属于高新技术、先进适用技术，能够改进产品性能、提高企业技术经济效益或者生产国内生产能力不足的新设备、新材料的；

（三）适应市场需求，能够提高产品档次、开拓新兴市场或者增加产品国际竞争能力的；

（四）属于新技术、新设备，能够节约能源和原材料、综合利用资源和再生资源以及防治环境污染的；

（五）能够发挥中西部地区的人力和资源优势，并符合国家产业政策的；

（六）法律、行政法规规定的其他情形。

第六条 属于下列情形之一的，列为限制类外商投资项目：

（一）技术水平落后的；

（二）不利于节约资源和改善生态环境的；

（三）从事国家规定实行保护性开采的特定矿种勘探、开采的；

（四）属于国家逐步开放的产业的；

（五）法律、行政法规规定的其他情形。

第七条 属于下列情形之一的，列为禁止类外商投资项目：

（一）危害国家安全或者损害社会公共利益的；

（二）对环境造成污染损害，破坏自然资源或者损害人体健康的；

（三）占用大量耕地，不利于保护、开发土地资源的；

（四）危害军事设施安全和使用效能的；
（五）运用我国特有工艺或者技术生产产品的；
（六）法律、行政法规规定的其他情形。

第八条 《外商投资产业指导目录》可以对外商投资项目规定"限于合资、合作"、"中方控股"或者"中方相对控股"。

限于合资、合作，是指仅允许中外合资经营、中外合作经营；中方控股，是指中方投资者在外商投资项目中的投资比例之和为51％及以上；中方相对控股，是指中方投资者在外商投资项目中的投资比例之和大于任何一方外国投资者的投资比例。

第九条 鼓励类外商投资项目，除依照有关法律、行政法规的规定享受优惠待遇外，从事投资额大、回收期长的能源、交通、城市基础设施（煤炭、石油、天然气、电力、铁路、公路、港口、机场、城市道路、污水处理、垃圾处理等）建设、经营的，经批准，可以扩大与其相关的经营范围。

第十条 产品全部直接出口的允许类外商投资项目，视为鼓励类外商投资项目；产品出口销售额占其产品销售总额70％以上的限制类外商投资项目，经省、自治区、直辖市及计划单列市人民政府或者国务院主管部门批准，可以视为允许类外商投资项目。

第十一条 对于确能发挥中西部地区优势的允许类和限制类外商投资项目，可以适当放宽条件；其中，列入《中西部地区外商投资优势产业目录》的，可以享受鼓励类外商投资项目优惠政策。

第十二条 根据现行审批权限，外商投资项目按照项目性质分别由发展计划部门和经贸部门审批、备案；外商投资企业的合同、章程由外经贸部门审批、备案。其中，限制类限额以下的外商投资项目由省、自治区、直辖市及计划单列市人民政府的相应主管部门审批，同时报上级主管部门和行业主管部门备案，此类项目的审批权不得下放。属于服务贸易领域逐步开放的外商投资项目，按照国家有关规定审批。

涉及配额、许可证的外商投资项目，须先向外经贸部门申请配额、许可证。

法律、行政法规对外商投资项目的审批程序和办法另有规定的，依照其规定。

第十三条 对违反本规定审批的外商投资项目，上级审批机关应当自收到该项目的备案文件之日起30个工作日内予以撤销，其合同、章程无效，企业登记机关不予注册登记，海关不予办理进出口手续。

第十四条 外商投资项目申请人以欺骗等不正当手段，骗取项目批准的，根据情节轻重，依法追究法律责任，审批机关应当撤销对该项目的批准，并由有关主管机关依法作出相应的处理。

第十五条 审批机关工作人员滥用职权、玩忽职守的，依照刑法关于滥用职权罪、玩忽职守罪的规定，依法追究刑事责任；尚不够刑事处罚的，依法给予记大过以上的行政处分。

第十六条 华侨和香港特别行政区、澳门特别行政区、台湾地区的投资者举办的投资项目，比照本规定执行。

第十七条 本规定自2002年4月1日起施行。1995年6月7日国务院批准，1995年6月20日国家计划委员会、国家经济贸易委员会、对外贸易经济合作部发布的《指导外商投资方向暂行规定》同时废止。

6. 关于印发《国家发展改革委核报国务院核准或审批的固定资产投资项目目录（试行）》的通知

发改投资〔2004〕1927号

各省、自治区、直辖市、计划单列市及新疆生产建设兵团发改委（计委）、经贸委（经委），国务院各部门、直属机构，各计划单列企业集团：

为贯彻落实《国务院关于投资体制改革的决定》，现将经国务院批准的《国家发展改革委核报国务院核准或审批的固定资产投资项目目录（试行）》（以下简称《目录》）印发你们，请按此办理，并就有关事项通知如下：

一、对列入国务院批准的发展建设规划的企业投资项目，由国家发展改革委核准后报国务院备案。

二、《目录》中规定需报国务院审批的政府投资项目，原则上由国务院审批可行性研究报告。

特此通知。

附件：《国家发展改革委核报国务院核准或审批的固定资产投资项目目录（试行）》

按照《国务院关于投资体制改革的决定》（国发〔2004〕20号）精神，以下固定资产投资项目，由国家发展改革委核报国务院核准或审批。

一、企业投资项目

（一）核电站项目；

（二）新建机场项目；

（三）城市快速轨道交通项目；

（四）大型主题公园项目；

（五）库容10亿立方米及以上的国际及跨省（区、市）河流上的水库项目和总投资10亿元及以上的需中央政府协调的水资源配置调整项目；

（六）总装机容量100万千瓦及以上的水电站、抽水蓄能电站项目；

（七）总装机容量120万千瓦及以上的火电站项目；

（八）国家规划矿区内年产500万吨及以上的煤炭开发项目；

（九）年产100万吨及以上的煤炭液化项目；

（十）年产200万吨及以上的新油田开发项目；

（十一）年产30亿立方米及以上新气田开发项目；

（十二）进口液化天然气接收、储运设施项目；

（十三）国家原油存储设施项目；

（十四）总投资50亿元及以上的跨省（区、市）输油（气）管道干线项目；

（十五）跨境、跨海湾公路桥梁、隧道项目；

（十六）300公里及以上的新建铁路项目；

（十七）新建集装箱、煤炭、矿石、油气港区项目；

（十八）总投资 50 亿元及以上的钢铁、有色、稀土矿山开发项目；

（十九）年加工原油 500 万吨及以上的炼油项目、年产量 60 万吨及以上的乙烯项目；

（二十）总投资 50 亿元及以上的造船基础设施项目；

（二十一）总投资 50 亿元及以上的《政府核准的投资项目目录》（2004 年本）中的社会事业项目；

（二十二）中方投资 2 亿美元及以上资源开发类境外投资项目，中方投资用汇额 5000 万美元及以上的非资源类境外投资项目；

（二十三）《外商投资产业指导目录》中总投资 5 亿美元及以上的鼓励类、允许类项目和总投资 1 亿美元及以上的限制类项目。

二、政府投资项目

（一）使用中央预算内投资、中央专项建设基金、中央统还国外贷款 5 亿元及以上项目。

（二）使用中央预算内投资、中央专项建设基金、统借自还国外贷款的总投资 50 亿元及以上项目。

三、有国务院专项规定或经国务院批准的专项规定的，按专项规定执行。

7. 国务院关于调整固定资产投资项目资本金比例的通知

国发〔2009〕27号

各省、自治区、直辖市人民政府，国务院各部委、各直属机构：

固定资产投资项目资本金制度既是宏观调控手段，也是风险约束机制。该制度自1996年建立以来，对改善宏观调控、促进结构调整、控制企业投资风险、保障金融机构稳健经营、防范金融风险发挥了积极作用。为应对国际金融危机，扩大国内需求，有保有压，促进结构调整，有效防范金融风险，保持国民经济平稳较快增长，国务院决定对固定资产投资项目资本金比例进行适当调整。现就有关事项通知如下：

一、各行业固定资产投资项目的最低资本金比例按以下规定执行：

钢铁、电解铝项目，最低资本金比例为40％。

水泥项目，最低资本金比例为35％。

煤炭、电石、铁合金、烧碱、焦炭、黄磷、玉米深加工、机场、港口、沿海及内河航运项目，最低资本金比例为30％。

铁路、公路、城市轨道交通、化肥（钾肥除外）项目，最低资本金比例为25％。

保障性住房和普通商品住房项目的最低资本金比例为20％，其他房地产开发项目的最低资本金比例为30％。

其他项目的最低资本金比例为20％。

二、经国务院批准，对个别情况特殊的国家重大建设项目，可以适当降低最低资本金比例要求。属于国家支持的中小企业自主创新、高新技术投资项目，最低资本金比例可以适当降低。外商投资项目按现行有关法规执行。

三、金融机构在提供信贷支持和服务时，要坚持独立审贷，切实防范金融风险，要根据借款主体和项目实际情况，参照国家规定的资本金比例要求，对资本金的真实性、投资收益和贷款风险进行全面审查和评估，自主决定是否发放贷款以及具体的贷款数量和比例。

四、自本通知发布之日起，凡尚未审批可行性研究报告、核准项目申请报告、办理备案手续的投资项目以及金融机构尚未贷款的投资项目，均按照本通知执行。已经办理相关手续但尚未开工建设的投资项目，参照本通知执行。

五、国家将根据经济形势发展和宏观调控需要，适时调整固定资产投资项目最低资本金比例。

六、本通知自发布之日起执行。

二〇〇九年五月二十五日

8. 关于我委办理工程建设项目审批（核准）时核准招标内容的意见

发改办法规［2005］824号

《招标投标法》颁布实施后，国务院办公厅于2000年5月3日印发了《关于国务院有关部门实施招标投标活动行政监督的职责分工的意见》（国办发［2000］34号），规定项目审批部门在审批依法必须进行招标的项目可行性研究报告时，核准项目的招标方式以及国家出资项目的招标范围。根据这一总体要求，我委于2001年6月18日发布了《工程建设项目可行性研究报告增加招标内容和核准招标事项暂行规定》（以下简称原国家计委9号令），进一步明确招标内容核准的范围、程序以及部门职能分工。几年来，各司局对此比较重视，执行的效果总体是好的。

随着《行政许可法》和《国务院关于投资体制改革的决定》的颁布实施，招标内容的核准需要作相应的调整，主要体现在：一是原国家计委9号令中只原则性地规定依法必须进行招标的项目属于需要核准招标内容的范围，目前需要进一步分为政府投资项目和企业投资项目，对政府投资项目继续实行审批制，对企业投资项目改为核准制或备案制，这样，对招标内容的核准就需要根据管理方式的改变相应调整；二是需要根据《招标投标法》和《行政许可法》的规定，进一步明确需要核准招标内容的企业投资项目范围；三是原国家计委9号令中没有对我委内部司局核准招标内容时的职责分工、方式和程序等问题作出具体规定，目前很有必要予以细化。为了适应新形势的要求，提高投资监管和调控水平，现就加强和改进我委审批（核准）工程建设项目的招标内容核准工作，提出如下意见。

一、职责分工原则

按照职责分工，谁审批（核准）建设项目可行性研究报告、项目申请报告或资金申请报告，谁负责对项目招标内容进行核准。

（一）投资司负责全委招标内容核准工作的组织协调以及投资司审批、核准项目招标内容的核准。

（二）其他有关司局负责本司局审批、核准项目招标内容的核准。

（三）法规司负责有关招标内容核准政策、规章的制定。

（四）稽查办负责招标内容执行情况的稽查，并将稽查情况通报投资司、法规司和其他有关司局。

（五）有关司局在办理国家鼓励项目进口设备免税和技改项目采购国产设备抵扣税确认书时，应对已核准项目的招标内容的执行情况进行认真审核。

二、核准招标内容的项目范围

（一）我委审批或者我委初审后报国务院审批的中央政府投资项目。

（二）向我委申请500万元人民币以上（含本数，下同）中央政府投资补助、转贷或者贷款贴息的地方政府投资项目或者企业投资项目。

（三）我委核准或者我委初核后报国务院核准的国家重点项目，具体包括：

1. 能源项目：（1）在主要河流上建设的水电项目和总装机容量25万千瓦以上水电项目；（2）抽水蓄能电站；（3）火电站；（4）核电站；（5）330千伏以上电压等级的电网项

目；(6) 国家规划矿区内的煤炭开发项目；(7) 年产 100 万吨以上的新油田开发项目；(8) 年产 20 亿立方米以上新气田项目；(9) 进口液化天然气接收、储运设施；(10) 跨省（区、市）干线输油管网项目；(11) 跨省（区、市）或年输气能力 5 亿立方米以上的输气管网项目。

2. 交通运输项目：(1) 跨省（区、市）或 100 公里以上铁路项目；(2) 国道主干线、西部开发公路干线、国家高速公路网、跨省（区、市）的公路项目；(3) 跨境、跨海湾、跨大江大河（通航段）的桥梁、隧道项目；(4) 煤炭、矿石和油气专用泊位的新建港区及年吞吐能力 200 万吨以上港口项目；(5) 集装箱专用码头项目；(6) 新建机场项目；(7) 总投资 10 亿元以上的扩建机场项目；(8) 扩建军民合用机场项目；(9) 内河航运千吨级以上通航建筑物项目。

3. 邮电通信项目：(1) 国内干线传输网、国际电信传输电路、国际关口站、专用电信网的国际通信设施及其他涉及信息安全的电信基础设施项目；(2) 国际关口站及其他涉及信息安全的邮政基础设施项目。

4. 水利项目：(1) 大中型水库及国际河流和跨省（区、市）河流上的水库项目；(2) 需要中央政府协调的国际河流、涉及跨省（区、市）水资源配置调整的项目。

5. 城市设施项目：(1) 城市快速轨道交通；(2) 跨省（区、市）日调水 50 万吨以上城市供水项目；(3) 跨越大江大河、重要海湾的城市桥梁、隧道项目。

6. 公用事业项目：(1) 大学城、医学城及其他园区性建设项目；(2) 国家重点风景名胜区、国家自然保护区、国家重点文物保护单位区域内总投资 5000 万元以上旅游开发和资源保护设施，世界自然、文化遗产保护区内总投资 3000 万元以上项目；(3) F1 赛车场；(4) 大型主题公园。

7. 经国家批准的重大技术装备自主化依托工程项目。

三、核准招标内容的方式

（一）本意见第二条第（一）项所列项目，应当在可行性研究报告中包含招标内容，我委在审批可行性研究报告时核准相关招标内容。

（二）本意见第二条第（二）项所列项目中地方政府投资项目，地方政府审批部门在审批项目时核准相关招标内容；向我委提交资金申请报告时，应附核准的招标内容，我委在审批资金申请报告时复核招标内容。

（三）本意见第二条第（二）项所列项目中企业投资项目，向我委提交资金申请报告时，应附招标内容，我委在审批资金申请报告时核准招标内容。

（四）本意见第二条第（三）项所列项目，向我委提交项目申请报告时，应附招标内容，我委在核准或者初核项目申请报告时核准招标内容。

（五）向我委申请中央政府投资补助、转贷或者贷款贴息的地方政府投资项目或者企业投资项目，资金申请额不足 500 万人民币的，在资金申请报告中不须附招标内容，我委也不核准招标内容；但项目符合《工程建设项目招标范围和规模标准》（原国家计委令第 3 号）规定范围和标准的，应当依法进行招标。

（六）使用国际金融组织或者外国政府贷款、援助资金的建设项目，贷款方、资金提供方对建设项目报送招标内容另有规定的，从其规定，但违背中华人民共和国社会公共利益的除外。

四、招标内容应包括的事项

招标内容应包括：

（一）建设项目的勘察、设计、施工、监理以及重要设备、材料等采购活动的具体招标范围（全部或者部分招标）。

（二）建设项目的勘察、设计、施工、监理以及重要设备、材料等采购活动拟采用的招标组织形式（委托招标或者自行招标）；拟自行招标的，还应按照《工程建设项目自行招标试行办法》（原国家计委令第5号）规定报告书面材料。

（三）建设项目的勘察、设计、施工、监理以及重要设备、材料等采购活动拟采用的招标方式（公开招标或者邀请招标）；国家重点项目拟采用邀请招标的，应对采用邀请招标的理由作出说明。

五、核准招标内容的程序

（一）各有关司局审批、核准项目可行性研究报告、项目申请报告或资金申请报告时，按规定会签其他有关司局的，有关司局会签时应一并对相关招标内容提出会签意见。

（二）招标内容核准后，对招标内容的核准意见应包含在对可行性研究报告、项目申请报告或资金申请报告的批复中，具体内容按照本意见第四条的规定确定。

（三）有关司局核准招标内容后，应将包括招标内容核准意见的可行性研究报告、项目申请报告或者资金申请报告批复文件抄送投资司和稽查办（各一式五份）。

（四）项目建设单位在招标活动中对招标内容提出变更的，应向原核准招标内容的司局重新办理有关招标内容核准手续。

六、本意见自 2005 年 7 月 1 日起施行。

9. 关于委托地方审批部分外国政府贷款项目资金申请报告的通知

发改外资〔2008〕3558号

各省、自治区、直辖市及计划单列市、新疆生产建设兵团发展改革委：

为进一步贯彻落实国务院关于行政审批制度改革以及加快政府职能转变的精神，经研究，决定将我委审批外国政府贷款项目资金申请报告的部分职能委托给各省、自治区、直辖市及计划单列市、新疆生产建设兵团发展改革委（以下称"省级发展改革委"）履行。现就有关事项和要求通知如下：

一、自2009年1月1日起，各省、自治区、直辖市及计划单列市、新疆生产建设兵团借用外国政府贷款1000万美元（或800万欧元）及以下的项目（日本政府贷款项目、美国进出口银行主权担保贷款项目以及国家统还的项目除外，以下称"委托审批项目"），其借用外国政府贷款项目资金申请报告由国家发展改革委委托项目业主所在地的省级发展改革委审批。其余外国政府贷款项目资金申请报告仍由国家发展改革委审批。

二、各省级发展改革委要按照《国际金融组织和外国政府贷款投资项目管理暂行办法》（国家发展改革委令第28号）、《国家发展改革委办公厅、财政部办公厅关于印发〈外国政府贷款项目前期管理工作规程（试行）〉的通知》（发改办外资〔2006〕2259号）、《国家发展改革委办公厅关于进一步改进外国政府贷款前期工作及加强实施监管的通知》（发改办外资〔2008〕1969号）以及其他相关政策法规的要求，对项目履行各项前置手续的合规性、完备性，项目前期工作的深度以及贷款资金用途、配套资金落实情况等进行认真审查，对符合要求的项目予以批复。

三、省级发展改革委需将项目资金申请报告批复文件（5份）以及项目资金申请报告（含附件，2份），抄送国家发展改革委利用外资和境外投资司（以下称"外资司"）备案。外资司对抄送备案的项目资金申请报告批复进行复核，对符合要求的，将在文件送达后10个工作日内出具《外国政府贷款项目资金申请报告委托审批复核确认书》（以下称"复核确认书"，格式附后）；对不符合要求的，退回省级发展改革委重新审批。

四、省级发展改革委对项目资金申请报告的批复文件连同外资司出具的复核确认书，是办理转贷生效、外债登记、采购招标以及免税手续的依据。项目资金申请报告批复未经外资司复核确认的委托审批项目，不得开展采购招标、签署项目转贷协议等后续工作。

五、省级发展改革委对项目资金申请报告的批复应包括项目总投资，外国政府贷款规模、来源及主要用途，外债偿还及担保责任，配套资金规模及来源等内容，并明确项目资金申请报告批复的有效期为自外资司出具复核确认书之日起2年。

六、省级发展改革委在出具委托审批项目免税确认书时，应注明省级发展改革委对项目资金申请报告的批复文号以及外资司出具的复核确认书文号。各省级发展改革委要按照本通知的要求，严格把关，确保外国政府贷款项目资金申请报告审批工作的质量，并将实施情况和问题及时反馈国家发展改革委。国家发展改革委将适时对项目资金申请报告审批工作进行指导和检查，会同地方发展改革委共同做好外国政府贷款项目资金申请报告的审批管理工作。

附件：外国政府贷款项目资金申请报告委托审批复核确认书（略）

国家发展改革委
二○○八年十二月二十二日

10. 国家发展改革委关于进一步加强和规范外商投资项目管理的通知

发改外资〔2008〕1773号

各省、自治区、直辖市及计划单列市、副省级省会城市、新疆生产建设兵团发展改革委、经贸委（经委）：

自2004年我国投资体制改革以来，外商投资项目实行了核准制度，对进一步完善投资环境、提高利用外资质量、加强宏观调控发挥了积极作用。但是，一些地方仍存在着未严格执行国家有关规定，对外商投资项目管理失当的问题。有的外商投资项目未经核准即已开工建设，有的未严格按照核准内容进行建设，有的投资者借国际资本市场波动、我国汇率政策调整之机，采取虚假合资、虚报总投资、设立空壳公司等方式，以外商直接投资的名义调入资金，并将资本金结汇挪作他用，谋取不正当利益，对我国经济健康发展和国际收支平衡带来潜在的风险。为进一步规范外商投资项目管理，防止外汇资金异常流入，根据《国务院关于投资体制改革的决定》（国发〔2004〕20号）和《国家发展改革委外商投资项目核准暂行管理办法》（委第22号令）以及其他相关法律法规规章的有关规定，现将有关事项通知如下：

一、严格执行外商投资项目核准制。各级发展改革部门要从维护经济安全、合理开发利用资源、保护生态环境、优化重大布局、保障公共利益、防止出现垄断、投资准入、资本项目管理等方面，对外商投资项目进行核准。要坚持外商投资先核准项目，再设立企业的原则，防止设立空壳公司。各类外商投资项目，包括中外合资、中外合作、外商独资项目、外商购并境内企业项目、外商投资企业（含通过境外上市而转制的外商投资企业）增资项目和再投资项目等，均要实行核准制。

二、加强对外商投资项目真实性的审查。各级发展改革部门在核准项目时，要根据项目建设规模和主要建设内容等核定项目总投资，必要时可委托有资质的咨询机构进行评估；注意把握并监控境外资金的流向，严格外商投资项目总投资与资本金的差额管理，落实融资方案，需要对外举债的，要严格执行国家有关外债管理的规定；加强对境外投资者背景和资信情况的审查，对背景不明、资信达不到要求或材料不完整的，要严格审查，防止无真实投资背景的外汇资金流入。

三、落实外商投资项目分类分级管理制。按照《外商投资产业指导目录》，总投资（包括增资额，下同）1亿美元及以上的鼓励类、允许类项目和总投资5000万美元及以上的限制类项目，由国家发展改革委核准项目申请报告；总投资1亿美元以下的鼓励类、允许类项目和总投资5000万美元以下的限制类项目由地方发展改革部门核准，其中限制类项目由省级发展改革部门核准，此类项目的核准权不得以任何理由、任何方式下放。

四、规范新开工项目管理，严格各项项目核准条件。各级发展改革部门要按照《国务院办公厅关于加强和规范新开工项目管理的通知》（国办发〔2007〕64号）精神，严格规范新开工外商投资项目条件。项目单位向发展改革部门报送项目申请报告，涉及规划选址、用地预审、环评审批的，应附送相关文件。有关文件办理事项，要执行相关主管部门规定的程序和权限。要严格限制严重污染环境和高能耗、高物耗、资源消耗大的项目，未按要求取得规划选址、用地预审、环评审批和节能评估等文件的项目以及不符合《国家发展改革委外商投资项目核准暂行管理办法》(委第 22 号令)核准要求的项目，各级发展改革部门不得核准。各级发展改革部门要与国土资源、环境保护、住房和城乡建设、商务（外经贸）、外汇管理、海关和税务等部门加强沟通，各司其职，形成合力，健全对外商投资项目管理的联动机制。

五、加强对已核准项目的监督检查。在做好外资项目统计和信息管理的同时，督促项目建设单位按照项目核准文件的要求开展工作，强化监督检查。对于未经合规核准的外商投资项目，或以化整为零、提供虚假材料等不正当手段取得核准文件的项目，或不按项目核准文件要求进行建设，已调入境内的资金不用于建设项目的，应及时纠正，严重违规的，可依法撤销项目核准文件并责令其停止建设。存有上述问题的项目，一经发现，不得享受采购设备税收减免等相关优惠政策，对其上市或发债的申请不予支持。

各地发展改革部门要统一认识，自觉维护国家宏观调控的大局，进一步深化投资体制改革，依法加强和规范对外商投资项目的管理。同时，要努力提高工作效率，不断增强服务意识，维护投资者的正当权益。对于符合国家产业政策和相关要求的项目，要积极给予指导和支持，尽快办理各项手续，主动帮助解决项目建设过程中遇到的问题和困难，引导外商投资投向国家鼓励的产业和地区，推动产业结构优化升级，提高利用外资的质量和水平。各类投资主体也要严格执行国家相关法律法规的规定，认真履行项目核准程序，自觉接受监督和管理。

国家发展改革委
二〇〇八年七月八日

三、工程招标投标管理

1. 《招标投标法》要求哪些项目招标？

在中华人民共和国境内进行下列工程建设项目，包括项目的勘察、设计、施工、监理以及与工程建设有关的重要设备、材料等的采购，必须进行招标：

（1）大型基础设施、公用事业等关系社会公共利益、公众安全的项目；

（2）全部或者部分使用国有资金投资或者国家融资的项目；

（3）使用国际组织或者外国政府贷款、援助资金的项目。

任何单位和个人不得将依法必须进行招标的项目化整为零或者以其他任何方式规避招标。招标投标活动应当遵循公开、公平、公正和诚实信用的原则。

依法必须进行招标的项目，其招标投标活动不受地区或者部门的限制。任何单位和个人不得违法限制或者排斥本地区、本系统以外的法人或者其他组织参加投标，不得以任何方式非法干涉招标投标活动。招标投标活动及其当事人应当接受依法实施的监督。有关行政监督部门依法对招标投标活动实施监督，依法查处招标投标活动中的违法行为。

2. 《建筑法》要求建筑工程如何招标发包？

建筑工程的发包单位与承包单位应当依法订立书面合同，明确双方的权利和义务。发包单位和承包单位应当全面履行合同约定的义务。不按照合同约定履行义务的，依法承担违约责任。建筑工程发包与承包的招标投标活动，应当遵循公开、公正、平等竞争的原则，择优选择承包单位。建筑工程的招标投标，适用有关招标投标法律的规定。建筑工程造价应当按照国家有关规定，由发包单位与承包单位在合同中约定。公开招标发包的，其造价的约定，须遵守招标投标法律的规定。发包单位应当按照合同的约定，及时拨付工程款项。

建筑工程依法实行招标发包，对不适于招标发包的可以直接发包。建筑工程实行公开招标的，发包单位应当依照法定程序和方式，发布招标公告，提供载有招标工程的主要技术要求、主要的合同条款、评标的标准和方法以及开标、评标、定标的程序等内容的招标文件。

开标应当在招标文件规定的时间、地点公开进行。开标后应当按照招标文件规定的评标标准和程序对标书进行评价、比较，在具备相应资质条件的投标者中，择优选定中标者。建筑工程招标的开标、评标、定标由建设单位依法组织实施，并接受有关行政主管部门的监督。

建筑工程实行招标发包的，发包单位应当将建筑工程发包给依法中标的承包单位。建筑工程实行直接发包的，发包单位应当将建筑工程发包给具有相应资质条件的承包单位。提倡对建筑工程实行总承包，禁止将建筑工程肢解发包。建筑工程的发包单位可以将建筑工程的勘察、设计、施工、设备采购一并发包给一个工程总承包单位，也可以将建筑工程勘察、设计、施工、设备采购的一项或者多项发包给一个工程总承包单位；但是，不得将应当由一个承包单位完成的建筑工程肢解成若干部分发包给几个承包单位。按照合同约定，建筑材料、建筑构配件和设备由工程承包单位采购的，发包单位不得指定承包单位购入用于工程的建筑材料、建筑构配件和设备或者指定生产厂、供应商。

3. 国务院有关部门实施招标投标活动行政监督的职责如何分工?

项目审批部门在审批必须进行招标的项目可行性研究报告时,核准项目的招标方式(委托招标或自行招标)以及国家出资项目的招标范围(发包初步方案)。项目审批后,及时向有关行政主管部门通报所确定的招标方式和范围等情况。

对于招标投标过程(包括招标、投标、开标、评标、中标)中泄露保密资料、泄露标底、串通招标、串通投标、歧视排斥投标等违法活动的监督执法,按现行的职责分工,分别由有关行政主管部门负责并受理投标人和其他利害关系人的投诉。按照这一原则,工业(含内贸)、水利、交通、铁道、民航、信息产业等行业和产业项目的招标投标活动的监督执法,分别由经贸、水利、交通、铁道、民航、信息产业等行政主管部门负责;各类房屋建筑及其附属设施的建造和与其配套的线路、管道、设备的安装项目和市政工程项目的招标投标活动的监督执法,由建设行政主管部门负责;进口机电设备采购项目的招标投标活动的监督执法,由外经贸行政主管部门负责。有关行政主管部门须将监督过程中发现的问题,及时通知项目审批部门,项目审批部门根据情况依法暂停项目执行或者暂停资金拨付。

从事各类工程建设项目招标代理业务的招标代理机构的资格,由建设行政主管部门认定;从事与工程建设有关的进口机电设备采购招标代理业务的招标代理机构的资格,由外经贸行政主管部门认定;从事其他招标代理业务的招标代理机构的资格,按现行职责分工,分别由有关行政主管部门认定。

4. 招标投标部际协调机制有哪些职责?

招标投标部际协调机制由国家发展改革委、监察部、财政部、建设部、铁道部、交通部、信息产业部、水利部、商务部、民航总局、国务院法制办共11个部门组成。国家发展改革委为招标投标部际协调机制牵头单位。建立招标投标部际协调机制旨在:

(1) 促进招标投标行政法规、部门规章及政策规定的统一,形成合力,依法正确履行行政监督职责;(2) 及时、有效地解决招标投标行政监督过程中存在的突出矛盾和问题,促进招标投标活动规范有序进行。

招标投标部际协调机制的主要职责范围:(1) 分析全国招标投标市场发展形势和招标投标法律、行政法规和部门规章执行情况,商讨规范涉及多个部门招标投标活动的工作计划和对策建议;(2) 协调各有关部门和地方政府实施招标投标行政监督过程中发生的矛盾和分歧;(3) 通报招标投标工作信息,交流有关材料、文件;(4) 加强部门之间在制订招标投标行政法规、部门规章、规范性文件以及范本文件时的协调和衔接;(5) 加强部门之间以及部门和地方政府之间在招标投标投诉处理、执法活动方面的沟通;(6) 组织开展招标投标工作联合检查和调研;(7) 研究涉及全国招标投标工作的其他重要事项;(8) 研究需呈报国务院的涉及多个部门招标投标活动的重大事项。

上述职责范围,不包括政府采购的货物、服务招标投标,出口商品配额招标投标以及标的在境外的对外经济合作项目和对外援助项目的招标投标。

5. 《招标投标法》中,对必须进行招标而不招标的项目如何处罚?

违反招标投标法规定,必须进行招标的项目而不招标的,将必须进行招标的项目化整为零或者以其他任何方式规避招标的,责令限期改正,可以处项目合同金额千分之五以上千分之十以下的罚款；对全部或者部分使用国有资金的项目，可以暂停项目执行或者暂停资金拨付；对单位直接负责的主管人员和其他直接责任人员依法给予处分。

6.《招标投标法》中，泄露应当保密的与招标投标活动有关的情况如何处罚？

招标代理机构违反招标投标法规定，泄露应当保密的与招标投标活动有关的情况和资料的，或者与招标人、投标人串通损害国家利益、社会公共利益或者他人合法权益的，处五万元以上二十五万元以下的罚款，对单位直接负责的主管人员和其他直接责任人员处单位罚款数额百分之五以上百分之十以下的罚款；有违法所得的，并处没收违法所得；情节严重的，暂停直至取消招标代理资格；构成犯罪的，依法追究刑事责任。给他人造成损失的，依法承担赔偿责任。所列行为影响中标结果的，中标无效。

7.《招标投标法》中，招标人以不合理的条件限制或者排斥潜在投标人的如何处罚？

招标人以不合理的条件限制或者排斥潜在投标人的，对潜在投标人实行歧视待遇的，强制要求投标人组成联合体共同投标的，或者限制投标人之间竞争的，责令改正，可以处一万元以上五万元以下的罚款。

8.《招标投标法》中，招标人透露潜在投标人有关招标投标的如何处罚？

依法必须进行招标的项目的招标人向他人透露已获取招标文件的潜在投标人的名称、数量或者可能影响公平竞争的有关招标投标的其他情况的，或者泄露标底的，给予警告，可以并处一万元以上十万元以下的罚款；对单位直接负责的主管人员和其他直接责任人员依法给予处分；构成犯罪的，依法追究刑事责任。所列行为影响中标结果的，中标无效。

9.《招标投标法》中，投标人相互串通投标或者与招标人串通投标如何处罚？

投标人相互串通投标或者与招标人串通投标的，投标人以向招标人或者评标委员会成员行贿的手段谋取中标的，中标无效，处中标项目金额千分之五以上千分之十以下的罚款，对单位直接负责的主管人员和其他直接责任人员处单位罚款数额百分之五以上百分之十以下的罚款；有违法所得的，并处没收违法所得；情节严重的，取消其一年至二年内参加依法必须进行招标的项目的投标资格并予以公告，直至由工商行政管理机关吊销营业执照；构成犯罪的，依法追究刑事责任。给他人造成损失的，依法承担赔偿责任。

10.《招标投标法》中，投标人以他人名义投标骗取中标的如何处理？

投标人以他人名义投标或者以其他方式弄虚作假，骗取中标的，中标无效，给招标人造成损失的，依法承担赔偿责任；构成犯罪的，依法追究刑事责任。依法必须进行招标的项目的投标人有所列行为尚未构成犯罪的，处中标项目金额千分之五以上千分之十以下的罚款，对单位直接负责的主管人员和其他直接责任人员处单位罚款数额百分之五以上百分之十以下的罚款；有违法所得的，并处没收违法所得；情节严重的，取消其一年至三年内参加依法必须进行招标的项目的投标资格并予以公告，直至由工商行政管理机关吊销营业执照。

11.《招标投标法》中,招标人与投标人就投标价格等实质性内容进行谈判的如何处罚?

依法必须进行招标的项目,招标人违反规定,与投标人就投标价格、投标方案等实质性内容进行谈判的,给予警告,对单位直接负责的主管人员和其他直接责任人员依法给予处分。所列行为影响中标结果的,中标无效。

12.《招标投标法》中,评标委员会成员收受投标人的财物或者其他好处的如何处罚?

评标委员会成员收受投标人的财物或者其他好处的,评标委员会成员或者参加评标的有关工作人员向他人透露对投标文件的评审和比较、中标候选人的推荐以及与评标有关的其他情况的,给予警告,没收收受的财物,可以并处三千元以上五万元以下的罚款,对有所列违法行为的评标委员会成员取消担任评标委员会成员的资格,不得再参加任何依法必须进行招标的项目的评标;构成犯罪的,依法追究刑事责任。

13.《招标投标法》中,招标人在中标候选人以外确定中标人的如何处罚?

招标人在评标委员会依法推荐的中标候选人以外确定中标人的,依法必须进行招标的项目在所有投标被评标委员会否决后自行确定中标人的,中标无效。责令改正,可以处中标项目金额千分之五以上千分之十以下的罚款,对单位直接负责的主管人员和其他直接责任人员依法给予处分。

14.《招标投标法》中,中标人将中标项目转让给他人的如何处罚?

中标人将中标项目转让给他人的,将中标项目肢解后分别转让给他人的,违反规定将中标项目的部分主体、关键性工作分包给他人的,或者分包人再次分包的,转让、分包无效,处转让、分包项目金额千分之五以上千分之十以下的罚款;有违法所得的,并处没收违法所得;可以责令停业整顿;情节严重的,由工商行政管理机关吊销营业执照。

15.《招标投标法》中,招标人与中标人不按照招标投标文件订立合同的如何处罚?

招标人与中标人不按照招标文件和中标人的投标文件订立合同的,或者招标人、中标人订立背离合同实质性内容的协议的,责令改正,可以处中标项目金额千分之五以上千分之十以下的罚款。

16.《招标投标法》中,中标人不履行与招标人订立的合同的如何处罚?

中标人不履行与招标人订立的合同的,履约保证金不予退还,给招标人造成的损失超过履约保证金数额的,还应当对超过部分予以赔偿;没有提交履约保证金的,应当对招标人的损失承担赔偿责任。中标人不按照与招标人订立的合同履行义务,情节严重的,取消其二至五年内参加依法必须进行招标的项目的投标的资格并予以公告,直至由工商行政管理机关吊销营业执照。因不可抗力不能履行合同的,不适用前两款规定。

17.《招标投标法》中,限制或者排斥本地区以外的法人参加投标的如何处罚?

任何单位违反规定,限制或者排斥本地区、本系统以外的法人或者其他组织参加投标的,为招标人指定招标代理机构的,强制招标人委托招标代理机构办理招标事宜的,或者以其他方式干涉招标投标活动的,责令改正;对单位直接负责的主管人员和其他直接责任人员依法给予警告、记过、记大过的处分，情节较重的，依法给予降级、撤职、开除的处分。个人利用职权进行前款违法行为的，依照前款规定追究责任。

18.《招标投标法》中，对招标投标活动的国家机关工作人员徇私舞弊如何处罚？

对招标投标活动依法负有行政监督职责的国家机关工作人员徇私舞弊、滥用职权或者玩忽职守，构成犯罪的，依法追究刑事责任；不构成犯罪的，依法给予行政处分。

附录三：工程招标投标管理相关法规

1. 招标投标法

第一章 总 则

第一条 为了规范招标投标活动，保护国家利益、社会公共利益和招标投标活动当事人的合法权益，提高经济效益，保证项目质量，制定本法。

第二条 在中华人民共和国境内进行招标投标活动，适用本法。

第三条 在中华人民共和国境内进行下列工程建设项目包括项目的勘察、设计、施工、监理以及与工程建设有关的重要设备、材料等的采购，必须进行招标：

（一）大型基础设施、公用事业等关系社会公共利益、公众安全的项目；

（二）全部或者部分使用国有资金投资或者国家融资的项目；

（三）使用国际组织或者外国政府贷款、援助资金的项目。

前款所列项目的具体范围和规模标准，由国务院发展计划部门会同国务院有关部门制定，报国务院批准。

法律或者国务院对必须进行招标的其他项目的范围有规定的，依照其规定。

第四条 任何单位和个人不得将依法必须进行招标的项目化整为零或者以其他任何方式规避招标。

第五条 招标投标活动应当遵循公开、公平、公正和诚实信用的原则。

第六条 依法必须进行招标的项目，其招标投标活动不受地区或者部门的限制。任何单位和个人不得违法限制或者排斥本地区、本系统以外的法人或者其他组织参加投标，不得以任何方式非法干涉招标投标活动。

第七条 招标投标活动及其当事人应当接受依法实施的监督。

有关行政监督部门依法对招标投标活动实施监督，依法查处招标投标活动中的违法行为。

对招标投标活动的行政监督及有关部门的具体职权划分，由国务院规定。

第二章 招 标

第八条 招标人是依照本法规定提出招标项目、进行招标的法人或者其他组织。

第九条 招标项目按照国家有关规定需要履行项目审批手续的，应当先履行审批手续，取得批准。

招标人应当有进行招标项目的相应资金或者资金来源已经落实，并应当在招标文件中如实载明。

第十条 招标分为公开招标和邀请招标。

公开招标，是指招标人以招标公告的方式邀请不特定的法人或者其他组织投标。

邀请招标，是指招标人以投标邀请书的方式邀请特定的法人或者其他组织投标。

第十一条 国务院发展计划部门确定的国家重点项目和省、自治区、直辖市人民政府确定的地方重点项目不适宜公开招标的，经国务院发展计划部门或者省、自治区、直辖市人民政府批准，可以进行邀请招标。

第十二条 招标人有权自行选择招标代理机构，委托其办理招标事宜。任何单位和个人不得以任何方式为招标人指定招标代理机构。

招标人具有编制招标文件和组织评标能力的，可以自行办理招标事宜。任何单位和个人不得强制其委托招标代理机构办理招标事宜。

依法必须进行招标的项目，招标人自行办理招标事宜的，应当向有关行政监督部门备案。

第十三条 招标代理机构是依法设立、从事招标代理业务并提供相关服务的社会中介组织。

招标代理机构应当具备下列条件：

（一）有从事招标代理业务的营业场所和相应资金；

（二）有能够编制招标文件和组织评标的相应专业力量；

（三）有符合本法第三十七条第三款规定条件、可以作为评标委员会成员人选的技术、经济等方面的专家库。

第十四条 从事工程建设项目招标代理业务的招标代理机构，其资格由国务院或者省、自治区、直辖市人民政府的建设行政主管部门认定。具体办法由国务院建设行政主管部门会同国务院有关部门制定。从事其他招标代理业务的招标代理机构，其资格认定的主管部门由国务院规定。

招标代理机构与行政机关和其他国家机关不得存在隶属关系或者其他利益关系。

第十五条 招标代理机构应当在招标人委托的范围内办理招标事宜，并遵守本法关于招标人的规定。

第十六条 招标人采用公开招标方式的，应当发布招标公告。依法必须进行招标的项目的招标公告，应当通过国家指定的报刊、信息网络或者其他媒介发布。

招标公告应当载明招标人的名称和地址，招标项目的性质、数量、实施地点和时间以及获取招标文件的办法等事项。

第十七条 招标人采用邀请招标方式的，应当向三个以上具备承担招标项目的能力、资信良好的特定的法人或者其他组织发出投标邀请书。

投标邀请书应当载明本法第十六条第二款规定的事项。

第十八条 招标人可以根据招标项目本身的要求，在招标公告或者投标邀请书中，要求潜在投标人提供有关资质证明文件和业绩情况，并对潜在投标人进行资格审查；国家对投标人的资格条件有规定的，依照其规定。

招标人不得以不合理的条件限制或者排斥潜在投标人，不得对潜在投标人实行歧视待遇。

第十九条 招标人应当根据招标项目的特点和需要编制招标文件。招标文件应当包括招标项目的技术要求、对投标人资格审查的标准、投标报价要求和评标标准等所有实质性要求和条件以及拟签订合同的主要条款。

国家对招标项目的技术、标准有规定的，招标人应当按照其规定在招标文件中提出相应要求。

招标项目需要划分标段、确定工期的，招标人应当合理划分标段、确定工期，并在招标文件中载明。

第二十条 招标文件不得要求或者标明特定的生产供应者以及含有倾向或者排斥潜在投标人的其他内容。

第二十一条 招标人根据招标项目的具体情况,可以组织潜在投标人踏勘项目现场。

第二十二条 招标人不得向他人透露已获取招标文件的潜在投标人的名称、数量以及可能影响公平竞争的有关招标投标的其他情况。

招标人设有标底的,标底必须保密。

第二十三条 招标人对已发出的招标文件进行必要的澄清或者修改的,应当在招标文件要求提交投标文件截止时间至少十五日前,以书面形式通知所有招标文件收受人。该澄清或者修改的内容为招标文件的组成部分。

第二十四条 招标人应当确定投标人编制投标文件所需要的合理时间;但是,依法必须进行招标的项目,自招标文件开始发出之日起至投标人提交投标文件截止之日止,最短不得少于二十日。

第三章 投 标

第二十五条 投标人是响应招标、参加投标竞争的法人或者其他组织。

依法招标的科研项目允许个人参加投标的,投标的个人适用本法有关投标人的规定。

第二十六条 投标人应当具备承担招标项目的能力;国家有关规定对投标人资格条件或者招标文件对投标人资格条件有规定的,投标人应当具备规定的资格条件。

第二十七条 投标人应当按照招标文件的要求编制投标文件。投标文件应当对招标文件提出的实质性要求和条件作出响应。

招标项目属于建设施工的,投标文件的内容应当包括拟派出的项目负责人与主要技术人员的简历、业绩和拟用于完成招标项目的机械设备等。

第二十八条 投标人应当在招标文件要求提交投标文件的截止时间前,将投标文件送达投标地点。招标人收到投标文件后,应当签收保存,不得开启。投标人少于三个的,招标人应当依照本法重新招标。

在招标文件要求提交投标文件的截止时间后送达的投标文件,招标人应当拒收。

第二十九条 投标人在招标文件要求提交投标文件的截止时间前,可以补充、修改或者撤回已提交的投标文件,并书面通知招标人。补充、修改的内容为投标文件的组成部分。

第三十条 投标人根据招标文件载明的项目实际情况,拟在中标后将中标项目的部分非主体、非关键性工作进行分包的,应当在投标文件中载明。

第三十一条 两个以上法人或者其他组织可以组成一个联合体,以一个投标人的身份共同投标。

联合体各方均应当具备承担招标项目的相应能力。国家有关规定或者招标文件对投标人资格条件有规定的,联合体各方均应当具备规定的相应资格条件。由同一专业的单位组成的联合体,按照资质等级较低的单位确定资质等级。

联合体各方应当签订共同投标协议,明确约定各方拟承担的工作和责任,并将共同投标协议连同投标文件一并提交招标人。联合体中标的,联合体各方应当共同与招标人签订合同,就中标项目向招标人承担连带责任。

招标人不得强制投标人组成联合体共同投标,不得限制投标人之间的竞争。

第三十二条 投标人不得相互串通投标报价，不得排挤其他投标人的公平竞争，损害招标人或者其他投标人的合法权益。

投标人不得与招标人串通投标，损害国家利益、社会公共利益或者他人的合法权益。

禁止投标人以向招标人或者评标委员会成员行贿的手段谋取中标。

第三十三条 投标人不得以低于成本的报价竞标，也不得以他人名义投标或者以其他方式弄虚作假，骗取中标。

第四章 开标、评标和中标

第三十四条 开标应当在招标文件确定的提交投标文件截止时间的同一时间公开进行；开标地点应当为招标文件中预先确定的地点。

第三十五条 开标由招标人主持，邀请所有投标人参加。

第三十六条 开标时，由投标人或者其推选的代表检查投标文件的密封情况，也可以由招标人委托的公证机构检查并公证，经确认无误后，由工作人员当众拆封，宣读投标人名称、投标价格和投标文件的其他主要内容。

招标人在招标文件要求提交投标文件的截止时间前收到的所有投标文件，开标时都应当众予以拆封、宣读。

开标过程应当记录，并存档备查。

第三十七条 评标由招标人依法组建的评标委员会负责。

依法必须进行招标的项目，其评标委员会由招标人的代表和有关技术、经济等方面的专家组成，成员人数为五人以上单数，其中技术、经济等方面的专家不得少于成员总数的三分之二。

前款专家应当从事相关领域工作满八年并具有高级职称或者具有同等专业水平，由招标人从国务院有关部门或者省、自治区、直辖市人民政府有关部门提供的专家名册或者招标代理机构的专家库内的相关专业的专家名单中确定。一般招标项目可以采取随机抽取方式，特殊招标项目可以由招标人直接确定。

与投标人有利害关系的人不得进入相关项目的评标委员会；已经进入的应当更换。

评标委员会成员的名单在中标结果确定前应当保密。

第三十八条 招标人应当采取必要的措施，保证评标在严格保密的情况下进行。

任何单位和个人不得非法干预、影响评标的过程和结果。

第三十九条 评标委员会可以要求投标人对投标文件中含义不明确的内容作必要的澄清或者说明，但是澄清或者说明不得超出投标文件的范围或者改变投标文件的实质性内容。

第四十条 评标委员会应当按照招标文件确定的评标标准和方法，对投标文件进行评审和比较；设有标底的，应当参考标底。评标委员会完成评标后，应当向招标人提出书面评标报告，并推荐合格的中标候选人。

招标人根据评标委员会提出的书面评标报告和推荐的中标候选人确定中标人。招标人也可以授权评标委员会直接确定中标人。

国务院对特定招标项目的评标有特别规定的，从其规定。

第四十一条 中标人的投标应当符合下列条件之一：

（一）能够最大限度地满足招标文件中规定的各项综合评价标准；

（二）能够满足招标文件的实质性要求，并且经评审的投标价格最低，但是投标价格低于成本的除外。

第四十二条 评标委员会经评审，认为所有投标都不符合招标文件要求的，可以否决所有投标。

依法必须进行招标的项目的所有投标被否决的，招标人应当依照本法重新招标。

第四十三条 在确定中标人前，招标人不得与投标人就投标价格、投标方案等实质性内容进行谈判。

第四十四条 评标委员会成员应当客观、公正地履行职务，遵守职业道德，对所提出的评审意见承担个人责任。

评标委员会成员不得私下接触投标人，不得收受投标人的财物或者其他好处。

评标委员会成员和参与评标的有关工作人员不得透露对投标文件的评审和比较、中标候选人的推荐情况以及与评标有关的其他情况。

第四十五条 中标人确定后，招标人应当向中标人发出中标通知书，并同时将中标结果通知所有未中标的投标人。

中标通知书对招标人和中标人具有法律效力。中标通知书发出后，招标人改变中标结果的，或者中标人放弃中标项目的，应当依法承担法律责任。

第四十六条 招标人和中标人应当自中标通知书发出之日起三十日内，按照招标文件和中标人的投标文件订立书面合同。招标人和中标人不得再行订立背离合同实质性内容的其他协议。

招标文件要求中标人提交履约保证金的，中标人应当提交。

第四十七条 依法必须进行招标的项目，招标人应当自确定中标人之日起十五日内，向有关行政监督部门提交招标投标情况的书面报告。

第四十八条 中标人应当按照合同约定履行义务，完成中标项目。中标人不得向他人转让中标项目，也不得将中标项目肢解后分别向他人转让。

中标人按照合同约定或者经招标人同意，可以将中标项目的部分非主体、非关键性工作分包给他人完成。接受分包的人应当具备相应的资格条件，并不得再次分包。

中标人应当就分包项目向招标人负责，接受分包的人就分包项目承担连带责任。

第五章 法 律 责 任

第四十九条 违反本法规定，必须进行招标的项目而不招标的，将必须进行招标的项目化整为零或者以其他任何方式规避招标的，责令限期改正，可以处项目合同金额千分之五以上千分之十以下的罚款；对全部或者部分使用国有资金的项目，可以暂停项目执行或者暂停资金拨付；对单位直接负责的主管人员和其他直接责任人员依法给予处分。

第五十条 招标代理机构违反本法规定，泄露应当保密的与招标投标活动有关的情况和资料的，或者与招标人、投标人串通损害国家利益、社会公共利益或者他人合法权益的，处五万元以上二十五万元以下的罚款，对单位直接负责的主管人员和其他直接责任人员处单位罚款数额百分之五以上百分之十以下的罚款；有违法所得的，并处没收违法所得；情节严重的，暂停直至取消招标代理资格；构成犯罪的，依法追究刑事责任。给他人造成损失的，依法承担赔偿责任。

前款所列行为影响中标结果的，中标无效。

第五十一条 招标人以不合理的条件限制或者排斥潜在投标人的，对潜在投标人实行歧视待遇的，强制要求投标人组成联合体共同投标的，或者限制投标人之间竞争的，责令改正，可以处一万元以上五万元以下的罚款。

第五十二条 依法必须进行招标的项目的招标人向他人透露已获取招标文件的潜在投标人的名称、数量或者可能影响公平竞争的有关招标投标的其他情况的，或者泄露标底的，给予警告，可以并处一万元以上十万元以下的罚款；对单位直接负责的主管人员和其他直接责任人员依法给予处分；构成犯罪的，依法追究刑事责任。

前款所列行为影响中标结果的，中标无效。

第五十三条 投标人相互串通投标或者与招标人串通投标的，投标人以向招标人或者评标委员会成员行贿的手段谋取中标的，中标无效，处中标项目金额千分之五以上千分之十以下的罚款，对单位直接负责的主管人员和其他直接责任人员处单位罚款数额百分之五以上百分之十以下的罚款；有违法所得的，并处没收违法所得；情节严重的，取消其一年至二年内参加依法必须进行招标的项目的投标资格并予以公告，直至由工商行政管理机关吊销营业执照；构成犯罪的，依法追究刑事责任。给他人造成损失的，依法承担赔偿责任。

第五十四条 投标人以他人名义投标或者以其他方式弄虚作假，骗取中标的，中标无效，给招标人造成损失的，依法承担赔偿责任；构成犯罪的，依法追究刑事责任。

依法必须进行招标的项目的投标人有前款所列行为尚未构成犯罪的，处中标项目金额千分之五以上千分之十以下的罚款，对单位直接负责的主管人员和其他直接责任人员处单位罚款数额百分之五以上百分之十以下的罚款；有违法所得的，并处没收违法所得；情节严重的，取消其一年至三年内参加依法必须进行招标的项目的投标资格并予以公告，直至由工商行政管理机关吊销营业执照。

第五十五条 依法必须进行招标的项目，招标人违反本法规定，与投标人就投标价格、投标方案等实质性内容进行谈判的，给予警告，对单位直接负责的主管人员和其他直接责任人员依法给予处分。

前款所列行为影响中标结果的，中标无效。

第五十六条 评标委员会成员收受投标人的财物或者其他好处的，评标委员会成员或者参加评标的有关工作人员向他人透露对投标文件的评审和比较、中标候选人的推荐以及与评标有关的其他情况的，给予警告，没收收受的财物，可以并处三千元以上五万元以下的罚款，对有所列违法行为的评标委员会成员取消担任评标委员会成员的资格，不得再参加任何依法必须进行招标的项目的评标；构成犯罪的，依法追究刑事责任。

第五十七条 招标人在评标委员会依法推荐的中标候选人以外确定中标人的，依法必须进行招标的项目在所有投标被评标委员会否决后自行确定中标人的，中标无效。责令改正，可以处中标项目金额千分之五以上千分之十以下的罚款；对单位直接负责的主管人员和其他直接责任人员依法给予处分。

第五十八条 中标人将中标项目转让给他人的，将中标项目肢解后分别转让给他人的，违反本法规定将中标项目的部分主体、关键性工作分包给他人的，或者分包人再次分包的，转让、分包无效，处转让、分包项目金额千分之五以上千分之十以下的罚款；有违法所得的，并处没收违法所得；可以责令停业整顿；情节严重的，由工商行政管理机关吊销营业执照。

第五十九条 招标人与中标人不按照招标文件和中标人的投标文件订立合同的，或者招标人、中标人订立背离合同实质性内容的协议的，责令改正；可以处中标项目金额千分之五以上千分之十以下的罚款。

第六十条 中标人不履行与招标人订立的合同的,履约保证金不予退还,给招标人造成的损失超过履约保证金数额的,还应当对超过部分予以赔偿;没有提交履约保证金的,应当对招标人的损失承担赔偿责任。

中标人不按照与招标人订立的合同履行义务,情节严重的,取消其二年至五年内参加依法必须进行招标的项目的投标资格并予以公告,直至由工商行政管理机关吊销营业执照。

因不可抗力不能履行合同的,不适用前两款规定。

第六十一条 本章规定的行政处罚,由国务院规定的有关行政监督部门决定。本法已对实施行政处罚的机关作出规定的除外。

第六十二条 任何单位违反本法规定,限制或者排斥本地区、本系统以外的法人或者其他组织参加投标的,为招标人指定招标代理机构的,强制招标人委托招标代理机构办理招标事宜的,或者以其他方式干涉招标投标活动的,责令改正;对单位直接负责的主管人员和其他直接责任人员依法给予警告、记过、记大过的处分,情节较重的,依法给予降级、撤职、开除的处分。

个人利用职权进行前款违法行为的,依照前款规定追究责任。

第六十三条 对招标投标活动依法负有行政监督职责的国家机关工作人员徇私舞弊、滥用职权或者玩忽职守,构成犯罪的,依法追究刑事责任;不构成犯罪的,依法给予行政处分。

第六十四条 依法必须进行招标的项目违反本法规定,中标无效的,应当依照本法规定的中标条件从其余投标人中重新确定中标人或者依照本法重新进行招标。

第六章 附 则

第六十五条 投标人和其他利害关系人认为招标投标活动不符合本法有关规定的,有权向招标人提出异议或者依法向有关行政监督部门投诉。

第六十六条 涉及国家安全、国家秘密、抢险救灾或者属于利用扶贫资金实行以工代赈、需要使用农民工等特殊情况,不适宜进行招标的项目,按照国家有关规定可以不进行招标。

第六十七条 使用国际组织或者外国政府贷款、援助资金的项目进行招标,贷款方、资金提供方对招标投标的具体条件和程序有不同规定的,可以适用其规定,但违背中华人民共和国的社会公共利益的除外。

第六十八条 本法自2000年1月1日起施行。

2. 政府采购法

第一章 总 则

第一条 为了规范政府采购行为，提高政府采购资金的使用效益，维护国家利益和社会公共利益，保护政府采购当事人的合法权益，促进廉政建设，制定本法。

第二条 在中华人民共和国境内进行的政府采购适用本法。

本法所称政府采购，是指各级国家机关、事业单位和团体组织，使用财政性资金采购依法制定的集中采购目录以内的或者采购限额标准以上的货物、工程和服务的行为。

政府集中采购目录和采购限额标准依照本法规定的权限制定。

本法所称采购，是指以合同方式有偿取得货物、工程和服务的行为，包括购买、租赁、委托、雇用等。

本法所称货物，是指各种形态和种类的物品，包括原材料、燃料、设备、产品等。

本法所称工程，是指建设工程，包括建筑物和构筑物的新建、改建、扩建、装修、拆除、修缮等。

本法所称服务，是指除货物和工程以外的其他政府采购对象。

第三条 政府采购应当遵循公开透明原则、公平竞争原则、公正原则和诚实信用原则。

第四条 政府采购工程进行招标投标的，适用招标投标法。

第五条 任何单位和个人不得采用任何方式，阻挠和限制供应商自由进入本地区和本行业的政府采购市场。

第六条 政府采购应当严格按照批准的预算执行。

第七条 政府采购实行集中采购和分散采购相结合。集中采购的范围由省级以上人民政府公布的集中采购目录确定。

属于中央预算的政府采购项目，其集中采购目录由国务院确定并公布；属于地方预算的政府采购项目，其集中采购目录由省、自治区、直辖市人民政府或者其授权的机构确定并公布。

纳入集中采购目录的政府采购项目，应当实行集中采购。

第八条 政府采购限额标准，属于中央预算的政府采购项目，由国务院确定并公布；属于地方预算的政府采购项目，由省、自治区、直辖市人民政府或者其授权的机构确定并公布。

第九条 政府采购应当有助于实现国家的经济和社会发展政策目标，包括保护环境，扶持不发达地区和少数民族地区，促进中小企业发展等。

第十条 政府采购应当采购本国货物、工程和服务。但有下列情形之一的除外：

（一）需要采购的货物、工程或者服务在中国境内无法获取或者无法以合理的商业条件获取的；

（二）为在中国境外使用而进行采购的；

（三）其他法律、行政法规另有规定的。

前款所称本国货物、工程和服务的界定，依照国务院有关规定执行。

第十一条 政府采购的信息应当在政府采购监督管理部门指定的媒体上及时向社会公开

发布，但涉及商业秘密的除外。

第十二条 在政府采购活动中，采购人员及相关人员与供应商有利害关系的，必须回避。供应商认为采购人员及相关人员与其他供应商有利害关系的，可以申请其回避。

前款所称相关人员，包括招标采购中评标委员会的组成人员，竞争性谈判采购中谈判小组的组成人员，询价采购中询价小组的组成人员等。

第十三条 各级人民政府财政部门是负责政府采购监督管理的部门，依法履行对政府采购活动的监督管理职责。

各级人民政府其他有关部门依法履行与政府采购活动有关的监督管理职责。

第二章 政府采购当事人

第十四条 政府采购当事人是指在政府采购活动中享有权利和承担义务的各类主体，包括采购人、供应商和采购代理机构等。

第十五条 采购人是指依法进行政府采购的国家机关、事业单位、团体组织。

第十六条 集中采购机构为采购代理机构。设区的市、自治州以上人民政府根据本级政府采购项目组织集中采购的需要设立集中采购机构。

集中采购机构是非营利事业法人，根据采购人的委托办理采购事宜。

第十七条 集中采购机构进行政府采购活动，应当符合采购价格低于市场平均价格、采购效率更高、采购质量优良和服务良好的要求。

第十八条 采购人采购纳入集中采购目录的政府采购项目，必须委托集中采购机构代理采购；采购未纳入集中采购目录的政府采购项目，可以自行采购，也可以委托集中采购机构在委托的范围内代理采购。

纳入集中采购目录属于通用的政府采购项目的，应当委托集中采购机构代理采购；属于本部门、本系统有特殊要求的项目，应当实行部门集中采购；属于本单位有特殊要求的项目，经省级以上人民政府批准，可以自行采购。

第十九条 采购人可以委托经国务院有关部门或者省级人民政府有关部门认定资格的采购代理机构，在委托的范围内办理政府采购事宜。

采购人有权自行选择采购代理机构，任何单位和个人不得以任何方式为采购人指定采购代理机构。

第二十条 采购人依法委托采购代理机构办理采购事宜的，应当由采购人与采购代理机构签订委托代理协议，依法确定委托代理的事项，约定双方的权利、义务。

第二十一条 供应商是指向采购人提供货物、工程或者服务的法人、其他组织或者自然人。

第二十二条 供应商参加政府采购活动应当具备下列条件：

（一）具有独立承担民事责任的能力；
（二）具有良好的商业信誉和健全的财务会计制度；
（三）具有履行合同所必需的设备和专业技术能力；
（四）有依法缴纳税收和社会保障资金的良好记录；
（五）参加政府采购活动前三年内，在经营活动中没有重大违法记录；
（六）法律、行政法规规定的其他条件。

采购人可以根据采购项目的特殊要求，规定供应商的特定条件，但不得以不合理的条件对供应商实行差别待遇或者歧视待遇。

第二十三条 采购人可以要求参加政府采购的供应商提供有关资质证明文件和业绩情况，并根据本法规定的供应商条件和采购项目对供应商的特定要求，对供应商的资格进行审查。

第二十四条 两个以上的自然人、法人或者其他组织可以组成一个联合体，以一个供应商的身份共同参加政府采购。

以联合体形式进行政府采购的，参加联合体的供应商均应当具备本法第二十二条规定的条件，并应当向采购人提交联合协议，载明联合体各方承担的工作和义务。联合体各方应当共同与采购人签订采购合同，就采购合同约定的事项对采购人承担连带责任。

第二十五条 政府采购当事人不得相互串通损害国家利益、社会公共利益和其他当事人的合法权益；不得以任何手段排斥其他供应商参与竞争。

供应商不得以向采购人、采购代理机构、评标委员会的组成人员、竞争性谈判小组的组成人员、询价小组的组成人员行贿或者采取其他不正当手段谋取中标或者成交。

采购代理机构不得以向采购人行贿或者采取其他不正当手段谋取非法利益。

第三章　政府采购方式

第二十六条 政府采购采用以下方式：

（一）公开招标；

（二）邀请招标；

（三）竞争性谈判；

（四）单一来源采购；

（五）询价；

（六）国务院政府采购监督管理部门认定的其他采购方式。

公开招标应作为政府采购的主要采购方式。

第二十七条 采购人采购货物或者服务应当采用公开招标方式的，其具体数额标准，属于中央预算的政府采购项目，由国务院规定；属于地方预算的政府采购项目，由省、自治区、直辖市人民政府规定；因特殊情况需要采用公开招标以外的采购方式的，应当在采购活动开始前获得设区的市、自治州以上人民政府采购监督管理部门的批准。

第二十八条 采购人不得将应当以公开招标方式采购的货物或者服务化整为零或者以其他任何方式规避公开招标采购。

第二十九条 符合下列情形之一的货物或者服务，可以依照本法采用邀请招标方式采购：

（一）具有特殊性，只能从有限范围的供应商处采购的；

（二）采用公开招标方式的费用占政府采购项目总价值的比例过大的。

第三十条 符合下列情形之一的货物或者服务，可以依照本法采用竞争性谈判方式采购：

（一）招标后没有供应商投标或者没有合格标的或者重新招标未能成立的；

（二）技术复杂或者性质特殊，不能确定详细规格或者具体要求的；

（三）采用招标所需时间不能满足用户紧急需要的；

（四）不能事先计算出价格总额的。

第三十一条 符合下列情形之一的货物或者服务,可以依照本法采用单一来源方式采购:

(一)只能从唯一供应商处采购的;

(二)发生了不可预见的紧急情况不能从其他供应商处采购的;

(三)必须保证原有采购项目一致性或者服务配套的要求,需要继续从原供应商处添购,且添购资金总额不超过原合同采购金额百分之十的。

第三十二条 采购的货物规格、标准统一、现货货源充足且价格变化幅度小的政府采购项目,可以依照本法采用询价方式采购。

第四章 政府采购程序

第三十三条 负有编制部门预算职责的部门在编制下一财政年度部门预算时,应当将该财政年度政府采购的项目及资金预算列出,报本级财政部门汇总。部门预算的审批,按预算管理权限和程序进行。

第三十四条 货物或者服务项目采取邀请招标方式采购的,采购人应当从符合相应资格条件的供应商中,通过随机方式选择三家以上的供应商,并向其发出投标邀请书。

第三十五条 货物和服务项目实行招标方式采购的,自招标文件开始发出之日起至投标人提交投标文件截止之日止,不得少于二十日。

第三十六条 在招标采购中,出现下列情形之一的,应予废标:

(一)符合专业条件的供应商或者对招标文件作实质响应的供应商不足三家的;

(二)出现影响采购公正的违法、违规行为的;

(三)投标人的报价均超过了采购预算,采购人不能支付的;

(四)因重大变故,采购任务取消的。

废标后,采购人应当将废标理由通知所有投标人。

第三十七条 废标后,除采购任务取消情形外,应当重新组织招标;需要采取其他方式采购的,应当在采购活动开始前获得设区的市、自治州以上人民政府采购监督管理部门或者政府有关部门批准。

第三十八条 采用竞争性谈判方式采购的,应当遵循下列程序:

(一)成立谈判小组。谈判小组由采购人的代表和有关专家共三人以上的单数组成,其中专家的人数不得少于成员总数的三分之二。

(二)制定谈判文件。谈判文件应当明确谈判程序、谈判内容、合同草案的条款以及评定成交的标准等事项。

(三)确定邀请参加谈判的供应商名单。谈判小组从符合相应资格条件的供应商名单中确定不少于三家的供应商参加谈判,并向其提供谈判文件。

(四)谈判。谈判小组所有成员集中与单一供应商分别进行谈判。在谈判中,谈判的任何一方不得透露与谈判有关的其他供应商的技术资料、价格和其他信息。谈判文件有实质性变动的,谈判小组应当以书面形式通知所有参加谈判的供应商。

(五)确定成交供应商。谈判结束后,谈判小组应当要求所有参加谈判的供应商在规定时间内进行最后报价,采购人从谈判小组提出的成交候选人中根据符合采购需求、质量和服务相等且报价最低的原则确定成交供应商,并将结果通知所有参加谈判的未成交的供应商。

第三十九条 采取单一来源方式采购的,采购人与供应商应当遵循本法规定的原则,在保证采购项目质量和双方商定合理价格的基础上进行采购。

第四十条 采取询价方式采购的，应当遵循下列程序：

（一）成立询价小组。询价小组由采购人的代表和有关专家共三人以上的单数组成，其中专家的人数不得少于成员总数的三分之二。询价小组应当对采购项目的价格构成和评定成交的标准等事项作出规定。

（二）确定被询价的供应商名单。询价小组根据采购需求，从符合相应资格条件的供应商名单中确定不少于三家的供应商，并向其发出询价通知书让其报价。

（三）询价。询价小组要求被询价的供应商一次报出不得更改的价格。

（四）确定成交供应商。采购人根据符合采购需求、质量和服务相等且报价最低的原则确定成交供应商，并将结果通知所有被询价的未成交的供应商。

第四十一条 采购人或者其委托的采购代理机构应当组织对供应商履约的验收。大型或者复杂的政府采购项目，应当邀请国家认可的质量检测机构参加验收工作。验收方成员应当在验收书上签字，并承担相应的法律责任。

第四十二条 采购人、采购代理机构对政府采购项目每项采购活动的采购文件应当妥善保存，不得伪造、变造、隐匿或者销毁。采购文件的保存期限为从采购结束之日起至少保存十五年。

采购文件包括采购活动记录、采购预算、招标文件、投标文件、评标标准、评估报告、定标文件、合同文本、验收证明、质疑答复、投诉处理决定及其他有关文件、资料。

采购活动记录至少应当包括下列内容：

（一）采购项目类别、名称；

（二）采购项目预算、资金构成和合同价格；

（三）采购方式，采用公开招标以外的采购方式的，应当载明原因；

（四）邀请和选择供应商的条件及原因；

（五）评标标准及确定中标人的原因；

（六）废标的原因；

（七）采用招标以外采购方式的相应记载。

第五章 政府采购合同

第四十三条 政府采购合同适用合同法。采购人和供应商之间的权利和义务，应当按照平等、自愿的原则以合同方式约定。

采购人可以委托采购代理机构代表其与供应商签订政府采购合同。由采购代理机构以采购人名义签订合同的，应当提交采购人的授权委托书，作为合同附件。

第四十四条 政府采购合同应当采用书面形式。

第四十五条 国务院政府采购监督管理部门应当会同国务院有关部门，规定政府采购合同必须具备的条款。

第四十六条 采购人与中标、成交供应商应当在中标、成交通知书发出之日起三十日内，按照采购文件确定的事项签订政府采购合同。

中标、成交通知书对采购人和中标、成交供应商均具有法律效力。中标、成交通知书发出后，采购人改变中标、成交结果的，或者中标、成交供应商放弃中标、成交项目的，应当依法承担法律责任。

第四十七条 政府采购项目的采购合同自签订之日起七个工作日内,采购人应当将合同副本报同级政府采购监督管理部门和有关部门备案。

第四十八条 经采购人同意,中标、成交供应商可以依法采取分包方式履行合同。政府采购合同分包履行的,中标、成交供应商就采购项目和分包项目向采购人负责,分包供应商就分包项目承担责任。

第四十九条 政府采购合同履行中,采购人需追加与合同标的相同的货物、工程或者服务的,在不改变合同其他条款的前提下,可以与供应商协商签订补充合同,但所有补充合同的采购金额不得超过原合同采购金额的百分之十。

第五十条 政府采购合同的双方当事人不得擅自变更、中止或者终止合同。

政府采购合同继续履行将损害国家利益和社会公共利益的,双方当事人应当变更、中止或者终止合同。有过错的一方应当承担赔偿责任,双方都有过错的,各自承担相应的责任。

第六章 质疑与投诉

第五十一条 供应商对政府采购活动事项有疑问的,可以向采购人提出询问,采购人应当及时作出答复,但答复的内容不得涉及商业秘密。

第五十二条 供应商认为采购文件、采购过程和中标、成交结果使自己的权益受到损害的,可以在知道或者应知其权益受到损害之日起七个工作日内,以书面形式向采购人提出质疑。

第五十三条 采购人应当在收到供应商的书面质疑后七个工作日内作出答复,并以书面形式通知质疑供应商和其他有关供应商,但答复的内容不得涉及商业秘密。

第五十四条 采购人委托采购代理机构采购的,供应商可以向采购代理机构提出询问或者质疑,采购代理机构应当依照本法第五十一条、第五十三条的规定就采购人委托授权范围内的事项作出答复。

第五十五条 质疑供应商对采购人、采购代理机构的答复不满意或者采购人、采购代理机构未在规定的时间内作出答复的,可以在答复期满后十五个工作日内向同级政府采购监督管理部门投诉。

第五十六条 政府采购监督管理部门应当在收到投诉后三十个工作日内,对投诉事项作出处理决定,并以书面形式通知投诉人和与投诉事项有关的当事人。

第五十七条 政府采购监督管理部门在处理投诉事项期间,可以视具体情况书面通知采购人暂停采购活动,但暂停时间最长不得超过三十日。

第五十八条 投诉人对政府采购监督管理部门的投诉处理决定不服或者政府采购监督管理部门逾期未作处理的,可以依法申请行政复议或者向人民法院提起行政诉讼。

第七章 监督检查

第五十九条 政府采购监督管理部门应当加强对政府采购活动及集中采购机构的监督检查。

监督检查的主要内容是:
(一)有关政府采购的法律、行政法规和规章的执行情况;
(二)采购范围、采购方式和采购程序的执行情况;
(三)政府采购人员的职业素质和专业技能。

第六十条 政府采购监督管理部门不得设置集中采购机构，不得参与政府采购项目的采购活动。

采购代理机构与行政机关不得存在隶属关系或者其他利益关系。

第六十一条 集中采购机构应当建立健全内部监督管理制度。采购活动的决策和执行程序应当明确，并相互监督、相互制约。经办采购的人员与负责采购合同审核、验收人员的职责权限应当明确，并相互分离。

第六十二条 集中采购机构的采购人员应当具有相关职业素质和专业技能，符合政府采购监督管理部门规定的专业岗位任职要求。

集中采购机构对其工作人员应当加强教育和培训；对采购人员的专业水平、工作实绩和职业道德状况定期进行考核。采购人员经考核不合格的，不得继续任职。

第六十三条 政府采购项目的采购标准应当公开。

采用本法规定的采购方式的，采购人在采购活动完成后，应当将采购结果予以公布。

第六十四条 采购人必须按照本法规定的采购方式和采购程序进行采购。

任何单位和个人不得违反本法规定，要求采购人或者采购工作人员向其指定的供应商进行采购。

第六十五条 政府采购监督管理部门应当对政府采购项目的采购活动进行检查，政府采购当事人应当如实反映情况，提供有关材料。

第六十六条 政府采购监督管理部门应当对集中采购机构的采购价格、节约资金效果、服务质量、信誉状况、有无违法行为等事项进行考核，并定期如实公布考核结果。

第六十七条 依照法律、行政法规的规定对政府采购负有行政监督职责的政府有关部门，应当按照其职责分工，加强对政府采购活动的监督。

第六十八条 审计机关应当对政府采购进行审计监督。政府采购监督管理部门、政府采购各当事人有关政府采购活动，应当接受审计机关的审计监督。

第六十九条 监察机关应当加强对参与政府采购活动的国家机关、国家公务员和国家行政机关任命的其他人员实施监察。

第七十条 任何单位和个人对政府采购活动中的违法行为，有权控告和检举，有关部门、机关应当依照各自职责及时处理。

第八章 法 律 责 任

第七十一条 采购人、采购代理机构有下列情形之一的，责令限期改正，给予警告，可以并处罚款，对直接负责的主管人员和其他直接责任人员，由其行政主管部门或者有关机关给予处分，并予通报：

（一）应当采用公开招标方式而擅自采用其他方式采购的；
（二）擅自提高采购标准的；
（三）委托不具备政府采购业务代理资格的机构办理采购事务的；
（四）以不合理的条件对供应商实行差别待遇或者歧视待遇的；
（五）在招标采购过程中与投标人进行协商谈判的；
（六）中标、成交通知书发出后不与中标、成交供应商签订采购合同的；
（七）拒绝有关部门依法实施监督检查的。

第七十二条 采购人、采购代理机构及其工作人员有下列情形之一，构成犯罪的，依法追究刑事责任；尚不构成犯罪的，处以罚款，有违法所得的，并处没收违法所得，属于国家机关工作人员的，依法给予行政处分：

（一）与供应商或者采购代理机构恶意串通的；

（二）在采购过程中接受贿赂或者获取其他不正当利益的；

（三）在有关部门依法实施的监督检查中提供虚假情况的；

（四）开标前泄露标底的。

第七十三条 有前两条违法行为之一影响中标、成交结果或者可能影响中标、成交结果的，按下列情况分别处理：

（一）未确定中标、成交供应商的，终止采购活动；

（二）中标、成交供应商已经确定但采购合同尚未履行的，撤销合同，从合格的中标、成交候选人中另行确定中标、成交供应商；

（三）采购合同已经履行的，给采购人、供应商造成损失的，由责任人承担赔偿责任。

第七十四条 采购人对应当实行集中采购的政府采购项目，不委托集中采购机构实行集中采购的，由政府采购监督管理部门责令改正；拒不改正的，停止按预算向其支付资金，由其上级行政主管部门或者有关机关依法给予其直接负责的主管人员和其他直接责任人员处分。

第七十五条 采购人未依法公布政府采购项目的采购标准和采购结果的，责令改正，对直接负责的主管人员依法给予处分。

第七十六条 采购人、采购代理机构违反本法规定隐匿、销毁应当保存的采购文件或者伪造、变造采购文件的，由政府采购监督管理部门处以二万元以上十万元以下的罚款，对其直接负责的主管人员和其他直接责任人员依法给予处分；构成犯罪的，依法追究刑事责任。

第七十七条 供应商有下列情形之一的，处以采购金额千分之五以上千分之十以下的罚款，列入不良行为记录名单，在一至三年内禁止参加政府采购活动，有违法所得的，并处没收违法所得，情节严重的，由工商行政管理机关吊销营业执照；构成犯罪的，依法追究刑事责任：

（一）提供虚假材料谋取中标、成交的；

（二）采取不正当手段诋毁、排挤其他供应商的；

（三）与采购人、其他供应商或者采购代理机构恶意串通的；

（四）向采购人、采购代理机构行贿或者提供其他不正当利益的；

（五）在招标采购过程中与采购人进行协商谈判的；

（六）拒绝有关部门监督检查或者提供虚假情况的。

供应商有前款第（一）至（五）项情形之一的，中标、成交无效。

第七十八条 采购代理机构在代理政府采购业务中有违法行为的，按照有关法律规定处以罚款，可以依法取消其进行相关业务的资格，构成犯罪的，依法追究刑事责任。

第七十九条 政府采购当事人有本法第七十一条、第七十二条、第七十七条违法行为之一，给他人造成损失的，并应依照有关民事法律规定承担民事责任。

第八十条 政府采购监督管理部门的工作人员在实施监督检查中违反本法规定滥用职权、玩忽职守、徇私舞弊的，依法给予行政处分；构成犯罪的，依法追究刑事责任。

第八十一条 政府采购监督管理部门对供应商的投诉逾期未作处理的，给予直接负责的主管人员和其他直接责任人员行政处分。

第八十二条 政府采购监督管理部门对集中采购机构业绩的考核，有虚假陈述，隐瞒真实情况的，或者不作定期考核和公布考核结果的，应当及时纠正，由其上级机关或者监察机关对其负责人进行通报，并对直接负责的人员依法给予行政处分。

集中采购机构在政府采购监督管理部门考核中，虚报业绩，隐瞒真实情况的，处以二万元以上二十万元以下的罚款，并予以通报；情节严重的，取消其代理采购的资格。

第八十三条 任何单位或者个人阻挠和限制供应商进入本地区或者本行业政府采购市场的，责令限期改正；拒不改正的，由该单位、个人的上级行政主管部门或者有关机关给予单位责任人或者个人处分。

第九章 附 则

第八十四条 使用国际组织和外国政府贷款进行的政府采购，贷款方、资金提供方与中方达成的协议对采购的具体条件另有规定的，可以适用其规定，但不得损害国家利益和社会公共利益。

第八十五条 对因严重自然灾害和其他不可抗力事件所实施的紧急采购和涉及国家安全和秘密的采购，不适用本法。

第八十六条 军事采购法规由中央军事委员会另行制定。

第八十七条 本法实施的具体步骤和办法由国务院规定。

第八十八条 本法自 2003 年 1 月 1 日起施行。

3. 建 筑 法

第一章 总 则

第一条 为了加强对建筑活动的监督管理，维护建筑市场秩序，保证建筑工程的质量和安全，促进建筑业健康发展，制定本法。

第二条 在中华人民共和国境内从事建筑活动，实施对建筑活动的监督管理，应当遵守本法。

本法所称建筑活动，是指各类房屋建筑及其附属设施的建造和与其配套的线路、管道、设备的安装活动。

第三条 建筑活动应当确保建筑工程质量和安全，符合国家的建筑工程安全标准。

第四条 国家扶持建筑业的发展，支持建筑科学技术研究，提高房屋建筑设计水平，鼓励节约能源和保护环境，提倡采用先进技术、先进设备、先进工艺、新型建筑材料和现代管理方式。

第五条 从事建筑活动应当遵守法律、法规，不得损害社会公共利益和他人的合法权益。

任何单位和个人都不得妨碍和阻挠依法进行的建筑活动。

第六条 国务院建设行政主管部门对全国的建筑活动实施统一监督管理。

第二章 建 筑 许 可

第一节 建筑工程施工许可

第七条 建筑工程开工前，建设单位应当按照国家有关规定向工程所在地县级以上人民政府建设行政主管部门申请领取施工许可证；但是，国务院建设行政主管部门确定的限额以下的小型工程除外。

按照国务院规定的权限和程序批准开工报告的建筑工程，不再领取施工许可证。

第八条 申请领取施工许可证，应当具备下列条件：

（一）已经办理该建筑工程用地批准手续；

（二）在城市规划区的建筑工程，已经取得规划许可证；

（三）需要拆迁的，其拆迁进度符合施工要求；

（四）已经确定建筑施工企业；

（五）有满足施工需要的施工图纸及技术资料；

（六）有保证工程质量和安全的具体措施；

（七）建设资金已经落实；

（八）法律、行政法规规定的其他条件。

建设行政主管部门应当自收到申请之日起十五日内，对符合条件的申请颁发施工许可证。

第九条 建设单位应当自领取施工许可证之日起三个月内开工。因故不能按期开工的，应当向发证机关申请延期；延期以两次为限，每次不超过三个月。既不开工又不申请延期或者超过延期时限的，施工许可证自行废止。

第十条 在建的建筑工程因故中止施工的，建设单位应当自中止施工之日起一个月内，向发证机关报告，并按照规定做好建筑工程的维护管理工作。

建筑工程恢复施工时，应当向发证机关报告；中止施工满一年的工程恢复施工前，建设单位应当报发证机关核验施工许可证。

第十一条 按照国务院有关规定批准开工报告的建筑工程，因故不能按期开工或者中止施工的，应当及时向批准机关报告情况。因故不能按期开工超过六个月的，应当重新办理开工报告的批准手续。

第二节 从业资格

第十二条 从事建筑活动的建筑施工企业、勘察单位、设计单位和工程监理单位，应当具备下列条件：

（一）有符合国家规定的注册资本；
（二）有与其从事的建筑活动相适应的具有法定执业资格的专业技术人员；
（三）有从事相关建筑活动所应有的技术装备；
（四）法律、行政法规规定的其他条件。

第十三条 从事建筑活动的建筑施工企业、勘察单位、设计单位和工程监理单位，按照其拥有的注册资本、专业技术人员、技术装备和已完成的建筑工程业绩等资质条件，划分为不同的资质等级，经资质审查合格，取得相应等级的资质证书后，方可在其资质等级许可的范围内从事建筑活动。

第十四条 从事建筑活动的专业技术人员，应当依法取得相应的执业资格证书，并在执业资格证书许可的范围内从事建筑活动。

第三章 建筑工程发包与承包

第一节 一般规定

第十五条 建筑工程的发包单位与承包单位应当依法订立书面合同，明确双方的权利和义务。

发包单位和承包单位应当全面履行合同约定的义务。不按照合同约定履行义务的，依法承担违约责任。

第十六条 建筑工程发包与承包的招标投标活动，应当遵循公开、公正、平等竞争的原则，择优选择承包单位。

建筑工程的招标投标，本法没有规定的，适用有关招标投标法律的规定。

第十七条 发包单位及其工作人员在建筑工程发包中不得收受贿赂、回扣或者索取其他好处。

承包单位及其工作人员不得利用向发包单位及其工作人员行贿、提供回扣或者给予其他好处等不正当手段承揽工程。

第十八条 建筑工程造价应当按照国家有关规定，由发包单位与承包单位在合同中约定。公开招标发包的，其造价的约定，须遵守招标投标法律的规定。

发包单位应当按照合同的约定，及时拨付工程款项。

第二节 发 包

第十九条 建筑工程依法实行招标发包，对不适于招标发包的可以直接发包。

第二十条 建筑工程实行公开招标的，发包单位应当依照法定程序和方式，发布招标公告，提供载有招标工程的主要技术要求、主要的合同条款、评标的标准和方法以及开标、评标、定标的程序等内容的招标文件。

开标应当在招标文件规定的时间、地点公开进行。开标后应当按照招标文件规定的评标标准和程序对标书进行评价、比较，在具备相应资质条件的投标者中，择优选定中标者。

第二十一条 建筑工程招标的开标、评标、定标由建设单位依法组织实施，并接受有关行政主管部门的监督。

第二十二条 建筑工程实行招标发包的，发包单位应当将建筑工程发包给依法中标的承包单位。建筑工程实行直接发包的，发包单位应当将建筑工程发包给具有相应资质条件的承包单位。

第二十三条 政府及其所属部门不得滥用行政权力，限定发包单位将招标发包的建筑工程发包给指定的承包单位。

第二十四条 提倡对建筑工程实行总承包，禁止将建筑工程肢解发包。

建筑工程的发包单位可以将建筑工程的勘察、设计、施工、设备采购一并发包给一个工程总承包单位，也可以将建筑工程勘察、设计、施工、设备采购的一项或者多项发包给一个工程总承包单位；但是，不得将应当由一个承包单位完成的建筑工程肢解成若干部分发包给几个承包单位。

第二十五条 按照合同约定，建筑材料、建筑构配件和设备由工程承包单位采购的，发包单位不得指定承包单位购入用于工程的建筑材料、建筑构配件和设备或者指定生产厂、供应商。

第三节 承 包

第二十六条 承包建筑工程的单位应当持有依法取得的资质证书，并在其资质等级许可的业务范围内承揽工程。

禁止建筑施工企业超越本企业资质等级许可的业务范围或者以任何形式用其他建筑施工企业的名义承揽工程。禁止建筑施工企业以任何形式允许其他单位或者个人使用本企业的资质证书、营业执照，以本企业的名义承揽工程。

第二十七条 大型建筑工程或者结构复杂的建筑工程，可以由两个以上的承包单位联合共同承包。共同承包的各方对承包合同的履行承担连带责任。

两个以上不同资质等级的单位实行联合共同承包的，应当按照资质等级低的单位的业务许可范围承揽工程。

第二十八条 禁止承包单位将其承包的全部建筑工程转包给他人，禁止承包单位将其承包的全部建筑工程肢解以后以分包的名义分别转包给他人。

第二十九条 建筑工程总承包单位可以将承包工程中的部分工程发包给具有相应资质条件的分包单位；但是，除总承包合同中约定的分包外，必须经建设单位认可。施工总承包的，建筑工程主体结构的施工必须由总承包单位自行完成。

建筑工程总承包单位按照总承包合同的约定对建设单位负责；分包单位按照分包合同的

约定对总承包单位负责。总承包单位和分包单位就分包工程对建设单位承担连带责任。

禁止总承包单位将工程分包给不具备相应资质条件的单位。禁止分包单位将其承包的工程再分包。

第四章 建筑工程监理

第三十条 国家推行建筑工程监理制度。

国务院可以规定实行强制监理的建筑工程的范围。

第三十一条 实行监理的建筑工程，由建设单位委托具有相应资质条件的工程监理单位监理。建设单位与其委托的工程监理单位应当订立书面委托监理合同。

第三十二条 建筑工程监理应当依照法律、行政法规及有关的技术标准、设计文件和建筑工程承包合同，对承包单位在施工质量、建设工期和建设资金使用等方面，代表建设单位实施监督。

工程监理人员认为工程施工不符合工程设计要求、施工技术标准和合同约定的，有权要求建筑施工企业改正。

工程监理人员发现工程设计不符合建筑工程质量标准或者合同约定的质量要求的，应当报告建设单位要求设计单位改正。

第三十三条 实施建筑工程监理前，建设单位应当将委托的工程监理单位、监理的内容及监理权限，书面通知被监理的建筑施工企业。

第三十四条 工程监理单位应当在其资质等级许可的监理范围内，承担工程监理业务。

工程监理单位应当根据建设单位的委托，客观、公正地执行监理任务。

工程监理单位与被监理工程的承包单位以及建筑材料、建筑构配件和设备供应单位不得有隶属关系或者其他利害关系。

工程监理单位不得转让工程监理业务。

第三十五条 工程监理单位不按照委托监理合同的约定履行监理义务，对应当监督检查的项目不检查或者不按照规定检查，给建设单位造成损失的，应当承担相应的赔偿责任。

工程监理单位与承包单位串通，为承包单位谋取非法利益，给建设单位造成损失的，应当与承包单位承担连带赔偿责任。

第五章 建筑安全生产管理

第三十六条 建筑工程安全生产管理必须坚持安全第一、预防为主的方针，建立健全安全生产的责任制度和群防群治制度。

第三十七条 建筑工程设计应当符合按照国家规定制定的建筑安全规程和技术规范，保证工程的安全性能。

第三十八条 建筑施工企业在编制施工组织设计时，应当根据建筑工程的特点制定相应的安全技术措施；对专业性较强的工程项目，应当编制专项安全施工组织设计，并采取安全技术措施。

第三十九条 建筑施工企业应当在施工现场采取维护安全、防范危险、预防火灾等措施；有条件的，应当对施工现场实行封闭管理。

施工现场对毗邻的建筑物、构筑物和特殊作业环境可能造成损害的，建筑施工企业应当采取安全防护措施。

第四十条 建设单位应当向建筑施工企业提供与施工现场相关的地下管线资料,建筑施工企业应当采取措施加以保护。

第四十一条 建筑施工企业应当遵守有关环境保护和安全生产的法律、法规的规定,采取控制和处理施工现场的各种粉尘、废气、废水、固体废物以及噪声、振动对环境的污染和危害的措施。

第四十二条 有下列情形之一的,建设单位应当按照国家有关规定办理申请批准手续:
(一)需要临时占用规划批准范围以外场地的;
(二)可能损坏道路、管线、电力、邮电通信等公共设施的;
(三)需要临时停水、停电、中断道路交通的;
(四)需要进行爆破作业的;
(五)法律、法规规定需要办理报批手续的其他情形。

第四十三条 建设行政主管部门负责建筑安全生产的管理,并依法接受劳动行政主管部门对建筑安全生产的指导和监督。

第四十四条 建筑施工企业必须依法加强对建筑安全生产的管理,执行安全生产责任制度,采取有效措施,防止伤亡和其他安全生产事故的发生。

建筑施工企业的法定代表人对本企业的安全生产负责。

第四十五条 施工现场安全由建筑施工企业负责。实行施工总承包的,由总承包单位负责。分包单位向总承包单位负责,服从总承包单位对施工现场的安全生产管理。

第四十六条 建筑施工企业应当建立健全劳动安全生产教育培训制度,加强对职工安全生产的教育培训;未经安全生产教育培训的人员,不得上岗作业。

第四十七条 建筑施工企业和作业人员在施工过程中,应当遵守有关安全生产的法律、法规和建筑行业安全规章、规程,不得违章指挥或者违章作业。作业人员有权对影响人身健康的作业程序和作业条件提出改进意见,有权获得安全生产所需的防护用品。作业人员对危及生命安全和人身健康的行为有权提出批评、检举和控告。

第四十八条 建筑施工企业应当依法为职工参加工伤保险缴纳工伤保险费。鼓励企业为从事危险作业的职工办理意外伤害保险,支付保险费。

第四十九条 涉及建筑主体和承重结构变动的装修工程,建设单位应当在施工前委托原设计单位或者具有相应资质条件的设计单位提出设计方案,没有设计方案的,不得施工。

第五十条 房屋拆除应当由具备保证安全条件的建筑施工单位承担,由建筑施工单位负责人对安全负责。

第五十一条 施工中发生事故时,建筑施工企业应当采取紧急措施减少人员伤亡和事故损失,并按照国家有关规定及时向有关部门报告。

第六章 建筑工程质量管理

第五十二条 建筑工程勘察、设计、施工的质量必须符合国家有关建筑工程安全标准的要求,具体管理办法由国务院规定。

有关建筑工程安全的国家标准不能适应确保建筑安全的要求时,应当及时修订。

第五十三条 国家对从事建筑活动的单位推行质量体系认证制度。从事建筑活动的单位根据自愿原则可以向国务院产品质量监督管理部门或者国务院产品质量监督管理部门授权的部门认可的认证机构申请质量体系认证。经认证合格的,由认证机构颁发质量体系认证证书。

第五十四条 建设单位不得以任何理由要求建筑设计单位或者建筑施工企业在工程设计或者施工作业中，违反法律、行政法规和建筑工程质量、安全标准，降低工程质量。

建筑设计单位和建筑施工企业对建设单位违反前款规定提出的降低工程质量的要求，应当予以拒绝。

第五十五条 建筑工程实行总承包的，工程质量由工程总承包单位负责，总承包单位将建筑工程分包给其他单位的，应当对分包工程的质量与分包单位承担连带责任。分包单位应当接受总承包单位的质量管理。

第五十六条 建筑工程的勘察、设计单位必须对其勘察、设计的质量负责。勘察、设计文件应当符合有关法律、行政法规的规定和建筑工程质量、安全标准，建筑工程勘察、设计技术规范以及合同的约定。设计文件选用的建筑材料、建筑构配件和设备，应当注明其规格、型号、性能等技术指标，其质量要求必须符合国家规定的标准。

第五十七条 建筑设计单位对设计文件选用的建筑材料、建筑构配件和设备，不得指定生产厂、供应商。

第五十八条 建筑施工企业对工程的施工质量负责。

建筑施工企业必须按照工程设计图纸和施工技术标准施工，不得偷工减料。工程设计的修改由原设计单位负责，建筑施工企业不得擅自修改工程设计。

第五十九条 建筑施工企业必须按照工程设计要求、施工技术标准和合同的约定，对建筑材料、建筑构配件和设备进行检验，不合格的不得使用。

第六十条 建筑物在合理使用寿命内，必须确保地基基础工程和主体结构的质量。

建筑工程竣工时，屋顶、墙面不得留有渗漏、开裂等质量缺陷；对已发现的质量缺陷，建筑施工企业应当修复。

第六十一条 交付竣工验收的建筑工程，必须符合规定的建筑工程质量标准，有完整的工程技术经济资料和经签署的工程保修书，并具备国家规定的其他竣工条件。

建筑工程竣工经验收合格后，方可交付使用；未经验收或者验收不合格的，不得交付使用。

第六十二条 建筑工程实行质量保修制度。

建筑工程的保修范围应当包括地基基础工程、主体结构工程、屋面防水工程和其他土建工程以及电气管线、上下水管线的安装工程，供热、供冷系统工程等项目；保修的期限应当按照保证在建筑物合理寿命年限内正常使用，维护使用者合法权益的原则确定。具体的保修范围和最低保修期限由国务院规定。

第六十三条 任何单位和个人对建筑工程的质量事故、质量缺陷都有权向建设行政主管部门或者其他有关部门进行检举、控告、投诉。

第七章 法 律 责 任

第六十四条 违反本法规定，未取得施工许可证或者开工报告未经批准擅自施工的，责令改正，对不符合开工条件的，责令停止施工，可以处以罚款。

第六十五条 发包单位将工程发包给不具有相应资质条件的承包单位的，或者违反本法规定将建筑工程肢解发包的，责令改正，处以罚款。

超越本单位资质等级承揽工程的，责令停止违法行为，处以罚款，可以责令停业整顿，降低资质等级；情节严重的，吊销资质证书；有违法所得的，予以没收。

未取得资质证书承揽工程的，予以取缔，并处罚款；有违法所得的，予以没收。

以欺骗手段取得资质证书的，吊销资质证书，处以罚款；构成犯罪的，依法追究刑事责任。

第六十六条 建筑施工企业转让、出借资质证书或者以其他方式允许他人以本企业的名义承揽工程的，责令改正，没收违法所得，并处罚款，可以责令停业整顿，降低资质等级；情节严重的，吊销资质证书。对因该项承揽工程不符合规定的质量标准造成的损失，建筑施工企业与使用本企业名义的单位或者个人承担连带赔偿责任。

第六十七条 承包单位将承包的工程转包的，或者违反本法规定进行分包的，责令改正，没收违法所得，并处罚款，可以责令停业整顿，降低资质等级；情节严重的，吊销资质证书。

承包单位有前款规定的违法行为的，对因转包工程或者违法分包的工程不符合规定的质量标准造成的损失，与接受转包或者分包的单位承担连带赔偿责任。

第六十八条 在工程发包与承包中索贿、受贿、行贿，构成犯罪的，依法追究刑事责任；不构成犯罪的，分别处以罚款，没收贿赂的财物，对直接负责的主管人员和其他直接责任人员给予处分。

对在工程承包中行贿的承包单位，除依照前款规定处罚外，可以责令停业整顿，降低资质等级或者吊销资质证书。

第六十九条 工程监理单位与建设单位或者建筑施工企业串通，弄虚作假、降低工程质量的，责令改正，处以罚款，降低资质等级或者吊销资质证书；有违法所得的，予以没收；造成损失的，承担连带赔偿责任；构成犯罪的，依法追究刑事责任。

工程监理单位转让监理业务的，责令改正，没收违法所得，可以责令停业整顿，降低资质等级；情节严重的，吊销资质证书。

第七十条 违反本法规定，涉及建筑主体或者承重结构变动的装修工程擅自施工的，责令改正，处以罚款；造成损失的，承担赔偿责任；构成犯罪的，依法追究刑事责任。

第七十一条 建筑施工企业违反本法规定，对建筑安全事故隐患不采取措施予以消除的，责令改正，可以处以罚款；情节严重的，责令停业整顿，降低资质等级或者吊销资质证书；构成犯罪的，依法追究刑事责任。

建筑施工企业的管理人员违章指挥、强令职工冒险作业，因而发生重大伤亡事故或者造成其他严重后果的，依法追究刑事责任。

第七十二条 建设单位违反本法规定，要求建筑设计单位或者建筑施工企业违反建筑工程质量、安全标准，降低工程质量的，责令改正，可以处以罚款；构成犯罪的，依法追究刑事责任。

第七十三条 建筑设计单位不按照建筑工程质量、安全标准进行设计的，责令改正，处以罚款；造成工程质量事故的，责令停业整顿，降低资质等级或者吊销资质证书，没收违法所得，并处罚款；造成损失的，承担赔偿责任；构成犯罪的，依法追究刑事责任。

第七十四条 建筑施工企业在施工中偷工减料的，使用不合格的建筑材料、建筑构配件和设备的，或者有其他不按照工程设计图纸或者施工技术标准施工的行为的，责令改正，处以罚款；情节严重的，责令停业整顿，降低资质等级或者吊销资质证书；造成建筑工程质量不符合规定的质量标准的，负责返工、修理，并赔偿因此造成的损失；构成犯罪的，依法追究刑事责任。

第七十五条 建筑施工企业违反本法规定，不履行保修义务或者拖延履行保修义务的，责令改正，可以处以罚款，并对在保修期内因屋顶、墙面渗漏、开裂等质量缺陷造成的损失承担赔偿责任。

第七十六条 本法规定的责令停业整顿、降低资质等级和吊销资质证书的行政处罚，由颁发资质证书的机关决定；其他行政处罚，由建设行政主管部门或者有关部门依照法律和国务院规定的职权范围决定。

依照本法规定被吊销资质证书的，由工商行政管理部门吊销其营业执照。

第七十七条 违反本法规定，对不具备相应资质等级条件的单位颁发该等级资质证书的，由其上级机关责令收回所发的资质证书，对直接负责的主管人员和其他直接责任人员给予行政处分；构成犯罪的，依法追究刑事责任。

第七十八条 政府及其所属部门的工作人员违反本法规定，限定发包单位将招标发包的工程发包给指定的承包单位的，由上级机关责令改正；构成犯罪的，依法追究刑事责任。

第七十九条 负责颁发建筑工程施工许可证的部门及其工作人员对不符合施工条件的建筑工程颁发施工许可证的，负责工程质量监督检查或者竣工验收的部门及其工作人员对不合格的建筑工程出具质量合格文件或者按合格工程验收的，由上级机关责令改正，对责任人员给予行政处分；构成犯罪的，依法追究刑事责任；造成损失的，由该部门承担相应的赔偿责任。

第八十条 在建筑物的合理使用寿命内，因建筑工程质量不合格受到损害的，有权向责任者要求赔偿。

第八章 附 则

第八十一条 本法关于施工许可、建筑施工企业资质审查和建筑工程发包、承包、禁止转包以及建筑工程监理、建筑工程安全和质量管理的规定，适用于其他专业建筑工程的建筑活动，具体办法由国务院规定。

第八十二条 建设行政主管部门和其他有关部门在对建筑活动实施监督管理时，除按照国务院有关规定收取费用外，不得收取其他费用。

第八十三条 省、自治区、直辖市人民政府确定的小型房屋建筑工程的建筑活动，参照本法执行。

依法核定作为文物保护的纪念建筑物和古建筑等的修缮，依照文物保护的有关法律规定执行。

抢险救灾及其他临时性房屋建筑和农民自建低层住宅的建筑活动，不适用本法。

第八十四条 军用房屋建筑工程建筑活动的具体管理办法，由国务院、中央军事委员会依据本法制定。

第八十五条 本法自1998年3月1日起施行。

4. 招标投标法实施条例
（征求意见稿）

第一章 总　则

第一条　［立法目的］为了规范招标投标活动，加强对招标投标活动的监督，保护国家利益、社会公共利益和招标投标活动当事人的合法权益，根据《中华人民共和国招标投标法》（以下简称招标投标法），制定本条例。

第二条　［适用范围］招标投标法第二条所称的招标投标活动，是指采用招标方式采购工程、货物和服务的活动。

第三条　［工程建设项目］招标投标法第三条所称的工程建设项目，是指工程以及与工程有关的货物和服务。

前款所称与工程有关的货物，是指构成工程永久组成部分，且为实现工程基本功能所不可或缺的设备、材料等。前款所称与工程有关的服务，是指为完成工程所必需的勘察、设计、监理、项目管理、可行性研究、科学研究等。

第四条　［强制招标范围和规模标准］依法必须进行招标的工程建设项目的具体范围和规模标准，由国务院发展改革部门会同国务院有关部门制定并根据实际需要进行调整，报国务院批准后执行。

省、自治区、直辖市人民政府根据实际情况，可以规定本行政区域内必须进行招标的具体范围和规模标准，但不得缩小国务院确定的必须进行招标的范围，不得提高国务院确定的规模标准，也不得授权下级人民政府自行确定必须进行招标的范围和规模标准。

第五条　［行政监督一般规定］国务院发展改革部门指导和协调全国招标投标工作，对国家重大建设项目建设过程中的工程招标投标活动进行监督检查。国务院工业和信息化、住房城乡建设、交通运输、铁道、水利、商务等行政主管部门，按照规定的职责分工，分别负责有关行业和产业招标投标活动的监督执法。

县级以上地方人民政府发展改革部门指导和协调本行政区域内的招标投标工作。县级以上地方人民政府发展改革部门和其他有关行政主管部门按照各自职责分工，依法对招标投标活动实施监督，查处招标投标活动中的违法行为。

监察机关依法对参与招标投标活动的行政监察对象实施监察，对有关招标投标执法活动进行监督，并依法查处违纪违法行为。

第二章 招　标

第六条　［招标条件］开展招标活动应当具备下列条件：

（一）招标人已经依法成立；
（二）按照规定需要履行审批、核准或者备案等手续的，已经履行完毕；
（三）有相应资金或者资金来源已经落实；
（四）有招标所必需的相关资料；
（五）法律法规章规定的其他条件。

根据前款第（二）项规定报送审批、核准的项目，有关项目申请文件应附招标方案，包括招标范围、招标方式、招标组织形式等内容。

第七条 ［可以不招标的项目］依法必须招标项目有下列情形之一的，可以不进行招标：

（一）涉及国家安全、国家秘密而不适宜招标的；

（二）应急项目不适宜招标的；

（三）利用政府投资资金实行以工代赈需要使用农民工的；

（四）承包商、供应商或者服务提供者少于三家的；

（五）需要采用不可替代的专利或者专有技术的；

（六）采购人自身具有相应资质，能够自行建设、生产或者提供的；

（七）以招标方式选择的特许经营项目投资人，具有相应资质能够自行建设、生产或者提供特许经营项目的工程、货物或者服务的；

（八）需要从原承包商、供应商、服务提供者处采购工程、货物或者服务，否则将影响施工或者功能配套要求的；

（九）法律、行政法规或者国务院规定的其他情形。

依法必须招标项目的招标人以弄虚作假的方式证明存在前款规定情形不招标的，属于招标投标法第四条规定的规避招标行为。

第八条 ［自行招标］招标人满足下列条件的，属于招标投标法第十二条第二款规定的具有编制招标文件和组织评标的能力，可以自行办理招标事宜：

（一）具有与招标项目规模和复杂程度相适应的技术、经济等方面专业人员；

（二）招标专业人员最近三年有与招标项目规模和复杂程度相当的招标经验；

（三）法规、规章规定的其他条件。

第九条 ［招标代理机构］招标代理机构应当遵守招标投标法和本条例关于招标人的规定。招标代理机构不得明知委托事项违法而进行代理，不得在所代理的招标项目中投标或者代理投标，也不得向该项目投标人提供咨询服务。

招标人采用竞争方式选择招标代理机构的，应当从业绩、信誉、从业人员素质、服务方案等方面进行考察。招标人与招标代理机构应当签订书面委托合同。合同约定的收费标准应当符合国家有关规定。

第十条 ［招标代理机构的资格认定］有关行政主管部门在认定招标代理机构资格时，应当审查其相关代理业绩、信用状况、从业人员素质及结构等内容。招标代理机构应当拥有一定数量获得招标投标职业资格证书的专业人员。从事中央投资项目招标代理业务的招标代理机构，应当获得中央投资项目招标代理资格。

招标代理机构应当在其资格范围内开展招标代理业务，不受任何单位、个人的非法干预或者限制。

招标代理机构不得涂改、倒卖、出租、出借资格证书，或者以其他形式非法转让资格证书。

第十一条 ［公开招标和邀请招标］全部使用国有资金投资或者国有资金投资占控股或者主导地位的依法必须招标项目以及法律、行政法规或者国务院规定应当公开招标的其他项目，应当公开招标，但是有下列情形之一的，可以进行邀请招标：

（一）涉及国家安全、国家秘密不适宜公开招标的；

（二）项目技术复杂、有特殊要求或者受自然地域环境限制，只有少量几家潜在投标人

可供选择的;

（三）采用公开招标方式的费用占招标项目总价值的比例过大的;

（四）法律、行政法规或者国务院规定不宜公开招标的。

第十二条 ［招标公告的发布］依法必须招标项目的招标公告,应当在国务院发展改革部门指定的报刊、信息网络等媒介上发布。其中,各地方人民政府依照审批权限审批、核准、备案的依法必须招标民用建筑项目的招标公告,可在省、自治区、直辖市人民政府发展改革部门指定的媒介上发布。

在信息网络上发布的招标公告,至少应当持续到招标文件发出截止时间为止。招标公告的发布应当充分公开,任何单位和个人不得非法干涉、限制招标公告的发布地点、发布范围或发布方式。

第十三条 ［资格预审公告］招标人根据招标项目的具体特点和实际需要进行资格预审的,应当发布资格预审公告。资格预审公告的发布媒介及内容,应当遵守招标投标法第十六条和本条例第十二条的规定。

第十四条 ［资格预审文件］资格预审文件应当根据招标项目的具体特点和实际需要编制,具体包括资格审查的内容、标准和方法等,不得含有倾向、限制或者排斥潜在投标人的内容。

自资格预审文件停止发出之日起至递交资格预审申请文件截止之日止,不得少于五个工作日。对资格预审文件的解答、澄清和修改,应当在递交资格预审申请文件截止时间三日前以书面形式通知所有获取资格预审文件的申请人,并构成资格预审文件的组成部分。

第十五条 ［资格预审审查主体、方法］政府投资项目的资格预审由招标人组建的审查委员会负责,审查委员会成员资格、人员构成以及专家选择方式,依照招标投标法第三十七条规定执行。

资格审查方法分为合格制和有限数量制。一般情况下应当采用合格制,凡符合资格预审文件规定的资格条件的资格预审申请人,都可通过资格预审。潜在投标人过多的,可采用有限数量制,招标人应当在资格预审文件中载明资格预审申请人应当符合的资格条件、对符合资格条件的申请人进行量化的因素和标准以及通过资格预审申请人的数额,但该数额不得少于九个,符合资格条件的申请人不足该数额的,不再进行量化,所有符合资格条件的申请人均视为通过资格预审。

资格预审应当按照资格预审文件规定的标准和方法进行。资格预审文件未规定的标准和方法,不得作为资格审查的依据。

第十六条 ［资格预审结果］资格预审结束后,招标人应当向通过资格预审的申请人发出资格预审通过通知书,告知获取招标文件的时间、地点和方法,并同时向未通过资格预审的申请人书面告知其资格预审结果。未通过资格预审的申请人不得参加投标。

通过资格预审的申请人不足三个的,依法必须招标项目的招标人应当重新进行资格预审或者不经资格预审直接招标。

第十七条 ［对资格预审文件和招标文件的要求］资格预审文件和招标文件的内容不得违反公开、公平、公正和诚实信用原则以及法律、行政法规的强制性规定,否则违反部分无效。因部分无效影响资格预审正常进行的,依法必须招标项目应当重新进行资格预审或者不经资格预审直接招标;影响招标投标活动正常进行的,依法必须招标项目应当重新招标。

国务院有关行政主管部门制定标准资格预审文件和标准招标文件,由招标人按照有关规定使用。

第十八条 〔标段划分〕需要划分标段或者合同包的,招标人应当合理划分,确定各标段或者各合同包的工作内容和完成期限,并在招标文件中如实载明。

招标人不得利用划分标段或者合同包,规避招标、虚假招标、限制或者排斥潜在投标人投标。

第十九条 〔投标保证金〕招标人可以在招标文件中要求投标人提交投标保证金。投标人应当按照招标文件要求提交投标保证金,否则应当作废标处理。

投标保证金可以是银行保函、转账支票、银行汇票等。投标保证金不得超过投标总价的2%。投标保证金有效期应当与投标有效期一致。

除境外投标人外,采用转账支票、汇款等方式的,投标保证金应当从投标人的基本账户转出;采用银行保函、银行汇票等方式的,应由投标人开立基本账户的银行出具。

第二十条 〔投标有效期〕招标人应当在招标文件中规定投标有效期。投标有效期从招标文件规定的提交投标文件截止之日起计算。

在投标有效期结束前出现特殊情况的,招标人可以书面形式要求所有投标人延长投标有效期。投标人同意延长的,不得要求或者被允许修改其投标文件的实质性内容,但应当相应延长其投标保证金的有效期;投标人拒绝延长的,其投标失效,但投标人有权收回其投标保证金。

第二十一条 〔标底编制〕招标人可以根据项目具体特点和实际需要决定是否编制标底。标底由招标人自行编制或者委托中介机构编制。一个招标项目只能有一个标底。任何单位和个人不得强制招标人编制或者报审标底,或者干预其确定标底。

第二十二条 〔发出招标文件或者资格预审文件〕招标人应当按资格预审公告、招标公告或者投标邀请书规定的时间、地点发出资格预审文件或者招标文件。自资格预审文件或者招标文件开始发出之日起至停止发出之日止,最短不得少于五个工作日。资格预审文件或者招标文件发出后,不予退还。

政府投资项目的资格预审文件、招标文件应当自发出之日起至递交资格预审申请文件或者投标文件截止时间止,以适当方式向社会公开,接受社会监督。

对资格预审文件或者招标文件的收费应当限于补偿印刷及邮寄等方面的成本支出,不得以营利为目的。

依法必须招标项目在资格预审文件或者招标文件停止发出之日止,获取资格预审文件的申请人少于三个的,招标人应当重新进行资格预审或者不经资格预审直接招标;获取招标文件的潜在投标人少于三个的,招标人应当重新招标。

第二十三条 〔踏勘现场〕招标人根据招标项目的具体情况,可以组织潜在投标人踏勘项目现场,向其介绍有关情况,并回答潜在投标人提出的疑问。招标人对其向潜在投标人介绍的有关情况的真实性、准确性负责;潜在投标人对其依据招标人所介绍情况作出的判断和决策负责。

招标人不得单独或者分别组织个别潜在投标人踏勘现场。

第二十四条 〔招标文件的澄清与修改〕在提交投标文件的截止时间前,招标人可对已发出的招标文件进行必要的澄清或者修改。澄清或者修改的内容可能影响投标人编制投标文件的,招标人应当在提交投标文件截止时间至少十五日前,以书面形式通知所有获取招标文件的潜在投标人;不足十五日的,招标人应当顺延提交投标文件的截止时间。

第二十五条 ［招标终止］除因不可抗力或者其他非招标人原因取消招标项目外，招标人不得在发布资格预审公告、招标公告后或者发出投标邀请书后擅自终止招标。

终止招标的，招标人应当及时通过原公告媒介发布终止招标的公告，或者以书面形式通知被邀请投标人；已经发出资格预审文件或者招标文件的，还应当以书面形式通知所有已获取资格预审文件或者招标文件的潜在投标人，并退回其购买资格预审文件或者招标文件的费用；已提交资格预审申请文件或者投标文件的，招标人还应当退还资格预审申请文件、投标文件、投标保证金。

第二十六条 ［限制或者排斥投标人行为］招标人有下列行为之一的，属于以不合理条件限制或者排斥潜在投标人或者投标人：

（一）不向潜在投标人或者投标人同样提供招标项目相关信息的；

（二）不根据招标项目的具体特点和实际需要设定资格、技术、商务条件的；

（三）以获得特定区域、行业或者部门奖项为加分条件或者中标条件的；

（四）对不同的潜在投标人或者投标人采取不同审查或者评审标准的；

（五）要求提供与投标或者订立合同无关的证明材料的；

（六）限定或者指定特定的专利、商标、名称、设计、原产地或者生产供应者的；

（七）限制投标人所有制形式或者组织形式的；

（八）以其他不合理条件限制或者排斥潜在投标人或者投标人的。

第二十七条 ［工程总承包招标］依法必须招标的工程建设项目，招标人可以按照国家有关规定，对工程以及与工程有关的货物、服务采购，全部或者部分实行总承包招标。未包括在总承包范围内的工程以及与工程有关的货物、服务采购，达到国家规定规模标准的，应当由招标人依法组织招标。以暂估价形式包括在总承包范围内的工程以及与工程有关的货物、服务采购，达到国家规定规模标准的，应当进行招标。

招标人不得以工程总承包的名义规避招标或者排斥、限制潜在投标人。

第二十八条 ［两阶段招标］对技术复杂或者无法精确拟订其技术规格的项目，招标人可以采用两阶段招标程序。

第一阶段，潜在投标人按照招标人要求提交不带报价的技术建议。招标人根据潜在投标人提交的技术建议编制招标文件。

第二阶段，招标人应当向在第一阶段提交技术建议的潜在投标人提供招标文件，投标人按照招标文件的要求提交包括最终技术建议和报价的投标文件。

招标人要求投标人提交投标保证金的，应当在第二阶段提交。

第三章 投 标

第二十九条 ［对投标人的限制］与招标人存在利益关系可能影响招标公正性的法人、其他组织或者个人不得参加投标。

单位负责人为同一个人或者存在控股和被控股关系的两个及两个以上单位，不得在同一招标项目中投标，否则均作废标处理。

第三十条 ［投标活动不受地区或者部门限制］除法律、行政法规另有规定外，投标人参加投标活动不受地区或者部门的限制，任何单位和个人不得干预。

第三十一条 ［对受委托编制投标文件者的限制］投标人委托他人编制投标文件的，受托人不得向他人泄露投标人的商业秘密，也不得参加同一招标项目的投标，或者为同一招标项目的其他投标人编制投标文件或者提供其他咨询服务。

第三十二条 ［投标截止］投标人撤回已提交投标文件的，应当在投标截止时间之前书面通知招标人。招标人已按照招标文件规定收取投标保证金的，应当自接到投标人书面撤回通知后十日内返还投标保证金。

在投标截止时间之后，除按有关规定进行澄清、说明、补正外，投标人修改投标文件内容的，招标人应当拒绝。投标人在投标有效期内撤销其投标文件的，招标人不予退还其投标保证金。

依法必须招标项目在投标截止时提交投标文件的投标人少于三个的，招标人应当重新招标。

第三十三条 ［拒收投标文件］投标文件有下列情形之一的，招标人应当拒收：

（一）逾期送达的或者未送达指定地点的；

（二）未密封或者未按招标文件要求密封的。

招标人应当如实记载投标文件的送达时间和密封情况，由接收人签字并存档备查。

第三十四条 ［联合体投标］招标人不得强制投标人组成联合体共同投标。进行资格预审的，联合体各方应当在资格预审时向招标人提出组成联合体的申请。没有在资格预审时提出联合体申请的投标人，不得在资格预审完成后组成联合体投标。

联合体各方签署联合体协议后，不得在同一招标项目中以自己的名义单独投标或者再参加其他联合体投标。否则，以自己的名义单独提交的投标文件或者其他联合体提交的投标文件作废标处理。

资格预审后或者提交投标文件截止时间后，不得增减、替换联合体成员，否则招标人应当拒绝其投标文件或者作废标处理。

第三十五条 ［投标人变更］提交投标文件的截止时间前，通过资格预审的投标人发生合并、分立等可能影响投标资格的重大变化的，应当及时将有关情况书面告知招标人，变化后不再满足资格预审文件规定的标准或者影响公平竞争的，招标人应当拒绝其投标文件。提交投标文件的截止时间后，投标人发生合并、分立等可能影响投标资格的重大变化的，应当及时将有关情况书面告知招标人，变化后不再满足招标文件规定的资格标准或者影响公平竞争的，作废标处理。

第三十六条 ［招标人与投标人的串通投标］有下列情形之一的，属于招标投标法第二十二条规定的投标人与招标人之间串通投标的行为：

（一）招标人在开标前开启其他投标人的投标文件并将投标情况告知投标人，或者授意投标人撤换投标文件、更改报价的；

（二）招标人直接或者间接向投标人泄露标底、评标委员会成员名单等应当保密的信息的；

（三）招标人明示或者暗示投标人压低或者抬高投标报价，或者对投标文件的其他内容进行授意的；

（四）招标人组织、授意或者暗示其他投标人为特定投标人中标创造条件或者提供方便的；

（五）招标人授意审查委员会或者评标委员会对申请人或者投标人进行区别对待的；

（六）法律法规规章规定的招标人与投标人之间其他串通投标的行为。

第三十七条 ［投标人的串通投标］有下列情形之一的，属于招标投标法第三十二条、

第五十三条规定的串通投标报价、串通投标行为：

（一）投标人之间相互约定抬高或者压低投标报价；

（二）投标人之间事先约定中标者；

（三）投标人之间为谋取中标或者排斥特定投标人而联合采取行动的；

（四）属于同一协会、商会、集团公司等组织的投标人，按照该组织要求在投标中采取协同行动的；

（五）法律法规规章规定的投标人之间其他串通投标的行为。

投标人之间是否有串通投标行为，可从投标文件是否存在异常一致等方面进行认定。

第三十八条 ［以他人名义投标］有下列情形之一的，属于招标投标法第三十三条规定的以他人名义投标的行为：

（一）通过转让或者租借等方式从其他单位获取资格或者资质证书投标的；

（二）由其他单位或者其他单位负责人在自己编制的投标文件上加盖印章或者签字的；

（三）项目负责人或者主要技术人员不是本单位人员的；

（四）投标保证金不是从投标人基本账户转出的；

（五）法律法规规章规定的以他人名义投标的其他行为。

投标人不能提供项目负责人。主要技术人员的劳动合同、社会保险等劳动关系证明材料的，视为存在前款第（三）项规定的情形。

第三十九条 ［弄虚作假］投标人有下列情形之一的，属于招标投标法第三十三条规定的弄虚作假行为：

（一）利用伪造、变造或者无效的资质证书、印鉴参加投标的；

（二）伪造或者虚报业绩的；

（三）伪造项目负责人或者主要技术人员简历、劳动关系证明，或者中标后不按承诺配备项目负责人或者主要技术人员的；

（四）伪造或者虚报财务状况的；

（五）提交虚假的信用状况信息的；

（六）隐瞒招标文件要求提供的信息，或者提供虚假、引人误解的其他信息的；

（七）法律法规规章规定的其他弄虚作假行为。

第四十条 ［有关投标人的规定适用于资格预审申请人］资格预审申请人应当遵守有关投标人的规定。

第四章 开标、评标和定标

第四十一条 ［开标］投标人有权决定是否派代表参加开标。投标人未派代表参加开标的，视为默认开标结果。

第四十二条 ［评标专家管理］依法必须进行招标的项目，其评标委员会中的技术、经济专家，由招标人从国务院有关部门或者省、自治区、直辖市人民政府有关部门提供的专家名册或者招标代理机构的专家库内的相关专业的专家名单中确定。

省级以上人民政府可以组建综合性评标专家库，满足不同行业和地区使用的需要，实行统一的专业分类和管理办法。有关部门按照国务院和省级人民政府规定的职责分工，对评标专家库的使用进行监督管理。

第四十三条 ［评标委员会成员的确定］招标投标法第三十七条第三款所称特殊招标项

目,是指技术特别复杂、专业性要求特别高或者国家有特殊要求、评标专家库中没有相应专家的项目。

评标委员会成员有招标投标法第三十七条第四款规定情形的,应当主动回避。

第四十四条 [评标]招标人应当向评标委员会提供评标所必需的重要信息和数据,并根据项目规模和技术复杂程度等确定合理的评标时间,必要时可向评标委员会说明招标文件的有关内容,但不得以明示或者暗示的方式偏袒或者排斥特定投标人。

在评标过程中,评标委员会成员因存在回避事由、健康、能力等原因不能继续评标或者擅离职守的,应当及时更换。评标委员会成员更换后,被更换的评标委员会成员已作出的评审结论无效,由替换其的评标专家重新进行评审。已形成评标报告的,应当作相应修改。

第四十五条 [评标标准和方法]评标委员会应当遵循公平、公正、科学、择优的原则,按照招标文件规定的标准和方法对投标文件进行评审。招标文件没有规定的评标标准和方法,不得作为评标的依据。

招标人设有标底的,应在开标时公布。标底只能作为评标的参考因素。招标人不得在招标文件中规定投标报价最接近标底的投标人为中标人,也不得规定投标报价超出标底上下浮动范围的投标直接作废标处理。

招标人不得规定投标报价低于一定金额的投标直接作废标处理。招标人设有最高投标限价的,应当在招标文件中明确最高投标限价或者最高投标限价的计算方法。

第四十六条 [应予废标的情形]有下列情形之一的,由评标委员会评审后作废标处理:

(一)投标函无单位盖章且无单位负责人或者其授权代理人签字或者盖章的,或者虽有代理人签字但无单位负责人出具的授权委托书的;

(二)联合体投标未附联合体各方共同投标协议的;

(三)没有按照招标文件要求提交投标保证金的;

(四)投标函未按招标文件规定的格式填写,内容不全或者关键字迹模糊无法辨认的;

(五)投标人不符合国家或者招标文件规定的资格条件的;

(六)投标人名称或者组织结构与资格预审时不一致且未提供有效证明的;

(七)投标人提交两份或者多份内容不同的投标文件,或者在同一份投标文件中对同一招标项目有两个或者多个报价,且未声明哪一个为最终报价的,但按招标文件要求提交备选投标的除外;

(八)串通投标、以行贿手段谋取中标、以他人名义或者其他弄虚作假的方式投标的;

(九)报价明显低于其他投标报价或者在设有标底时明显低于标底,且投标人不能合理说明或者提供相关证明材料,评标委员会认定该投标人以低于成本的报价竞标的;

(十)无正当理由不按照要求对投标文件进行澄清、说明或者补正的;

(十一)没有对招标文件提出的实质性要求和条件作出响应的;

(十二)招标文件明确规定可以废标的其他情形。

依法必须招标项目的评标委员会认定废标后因有效投标不足三个且明显缺乏竞争而决定否决全部投标的,或者所有投标均被作废标处理的,招标人应当重新招标。

第四十七条 [详细评审]经评审合格的投标文件,评标委员会应当根据招标文件确定的评标标准和方法,对其技术部分或者商务部分进一步评审、比较。

第四十八条 [澄清、说明与补正]在评标过程中,评标委员会可以书面方式要求投标人对投标文件中含义不明确、对同类问题表述不一致或者有明显文字和计算错误的内容作必要的澄清、说明或者补正，但不得改变投标文件的实质性内容。澄清、说明或者补正应当以书面方式进行。评标委员会不得向投标人提出带有暗示性或者诱导性的问题。

第四十九条 ［招标失败］根据本条例第二十二条第四款、第三十二条第三款或者第四十六条第二款规定重新招标，再次出现上述条款规定情形之一的，属于需要政府审批、核准的招标项目，报经原审核部门批准后可以不再进行招标，其他招标项目，招标人可自行决定不再进行招标。其中，再次出现本条例第二十二条第四款、第三十二条第三款规定情形之一的，经全体投标人同意，也可以按照招标投标法和本条例规定的程序进行开标、评标、定标。

第五十条 ［评标报告］评标委员会完成评标后，应当向招标人提交书面评标报告并推荐中标候选人；招标人授权评标委员会直接确定中标人的，也应当提交书面评标报告和中标候选人名单。中标候选人应当限定在一至三个，并标明排列顺序。

评标报告由评标委员会全体成员签字。对评标结论持有异议的评标委员会成员可以书面方式阐述其不同意见和理由。评标委员会成员拒绝在评标报告上签字且不陈述其不同意见和理由的，视为同意评标结论。评标委员会应当对此作出书面说明并记录在案。

第五十一条 ［评标结果公示］依法必须招标项目采用公开招标的，招标人应当在收到书面评标报告后三日内，将中标候选人在发布本项目资格预审公告、招标公告的指定网络媒介上公示，公示期不得少于三个工作日；采用邀请招标的，招标人应当在收到书面评标报告后三日内，将中标候选人书面通知所有投标人。

投标人或者其他利害关系人在公示期间向招标人提出异议，或者按有关规定向有关行政监督部门投诉的，在招标人作出书面答复或者有关行政监督部门作出处理决定前，招标人或者评标委员会不得确定中标人。

公示期间没有异议、异议不成立、没有投诉或者投诉处理后没有发现问题的，应当根据评标委员会的书面评标报告，在中标候选人中确定中标人。招标人不得在评标委员会推荐的中标候选人之外确定中标人。异议成立或者投诉发现问题的，应当及时更正；存在重新进行资格预审、重新招标、重新评标情形的，按照招标投标法和本条例有关规定处理。

第五十二条 ［中标人的确定］全部使用国有资金投资或者国有资金投资占控股或者主导地位的依法必须招标项目，招标人应当确定排名第一的中标候选人为中标人。排名第一的中标候选人放弃中标、因不可抗力提出不能履行合同、招标文件规定应当提交履约保证金而在规定的期限内未能提交，或者被有关部门查实存在影响中标结果的违法行为、不具备中标资格等情形的，招标人可确定排名第二的中标候选人为中标人，也可以重新招标。以此类推，招标人可确定排名第三的中标候选人为中标人或者重新招标。三个中标候选人都存在前述情形的，招标人应当重新招标。

招标人最迟应当在投标有效期届满三十日前发出中标通知书，否则应当按照本条例第二十条第二款规定延长投标有效期。

第五十三条 ［履约能力审查］在发出中标通知书前，中标候选人的组织结构、经营状况等发生变化，或者存在违法行为被有关部门依法查处，可能影响其履约能力的，招标人可以要求中标候选人提供新的书面材料，以确保其能够履行合同。招标人认为中标候选人不能履行合同的，应当由评标委员会按照招标文件规定的标准和条件审查确认。

第五十四条 ［签订合同］中标人确定后，招标人应当向中标人发出中标通知书，并与中标人在三十日内签订合同。招标人和中标人不得提出超出招标文件和中标人投标文件规定的要求，以此作为发出中标通知书或者签订合同的条件。

招标人应当在发出中标通知书的同时，将中标结果通知所有未中标的投标人，并在合同签订后五日内向中标人和未中标人退还投标保证金。

第五十五条 ［履约担保］招标文件要求中标人提交履约保证金或者其他形式履约担保的，中标人应当提交。履约保证金可以是银行保函、转账支票、银行汇票等。履约保证金金额不得超过中标合同价的百分之十。

投标报价明显低于其他投标报价或者在设有标底时明显低于标底，但中标人能够合理说明理由并提供证明材料的，招标人可以按照招标文件的规定适当提高履约担保，但最高不得超过中标合同价的百分之十五。

第五十六条 ［存档及书面报告］招标人或者其委托的招标代理机构应当妥善保管招标过程中的文件资料，存档备查，并至少保存十五年。

依法必须招标项目的招标人应当自确定中标人之日起十五日内，向有关行政监督部门提交招标投标情况的书面报告。报告内容包括：

（一）招标范围、招标方式以及招标组织形式；

（二）发布资格预审公告、招标公告以及公示中标候选人的媒介；

（三）资格预审文件、招标文件、中标人的投标文件；

（四）开标时间、地点；

（五）资格审查委员会、评标委员会的组成和评标报告复印件；

（六）资格审查结果、中标结果；

（七）其他需要说明的事项。

第五章 监 督 管 理

第五十七条 ［行政监督要求］建立健全部门间协作机制，加强沟通协调，维护和促进招标投标法制统一。

行政监督部门及其工作人员应当依法履行职责，不得违法增设审批环节，不得以要求履行资质验证、注册、登记、备案、许可等手续的方式，限制或者排斥本地区、本系统以外的招标代理机构和投标人进入本地区、本系统市场；不得采取暗示、授意、指定、强令等方式，干涉招标人选择招标代理机构、划分标段或者合同包、发布资格预审公告或者招标公告、编制招标文件、组织投标资格审查、确定开标的时间和地点、组织评标、确定中标人等招标投标活动；不得违法收费、收受贿赂或者其他好处。

行政监督部门不得作为本部门负责监督项目的招标人组织开展招标投标活动。行政监督部门的人员不得担任本部门负责监督项目的评标委员会成员。

第五十八条 ［行政监督措施］行政监督部门在进行监督检查时，有权调取和查阅有关文件，调查、核实有关情况，相关单位和人员应当予以配合。根据实际情况，不采取必要措施将会造成难以挽回后果的，行政监督部门可以采取责令暂停招标投标活动、封存招标投标资料等强制措施。

行政监督部门对招标投标违法行为作出处理决定后，应当按照政府信息公开的有关规定及时公布处理结果。

第五十九条 ［异议］投标人或者其他利害关系人认为招标投标活动不符合有关规定

的,有权向招标人提出异议。招标人应当在收到异议后五个工作日内作出答复。

投标人或者其他利害关系人认为资格预审文件、招标文件内容违法或者不当的,应当在递交资格预审申请文件截止时间两日前或者递交投标文件的截止时间五日前向招标人提出异议;认为开标活动违法或者不当的,应当在开标现场向招标人提出异议;认为评标结果不公正的,应当在中标候选人公示期间或者被告知中标候选人后三个工作日内向招标人提出异议。招标人需要对资格预审文件、招标文件进行澄清或者修改的,按照招标投标法和本条例有关规定处理;未对异议作出答复的,招标人不得进行资格审查、开标、评标或者发出中标通知书。

第六十条 [投诉] 投标人或者其他利害关系人认为招标投标活动不符合有关规定的,可以向有关行政监督部门投诉。投诉应当自知道或者应当知道违法行为之日起十日内提起,有明确的请求和必要的合法证明材料。

就本条例第五十九条第二款规定事项投诉的,应当先按该款规定提出异议。在收到招标人答复前,投标人或者其他利害关系人不得就相关事项向行政监督部门投诉,但招标人无正当理由不在规定时间内答复的除外。异议处理时间不计算在前款规定的十日内。

投标人或者其他利害关系人不得通过捏造事实、伪造证明材料等方式,或者以非法手段或者渠道获取的证据材料提出异议或者投诉,也不得以阻碍招标投标活动正常进行为目的恶意异议或者投诉。

第六十一条 [投诉处理] 行政监督部门按照职责分工受理投诉并负责处理。行政监督部门处理投诉时,应当坚持公平、公正、高效原则,维护国家利益、社会公共利益和招标投标当事人的合法权益。

投标人或者其他利害关系人就同一事项向两个或者两个以上有权受理的行政监督部门投诉的,由最先收到投诉的行政监督部门负责处理。

行政监督部门应当自受理投诉之日起三十个工作日内,对投诉事项作出处理决定,并以书面形式通知投诉人、被投诉人和其他与投诉处理结果有关的当事人。情况复杂不能在规定期限内作出处理决定的,经本部门负责人批准,可以适当延长,并书面告知投诉人和被投诉人。

第六十二条 [招标投标专业人员职业准入制度] 国家建立招标投标专业人员职业准入制度,具体办法由国务院人力资源社会保障部门、发展改革部门负责制定并组织实施。

第六十三条 [信用制度] 建立统一的招标投标信用制度。国务院有关行政主管部门按照职责分工,负责招标投标信用工作。招标投标信用信息应当实现全国范围内的互通互认。

第六十四条 [电子招标投标制度] 通过电子系统进行全部或者部分招标投标活动的,应当保证电子招标投标活动的安全、高效和便捷,具体办法另行制定。电子招标投标活动与以其他书面形式进行的招标投标活动具有同等法律效力。

第六十五条 [招标投标协会] 招标投标协会是依法设立的社会团体法人,在政府指导下,加强行业自律与服务,建立健全行业统计等信息体系,规范招标投标行为。

第六章 法律责任

第六十六条 [虚假招标的责任] 依法必须招标项目的招标人虚假招标的,由有关行政监督部门责令限期改正,处项目合同金额千分之五以上千分之十以下的罚款;对全部或者部分使用国有资金投资的项目,项目审核部门可以暂停项目执行或者暂停资金拨付;对单位直接负责的主管人员和其他直接责任人员依法给予处分。

第六十七条 ［招标代理机构的责任］招标代理机构有下列行为之一的，由有关行政监督部门处五万元以上二十五万元以下罚款，对单位直接负责的主管人员和其他直接责任人员处单位罚款数额百分之五以上百分之十以下的罚款；有违法所得的，并处没收违法所得；情节严重的，资格认定部门可暂停直至取消招标代理资格；给他人造成损失的，依法承担赔偿责任：

（一）在所代理的招标项目中投标或者代理投标，或者向该项目投标人提供咨询服务；

（二）不具备相应招标代理资格而进行代理的；

（三）没有代理权、超越代理权或者代理权终止后进行代理，未被招标人追认的；

（四）知道或者应当知道委托事项违法仍进行代理的；

（五）涂改、倒卖、出租、出借资格证书，或者以其他形式非法转让资格证书的。

第六十八条 ［违法发布公告的责任］招标人或者其委托的招标代理机构有下列行为之一的，由有关行政监督部门责令限期改正，可以处一万元以上五万元以下罚款：

（一）未在指定媒介发布依法必须招标项目的招标公告或者资格预审公告的；

（二）招标公告或者资格预审公告中有关获取招标文件或者资格预审文件的办法的规定明显不合理的；

（三）在两个以上媒介发布的同一招标项目的招标公告或者资格预审公告的内容不一致，影响潜在投标人申请资格预审或者投标的；

（四）未按规定在指定媒介公示依法必须招标项目中标候选人的。

依法必须招标项目未在指定媒介发布招标公告或者资格预审公告，构成规避招标的，按照招标投标法第四十九条规定处罚；提供虚假招标公告或者资格预审公告的，属于虚假招标，按照本条例第六十六条规定处罚。

第六十九条 ［指定媒介的责任］指定媒介有下列情形之一的，由指定部门给予警告；情节严重的，取消指定：

（一）违法收取招标公告、资格预审公告发布或者中标候选人公示费用的；

（二）无正当理由拒绝发布招标公告、资格预审公告或者公示中标候选人的；

（三）无正当理由延误或者更改招标公告、资格预审公告发布或者中标候选人公示时间的；

（四）名称、住所发生变更后，没有及时公告并备案的。

第七十条 ［不合理划分标段或者合同包的责任］招标人不合理划分标段或者合同包，构成规避招标、虚假招标、限制或者排斥潜在投标人投标的，分别按照招标投标法第四十九条、本条例第六十六条、招标投标法第五十一条规定处罚。

第七十一条 ［擅自终止招标的责任］除因不可抗力或者其他非招标人原因取消招标项目外，招标人擅自终止招标的，由有关行政监督部门予以警告，责令改正；拒不改正的，根据情节可处一万元以上十万元以下罚款；造成投标人损失的，应当承担赔偿责任；对全部或者部分使用国有资金投资的项目，项目审核部门可以暂停项目执行或者暂停资金拨付；对单位直接负责的主管人员和其他直接责任人员依法给予处分。

第七十二条 ［资格预审违法的情形与责任］招标人有下列情形之一的，由有关行政监督部门责令限期改正，根据情节可处一万元以上十万元以下罚款；情节严重的，对单位直接负责的主管人员和其他直接责任人员依法给予处分：

（一）资格预审文件发出时间、澄清或者修改的通知时间，以及留给资格预审申请人编

制资格预审申请文件的时间不符合本条例规定的;

（二）依法必须招标项目资格审查委员会的成员资格、人员构成或者专家选择方式不符合本条例要求的;

（三）使用资格预审文件没有规定的资格审查标准或者方法的;

（四）应当使用标准资格预审文件而未使用，或者资格预审文件的实质性要求和条件违反有关规定的。

第七十三条 ［招标违法的情形与责任］招标人有下列情形之一的，由有关行政监督部门责令限期改正，根据情节可处一万元以上十万元以下罚款;情节严重的，对单位直接负责的主管人员和其他直接责任人员依法给予处分:

（一）依法必须招标项目不具备招标条件而进行招标的;

（二）未按规定委托招标代理机构的;

（三）应当公开招标而邀请招标的;

（四）政府投资项目的资格预审文件和招标文件未按本条例规定向社会公开的;

（五）招标文件发出时间、澄清或者修改的通知时间，以及留给投标人编制投标文件的时间不符合招标投标法和本条例规定的;

（六）应当使用标准招标文件而未使用，或者招标文件的实质性要求和条件违反有关规定的。

第七十四条 ［违法收费的责任］招标代理机构违反国家有关规定收取招标代理费的，招标人违反国家有关收费规定出售招标文件、资格预审文件的，指定媒介违法收取招标公告、资格预审公告发布或者中标候选人公示费用的，行政监督部门在监督管理或者受理投诉过程中违法向招标投标当事人、招标代理机构收取费用的，由价格主管部门责令退还缴费人，无法退还的，予以没收，并可处违法所得五倍以下罚款，给他人造成损失的，依法承担赔偿责任。

第七十五条 ［受托编制投标文件者责任］受投标人委托编制投标文件的受托人违反本条例第三十一条规定的，参照招标投标法第五十条规定处理。

第七十六条 ［串通投标的法律责任］招标人、投标人有本条例第三十六条、第三十七条所列行为的，按照招标投标法第五十三条规定予以处罚;涉及价格的，由价格主管部门依法予以处罚。

第七十七条 ［评委违规的情形与责任］评标委员会成员在评标过程中有以下情形之一的，由有关行政监督部门给予警告，责令限期改正，情节严重的，一定期限内禁止参加评标活动直至取消担任评标委员会成员的资格，不得再参加任何依法必须招标项目的评标，根据情节可处三千元以上五万元以下罚款:

（一）擅离职守等影响评标程序正常进行的;

（二）应当回避而不回避的;

（三）未按招标文件规定的评标标准和方法评标的;

（四）不客观公正地履行职责的。

第七十八条 ［招标人违规组织评标的情形与责任］招标人有下列情形之一的，由有关行政监督部门责令限期改正，根据情节可处一万元以上十万元以下罚款，对单位直接负责的主管人员和其他直接责任人员依法给予处分:

（一）评标委员会的组建及人员组成不符合法定要求的;

（二）超过评标委员会全体成员总数三分之一的评委认为缺乏足够的时间研究招标文件和投标文件或者缺乏评标所必需的重要信息和数据，未按评委意见延长评标时间或者补充提供相关信息和数据的；

（三）以明示或者暗示的方式偏袒或者排斥特定投标人，影响评标委员会成员评标的。

第七十九条 ［不按规定确定中标人或者不签订合同的责任］招标人有下列情形之一的，由有关行政监督部门予以警告，责令限期改正，根据情节可处中标项目金额千分之五以上千分之十以下的罚款；造成中标人损失的，应当赔偿损失；对单位直接负责的主管人员和其他直接责任人员依法给予处分：

（一）无正当理由不按规定期限发出中标通知书的；

（二）不按本条例第五十一条第三款或者第五十二条第一款规定确定中标人的；

（三）中标通知书发出后无正当理由改变中标结果的；

（四）无正当理由不与中标人签订合同的；

（五）在签订合同时向中标人提出附加条件的。

中标人无正当理由不与招标人签订合同、在签订合同时向招标人提出附加条件，或者不按招标文件要求提交履约担保的，招标人可取消其中标资格，其投标保证金不予退还；给招标人造成的损失超过投标保证金数额的，中标人应当对超过部分予以赔偿；没有提交投标保证金的，应当对招标人的损失承担赔偿责任。

第八十条 ［恶意异议或者投诉的责任］投标人或者其他利害关系人通过捏造事实、伪造证明材料等方式，或者以非法手段或者渠道获取证据材料提出异议或者投诉，或者以阻碍招标投标活动正常进行为目的，恶意异议或者投诉的，予以警告，处一万元以上十万元以下罚款，情节严重的，取消其二至五年内参加依法必须招标项目的投标的资格并予以公告。

第八十一条 ［招标人未履行其他义务的责任］招标人有下列行为之一的，由有关行政监督部门责令限期改正，根据情节可处五万元以下罚款，对单位直接负责的主管人员和其他直接责任人员依法给予处分：

（一）招标人邀请未通过资格预审的申请人参加投标的；

（二）违反本条例第五十九条第二款规定，擅自开标、评标的；

（三）依法必须招标项目的招标人未按本条例第五十一条规定进行公示，未对异议作出书面答复，在有关行政监督部门作出投诉处理决定前即发出中标通知书的；

（四）招标人与中标人签订合同后未按本条例第五十四条第二款规定向中标人和未中标人退还投标保证金的；

（五）依法必须招标项目的招标人未按照本条例第五十六条规定向有关行政监督部门提交招标投标情况书面报告的。

第八十二条 ［招标投标专业人员的法律责任］招标投标专业人员违反招标投标法、本条例和国家有关规定开展招标投标活动的，由有关行政监督部门依法予以处罚；情节严重的，暂停直至取消职业资格；构成犯罪的，依法追究刑事责任。

第八十三条 ［招标项目存在违法情形的处理］依法必须招标项目招标人有本条例第七十二条所列行为之一，拒不改正或者不能改正的，应当重新进行资格预审或者不经资格预审直接招标。

依法必须招标项目有下列情形之一的，应当重新招标：

（一）招标人有本条例第六十六条规定行为，拒不改正或不能改正的；

（二）招标代理机构有本条例第六十七条第（二）项所列行为的；

（三）招标代理机构有本条例第六十七条第（三）项所列行为的，但投标人有理由相信招标代理机构有代理权的除外；

（四）招标人或者招标代理机构有本条例第六十八条第（一）至（三）项所列行为之一，拒不改正或者不能改正的；

（五）招标人有本条例第七十三条所列情形之一，拒不改正或者不能改正的。

招标项目有下列情形之一的，应当重新评标：

（一）评标委员会成员有本条例第七十七条第（二）至（四）项所列情形之一，拒不改正或者不能改正，影响评标结果的；

（二）招标人有本条例第七十八条所列情形之一，拒不改正或者不能改正的；

（三）招标人有本条例第八十一条第（二）项所列行为的。

招标项目有下列情形之一的，应当从符合条件的中标候选人中重新确定中标人，没有符合条件的中标候选人的，依法必须招标项目应当重新招标：

（一）招标代理机构有本条例第六十七条第（一）项所列行为，影响中标结果的；

（二）招标人有本条例第七十九条第一款第（二）项所列情形，拒不改正或者不能改正的；

（三）招标人有本条例第八十一条第（一）项所列行为，影响中标结果的。

第八十四条 ［干涉招标投标活动的责任］任何单位和个人违反本条例第五十七条规定，干涉招标投标活动的，按照招标投标法第六十二条处罚。

第八十五条 ［不按规定处理投诉的责任］行政监督部门及其工作人员不按规定处理投诉的，责令改正，对直接负责的主管人员和其他直接责任人员依法给予处分。

第七章 附　　则

第八十六条 ［术语解释］本条例所称工程，是指建设工程。

本条例所称货物，是指各种形态和种类的物品，包括原材料、燃料、设备、产品等。

本条例所称服务，是指除货物和工程以外的其他采购对象。

本条例所称招标项目，是指属于采购合同标的的工程、货物或者服务；工程、货物或者服务划分多个标段或者合同包的，指具体的标段或者合同包。

本条例所称政府投资资金，是指在中华人民共和国境内用于固定资产投资活动的政府性资金，包括财政预算内投资资金、各类专项建设基金、国家主权外债资金等。

本条例所称政府投资项目，是指在中华人民共和国境内使用政府投资资金的固定资产投资项目。

本条例所称国有资金，包括政府投资资金以及国有企业事业单位自有资金。

本条例所称项目审核部门，是指负责投资项目审批、核准或者备案管理的部门。

本条例所称单位负责人，是指法人的法定代表人、合伙企业的执行事务合伙人、个人独资企业的负责人等对外代表单位的人。

本条例所称控股，是指持有其他单位百分之五十以上出资额、股份或表决权，或者通过协议或其他安排，能够实际支配其他单位行为。

第八十七条 ［施行时间］本条例自　　年　　月　　日起施行。

第八十八条 ［法制统一］本条例施行后，地方性法规、国务院部门和地方政府规章中与本条例抵触的内容无效。

5. 关于国务院有关部门实施招标投标活动行政监督的职责分工的意见

国办发 [2000] 34 号

根据《中华人民共和国招标投标法》（以下简称《招标投标法》）和国务院有关部门"三定"规定，现就国务院有关部门实施招标投标（以下简称招标投标）活动行政监督的职责分工，提出如下意见：

一、国家发展计划委员会指导和协调全国招标投标工作，会同有关行政主管部门拟定《招标投标法》配套法规、综合性政策和必须进行招标的项目的具体范围、规模标准以及不适宜进行招标的项目，报国务院批准，指定发布招标公告的报刊、信息网络或其他媒介。有关行政主管部门根据《招标投标法》和国家有关法规、政策，可联合或分别制定具体实施办法。

二、项目审批部门在审批必须进行招标的项目可行性研究报告时，核准项目的招标方式（委托招标或自行招标）以及国家出资项目的招标范围（发包初步方案）。项目审批后，及时向有关行政主管部门通报所确定的招标方式和范围等情况。

三、对于招标投标过程（包括招标、投标、开标、评标、中标）中泄露保密资料、泄露标底、串通招标、串通投标、歧视排斥投标等违法活动的监督执法，按现行的职责分工，分别由有关行政主管部门负责并受理投标人和其他利害关系人的投诉。按照这一原则，工业（含内贸）、水利、交通、铁道、民航、信息产业等行业和产业项目的招标投标活动的监督执法，分别由经贸、水利、交通、铁道、民航、信息产业等行政主管部门负责；各类房屋建筑及其附属设施的建造和与其配套的线路、管道、设备的安装项目和市政工程项目的招标投标活动的监督执法，由建设行政主管部门负责；进口机电设备采购项目的招标投标活动的监督执法，由外经贸行政主管部门负责。有关行政主管部门须将监督过程中发现的问题及时通知项目审批部门，项目审批部门根据情况依法暂停项目执行或者暂停资金拨付。

四、从事各类工程建设项目招标代理业务的招标代理机构的资格，由建设行政主管部门认定；从事与工程建设有关的进口机电设备采购招标代理业务的招标代理机构的资格，由外经贸行政主管部门认定；从事其他招标代理业务的招标代理机构的资格，按现行职责分工，分别由有关行政主管部门认定。

五、国家发展计划委员会负责组织国家重大建设项目稽查特派员，对国家重大建设项目建设过程中的工程招标投标进行监督检查。

各有关部门要严格依照上述职责分工，各司其职，密切配合，共同做好招标投标的监督管理工作。各省、自治区、直辖市人民政府可根据《招标投标法》的规定，从本地实际出发，制定招标投标管理办法。

6. 工程建设项目招标范围和规模标准规定

国家发展计划委员会 3 号令

第一条 为了确定必须进行招标的工程建设项目的具体范围和规模标准，规范招标投标活动，根据《中华人民共和国招标投标法》第三条的规定，制定本规定。

第二条 关系社会公共利益、公众安全的基础设施项目的范围包括：

（一）煤炭、石油、天然气、电力、新能源等能源项目；

（二）铁路、公路、管道、水运、航空等交通运输项目；

（三）邮政、电信枢纽、通信、信息网络等邮电通信项目；

（四）防洪、灌溉、排涝、引（供）水、滩涂治理、水土保持、水利枢纽等水利项目；

（五）道路、桥梁、地铁和轻轨交通、污水排放及处理、垃圾处理、地下管道、公共停车场等城市设施项目；

（六）生态环境保护项目；

（七）其他基础设施项目。

第三条 关系社会公共利益、公众安全的公用事业项目的范围包括：

（一）供水、供电、供气、供热等市政工程项目；

（二）科技、教育、文化等项目；

（三）体育、旅游等项目；

（四）卫生、社会福利等项目；

（五）商品住宅，包括经济适用住房；

（六）其他公用事业项目。

第四条 使用国有资金投资的项目的范围包括：

（一）使用各级财政预算资金的项目；

（二）使用纳入财政管理的各种政府性专项建设基金的项目；

（三）使用国有企业事业单位自有资金，并且国有资产投资者实际拥有控制权的项目。

第五条 国家融资项目的范围包括：

（一）使用国家发行债券所筹资金的项目；

（二）使用国家对外借款或者担保所筹资金的项目；

（三）使用国家政策性贷款的项目；

（四）国家授权投资主体融资的项目；

（五）国家特许的融资项目。

第六条 使用国际组织或者外国政府资金的项目的范围包括：

（一）使用世界银行、亚洲开发银行等国际组织贷款资金的项目；

（二）使用外国政府及其机构贷款资金的项目；

（三）使用国际组织或者外国政府援助资金的项目。

第七条 本规定第二条至第六条规定范围内的各类工程建设项目，包括项目的勘察、设计、施工、监理以及与工程建设有关的重要设备、材料等的采购，达到下列标准之一的，必须进行招标：

（一）施工单项合同估算价在 200 万元人民币以上的；

（二）重要设备、材料等货物的采购，单项合同估算价在 100 万元人民币以上的；

（三）勘察、设计、监理等服务的采购，单项合同估算价在 50 万元人民币以上的；

（四）单项合同估算价低于第（一）、（二）、（三）项规定的标准，但项目总投资额在 3000 万元人民币以上的。

第八条 建设项目的勘察、设计，采用特定专利或者专有技术的，或者其建筑艺术造型有特殊要求的，经项目主管部门批准，可以不进行招标。

第九条 依法必须进行招标的项目，全部使用国有资金投资或者国有资金投资占控股或者主导地位的，应当公开招标。

招标投标活动不受地区、部门的限制，不得对潜在投标人实行歧视待遇。

第十条 省、自治区、直辖市人民政府根据实际情况，可以规定本地区必须进行招标的具体范围和规模标准，但不得缩小本规定确定的必须进行招标的范围。

第十一条 国家发展计划委员会可以根据实际需要，会同国务院有关部门对本规定确定的必须进行招标的具体范围和规模标准进行部分调整。

第十二条 本规定自发布之日起施行。

7. 招标投标部际协调机制暂行办法

发改法规〔2005〕1282号

第一条 为贯彻落实《国务院办公厅关于进一步规范招标投标活动的若干意见》(国办发〔2004〕56号)和《国务院办公厅印发国务院有关部门的实施招标投标活动行政监督的职责分工意见的通知》(国办发〔2000〕34号),加强各有关部门的沟通联系,依法共同做好招标投标行政监督工作,特制定本办法。

第二条 建立招标投标部际协调机制旨在:

(一)促进招标投标行政法规、部门规章及政策规定的统一,形成合力,依法正确履行行政监督职责;

(二)及时、有效地解决招标投标行政监督过程中存在的突出矛盾和问题,促进招标投标活动规范有序进行。

第三条 招标投标部际协调机制由国家发展改革委、监察部、财政部、建设部、铁道部、交通部、信息产业部、水利部、商务部、民航总局、国务院法制办共11个部门组成。

国家发展改革委为招标投标部际协调机制牵头单位。

第四条 招标投标部际协调机制的主要职责范围:

(一)分析全国招标投标市场发展形势和招标投标法律、行政法规和部门规章执行情况,商讨规范涉及多个部门招标投标活动的工作计划和对策建议;

(二)协调各有关部门和地方政府实施招标投标行政监督过程中发生的矛盾和分歧;

(三)通报招标投标工作信息,交流有关材料、文件;

(四)加强部门之间在制定招标投标行政法规、部门规章、规范性文件以及范本文件时的协调和衔接;

(五)加强部门之间以及部门和地方政府之间在招标投标投诉处理、执法活动方面的沟通;

(六)组织开展招标投标工作联合检查和调研;

(七)研究涉及全国招标投标工作的其他重要事项;

(八)研究需呈报国务院的涉及多个部门招标投标活动的重大事项。

上述职责范围,不包括政府采购的货物、服务的招标投标,出口商品配额招标投标以及标的在境外的对外经济合作项目和对外援助项目的招标投标。

第五条 招标投标部际协调机制采取定期联席会议的形式。国家发展改革委、监察部、财政部、建设部、铁道部、交通部、信息产业部、水利部、商务部、民航总局、国务院法制办各指定一名或两名司局长为联席会议成员。

第六条 招标投标部际联席会议每年召开一次例会,一般安排在每年7月。会议由国家发展改革委分管副主任召集并主持。必要时,联席会议成员单位可以提议召开会议。根据工作需要,可邀请相关单位参加会议。每次会议具体议程及议题,由国家发展改革委与联席会议成员会商确定并发文通知。

第七条 招标投标部际联席会议按照"集体讨论、协商一致"的原则形成部际联席会议纪要,明确会议议定事项,经成员单位同意后印发。遇重大问题,各成员应及时请示本部门领导。

第八条 招标投标部际联席会议各成员在会前应主动研究有关工作，认真准备材料，按时参加会议。

会议结束后，各成员应及时向本部门领导报告，并根据会议纪要精神，按照职能分工组织落实。

第九条 招标投标部际联席会议下设联络员工作小组，由各成员单位指定一名或两名相关司局的处长组成，负责对工作中遇到的问题和拟提交部际联席会议讨论的内容进行预备性讨论和协商。

第十条 联络员工作小组每半年召开一次例会。因工作需要或成员单位要求，可召开联络员工作小组临时会议。

第十一条 招标投标部际联席会议成员和联络员名单，经由各部门研究确定后另行印发。

第十二条 各有关行政监督部门依据法律和国务院规定的职责分工，制定相应的招标投标管理办法。

招标投标部际协调机制成员单位在制定涉及多个部门招标投标活动的部门规章、综合性政策、规范性文件和范本文件时，应当充分协商。

各行业和专业普遍适用的招标投标规则，由国家发展改革委会同部际协调机制成员单位共同起草并颁布实施；其他涉及招标投标的文件，由相关主管部门根据不同情况采取会签或者其他方式征求意见后印发。对在制定招标投标文件过程中存在的分歧，由国家发展改革委牵头，各方充分协商，也可提请招标投标部际联席会议研究处理。

第十三条 招标投标部际协调机制在国家发展改革委法规司设立办公室，负责办理部际协调机制的日常事务，具体职责是：

（一）汇总拟提请部际联席会议讨论的议题；

（二）组织联络员工作小组会议；

（三）筹备部际联席会议；

（四）草拟和印发部际联席会议纪要；

（五）向成员单位和有关方面提供部际联席会议公共信息；

（六）办理部际联席会议交办的其他事项。

第十四条 本办法由国家发展改革委向有关部门解释，自 2005 年 9 月 1 日起施行。

四、招　　标

1. 何谓工程、货物、服务的招标项目?

招标投标法所称工程建设项目，是指工程以及与工程建设有关的货物、服务。招标投标法实施条例所称工程，是指建设工程，包括建筑物和构筑物的新建、改建、扩建及其相关的装修、拆除、修缮等；所称与工程建设有关的货物，是指构成工程不可分割的组成部分，且为实现工程基本功能所必需的设备、材料等；所称与工程建设有关的服务，是指为完成工程所需的勘察、设计、监理等服务。依法必须进行招标的工程建设项目的具体范围和规模标准，由国务院发展改革部门会同国务院有关部门制定，报国务院批准后公布施行。

2. 全国工程招标投标活动如何监督?

国务院发展改革部门指导和协调全国招标投标工作，对国家重大建设项目的工程招标投标活动实施监督检查。国务院工业和信息化、住房城乡建设、交通运输、铁道、水利、商务等部门，按照规定的职责分工对有关招标投标活动实施监督。财政部门依法对实行招标投标的政府采购工程建设项目的预算执行情况和政府采购政策执行情况实施监督。监察机关依法对与招标投标活动有关的监察对象实施监察。县级以上地方人民政府发展改革部门指导和协调本行政区域的招标投标工作。县级以上地方人民政府有关部门按照规定的职责分工，对招标投标活动实施监督，依法查处招标投标活动中的违法行为。县级以上地方人民政府对其所属部门有关招标投标活动的监督职责分工另有规定的，从其规定。设区的市级以上地方人民政府可以根据实际需要，建立统一规范的招标投标交易场所，为招标投标活动提供服务。招标投标交易场所不得与行政监督部门存在隶属关系，不得以营利为目的。国家鼓励利用信息网络进行电子招标投标。禁止国家工作人员以任何方式非法干涉招标投标活动。

3. 项目的招标范围、招标方式如何审批?

按照国家有关规定需要履行项目审批、核准手续的依法必须进行招标的项目，其招标范围、招标方式、招标组织形式应当报项目审批、核准部门审批、核准。项目审批、核准部门应当及时将审批、核准确定的招标范围、招标方式、招标组织形式通报有关行政监督部门。

4. 哪些项目应当公开招标或邀请招标?

国有资金占控股或者主导地位的依法必须进行招标的项目，应当公开招标，但有下列情形之一的，可以邀请招标：

（1）技术复杂、有特殊要求或者受自然环境限制，只有少量潜在投标人可供选择；

（2）采用公开招标方式的费用占项目合同金额的比例过大。

由项目审批、核准部门在审批、核准项目时作出认定；其他项目由招标人申请有关行政监督部门作出认定。

5. 有哪些情形可以不进行招标？

除招标投标法第六十六条规定的可以不进行招标的特殊情况外，有下列情形之一的，可以不进行招标：

(1) 需要采用不可替代的专利或者专有技术；
(2) 采购人依法能够自行建设、生产或者提供；
(3) 已通过招标方式选定的特许经营项目投资人依法能够自行建设、生产或者提供；
(4) 需要向原中标人采购工程、货物或者服务，否则将影响施工或者功能配套要求；
(5) 国家规定的其他特殊情形。

6. 对招标人和招标代理机构有哪些要求？

招标投标法第十二条第二款规定的招标人具有编制招标文件和组织评标能力，是指招标人具有与招标项目规模和复杂程度相适应的技术、经济等方面的专业人员。招标人应当与被委托的招标代理机构签订书面委托合同，合同约定的收费标准应当符合国家有关规定。招标代理机构的资格依照法律和国务院的规定由有关部门认定。国务院住房城乡建设、商务、发展改革、工业和信息化等部门，按照规定的职责分工对招标代理机构依法实施监督管理。招标代理机构应当拥有一定数量的取得招标职业资格的专业人员。招标代理机构在其资格许可和招标人委托的范围内开展招标代理业务，任何单位和个人不得非法干涉。招标代理机构代理招标业务，应当遵守招标投标法和招标投标法实施条例关于招标人的规定。招标代理机构不得在所代理的招标项目中投标或者代理投标，也不得为所代理的招标项目的投标人提供咨询。招标代理机构不得涂改、出租、出借、转让资格证书。

7. 依法必须进行招标的项目如何发布预审公告和招标公告？

公开招标的项目，应当依照招标投标法和招标投标法实施条例的规定发布招标公告、编制招标文件。招标人采用资格预审办法对潜在投标人进行资格审查的，应当发布资格预审公告、编制资格预审文件。依法必须进行招标的项目的资格预审公告和招标公告，应当在国务院发展改革部门依法指定的媒介发布。在不同媒介发布的同一招标项目的资格预审公告或者招标公告的内容应当一致。指定媒介发布依法必须进行招标的项目的境内资格预审公告、招标公告，不得收取费用。编制依法必须进行招标的项目的资格预审文件和招标文件，应当使用国务院发展改革部门会同有关行政监督部门制定的标准文本。

招标人应当按照资格预审公告、招标公告或者投标邀请书规定的时间、地点发售资格预审文件或者招标文件。资格预审文件或者招标文件的发售期不得少于5日。招标人发售资格预审文件、招标文件收取的费用应当限于补偿印刷、邮寄的成本支出，不得以营利为目的。招标人应当合理确定提交资格预审申请文件的时间。依法必须进行招标的项目提交资格预审申请文件的时间，自资格预审文件停止发售之日起不得少于5日。

8. 招标的项目如何进行资格预审？

资格预审应当按照资格预审文件载明的标准和方法进行。国有资金占控股或者主导地位的依法必须进行招标的项目，招标人应当组建资格审查委员会审查资格预审申请文件。资格审查委员会及其成员应当遵守招标投标法和招标投标法实施条例有关评标委员会及其成员的规定。资格预审结束后，招标人应当及时向资格预审申请人发出资格预审结果通知书。未通过资格预审的申请人不具有投标资格。通过资格预审的申请人少于3个的，应当重新招标。招标人采用资格后审办法对投标人进行资格审查的，应当在开标后由评标委员会按照招标文件规定的标准和方法对投标人的资格进行审查。招标人可以对已发出的资格预审文件或者招标文件进行必要的澄清或者修改。澄清或者修改的内容可能影响资格预审申请文件或者投标文件编制的，招标人应当在提交资格预审申请文件截止时间至少3日前，或者投标截止时间至少15日前，以书面形式通知所有获取资格预审文件或者招标文件的潜在投标人；不足3日或者15日的，招标人应当顺延提交资格预审申请文件或者投标文件的截止时间。潜在投标人或者其他利害关系人对资格预审文件有异议的，应当在提交资格预审申请文件截止时间2日前提出；对招标文件有异议的，应当在投标截止时间10日前提出。招标人应当自收到异议之日起3日内作出答复；作出答复前，应当暂停招标投标活动。

9. 招标人如何编制招标文件？

招标人编制的资格预审文件、招标文件的内容违反法律、行政法规的强制性规定，违反公开、公平、公正和诚实信用原则，影响资格预审结果或者潜在投标人投标的，依法必须进行招标的项目的招标人应当在修改资格预审文件或者招标文件后重新招标。招标人对招标项目划分标段的，应当遵守招标投标法的有关规定，不得利用划分标段限制或者排斥潜在投标人。依法必须进行招标的项目的招标人不得利用划分标段规避招标。招标人应当在招标文件中载明投标有效期。投标有效期从提交投标文件的截止之日起算。招标人在招标文件中要求投标人提交投标保证金的，投标保证金不得超过招标项目估算价的2%。投标保证金有效期应当与投标有效期一致。依法必须进行招标的项目的境内投标单位，以现金或者支票形式提交的投标保证金应当从其基本账户转出。招标人不得挪用投标保证金。

10. 招标人如何编制标底？

招标人可以自行决定是否编制标底。一个招标项目只能有一个标底。标底必须保密。接受委托编制标底的中介机构不得参加受托编制标底项目的投标，也不得为该项目的投标人编制投标文件或者提供咨询。招标人设有最高投标限价的，应当在招标文件中明确最高投标限价或者最高投标限价的计算方法。招标人不得规定最低投标限价。招标人不得组织单个或者部分潜在投标人踏勘项目现场。

11. 招标人如何对工程实行总承包招标？

招标人可以依法对工程以及与工程建设有关的货物、服务全部或者部分实行总承包招标。以暂估价形式包括在总承包范围内的工程、货物、服务属于依法必须进行招标的项目范围且达到国家规定规模标准的，应当依法进行招标。暂估价，是指总承包招标时不能确定价格而由招标人在招标文件中暂时估定的工程、货物、服务的金额。

12. 招标人如何分两阶段进行招标？

对技术复杂或者无法精确拟定技术规格的项目，招标人可以分两阶段进行招标。第一阶段，投标人按照招标公告或者投标邀请书的要求提交不带报价的技术建议，招标人根据投标人提交的技术建议确定技术标准和要求，编制招标文件。第二阶段，招标人向在第一阶段提交技术建议的投标人提供招标文件，投标人按照招标文件的要求提交包括最终技术方案和投标报价的投标文件。招标人要求投标人提交投标保证金的，应当在第二阶段提出。

13. 招标人如何终止招标？

招标人终止招标的，应当及时发布公告，或者以书面形式通知被邀请的或者已经获取资格预审文件、招标文件的潜在投标人。已经发售资格预审文件、招标文件或者已经收取投标保证金的，招标人应当及时退还所收取的资格预审文件、招标文件的费用，以及所收取的投标保证金及银行同期存款利息。

14. 招标人的哪些行为属于以不合理条件限制、排斥潜在投标人或者投标人？

招标人不得以不合理的条件限制、排斥潜在投标人或者投标人。招标人有下列行为之一的，属于以不合理条件限制、排斥潜在投标人或者投标人：

（1）就同一招标项目向潜在投标人或者投标人提供有差别的项目信息；

（2）设定的资格、技术、商务条件与招标项目的具体特点和实际需要不相适应或者与合同履行无关；

（3）依法必须进行招标的项目以特定行政区域或者特定行业的业绩、奖项作为加分条件或者中标条件；

（4）对潜在投标人或者投标人采取不同的资格审查或者评标标准；

（5）限定或者指定特定的专利、商标、品牌、原产地或者供应商；

（6）依法必须进行招标的项目非法限定潜在投标人或者投标人的所有制形式或者组织形式；

（7）以其他不合理条件限制、排斥潜在投标人或者投标人。

附录四：招标管理相关法规

1. 招标公告发布暂行办法

国家发展计划委员会 4 号令

第一条 为了规范招标公告发布行为，保证潜在投标人平等、便捷、准确地获取招标信息，根据《中华人民共和国招标投标法》，制定本办法。

第二条 本办法适用于依法必须招标项目招标公告发布活动。

第三条 国家发展计划委员会根据国务院授权，按照相对集中、适度竞争、受众分布合理的原则，指定发布依法必须招标项目招标公告的报纸、信息网络等媒介（以下简称指定媒介），并对招标公告发布活动进行监督。

指定媒介的名单由国家发展计划委员会另行公告。

第四条 依法必须招标项目的招标公告必须在指定媒介发布。

招标公告的发布应当充分公开，任何单位和个人不得非法限制招标公告的发布地点和发布范围。

第五条 指定媒介发布依法必须招标项目的招标公告，不得收取费用，但发布国际招标公告的除外。

第六条 招标公告应当载明招标人的名称和地址，招标项目的性质、数量、实施地点和时间、投标截止日期以及获取招标文件的办法等事项。

招标人或其委托的招标代理机构应当保证招标公告内容的真实、准确和完整。

第七条 拟发布的招标公告文本应当由招标人或其委托的招标代理机构的主要负责人签名并加盖公章。

招标人或其委托的招标代理机构发布招标公告，应当向指定媒介提供营业执照（或法人证书）、项目批准文件的复印件等证明文件。

第八条 在指定报纸免费发布的招标公告所占版面一般不超过整版的四十分之一，且字体不小于六号字。

第九条 招标人或其委托的招标代理机构应至少在一家指定的媒介发布招标公告。

指定报纸在发布招标公告的同时，应将招标公告如实抄送指定网络。

第十条 招标人或其委托的招标代理机构在两个以上媒介发布的同一招标项目的招标公告的内容应当相同。

第十一条 指定报纸和网络应当在收到招标公告文本之日起七日内发布招标公告。

指定媒介应与招标人或其委托的招标代理机构就招标公告的内容进行核实，经双方确认无误后在前款规定的时间内发布。

第十二条 拟发布的招标公告文本有下列情形之一的，有关媒介可以要求招标人或其委托的招标代理机构及时予以改正、补充或调整：

（一）字迹潦草、模糊，无法辨认的；

（二）载明的事项不符合本办法第六条规定的；

（三）没有招标人或其委托的招标代理机构主要负责人签名并加盖公章的；

（四）在两家以上媒介发布的同一招标公告的内容不一致的。

第十三条 指定媒介发布的招标公告的内容与招标人或其委托的招标代理机构提供的招标公告文本不一致，并造成不良影响的，应当及时纠正，重新发布。

第十四条 指定媒介应当采取快捷的发行渠道，及时向订户或用户传递。

第十五条 指定媒介的名称、住所发生变更的，应及时公告并向国家发展计划委员会备案。

第十六条 招标人或其委托的招标代理机构有下列行为之一的，由国家发展计划委员会和有关行政监督部门视情节依照《中华人民共和国招标投标法》第四十九条、第五十一条的规定处罚：

（一）依法必须招标的项目，应当发布招标公告而不发布的；

（二）不在指定媒介发布依法必须招标项目的招标公告的；

（三）招标公告中有关获取招标文件的时间和办法的规定明显不合理的；

（四）招标公告中以不合理的条件限制或排斥潜在投标人的；

（五）提供虚假的招标公告、证明材料的，或者招标公告含有欺诈内容的；

（六）在两个以上媒介发布的同一招标项目的招标公告的内容不一致的。

第十七条 指定媒介有下列情形之一的，给予警告；情节严重的，取消指定：

（一）违法收取或变相收取招标公告发布费用的；

（二）无正当理由拒绝发布招标公告的；

（三）不向网络抄送招标公告的；

（四）无正当理由延误招标公告的发布时间的；

（五）名称、住所发生变更后，没有及时公告并备案的；

（六）其他违法行为。

第十八条 任何单位和个人非法干预招标公告发布活动，限制招标公告的发布地点和发布范围的，由有关行政监督部门依照《中华人民共和国招标投标法》第六十二条的规定处罚。

第十九条 任何单位或个人认为招标公告发布活动不符合本办法有关规定的，可向国家发展计划委员会投诉或举报。

第二十条 各地方人民政府依照审批权限审批的依法必须招标的民用建筑项目的招标公告，可在省、自治区、直辖市人民政府发展计划部门指定的媒介发布。

第二十一条 使用国际组织或者外国政府贷款、援助资金的招标项目，贷款方、资金提供方对招标公告的发布另有规定的，适用其规定。

第二十二条 本办法自二〇〇〇年七月一日起执行。

2. 工程建设项目自行招标试行办法

国家发展计划委员会 5 号令

第一条 为了规范工程项目招标人自行招标行为，加强对招标投标活动的监督，根据《中华人民共和国招标投标法》（以下简称招标投标法）和《国务院办公厅印发国务院有关部门实施招标投标活动行政监督的职责分工意见的通知》（国办发〔2000〕34 号），制定本办法。

第二条 本办法适用于经国家计委审批（含经国家计委初审后报国务院审批）的工程建设项目的自行招标活动。

前款工程建设项目的招标范围和规模标准，适用《工程建设项目招标范围和规模标准规定》（国家计委第 3 号令）。

第三条 招标人是指依照法律规定进行工程建设项目的勘察、设计、施工、监理以及与工程建设有关的重要设备、材料等招标的法人。

第四条 招标人自行办理招标事宜，应当具有编制招标文件和组织评标的能力，具体包括：

（一）具有项目法人资格（或者法人资格）；

（二）具有与招标项目规模和复杂程度相适应的工程技术、概预算、财务和工程管理等方面的专业技术力量；

（三）有从事同类工程建设项目招标的经验；

（四）设有专门的招标机构或者拥有 3 名以上专职招标业务人员；

（五）熟悉和掌握招标投标法及有关法规规章。

第五条 招标人自行招标的，项目法人或者组建中的项目法人应当在向国家计委上报项目可行性研究报告时，一并报送符合本办法第四条规定的书面材料。

书面材料应当至少包括：

（一）项目法人营业执照、法人证书或者项目法人组建文件；

（二）与招标项目相适应的专业技术力量情况；

（三）内设的招标机构或者专职招标业务人员的基本情况；

（四）拟使用的专家库情况；

（五）以往编制的同类工程建设项目招标文件和评标报告以及招标业绩的证明材料；

（六）其他材料。

在报送可行性研究报告前，招标人确需通过招标方式或者其他方式确定勘察、设计单位开展前期工作的，应当在前款规定的书面材料中说明。

第六条 国家计委审查招标人报送的书面材料，核准招标人符合本办法规定的自行招标条件的，招标人可以自行办理招标事宜。任何单位和个人不得限制其自行办理招标事宜，也不得拒绝办理工程建设有关手续。

第七条 国家计委审查招标人报送的书面材料，认定招标人不符合本办法规定的自行招标条件的，在批复可行性研究报告时，要求招标人委托招标代理机构办理招标事宜。

第八条 一次核准手续仅适用于一个建设项目。

第九条 招标人不具备自行招标条件，不影响国家计委对项目可行性研究报告的审批。

第十条 招标人自行招标的,应当自确定中标人之日起十五日内,向国家计委提交招标投标情况的书面报告。书面报告至少应包括下列内容:

(一)招标方式和发布招标公告的媒介;

(二)招标文件中投标人须知、技术规格、评标标准和方法、合同主要条款等内容;

(三)评标委员会的组成和评标报告;

(四)中标结果。

第十一条 招标人不按本办法规定的要求履行自行招标核准手续的或者报送的书面材料有遗漏的,国家计委要求其补正;不及时补正的,视同不具备自行招标条件。

招标人履行核准手续中有弄虚作假情况的,视同不具备自行招标条件。

第十二条 招标人不按本办法提交招标投标情况的书面报告,国家计委要求补正,拒不补正的,给予警告,并视招标人是否有招标投标法第五章规定的违法行为,给予相应的处罚。

第十三条 任何单位和个人非法强制招标人委托招标代理机构或者其他组织办理招标事宜的,非法拒绝办理工程建设有关手续的,或者以其他任何方式非法干预招标人自行招标活动的,由国家计委依据招标投标法的有关规定处罚或者向有关行政监督部门提出处理建议。

第十四条 本办法自发布之日起施行。

3. 国家计委关于指定发布依法必须招标项目招标公告的媒介的通知

计政策［2000］868号

国务院各部门，各省、自治区、直辖市及计划单列市计委，新疆兵团计委：

为了规范招标公告发布行为，根据《中华人民共和国招标投标法》和《国务院办公厅印发国务院有关部门实施招标投标活动行政监督的职责分工意见的通知》（国办发［2000］34号）的有关规定，国家计委指定《中国日报》、《中国经济导报》、《中国建设报》和《中国采购与招标网》（http://www.chinabidding.com.cn）为发布依法必须招标项目招标公告的媒介。其中，国际招标项目的招标公告应在《中国日报》发布。

自2000年7月1日起，依法必须招标项目的招标公告，应按照《招标公告发布暂行办法》（国家计委第4号令）的规定在上述指定媒介发布。

任何单位和个人应严格遵守《招标公告发布暂行办法》的有关规定，自觉规范招标公告发布行为。

国家发展计划委员会
二〇〇〇年六月三十日

五、投　　标

1. 对投标人有哪些要求？

投标人参加依法必须进行招标的项目的投标，不受地区或者部门的限制，任何单位和个人不得非法干涉。与招标人存在利害关系，可能影响招标公正性的法人、其他组织或者个人，不得参加投标。单位负责人为同一人或者存在控股、管理关系的不同单位，不得参加同一标段投标或者未划分标段的同一招标项目投标。违反上述规定的，相关投标均无效。投标人发生合并、分立、破产等重大变化的，应当及时书面告知招标人。投标人不再具备资格预审文件、招标文件规定的资格条件或者其投标影响招标公正性的，其投标无效。提交资格预审申请文件的申请人应当遵守招标投标法和招标投标法实施条例有关投标人的规定。

2. 投标人如何撤回已提交的投标文件？

投标人撤回已提交的投标文件，应当在投标截止时间前书面通知招标人。招标人已收取投标保证金的，应当自收到投标人书面撤回通知之日起 5 日内退还。投标截止后投标人撤销投标文件的，招标人可以不退还投标保证金。未通过资格预审的申请人提交的投标文件以及逾期送达或者不按照招标文件要求密封的投标文件，招标人应当拒收。招标人应当如实记载投标文件的送达时间和密封情况，并存档备查。

3. 联合体投标有哪些要求？

招标人应当在资格预审公告、招标公告或者投标邀请书中载明是否接受联合体投标。招标人接受联合体投标并进行资格预审的，联合体应当在提交资格预审申请文件前组成。资格预审后联合体增减、更换成员的，其投标无效。联合体各方在同一招标项目中以自己的名义单独投标或者参加其他联合体投标的，相关投标均无效。

4. 有哪些情形属于投标人相互串通投标？

禁止投标人相互串通投标。有下列情形之一的，属于投标人相互串通投标：
（1）投标人之间协商投标报价等投标文件的实质性内容；
（2）投标人之间约定中标人；
（3）投标人之间约定部分投标人放弃投标或者中标；
（4）属于同一集团、协会、商会等组织的投标人按照该组织要求协同投标；
（5）投标人之间为谋取中标或者排斥特定投标人而采取的其他联合行动。

5. 有哪些情形视为投标人相互串通投标？

有下列情形之一的，视为投标人相互串通投标：
（1）不同投标人的投标文件由同一单位或者个人编制；
（2）不同投标人委托同一单位或者个人办理投标事宜；
（3）不同投标人的投标文件载明的项目管理成员为同一人；

(4) 不同投标人的投标文件异常一致或者投标报价呈规律性差异；
(5) 不同投标人的投标文件相互混装；
(6) 不同投标人的投标保证金从同一单位或者个人的账户转出。

6. 有哪些情形属于招标人与投标人串通投标？

禁止招标人与投标人串通投标。有下列情形之一的，属于招标人与投标人串通投标：
(1) 招标人在开标前开启投标文件并将有关信息泄露给其他投标人；
(2) 招标人直接或者间接向投标人泄露标底、评标委员会成员等信息；
(3) 招标人明示或者暗示投标人压低或者抬高投标报价；
(4) 招标人授意投标人撤换、修改投标文件；
(5) 招标人明示或者暗示投标人为特定投标人中标提供方便；
(6) 招标人与投标人为谋求特定投标人中标而采取的其他串通行为。

7. 投标人的哪些情形属于弄虚作假的行为？

使用通过受让或者租借等方式获取的资格、资质证书投标的，属于招标投标法第三十三条规定的以他人名义投标。

投标人有下列情形之一的，属于招标投标法第三十三条规定的以其他方式弄虚作假的行为：
(1) 使用伪造、变造的许可证件；
(2) 提供虚假的财务状况或者业绩；
(3) 提供虚假的项目负责人或者主要技术人员简历、劳动关系证明；
(4) 提供虚假的信用状况；
(5) 其他弄虚作假的行为。

附录五：投标管理相关法规

1. 对外承包工程管理条例

国务院令第 527 号

第一章 总 则

第一条 为了规范对外承包工程，促进对外承包工程健康发展，制定本条例。

第二条 本条例所称对外承包工程，是指中国的企业或者其他单位（以下统称单位）承包境外建设工程项目（以下简称工程项目）的活动。

第三条 国家鼓励和支持开展对外承包工程，提高对外承包工程的质量和水平。

国务院有关部门制定和完善促进对外承包工程的政策措施，建立、健全对外承包工程服务体系和风险保障机制。

第四条 开展对外承包工程，应当维护国家利益和社会公共利益，保障外派人员的合法权益。

开展对外承包工程，应当遵守工程项目所在国家或者地区的法律，信守合同，尊重当地的风俗习惯，注重生态环境保护，促进当地经济社会发展。

第五条 国务院商务主管部门负责全国对外承包工程的监督管理，国务院有关部门在各自的职责范围内负责与对外承包工程有关的管理工作。

国务院建设主管部门组织协调建设企业参与对外承包工程。

省、自治区、直辖市人民政府商务主管部门负责本行政区域内对外承包工程的监督管理。

第六条 有关对外承包工程的协会、商会按照章程为其成员提供与对外承包工程有关的信息、培训等方面的服务，依法制定行业规范，发挥协调和自律作用，维护公平竞争和成员利益。

第二章 对外承包工程资格

第七条 对外承包工程的单位应当依照本条例的规定，取得对外承包工程资格。

第八条 申请对外承包工程资格，应当具备下列条件：

（一）有法人资格，工程建设类单位还应当依法取得建设主管部门或者其他有关部门颁发的特级或者一级（甲级）资质证书；

（二）有与开展对外承包工程相适应的资金和专业技术人员，管理人员中至少 2 人具有 2 年以上从事对外承包工程的经历；

（三）有与开展对外承包工程相适应的安全防范能力；

（四）有保障工程质量和安全生产的规章制度，最近 2 年内没有发生重大工程质量问题和较大事故以上的生产安全事故；

（五）有良好的商业信誉，最近 3 年内没有重大违约行为和重大违法经营记录。

第九条 申请对外承包工程资格，中央企业和中央管理的其他单位（以下称中央单位）

应当向国务院商务主管部门提出申请，中央单位以外的单位应当向所在地省、自治区、直辖市人民政府商务主管部门提出申请，申请时应当提交申请书和符合本条例第八条规定条件的证明材料。国务院商务主管部门或者省、自治区、直辖市人民政府商务主管部门应当自收到申请书和证明材料之日起 30 日内，会同同级建设主管部门进行审查，作出批准或者不予批准的决定。予以批准的，由受理申请的国务院商务主管部门或者省、自治区、直辖市人民政府商务主管部门颁发对外承包工程资格证书；不予批准的，书面通知申请单位并说明理由。

省、自治区、直辖市人民政府商务主管部门应当将其颁发对外承包工程资格证书的情况报国务院商务主管部门备案。

第十条 国务院商务主管部门和省、自治区、直辖市人民政府商务主管部门在监督检查中，发现对外承包工程的单位不再具备本条例规定条件的，应当责令其限期整改；逾期仍达不到本条例规定条件的，吊销其对外承包工程资格证书。

第三章　对外承包工程活动

第十一条 国务院商务主管部门应当会同国务院有关部门建立对外承包工程安全风险评估机制，定期发布有关国家和地区安全状况的评估结果，及时提供预警信息，指导对外承包工程的单位做好安全风险防范。

第十二条 对外承包工程的单位不得以不正当的低价承揽工程项目、串通投标，不得进行商业贿赂。

第十三条 对外承包工程的单位应当与境外工程项目发包人订立书面合同，明确双方的权利和义务，并按照合同约定履行义务。

第十四条 对外承包工程的单位应当加强对工程质量和安全生产的管理，建立、健全并严格执行工程质量和安全生产管理的规章制度。

对外承包工程的单位将工程项目分包的，应当与分包单位订立专门的工程质量和安全生产管理协议，或者在分包合同中约定各自的工程质量和安全生产管理责任，并对分包单位的工程质量和安全生产工作统一协调、管理。

对外承包工程的单位不得将工程项目分包给不具备国家规定的相应资质的单位；工程项目的建筑施工部分不得分包给未依法取得安全生产许可证的境内建筑施工企业。

分包单位不得将工程项目转包或者再分包。对外承包工程的单位应当在分包合同中明确约定分包单位不得将工程项目转包或者再分包，并负责监督。

第十五条 从事对外承包工程外派人员中介服务的机构应当取得国务院商务主管部门的许可，并按照国务院商务主管部门的规定从事对外承包工程外派人员中介服务。

对外承包工程的单位通过中介机构招用外派人员的，应当选择依法取得许可并合法经营的中介机构，不得通过未依法取得许可或者有重大违法行为的中介机构招用外派人员。

第十六条 对外承包工程的单位应当依法与其招用的外派人员订立劳动合同，按照合同约定向外派人员提供工作条件和支付报酬，履行用人单位义务。

第十七条 对外承包工程的单位应当有专门的安全管理机构和人员，负责保护外派人员的人身和财产安全，并根据所承包工程项目的具体情况，制定保护外派人员人身和财产安全的方案，落实所需经费。

对外承包工程的单位应当根据工程项目所在国家或者地区的安全状况，有针对性地对外派人员进行安全防范教育和应急知识培训，增强外派人员的安全防范意识和自我保护能力。

第十八条 对外承包工程的单位应当为外派人员购买境外人身意外伤害保险。

第十九条 对外承包工程的单位应当按照国务院商务主管部门和国务院财政部门的规定，及时存缴备用金。

前款规定的备用金，用于支付对外承包工程的单位拒绝承担或者无力承担的下列费用：

（一）外派人员的报酬；

（二）因发生突发事件，外派人员回国或者接受其他紧急救助所需费用；

（三）依法应当对外派人员的损失进行赔偿所需费用。

第二十条 对外承包工程的单位与境外工程项目发包人订立合同后，应当及时向中国驻该工程项目所在国使馆（领馆）报告。

对外承包工程的单位应当接受中国驻该工程项目所在国使馆（领馆）在突发事件防范、工程质量、安全生产及外派人员保护等方面的指导。

第二十一条 对外承包工程的单位应当制定突发事件应急预案；在境外发生突发事件时，应当及时、妥善处理，并立即向中国驻该工程项目所在国使馆（领馆）和国内有关主管部门报告。

国务院商务主管部门应当会同国务院有关部门，按照预防和处置并重的原则，建立、健全对外承包工程突发事件预警、防范和应急处置机制，制定对外承包工程突发事件应急预案。

第二十二条 对外承包工程的单位应当定期向商务主管部门报告其开展对外承包工程的情况，并按照国务院商务主管部门和国务院统计部门的规定，向有关部门报送业务统计资料。

第二十三条 国务院商务主管部门应当会同国务院有关部门建立对外承包工程信息收集、通报制度，向对外承包工程的单位无偿提供信息服务。

有关部门应当在货物通关、人员出入境等方面，依法为对外承包工程的单位提供快捷、便利的服务。

第四章 法 律 责 任

第二十四条 未取得对外承包工程资格，擅自开展对外承包工程的，由商务主管部门责令改正，处50万元以上100万元以下的罚款；有违法所得的，没收违法所得；对其主要负责人处5万元以上10万元以下的罚款。

第二十五条 对外承包工程的单位有下列情形之一的，由商务主管部门责令改正，处10万元以上20万元以下的罚款，对其主要负责人处1万元以上2万元以下的罚款；拒不改正的，商务主管部门可以禁止其在1年以上3年以下的期限内对外承包新的工程项目；造成重大工程质量问题、发生较大事故以上生产安全事故或者造成其他严重后果的，商务主管部门可以吊销其对外承包工程资格证书；对工程建设类单位，建设主管部门或者其他有关主管部门可以降低其资质等级或者吊销其资质证书：

（一）未建立并严格执行工程质量和安全生产管理的规章制度的；

（二）没有专门的安全管理机构和人员负责保护外派人员的人身和财产安全，或者未根据所承包工程项目的具体情况制定保护外派人员人身和财产安全的方案并落实所需经费的；

（三）未对外派人员进行安全防范教育和应急知识培训的；

（四）未制定突发事件应急预案，或者在境外发生突发事件，未及时、妥善处理的。

第二十六条 对外承包工程的单位有下列情形之一的,由商务主管部门责令改正,处15万元以上30万元以下的罚款,对其主要负责人处2万元以上5万元以下的罚款;拒不改正的,商务主管部门可以禁止其在2年以上5年以下的期限内对外承包新的工程项目;造成重大工程质量问题、发生较大事故以上生产安全事故或者造成其他严重后果的,商务主管部门可以吊销其对外承包工程资格证书;对工程建设类单位,建设主管部门或者其他有关主管部门可以降低其资质等级或者吊销其资质证书:

(一)以不正当的低价承揽工程项目、串通投标或者进行商业贿赂的;

(二)未与分包单位订立专门的工程质量和安全生产管理协议,或者未在分包合同中约定各自的工程质量和安全生产管理责任,或者未对分包单位的工程质量和安全生产工作统一协调、管理的;

(三)将工程项目分包给不具备国家规定的相应资质的单位,或者将工程项目的建筑施工部分分包给未依法取得安全生产许可证的境内建筑施工企业的;

(四)未在分包合同中明确约定分包单位不得将工程项目转包或者再分包的。

分包单位将其承包的工程项目转包或者再分包的,由建设主管部门责令改正,依照前款规定的数额对分包单位及其主要负责人处以罚款;造成重大工程质量问题,或者发生较大事故以上生产安全事故的,建设主管部门或者其他有关主管部门可以降低其资质等级或者吊销其资质证书。

第二十七条 对外承包工程的单位有下列情形之一的,由商务主管部门责令改正,处2万元以上5万元以下的罚款;拒不改正的,对其主要负责人处5000元以上1万元以下的罚款:

(一)与境外工程项目发包人订立合同后,未及时向中国驻该工程项目所在国使馆(领馆)报告的;

(二)在境外发生突发事件,未立即向中国驻该工程项目所在国使馆(领馆)和国内有关主管部门报告的;

(三)未定期向商务主管部门报告其开展对外承包工程的情况,或者未按照规定向有关部门报送业务统计资料的。

第二十八条 对外承包工程的单位通过未依法取得许可或者有重大违法行为的中介机构招用外派人员,或者不依照本条例规定为外派人员购买境外人身意外伤害保险,或者未按照规定存缴备用金的,由商务主管部门责令限期改正,处5万元以上10万元以下的罚款,对其主要负责人处5000元以上1万元以下的罚款;逾期不改正的,商务主管部门可以禁止其在1年以上3年以下的期限内对外承包新的工程项目。

未取得国务院商务主管部门的许可,擅自从事对外承包工程外派人员中介服务的,由国务院商务主管部门责令改正,处10万元以上20万元以下的罚款;有违法所得的,没收违法所得;对其主要负责人处5万元以上10万元以下的罚款。

第二十九条 商务主管部门、建设主管部门和其他有关部门的工作人员在对外承包工程监督管理工作中滥用职权、玩忽职守、徇私舞弊,构成犯罪的,依法追究刑事责任;尚不构成犯罪的,依法给予处分。

第五章 附 则

第三十条 对外承包工程涉及的货物进出口、技术进出口、人员出入境、海关以及税收、外汇等事项，依照有关法律、行政法规和国家有关规定办理。

第三十一条 对外承包工程的单位以投标、议标方式参与报价金额在国务院商务主管部门和国务院财政部门等有关部门规定标准以上的工程项目的，其银行保函的出具等事项，依照国务院商务主管部门和国务院财政部门等有关部门的规定办理。

第三十二条 对外承包工程的单位承包特定工程项目，或者在国务院商务主管部门会同外交部等有关部门确定的特定国家或者地区承包工程项目的，应当经国务院商务主管部门会同国务院有关部门批准。

第三十三条 中国内地的单位在香港特别行政区、澳门特别行政区、台湾地区承包工程项目，参照本条例的规定执行。

第三十四条 中国政府对外援建的工程项目的实施及其管理，依照国家有关规定执行。

第三十五条 本条例自 2008 年 9 月 1 日起施行。

2. 对外承包工程项目投标（议标）管理办法

商务部　银监会　保监会令 2011 年第 3 号

第一章　总　　则

第一条　为加强对外承包工程项目投标（议标）核准管理，规范对外承包工程项目投标（议标）活动，保障对外承包工程项目经济效益与社会效益，促进对外承包工程健康发展，根据《对外承包工程管理条例》和《国务院对确需保留的行政审批项目设定行政许可的决定》，制定本办法。

第二条　依法取得对外承包工程资格的企业或其他单位（以下统称单位）以投标或议标方式承包合同报价金额不低于 500 万美元的境外建设工程项目，应当在对外投标或议标前按照本办法规定办理对外承包工程项目投标（议标）核准（以下简称对外承包工程项目核准）。

第三条　本办法所称对外承包工程项目是指中国的单位承包境外建设工程项目，包括咨询、勘察、设计、监理、招标、造价、采购、施工、安装、调试、运营、管理等活动。

第四条　商务部负责对外承包工程项目核准工作。

商务部建立对外承包工程项目数据库系统管理对外承包工程项目核准。

第五条　国家鼓励对外承包工程使用人民币进行计价结算、申请融资、办理保函等业务。开展上述业务应当符合《跨境贸易人民币结算试点管理办法》等有关规定。

第二章　对外承包工程项目核准

第六条　对外承包工程的单位应当通过对外承包工程项目数据库系统申请对外承包工程项目核准。

申请核准应当提供以下材料：

（一）项目情况说明；

（二）中国驻项目所在国使馆（领馆）经商机构出具的意见；

（三）有关商会出具的意见；

（四）需境内金融机构提供信贷或信用保险的项目，需提交境内金融机构出具的承贷或承保意向函。

第七条　中国驻项目所在国使馆（领馆）经商机构应当在对外承包工程的单位根据本办法第六条第一款提出申请后通过对外承包工程项目数据库系统提出明确意见。中国驻项目所在国使馆（领馆）经商机构在提出意见时应当综合考虑外经贸政策、驻在国安全风险、项目环保与可能涉及的多国利益以及企业业务开展情况、突发事件报送和项目外派劳务人员等问题。

第八条　有关商会应当在中国驻项目所在国使馆（领馆）经商机构出具意见后通过对外承包工程项目数据库系统提出明确意见。有关商会在提出意见时应当综合考虑企业公平竞争和行业自律等有关情况。

第九条　商务部在收到本办法第六条第二款规定的完备材料之日起 3 个工作日内予以审查。符合条件的，予以网上核准，并向申请单位颁发《对外承包工程项目投标（议标）核准证》（以下简称《核准证》）。

第十条 具有下列情形之一的，不予办理对外承包工程项目核准：

（一）申请单位受到商务部或者其他部门暂停经营对外承包工程或相关业务的处罚尚未期满；

（二）申请核准前3年内因实施对外承包工程项目的不规范经营行为或重大失误给中国与项目所在国双边关系和经贸合作造成严重影响；

（三）申请核准前3年内参加对外承包工程项目投标（议标）时擅自以中国政府或者金融机构的名义对外承诺融资；

（四）申请核准前2年内未按规定向商务主管部门报告其开展对外承包工程的情况，或未按规定向有关部门报送业务统计资料；

（五）申请核准前3年内不遵守《境外中资企业机构和人员安全管理规定》，并导致重大事故；

（六）申请核准前2年内未按《对外承包工程管理条例》要求向中国驻工程项目所在国使馆（领馆）报告订立工程项目合同情况或不接受使馆（领馆）在突发事件防范、工程质量、安全生产及外派人员保护等方面的指导；

（七）申请核准前3年内曾因以欺骗、贿赂等不正当手段取得《核准证》被商务部撤销核准。

第三章 监督管理

第十一条 获得对外承包工程项目核准的单位，可以就相关项目向境内金融机构申请办理保函、信贷或信用保险，向境内金融机构申请项目保函、信贷或信用保险时，应当提交《核准证》等相关文件。

第十二条 境内金融机构不得向未依据本办法办理对外承包工程项目核准的单位开立保函、提供信贷或信用保险。

第十三条 获得对外承包工程项目核准的单位应当在项目评标结果公布后10个工作日内，在对外承包工程项目数据库系统上填报评标结果。

中标单位应当在开工后每个月在对外承包工程项目数据库系统上填报项目实施进展情况，直至对外承包工程项目合同义务终止。

第四章 法律责任

第十四条 申请对外承包工程项目核准的单位隐瞒有关情况或者伪造相关证明、提交虚假材料的，商务部不予核准，并给予警告，责令改正；情节严重或拒不改正的，处3万元以下罚款，并可对其主要负责人处1万元以下罚款。

申请对外承包工程项目核准的单位以欺骗、贿赂等不正当手段取得《核准证》的，由商务部撤销核准，并给予警告，处3万元以下罚款，并可对其主要负责人处1万元以下罚款；发生《对外承包工程管理条例》第二十五条、第二十六条规定情形的，由商务主管部门根据《对外承包工程管理条例》第二十五条、第二十六条规定在一定期限内禁止对外承包新的工程项目直至吊销对外承包工程资格证书。

第十五条 对外承包工程的单位未按照本办法规定办理对外承包工程项目核准的，商务部给予警告，处3万元以下罚款，并可对其主要负责人处1万元以下罚款；发生《对外承包工程管理条例》第二十五条、第二十六条规定情形的，由商务主管部门根据《对外承包工管理条例》第二十五条、第二十六条规定在一定期限内禁止对外承包新的工程项目直至吊销对外承包工程资格证书。

第十六条 商务部、中国驻项目所在国使馆（领馆）经商机构、有关商会的工作人员在办理对外承包工程项目核准、出具意见工作中，玩忽职守、徇私舞弊或者滥用职权，构成犯罪的，依法追究刑事责任；尚不构成犯罪的，依法给予处分。

第十七条 金融机构违反本办法规定为对外承包工程的单位开立保函、提供信贷或信用保险的，中国银行业监督管理委员会、中国保险监督管理委员会根据有关金融监督管理的法律、法规和规章的规定给予处罚。

第五章 附 则

第十八条 《核准证》由商务部统一印制。

第十九条 中国内地的单位在香港特别行政区、澳门特别行政区、台湾地区承包工程项目的投标（议标）管理，参照本办法的规定执行。

第二十条 机电产品、大型机械和成套设备出口，不适用本办法。

第二十一条 本办法所称"不低于"、"以下"均含本数。

第二十二条 本办法由商务部会同中国银行业监督管理委员会、中国保险监督管理委员会负责解释。

第二十三条 本办法自2012年1月15日起施行。《对外贸易经济合作部 中国人民银行关于下发〈对外承包工程项目投标（议标）许可暂行办法〉的通知》（外经贸合发〔1999〕第699号）、《对外贸易经济合作部 中国人民银行 财政部关于印发〈对外承包工程项目投标（议标）许可暂行办法〉补充规定的通知》（外经贸合发〔2001〕285号）和《商务部 中国人民银行 财政部关于〈对外承包工程项目投标（议标）许可暂行办法〉补充规定的通知》（商合发〔2005〕20号）同时废止。

3. 对外援助成套项目管理办法（试行）

商务部令 2008 年第 18 号

第一章 总 则

第一条 为加强对外援助成套项目（以下简称成套项目）的管理，保证项目质量，提高援助效益，制定本办法。

第二条 本办法所称的成套项目，是指在中国政府向受援国政府提供的无偿援助、无息贷款或低息贷款及其他援助资金项下，由中国政府择优选定的实施企业进行考察、勘察、设计，提供设备材料并派遣工程技术人员，组织或指导施工、安装和试生产全过程或其中部分阶段的各类工程项目。

第三条 成套项目实施遵循先考察、后立项，先勘察设计、后施工的基本程序。

第四条 成套项目实施，实行企业承包责任制和监理责任制。承担成套项目考察、勘察设计和施工任务的企业，根据本办法规定和合同约定负责项目实施，并承担相应的法律和经济责任。

承担成套项目监理任务的企业根据本办法规定和合同约定，对成套项目的设计和施工活动分别进行技术经济监督和管理，并承担相应的法律和经济责任。

第五条 成套项目资金应当专款专用、单独核算，任何单位和个人不得以任何理由挪作他用。

第六条 中华人民共和国商务部（以下简称商务部）负责成套项目管理。

商务部负责监督管理成套项目实施和资金使用，处理有关政府间事务，可以委托有关机构（以下简称受托管理机构）对项目的具体实施进行管理。对于重大项目，商务部可以派遣项目代表常驻受援国指导和协调项目实施。

驻外使领馆经济商务机构，协助商务部办理有关政府间事务，负责成套项目实施的境外监督管理。

各省级商务主管部门，协助商务部处理成套项目实施中有关具体事务。

第二章 实 施 主 体

第七条 成套项目实施主体包括考察企业、勘察设计企业、施工企业和工程监理企业（包括工程管理企业、设计监理企业、设计审查企业、施工监理企业）。

成套项目施工企业应当取得《对外援助成套项目施工任务实施企业资格认定办法（试行）》（商务部 2004 年第 9 号令）规定的相应资格。考察企业、勘察设计企业和工程监理企业应当具有国家有关行政主管部门颁发的技术资质和商务部规定的资格条件。

第八条 商务部向选定的成套项目实施主体下达任务通知函。任务通知函是成套项目实施主体办理成套项目设备材料检验、通关、运输和相关人员出入境手续的依据。

第九条 成套项目实施主体和人员应当遵守中国和受援国的法律法规，尊重受援国的风俗习惯。

第十条 商务部建立成套项目实施主体绩效评价制度，优化实施主体结构。

第三章 招标和议标

第十一条 商务部通过招标或议标方式选定成套项目的考察企业、勘察设计企业、施工企业和施工监理（或工程管理）企业。

第十二条 受托管理机构组织成套项目招（议）标，商务部对招（议）标活动进行监督。

第十三条 商务部组建和管理对外援助项目评审专家库（以下简称"评审专家库"）。

第十四条 受托管理机构在组织成套项目施工任务招标时，应当从评审专家库中随机抽取专家组成评标专家委员会承担评标工作。评审专家库专业类别不能涵盖的项目，评审方式由商务部决定。

受托管理机构在成套项目施工任务议标以及考察任务、勘察设计任务、施工监理任务招标和议标时，可以从评审专家库中随机抽取专家组成评标专家委员会承担评标工作，也可以由具备相应资格的单位承担评标工作。

第十五条 受托管理机构根据评标专家委员会或评标单位提出的书面评标报告和中标候选企业推荐意见，并按成套项目管理有关规定的程序确定中标企业。

商务部设立对外援助成套项目招标监督委员会，负责对投资1亿元人民币（含）以上成套项目决标事项进行程序性审核，并提出监督意见。

中标候选企业或中标企业实质性变更投标或议标承诺的，受托管理机构应当取消其中标资格，并在其他中标候选企业中依次选定成套项目实施企业，或重新组织招标或议标。

第十六条 规模较大或工艺较复杂的成套项目，商务部可以决定划分标段招标或邀请企业联合体参加投标。

第十七条 成套项目投标企业拟在中标后将项目的部分非主体性、非关键性工作分包的，应当在投标文件中载明拟分包内容、分包金额和分包单位的技术资质。

中标企业不得将中标的成套项目转包或将应由其完成的成套项目肢解成若干部分发包给几个承包单位，不得擅自增加或变更分包单位。主体性或关键性工作不允许分包。

分包单位应具有相应资质，其承担的分包任务不得转包或再分包。

第四章 考　察

第十八条 成套项目考察分为可行性考察和专业考察两个阶段。符合成套项目管理有关规定的，可行性考察和专业考察可以合并进行。

第十九条 考察企业组建的考察组应当具备必要的专业能力和工作经验，考察组成员的技术专业配备应当能满足工作需要。考察组成员、考察方案、考察工作计划和技术搜资提纲应当在考察组行前报商务部审定。

第二十条 可行性考察企业应当全面了解和汇集可行性研究所需资料，分析论证项目建设的必要性和经济技术的可行性及对环境的影响，向商务部提出项目可行性意见。

可行性考察企业应当对考察结果的准确性和适用性负责。项目可行的，考察搜资结果应当满足方案设计和编制项目估算的需要。

第二十一条 专业考察企业应当汇集项目建设的经济、技术资料，详细了解受援国有关设计规范要点、技术标准和常规做法。按照商务部批准的方案，同受援国有关机构商定项目建设场址、设计方案、建设标准、双方分工等事宜。受援国有原则性修改意见的，应当汇总并提出处理意见报商务部审批。

专业考察企业应当根据工程设计需要进行全面踏勘，拟订工程详细勘察方案。

专业考察企业应当对其汇集资料的准确性和适用性负责。考察搜资结果应当满足设计、概（预）算编制和施工任务招（议）标的需要。

第五章 勘察、设计

第二十二条 勘察设计企业应当按照中国有关技术规范和标准进行工程勘察，并编制勘察报告。工程勘察应当满足项目设计的需要。

受援国自行勘察的项目，勘察结果的准确性由受援国负责；勘察设计企业应当对受援国提供的工程勘察资料进行审核，并对勘察结果的适用性负责。

第二十三条 成套项目的设计应当遵循技术可行、安全可靠、经济适用、美观大方的原则。

设计企业应当依据中国有关主管部门颁布的设计规范和标准，充分考虑受援国当地自然条件、建筑风格、常规做法等实际情况进行设计并编制设计文件。

第二十四条 成套项目设计一般分为方案设计、初步设计和施工图设计三个阶段。

技术简单或有特殊需要的项目，可以采用方案设计和施工图设计两阶段设计。

第二十五条 经受援国确认的方案设计是初步设计的基础和依据。

第二十六条 初步设计应当满足编制工程概算和施工图设计的需要，初步设计概算编制应当符合成套项目管理有关规定的要求。

第二十七条 初步设计完成并经商务部审查后，设计企业应当将初步设计文件提交受援国有关部门审查。通过后，方可进行施工图设计。

第二十八条 施工图设计应当满足项目施工、编制工程量清单和实施招（议）标的需要。

施工图设计的任何部分不得用规范或标准图集替代，不得留有任何重大设计内容由设计代表现场设计。

第二十九条 设计企业完成施工图设计后，商务部委托设计监理（设计审查）企业进行施工图审查。通过后，方可用于项目施工和招（议）标。

第三十条 设计企业应当参加设计交底会，全面介绍考察、设计工作情况，就设计文件进行解释和答疑，并就有关技术问题提出处理建议。

第三十一条 设计企业应当按合同规定向施工现场派驻设计代表。设计代表应当从参与项目设计的专业人员中选派。

设计代表负责设计图纸解释，协助施工监理工程师督促施工企业按图施工，提出工程变更处理意见，参与施工质量验收。

第三十二条 成套项目竣工后，设计企业应当按成套项目管理有关规定编制工程竣工图。竣工图应当全面、如实反映竣工工程状况。竣工图作为政府间项目移交证书附件。

第六章 施　工

第三十三条 施工企业应当设立项目施工技术组和国内管理组，负责项目施工和管理。

第三十四条 施工企业应当严格按照施工监理企业审定的施工组织设计组织施工。确需调整施工组织设计的，应当报施工监理企业批准，并向受托管理机构备案。

第三十五条 施工企业应当按设计图纸和中国的施工技术标准施工，接受施工监理企业监督。

第三十六条 施工企业应当建立全过程质量检查监督机制，严格执行工序自检和工序交接检查。

第三十七条 施工企业应当按投标承诺合理配置施工机械，保证满足项目施工进度要求。

施工企业应当严格按照投标承诺组织施工所需设备和材料的采购和运输。设备和材料进入和退出施工现场，均需经现场施工监理工程师签认许可。

施工企业应当根据中国有关技术规范和标准对施工材料进行试验和检验。

第三十八条 施工企业应当建立职业健康安全管理制度，保护劳动者权益。

第三十九条 施工企业应当文明施工，遵守中国和受援国环境保护的法律、法规，保护受援国环境。

第四十条 施工企业应当根据建设进度向受托管理机构申请项目中期验收和竣工验收。

竣工验收合格的，商务部与受援国有关机构对项目进行联合验收。验收通过后，商务部或中国驻外使馆与受援国政府相关部门办理政府间移交手续。

第四十一条 成套项目竣工移交后，在保修范围和保修期内出现质量问题的，施工企业应当履行保修义务，并对造成的损失承担赔偿责任。

第七章 工程监理

第四十二条 成套项目实行工程监理制度。工程监理企业对成套项目实施进行全过程技术经济监督和管理。

勘察设计任务和施工任务由不同企业分别实施的成套项目，工程监理任务由设计监理（或设计审查）企业和施工监理企业分别承担，或由工程管理企业一并承担。

勘察设计任务和施工任务由一家企业实施的成套项目，工程监理任务原则上由工程管理企业承担。

第四十三条 设计监理（或设计审查）企业或工程管理企业及其指定的专业人员，应当依据中国有关技术规范和标准以及成套项目管理有关规定，对成套项目专业考察、勘察、设计的全部或部分工作进行经济技术监督和管理，审查设计文件和项目造价，审核重大设计变更和处理其他技术经济问题。

第四十四条 施工监理（或工程管理）企业及其委派的施工监理工程师，应当依据中国有关技术规范和标准以及成套项目管理有关规定，对成套项目的施工质量、安全、进度和造价等进行全过程的技术经济监督和管理。

第四十五条 施工监理工程师和设计监理（设计审查、工程管理）企业指定的专业人员应当严格遵守职业道德规范，不得利用工作之便谋取不正当利益，不得损害受援国和中国利益。

第八章 造价和进度管理

第四十六条 设计企业应当按照中国有关技术规范和标准分别在方案设计和初步设计阶段编制投资估算和工程概算。商务部委托设计监理企业（或设计审查企业）对投资估算和工程概算进行审核。

第四十七条 经商务部审定的投资估算和工程概算作为项目造价管理的依据。

第四十八条 投资估算和工程概算编制,应当坚持实事求是的原则,完整体现设计内容,综合考虑影响工程造价的各种因素。

第四十九条 投资估算和工程概算编制人员,应当具备相应的资格条件。

第五十条 商务部严格控制成套项目的重大设计变更。确需变更的,应当经商务部和受援国主管部门同意后实施。

第五十一条 商务部推行对外援助工程保险制度。

有关成套项目实施主体应当根据规定办理工程保险及其他必要的保险。属于保险范围内的损失,有关成套项目实施主体自行向保险公司索赔;未按规定办理保险的,自行承担损失。

第五十二条 对于第五十一条规定保险范围之外的人力不可抗拒的自然灾害、政策性调整、政治性风险等原因造成的损失以及经批准的重大设计变更引起的工程费用较大增减,商务部按成套项目管理有关规定办理合同价款调整事宜。

第五十三条 成套项目考察、勘察、设计和施工任务的实施期限,应根据项目实际情况和中国有关技术规范合理确定。有关成套项目实施主体应当在承诺期限内完成任务。

设计监理(或设计审查)企业、施工监理(或工程管理)企业分阶段对项目专业考察、设计和施工进度进行监督。

第五十四条 成套项目实施期限一经确定,不得随意变更。确需变更的,经商务部同意后,由有关成套项目实施主体同受援国有关机构商定。

第五十五条 成套项目实施主体应当按期向商务部和受托管理机构报告项目实施情况,可能影响项目正常实施的重大事项应当专题报告。

第九章 质量和安全管理

第五十六条 商务部建立成套项目实施人员管理制度。成套项目实施主体选定的主要管理和技术人员,应当具有相应的技术资质和成套项目管理专家岗位证书。

第五十七条 商务部推行贯标制度,建立项目贯标体系过程监控和阶段审核机制。商务部委托具备相应资质的贯标审核机构在成套项目实施过程中对施工企业贯彻 GB/T 19000 质量体系标准和 GB/T 28000 职业健康安全标准的情况进行审核。

第五十八条 商务部会同国务院有关部门建立对外援助出口物资检验检疫制度。有关成套项目实施主体应当按规定办理对外援助出口物资的验放手续。

第五十九条 商务部建立成套项目施工质量验收制度。验收工作应根据中国有关技术规范、标准和对外援助管理有关规定进行。

第六十条 成套项目安全管理以"安全第一,预防为主"为原则。成套项目实施主体应当遵守《对外援助成套项目安全生产管理办法(试行)》(商务部 2006 年第 15 号令)的规定。

第六十一条 商务部按成套项目管理有关规定,指导成套项目实施主体开展防范恐怖主义威胁的工作。

第六十二条 商务部建立重大成套项目联合检查制度,会同有关部门派组赴施工现场排查质量和安全隐患,督促有关成套项目实施主体执行对外援助管理规定。

第六十三条 商务部建立成套项目技术资料管理制度。在项目实施过程中，有关实施主体应当及时整理、妥善保存相关技术资料。在项目对外移交后2个月内，提交工作总结和相关技术资料。

第六十四条 商务部建立成套项目评估制度，对成套项目进行评估。

第十章 法律责任

第六十五条 成套项目考察企业、勘察设计企业、施工企业和施工监理（或工程管理）企业在参与项目投标或议标过程中，有下列行为之一的，商务部对该企业给予警告，可以并处3万元人民币以下罚款；已授标的，授标结果无效；自行政处罚生效之日起二至五年内，不选定其参与成套项目的投标或议标。违反相关法律、行政法规规定的，依照法律、行政法规的规定给予行政处罚；构成犯罪的，依法追究刑事责任：

（一）弄虚作假，获取不正当竞争优势；

（二）相互串通报价，排挤其他投标人公平竞争；

（三）中标候选企业或中标企业实质性变更投标或议标承诺；

（四）以其他不正当行为扰乱招标投标秩序。

第六十六条 成套项目实施主体违反本规定，擅自变更相关人员的，商务部责令限期改正；逾期未改正，商务部给予警告，自行政处罚生效之日起二至三年内，不选定其参与成套项目相应实施任务的投标和议标。

第六十七条 成套项目实施主体有以下行为之一的，除按合同规定承担赔偿责任外，商务部对该企业给予警告，并处3万元人民币以下罚款，同时自行政处罚生效之日起二至六年内，不选定其参与成套项目有关实施任务的投标和议标。违反相关法律、行政法规规定的，依照法律、行政法规的规定给予行政处罚；构成犯罪的，依法追究刑事责任：

（一）违反本办法第十七条规定，将所承担的实施任务转包或分包；

（二）违反安全生产规定，造成安全生产事故；

（三）造成工程质量事故或形成工程质量隐患，直接经济损失在10万元人民币以上；

（四）违反本办法第六条规定挪用对外援助资金；

（五）违反本办法相关规定，擅自进行或越权批准工程变更；

（六）未按照合同履行义务或延迟履行义务，影响项目正常实施，对外造成严重不良影响。

第六十八条 成套项目实施主体主要负责人、项目负责人及直接责任人未履行法律法规和对外援助管理有关规定的，商务部责令限期改正；逾期未改正，或造成重大安全事故或重大质量事故等严重后果的，商务部给予警告，可以并处3万元人民币以下罚款，并建议所在单位或上级主管部门给予行政处分；违反相关法律、行政法规规定的，依照法律、行政法规的规定给予行政处罚；构成犯罪的，依法追究刑事责任。

第六十九条 商务部和受托管理机构工作人员在成套项目招议标或管理过程中有下列行为之一，尚不构成犯罪的，视情节轻重给予相应的行政处分，构成犯罪的，依法追究刑事责任：

（一）利用职务便利索取他人财物或非法收受他人财物为他人谋取利益；

（二）滥用职权、玩忽职守或徇私舞弊，致使国家利益遭受损失；

（三）故意或过失泄露国家秘密；

第十一章 附 则

第七十条 按照 EPC（设计-采购-施工）、D&B（设计-施工）建设模式实施成套项目的管理，参照本办法执行。对外援助技术合作项目的实施管理参照本办法执行。

第七十一条 本办法由商务部负责解释。

第七十二条 本办法自 2009 年 1 月 1 日起施行。施行之日起，对外援助管理的有关规定与本办法规定相抵触的，以本办法规定为准。

4. 关于培育发展工程总承包和工程项目管理企业的指导意见

建市 [2003] 30 号

各省、自治区建设厅，直辖市建委（规委），国务院有关部门建设司，总后基建营房部，新疆生产建设兵团建设局，中央管理的有关企业：

为了深化我国工程建设项目组织实施方式改革，培育发展专业化的工程总承包和工程项目管理企业，现提出指导意见如下：

一、推行工程总承包和工程项目管理的重要性和必要性

工程总承包和工程项目管理是国际通行的工程建设项目组织实施方式。积极推行工程总承包和工程项目管理，是深化我国工程建设项目组织实施方式改革，提高工程建设管理水平，保证工程质量和投资效益，规范建筑市场秩序的重要措施；是勘察、设计、施工、监理企业调整经营结构，增强综合实力，加快与国际工程承包和管理方式接轨，适应社会主义市场经济发展和加入世界贸易组织后新形势的必然要求；是贯彻党的十六大关于"走出去"的发展战略，积极开拓国际承包市场，带动我国技术、机电设备及工程材料的出口，促进劳务输出，提高我国企业国际竞争力的有效途径。

各级建设行政主管部门要统一思想，提高认识，采取有效措施，切实加强对工程总承包和工程项目管理活动的指导，及时总结经验，促进我国工程总承包和工程项目管理的健康发展。

二、工程总承包的基本概念和主要方式

（一）工程总承包是指从事工程总承包的企业（以下简称工程总承包企业）受业主委托，按照合同约定对工程项目的勘察、设计、采购、施工、试运行（竣工验收）等实行全过程或若干阶段的承包。

（二）工程总承包企业按照合同约定对工程项目的质量、工期、造价等向业主负责。工程总承包企业可依法将所承包工程中的部分工作发包给具有相应资质的分包企业；分包企业按照分包合同的约定对总承包企业负责。

（三）工程总承包的具体方式、工作内容和责任等，由业主与工程总承包企业在合同中约定。工程总承包主要有如下方式：

1. 设计采购施工（EPC）/交钥匙总承包

设计采购施工总承包是指工程总承包企业按照合同约定，承担工程项目的设计、采购、施工、试运行服务等工作，并对承包工程的质量、安全、工期、造价全面负责。

交钥匙总承包是设计采购施工总承包业务和责任的延伸，最终是向业主提交一个满足使用功能、具备使用条件的工程项目。

2. 设计—施工总承包（D—B）

设计—施工总承包是指工程总承包企业按照合同约定，承担工程项目设计和施工，并对承包工程的质量、安全、工期、造价全面负责。

根据工程项目的不同规模、类型和业主要求，工程总承包还可采用设计—采购总承包（E—P）、采购—施工总承包（P—C）等方式。

三、工程项目管理的基本概念和主要方式

（一）工程项目管理是指从事工程项目管理的企业（以下简称工程项目管理企业）受业

主委托,按照合同约定,代表业主对工程项目的组织实施进行全过程或若干阶段的管理和服务。

(二)工程项目管理企业不直接与该工程项目的总承包企业或勘察、设计、供货、施工等企业签订合同,但可以按合同约定,协助业主与工程项目的总承包企业或勘察、设计、供货、施工等企业签订合同,并受业主委托监督合同的履行。

(三)工程项目管理的具体方式及服务内容、权限、取费和责任等,由业主与工程项目管理企业在合同中约定。工程项目管理主要有如下方式:

1. 项目管理服务(PM)

项目管理服务是指工程项目管理企业按照合同约定,在工程项目决策阶段,为业主编制可行性研究报告,进行可行性分析和项目策划,在工程项目实施阶段,为业主提供招标代理、设计管理、采购管理、施工管理和试运行(竣工验收)等服务,代表业主对工程项目进行质量、安全、进度、费用、合同、信息等的管理和控制。工程项目管理企业一般应按照合同约定承担相应的管理责任。

2. 项目管理承包(PMC)

项目管理承包是指工程项目管理企业按照合同约定,除完成项目管理服务(PM)的全部工作内容外,还可以负责完成合同约定的工程初步设计(基础工程设计)等工作。对于需要完成工程初步设计(基础工程设计)工作的工程项目管理企业,应当具有相应的工程设计资质。项目管理承包企业一般应当按照合同约定承担一定的管理风险和经济责任。

根据工程项目的不同规模、类型和业主要求,还可采用其他项目管理方式。

四、进一步推行工程总承包和工程项目管理的措施

(一)鼓励具有工程勘察、设计或施工总承包资质的勘察、设计和施工企业,通过改造和重组,建立与工程总承包业务相适应的组织机构、项目管理体系,充实项目管理专业人员,提高融资能力,发展成为具有设计、采购、施工(施工管理)综合功能的工程公司,在其勘察、设计或施工总承包资质等级许可的工程项目范围内开展工程总承包业务。

工程勘察、设计、施工企业也可以组成联合体对工程项目进行联合总承包。

(二)鼓励具有工程勘察、设计、施工、监理资质的企业,通过建立与工程项目管理业务相适应的组织机构、项目管理体系,充实项目管理专业人员,按照有关资质管理规定在其资质等级许可的工程项目范围内开展相应的工程项目管理业务。

(三)打破行业界限,允许工程勘察、设计、施工、监理等企业,按照有关规定申请取得其他相应资质。

(四)工程总承包企业可以接受业主委托,按照合同约定承担工程项目管理业务,但不应在同一个工程项目上同时承担工程总承包和工程项目管理业务,也不应与承担工程总承包或者工程项目管理业务的另一方企业有隶属关系或者其他利害关系。

(五)对于依法必须实行监理的工程项目,具有相应监理资质的工程项目管理企业受业主委托进行项目管理,业主可不再另行委托工程监理,该工程项目管理企业依法行使监理权利,承担监理责任;没有相应监理资质的工程项目管理企业受业主委托进行项目管理,业主应当委托监理。

(六)各级建设行政主管部门要加强与有关部门的协调,认真贯彻《国务院办公厅转发外经贸部等部门关于大力发展对外承包工程意见的通知》(国办发〔2000〕32号)精神,使有关融资、担保、税收等方面的政策落实到重点扶持发展的工程总承包企业和工程项目管理企业,增强其国际竞争实力,积极开拓国际市场。

鼓励大型设计、施工、监理等企业与国际大型工程公司以合资或合作的方式,组建国际型工程公司或项目管理公司,参加国际竞争。

(七)提倡具备条件的建设项目,采用工程总承包、工程项目管理方式组织建设。

鼓励有投融资能力的工程总承包企业,对具备条件的工程项目,根据业主的要求,按照建设—转让(BT)、建设—经营—转让(BOT)、建设—拥有—经营(BOO)、建设—拥有—经营—转让(BOOT)等方式组织实施。

(八)充分发挥行业协会和高等院校的作用,进一步开展工程总承包和工程项目管理的专业培训,培养工程总承包和工程项目管理的专业人才,适应国内外工程建设的市场需要。

有条件的行业协会、高等院校和企业等,要加强对工程总承包和工程项目管理的理论研究,开发工程项目管理软件,促进我国工程总承包和工程项目管理水平的提高。

(九)本指导意见自印发之日起实施。1992年11月17日建设部颁布的《设计单位进行工程总承包资格管理的有关规定》(建设〔1992〕805号)同时废止。

中华人民共和国建设部
二〇〇三年二月十三日

六、开标、评标和定标

1. 招标人如何开标?

招标人应当按照招标文件规定的时间、地点开标。投标人少于3个的,不得开标;招标人应当重新招标。投标人对开标有异议的,应当在开标现场提出,招标人应当当场作出答复,并作记录。

2. 国家对评标专家有哪些要求?

国家实行统一的评标专家专业分类标准和管理办法。省级人民政府和国务院有关部门应当组建综合评标专家库。除招标投标法第三十七条第三款规定的特殊招标项目外,依法必须进行招标的项目,其评标委员会的专家成员应当从评标专家库内相关专业的专家名单中以随机抽取方式确定。任何单位和个人不得以明示、暗示等任何方式指定或者变相指定参加评标委员会的专家成员。依法必须进行招标的项目的招标人非因招标投标法和招标投标法实施条例规定的事由,不得更换依法确定的评标委员会成员。更换评标委员会的专家成员应当依照规定进行。评标委员会成员与投标人有利害关系的,应当主动回避。有关行政监督部门应当按照规定的职责分工,对评标委员会成员的确定方式、评标专家的抽取和评标活动进行监督。行政监督部门的工作人员不得担任本部门负责监督项目的评标委员会成员。

3. 何谓特殊招标项目?

招标投标法第三十七条第三款所称特殊招标项目,是指技术复杂、专业性强或者国家有特殊要求,采取随机抽取方式确定的专家难以保证胜任评标工作的项目。

4. 招标人如何与评标委员会沟通信息?

招标人应当向评标委员会提供评标所必需的信息,但不得明示或者暗示其倾向或者排斥特定投标人。招标人应当根据项目规模和技术复杂程度等因素合理确定评标时间。超过三分之一的评标委员会成员认为评标时间不够的,招标人应当适当延长。评标过程中,评标委员会成员有回避事由、擅离职守或者因健康等原因不能继续评标的,应当及时更换。被更换的评标委员会成员作出的评审结论无效,由更换后的评标委员会成员重新进行评审。

5. 评标委员会成员如何评标?

评标委员会成员应当依照招标投标法和招标投标法实施条例的规定,按照招标文件规定的评标标准和方法,客观、公正地对投标文件提出评审意见。招标文件没有规定的评标标准和方法不得作为评标的依据。评标委员会成员不得私下接触投标人,不得收受投标人给予的财物或者其他好处,不得向招标人征询确定中标人的意向,不得接受任何单位或者个人明示或者暗示提出的倾向或者排斥特定投标人的要求,不得有其他不客观、不公正履行职务的行为。

6. 招标人如何公布标底？

招标项目设有标底的，招标人应当在开标时公布。标底只能作为评标的参考，不得以投标报价是否接近标底作为中标条件，也不得以投标报价超过标底上下浮动范围作为否决投标的条件。

7. 有哪些情形评标委员会否决其投标？

有下列情形之一的，评标委员会应当否决其投标：

（1）投标文件未经投标单位盖章和单位负责人签字；

（2）投标联合体没有提交共同投标协议；

（3）投标人不符合国家或者招标文件规定的资格条件；

（4）同一投标人提交两个以上不同的投标文件或者投标报价，但招标文件要求提交备选投标的除外；

（5）投标报价低于成本或者高于招标文件设定的最高投标限价；

（6）投标文件没有对招标文件的实质性要求和条件作出响应；

（7）投标人有串通投标、弄虚作假、行贿等违法行为。

8. 评标委员会要求投标人如何澄清？

投标文件中有含义不明确的内容、明显文字或者计算错误，评标委员会认为需要投标人作出必要澄清、说明的，应当书面通知该投标人。投标人的澄清、说明应当采用书面形式，并不得超出投标文件的范围或者改变投标文件的实质性内容。评标委员会不得暗示或者诱导投标人作出澄清、说明，不得接受投标人主动提出的澄清、说明。

9. 评标委员会如何提交书面评标报告？

评标完成后，评标委员会应当向招标人提交书面评标报告和中标候选人名单。中标候选人应当不超过3个，并标明排序。评标报告应当由评标委员会全体成员签字。对评标结果有不同意见的评标委员会成员应当以书面形式说明其不同意见和理由，评标报告应当注明该不同意见。评标委员会成员拒绝在评标报告上签字又不书面说明其不同意见和理由的，视为同意评标结果。

10. 招标人收到评标报告如何公示？

依法必须进行招标的项目，招标人应当自收到评标报告之日起3日内公示中标候选人，公示期不得少于3日。投标人或者其他利害关系人对依法必须进行招标的项目的评标结果有异议的，应当在中标候选人公示期间提出。招标人应当自收到异议之日起3日内作出答复；作出答复前，应当暂停招标投标活动。

11. 国有资金占控股或者主导地位招标的项目如何确定中标人？

国有资金占控股或者主导地位的依法必须进行招标的项目，招标人应当确定排名第一的中标候选人为中标人。排名第一的中标候选人放弃中标、因不可抗力不能履行合同、不按照招标文件要求提交履约保证金，或者被查实存在影响中标结果的违法行为等情形，不符合中标条件的，招标人可以按照评标委员会提出的中标候选人名单排序依次确定其他中标候选人为中标人，也可以重新招标。

12. 对中标人有哪些要求？

中标候选人的经营、财务状况发生较大变化或者存在违法行为，招标人认为可能影响其履约能力的，应当在发出中标通知书前由原评标委员会按照招标文件规定的标准和方法审查确认。招标人和中标人应当依照招标投标法和招标投标法实施条例的规定签订书面合同，合同的标的、价款、质量、履行期限等主要条款应当与招标文件和中标人的投标文件的内容一致。招标人和中标人不得再行订立背离合同实质性内容的其他协议。招标人最迟应当在书面合同签订后5日内向中标人和未中标的投标人退还投标保证金及银行同期存款利息。招标文件要求中标人提交履约保证金的，中标人应当按照招标文件的要求提交。履约保证金不得超过中标合同金额的10%。中标人应当按照合同约定履行义务，完成中标项目。中标人不得向他人转让中标项目，也不得将中标项目肢解后分别向他人转让。中标人按照合同约定或者经招标人同意，可以将中标项目的部分非主体、非关键性工作分包给他人完成。接受分包的人应当具备相应的资格条件，并不得再次分包。中标人应当就分包项目向招标人负责，接受分包的人就分包项目承担连带责任。

附录六：开标、评标和定标管理相关法规

1. 评标委员会和评标方法暂行规定

国家计委、国家经贸委、建设部、铁道部、交通部、
信息产业部、水利部等7部委12号令

第一章 总 则

第一条 为了规范评标活动，保证评标的公平、公正，维护招标投标活动当事人的合法权益，依照《中华人民共和国招标投标法》，制定本规定。

第二条 本规定适用于依法必须招标项目的评标活动。

第三条 评标活动遵循公平、公正、科学、择优的原则。

第四条 评标活动依法进行，任何单位和个人不得非法干预或者影响评标过程和结果。

第五条 招标人应当采取必要措施，保证评标活动在严格保密的情况下进行。

第六条 评标活动及其当事人应当接受依法实施的监督。

有关行政监督部门依照国务院或者地方政府的职责分工，对评标活动实施监督，依法查处评标活动中的违法行为。

第二章 评标委员会

第七条 评标委员会依法组建，负责评标活动，向招标人推荐中标候选人或者根据招标人的授权直接确定中标人。

第八条 评标委员会由招标人负责组建。

评标委员会成员名单一般应于开标前确定。评标委员会成员名单在中标结果确定前应当保密。

第九条 评标委员会由招标人或其委托的招标代理机构熟悉相关业务的代表以及有关技术、经济等方面的专家组成，成员人数为五人以上单数，其中技术、经济等方面的专家不得少于成员总数的三分之二。

评标委员会设负责人的，评标委员会负责人由评标委员会成员推举产生或者由招标人确定。评标委员会负责人与评标委员会的其他成员有同等的表决权。

第十条 评标委员会的专家成员应当从省级以上人民政府有关部门提供的专家名册或者招标代理机构的专家库内的相关专家名单中确定。

按前款规定确定评标专家，可以采取随机抽取或者直接确定的方式。一般项目，可以采取随机抽取的方式；技术特别复杂、专业性要求特别高或者国家有特殊要求的招标项目，采取随机抽取方式确定的专家难以胜任的，可以由招标人直接确定。

第十一条 评标专家应符合下列条件：

（一）从事相关专业领域工作满八年并具有高级职称或者同等专业水平；

（二）熟悉有关招标投标的法律法规，并具有与招标项目相关的实践经验；

（三）能够认真、公正、诚实、廉洁地履行职责。

第十二条 有下列情形之一的，不得担任评标委员会成员：

（一）投标人或者投标人主要负责人的近亲属；

（二）项目主管部门或者行政监督部门的人员；

（三）与投标人有经济利益关系，可能影响对投标公正评审的；

（四）曾因在招标、评标以及其他与招标投标有关的活动中从事违法行为而受过行政处罚或刑事处罚的。

评标委员会成员有前款规定情形之一的，应当主动提出回避。

第十三条 评标委员会成员应当客观、公正地履行职责，遵守职业道德，对所提出的评审意见承担个人责任。

评标委员会成员不得与任何投标人或者与招标结果有利害关系的人进行私下接触，不得收受投标人、中介人、其他利害关系人的财物或者其他好处。

第十四条 评标委员会成员和与评标活动有关的工作人员不得透露对投标文件的评审和比较、中标候选人的推荐情况以及与评标有关的其他情况。

前款所称与评标活动有关的工作人员，是指评标委员会成员以外的因参与评标监督工作或者事务性工作而知悉有关评标情况的所有人员。

第三章 评标的准备与初步评审

第十五条 评标委员会成员应当编制供评标使用的相应表格，认真研究招标文件，至少应了解和熟悉以下内容：

（一）招标的目标；

（二）招标项目的范围和性质；

（三）招标文件中规定的主要技术要求、标准和商务条款；

（四）招标文件规定的评标标准、评标方法和在评标过程中考虑的相关因素。

第十六条 招标人或者其委托的招标代理机构应当向评标委员会提供评标所需的重要信息和数据。

招标人设有标底的，标底应当保密，并在评标时作为参考。

第十七条 评标委员会应当根据招标文件规定的评标标准和方法，对投标文件进行系统地评审和比较。招标文件中没有规定的标准和方法不得作为评标的依据。

招标文件中规定的评标标准和评标方法应当合理，不得含有倾向或者排斥潜在投标人的内容，不得妨碍或者限制投标人之间的竞争。

第十八条 评标委员会应当按照投标报价的高低或者招标文件规定的其他方法对投标文件排序。以多种货币报价的，应当按照中国银行在开标日公布的汇率中间价换算成人民币。招标文件应当对汇率标准和汇率风险作出规定。未作规定的，汇率风险由投标人承担。

第十九条 评标委员会可以书面方式要求投标人对投标文件中含义不明确、对同类问题表述不一致或有明显文字和计算错误的内容作必要的澄清、说明或者补正。澄清、说明或者补正应以书面方式进行并不得超出投标文件的范围或者改变投标文件的实质性内容。

投标文件中的大写金额和小写金额不一致的，以大写金额为准；总价金额与单价金额不一致的，以单价金额为准，但单价金额小数点有明显错误的除外；对不同文字文本投标文件的解释发生异议的，以中文文本为准。

第二十条 在评标过程中，评标委员会发现投标人以他人的名义投标、串通投标、以行贿手段谋取中标或者以其他弄虚作假方式投标的，该投标人的投标应作废标处理。

第二十一条 在评标过程中，评标委员会发现投标人的报价明显低于其他投标报价或者在设有标底时明显低于标底，使得其投标报价可能低于其个别成本的，应当要求该投标人作出书面说明并提供相关证明材料。投标人不能合理说明或者不能提供相关证明材料的，由评标委员会认定该投标人以低于成本报价竞标，其投标应作废标处理。

第二十二条 投标人资格条件不符合国家有关规定和招标文件要求的，或者拒不按照要求对投标文件进行澄清、说明或者补正的，评标委员会可以否决其投标。

第二十三条 评标委员会应当审查每一投标文件是否对招标文件提出的所有实质性要求和条件作出响应。未能在实质上响应的投标，应作废标处理。

第二十四条 评标委员会应当根据招标文件，审查并逐项列出投标文件的全部投标偏差。

投标偏差分为重大偏差和细微偏差。

第二十五条 下列情况属于重大偏差：

（一）没有按照招标文件要求提供投标担保或者所提供的投标担保有瑕疵；

（二）投标文件没有投标人授权代表签字和加盖公章；

（三）投标文件载明的招标项目完成期限超过招标文件规定的期限；

（四）明显不符合技术规格、技术标准的要求；

（五）投标文件载明的货物包装方式、检验标准和方法等不符合招标文件的要求；

（六）投标文件附有招标人不能接受的条件；

（七）不符合招标文件中规定的其他实质性要求。

投标文件有上述情形之一的，为未能对招标文件作出实质性响应，并按本规定第二十三条规定作废标处理。招标文件对重大偏差另有规定的，从其规定。

第二十六条 细微偏差是指投标文件在实质上响应招标文件要求，但在个别地方存在漏项或者提供了不完整的技术信息和数据等情况，并且补正这些遗漏或者不完整不会对其他投标人造成不公平的结果。细微偏差不影响投标文件的有效性。

评标委员会应当书面要求存在细微偏差的投标人在评标结束前予以补正。拒不补正的，在详细评审时可以对细微偏差作不利于该投标人的量化，量化标准应当在招标文件中规定。

第二十七条 评标委员会根据本规定第二十条、第二十一条、第二十二条、第二十三条、第二十五条的规定否决不合格投标或者界定为废标后，因有效投标不足三个使得投标明显缺乏竞争的，评标委员会可以否决全部投标。

投标人少于三个或者所有投标被否决的，招标人应当依法重新招标。

第四章 详 细 评 审

第二十八条 经初步评审合格的投标文件，评标委员会应当根据招标文件确定的评标标准和方法，对其技术部分和商务部分作进一步评审、比较。

第二十九条 评标方法包括经评审的最低投标价法、综合评估法或者法律、行政法规允许的其他评标方法。

第三十条 经评审的最低投标价法一般适用于具有通用技术、性能标准或者招标人对其技术、性能没有特殊要求的招标项目。

第三十一条 根据经评审的最低投标价法，能够满足招标文件的实质性要求，并且经评审的最低投标价的投标,应当推荐为中标候选人。

第三十二条 采用经评审的最低投标价法的,评标委员会应当根据招标文件中规定的评标价格调整方法,对所有投标人的投标报价以及投标文件的商务部分作必要的价格调整。

采用经评审的最低投标价法的,中标人的投标应当符合招标文件规定的技术要求和标准,但评标委员会无需对投标文件的技术部分进行价格折算。

第三十三条 根据经评审的最低投标价法完成详细评审后,评标委员会应当拟定一份"标价比较表",连同书面评标报告提交招标人。"标价比较表"应当载明投标人的投标报价、对商务偏差的价格调整和说明以及经评审的最终投标价。

第三十四条 不宜采用经评审的最低投标价法的招标项目,一般应当采取综合评估法进行评审。

第三十五条 根据综合评估法,最大限度地满足招标文件中规定的各项综合评价标准的投标,应当推荐为中标候选人。

衡量投标文件是否最大限度地满足招标文件中规定的各项评价标准,可以采取折算为货币的方法、打分的方法或者其他方法。需量化的因素及其权重应当在招标文件中明确规定。

第三十六条 评标委员会对各个评审因素进行量化时,应当将量化指标建立在同一基础或者同一标准上,使各投标文件具有可比性。

对技术部分和商务部分进行量化后,评标委员会应当对这两部分的量化结果进行加权,计算出每一投标的综合评估价或者综合评估分。

第三十七条 根据综合评估法完成评标后,评标委员会应当拟定一份"综合评估比较表",连同书面评标报告提交招标人。"综合评估比较表"应当载明投标人的投标报价、所作的任何修正、对商务偏差的调整、对技术偏差的调整、对各评审因素的评估以及对每一投标的最终评审结果。

第三十八条 根据招标文件的规定,允许投标人投备选标的,评标委员会可以对中标人所投的备选标进行评审,以决定是否采纳备选标。不符合中标条件的投标人的备选标不予考虑。

第三十九条 对于划分有多个单项合同的招标项目,招标文件允许投标人为获得整个项目合同而提出优惠的,评标委员会可以对投标人提出的优惠进行审查,以决定是否将招标项目作为一个整体合同授予中标人。将招标项目作为一个整体合同授予的,整体合同中标人的投标应当最有利于招标人。

第四十条 评标和定标应当在投标有效期结束日30个工作日前完成。不能在投标有效期结束日30个工作日前完成评标和定标的,招标人应当通知所有投标人延长投标有效期。拒绝延长投标有效期的投标人有权收回投标保证金。同意延长投标有效期的投标人应当相应延长其投标担保的有效期,但不得修改投标文件的实质性内容。因延长投标有效期造成投标人损失的,招标人应当给予补偿,但因不可抗力需延长投标有效期的除外。

招标文件应当载明投标有效期。投标有效期从提交投标文件截止日起计算。

第五章 推荐中标候选人与定标

第四十一条 评标委员会在评标过程中发现的问题,应当及时作出处理或者向招标人提出处理建议,并作书面记录。

第四十二条 评标委员会完成评标后,应当向招标人提出书面评标报告,并抄送有关行政监督部门。评标报告应当如实记载以下内容：

（一）基本情况和数据表；

（二）评标委员会成员名单；

（三）开标记录；

（四）符合要求的投标一览表；

（五）废标情况说明；

（六）评标标准、评标方法或者评标因素一览表；

（七）经评审的价格或者评分比较一览表；

（八）经评审的投标人排序；

（九）推荐的中标候选人名单与签订合同前要处理的事宜；

（十）澄清、说明、补正事项纪要。

第四十三条 评标报告由评标委员会全体成员签字。对评标结论持有异议的评标委员会成员可以书面方式阐述其不同意见和理由。评标委员会成员拒绝在评标报告上签字且不陈述其不同意见和理由的，视为同意评标结论。评标委员会应当对此作出书面说明并记录在案。

第四十四条 向招标人提交书面评标报告后，评标委员会即告解散。评标过程中使用的文件、表格以及其他资料应当即时归还招标人。

第四十五条 评标委员会推荐的中标候选人应当限定在一至三人，并标明排列顺序。

第四十六条 中标人的投标应当符合下列条件之一：

（一）能够最大限度满足招标文件中规定的各项综合评价标准；

（二）能够满足招标文件的实质性要求，并且经评审的投标价格最低，但是投标价格低于成本的除外。

第四十七条 在确定中标人之前，招标人不得与投标人就投标价格、投标方案等实质性内容进行谈判。

第四十八条 使用国有资金投资或者国家融资的项目，招标人应当确定排名第一的中标候选人为中标人。排名第一的中标候选人放弃中标、因不可抗力提出不能履行合同，或者招标文件规定应当提交履约保证金而在规定的期限内未能提交的，招标人可以确定排名第二的中标候选人为中标人。

排名第二的中标候选人因前款规定的同样原因不能签订合同的，招标人可以确定排名第三的中标候选人为中标人。

招标人可以授权评标委员会直接确定中标人。

国务院对中标人的确定另有规定的，从其规定。

第四十九条 中标人确定后，招标人应当向中标人发出中标通知书，同时通知未中标人，并与中标人在30个工作日之内签订合同。

第五十条 中标通知书对招标人和中标人具有法律约束力。中标通知书发出后，招标人改变中标结果或者中标人放弃中标的，应当承担法律责任。

第五十一条 招标人应当与中标人按照招标文件和中标人的投标文件订立书面合同。招标人与中标人不得再行订立背离合同实质性内容的其他协议。

第五十二条 招标人与中标人签订合同后5个工作日内，应当向中标人和未中标的投标人退还投标保证金。

第六章 罚 则

第五十三条 评标委员会成员在评标过程中擅离职守，影响评标程序正常进行，或者在评标过程中不能客观公正地履行职责的，给予警告；情节严重的，取消担任评标委员会成员的资格，不得再参加任何依法必须进行招标项目的评标，并处一万元以下的罚款。

第五十四条 评标委员会成员收受投标人、其他利害关系人的财物或者其他好处的，评标委员会成员或者与评标活动有关的工作人员向他人透露对投标文件的评审和比较、中标候选人的推荐以及与评标有关的其他情况的，给予警告，没收收受的财物，可以并处三千元以上五万元以下的罚款；对有所列违法行为的评标委员会成员取消担任评标委员会成员的资格，不得再参加任何依法必须进行招标项目的评标；构成犯罪的，依法追究刑事责任。

第五十五条 招标人在评标委员会依法推荐的中标候选人以外确定中标人的，依法必须进行招标项目在所有投标被评标委员会否决后自行确定中标人的，中标无效。责令改正，可以处中标项目金额千分之五以上千分之十以下的罚款；对单位直接负责的主管人员和其他直接责任人员依法给予处分。

第五十六条 招标人与中标人不按照招标文件和中标人的投标文件订立合同的，或者招标人、中标人订立背离合同实质性内容的协议的，责令改正；可以处中标项目金额千分之五以上千分之十以下的罚款。

第五十七条 中标人不与招标人订立合同的，投标保证金不予退还并取消其中标资格，给招标人造成的损失超过投标保证金数额的，应当对超过部分予以赔偿；没有提交投标保证金的，应当对招标人的损失承担赔偿责任。

招标人迟迟不确定中标人或者无正当理由不与中标人签订合同的，给予警告，根据情节可处一万元以下的罚款；造成中标人损失的，并应当赔偿损失。

第七章 附 则

第五十八条 依法必须招标项目以外的评标活动，参照本规定执行。

第五十九条 使用国际组织或者外国政府贷款、援助资金的招标项目的评标活动，贷款方、资金提供方对评标委员会与评标方法另有规定的，适用其规定，但违背中华人民共和国的社会公共利益的除外。

第六十条 本规定颁布前有关评标机构和评标方法的规定与本规定不一致的，以本规定为准。法律或者行政法规另有规定的，从其规定。

第六十一条 本规定由国家发展计划委员会会同有关部门负责解释。

第六十二条 本规定自发布之日起施行。

2. 评标专家和评标专家库管理暂行办法

国家发改委 29 号令

第一条 为加强对评标专家的监督管理，健全评标专家库制度，保证评标活动的公平、公正，提高评标质量，根据《中华人民共和国招标投标法》，制定本办法。

第二条 本办法适用于评标专家的资格认定、入库及评标专家库的组建、使用、管理活动。

第三条 评标专家库由省级（含，下同）以上人民政府有关部门或者依法成立的招标代理机构依照《招标投标法》的规定自主组建。

评标专家库的组建活动应当公开，接受公众监督。

第四条 省级以上人民政府有关部门和招标代理机构应当加强对其所建评标专家库及评标专家的管理，但不得以任何名义非法控制、干预或者影响评标专家的具体评标活动。

第五条 政府投资项目的评标专家，必须从政府有关部门组建的评标专家库中抽取。

第六条 省级以上人民政府有关部门组建评标专家库，应当有利于打破地区封锁，实现评标专家资源共享。

省级人民政府可组建跨部门、跨地区的综合性评标专家库。

第七条 入选评标专家库的专家，必须具备如下条件：

（一）从事相关专业领域工作满八年并具有高级职称或同等专业水平；

（二）熟悉有关招标投标的法律法规；

（三）能够认真、公正、诚实、廉洁地履行职责；

（四）身体健康，能够承担评标工作。

第八条 评标专家库应当具备下列条件：

（一）具有符合本办法第七条规定条件的评标专家，专家总数不得少于 500 人；

（二）有满足评标需要的专业分类；

（三）有满足异地抽取、随机抽取评标专家需要的必要设施和条件；

（四）有负责日常维护管理的专门机构和人员。

第九条 专家入选评标专家库，采取个人申请和单位推荐两种方式。采取单位推荐方式的，应事先征得被推荐人同意。

个人申请书或单位推荐书应当存档备查。个人申请书或单位推荐书应当附有符合本办法第七条规定条件的证明材料。

第十条 组建评标专家库的政府部门或者招标代理机构，应当对申请人或被推荐人进行评审，决定是否接受申请或者推荐，并向符合本办法第七条规定条件的申请人或被推荐人颁发评标专家证书。

评审过程及结果应做成书面记录，并存档备查。

组建评标专家库的政府部门，可以对申请人或者被推荐人进行必要的招标投标业务和法律知识培训。

第十一条 组建评标专家库的政府部门或者招标代理机构，应当为每位入选专家建立档案，详细记载评标专家评标的具体情况。

第十二条 组建评标专家库的政府部门或者招标代理机构，应当建立年度考核制度，对每位入选专家进行考核。评标专家因身体健康、业务能力及信誉等原因不能胜任评标工作的，停止担任评标专家，并从评标专家库中除名。

第十三条 评标专家享有下列权利：

（一）接受招标人或其招标代理机构聘请，担任评标委员会成员；

（二）依法对投标文件进行独立评审，提出评审意见，不受任何单位或者个人的干预；

（三）接受参加评标活动的劳务报酬；

（四）法律、行政法规规定的其他权利。

第十四条 评标专家负有下列义务：

（一）有《招标投标法》第三十七条和《评标委员会和评标方法暂行规定》第十二条规定情形之一的，应当主动提出回避；

（二）遵守评标工作纪律，不得私下接触投标人，不得收受他人的财物或者其他好处，不得透露对投标文件的评审和比较、中标候选人的推荐情况以及与评标有关的其他情况；

（三）客观公正地进行评标；

（四）协助、配合有关行政监督部门的监督、检查；

（五）法律、行政法规规定的其他义务。

第十五条 评标专家有下列情形之一的，由有关行政监督部门给予警告；情节严重的，由组建评标专家库的政府部门或者招标代理机构取消担任评标专家的资格，并予以公告：

（一）私下接触投标人的；

（二）收受利害关系人的财物或者其他好处的；

（三）向他人透露对投标文件的评审和比较、中标候选人的推荐以及与评标有关的其他情况的；

（四）不能客观公正履行职责的；

（五）无正当理由，拒不参加评标活动的。

第十六条 组建评标专家库的政府部门或者招标代理机构有下列情形之一的，由有关行政监督部门给予警告；情节严重的，暂停直至取消招标代理机构相应的招标代理资格：

（一）组建的评标专家库不具备本办法规定条件的；

（二）未按本办法规定建立评标专家档案或对评标专家档案作虚假记载的；

（三）以管理为名，非法干预评标专家的评标活动的。

第十七条 招标人或其委托的招标代理机构不从依法组建的评标专家库中抽取专家的，评标无效；情节严重的，由有关行政监督部门依法给予警告。

政府投资项目的招标人或其委托的招标代理机构不遵守本办法第五条的规定，不从政府有关部门组建的评标专家库中抽取专家的，评标无效；情节严重的，由政府有关部门依法给予警告。

第十八条 本办法由国家发展计划委员会负责解释。

第十九条 本办法自二〇〇三年四月一日起实施。

3. 关于改进公路工程施工招标评标办法的指导意见

交公路发〔2004〕688号

《公路工程国内招标文件范本》(2003年版)自实施以来,对指导和规范施工招标评标工作起到了重要作用,但也存在一些问题。为进一步完善评标办法,经广泛调研,并征求有关方面的意见,借鉴各地一些好的经验和做法,现提出以下四种评标办法。请各地根据招标项目的具体情况,选择合适的评标办法,并可根据在工作中的实际情况,及时总结经验教训,提出意见,报部公路司研究修正。

一、合理低价法

(一) 方法简介

评标委员会对通过初步评审和详细评审的投标文件,按其投标价得分由高到低的顺序,依次推荐前3名投标人为中标候选人(当投标价得分相等时,以投标价较低者优先)。在评标时,一般按照投标价得分由高到低的顺序,对投标文件进行初步评审和详细评审,对存在重大偏差的投标文件按废标处理。对施工组织设计、投标人的财务能力、技术能力、业绩及信誉不再进行评分。

为防止哄抬标价,招标人可以设定投标控制价上限,由招标人自行编制或委托有资质的单位编制,并在开标前公布。投标价超出招标人控制价上限的,视为超出招标人的支付能力,作废标处理。

在开标现场,宣读完投标人的投标价后,应当场计算评标基准价。评标基准价的计算一般有两种方式,一是采用所有被宣读的投标价的平均值(或去掉一个最低值和一个最高值后的算术平均值),并对所有不高于平均值的投标人的投标报价进行二次平均,作为评标基准价;二是计算所有被宣读的投标价的平均值(或去掉一个最低值和一个最高值后,取算术平均值),将该平均值下降若干百分点(现场随机确定)作为评标基准价。评标基准价在整个评标期间保持不变,不随通过初步评审和详细评审的投标人的数量发生变化。

投标人的投标价等于评标基准价者得满分,高于或低于评标基准价者按一定比例扣分,高于评标基准价的扣分幅度应比低于评标基准价的扣分幅度大。

评标基准价的计算方法和评分方法应在招标文件中载明。

(二) 适用范围

除技术特别复杂的特大桥和长大隧道工程外,采用合理低价法进行评标。

(三) 应注意的问题

招标人在出售招标文件时,应同时提供"工程量清单的数据应用软件盘","工程量清单的数据应用软件盘"中的格式、工程数量及运算定义等应保证投标人无法修改。投标人只需填写各细目单价或总额价,即可自动生成投标价,评标阶段无需进行算术性复核。

二、最低评标价法

(一) 方法简介

评标委员会按评标价由低到高顺序对投标文件进行初步评审和详细评审,推荐通过初步评审和详细评审且评标价最低的前三个投标人为中标候选人。若评标委员会发现投标人的评标价或主要单项工程报价明显低于其他投标人报价或者在设有标底时明显低于标底(一般为15%以下)时,应要求该投标人作出书面说明并提供相关证明材料。如果投标人不能提供相关证明材料证明该报价能够按招标文件规定的质量标准和工期完成招标工程，评标委员会应当认定该投标人以低于成本价竞标，作废标处理。

如果投标人提供了证明材料，评标委员会也没有充分的证据证明投标人低于成本价竞标，为减少招标人风险，招标人有权要求投标人增加履约保证金。一般在确定中标候选人之前，要求投标人作出书面承诺，在收到中标通知书14天内，按照招标文件规定的额度和方式提交履约担保。履约担保增加幅度建议如下：

1. 当 $(A-B)/A \leqslant 15\%$ 时，履约担保为 10% 合同价的银行保函。

2. 当 $15\% < (A-B)/A \leqslant 20\%$ 时，履约担保为 10% 合同价的银行保函加 5% 合同价的银行汇票。

3. 当 $20\% < (A-B)/A \leqslant 25\%$ 时，履约担保为 10% 合同价的银行保函加 10% 合同价的银行汇票。

4. 当 $25\% < (A-B)/A$ 时，履约担保为 10% 合同价的银行保函加 15% 合同价的银行汇票。

其中：B 为中标候选人的评标价；A 为招标人标底或所有投标人评标价的平均值。

若投标人未作出书面承诺或虽承诺但未按规定的时间和额度提交履约担保，招标人可取消其中标资格或宣布其中标无效，并没收其投标担保。

（二）适用范围

使用世界银行、亚洲开发银行等国际金融组织贷款的项目和工程规模较小、技术含量较低的工程采用最低评标价法进行评标。

（三）应注意的问题

为防止投标人以低于成本价抢标，并减少由于低价中标带来的实施阶段的问题，建议招标人设立标底，严格控制低价抢标行为，标底应在开标时公布；在签订合同时要特别明确施工人员、设备的进场要求、工程进度要求以及违约责任和处理措施。

三、综合评估法

（一）方法简介

评标委员会对所有通过初步评审和详细评审的投标文件的评标价、财务能力、技术能力、管理水平以及业绩与信誉进行综合评分，按综合评分由高到低排序，推荐综合评分得分最高的三个投标人为中标候选人。

根据招标项目的不同特点，可采用有标底招标和无标底招标两种形式：

1. 有标底方式。标底应在开标时公布，在评标过程中仅作为参考，不能作为决定废标的直接依据。评标价得分计算方法如下：

计算所有通过初步评审和详细评审的投标文件的评标价的平均值，将标底同评标价的平均值进行复合，得到复合标底；将复合标底下降若干百分点（现场随机确定）作为评标基准价，投标人的评标价等于评标基准价得满分，高于或低于评标基准价按不同比例扣分。

2. 无标底方式。评标价得分计算方法如下：

计算所有通过初步评审和详细评审的投标文件的评标价的平均值，将该平均值下降若干百分点（现场随机确定）作为评标基准价，投标人的评标价等于评标基准价得满分，高于或低于评标基准价按不同比例扣分。

高于评标基准价者扣分幅度应比低于评标基准价者的扣分幅度大，具体比例应在招标文件中规定。

（二）适用范围

本办法仅适用于技术特别复杂的特大桥梁和长大隧道工程。

（三）应注意的问题

为控制投标报价，建议招标人设立标底，或设定投标控制价上限。设立标底的，中标人应采取有效措施，确保开标前的标底保密。

四、双信封评标法

（一）方法简介

要求投标人将投标报价和工程量清单单独密封在一个报价信封中，其他商务和技术文件密封在另外一个信封中。在开标前，两个信封同时提交给招标人。评标程序如下：

1. 第一次开标时，招标人首先打开商务和技术文件信封，报价信封交监督机关或公证机关密封保存。

2. 评标委员会对商务和技术文件进行初步评审和详细评审：

（1）若采用合理低标价法或最低评标价法，评标委员会应确定通过和未通过商务和技术评审的投标人名单。

（2）若采用综合评估法，评标委员会应确定通过和未通过商务和技术评审的投标人名单，并对这些投标文件的技术部分进行打分。

3. 招标人向所有投标人发出通知，通知中写明第二次开标的时间和地点。招标人将在开标会上首先宣布通过商务和技术评审的名单并宣读其报价信封。对于未通过商务和技术评审的投标人，其报价信封将不予开封，当场退还给投标人。

4. 第二次开标后，评标委员会按照招标文件规定的评标办法进行评标，推荐中标候选人。

（二）适用范围

适合规模较大、技术比较复杂或特别复杂的工程，但应按照本指导意见和项目的不同特点，采用合理低价法、最低评标价法或综合评估法。

（三）应注意的问题

采用本办法评标程序比较复杂、时间较长，但可以消除技术部分和投标报价的相互影响，更显公平。特别注意技术评标期间的信息保密和报价信封的保管工作。

4. 公路工程施工招标评标委员会评标工作细则

交公路发〔2003〕70号

第一章 总 则

第一条 为规范公路工程施工招标评标工作，维护招标投标活动当事人的合法权益，依据《中华人民共和国招标投标法》、交通部《公路工程施工招标投标管理办法》及国家有关法规，制定本细则。

第二条 依法实行公开招标或邀请招标的公路建设项目，其土建工程施工招标评标工作适用本细则，其材料采购、设备安装的招标评标工作可参照本细则执行。

第三条 公路工程施工招标评标委员会评标是指招标人依法组建的评标委员会根据国家有关法律、法规和招标文件，对投标文件进行评审，推荐中标候选人或由招标人授权直接确定中标人的工作过程。

第四条 评标工作应当遵循公平、公正、科学、择优的原则。任何单位和个人不得非法干预或者影响评标过程和结果。

第五条 招标人应当采取必要措施，保证评标工作在保密情况下进行。评标委员会应当接受交通主管部门依法实施的监督。

第二章 评标工作的组织与准备

第六条 评标工作应按以下程序进行：
（一）组建清标工作组；
（二）组建评标委员会；
（三）初步评审；
（四）详细评审；
（五）撰写评标报告。

第七条 清标工作组由招标人选派熟悉招标工作、政治素质高的人员组成，协助评标委员会工作。

评标委员会由评标专家和招标人代表共同组成，人数为五人以上单数。其中，评标专家人数不得少于成员总数的三分之二。评标专家按照交通部有关规定从评标专家库中抽取。

清标工作组和评标委员会人员的具体数量由招标人视评标工作量确定。

第八条 清标工作组和评标委员会成员应实行回避制度。

属于下列情况之一的人员，不得进入清标工作组和评标委员会：
（一）本地交通主管部门或者其他行政监督部门的人员；
（二）与投标人法定代表人或者授权代理人有近亲属关系的人员；
（三）与投标人有利害关系的，可能影响公正评标的人员；
（四）在与招标投标有关的活动中有过违法违规行为、五年内曾受过行政或党纪处分的人员。

第九条 清标工作组应在评标委员会开始工作之前进行评标的准备工作，主要内容包括：

（一）根据招标文件，制订评标工作所需各种表格；

（二）根据招标文件，汇总评标标准、对投标文件的合格性要求以及影响工程质量、工期和投资的全部因素；

（三）对投标文件响应招标文件规定的情况进行摘录，列出相对于招标文件的所有偏差；

（四）对所有投标报价进行算术性校核。

评标工作使用的表格和评标内容必须注明依据和出处，招标文件未规定的事项不得作为评标依据。

第十条 清标工作应全面、客观、准确，不得营私舞弊、歪曲事实，不得对投标文件作出任何评价。

第十一条 评标委员会应民主推荐一名主任委员，负责组织协调评标委员会成员开展评标工作。评标委员会应根据评标工作量和工程特点，制订工作计划，明确分工，交叉审核，确保评标质量。

第三章 初 步 评 审

第十二条 对投标文件的初步评审包含符合性审查和算术性修正。只有通过初步评审的投标文件才能参加详细评审。

第十三条 评标委员会开始评标工作之前，首先要听取招标人或者其委托的招标代理机构及清标工作组关于工程情况和清标工作的说明，并认真研读招标文件，获取评标所需的重要信息和数据，主要包括以下内容：

（一）招标项目建设规模、标准和工程特点；

（二）招标文件规定的评标标准和评标方法；

（三）工程的主要技术要求、质量标准及其他与评标有关的内容。

第十四条 评标委员会应根据招标文件规定，对清标工作组提供的评标工作用表和评标内容进行认真核对，对与招标文件不一致的内容要进行修正。

对招标文件中规定的评标标准和方法，评标委员会认为不符合国家有关法律、法规，或其中含有限制、排斥投标人进行有效竞争的，评标委员会有权按规定对其进行修改，并在评标报告说明修改的内容和修改原因。

第十五条 通过符合性审查的主要条件包括：

（一）投标文件按照招标文件规定的格式、内容填写，字迹清晰可辨；

（二）投标文件上法定代表人或法定代表人授权代理人的签字（含小签）齐全，符合招标文件规定；

（三）与申请资格预审时比较，投标人资格未发生实质性变化；

（四）投标人按照招标文件规定的格式、内容和要求提供了投标担保；

（五）投标人法定代表人若授权代理人，其授权书符合招标文件规定；

（六）投标人以联合体形式投标时，提交了符合招标文件要求的联合体协议，联合体成员单位与申请资格预审时未发生实质性变化；

（七）投标人如有分包计划，应提交分包协议，分包工作量不应超过投标价的30％；

（八）一份投标文件应只有一个投标报价，在招标文件没有规定的情况下，不得提交选择性报价；

（九）投标人提交的调价函符合招标文件要求；

（十）投标文件载明的招标项目完成期限不得超过招标文件规定的时限；

（十一）投标文件不应附有招标人不能接受的其他条件。

投标文件不符合以上条件之一的，评标委员会应认为其存有重大偏差，并对该投标文件作废标处理。

如果有证据显示投标人以他人名义投标、与他人串通投标、以行贿手段谋取中标以及投标弄虚作假的，评标委员会应对该投标文件作废标处理。

第十六条　投标文件若满足符合性审查条件，但在其他方面存在细微偏差，评标委员会可要求投标人进行书面澄清、补正或者依据招标文件规定对投标文件进行不利于该投标人的评标量化，但不得对该投标文件作废标处理。

第十七条　符合性审查工作完成后，评标委员会应按照招标文件规定对投标人报价进行算术性修正。清标工作组做出的算术性校核结果必须经评标委员会复核后方可采用。算术性修正后，投标人的报价排序与开标时不一致的，评标委员会应对修正的内容作详细说明。

第十八条　对算术性修正结果，评标委员会应通过招标人向投标人进行书面澄清。投标人对修正结果进行书面确认的，其投标文件可参加详细评审。

投标人对修正结果存有不同意见或未作书面确认的，评标委员会应重新复核算术性修正结果。如果确认算术性修正无误，应对该投标文件作废标处理；如果发现算术性修正存在差错，应作出及时调整并重新进行书面澄清。

第十九条　评标委员会对通过初步评审的投标文件进行详细评审前，发现有效投标文件不足三个，投标明显缺乏竞争的，评标委员会可以否决投标，招标人应当依法重新招标。

第四章　详　细　评　审

第二十条　初步评审工作结束后，评标委员会应对投标文件从合同条件、投标报价、财务能力、技术能力、管理水平以及投标人以往施工业绩及履约信誉等方面进行详细评审。

第二十一条　投标人通过合同条件评审的主要条件：

（一）投标人接受招标文件规定的风险划分原则，未提出新的风险划分办法；

（二）投标人未增加业主的责任范围，也未减少投标人义务；

（三）投标人未提出不同的工程验收、计量、支付办法；

（四）投标人未对合同纠纷、事故处理办法提出异议；

（五）投标人在投标活动中没有欺诈行为；

（六）投标人对合同条款没有重要保留。

投标文件不符合以上条件之一的，评标委员会应对其作废标处理。

第二十二条　评标委员会对投标报价的评审，应在算术性修正和扣除非竞争性因素后，以计算出的评标价进行评审。

评标委员会对投标报价进行评审前，发现投标人的投标价或主要单项工程报价明显低于其他投标人报价或者在设有标底时明显低于标底（一般控制在低于标底15%左右），应当要求该投标人对相应投标报价作出单价构成说明，并提供相关证明材料。

如果投标人不能提供有关证明材料，证明该报价可以按招标文件规定的质量标准和工期完成招标工程，评标委员会应当认定该投标人以低于成本价竞标，并作废标处理。

如果评标委员会发现所有投标人的报价均高于标底或相应工程概算投资，评标委员会可以否决所有投标，并建议招标人重新招标。

第二十三条　评标委员会要对投标人的财务能力、技术能力、管理水平和以往施工业绩及履约信誉进行详细评审。如发现投标文件有以下情况之一的，评标委员会应对其作废标处理。

（一）相对资格预审时，其施工能力和财务能力有实质性降低，且不能满足本工程实施的最低要求；

（二）承诺的质量标准低于招标文件或国家强制性标准要求；

（三）关键工程技术方案不可行；

（四）施工业绩及履约信誉证明材料虚假。

投标文件存在的其他问题应视为细微偏差，评标委员会可要求投标人进行澄清，或对投标文件进行不利于该投标人的评标量化，但不得作废标处理。

第二十四条　评标委员会不得接受投标人主动提出的澄清。投标人的澄清不得改变投标文件的实质性内容。

投标人的澄清内容将视为投标文件的组成部分。

第二十五条　评标方法包括综合评分法、最低评标价法，或者法律、行政法规允许的其他评标方法。

第二十六条　综合评分法是按照招标文件设定的不同分值权重对投标人的评标价、财务能力、技术能力、管理水平和以往施工履约信誉进行评分，按照得分高低推荐中标候选人。综合评分采用百分制。

第二十七条　采用综合评分法评标的，对各项内容的评分方法如下：

（一）按照招标文件规定的方法计算评标价得分，一般采用直线内插法计算；

（二）以投标人拟投入的财力资源情况，包括投标人的财务报表和相关证明材料，评价投标人的财务能力；

（三）以投标人承诺的拟投入本工程的技术人员、设备的配置情况以及投标人制定的关键工序技术方案是否严密、可靠、有效，评价投标人的技术能力；

（四）以投标人编制的施工组织设计、主要管理人员素质和安全生产保障措施与招标文件规定的质量与进度要求的符合程度评价投标人的管理水平；

（五）以投标人近五年完成类似公路工程的质量、工期和履约表现评价投标人以往施工业绩和履约信誉情况。

评标委员会应在充分讨论、沟通情况的基础上，分别对投标文件进行打分。除评标价得分外，投标文件各项得分均不应低于其权重分的60%，且各项得分应以评标委员会的打分平均值确定，该平均值以去掉一个最高分和一个最低分后计算。

第二十八条　采用综合评分法评标的工作步骤：

（一）对通过初步评审的投标文件进行列表；

（二）对在符合性评审过程中拒绝澄清的，按照招标文件规定对其进行不利于该投标人的量化评分；

（三）对不能满足第二十一条要求的投标文件作废标处理；

（四）计算投标文件的评标价，并按照招标文件规定进行评分，其中以低于成本价竞标的，应作废标处理；

（五）对投标文件财务能力、技术能力、管理水平和投标人以往施工履约信誉进行评分，对不能满足第二十三条要求的作废标处理，对存在细微偏差的投标文件应进行澄清或量化评分；

（六）对各项评分进行汇总，拟定"综合评分排序表"，按评分从高到低进行排序，推荐得分最高的投标人为中标候选人，得分排名第二和第三的为后备的中标候选人。

第二十九条 最低评标价法是对通过初步评审和详细评审的投标人按照评标价由低到高排序，推荐评标价最低的投标人为中标候选人。

第三十条 采用最低评标价法评标的工作步骤：

（一）对通过初步评审的投标文件报价进行列表；

（二）对在符合性评审过程中拒绝澄清的，按照招标文件规定对其进行不利于该投标人的评标量化；

（三）按照招标文件规定扣除非竞争性因素，计算出评标价，其中以低于成本价竞标的，作废标处理；

（四）对投标文件的合同条件、财务能力、技术能力、管理水平和投标人以往施工履约信誉进行评审，对不符合第二十一条、第二十三条要求的作废标处理，对存在细微偏差的投标文件进行澄清或者按招标文件规定对其进行不利于该投标人的评标量化；

（五）拟定"标价排序表"，按评标价由低到高进行排序，推荐评标价最低的投标人为中标候选人，评标价排第二和第三的为后备的中标候选人。

第三十一条 对于划分有多个标段进行招标的项目，招标文件如果允许投标人为获得一个以上合同而提出优惠，评标委员会应考虑投标人提出的优惠，并按照招标文件规定的评标标准和方法进行审查，以最有利于招标人利益为原则推荐中标候选人。

第三十二条 评标委员会在评标过程中应充分评议，发扬民主，实行少数服从多数的原则。

第五章 评标报告

第三十三条 评标工作完成后，评标委员会主任委员应组织编写评标报告（格式见附件），提交给招标人，并抄报交通主管部门。

第三十四条 评标报告应当记录以下内容：

（一）项目概况（包括招标项目基本情况和数据）；

（二）招标过程（包括资格预审和开标记录）；

（三）评标工作（包括评标委员会组成、评标标准与办法、初步评审、详细评审以及废标说明）；

（四）评标结果；

（五）评标附表及有关澄清记录。

第三十五条 评标委员会所有成员应在第三十四条规定的评标报告（三）、（四）、（五）项的每一页上签字。招标人和由招标人组织成立的清标工作组应对其所提供的评标信息签字负责。

第三十六条 评标委员会成员对评标结论持有异议的，可保留意见，但应以书面方式在评标报告中阐述理由。评标委员会成员拒绝在评标报告上签字且不陈述理由的，视为同意评标结论。

第三十七条 评标工作结束后，如发现招标人提供给评标委员会的信息、数据有误或不完整，或者由于评标委员会的原因导致评标结果出现重大偏差，有关交通主管部门应及时通知招标人，由招标人邀请原评标委员会成员重新评标，修正评标报告和评标结论。

第六章 纪　律

第三十八条　评标委员会应当严谨、客观、公正地履行职责，遵守职业道德，对所提出的评审意见承担个人责任。

第三十九条　评标委员会向招标人提交书面评标报告后自动解散。评标工作中使用的文件、表格以及其他资料应当同时归还招标人。

第四十条　评标委员会成员和其他参加评标活动的人员不得与任何投标人，或者与投标人有利害关系的人进行私下接触，不得收受投标人和其他与投标有利害关系的人的财物或者其他好处。

第四十一条　评标委员会成员和其他参加评标活动的人员，不得向他人透露对投标文件的评审、中标候选人的推荐情况以及与评标有关的其他情况。

第七章 附　则

第四十二条　本细则由交通部负责解释。

第四十三条　利用国际金融组织贷款和外国政府贷款的项目，贷款方对评标工作有特殊规定的，可适用其规定，但违背中华人民共和国社会公共利益的除外。

第四十四条　本细则自 2003 年 5 月 1 日起施行。

5. 公路建设项目评标专家库管理办法（试行）

(交公路发〔2001〕300号)

第一条 为加强对评标专家的管理，规范专家评标行为，保证评标的公正与公平，根据《中华人民共和国招标投标法》，制定本办法。

第二条 公路建设项目评标专家库（以下简称专家库）由具备本办法规定的资格条件的专家组成。专家库分交通部专家库和省级专家库两级。交通部专家库由交通部负责建立和管理；省级专家库由各省（自治区、直辖市）交通主管部门负责建立和管理。

第三条 入选专家库的专家，必须具备以下基本条件：

（一）具有良好的政治素质和职业道德，能依法办事，维护国家利益和招标投标双方的合法权益；

（二）熟悉国家有关招标投标的法律、法规和规章；

（三）从事公路专业工作满8年，熟悉公路建设管理和相关技术，具有丰富的公路建设项目评标经验；

（四）具有公路专业高级技术职称或相关专业的同等专业水平；

（五）年龄一般在65岁以下，身体健康，能够胜任评标工作。

第四条 凡具备前款规定的资格条件的专业人员，均可申请进入专家库，经交通主管部门审查通过后取得评标专家资格。

第五条 评标专家可通过本人申请或单位推荐方式产生。申请程序如下：

（一）申请人填写"公路建设项目评标专家申请登记表"；

（二）经所在单位审核同意后，报省级交通主管部门；

（三）申请进入省级专家库的，由省级交通主管部门定期组织评审，确定申请人是否具备省级专家库评标专家资格；

（四）申请进入交通部专家库的，由省级交通主管部门审核同意后报交通部；

（五）交通部定期组织评审，确定申请人是否具备交通部专家库评标专家资格。

第六条 具备进入交通部或省级专家库评标专家资格的，由交通部或省级交通主管部门统一组织培训后，颁发评标专家资格证书，并发文公布。

第七条 招标人应按项目管理权限从相应专家库中选择评标专家。国道主干线项目和国家、交通部确定的重点公路建设项目，从交通部专家库中选择评标专家，或根据交通部授权从省级专家库中选择评标专家。其他公路建设项目，从省级专家库中选择评标专家。

第八条 选择评标专家应按以下程序进行：

（一）招标人根据评标工作安排，提前七个工作日向交通部或省级交通主管部门提出申请；

（二）交通部或省级交通主管部门根据项目特点，向招标人提供候选专家名单；

（三）招标人根据候选专家名单，确定评标专家。

评标专家名单在中标结果确定前应当保密。

第九条 一般招标项目可采取随机抽取方法选择评标专家；对于技术复杂的特殊招标项目，可以采取直接指定的方式选择评标专家。

第十条 选择评标专家应实行回避制度。凡评标专家与投标人有利害关系，可能影响公正评标的,不得进入评标委员会。

第十一条 专家所在单位应积极支持评标专家的工作,优先安排参加评标活动。

第十二条 评标专家的主要权力:

(一)接受招标人或招标代理机构的聘请,进入评标委员会,担任评标专家;

(二)对投标人的投标文件进行独立评审,不受任何单位和个人的非法干预和影响;

(三)按照评标委员会的统一安排,要求投标人对投标文件中存在的问题进行澄清;

(四)如招标人、招标代理机构或评标委员会其他成员有违法、违规或不公正行为,有权向交通主管部门报告,并拒绝在评标报告上签字。

第十三条 评标专家的主要义务:

(一)严格执行国家有关招标投标的法律、法规、规章和招标文件的有关规定,并接受交通主管部门、纪检和监察部门的监督管理;

(二)客观、公正地对投标文件进行评审,遵守职业道德,不徇私舞弊;

(三)遵守保密规定,不泄露评标的任何情况;

(四)评标工作结束后,向招标人提交书面评标报告并于7天内,按项目管理权限,向交通主管部门报告评标工作情况;

(五)参加交通主管部门组织的培训。

第十四条 招标人应负担评标专家在评标工作期间的食宿、交通费用,并按国家有关规定支付评标专家报酬。

第十五条 评标专家有下列情况之一的,由交通部或省级交通主管部门取消其评标专家资格:

(一)一年之内两次被邀请但拒绝参加评标活动的;

(二)无正当理由,承诺参加但没有参加评标活动或中途退出评标活动的;

(三)评标期间私下接触投标人的;

(四)收受投标人的财物或其他好处的;

(五)违反保密规定,泄露评标情况的;

(六)存在评标不公正行为,损害招标人或投标人权益的;

(七)未按要求提交评标报告的;

(八)不参加培训达两次以上的;

(九)由于健康等原因,不能胜任评标工作的。

第十六条 评标专家实行定期培训制度。交通部和省级交通主管部门原则上每年组织一次对评标专家的培训。

第十七条 评标专家库实行动态管理。招标人在评标工作结束后,应对评标专家的意见和评价及时报交通主管部门。交通主管部门每年要对专家的评标工作进行综合评价。对评价不合格的专家,取消其评标专家资格。根据工作需要,可补充符合资格要求的专家进入专家库。

第十八条 本办法由交通部负责解释。

第十九条 本办法自发布之日起施行(试行)。

6. 铁路建设工程招标评标委员会评委专家库管理办法

(铁建设〔2000〕56号)

第一章 总 则

第一条 为规范管理铁路建设工程招标评标委员会评委专家库,确保铁路建设工程招标评标工作的科学性、权威性、公正性,增加评标工作的透明度,根据《中华人民共和国招标投标法》和铁道部《铁路有形建设市场管理办法》,制定本办法。

第二条 本办法所称铁路建设工程招标评标委员会评委专家库(简称"评委专家库",其成员简称评委专家),是指从事过铁路建设工程设计、施工、科研、建设管理工作,并具有较高理论水平和实践经验,取得评委专家资格证书的工程、经济管理人员组成的人才库。

第三条 评委专家库主要为铁路建设工程施工、设计、监理、物资设备采购等招标活动的评标委员会提供相关评委专家。

第四条 评委专家库分技术、经济两大类,依据铁路建设工程需要设线路、桥梁、隧道、站场、四电、概预算等不同专业。

第二章 评委专家库管理

第五条 铁路一、二级有形建设市场的评委专家库分别由铁道部和各铁路局建设主管部门负责组建,由工程招标投标办公室负责日常管理。

第六条 工程招标投标办公室负责评委专家库日常管理,其主要职责是:

1. 负责建立评委专家档案,对评委专家资质进行审查和定期考核;
2. 负责对评委专家评标定标工作进行监督和管理;
3. 监督随机抽取评委专家工作,对不符合条件的或因故不能参加评标工作的评委专家,负责监督进行二次抽取或补充抽取。

第三章 评委专家条件和审批

第七条 评委专家应是在专业上有影响的,在职或离退休的铁路建设工程技术、管理人员。评委专家应具备以下条件:

1. 熟悉铁路建设市场和铁路建设工程管理的有关法律、法规、规章和规范标准,有丰富的实践工作经验;
2. 自觉遵守招标评标纪律,作风正派,秉公办事,廉洁自律,敢于坚持原则,抵制不正之风;
3. 具有或相当于高级专业技术职称,并且从事铁路建设工程技术、管理工作满8年;
4. 身体健康,胜任招标、评标、定标工作。年龄,原则上女不超过60周岁,男不超过65周岁。

第八条 评委专家库的组成人员由铁路建设系统管理部门,设计、施工、监理、科研、院校等单位按要求推荐或个人自荐,经工程招标投标办公室审核,建设主管部门批准,取得部建设管理司统一印刷的资格证书后,进入评委专家库。

第四章 评标委员会评委专家的产生

第九条 组织招标活动时，评标委员会的技术、经济管理专家由招标人在工程招标投标办公室的监督下，通过微机软件、摇号、抽签等方式从评委专家库相关专业中随机选定。其选定人数在招标文件报批时，由工程招标投标办公室审定。

有下列情况之一者，经工程招标投标办公室同意后，重新抽选。

1. 选定的评委专家与该项目投标人有直接利害关系，可能影响评标的公正性；
2. 评委专家因故不能出席的。

若评委专家库不能提供相关专业专家，经工程招标投标办公室同意，可由招标人直接确定专家。

第十条 评委专家选定后，由招标人及时书面或电话直接通知本人。

第五章 评委专家的权利和义务

第十一条 权利

1. 对投标单位的标书发表自己的意见和保留自己的看法；
2. 不受任何干预，对投标标书独立打分或者投票，决定或者推荐中标单位（中标方案）；
3. 对评委专家库的管理工作提出意见和建议；
4. 按规定取得评审费用。

第十二条 评委专家在参加评标工作期间，其往返差旅费、食宿费均由招标人负责。专家评审费用由招标人计付。

第十三条 义务

1. 根据招标人随机抽样组成的评标委员会名单，在工程招标投标办公室的监督管理与招标人的组织下，服从评标委员会的统一管理，按规定参加评标定标活动；
2. 客观公正地发表意见，评价投标文件；
3. 对评标定标工作的全过程保密；
4. 承担失误或过错责任。

第六章 纪 律

第十四条 评委专家库由工程招标投标办公室专人负责管理，专家库资料不得向任何单位或个人泄露。需调阅有关资料时，须经招标投标办公室主任批准。

第十五条 招标投标办公室和招标人对随机抽取（或更换）评委专家的结果，应严格保密，在评标工作结束前不得向外泄露。

第十六条 经随机抽取选定的评委专家，接到招标人通知后，应及时报到。因故不能参加评标，须提前向招标人请假。

第十七条 评委专家在参加评标活动期间，应服从评标委员会的组织安排，公正、科学、严肃地进行评标，在评标中不得以任何方式向投标利害人透露有关情况。

评委专家在评标工作中，如发现有泄密行为，经招标投标办公室核实，立即取消其评委专家资格并追究责任。

第十八条 评委专家在参加评标工作期间，不得与投标人接触，不得接受投标人的任何馈赠和宴请。

第十九条 评委专家库管理人员和评委专家违反纪律、徇私舞弊，失去公正行为的，报原审批部门同意后，取消其评委资格。构成犯罪的，依法追究其刑事责任。

第七章 附 则

第二十条 本办法的解释权在铁道部建设管理司。

第二十一条 本办法自公布之日起实行。

七、投 诉 与 处 理

1. 投标人或者其他利害关系人如何投诉？

投标人或者其他利害关系人认为招标投标活动不符合法律、行政法规规定的，可以自知道或者应当知道之日起 10 日内向有关行政监督部门投诉。投诉应当有明确的请求和必要的证明材料。就招标投标法实施条例第二十二条、第四十四条、第五十四条规定事项投诉的，应当先向招标人提出异议，异议答复期间不计算在前款规定的期限内。

2. 行政监督部门处理投诉时效有哪些？

投诉人就同一事项向两个以上有权受理的行政监督部门投诉的，由最先收到投诉的行政监督部门负责处理。行政监督部门应当自收到投诉之日起 3 个工作日内决定是否受理投诉，并自受理投诉之日起 30 个工作日内作出书面处理决定；需要检验、检测、鉴定、专家评审的，所需时间不计算在内。投诉人捏造事实、伪造材料或者以非法手段取得证明材料进行投诉的，行政监督部门应当予以驳回。

3. 行政监督部门如何处理投诉？

行政监督部门处理投诉，有权查阅、复制有关文件、资料，调查有关情况，相关单位和人员应当予以配合。必要时，行政监督部门可以责令暂停招标投标活动。行政监督部门的工作人员对监督检查过程中知悉的国家秘密、商业秘密，应当依法予以保密。

附录七：招标投标监督管理相关法规

1. 国家重大建设项目招标投标监督暂行办法

国家发改委 18 号令

第一条 为了加强国家重大建设项目招标投标活动的监督，保证招标投标活动依法进行，根据《中华人民共和国招标投标法》、《国务院办公厅印发国务院有关部门实施招标投标活动行政监督职责分工意见的通知》（国办发［2000］34 号）和《国家重大建设项目稽查办法》（国办发［2000］54 号、2000 年国家计委令第 6 号），制定本办法。

第二条 国家计委根据国务院授权，负责组织国家重大建设项目稽查特派员及其助理（以下简称稽查人员），对国家重大建设项目的招标投标活动进行监督检查。

第三条 本办法所称国家重大建设项目，是指国家出资融资的，经国家计委审批或审核后报国务院审批的建设项目。

第四条 国家重大建设项目的招标范围、规模标准及评标方法，按《工程建设项目招标范围和规模标准规定》（2000 年国家计委令第 3 号）、《评标委员会和评标方法暂行规定》（2001 年国家计委、经贸委、建设部、铁道部、交通部、信息产业部、水利部令第 12 号）执行。

国家重大建设项目招标公告的发布，按《招标公告发布暂行办法》（2000 年国家计委令第 4 号）执行。

依法必须招标的国家重大建设项目，必须在报送项目可行性研究报告中增加有关招标内容，具体办法按《建设项目可行性研究报告增加招标内容以及核准招标事项暂行规定》（2001 年国家计委令第 9 号）执行。

招标人自行招标的，必须符合《工程建设项目自行招标试行办法》（2000 年国家计委令第 5 号）有关规定。

第五条 招标人和中标人应按照《中华人民共和国招标投标法》和《中华人民共和国合同法》规定签订书面合同。合同中确定的建设标准、建设内容、合同价格必须控制在批准的设计及概算文件范围内。

除因不可抗力等情况导致项目无法执行或中标人不能履行合同外，任何单位和个人不得以其他任何理由将合同转让给他人，或要求中标人放弃合同。

第六条 通过招标节省的概算投资，不得擅自挪作他用。

第七条 任何单位和个人对国家重大建设项目招标投标过程中发生的违法行为，有权向国家计委投诉或举报。国家计委在收到投诉或举报后 15 个工作日内做出是否受理的决定。

对受理的投诉和举报，国家计委负责组织核查处理或者转请地方发展计划部门和有关部门依法查处。

第八条 稽查人员对国家重大建设项目的招标投标活动进行监督检查可以采取经常性稽查和专项性稽查的方式。经常性稽查方式是对建设项目所有招标投标活动进行全过程的跟踪监控；专项性稽查方式是对建设项目招标投标活动实施抽查。经常性稽查项目名单由国家计委确定。

第九条 列入经常性稽查的项目，招标人应当根据核准的招标事项编制招标文件，并在发售前15个工作日将招标文件、资格预审情况和时间安排及相关文件一式三份报国家计委备案。

招标人确定中标人后，应当在15个工作日内向国家计委提交招标投标情况报告。报告内容依照《评标委员会和评标方法暂行规定》（2001年国家计委、经贸委、建设部、铁道部、交通部、信息产业部、水利部令第12号）第四十二条规定执行。

第十条 稽查人员对国家重大建设项目贯彻执行国家有关招标投标的法律、法规、规章和政策情况以及招标投标活动进行监督检查，履行下列职责：

（一）监督检查招标投标当事人和其他行政监督部门有关招标投标的行为是否符合法律、法规规定的权限、程序。

（二）监督检查招标投标的有关文件、资料，对其合法性、真实性进行核实。

（三）监督检查资格预审、开标、评标、定标过程是否合法以及是否符合招标文件、资格审查文件规定，并可进行相关的调查核实。

（四）监督检查招标投标结果的执行情况。

第十一条 稽查人员对招标投标活动进行监督检查，可以采取下列方式：

（一）检查项目审批程序、资金拨付等资料和文件；

（二）检查招标公告、投标邀请书、招标文件、投标文件，核查投标单位的资质等级和资信等情况；

（三）监督开标、评标，并可以旁听与招标投标事项有关的重要会议；

（四）向招标人、投标人、招标代理机构、有关行政主管部门、招标公证机构调查了解情况，听取意见；

（五）审阅招标投标情况报告、合同及其有关文件；

（六）现场查验、调查、核实招标结果执行情况。

根据需要，可以联合国务院其他行政监督部门、地方发展计划部门开展工作，并可以聘请有关专业技术人员参加检查。

稽查人员在监督检查过程中不得泄漏知悉的保密事项，不得作为评标委员会成员直接参与评标。

第十二条 稽查人员与被监督单位的权利、义务，依照《国家重大建设项目稽查办法》（国办发［2000］54号、2000年国家计委令第6号）的有关规定执行。

第十三条 对招标投标活动监督检查中发现的招标人、招标代理机构、投标人、评标委员会成员和相关工作人员违反《中华人民共和国招标投标法》及相关配套法规、规章的，国家计委视情节依法给予以下处罚：

（一）警告。

（二）责令限期改正。

（三）罚款。

（四）没收违法所得。

（五）取消在一定时期参加国家重大建设项目投标、评标资格。

（六）暂停安排国家建设资金或暂停审批有关地区、部门建设项目。

第十四条 对需要暂停或取消招标代理资质、吊销营业执照、责令停业整顿、给予行政处分、依法追究刑事责任的，移交有关部门、地方人民政府或者司法机关处理。

第十五条 对国家重大建设项目招标投标过程中发生的各种违法行为进行处罚时，也可以依据职责分工由国家计委会同有关部门共同实施。

重大处理决定，应当报国务院批准。

第十六条 国家计委和有关部门作出处罚之前，应告知当事人。当事人对处罚有异议的，国家计委及其他有关行政监督部门应予核实。

对处罚决定不服的，可以依法申请复议。

第十七条 各省、自治区、直辖市人民政府发展计划部门可依据《中华人民共和国招标投标法》及相关法规、规章，结合当地实际，参照本办法制定本地区招标投标监督办法。

第十八条 本办法由国家计委负责解释。

第十九条 本办法自 2002 年 2 月 1 日起施行。

2. 工程建设项目招标投标活动投诉处理办法

国家发改委 11 号令

第一条 为保护国家利益、社会公共利益和招标投标当事人的合法权益，建立公平、高效的工程建设项目招标投标活动投诉处理机制，根据《中华人民共和国招标投标法》第六十五条规定，制定本办法。

第二条 本办法适用于工程建设项目招标投标活动的投诉及其处理活动。

前款所称招标投标活动，包括招标、投标、开标、评标、中标以及签订合同等各阶段。

第三条 投标人和其他利害关系人认为招标投标活动不符合法律、法规和规章规定的，有权依法向有关行政监督部门投诉。

前款所称其他利害关系人是指投标人以外的，与招标项目或者招标活动有直接和间接利益关系的法人、其他组织和个人。

第四条 各级发展改革、建设、水利、交通、铁道、民航、信息产业（通信、电子）等招标投标活动行政监督部门，依照《国务院办公厅印发国务院有关部门实施招标投标活动行政监督的职责分工的意见的通知》（国办发[2000]34号）和地方各级人民政府规定的职责分工，受理投诉并依法作出处理决定。

对国家重大建设项目（含工业项目）招标投标活动的投诉，由国家发展改革委受理并依法作出处理决定。对国家重大建设项目招标投标活动的投诉，有关行业行政监督部门已经受理的，应当通报国家发展改革委，国家发展改革委不再受理。

第五条 行政监督部门处理投诉时，应当坚持公平、公正、高效原则，维护国家利益、社会公共利益和招标投标当事人的合法权益。

第六条 行政监督部门应当确定本部门内部负责受理投诉的机构及其电话、传真、电子信箱和通信地址，并向社会公布。

第七条 投诉人投诉时，应当提交投诉书。投诉书应当包括下列内容：

（一）投诉人的名称、地址及有效联系方式；

（二）被投诉人的名称、地址及有效联系方式；

（三）投诉事项的基本事实；

（四）相关请求及主张；

（五）有效线索和相关证明材料。

投诉人是法人的，投诉书必须由其法定代表人或者授权代表签字并盖章；其他组织或个人投诉的，投诉书必须由其主要负责人或投诉人本人签字，并附有效身份证明复印件。

投诉书有关材料是外文的，投诉人应当同时提供其中文译本。

第八条 投诉人不得以投诉为名排挤竞争对手，不得进行虚假、恶意投诉，阻碍招标投标活动的正常进行。

第九条 投诉人应当在知道或者应当知道其权益受到侵害之日起十日内提出书面投诉。

第十条 投诉人可以直接投诉，也可以委托代理人办理投诉事务。代理人办理投诉事务时，应将授权委托书连同投诉书一并提交给行政监督部门。授权委托书应当明确有关委托代理权限和事项。

第十一条 行政监督部门收到投诉书后，应当在五日内进行审查，视情况分别做出以下处理决定：

（一）不符合投诉处理条件的，决定不予受理，并将不予受理的理由书面告知投诉人；

（二）对符合投诉处理条件，但不属于本部门受理的投诉，书面告知投诉人向其他行政监督部门提出投诉；

对于符合投诉处理条件并决定受理的，收到投诉书之日即为正式受理。

第十二条 有下列情形之一的投诉，不予受理：

（一）投诉人不是所投诉招标投标活动的参与者，或者与投诉项目无任何利害关系；

（二）投诉事项不具体，且未提供有效线索，难以查证的；

（三）投诉书未署具投诉人真实姓名、签字和有效联系方式的，以法人名义投诉的，投诉书未经法定代表人签字并加盖公章的；

（四）超过投诉时效的；

（五）已经作出处理决定，并且投诉人没有提出新的证据的；

（六）投诉事项已进入行政复议或行政诉讼程序的。

第十三条 行政监督部门负责投诉处理的工作人员，有下列情形之一的，应当主动回避。

（一）近亲属是被投诉人、投诉人，或者是被投诉人、投诉人的主要负责人；

（二）在近三年内本人曾经在被投诉人单位担任高级管理职务的；

（三）与被投诉人、投诉人有其他利害关系，可能影响对投诉事项公正处理的。

第十四条 行政监督部门受理投诉后，应当调取、查阅有关文件，调查、核实有关情况。

对情况复杂、涉及面广的重大投诉事项，有权受理投诉的行政监督部门可以会同其他有关的行政监督部门进行联合调查，共同研究后由受理部门作出处理决定。

第十五条 行政监督部门调查取证时，应当由两名以上行政执法人员进行，并作笔录，交被调查人签字确认。

第十六条 在投诉处理过程中，行政监督部门应当听取被投诉人的陈述和申辩，必要时可通知投诉人和被投诉人进行质证。

第十七条 行政监督部门负责处理投诉的人员应当严格遵守保密规定，对于在投诉处理过程中所接触到的国家秘密、商业秘密应当予以保密，也不得将投诉事项透露给予投诉无关的其他单位和个人。

第十八条 对行政监督部门依法进行的调查，投诉人、被投诉人以及评标委员会成员等与投诉事项有关的当事人应当予以配合，如实提供有关资料及情况，不得拒绝、隐匿或伪报。

第十九条 投诉处理决定做出前，投诉人要求撤回投诉的，应当以书面形式提出并说明理由，由行政监督部门视以下情况，决定是否准予撤回：

（一）已经查实有明显违法行为的，应当不准撤回，并继续查处直至作出处理决定。

（二）撤回投诉不损害国家利益、社会公共利益或其他当事人合法权益的，应当准予撤回，投诉处理过程终止。投诉人不得以同一事实和理由再提出投诉。

第二十条 行政监督部门应当根据调查和取证情况，对投诉事项进行审查，按照下列规定作出处理决定：

（一）投诉缺乏事实根据或者法律依据的，驳回投诉；

（二）投诉情况属实，招标投标活动确实存在违法行为的，依据《中华人民共和国招标投标法》及其他有关法规、规章作出处罚。

第二十一条　负责受理投诉的行政监督部门应当自受理投诉之日起三十日内，对投诉事项作出处理决定，并以书面形式通知投诉人、被投诉人和其他与投诉处理结果有关的当事人。

情况复杂，不能在规定期限内作出处理决定的，经本部门负责人批准，可以适当延长，并告知投诉人和被投诉人。

第二十二条　投诉处理决定应当包括下列主要内容：
（一）投诉人和被投诉人的名称、住址；
（二）投诉人的投诉事项及主张；
（三）被投诉人的答辩及请求；
（四）调查认定的基本事实；
（五）行政监督部门的处理意见及依据。

第二十三条　行政监督部门应当建立投诉处理档案，并做好保存和管理工作，接受有关方面的监督检查。

第二十四条　行政监督部门在处理投诉过程中，发现被投诉人单位直接负责的主管人员和其他直接责任人员有违法、违规或者违纪行为的，应当建议其行政主管机关、纪检监察部门给予处分；情节严重构成犯罪的，移送司法机关处理。

对招标代理机构有违法行为，且情节严重的，依法暂停直至取消招标代理资格。

第二十五条　当事人对行政监督部门的投诉处理决定不服或者行政监督部门逾期未作处理的，可以依法申请行政复议或者向人民法院提起行政诉讼。

第二十六条　投诉人故意捏造事实、伪造证明材料的，属于虚假恶意投诉，由行政监督部门驳回投诉，并给予警告；情节严重的，可以并处一万元以下罚款。

第二十七条　行政监督部门工作人员在处理投诉过程中徇私舞弊、滥用职权或者玩忽职守，对投诉人打击报复的，依法给予行政处分；构成犯罪的，依法追究刑事责任。

第二十八条　行政监督部门在处理投诉过程中，不得向投诉人和被投诉人收取任何费用。

第二十九条　对于性质恶劣、情节严重的投诉事项，行政监督部门可以将投诉处理结果在有关媒体上公布，接受舆论和公众监督。

第三十条　本办法由国家发展改革委会同国务院有关部门解释。

第三十一条　本办法自2004年8月1日起施行。

八、法 律 责 任

1. 《招标投标法实施条例》对招标人限制或者排斥潜在投标人的行为如何处罚？

招标人有下列限制或者排斥潜在投标人行为之一的，由有关行政监督部门依照招标投标法第五十一条的规定处罚：

（1）依法应当公开招标的项目不按照规定在指定媒介发布资格预审公告或者招标公告；

（2）在不同媒介发布的同一招标项目的资格预审公告或者招标公告的内容不一致，影响潜在投标人申请资格预审或者投标。

依法必须进行招标的项目的招标人不按照规定发布资格预审公告或者招标公告，构成规避招标的，依照招标投标法第四十九条的规定处罚。

2. 《招标投标法实施条例》对招标人的哪些情形由有关行政监督部门予以罚款？

招标人有下列情形之一的，由有关行政监督部门责令改正，可以处10万元以下的罚款：

（1）依法应当公开招标而采用邀请招标；

（2）招标文件、资格预审文件的发售、澄清、修改的时限，或者确定的提交资格预审申请文件、投标文件的时限不符合招标投标法和本条例规定；

（3）接受未通过资格预审的单位或者个人参加投标；

（4）接受应当拒收的投标文件。

招标人有前款第一项、第三项、第四项所列行为之一的，对单位直接负责的主管人员和其他直接责任人员依法给予处分。

3. 《招标投标法实施条例》对招标代理机构的哪些行为追究法律责任？

招标代理机构在所代理的招标项目中投标、代理投标或者向该项目投标人提供咨询的，接受委托编制标底的中介机构参加受托编制标底项目的投标或者为该项目的投标人编制投标文件、提供咨询的，依照招标投标法第五十条的规定追究法律责任。

4. 《招标投标法实施条例》对招标人超过规定收取投标保证金的行为如何追究赔偿责任？

招标人超过本条例规定的比例收取投标保证金、履约保证金或者不按照规定退还投标保证金及银行同期存款利息的，由有关行政监督部门责令改正，可以处5万元以下的罚款；给他人造成损失的，依法承担赔偿责任。

5. 《招标投标法实施条例》对投标人相互串通投标如何追究刑事责任？

投标人相互串通投标或者与招标人串通投标的，投标人向招标人或者评标委员会成员行贿谋取中标的，中标无效；构成犯罪的，依法追究刑事责任；尚不构成犯罪的，依照招标投标法第五十三条的规定处罚。投标人未中标的，对单位的罚款金额按照招标项目合同金额依照招标投标法规定的比例计算。投标人有下列行为之一的，属于招标投标法第五十三条规定的情节严重行为，由有关行政监督部门取消其1～2年内参加依法必须进行招标的项目的投标资格：

（1）以行贿谋取中标；
（2）3年内2次以上串通投标；
（3）串通投标行为损害招标人、其他投标人或者国家、集体、公民的合法利益，造成直接经济损失30万元以上；
（4）其他串通投标情节严重的行为。

投标人自第二款规定的处罚执行期限届满之日起3年内又有该款所列违法行为之一的，或者串通投标、以行贿谋取中标情节特别严重的，由工商行政管理机关吊销营业执照。法律、行政法规对串通投标报价行为的处罚另有规定的，从其规定。

6. 《招标投标法实施条例》对投标人弄虚作假骗取中标的行为如何追究法律责任？

投标人以他人名义投标或者以其他方式弄虚作假骗取中标的，中标无效；构成犯罪的，依法追究刑事责任；尚不构成犯罪的，依照招标投标法第五十四条的规定处罚。依法必须进行招标的项目的投标人未中标的，对单位的罚款金额按照招标项目合同金额依照招标投标法规定的比例计算。投标人有下列行为之一的，属于招标投标法第五十四条规定的情节严重行为，由有关行政监督部门取消其1～3年内参加依法必须进行招标的项目的投标资格：

（1）伪造、变造资格、资质证书或者其他许可证件骗取中标；
（2）3年内2次以上使用他人名义投标；
（3）弄虚作假骗取中标给招标人造成直接经济损失30万元以上；
（4）其他弄虚作假骗取中标情节严重的行为。

投标人自第二款规定的处罚执行期限届满之日起3年内又有该款所列违法行为之一的，或者弄虚作假骗取中标情节特别严重的，由工商行政管理机关吊销营业执照。出让或者出租资格、资质证书供他人投标的，依照法律、行政法规的规定给予行政处罚；构成犯罪的，依法追究刑事责任。

7. 《招标投标法实施条例》对招标人不按照规定组建评标委员会如何处罚？

依法必须进行招标的项目的招标人不按照规定组建评标委员会，或者确定、更换评标委员会成员违反招标投标法和招标投标法实施条例规定的，由有关行政监督部门责令改正，可以处10万元以下的罚款，对单位直接负责的主管人员和其他直接责任人员依法给予处分；违法确定或者更换的评标委员会成员作出的评审结论无效，依法重新进行评审。国家工作人员以任何方式非法干涉选取评标委员会成员的，依照招标投标法实施条例第八十一条的规定追究法律责任。

8. 《招标投标法实施条例》对评标委员会成员的哪些行为予以处罚？

评标委员会成员有下列行为之一的，由有关行政监督部门责令改正；情节严重的，禁止其在一定期限内参加依法必须进行招标的项目的评标；情节特别严重的，取消其担任评标委员会成员的资格：

（1）应当回避而不回避；
（2）擅离职守；

(3) 不按照招标文件规定的评标标准和方法评标；
(4) 私下接触投标人；
(5) 向招标人征询确定中标人的意向或者接受任何单位或者个人明示或者暗示提出的倾向或者排斥特定投标人的要求；
(6) 对依法应当否决的投标不提出否决意见；
(7) 暗示或者诱导投标人作出澄清、说明或者接受投标人主动提出的澄清、说明；
(8) 其他不客观、不公正履行职务的行为。

评标委员会成员收受投标人的财物或者其他好处的，没收收受的财物，处 3000 元以上 5 万元以下的罚款，取消担任评标委员会成员的资格，不得再参加依法必须进行招标的项目的评标；构成犯罪的，依法追究刑事责任。

9.《招标投标法实施条例》对招标人的哪些行为予以处罚？

依法必须进行招标的项目的招标人有下列情形之一的，由有关行政监督部门责令改正，可以处中标项目金额 10‰ 以下的罚款；给他人造成损失的，依法承担赔偿责任；对单位直接负责的主管人员和其他直接责任人员依法给予处分：
(1) 无正当理由不发出中标通知书；
(2) 不按照规定确定中标人；
(3) 中标通知书发出后无正当理由改变中标结果；
(4) 无正当理由不与中标人订立合同；
(5) 在订立合同时向中标人提出附加条件。

10.《招标投标法实施条例》对中标人的哪些行为予以处罚？

中标人无正当理由不与招标人订立合同，在签订合同时向招标人提出附加条件，或者不按照招标文件要求提交履约保证金的，取消其中标资格，投标保证金不予退还。对依法必须进行招标的项目的中标人，由有关行政监督部门责令改正，可以处中标项目金额 10‰ 以下的罚款。招标人和中标人不按照招标文件和中标人的投标文件订立合同，合同的主要条款与招标文件、中标人的投标文件的内容不一致，或者招标人、中标人订立背离合同实质性内容的协议的，由有关行政监督部门责令改正，可以处中标项目金额 5‰ 以上 10‰ 以下的罚款。中标人将中标项目转让给他人的，将中标项目肢解后分别转让给他人的，违反招标投标法和招标投标法实施条例规定将中标项目的部分主体、关键性工作分包给他人的，或者分包人再次分包的，转让、分包无效，处转让、分包项目金额 5‰ 以上 10‰ 以下的罚款；有违法所得的，并处没收违法所得；可以责令停业整顿；情节严重的，由工商行政管理机关吊销营业执照。

11.《招标投标法实施条例》对投标人的哪些行为予以处罚？

投标人或者其他利害关系人捏造事实、伪造材料或者以非法手段取得证明材料进行投诉，给他人造成损失的，依法承担赔偿责任。招标人不按照规定对异议作出答复，继续进行招标投标活动的，由有关行政监督部门责令改正，拒不改正或者不能改正并影响中标结果的，依照招标投标法实施条例第八十二条的规定处理。

12. 《招标投标法实施条例》对专业人员的哪些行为予以处罚？

取得招标职业资格的专业人员违反国家有关规定办理招标业务的，责令改正，给予警告；情节严重的，暂停一定期限内从事招标业务；情节特别严重的，取消招标职业资格。

13. 《招标投标法实施条例》对行政监督部门的哪些行为予以处罚？

国家建立招标投标信用制度。有关行政监督部门应当依法公告对招标人、招标代理机构、投标人、评标委员会成员等当事人违法行为的行政处理决定。项目审批、核准部门不依法审批、核准项目招标范围、招标方式、招标组织形式的，对单位直接负责的主管人员和其他直接责任人员依法给予处分。有关行政监督部门不依法履行职责，对违反招标投标法和本条例规定的行为不依法查处，或者不按照规定处理投诉、不依法公告对招标投标当事人违法行为的行政处理决定的，对直接负责的主管人员和其他直接责任人员依法给予处分。项目审批、核准部门和有关行政监督部门的工作人员徇私舞弊、滥用职权、玩忽职守，构成犯罪的，依法追究刑事责任。国家工作人员利用职务便利，以直接或者间接、明示或者暗示等任何方式非法干涉招标投标活动，有下列情形之一的，依法给予记过或者记大过处分；情节严重的，依法给予降级或者撤职处分；情节特别严重的，依法给予开除处分；构成犯罪的，依法追究刑事责任：

（1）要求对依法必须进行招标的项目不招标，或者要求对依法应当公开招标的项目不公开招标；

（2）要求评标委员会成员或者招标人以其指定的投标人作为中标候选人或者中标人，或者以其他方式非法干涉评标活动，影响中标结果；

（3）以其他方式非法干涉招标投标活动。

依法必须进行招标的项目的招标投标活动违反招标投标法和招标投标法实施条例的规定，对中标结果造成实质性影响，且不能采取补救措施予以纠正的，招标、投标、中标无效，应当依法重新招标或者评标。

附录八：违规责任相关法规

1. 国家重大建设项目稽查办法

国家发展计划委员会第 6 号令

第一条 为了加强对国家重大建设项目的监督，保证工程质量和资金安全，提高投资效益，制定本办法。

第二条 对国家重大建设项目的监督，实行稽查特派员制度。

国家重大建设项目稽查特派员由国家发展计划委员会派出，对国家重大建设项目的建设和管理进行稽查。

第三条 国家发展计划委员会负责组织和管理国家重大建设项目稽查工作。

依照本办法派出稽查特派员的国家重大建设项目（以下简称建设项目）名单，由国家发展计划委员会商国务院有关部门或者省、自治区、直辖市人民政府后确定。

第四条 国家重大建设项目稽查工作，坚持依法办事、客观公正、实事求是的原则。

稽查特派员与被稽查单位是监督与被监督的关系。稽查特派员不参与、不干预被稽查单位的日常业务活动和经营管理活动。

第五条 国家重大建设项目稽查工作，实行稽查特派员负责制。

一名稽查特派员一般配备三至五名助理，协助稽查特派员工作。

稽查特派员及其助理，均为国家公务员。

第六条 国家发展计划委员会设国家重大建设项目稽查特派员办公室，负责协调稽查特派员在稽查工作中与国务院有关部门和有关地方的关系，承办建设项目稽查的组织工作和稽查特派员及其助理的日常管理工作。

第七条 稽查特派员履行下列职责：

（一）监督被稽查单位贯彻执行国家有关法律、行政法规和方针政策的情况，监督被稽查单位有关建设项目的决定是否符合法律、行政法规和规章制度规定的权限、程序；

（二）检查建设项目的招标投标、工程质量、进度等情况，跟踪监测建设项目的实施情况；

（三）检查被稽查单位的财务会计资料以及与建设项目有关的其他资料，监督其资金使用、概算控制的真实性、合法性；

（四）对被稽查单位主要负责人的经营管理行为进行评价，提出奖惩建议。

第八条 一名稽查特派员一般负责五个建设项目的稽查工作，每年对每个建设项目进行一至二次现场稽查。

稽查特派员可以根据实际需要，不定期开展专项稽查。

第九条 稽查特派员开展稽查工作，可以采取下列方式：

（一）听取被稽查单位主要负责人有关建设项目的情况汇报，在被稽查单位召开与稽查事项有关的会议，参加被稽查单位与稽查事项有关的会议；

（二）查阅被稽查单位有关建设项目的财务报告、会计凭证、会计账簿等财务会计资料以及其他有关资料；

（三）进入建设项目现场进行查验、调查、核实建设项目的招标投标、工程质量、进度等情况；

（四）核查被稽查单位的财务、资金状况，向职工了解情况、听取意见，必要时要求被稽查单位主要负责人作出说明；

（五）向财政、审计、建设等有关部门及银行调查了解被稽查单位的资金使用、工程质量和经营管理情况。

国家发展计划委员会根据需要，可以组织稽查特派员与财政、审计、建设等有关部门人员联合进行稽查，也可以聘请有关专业技术人员参加稽查工作。

第十条　被稽查单位应当接受稽查特派员依法进行的稽查，定期、如实向稽查特派员提供与建设项目有关的文件、合同、协议、报表等资料和情况，报告建设和管理过程中的重大事项，不得拒绝、隐匿、伪报。

第十一条　国务院有关部门和有关的地方人民政府应当支持、配合稽查特派员的工作，为稽查特派员提供被稽查单位的有关情况和资料。

国家发展计划委员会应当加强同财政、审计、建设等有关部门以及银行的联系，相互通报有关情况。

第十二条　稽查特派员对稽查工作中发现的问题，应当向被稽查单位核实情况，听取意见；被稽查单位提出异议的，国家发展计划委员会可以根据具体情况进行复核。

第十三条　稽查特派员每次对建设项目进行的稽查工作结束后，应当及时提交稽查报告。

稽查报告的内容包括：建设项目是否履行了法定审批程序；建设项目资金使用、概算控制的分析评价，招标投标、工程质量、进度等情况的分析评价；被稽查单位主要负责人经营管理业绩的分析评价；建设项目存在的问题及处理建议；国家发展计划委员会要求报告的或者稽查特派员认为需要报告的其他事项。

第十四条　稽查报告由稽查特派员负责提出，由国家发展计划委员会负责审定；重大事项和情况，由国家发展计划委员会向国务院报告。

第十五条　稽查特派员在稽查工作中发现被稽查单位的行为有可能危及建设项目工程安全、造成国有资产流失或者侵害国有资产所有者权益以及稽查特派员认为应当立即报告的其他紧急情况，应当及时向国家发展计划委员会提出专题报告。

第十六条　稽查特派员由国家发展计划委员会任免。

稽查特派员由司（局）级公务员担任，年龄一般在55周岁以下。

稽查特派员应当熟悉并能贯彻执行国家有关法律、行政法规和方针政策，熟悉项目建设和管理，坚持原则，廉洁自持，忠实履行职责，自觉维护国家利益。

第十七条　稽查特派员助理由国家发展计划委员会任免。

稽查特派员助理由处级以下公务员担任，年龄一般在50周岁以下。

稽查特派员助理应当具备下列条件：

（一）熟悉并能贯彻执行国家有关法律、行政法规和方针政策；

（二）坚持原则，廉洁自持，忠实履行职责，保守秘密；

（三）熟悉项目建设和管理，具有财务、审计或者工程技术等方面的专业知识，并有相应的综合分析和判断能力；

（四）经过专门培训。

第十八条　国家发展计划委员会选派稽查特派员及其助理，应当吸收国务院有关部门的人员参加。

第十九条 稽查特派员及其助理对建设项目的稽查实行定期轮换制度，负责同一建设项目的稽查一般不得超过 3 年。

稽查特派员及其助理均为专职。

第二十条 稽查特派员的派出实行回避原则，不得派至其曾经管辖、工作过的建设项目或者其近亲属担任被稽查单位高级管理人员的建设项目。

第二十一条 稽查特派员开展稽查工作所需费用由国家财政拨付。

第二十二条 稽查特派员及其助理不得泄露被稽查单位的商业秘密。

第二十三条 稽查特派员及其助理在履行职责中，不得接受被稽查单位的任何馈赠、报酬、福利待遇，不得在被稽查单位报销费用，不得参加被稽查单位安排、组织或者支付费用的宴请、娱乐、旅游、出访等活动，不得在被稽查单位为自己、亲友或者其他人谋取私利。

第二十四条 稽查特派员及其助理在稽查工作中成绩突出，为维护国家利益做出重大贡献的，给予奖励。

第二十五条 稽查特派员及其助理有下列行为之一的，依法给予行政处分；构成犯罪的，依法追究刑事责任：

（一）对被稽查单位的重大违法违纪问题隐匿不报或者严重失职的；

（二）与被稽查单位串通编造虚假稽查报告的；

（三）有违反本办法第二十二条、第二十三条所列行为的。

第二十六条 被稽查单位发现稽查特派员及其助理有本办法第二十二条、第二十三条、第二十五条第（一）项、第（二）项所列行为时，有权向国家发展计划委员会报告。

第二十七条 被稽查单位违反建设项目建设和管理规定的，国家发展计划委员会依据职权，可以根据情节轻重作出以下处理决定：

（一）发出整改通知书，责令限期改正；

（二）通报批评；

（三）暂停拨付国家建设资金；

（四）暂停项目建设；

（五）暂停有关地区、部门同类新项目的审查批准。

涉及国务院其他有关部门和有关地方人民政府职责权限的问题，移交国务院有关部门和地方人民政府处理。

重大的处理决定，应当报国务院批准。

第二十八条 国家发展计划委员会发出限期整改通知书后，应当跟踪监测整改情况，并适时组织复查，直至达到整改目标。

有关地方、部门和单位应当根据整改通知书的内容和要求，认真进行整改。

第二十九条 被稽查单位有下列行为之一的，对直接负责的主管人员和其他直接责任人员依法给予纪律处分，直至撤销职务；构成犯罪的，依法追究刑事责任：

（一）拒绝、阻碍稽查特派员依法履行职责的；

（二）拒绝、无故拖延向稽查特派员提供财务、工程质量、经营管理等有关情况和资料的；

（三）隐匿、伪报有关资料的；

（四）有妨碍稽查特派员依法履行职责的其他行为的。

第三十条 本办法自公布之日起施行。

2. 招标投标违法行为记录公告暂行办法

发改法规 [2008] 1531 号

第一章 总 则

第一条 为贯彻《国务院办公厅关于进一步规范招标投标活动的若干意见》（国办发[2004] 56 号），促进招标投标信用体系建设，健全招标投标失信惩戒机制，规范招标投标当事人行为，根据《招标投标法》等相关法律规定，制定本办法。

第二条 对招标投标活动当事人的招标投标违法行为记录进行公告，适用本办法。

本办法所称招标投标活动当事人是指招标人、投标人、招标代理机构以及评标委员会成员。

本办法所称招标投标违法行为记录，是指有关行政主管部门在依法履行职责过程中，对招标投标当事人违法行为所作行政处理决定的记录。

第三条 国务院有关行政主管部门按照规定的职责分工，建立各自的招标投标违法行为记录公告平台，并负责公告平台的日常维护。

国家发展改革委会同国务院其他有关行政主管部门制定公告平台管理方面的综合性政策和相关规定。

省级人民政府有关行政主管部门按照规定的职责分工，建立招标投标违法行为记录公告平台，并负责公告平台的日常维护。

第四条 招标投标违法行为记录的公告应坚持准确、及时、客观的原则。

第五条 招标投标违法行为记录公告不得公开涉及国家秘密、商业秘密、个人隐私的记录。但是，经权利人同意公开或者行政机关认为不公开可能对公共利益造成重大影响的涉及商业秘密、个人隐私的违法行为记录，可以公开。

第二章 违法行为记录的公告

第六条 国务院有关行政主管部门和省级人民政府有关行政主管部门（以下简称"公告部门"）应自招标投标违法行为行政处理决定作出之日起 20 个工作日内对外进行记录公告。

省级人民政府有关行政主管部门公告的招标投标违法行为行政处理决定应同时抄报相应国务院行政主管部门。

第七条 对招标投标违法行为所作出的以下行政处理决定应给予公告：

（一）警告；
（二）罚款；
（三）没收违法所得；
（四）暂停或者取消招标代理资格；
（五）取消在一定时期内参加依法必须进行招标的项目的投标资格；
（六）取消担任评标委员会成员的资格；
（七）暂停项目执行或追回已拨付资金；
（八）暂停安排国家建设资金；
（九）暂停建设项目的审查批准；

（十）行政主管部门依法作出的其他行政处理决定。

第八条 违法行为记录公告的基本内容为：被处理招标投标当事人名称（或姓名）、违法行为、处理依据、处理决定、处理时间和处理机关等。

公告部门可将招标投标违法行为行政处理决定书直接进行公告。

第九条 违法行为记录公告期限为六个月。公告期满后，转入后台保存。

依法限制招标投标当事人资质（资格）等方面的行政处理决定，所认定的限制期限长于六个月的，公告期限从其决定。

第十条 公告部门负责建立公告平台信息系统，对记录信息数据进行追加、修改、更新，并保证公告的违法行为记录与行政处理决定的相关内容一致。

公告平台信息系统应具备历史公告记录查询功能。

第十一条 公告部门应对公告记录所依据的招标投标违法行为行政处理决定书等材料妥善保管、留档备查。

第十二条 被公告的招标投标当事人认为公告记录与行政处理决定的相关内容不符的，可向公告部门提出书面更正申请，并提供相关证据。

公告部门接到书面申请后，应在5个工作日内进行核对。公告的记录与行政处理决定的相关内容不一致的，应当给予更正并告知申请人；公告的记录与行政处理决定的相关内容一致的，应当告知申请人。

公告部门在作出答复前不停止对违法行为记录的公告。

第十三条 行政处理决定在被行政复议或行政诉讼期间，公告部门依法不停止对违法行为记录的公告，但行政处理决定被依法停止执行的除外。

第十四条 原行政处理决定被依法变更或撤销的，公告部门应当及时对公告记录予以变更或撤销，并在公告平台上予以声明。

第三章 监督管理

第十五条 有关行政主管部门应依法加强对招标投标违法行为记录被公告当事人的监督管理。

第十六条 招标投标违法行为记录公告应逐步实现互联互通、互认共用，条件成熟时建立统一的招标投标违法行为记录公告平台。

第十七条 公告的招标投标违法行为记录应当作为招标代理机构资格认定、依法必须招标项目资质审查、招标代理机构选择、中标人推荐和确定、评标委员会成员确定和评标专家考核等活动的重要参考。

第十八条 有关行政主管部门及其工作人员在违法行为记录的提供、收集和公告等工作中有玩忽职守、弄虚作假或者徇私舞弊等行为的，由其所在单位或者上级主管机关予以通报批评，并依纪依法追究直接责任人和有关领导的责任；构成犯罪的，移送司法机关依法追究刑事责任。

第四章 附 则

第十九条 各省、自治区、直辖市发展改革部门可会同有关部门根据本办法制定具体实施办法。

第二十条 本办法由国家发展改革委员会同国务院有关部门负责解释。

第二十一条 本办法自2009年1月1日起施行。

九、勘察设计招标投标

1. 哪些项目的勘察设计可以不进行招标？

按照国家规定需要政府审批的项目，有下列情形之一的，经批准，项目的勘察设计可以不进行招标：

（1）涉及国家安全、国家秘密的；

（2）抢险救灾的；

（3）主要工艺、技术采用特定专利或者专有技术的；

（4）技术复杂或专业性强，能够满足条件的勘察设计单位少于三家，不能形成有效竞争的；

（5）已建成项目需要改、扩建或者技术改造，由其他单位进行设计影响项目功能配套性的。

2. 勘察设计如何招标？

招标人可以依据工程建设项目的不同特点，实行勘察设计一次性总体招标；也可以在保证项目完整性、连续性的前提下，按照技术要求实行分段或分项招标。招标人不得利用规定将依法必须进行招标的项目化整为零，或者以其他任何方式规避招标。依法必须招标的工程建设项目，招标人可以对项目的勘察、设计、施工以及与工程建设有关的重要设备、材料的采购，实行总承包招标。

3. 勘察设计在招标时应当具备哪些条件？

依法必须进行勘察设计招标的工程建设项目，在招标时应当具备下列条件：

（1）按照国家有关规定需要履行项目审批手续的，已履行审批手续，取得批准。

（2）勘察设计所需资金已经落实。

（3）所必需的勘察设计基础资料已经收集完成。

（4）法律法规规定的其他条件。

4. 工程建设项目勘察设计招标有哪些方式？

工程建设项目勘察设计招标分为公开招标和邀请招标。全部使用国有资金投资或者国有资金投资占控股或者主导地位的工程建设项目，以及国务院发展和改革部门确定的国家重点项目和省、自治区、直辖市人民政府确定的地方重点项目，除符合邀请招标规定条件并依法获得批准外，应当公开招标。依法必须进行勘察设计招标的工程建设项目，在下列情况下可以进行邀请招标：

（1）项目的技术性、专业性较强，或者环境资源条件特殊，符合条件的潜在投标人数量有限的；

（2）如采用公开招标，所需费用占工程建设项目总投资的比例过大的；

（3）建设条件受自然因素限制，如采用公开招标，将影响项目实施时机的。

格的附属机构（单位），或者为招标项目的前期准备或者监理工作提供设计、咨询服务的任何法人及其任何附属机构（单位），都无资格参加该招标项目的投标。

投标人应当按照招标文件的要求编制投标文件。投标文件应当对招标文件提出的实质性要求和条件作出响应。投标文件一般包括下列内容：

（1）投标函；

（2）投标报价；

（3）施工组织设计；

（4）商务和技术偏差表。

投标人根据招标文件载明的项目实际情况，拟在中标后将中标项目的部分非主体、非关键性工作进行分包的，应当在投标文件中载明。招标人可以在招标文件中要求投标人提交投标保证金。投标保证金除现金外，可以是银行出具的银行保函、保兑支票、银行汇票或现金支票。投标保证金一般不得超过投标总价的2%，但最高不得超过80万元人民币。投标保证金有效期应当超出投标有效期30天。投标人应当按照招标文件要求的方式和金额，将投标保证金随投标文件提交给招标人。投标人不按招标文件要求提交投标保证金的，该投标文件将被拒绝，作废标处理。

投标人应当在招标文件要求提交投标文件的截止时间前，将投标文件密封送达投标地点。招标人收到投标文件后，应当向投标人出具标明签收人和签收时间的凭证，在开标前任何单位和个人不得开启投标文件。在招标文件要求提交投标文件的截止时间后送达的投标文件，为无效的投标文件，招标人应当拒收。提交投标文件的投标人少于三个的，招标人应当依法重新招标。重新招标后投标人仍少于三个的，属于必须审批的工程建设项目，报经原审批部门批准后可以不再进行招标；其他工程建设项目，招标人可自行决定不再进行招标。投标人在招标文件要求提交投标文件的截止时间前，可以补充、修改、替代或者撤回已提交的投标文件，并书面通知招标人。补充、修改的内容为投标文件的组成部分。在提交投标文件截止时间后到招标文件规定的投标有效期终止之前，投标人不得补充、修改、替代或者撤回其投标文件。投标人补充、修改、替代投标文件的，招标人不予接受；投标人撤回投标文件的，其投标保证金将被没收。

9. 对联合体投标有何要求？

两个以上法人或者其他组织可以组成一个联合体，以一个投标人的身份共同投标。联合体各方签订共同投标协议后，不得再以自己名义单独投标，也不得组成新的联合体或参加其他联合体在同一项目中投标。联合体参加资格预审并获通过的，其组成的任何变化都必须在提交投标文件截止之日前征得招标人的同意。如果变化后的联合体削弱了竞争，含有事先未经过资格预审或者资格预审不合格的法人或者其他组织，或者使联合体的资质降到资格预审文件中规定的最低标准以下，招标人有权拒绝。联合体各方必须指定牵头人，授权其代表所有联合体成员负责投标和合同实施阶段的主办、协调工作，并应当向招标人提交由所有联合体成员法定代表人签署的授权书。联合体投标的，应当以联合体各方或者联合体中牵头人的名义提交投标保证金。以联合体中牵头人名义提交的投标保证金，对联合体各成员具有约束力。

10. 哪些行为属于串通投标？

下列行为均属投标人串通投标报价：

（1）投标人之间相互约定抬高或压低投标报价；
（2）投标人之间相互约定，在招标项目中分别以高、中、低价位报价；
（3）投标人之间先进行内部竞价，内定中标人，然后再参加投标；
（4）投标人之间其他串通投标报价的行为。
下列行为均属招标人与投标人串通投标：
（1）招标人在开标前开启投标文件，并将投标情况告知其他投标人，或者协助投标人撤换投标文件，更改报价；
（2）招标人向投标人泄露标底；
（3）招标人与投标人商定，投标时压低或抬高标价，中标后再给投标人或招标人额外补偿；
（4）招标人预先内定中标人；
（5）其他串通投标行为。

11. 对开标活动有哪些要求？

开标应当在招标文件确定的提交投标文件截止时间的同一时间公开进行；开标地点应当为招标文件中确定的地点。投标文件有下列情形之一的，招标人不予受理：
（1）逾期送达的或者未送达指定地点的；
（2）未按招标文件要求密封的。
投标文件有下列情形之一的，由评标委员会初审后按废标处理：
（1）无单位盖章并无法定代表人或法定代表人授权的代理人签字或盖章的；
（2）未按规定的格式填写，内容不全或关键字迹模糊、无法辨认的；
（3）投标人递交两份或多份内容不同的投标文件，或在一份投标文件中对同一招标项目报有两个或多个报价，且未声明哪一个有效，按招标文件规定提交备选投标方案的除外；
（4）投标人名称或组织结构与资格预审时不一致的；
（5）未按招标文件要求提交投标保证金的；
（6）联合体投标未附联合体各方共同投标协议的。

12. 对评标活动有哪些要求？

评标委员会可以书面方式要求投标人对投标文件中含义不明确、对同类问题表述不一致或者有明显文字和计算错误的内容作必要的澄清、说明或补正。评标委员会不得向投标人提出带有暗示性或诱导性的问题，或向其明确投标文件中的遗漏和错误。评标委员会在对实质上响应招标文件要求的投标进行报价评估时，除招标文件另有约定外，应当按下述原则进行修正：
（1）用数字表示的数额与用文字表示的数额不一致时，以文字数额为准。
（2）单价与工程量的乘积与总价之间不一致时，以单价为准。若单价有明显的小数点错位，应以总价为准，并修改单价。按规定调整后的报价经投标人确认后产生约束力。投标文件中没有列入的价格和优惠条件在评标时不予考虑。
对于投标人提交的优越于招标文件中技术标准的备选投标方案所产生的附加收益，不得考虑进评标价中。符合招标文件的基本技术要求且评标价最低或综合评分最高的投标人，其所提交的备选方案方可予以考虑。招标人设有标底的，标底在评标中应当作为参考，但不得作为评标的唯一依据。评标委员会完成评标后,应向招标人提出书面评标报告。评标报告由评标委员会全体成员签字。评标委员会提出书面评标报告后,招标人一般应当在15日内确定中标人,但最迟应当在投标有效期结束日30个工作日前确定。中标通知书由招标人发出。

评标委员会推荐的中标候选人应当限定在一至三人,并标明排列顺序。招标人应当接受评标委员会推荐的中标候选人,不得在评标委员会推荐的中标候选人之外确定中标人。依法必须进行招标的项目,招标人应当确定排名第一的中标候选人为中标人。排名第一的中标候选人放弃中标、因不可抗力提出不能履行合同,或者招标文件规定应当提交履约保证金而在规定的期限内未能提交的,招标人可以确定排名第二的中标候选人为中标人。排名第二的中标候选人因前款规定的同样原因不能签订合同的,招标人可以确定排名第三的中标候选人为中标人。招标人可以授权评标委员会直接确定中标人。

13. 对中标通知书和合同有何要求?

中标通知书对招标人和中标人具有法律效力。中标通知书发出后,招标人改变中标结果的,或者中标人放弃中标项目的,应当依法承担法律责任。招标人全部或者部分使用非中标单位投标文件中的技术成果或技术方案时,需征得其书面同意,并给予一定的经济补偿。招标人和中标人应当自中标通知书发出之日起30日内,按照招标文件和中标人的投标文件订立书面合同。招标人和中标人不得再行订立背离合同实质性内容的其他协议。招标文件要求中标人提交履约保证金或者其他形式履约担保的,中标人应当提交;拒绝提交的,视为放弃中标项目。招标人要求中标人提供履约保证金或其他形式履约担保的,招标人应当同时向中标人提供工程款支付担保。招标人不得擅自提高履约保证金,不得强制要求中标人垫付中标项目建设资金。招标人与中标人签订合同后五个工作日内,应当向未中标的投标人退还投标保证金。

合同中确定的建设规模、建设标准、建设内容、合同价格应当控制在批准的初步设计及概算文件范围内;确需超出规定范围的,应当在中标合同签订前,报原项目审批部门审查同意。凡应报经审查而未报的,在初步设计及概算调整时,原项目审批部门一律不予承认。

14. 对招标人应当提交的招标投标情况的书面报告有何要求?

依法必须进行施工招标的项目,招标人应当自发出中标通知书之日起15日内,向有关行政监督部门提交招标投标情况的书面报告。书面报告至少应包括下列内容:

(1) 招标范围;
(2) 招标方式和发布招标公告的媒介;
(3) 招标文件中投标人须知、技术条款、评标标准和方法、合同主要条款等内容;
(4) 评标委员会的组成和评标报告;
(5) 中标结果。

招标人不得直接指定分包人。对于不具备分包条件或者不符合分包规定的,招标人有权在签订合同或者中标人提出分包要求时予以拒绝。发现中标人转包或违法分包时,可要求其改正;拒不改正的,可终止合同,并报请有关行政监督部门查处。监理人员和有关行政部门发现中标人违反合同约定进行转包或违法分包的,应当要求中标人改正,或者告知招标人要求其改正;对于拒不改正的,应当报请有关行政监督部门查处。

15. 对房屋建筑和市政基础设施工程施工分包有何要求？

施工分包，是指建筑业企业将其所承包的房屋建筑和市政基础设施工程中的专业工程或者劳务作业发包给其他建筑业企业完成的活动。房屋建筑和市政基础设施工程施工分包分为专业工程分包和劳务作业分包。专业工程分包，是指施工总承包企业（以下简称专业分包工程发包人）将其所承包工程中的专业工程发包给具有相应资质的其他建筑业企业（以下简称专业分包工程承包人）完成的活动。劳务作业分包，是指施工总承包企业或者专业承包企业（以下简称劳务作业发包人）将其承包工程中的劳务作业发包给劳务分包企业（以下简称劳务作业承包人）完成的活动。分包工程发包人包括专业分包工程发包人和劳务作业发包人；分包工程承包人包括专业分包工程承包人和劳务作业承包人。

分包工程承包人必须具有相应的资质，并在其资质等级许可的范围内承揽业务。严禁个人承揽分包工程业务。专业工程分包除在施工总承包合同中有约定外，必须经建设单位认可。专业分包工程承包人必须自行完成所承包的工程。劳务作业分包由劳务作业发包人与劳务作业承包人通过劳务合同约定。劳务作业承包人必须自行完成所承包的任务。

分包工程发包人和分包工程承包人应当依法签订分包合同，并按照合同履行约定的义务。分包合同必须明确约定支付工程款和劳务工资的时间、结算方式以及保证按期支付的相应措施，确保工程款和劳务工资的支付。分包工程发包人应当在订立分包合同后7个工作日内，将合同送工程所在地县级以上地方人民政府建设行政主管部门备案。分包合同发生重大变更的，分包工程发包人应当自变更后7个工作日内，将变更协议送原备案机关备案。

分包工程发包人应当设立项目管理机构，组织管理所承包工程的施工活动。项目管理机构应当具有与承包工程的规模、技术复杂程度相适应的技术、经济管理人员。其中，项目负责人、技术负责人、项目核算负责人、质量管理人员、安全管理人员必须是本单位的人员。本单位人员，是指与本单位有合法的人事或者劳动合同、工资以及社会保险关系的人员。

分包工程发包人可以就分包合同的履行，要求分包工程承包人提供分包工程履约担保；分包工程承包人在提供担保后，要求分包工程发包人同时提供分包工程付款担保的，分包工程发包人应当提供。禁止将承包的工程进行转包。不履行合同约定，将其承包的全部工程发包给他人，或者将其承包的全部工程肢解后以分包的名义分别发包给他人的，属于转包行为。

16. 何谓分包工程转包分包？

分包工程发包人将工程分包后，未在施工现场设立项目管理机构和派驻相应人员，并未对该工程的施工活动进行组织管理的，视同转包行为。下列行为，属于违法分包：

（1）分包工程发包人将专业工程或者劳务作业分包给不具备相应资质条件的分包工程承包人的；

（2）施工总承包合同中未有约定，又未经建设单位认可，分包工程发包人将承包工程中的部分专业工程分包给他人的。

禁止转让、出借企业资质证书或者以其他方式允许他人以本企业名义承揽工程。分包工程发包人没有将其承包的工程进行分包，在施工现场所设项目管理机构的项目负责人、技术负责人、项目核算负责人、质量管理人员、安全管理人员不是工程承包人本单位人员的，视同允许他人以本企业名义承揽工程。

17. 对分包工程承包人有何要求？

分包工程承包人应当按照分包合同的约定对其承包的工程向分包工程发包人负责。分包工程发包人和分包工程承包人就分包工程对建设单位承担连带责任。分包工程发包人对施工现场安全负责，并对分包工程承包人的安全生产进行管理。专业分包工程承包人应当将其分包工程的施工组织设计和施工安全方案报分包工程发包人备案，专业分包工程发包人发现事故隐患，应当及时作出处理。分包工程承包人就施工现场安全向分包工程发包人负责，并应当服从分包工程发包人对施工现场的安全生产管理。

18. 对建筑工程工程发承包计价有哪些要求？

建筑工程是指房屋建筑和市政基础设施工程。房屋建筑工程，是指各类房屋建筑及其附属设施和与其配套的线路、管道、设备安装工程及室内外装饰装修工程。市政基础设施工程，是指城市道路、公共交通、供水、排水、燃气、热力、园林、环卫、污水处理、垃圾处理、防洪、地下公共设施及附属设施的土建、管道、设备安装工程。工程发承包计价包括编制施工图预算、招标标底、投标报价、工程结算和签订合同价等活动。

施工图预算、招标标底和投标报价由成本（直接费、间接费）、利润和税金构成。其编制可以采用以下计价方法：

（1）工料单价法。分部分项工程量的单价为直接费。直接费以人工、材料、机械的消耗量及其相应价格确定。间接费、利润、税金按照有关规定另行计算。

（2）综合单价法。分部分项工程量的单价为全费用单价。全费用单价综合计算完成分部分项工程所发生的直接费、间接费、利润、税金。

投标报价应当满足招标文件要求。投标报价应当依据企业定额和市场价格信息，并按照国务院和省、自治区、直辖市人民政府建设行政主管部门发布的工程造价计价办法进行编制。招标投标工程可以采用工程量清单方法编制招标标底和投标报价。

工程量清单应当依据招标文件、施工设计图纸、施工现场条件和国家制定的统一工程量计算规则、分部分项工程项目划分、计量单位等进行编制。招标标底和工程量清单由具有编制招标文件能力的招标人或其委托的具有相应资质的工程造价咨询机构、招标代理机构编制。投标报价由投标人或其委托的具有相应资质的工程造价咨询机构编制。

对是否低于成本报价的异议，评标委员会可以参照建设行政主管部门发布的计价办法和有关规定进行评审。

19. 对建筑工程工程发承包合同计价有哪些要求？

招标人与中标人应当根据中标价订立合同。不实行招标投标的工程，在承包方编制的施工图预算的基础上，由发承包双方协商订立合同。合同价可以采用以下方式：

（1）固定价。合同总价或者单价在合同约定的风险范围内不可调整。

（2）可调价。合同总价或者单价在合同实施期内，根据合同约定的办法调整。

（3）成本加酬金。

发承包双方在确定合同价时，应当考虑市场环境和生产要素价格变化对合同价的影响。建筑工程的发承包双方应当根据建设行政主管部门的规定，结合工程款、建设工期和包工包料情况在合同中约定预付工程款的具体事宜。建筑工程发承包双方应当按照合同约定定期或者按照工程进度分段进行工程款结算。工程竣工验收合格，应当按照下列规定进行竣工结算：

(1) 承包方应当在工程竣工验收合格后的约定期限内提交竣工结算文件。

(2) 发包方应当在收到竣工结算文件后的约定期限内予以答复。逾期未答复的，竣工结算文件视为已被认可。

(3) 发包方对竣工结算文件有异议的，应当在答复期内向承包方提出，并可以在提出之日起的约定期限内与承包方协商。

(4) 发包方在协商期内未与承包方协商或者经协商未能与承包方达成协议的，应当委托工程造价咨询单位进行竣工结算审核。

(5) 发包方应当在协商期满后的约定期限内向承包方提出工程造价咨询单位出具的竣工结算审核意见。

发承包双方在合同中对上述事项的期限没有明确约定的，可认为其约定期限均为 28 日。发承包双方对工程造价咨询单位出具的竣工结算审核意见仍有异议的，在接到该审核意见后一个月内可以向县级以上地方人民政府建设行政主管部门申请调解，调解不成的，可以依法申请仲裁或者向人民法院提起诉讼。工程竣工结算文件经发包方与承包方确认即应当作为工程决算的依据。招标标底、投标报价、工程结算审核和工程造价鉴定文件应当由造价工程师签字，并加盖造价工程师执业专用章。

20. 对工程竣工结算有哪些要求？

工程完工后，双方应按照约定的合同价款及合同价款调整内容以及索赔事项，进行工程竣工结算。工程竣工结算分为单位工程竣工结算、单项工程竣工结算和建设项目竣工总结算。单位工程竣工结算由承包人编制，发包人审查；实行总承包的工程，由具体承包人编制，在总包人审查的基础上，发包人审查。单项工程竣工结算或建设项目竣工总结算由总（承）包人编制，发包人可直接进行审查，也可以委托具有相应资质的工程造价咨询机构进行审查。政府投资项目，由同级财政部门审查。单项工程竣工结算或建设项目竣工总结算经发、承包人签字盖章后有效。承包人应在合同约定期限内完成项目竣工结算编制工作，未在规定期限内完成的并且提不出正当理由延期的，责任自负。

单项工程竣工后，承包人应在提交竣工验收报告的同时，向发包人递交竣工结算报告及完整的结算资料，发包人应按以下规定时限进行核对（审查）并提出审查意见。

	工程竣工结算报告金额	审查时间
1	500 万元以下	从接到竣工结算报告和完整的竣工结算资料之日起 20 天
2	500 万～2000 万元	从接到竣工结算报告和完整的竣工结算资料之日起 30 天
3	2000 万～5000 万元	从接到竣工结算报告和完整的竣工结算资料之日起 45 天
4	5000 万元以上	从接到竣工结算报告和完整的竣工结算资料之日起 60 天

建设项目竣工总结算在最后一个单项工程竣工结算审查确认后 15 天内汇总，送发包人后 30 天内审查完成。

发包人收到承包人递交的竣工结算报告及完整的结算资料后，应按本办法规定的期限（合同约定有期限的，从其约定）进行核实，给予确认或者提出修改意见。发包人根据确认的竣工结算报告向承包人支付工程竣工结算价款，保留 5% 左右的质量保证（保修）金，待工程交付使用一年质保期到期后清算（合同另有约定的，从其约定），质保期内如有返修，发生费用应在质量保证（保修）金内扣除。发承包人未能按合同约定履行自己的各项义务或发生错误，给另一方造成经济损失的，由受损方按合同约定提出索赔，索赔金额按合同约定支付。发包人要求承包人完成合同以外零星项目，承包人应在接受发包人要求的 7 天内就用工数量和单价、机械台班数量和单价、使用材料和金额等向发包人提出施工签证，发包人签证后施工，如发包人未签证，承包人施工后发生争议的，责任由承包人自负。

附录十：房建和市政施工招标投标管理相关法规

1. 工程建设项目施工招标投标办法

国家发展计划委员会、建设部、铁道部、交通部信息产业部、水利部、中国民用航空总局令第30号

第一章 总 则

第一条 为规范工程建设项目施工（以下简称工程施工）招标投标活动，根据《中华人民共和国招标投标法》和国务院有关部门的职责分工，制定本办法。

第二条 在中华人民共和国境内进行工程施工招标投标活动，适用本办法。

第三条 工程建设项目符合《工程建设项目招标范围和规模标准规定》（国家计委令第3号）规定的范围和标准的，必须通过招标选择施工单位。

任何单位和个人不得将依法必须进行招标的项目化整为零或者以其他任何方式规避招标。

第四条 工程施工招标投标活动应当遵循公开、公平、公正和诚实信用的原则。

第五条 工程施工招标投标活动，依法由招标人负责。任何单位和个人不得以任何方式非法干涉工程施工招标投标活动。

施工招标投标活动不受地区或者部门的限制。

第六条 各级发展计划、经贸、建设、铁道、交通、信息产业、水利、外经贸、民航等部门依照《国务院办公厅印发国务院有关部门实施招标投标活动行政监督的职责分工意见的通知》（国办发［2000］34号）和各地规定的职责分工，对工程施工招标投标活动实施监督，依法查处工程施工招标投标活动中的违法行为。

第二章 招 标

第七条 工程施工招标人是依法提出施工招标项目、进行招标的法人或者其他组织。

第八条 依法必须招标的工程建设项目，应当具备下列条件才能进行施工招标：
（一）招标人已经依法成立；
（二）初步设计及概算应当履行审批手续的，已经批准；
（三）招标范围、招标方式和招标组织形式等应当履行核准手续的，已经核准；
（四）有相应资金或资金来源已经落实；
（五）有招标所需的设计图纸及技术资料。

第九条 工程施工招标分为公开招标和邀请招标。

第十条 依法必须进行施工招标的工程建设项目，按工程建设项目审批管理规定，凡应报送项目审批部门审批的，招标人必须在报送的可行性研究报告中将招标范围、招标方式、招标组织形式等有关招标内容报项目审批部门核准。

第十一条 国务院发展计划部门确定的国家重点建设项目和各省、自治区、直辖市人民政府确定的地方重点建设项目以及全部使用国有资金投资或者国有资金投资占控股或者主导

地位的工程建设项目,应当公开招标;有下列情形之一的,经批准可以进行邀请招标:

（一）项目技术复杂或有特殊要求,只有少量几家潜在投标人可供选择的;

（二）受自然地域环境限制的;

（三）涉及国家安全、国家秘密或者抢险救灾,适宜招标但不宜公开招标的;

（四）拟公开招标的费用与项目的价值相比,不值得的;

（五）法律、法规规定不宜公开招标的。

国家重点建设项目的邀请招标,应当经国务院发展计划部门批准;地方重点建设项目的邀请招标,应当经各省、自治区、直辖市人民政府批准。

全部使用国有资金投资或者国有资金投资占控股或者主导地位的并需要审批的工程建设项目的邀请招标,应当经项目审批部门批准,但项目审批部门只审批立项的,由有关行政监督部门审批。

第十二条 需要审批的工程建设项目,有下列情形之一的,由本办法第十一条规定的审批部门批准,可以不进行施工招标:

（一）涉及国家安全、国家秘密或者抢险救灾而不适宜招标的;

（二）属于利用扶贫资金实行以工代赈需要使用农民工的;

（三）施工主要技术采用特定的专利或者专有技术的;

（四）施工企业自建自用的工程,且该施工企业资质等级符合工程要求的;

（五）在建工程追加的附属小型工程或者主体加层工程,原中标人仍具备承包能力的;

（六）法律、行政法规规定的其他情形。

不需要审批但依法必须招标的工程建设项目,有前款规定情形之一的,可以不进行施工招标。

第十三条 采用公开招标方式的,招标人应当发布招标公告,邀请不特定的法人或者其他组织投标。依法必须进行施工招标项目的招标公告,应当在国家指定的报刊和信息网络上发布。

采用邀请招标方式的,招标人应当向三家以上具备承担施工招标项目的能力、资信良好的特定的法人或者其他组织发出投标邀请书。

第十四条 招标公告或者投标邀请书应当至少载明下列内容:

（一）招标人的名称和地址;

（二）招标项目的内容、规模、资金来源;

（三）招标项目的实施地点和工期;

（四）获取招标文件或者资格预审文件的地点和时间;

（五）对招标文件或者资格预审文件收取的费用;

（六）对投标人的资质等级的要求。

第十五条 招标人应当按招标公告或者投标邀请书规定的时间、地点出售招标文件或资格预审文件。自招标文件或者资格预审文件出售之日起至停止出售之日止,最短不得少于五个工作日。

招标人可以通过信息网络或者其他媒介发布招标文件,通过信息网络或者其他媒介发布的招标文件与书面招标文件具有同等法律效力,但出现不一致时以书面招标文件为准。招标人应当保持书面招标文件原始正本的完好。

对招标文件或者资格预审文件的收费应当合理,不得以营利为目的。对于所附的设计文件，招标人可以向投标人酌收押金；对于开标后投标人退还设计文件的，招标人应当向投标人退还押金。

招标文件或者资格预审文件售出后，不予退还。招标人在发布招标公告、发出投标邀请书后或者售出招标文件或资格预审文件后不得擅自终止招标。

第十六条 招标人可以根据招标项目本身的特点和需要，要求潜在投标人或者投标人提供满足其资格要求的文件，对潜在投标人或者投标人进行资格审查；法律、行政法规对潜在投标人或者投标人的资格条件有规定的，依照其规定。

第十七条 资格审查分为资格预审和资格后审。

资格预审，是指在投标前对潜在投标人进行的资格审查。

资格后审，是指在开标后对投标人进行的资格审查。

进行资格预审的，一般不再进行资格后审，但招标文件另有规定的除外。

第十八条 采取资格预审的，招标人可以发布资格预审公告。资格预审公告适用本办法第十三条、第十四条有关招标公告的规定。

采取资格预审的，招标人应当在资格预审文件中载明资格预审的条件、标准和方法；采取资格后审的，招标人应当在招标文件中载明对投标人资格要求的条件、标准和方法。

招标人不得改变载明的资格条件或者以没有载明的资格条件对潜在投标人或者投标人进行资格审查。

第十九条 经资格预审后，招标人应当向资格预审合格的潜在投标人发出资格预审合格通知书，告知获取招标文件的时间、地点和方法，并同时向资格预审不合格的潜在投标人告知资格预审结果。资格预审不合格的潜在投标人不得参加投标。

经资格后审不合格的投标人的投标应作废标处理。

第二十条 资格审查应主要审查潜在投标人或者投标人是否符合下列条件：

（一）具有独立订立合同的权利；

（二）具有履行合同的能力，包括专业、技术资格和能力，资金、设备和其他物质设施状况，管理能力，经验、信誉和相应的从业人员；

（三）没有处于被责令停业，投标资格被取消，财产被接管、冻结，破产状态；

（四）在最近三年内没有骗取中标和严重违约及重大工程质量问题；

（五）法律、行政法规规定的其他资格条件。

资格审查时，招标人不得以不合理的条件限制、排斥潜在投标人或者投标人，不得对潜在投标人或者投标人实行歧视待遇。任何单位和个人不得以行政手段或者其他不合理方式限制投标人的数量。

第二十一条 招标人符合法律规定的自行招标条件的，可以自行办理招标事宜。任何单位和个人不得强制其委托招标代理机构办理招标事宜。

第二十二条 招标代理机构应当在招标人委托的范围内承担招标事宜。招标代理机构可以在其资格等级范围内承担下列招标事宜：

（一）拟订招标方案，编制和出售招标文件、资格预审文件；

（二）审查投标人资格；

（三）编制标底；

（四）组织投标人踏勘现场；

（五）组织开标、评标，协助招标人定标；

（六）草拟合同；
（七）招标人委托的其他事项。

招标代理机构不得无权代理、越权代理，不得明知委托事项违法而进行代理。

招标代理机构不得接受同一招标项目的投标代理和投标咨询业务；未经招标人同意，不得转让招标代理业务。

第二十三条 工程招标代理机构与招标人应当签订书面委托合同，并按双方约定的标准收取代理费；国家对收费标准有规定的，依照其规定。

第二十四条 招标人根据施工招标项目的特点和需要编制招标文件。招标文件一般包括下列内容：
（一）投标邀请书；
（二）投标人须知；
（三）合同主要条款；
（四）投标文件格式；
（五）采用工程量清单招标的，应当提供工程量清单；
（六）技术条款；
（七）设计图纸；
（八）评标标准和方法；
（九）投标辅助材料。

招标人应当在招标文件中规定实质性要求和条件，并用醒目的方式标明。

第二十五条 招标人可以要求投标人在提交符合招标文件规定要求的投标文件外，提交备选投标方案，但应当在招标文件中作出说明，并提出相应的评审和比较办法。

第二十六条 招标文件规定的各项技术标准应符合国家强制性标准。

招标文件中规定的各项技术标准均不得要求或标明某一特定的专利、商标、名称、设计、原产地或生产供应者，不得含有倾向或者排斥潜在投标人的其他内容。如果必须引用某一生产供应者的技术标准才能准确或清楚地说明拟招标项目的技术标准时，则应当在参照后面加上"或相当于"的字样。

第二十七条 施工招标项目需要划分标段、确定工期的，招标人应当合理划分标段、确定工期，并在招标文件中载明。对工程技术上紧密相连、不可分割的单位工程不得分割标段。

招标人不得以不合理的标段或工期限制或者排斥潜在投标人或者投标人。

第二十八条 招标文件应当明确规定评标时除价格以外的所有评标因素，以及如何将这些因素量化或者据以进行评估。

在评标过程中，不得改变招标文件中规定的评标标准、方法和中标条件。

第二十九条 招标文件应当规定一个适当的投标有效期，以保证招标人有足够的时间完成评标和与中标人签订合同。投标有效期从投标人提交投标文件截止之日起计算。

在原投标有效期结束前，出现特殊情况的，招标人可以书面形式要求所有投标人延长投标有效期。投标人同意延长的，不得要求或被允许修改其投标文件的实质性内容，但应当相应延长其投标保证金的有效期；投标人拒绝延长的，其投标失效，但投标人有权收回其投标保证金。因延长投标有效期造成投标人损失的，招标人应当给予补偿，但因不可抗力需要延长投标有效期的除外。

第三十条 施工招标项目工期超过十二个月的，招标文件中可以规定工程造价指数体系、价格调整因素和调整方法。

第三十一条 招标人应当确定投标人编制投标文件所需要的合理时间；但是，依法必须进行招标的项目，自招标文件开始发出之日起至投标人提交投标文件截止之日止，最短不得少于二十日。

第三十二条 招标人根据招标项目的具体情况，可以组织潜在投标人踏勘项目现场，向其介绍工程场地和相关环境的有关情况。潜在投标人依据招标人介绍情况作出的判断和决策，由投标人自行负责。

招标人不得单独或者分别组织任何一个投标人进行现场踏勘。

第三十三条 对于潜在投标人在阅读招标文件和现场踏勘中提出的疑问，招标人可以书面形式或召开投标预备会的方式解答，但需同时将解答以书面方式通知所有购买招标文件的潜在投标人。该解答的内容为招标文件的组成部分。

第三十四条 招标人可根据项目特点决定是否编制标底。编制标底的，标底编制过程和标底必须保密。

招标项目编制标底的，应根据批准的初步设计、投资概算，依据有关计价办法，参照有关工程定额，结合市场供求状况，综合考虑投资、工期和质量等方面的因素合理确定。

标底由招标人自行编制或委托中介机构编制。一个工程只能编制一个标底。

任何单位和个人不得强制招标人编制或报审标底，或干预其确定标底。

招标项目可以不设标底，进行无标底招标。

第三章 投 标

第三十五条 投标人是响应招标、参加投标竞争的法人或者其他组织。招标人的任何不具独立法人资格的附属机构（单位），或者为招标项目的前期准备或者监理工作提供设计、咨询服务的任何法人及其任何附属机构（单位），都无资格参加该招标项目的投标。

第三十六条 投标人应当按照招标文件的要求编制投标文件。投标文件应当对招标文件提出的实质性要求和条件作出响应。

投标文件一般包括下列内容：

（一）投标函；

（二）投标报价；

（三）施工组织设计；

（四）商务和技术偏差表。

投标人根据招标文件载明的项目实际情况，拟在中标后将中标项目的部分非主体、非关键性工作进行分包的，应当在投标文件中载明。

第三十七条 招标人可以在招标文件中要求投标人提交投标保证金。投标保证金除现金外，可以是银行出具的银行保函、保兑支票、银行汇票或现金支票。

投标保证金一般不得超过投标总价的百分之二，但最高不得超过八十万元人民币。投标保证金有效期应当超出投标有效期三十天。

投标人应当按照招标文件要求的方式和金额，将投标保证金随投标文件提交给招标人。

投标人不按招标文件要求提交投标保证金的，该投标文件将被拒绝，作废标处理。

第三十八条 投标人应当在招标文件要求提交投标文件的截止时间前，将投标文件密封送达投标地点。招标人收到投标文件后，应当向投标人出具标明签收人和签收时间的凭证，在开标前任何单位和个人不得开启投标文件。

在招标文件要求提交投标文件的截止时间后送达的投标文件，为无效的投标文件，招标人应当拒收。

提交投标文件的投标人少于三个的，招标人应当依法重新招标。重新招标后投标人仍少于三个的，属于必须审批的工程建设项目，报经原审批部门批准后可以不再进行招标；其他工程建设项目，招标人可自行决定不再进行招标。

第三十九条 投标人在招标文件要求提交投标文件的截止时间前，可以补充、修改、替代或者撤回已提交的投标文件，并书面通知招标人。补充、修改的内容为投标文件的组成部分。

第四十条 在提交投标文件截止时间后到招标文件规定的投标有效期终止之前，投标人不得补充、修改、替代或者撤回其投标文件。投标人补充、修改、替代投标文件的，招标人不予接受；投标人撤回投标文件的，其投标保证金将被没收。

第四十一条 在开标前，招标人应妥善保管好已接收的投标文件、修改或撤回通知、备选投标方案等投标资料。

第四十二条 两个以上法人或者其他组织可以组成一个联合体，以一个投标人的身份共同投标。

联合体各方签订共同投标协议后，不得再以自己名义单独投标，也不得组成新的联合体或参加其他联合体在同一项目中投标。

第四十三条 联合体参加资格预审并获通过的，其组成的任何变化都必须在提交投标文件截止之日前征得招标人的同意。如果变化后的联合体削弱了竞争，含有事先未经过资格预审或者资格预审不合格的法人或者其他组织，或者使联合体的资质降到资格预审文件中规定的最低标准以下，招标人有权拒绝。

第四十四条 联合体各方必须指定牵头人，授权其代表所有联合体成员负责投标和合同实施阶段的主办、协调工作，并应当向招标人提交由所有联合体成员法定代表人签署的授权书。

第四十五条 联合体投标的，应当以联合体各方或者联合体中牵头人的名义提交投标保证金。以联合体中牵头人名义提交的投标保证金，对联合体各成员具有约束力。

第四十六条 下列行为均属投标人串通投标报价：

（一）投标人之间相互约定抬高或压低投标报价；

（二）投标人之间相互约定，在招标项目中分别以高、中、低价位报价；

（三）投标人之间先进行内部竞价，内定中标人，然后再参加投标；

（四）投标人之间其他串通投标报价的行为。

第四十七条 下列行为均属招标人与投标人串通投标：

（一）招标人在开标前开启投标文件，并将投标情况告知其他投标人，或者协助投标人撤换投标文件，更改报价；

（二）招标人向投标人泄露标底；

（三）招标人与投标人商定，投标时压低或抬高标价，中标后再给投标人或招标人额外补偿；

（四）招标人预先内定中标人；

（五）其他串通投标行为。

第四十八条 投标人不得以他人名义投标。

前款所称以他人名义投标，指投标人挂靠其他施工单位，或从其他单位通过转让或租借的方式获取资格或资质证书，或者由其他单位及其法定代表人在自己编制的投标文件上加盖印章和签字等行为。

第四章　开标、评标和定标

第四十九条 开标应当在招标文件确定的提交投标文件截止时间的同一时间公开进行；开标地点应当为招标文件中确定的地点。

第五十条 投标文件有下列情形之一的，招标人不予受理：

（一）逾期送达的或者未送达指定地点的；

（二）未按招标文件要求密封的。

投标文件有下列情形之一的，由评标委员会初审后按废标处理：

（一）无单位盖章并无法定代表人或法定代表人授权的代理人签字或盖章的；

（二）未按规定的格式填写，内容不全或关键字迹模糊、无法辨认的；

（三）投标人递交两份或多份内容不同的投标文件，或在一份投标文件中对同一招标项目报有两个或多个报价，且未声明哪一个有效，按招标文件规定提交备选投标方案的除外；

（四）投标人名称或组织结构与资格预审时不一致的；

（五）未按招标文件要求提交投标保证金的；

（六）联合体投标未附联合体各方共同投标协议的。

第五十一条 评标委员会可以书面方式要求投标人对投标文件中含义不明确、对同类问题表述不一致或者有明显文字和计算错误的内容作必要的澄清、说明或补正。评标委员会不得向投标人提出带有暗示性或诱导性的问题，或向其明确投标文件中的遗漏和错误。

第五十二条 投标文件不响应招标文件的实质性要求和条件的，招标人应当拒绝，并不允许投标人通过修正或撤销其不符合要求的差异或保留，使之成为具有响应性的投标。

第五十三条 评标委员会在对实质上响应招标文件要求的投标进行报价评估时，除招标文件另有约定外，应当按下述原则进行修正：

（一）用数字表示的数额与用文字表示的数额不一致时，以文字数额为准；

（二）单价与工程量的乘积与总价之间不一致时，以单价为准。若单价有明显的小数点错位，应以总价为准，并修改单价。

按前款规定调整后的报价经投标人确认后产生约束力。

投标文件中没有列入的价格和优惠条件在评标时不予考虑。

第五十四条 对于投标人提交的优越于招标文件中技术标准的备选投标方案所产生的附加收益，不得考虑进评标价中。符合招标文件的基本技术要求且评标价最低或综合评分最高的投标人，其所提交的备选方案方可予以考虑。

第五十五条 招标人设有标底的，标底在评标中应当作为参考，但不得作为评标的唯一依据。

第五十六条 评标委员会完成评标后，应向招标人提出书面评标报告。评标报告由评标委员会全体成员签字。

评标委员会提出书面评标报告后，招标人一般应当在十五日内确定中标人，但最迟应当在投标有效期结束日三十个工作日前确定。

中标通知书由招标人发出。

第五十七条 评标委员会推荐的中标候选人应当限定在一至三人，并标明排列顺序。招标人应当接受评标委员会推荐的中标候选人，不得在评标委员会推荐的中标候选人之外确定中标人。

第五十八条 依法必须进行招标的项目，招标人应当确定排名第一的中标候选人为中标人。排名第一的中标候选人放弃中标、因不可抗力提出不能履行合同，或者招标文件规定应当提交履约保证金而在规定的期限内未能提交的，招标人可以确定排名第二的中标候选人为中标人。

排名第二的中标候选人因前款规定的同样原因不能签订合同的，招标人可以确定排名第三的中标候选人为中标人。

招标人可以授权评标委员会直接确定中标人。

国务院对中标人的确定另有规定的，从其规定。

第五十九条 招标人不得向中标人提出压低报价、增加工作量、缩短工期或其他违背中标人意愿的要求，以此作为发出中标通知书和签订合同的条件。

第六十条 中标通知书对招标人和中标人具有法律效力。中标通知书发出后，招标人改变中标结果的，或者中标人放弃中标项目的，应当依法承担法律责任。

第六十一条 招标人全部或者部分使用非中标单位投标文件中的技术成果或技术方案时，需征得其书面同意，并给予一定的经济补偿。

第六十二条 招标人和中标人应当自中标通知书发出之日起三十日内，按照招标文件和中标人的投标文件订立书面合同。招标人和中标人不得再行订立背离合同实质性内容的其他协议。

招标文件要求中标人提交履约保证金或者其他形式履约担保的，中标人应当提交；拒绝提交的，视为放弃中标项目。招标人要求中标人提供履约保证金或其他形式履约担保的，招标人应当同时向中标人提供工程款支付担保。

招标人不得擅自提高履约保证金，不得强制要求中标人垫付中标项目建设资金。

第六十三条 招标人与中标人签订合同后五个工作日内，应当向未中标的投标人退还投标保证金。

第六十四条 合同中确定的建设规模、建设标准、建设内容、合同价格应当控制在批准的初步设计及概算文件范围内；确需超出规定范围的，应当在中标合同签订前，报原项目审批部门审查同意。凡应报经审查而未报的，在初步设计及概算调整时，原项目审批部门一律不予承认。

第六十五条 依法必须进行施工招标的项目，招标人应当自发出中标通知书之日起十五日内，向有关行政监督部门提交招标投标情况的书面报告。

前款所称书面报告至少应包括下列内容：

（一）招标范围；

（二）招标方式和发布招标公告的媒介；

（三）招标文件中投标人须知、技术条款、评标标准和方法、合同主要条款等内容；

（四）评标委员会的组成和评标报告；

（五）中标结果。

第六十六条 招标人不得直接指定分包人。

第六十七条 对于不具备分包条件或者不符合分包规定的，招标人有权在签订合同或者中标人提出分包要求时予以拒绝。发现中标人转包或违法分包时，可要求其改正；拒不改正的，可终止合同，并报请有关行政监督部门查处。

监理人员和有关行政部门发现中标人违反合同约定进行转包或违法分包的，应当要求中标人改正，或者告知招标人要求其改正；对于拒不改正的，应当报请有关行政监督部门查处。

第五章 法 律 责 任

第六十八条 依法必须进行招标的项目而不招标的，将必须进行招标的项目化整为零或者以其他任何方式规避招标的，有关行政监督部门责令限期改正，可以处项目合同金额千分之五以上千分之十以下的罚款；对全部或者部分使用国有资金的项目，项目审批部门可以暂停项目执行或者暂停资金拨付；对单位直接负责的主管人员和其他直接责任人员依法给予处分。

第六十九条 招标代理机构违法泄露应当保密的与招标投标活动有关的情况和资料的，或者与招标人、投标人串通损害国家利益、社会公共利益或者他人合法权益的，由有关行政监督部门处五万元以上二十五万元以下罚款，对单位直接负责的主管人员和其他直接责任人员处单位罚款数额百分之五以上百分之十以下罚款；有违法所得的，并处没收违法所得；情节严重的，有关行政监督部门可停止其一定时期内参与相关领域的招标代理业务，资格认定部门可暂停直至取消招标代理资格；构成犯罪的，由司法部门依法追究刑事责任。给他人造成损失的，依法承担赔偿责任。

前款所列行为影响中标结果，并且中标人为前款所列行为的受益人的，中标无效。

第七十条 招标人以不合理的条件限制或者排斥潜在投标人的，对潜在投标人实行歧视待遇的，强制要求投标人组成联合体共同投标的，或者限制投标人之间竞争的，有关行政监督部门责令改正，可处一万元以上五万元以下罚款。

第七十一条 依法必须进行招标项目的招标人向他人透露已获取招标文件的潜在投标人的名称、数量或者可能影响公平竞争的有关招标投标的其他情况的，或者泄露标底的，有关行政监督部门给予警告，可以并处一万元以上十万元以下的罚款；对单位直接负责的主管人员和其他直接责任人员依法给予处分；构成犯罪的，依法追究刑事责任。

前款所列行为影响中标结果，并且中标人为前款所列行为的受益人的，中标无效。

第七十二条 招标人在发布招标公告、发出投标邀请书或者售出招标文件或资格预审文件后终止招标的，除有正当理由外，有关行政监督部门给予警告，根据情节可处三万元以下的罚款；给潜在投标人或者投标人造成损失的，并应当赔偿损失。

第七十三条 招标人或者招标代理机构有下列情形之一的，有关行政监督部门责令其限期改正，根据情节可处三万元以下的罚款；情节严重的，招标无效：

（一）未在指定的媒介发布招标公告的；

（二）邀请招标不依法发出投标邀请书的；

（三）自招标文件或资格预审文件出售之日起至停止出售之日止，少于五个工作日的；

（四）依法必须招标的项目，自招标文件开始发出之日起至提交投标文件截止之日止，少于二十日的；

（五）应当公开招标而不公开招标的；
（六）不具备招标条件而进行招标的；
（七）应当履行核准手续而未履行的；
（八）不按项目审批部门核准内容进行招标的；
（九）在提交投标文件截止时间后接收投标文件的；
（十）投标人数量不符合法定要求不重新招标的。
被认定为招标无效的，应当重新招标。

第七十四条 投标人相互串通投标或者与招标人串通投标的，投标人以向招标人或者评标委员会成员行贿的手段谋取中标的，中标无效，由有关行政监督部门处中标项目金额千分之五以上千分之十以下的罚款，对单位直接负责的主管人员和其他直接责任人员处单位罚款数额百分之五以上百分之十以下的罚款；有违法所得的，并处没收违法所得；情节严重的，取消其一至二年的投标资格，并予以公告，直至由工商行政管理机关吊销营业执照；构成犯罪的，依法追究刑事责任。给他人造成损失的，依法承担赔偿责任。

第七十五条 投标人以他人名义投标或者以其他方式弄虚作假，骗取中标的，中标无效，给招标人造成损失的，依法承担赔偿责任；构成犯罪的，依法追究刑事责任。

依法必须进行招标项目的投标人有前款所列行为尚未构成犯罪的，有关行政监督部门处中标项目金额千分之五以上千分之十以下的罚款，对单位直接负责的主管人员和其他直接责任人员处单位罚款数额百分之五以上百分之十以下的罚款；有违法所得的，并处没收违法所得；情节严重的，取消其一至三年投标资格，并予以公告，直至由工商行政管理机关吊销营业执照。

第七十六条 依法必须进行招标的项目，招标人违法与投标人就投标价格、投标方案等实质性内容进行谈判的，有关行政监督部门给予警告，对单位直接负责的主管人员和其他直接责任人员依法给予处分。

前款所列行为影响中标结果的，中标无效。

第七十七条 评标委员会成员收受投标人的财物或者其他好处的，评标委员会成员或者参加评标的有关工作人员向他人透露对投标文件的评审和比较、中标候选人的推荐以及与评标有关的其他情况的，有关行政监督部门给予警告，没收收受的财物，可以并处三千元以上五万元以下的罚款，对有所列违法行为的评标委员会成员取消担任评标委员会成员的资格并予以公告，不得再参加任何招标项目的评标；构成犯罪的，依法追究刑事责任。

第七十八条 评标委员会成员在评标过程中擅离职守，影响评标程序正常进行，或者在评标过程中不能客观公正地履行职责的，有关行政监督部门给予警告；情节严重的，取消担任评标委员会成员的资格，不得再参加任何招标项目的评标，并处一万元以下的罚款。

第七十九条 评标过程有下列情况之一的，评标无效，应当依法重新进行评标或者重新进行招标，有关行政监督部门可处三万元以下的罚款：
（一）使用招标文件没有确定的评标标准和方法的；
（二）评标标准和方法含有倾向或者排斥投标人的内容，妨碍或者限制投标人之间竞争，且影响评标结果的；
（三）应当回避担任评标委员会成员的人参与评标的；
（四）评标委员会的组建及人员组成不符合法定要求的；
（五）评标委员会及其成员在评标过程中有违法行为，且影响评标结果的。

第八十条 招标人在评标委员会依法推荐的中标候选人以外确定中标人的,依法必须进行招标的项目在所有投标被评标委员会否决后自行确定中标人的,中标无效。有关行政监督部门责令改正,可以处中标项目金额千分之五以上千分之十以下的罚款;对单位直接负责的主管人员和其他直接责任人员依法给予处分。

第八十一条 招标人不按规定期限确定中标人的,或者中标通知书发出后,改变中标结果的,无正当理由不与中标人签订合同的,或者在签订合同时向中标人提出附加条件或者更改合同实质性内容的,有关行政监督部门给予警告,责令改正,根据情节可处三万元以下的罚款;造成中标人损失的,并应当赔偿损失。

中标通知书发出后,中标人放弃中标项目的,无正当理由不与招标人签订合同的,在签订合同时向招标人提出附加条件或者更改合同实质性内容的,或者拒不提交所要求的履约保证金的,招标人可取消其中标资格,并没收其投标保证金;给招标人的损失超过投标保证金数额的,中标人应当对超过部分予以赔偿;没有提交投标保证金的,应当对招标人的损失承担赔偿责任。

第八十二条 中标人将中标项目转让给他人的,将中标项目肢解后分别转让给他人的,违法将中标项目的部分主体、关键性工作分包给他人的,或者分包人再次分包的,转让、分包无效,有关行政监督部门处转让、分包项目金额千分之五以上千分之十以下的罚款;有违法所得的,并处没收违法所得;可以责令停业整顿;情节严重的,由工商行政管理机关吊销营业执照。

第八十三条 招标人与中标人不按照招标文件和中标人的投标文件订立合同的,招标人、中标人订立背离合同实质性内容的协议的,或者招标人擅自提高履约保证金或强制要求中标人垫付中标项目建设资金的,有关行政监督部门责令改正;可以处中标项目金额千分之五以上千分之十以下的罚款。

第八十四条 中标人不履行与招标人订立的合同的,履约保证金不予退还,给招标人造成的损失超过履约保证金数额的,还应当对超过部分予以赔偿;没有提交履约保证金的,应当对招标人的损失承担赔偿责任。

中标人不按照与招标人订立的合同履行义务,情节严重的,有关行政监督部门取消其二至五年内参加招标项目的投标资格并予以公告,直至由工商行政管理机关吊销营业执照。

因不可抗力不能履行合同的,不适用前两款规定。

第八十五条 招标人不履行与中标人订立的合同的,应当双倍返还中标人的履约保证金;给中标人造成的损失超过返还的履约保证金的,还应当对超过部分予以赔偿;没有提交履约保证金的,应当对中标人的损失承担赔偿责任。

因不可抗力不能履行合同的,不适用前款规定。

第八十六条 依法必须进行施工招标的项目违反法律规定,中标无效的,应当依照法律规定的中标条件从其余投标人中重新确定中标人或者依法重新进行招标。

中标无效的,发出的中标通知书和签订的合同自始没有法律约束力,但不影响合同中独立存在的有关解决争议方法的条款的效力。

第八十七条 任何单位违法限制或者排斥本地区、本系统以外的法人或者其他组织参加投标的,为招标人指定招标代理机构的,强制招标人委托招标代理机构办理招标事宜的,或者以其他方式干涉招标投标活动的,有关行政监督部门责令改正;对单位直接负责的主管人员和其他直接责任人员依法给予警告、记过、记大过的处分,情节较重的,依法给予降级、撤职、开除的处分。

个人利用职权进行前款违法行为的，依照前款规定追究责任。

第八十八条 对招标投标活动依法负有行政监督职责的国家机关工作人员徇私舞弊、滥用职权或者玩忽职守，构成犯罪的，依法追究刑事责任；不构成犯罪的，依法给予行政处分。

第八十九条 任何单位和个人对工程建设项目施工招标投标过程中发生的违法行为，有权向项目审批部门或者有关行政监督部门投诉或举报。

第六章 附　则

第九十条 使用国际组织或者外国政府贷款、援助资金的项目进行招标，贷款方、资金提供方对工程施工招标投标活动的条件和程序有不同规定的，可以适用其规定，但违背中华人民共和国社会公共利益的除外。

第九十一条 本办法由国家发展计划委员会会同有关部门负责解释。

第九十二条 本办法自 2003 年 5 月 1 日起施行。

2. 房屋建筑和市政基础设施工程施工招标投标管理办法

建设部 89 号令

第一章 总 则

第一条 为了规范房屋建筑和市政基础设施工程施工招标投标活动，维护招标投标当事人的合法权益，依据《中华人民共和国建筑法》、《中华人民共和国招标投标法》等法律、行政法规，制定本办法。

第二条 在中华人民共和国境内从事房屋建筑和市政基础设施工程施工招标投标活动，实施对房屋建筑和市政基础设施工程施工招标投标活动的监督管理，适用本办法。

本办法所称房屋建筑工程，是指各类房屋建筑及其附属设施和与其配套的线路、管道、设备安装工程及室内外装修工程。

本办法所称市政基础设施工程，是指城市道路、公共交通、供水、排水、燃气、热力、园林、环卫、污水处理、垃圾处理、防洪、地下公共设施及附属设施的土建、管道、设备安装工程。

第三条 房屋建筑和市政基础设施工程（以下简称工程）的施工单项合同估算价在 200 万元人民币以上，或者项目总投资在 3000 万元人民币以上的，必须进行招标。

省、自治区、直辖市人民政府建设行政主管部门报经同级人民政府批准，可以根据实际情况，规定本地区必须进行工程施工招标的具体范围和规模标准，但不得缩小本办法确定的必须进行施工招标的范围。

第四条 国务院建设行政主管部门负责全国工程施工招标投标活动的监督管理。

县级以上地方人民政府建设行政主管部门负责本行政区域内工程施工招标投标活动的监督管理。具体的监督管理工作，可以委托工程招标投标监督管理机构负责实施。

第五条 任何单位和个人不得违反法律、行政法规规定，限制或者排斥本地区、本系统以外的法人或者其他组织参加投标，不得以任何方式非法干涉施工招标投标活动。

第六条 施工招标投标活动及其当事人应当依法接受监督。

建设行政主管部门依法对施工招标投标活动实施监督，查处施工招标投标活动中的违法行为。

第二章 招 标

第七条 工程施工招标由招标人依法组织实施。招标人不得以不合理条件限制或者排斥潜在投标人，不得对潜在投标人实行歧视待遇，不得对潜在投标人提出与招标工程实际要求不符的过高的资质等级要求和其他要求。

第八条 工程施工招标应当具备下列条件：

（一）按照国家有关规定需要履行项目审批手续的，已经履行审批手续；

（二）工程资金或者资金来源已经落实；

（三）有满足施工招标需要的设计文件及其他技术资料；

（四）法律、法规、规章规定的其他条件。

第九条 工程施工招标分为公开招标和邀请招标。

依法必须进行施工招标的工程，全部使用国有资金投资或者国有资金投资占控股或者主导地位的，应当公开招标，但经国家计委或者省、自治区、直辖市人民政府依法批准可以进行邀请招标的重点建设项目除外；其他工程可以实行邀请招标。

第十条 工程有下列情形之一的，经县级以上地方人民政府建设行政主管部门批准，可以不进行施工招标：

（一）停建或者缓建后恢复建设的单位工程，且承包人未发生变更的；

（二）施工企业自建自用的工程，且该施工企业资质等级符合工程要求的；

（三）在建工程追加的附属小型工程或者主体加层工程，且承包人未发生变更的；

（四）法律、法规、规章规定的其他情形。

第十一条 依法必须进行施工招标的工程，招标人自行办理施工招标事宜的，应当具有编制招标文件和组织评标的能力：

（一）有专门的施工招标组织机构；

（二）有与工程规模、复杂程度相适应并具有同类工程施工招标经验、熟悉有关工程施工招标法律法规的工程技术、概预算及工程管理的专业人员。

不具备上述条件的，招标人应当委托具有相应资格的工程招标代理机构代理施工招标。

第十二条 招标人自行办理施工招标事宜的，应当在发布招标公告或者发出投标邀请书的5日前，向工程所在地县级以上地方人民政府建设行政主管部门备案，并报送下列材料：

（一）按照国家有关规定办理审批手续的各项批准文件；

（二）本办法第十一条所列条件的证明材料，包括专业技术人员的名单、职称证书或者执业资格证书及其工作经历的证明材料；

（三）法律、法规、规章规定的其他材料。

招标人不具备自行办理施工招标事宜条件的，建设行政主管部门应当自收到备案材料之日起5日内责令招标人停止自行办理施工招标事宜。

第十三条 全部使用国有资金投资或者国有资金投资占控股或者主导地位，依法必须进行施工招标的工程项目，应当进入有形建筑市场进行招标投标活动。

政府有关管理机关可以在有形建筑市场集中办理有关手续，并依法实施监督。

第十四条 依法必须进行施工公开招标的工程项目，应当在国家或者地方指定的报刊、信息网络或者其他媒介上发布招标公告，并同时在中国工程建设和建筑业信息网上发布招标公告。

招标公告应当载明招标人的名称和地址，招标工程的性质、规模、地点以及获取招标文件的办法等事项。

第十五条 招标人采用邀请招标方式的，应当向3个以上符合资质条件的施工企业发出投标邀请书。

投标邀请书应当载明本办法第十四条第二款规定的事项。

第十六条 招标人可以根据招标工程的需要，对投标申请人进行资格预审，也可以委托工程招标代理机构对投标申请人进行资格预审。实行资格预审的招标工程，招标人应当在招标公告或者投标邀请书中载明资格预审的条件和获取资格预审文件的办法。

资格预审文件一般应当包括资格预审申请书格式、申请人须知以及需要投标申请人提供的企业资质、业绩、技术装备、财务状况和拟派出的项目经理与主要技术人员的简历、业绩等证明材料。

第十七条 经资格预审后，招标人应当向资格预审合格的投标申请人发出资格预审合格通知书，告知获取招标文件的时间、地点和方法，并同时向资格预审不合格的投标申请人告知资格预审结果。

在资格预审合格的投标申请人过多时，可以由招标人从中选择不少于7家资格预审合格的投标申请人。

第十八条 招标人应当根据招标工程的特点和需要，自行或者委托工程招标代理机构编制招标文件。招标文件应当包括下列内容：

（一）投标须知，包括工程概况，招标范围，资格审查条件，工程资金来源或者落实情况（包括银行出具的资金证明），标段划分，工期要求，质量标准，现场踏勘和答疑安排，投标文件编制、提交、修改、撤回的要求，投标报价要求，投标有效期，开标的时间和地点，评标的方法和标准等；

（二）招标工程的技术要求和设计文件；

（三）采用工程量清单招标的，应当提供工程量清单；

（四）投标函的格式及附录；

（五）拟签订合同的主要条款；

（六）要求投标人提交的其他材料。

第十九条 依法必须进行施工招标的工程，招标人应当在招标文件发出的同时，将招标文件报工程所在地的县级以上地方人民政府建设行政主管部门备案。建设行政主管部门发现招标文件有违反法律、法规内容的，应当责令招标人改正。

第二十条 招标人对已发出的招标文件进行必要的澄清或者修改的，应当在招标文件要求提交投标文件截止时间至少15日前，以书面形式通知所有招标文件收受人，并同时报工程所在地的县级以上地方人民政府建设行政主管部门备案。该澄清或者修改的内容为招标文件的组成部分。

第二十一条 招标人设有标底的，应当依据国家规定的工程量计算规则及招标文件规定的计价方法和要求编制标底，并在开标前保密。一个招标工程只能编制一个标底。

第二十二条 招标人对于发出的招标文件可以酌收工本费。其中的设计文件，招标人可以酌收押金。对于开标后将设计文件退还的，招标人应当退还押金。

第三章 投 标

第二十三条 施工招标的投标人是响应施工招标、参与投标竞争的施工企业。

投标人应当具备相应的施工企业资质，并在工程业绩、技术能力、项目经理资格条件、财务状况等方面满足招标文件提出的要求。

第二十四条 投标人对招标文件有疑问需要澄清的，应当以书面形式向招标人提出。

第二十五条 投标人应当按照招标文件的要求编制投标文件，对招标文件提出的实质性要求和条件作出响应。

招标文件允许投标人提供备选标的，投标人可以按照招标文件的要求提交替代方案，并作出相应报价作备选标。

第二十六条 投标文件应当包括下列内容：

（一）投标函；

（二）施工组织设计或者施工方案；
（三）投标报价；
（四）招标文件要求提供的其他材料。

第二十七条 招标人可以在招标文件中要求投标人提交投标担保。投标担保可以采用投标保函或者投标保证金的方式。投标保证金可以使用支票、银行汇票等，一般不得超过投标总价的2%，最高不得超过50万元。

投标人应当按照招标文件要求的方式和金额，将投标保函或者投标保证金随投标文件提交招标人。

第二十八条 投标人应当在招标文件要求提交投标文件的截止时间前，将投标文件密封送达投标地点。招标人收到投标文件后，应当向投标人出具标明签收人和签收时间的凭证，并妥善保存投标文件。在开标前，任何单位和个人均不得开启投标文件。在招标文件要求提交投标文件的截止时间后送达的投标文件，为无效的投标文件，招标人应当拒收。

提交投标文件的投标人少于3个的，招标人应当依法重新招标。

第二十九条 投标人在招标文件要求提交投标文件的截止时间前，可以补充、修改或者撤回已提交的投标文件。补充、修改的内容为投标文件的组成部分，并应当按照本办法第二十八条第一款的规定送达、签收和保管。在招标文件要求提交投标文件的截止时间后送达的补充或者修改的内容无效。

第三十条 两个以上施工企业可以组成一个联合体，签订共同投标协议，以一个投标人的身份共同投标。联合体各方均应当具备承担招标工程的相应资质条件。相同专业的施工企业组成的联合体，按照资质等级低的施工企业的业务许可范围承揽工程。

招标人不得强制投标人组成联合体共同投标，不得限制投标人之间的竞争。

第三十一条 投标人不得相互串通投标，不得排挤其他投标人的公平竞争，损害招标人或者其他投标人的合法权益。

投标人不得与招标人串通投标，损害国家利益、社会公共利益或者他人的合法权益。

禁止投标人以向招标人或者评标委员会成员行贿的手段谋取中标。

第三十二条 投标人不得以低于其企业成本的报价竞标，不得以他人名义投标或者以其他方式弄虚作假，骗取中标。

第四章　开标、评标和中标

第三十三条 开标应当在招标文件确定的提交投标文件截止时间的同一时间公开进行；开标地点应当为招标文件中预先确定的地点。

第三十四条 开标由招标人主持，邀请所有投标人参加。开标应当按照下列规定进行：

由投标人或者其推选的代表检查投标文件的密封情况，也可以由招标人委托的公证机构进行检查并公证。经确认无误后，由有关工作人员当众拆封，宣读投标人名称、投标价格和投标文件的其他主要内容。

招标人在招标文件要求提交投标文件的截止时间前收到的所有投标文件，开标时都应当当众予以拆封、宣读。

开标过程应当记录，并存档备查。

第三十五条 在开标时，投标文件出现下列情形之一的，应当作为无效投标文件，不得进入评标：

（一）投标文件未按照招标文件的要求予以密封的；

（二）投标文件中的投标函未加盖投标人的企业及企业法定代表人印章的，或者企业法定代表人委托代理人没有合法、有效的委托书（原件）及委托代理人印章的；

（三）投标文件的关键内容字迹模糊、无法辨认的；

（四）投标人未按照招标文件的要求提供投标保函或者投标保证金的；

（五）组成联合体投标的，投标文件未附联合体各方共同投标协议的。

第三十六条 评标由招标人依法组建的评标委员会负责。

依法必须进行施工招标的工程，其评标委员会由招标人的代表和有关技术、经济等方面的专家组成，成员人数为5人以上单数，其中招标人、招标代理机构以外的技术、经济等方面专家不得少于成员总数的三分之二。评标委员会的专家成员，应当由招标人从建设行政主管部门及其他有关政府部门确定的专家名册或者工程招标代理机构的专家库内相关专业的专家名单中确定。确定专家成员一般应当采取随机抽取的方式。

与投标人有利害关系的人不得进入相关工程的评标委员会。评标委员会成员的名单在中标结果确定前应当保密。

第三十七条 建设行政主管部门的专家名册应当拥有一定数量规模并符合法定资格条件的专家。省、自治区、直辖市人民政府建设行政主管部门可以将专家数量少的地区的专家名册予以合并或者实行专家名册计算机联网。

建设行政主管部门应当对进入专家名册的专家组织有关法律和业务培训，对其评标能力、廉洁公正等进行综合评估，及时取消不称职或者违法违规人员的评标专家资格。被取消评标专家资格的人员，不得再参加任何评标活动。

第三十八条 评标委员会应当按照招标文件确定的评标标准和方法，对投标文件进行评审和比较，并对评标结果签字确认；设有标底的，应当参考标底。

第三十九条 评标委员会可以用书面形式要求投标人对投标文件中含义不明确的内容作必要的澄清或者说明。投标人应当采用书面形式进行澄清或者说明，其澄清或者说明不得超出投标文件的范围或者改变投标文件的实质性内容。

第四十条 评标委员会经评审，认为所有投标文件都不符合招标文件要求的，可以否决所有投标。

依法必须进行施工招标工程的所有投标被否决的，招标人应当依法重新招标。

第四十一条 评标可以采用综合评估法、经评审的最低投标价法或者法律法规允许的其他评标方法。

采用综合评估法的，应当对投标文件提出的工程质量、施工工期、投标价格、施工组织设计或者施工方案、投标人及项目经理业绩等，能否最大限度地满足招标文件中规定的各项要求和评价标准进行评审和比较。以评分方式进行评估的，对于各种评比奖项不得额外计分。

采用经评审的最低投标价法的，应当在投标文件能够满足招标文件实质性要求的投标人中，评审出投标价格最低的投标人，但投标价格低于其企业成本的除外。

第四十二条 评标委员会完成评标后，应当向招标人提出书面评标报告，阐明评标委员会对各投标文件的评审和比较意见，并按照招标文件中规定的评标方法，推荐不超过3名有排序的合格的中标候选人。招标人根据评标委员会提出的书面评标报告和推荐的中标候选人确定中标人。

使用国有资金投资或者国家融资的工程项目，招标人应当按照中标候选人的排序确定中标人。当确定中标的中标候选人放弃中标或者因不可抗力提出不能履行合同的，招标人可以依序确定其他中标候选人为中标人。

招标人也可以授权评标委员会直接确定中标人。

第四十三条 有下列情形之一的，评标委员会可以要求投标人作出书面说明并提供相关材料：

（一）设有标底的，投标报价低于标底合理幅度的；

（二）不设标底的，投标报价明显低于其他投标报价，有可能低于其企业成本的。

经评标委员会论证，认定该投标人的报价低于其企业成本的，不能推荐为中标候选人或者中标人。

第四十四条 招标人应当在投标有效期截止时限30日前确定中标人。投标有效期应当在招标文件中载明。

第四十五条 依法必须进行施工招标的工程，招标人应当自确定中标人之日起15日内，向工程所在地的县级以上地方人民政府建设行政主管部门提交施工招标投标情况的书面报告。书面报告应当包括下列内容：

（一）施工招标投标的基本情况，包括施工招标范围、施工招标方式、资格审查、开评标过程和确定中标人的方式及理由等。

（二）相关的文件资料，包括招标公告或者投标邀请书、投标报名表、资格预审文件、招标文件、评标委员会的评标报告（设有标底的，应当附标底）、中标人的投标文件。委托工程招标代理的，还应当附工程施工招标代理委托合同。

前款第二项中已按照本办法的规定办理了备案的文件资料，不再重复提交。

第四十六条 建设行政主管部门自收到书面报告之日起5日内未通知招标人在招标投标活动中有违法行为的，招标人可以向中标人发出中标通知书，并将中标结果通知所有未中标的投标人。

第四十七条 招标人和中标人应当自中标通知书发出之日起30日内，按照招标文件和中标人的投标文件订立书面合同；招标人和中标人不得再行订立背离合同实质性内容的其他协议。订立书面合同后7日内，中标人应当将合同送县级以上工程所在地的建设行政主管部门备案。

中标人不与招标人订立合同的，投标保证金不予退还并取消其中标资格，给招标人造成的损失超过投标保证金数额的，应当对超过部分予以赔偿；没有提交投标保证金的，应当对招标人的损失承担赔偿责任。

招标人无正当理由不与中标人签订合同，给中标人造成损失的，招标人应当给予赔偿。

第四十八条 招标文件要求中标人提交履约担保的，中标人应当提交。招标人应当同时向中标人提供工程款支付担保。

第五章 罚 则

第四十九条 有违反《招标投标法》行为的，县级以上地方人民政府建设行政主管部门应当按照《招标投标法》的规定予以处罚。

第五十条 招标投标活动中有《招标投标法》规定中标无效情形的，由县级以上地方人民政府建设行政主管部门宣布中标无效，责令重新组织招标，并依法追究有关责任人责任。

第五十一条 应当招标未招标的，应当公开招标未公开招标的，县级以上地方人民政府建设行政主管部门应当责令改正，拒不改正的，不得颁发施工许可证。

第五十二条 招标人不具备自行办理施工招标事宜条件而自行招标的，县级以上地方人民政府建设行政主管部门应当责令改正，处1万元以下的罚款。

第五十三条 评标委员会的组成不符合法律、法规规定的，县级以上地方人民政府建设行政主管部门应当责令招标人重新组织评标委员会。招标人拒不改正的，不得颁发施工许可证。

第五十四条 招标人未向建设行政主管部门提交施工招标投标情况书面报告的，县级以上地方人民政府建设行政主管部门应当责令改正；在未提交施工招标投标情况书面报告前，建设行政主管部门不予颁发施工许可证。

第六章 附 则

第五十五条 工程施工专业分包、劳务分包采用招标方式的，参照本办法执行。

第五十六条 招标文件或者投标文件使用两种以上语言文字的，必须有一种是中文；如对不同文本的解释发生异议的，以中文文本为准。用文字表示的金额与数字表示的金额不一致的，以文字表示的金额为准。

第五十七条 涉及国家安全、国家秘密、抢险救灾或者属于利用扶贫资金实行以工代赈、需要使用农民工等特殊情况，不适宜进行施工招标的工程，按照国家有关规定可以不进行施工招标。

第五十八条 使用国际组织或者外国政府贷款、援助资金的工程进行施工招标，贷款方、资金提供方对招标投标的具体条件和程序有不同规定的，可以适用其规定，但违背中华人民共和国的社会公共利益的除外。

第五十九条 本办法由国务院建设行政主管部门负责解释。

第六十条 本办法自发布之日起施行。1992年12月30建设部颁布的《工程建设施工招标投标管理办法》（建设部令第23号）同时废止。

3. 房屋建筑和市政基础设施工程施工分包管理办法

第 124 号令

第一条 为了规范房屋建筑和市政基础设施工程施工分包活动，维护建筑市场秩序，保证工程质量和施工安全，根据《中华人民共和国建筑法》、《中华人民共和国招标投标法》、《建设工程质量管理条例》等有关法律、法规，制定本办法。

第二条 在中华人民共和国境内从事房屋建筑和市政基础设施工程施工分包活动，实施对房屋建筑和市政基础设施工程施工分包活动的监督管理，适用本办法。

第三条 国务院建设行政主管部门负责全国房屋建筑和市政基础设施工程施工分包的监督管理工作。

县级以上地方人民政府建设行政主管部门负责本行政区域内房屋建筑和市政基础设施工程施工分包的监督管理工作。

第四条 本办法所称施工分包，是指建筑业企业将其所承包的房屋建筑和市政基础设施工程中的专业工程或者劳务作业发包给其他建筑业企业完成的活动。

第五条 房屋建筑和市政基础设施工程施工分包分为专业工程分包和劳务作业分包。

本办法所称专业工程分包，是指施工总承包企业（以下简称专业分包工程发包人）将其所承包工程中的专业工程发包给具有相应资质的其他建筑业企业（以下简称专业分包工程承包人）完成的活动。

本办法所称劳务作业分包，是指施工总承包企业或者专业承包企业（以下简称劳务作业发包人）将其承包工程中的劳务作业发包给劳务分包企业（以下简称劳务作业承包人）完成的活动。

本办法所称分包工程发包人包括本条第二款、第三款中的专业分包工程发包人和劳务作业发包人；分包工程承包人包括本条第二款、第三款中的专业分包工程承包人和劳务作业承包人。

第六条 房屋建筑和市政基础设施工程施工分包活动必须依法进行。

鼓励发展专业承包企业和劳务分包企业，提倡分包活动进入有形建筑市场公开交易，完善有形建筑市场的分包工程交易功能。

第七条 建设单位不得直接指定分包工程承包人。任何单位和个人不得对依法实施的分包活动进行干预。

第八条 分包工程承包人必须具有相应的资质，并在其资质等级许可的范围内承揽业务。

严禁个人承揽分包工程业务。

第九条 专业工程分包除在施工总承包合同中有约定外，必须经建设单位认可。专业分包工程承包人必须自行完成所承包的工程。

劳务作业分包由劳务作业发包人与劳务作业承包人通过劳务合同约定。劳务作业承包人必须自行完成所承包的任务。

第十条 分包工程发包人和分包工程承包人应当依法签订分包合同，并按照合同履行约定的义务。分包合同必须明确约定支付工程款和劳务工资的时间、结算方式以及保证按期支付的相应措施，确保工程款和劳务工资的支付。

分包工程发包人应当在订立分包合同后 7 个工作日内，将合同送工程所在地县级以上地方人民政府建设行政主管部门备案。分包合同发生重大变更的，分包工程发包人应当自变更后7个工作日内，将变更协议送原备案机关备案。

第十一条 分包工程发包人应当设立项目管理机构，组织管理所承包工程的施工活动。

项目管理机构应当具有与承包工程的规模、技术复杂程度相适应的技术、经济管理人员。其中，项目负责人、技术负责人、项目核算负责人、质量管理人员、安全管理人员必须是本单位的人员。具体要求由省、自治区、直辖市人民政府建设行政主管部门规定。

前款所指本单位人员，是指与本单位有合法的人事或者劳动合同、工资以及社会保险关系的人员。

第十二条 分包工程发包人可以就分包合同的履行，要求分包工程承包人提供分包工程履约担保；分包工程承包人在提供担保后，要求分包工程发包人同时提供分包工程付款担保的，分包工程发包人应当提供。

第十三条 禁止将承包的工程进行转包。不履行合同约定，将其承包的全部工程发包给他人，或者将其承包的全部工程肢解后以分包的名义分别发包给他人的，属于转包行为。

违反本办法第十一条规定，分包工程发包人将工程分包后，未在施工现场设立项目管理机构和派驻相应人员，并未对该工程的施工活动进行组织管理的，视同转包行为。

第十四条 禁止将承包的工程进行违法分包。下列行为，属于违法分包：

（一）分包工程发包人将专业工程或者劳务作业分包给不具备相应资质条件的分包工程承包人的；

（二）施工总承包合同中未有约定，又未经建设单位认可，分包工程发包人将承包工程中的部分专业工程分包给他人的。

第十五条 禁止转让、出借企业资质证书或者以其他方式允许他人以本企业名义承揽工程。

分包工程发包人没有将其承包的工程进行分包，在施工现场所设项目管理机构的项目负责人、技术负责人、项目核算负责人、质量管理人员、安全管理人员不是工程承包人本单位人员的，视同允许他人以本企业名义承揽工程。

第十六条 分包工程承包人应当按照分包合同的约定对其承包的工程向分包工程发包人负责。分包工程发包人和分包工程承包人就分包工程对建设单位承担连带责任。

第十七条 分包工程发包人对施工现场安全负责，并对分包工程承包人的安全生产进行管理。专业分包工程承包人应当将其分包工程的施工组织设计和施工安全方案报分包工程发包人备案，专业分包工程发包人发现事故隐患，应当及时作出处理。

分包工程承包人就施工现场安全向分包工程发包人负责，并应当服从分包工程发包人对施工现场的安全生产管理。

第十八条 违反本办法规定，转包、违法分包或者允许他人以本企业名义承揽工程的，按照《中华人民共和国建筑法》、《中华人民共和国招标投标法》和《建设工程质量管理条例》的规定予以处罚；对于接受转包、违法分包和用他人名义承揽工程的，处1万元以上3万元以下的罚款。

第十九条 未取得建筑业企业资质承接分包工程的，按照《中华人民共和国建筑法》第六十五条第三款和《建设工程质量管理条例》第六十条第一款、第二款的规定处罚。

第二十条 本办法自2004年4月1日起施行。原城乡建设环境保护部1986年4月30日发布的《建筑安装工程总分包实施办法》同时废止。

4. 建筑工程施工发包与承包计价管理办法

建设部令第 107 号

第一条 为了规范建筑工程施工发包与承包计价行为，维护建筑工程发包与承包双方的合法权益，促进建筑市场的健康发展，根据有关法律、法规，制定本办法。

第二条 在中华人民共和国境内的建筑工程施工发包与承包计价（以下简称工程发承包计价）管理，适用本办法。

本办法所称建筑工程是指房屋建筑和市政基础设施工程。

本办法所称房屋建筑工程，是指各类房屋建筑及其附属设施和与其配套的线路、管道、设备安装工程及室内外装饰装修工程。

本办法所称市政基础设施工程，是指城市道路、公共交通、供水、排水、燃气、热力、园林、环卫、污水处理、垃圾处理、防洪、地下公共设施及附属设施的土建、管道、设备安装工程。

工程发承包计价包括编制施工图预算、招标标底、投标报价、工程结算和签订合同价等活动。

第三条 建筑工程施工发包与承包价在政府宏观调控下，由市场竞争形成。

工程工发承包计价应当遵循公平、合法和诚实信用的原则。

第四条 国务院建设行政主管部门负责全国工程发承包计价工作的管理。

县级以上地方人民政府建设行政主管部门负责本行政区域内工程发承包计价工作的管理。其具体工作可以委托工程造价管理机构负责。

第五条 施工图预算、招标标底和投标报价由成本（直接费、间接费）、利润和税金构成。其编制可以采用以下计价方法：

（一）工料单价法。分部分项工程量的单价为直接费。直接费以人工、材料、机械的消耗量及其相应价格确定。间接费、利润、税金按照有关规定另行计算。

（二）综合单价法。分部分项工程量的单价为全费用单价。全费用单价综合计算完成分部分项工程所发生的直接费、间接费、利润、税金。

第六条 招标标底编制的依据为：

（一）国务院和省、自治区、直辖市人民政府建设行政主管部门制定的工程造价计价办法以及其他有关规定；

（二）市场价格信息。

第七条 投标报价应当满足招标文件要求。

投标报价应当依据企业定额和市场价格信息，并按照国务院和省、自治区、直辖市人民政府建设行政主管部门发布的工程造价计价办法进行编制。

第八条 招标投标工程可以采用工程量清单方法编制招标标底和投标报价。

工程量清单应当依据招标文件、施工设计图纸、施工现场条件和国家制定的统一工程量计算规则、分部分项工程项目划分、计量单位等进行编制。

第九条 招标标底和工程量清单由具有编制招标文件能力的招标人或其委托的具有相应资质的工程造价咨询机构、招标代理机构编制。

投标报价由投标人或其委托的具有相应资质的工程造价咨询机构编制。

第十条 对是否低于成本报价的异议，评标委员会可以参照建设行政主管部门发布的计价办法和有关规定进行评审。

第十一条 招标人与中标人应当根据中标价订立合同。

不实行招标投标的工程，在承包方编制的施工图预算的基础上，由发承包双方协商订立合同。

第十二条 合同价可以采用以下方式：

（一）固定价。合同总价或者单价在合同约定的风险范围内不可调整。

（二）可调价。合同总价或者单价在合同实施期内，根据合同约定的办法调整。

（三）成本加酬金。

第十三条 发承包双方在确定合同价时，应当考虑市场环境和生产要素价格变化对合同价的影响。

第十四条 建筑工程的发承包双方应当根据建设行政主管部门的规定，结合工程款、建设工期和包工包料情况在合同中约定预付工程款的具体事宜。

第十五条 建筑工程发承包双方应当按照合同约定定期或者按照工程进度分段进行工程款结算。

第十六条 工程竣工验收合格，应当按照下列规定进行竣工结算：

（一）承包方应当在工程竣工验收合格后的约定期限内提交竣工结算文件。

（二）发包方应当在收到竣工结算文件后的约定期限内予以答复。逾期未答复的，竣工结算文件视为已被认可。

（三）发包方对竣工结算文件有异议的，应当在答复期内向承包方提出，并可以在提出之日起的约定期限内与承包方协商。

（四）发包方在协商期内未与承包方协商或者经协商未能与承包方达成协议的，应当委托工程造价咨询单位进行竣工结算审核。

（五）发包方应当在协商期满后的约定期限内向承包方提出工程造价咨询单位出具的竣工结算审核意见。

发承包双方在合同中对上述事项的期限没有明确约定的，可认为其约定期限均为 28 日。

发承包双方对工程造价咨询单位出具的竣工结算审核意见仍有异议的，在接到该审核意见后一个月内可以向县级以上地方人民政府建设行政主管部门申请调解，调解不成的，可以依法申请仲裁或者向人民法院提起诉讼。

工程竣工结算文件经发包方与承包方确认即应当作为工程决算的依据。

第十七条 招标标底、投标报价、工程结算审核和工程造价鉴定文件应当由造价工程师签字，并加盖造价工程师执业专用章。

第十八条 县级以上地方人民政府建设行政主管部门应当加强对建筑工程发承包计价活动的监督检查。

第十九条 造价工程师在招标标底或者投标报价编制、工程结算审核和工程造价鉴定中，有意抬高、压低价格，情节严重的，由造价工程师注册管理机构注销其执业资格。

第二十条 工程造价咨询单位在建筑工程计价活动中有意抬高、压低价格或者提供虚假报告的，县级以上地方人民政府建设行政主管部门责令改正，并可处以一万元以上三万元以下的罚款；情节严重的，由发证机关注销工程造价咨询单位资质证书。

第二十一条 国家机关工作人员在建筑工程计价监督管理工作中，玩忽职守、徇私舞弊、滥用职权的，由有关机关给予行政处分；构成犯罪的，依法追究刑事责任。

第二十二条 建筑工程以外的工程施工发包与承包计价管理可以参照本办法执行。

第二十三条 本办法由国务院建设行政主管部门负责解释。

第二十四条 本办法自 2001 年 12 月 1 日起施行。

5. 建设工程工程量清单计价规范 GB 50500—2008

1 总　则

1.0.1 为规范工程造价计价行为，统一建设工程工程量清单的编制和计价方法，根据《中华人民共和国建筑法》、《中华人民共和国合同法》、《中华人民共和国招标投标法》等法律法规，制定本规范。

1.0.2 本规范适用于建设工程工程量清单计价活动。

1.0.3 全部使用国有资金投资或国有资金投资为主（以下二者简称"国有资金投资"）的工程建设项目，必须采用工程量清单计价。

1.0.4 非国有资金投资的工程建设项目，可采用工程量清单计价。

1.0.5 工程量清单、招标控制价、投标报价、工程价款结算等工程造价文件的编制与核对应由具有资格的工程造价专业人员承担。

1.0.6 建设工程工程量清单计价活动应遵循客观、公正、公平的原则。

1.0.7 本规范附录A、附录B、附录C、附录D、附录E、附录F（略）应作为编制工程量清单的依据。

1　附录A为建筑工程工程量清单项目及计算规则，适用于工业与民用建筑物和构筑物工程。

2　附录B为装饰装修工程工程量清单项目及计算规则，适用于工业与民用建筑物和构筑物的装饰装修工程。

3　附录C为安装工程工程量清单项目及计算规则，适用于工业与民用安装工程。

4　附录D为市政工程工程量清单项目及计算规则，适用于城市市政建设工程。

5　附录E为园林绿化工程工程量清单项目及计算规则，适用于园林绿化工程。

6　附录F为矿山工程工程量清单项目及计算规则，适用于矿山工程。

1.0.8 建设工程工程量清单计价活动，除应遵守本规范外，尚应符合国家现行有关标准的规定。

2 术　语

2.0.1 工程量清单

建设工程的分部分项工程项目、措施项目、其他项目、规费项目和税金项目的名称和相应数量等的明细清单。

2.0.2 项目编码

分部分项工程量清单项目名称的数字标识。

2.0.3 项目特征

构成分部分项工程量清单项目、措施项目自身价值的本质特征。

2.0.4 综合单价

完成一个规定计量单位的分部分项工程量清单项目或措施清单项目所需的人工费、材料费、施工机械使用费和企业管理费与利润以及一定范围内的风险费用。

2.0.5 措施项目

为完成工程项目施工，发生于该工程施工准备和施工过程中的技术、生活、安全、环境保护等方面的非工程实体项目。

2.0.6 暂列金额

招标人在工程量清单中暂定并包括在合同价款中的一笔款项。用于施工合同签订时尚未确定或者不可预见的所需材料、设备、服务的采购，施工中可能发生的工程变更、合同约定调整因素出现时的工程价款调整以及发生的索赔、现场签证确认等的费用。

2.0.7 暂估价

招标人在工程量清单中提供的用于支付必然发生但暂时不能确定价格的材料的单价以及专业工程的金额。

2.0.8 计日工

在施工过程中，完成发包人提出的施工图纸以外的零星项目或工作，按合同中约定的综合单价计价。

2.0.9 总承包服务费

总承包人为配合协调发包人进行的工程分包自行采购的设备、材料等进行管理、服务以及施工现场管理、竣工资料汇总整理等服务所需的费用。

2.0.10 索赔

在合同履行过程中，对于非己方的过错而应由对方承担责任的情况造成的损失，向对方提出补偿的要求。

2.0.11 现场签证

发包人现场代表与承包人现场代表就施工过程中涉及的责任事件所作的签认证明。

2.0.12 企业定额

施工企业根据本企业的施工技术和管理水平而编制的人工、材料和施工机械台班等的消耗标准。

2.0.13 规费

根据省级政府或省级有关权力部门规定必须缴纳的，应计入建筑安装工程造价的费用。

2.0.14 税金

国家税法规定的应计入建筑安装工程造价内的营业税、城市维护建设税及教育费附加等。

2.0.15 发包人

具有工程发包主体资格和支付工程价款能力的当事人以及取得该当事人资格的合法继承人。

2.0.16 承包人

被发包人接受的具有工程施工承包主体资格的当事人以及取得该当事人资格的合法继承人。

2.0.17 造价工程师

取得《造价工程师注册证书》，在一个单位注册从事建设工程造价活动的专业人员。

2.0.18 造价员

取得《全国建设工程造价员资格证书》，在一个单位注册从事建设工程造价活动的专业人员。

2.0.19 工程造价咨询人

取得工程造价咨询资质等级证书，接受委托从事建设工程造价咨询活动的企业。

2.0.20 招标控制价

招标人根据国家或省级、行业建设主管部门颁发的有关计价依据和办法，按设计施工图纸计算的，对招标工程限定的最高工程造价。

2.0.21 投标价

投标人投标时报出的工程造价。

2.0.22 合同价

发、承包双方在施工合同中约定的工程造价。

2.0.23 竣工结算价

发、承包双方依据国家有关法律、法规和标准规定，按照合同约定确定的最终工程造价。

3 工程量清单编制

3.1 一 般 规 定

3.1.1 工程量清单应由具有编制能力的招标人或受其委托，具有相应资质的工程造价咨询人编制。

3.1.2 采用工程量清单方式招标，工程量清单必须作为招标文件的组成部分，其准确性和完整性由招标人负责。

3.1.3 工程量清单是工程量清单计价的基础，应作为编制招标控制价、投标报价、计算工程量、支付工程款、调整合同价款、办理竣工结算以及工程索赔等的依据之一。

3.1.4 工程量清单应由分部分项工程量清单、措施项目清单、其他项目清单、规费项目清单、税金项目清单组成。

3.1.5 编制工程量清单应依据：

1. 本规范；
2. 国家或省级、行业建设主管部门颁发的计价依据和办法；
3. 建设工程设计文件；
4. 与建设工程项目有关的标准、规范、技术资料；
5. 招标文件及其补充通知、答疑纪要；
6. 施工现场情况、工程特点及常规施工方案；
7. 其他相关资料。

3.2 分部分项工程量清单

3.2.1 分部分项工程量清单应包括项目编码、项目名称、项目特征、计量单位和工程量。

3.2.2 分部分项工程量清单应根据附录规定的项目编码、项目名称、项目特征、计量单位和工程量计算规则进行编制。

3.2.3 分部分项工程量清单的项目编码，应采用十二位阿拉伯数字表示。一至九位应按附录的规定设置，十至十二位应根据拟建工程的工程量清单项目名称设置。同一招标工程的项目编码不得有重码。

3.2.4 分部分项工程量清单的项目名称应按附录的项目名称结合拟建工程的实际确定。

3.2.5 分部分项工程量清单中所列工程量应按附录中规定的工程量计算规则计算。

3.2.6 分部分项工程量清单的计量单位应按附录中规定的计量单位确定。

3.2.7 分部分项工程量清单项目特征应按附录中规定的项目特征，结合拟建工程项目的实际予以描述。

3.2.8 编制工程量清单出现附录中未包括的项目，编制人应作补充，并报省级或行业工程造价管理机构备案，省级或行业工程造价管理机构应汇总报住房和城乡建设部标准定额研究所。

补充项目的编码由附录的顺序码与B和三位阿拉伯数字组成，并应从×B001起顺序编制，同一招标工程的项目不得重码。工程量清单中需附有补充项目的名称、项目特征、计量单位、工程量计算规则、工程内容。

3.3 措施项目清单

3.3.1 措施项目清单应根据拟建工程的实际情况列项。通用措施项目可按表3.3.1选择列项，专业工程的措施项目可按附录中规定的项目选择列项。若出现本规范未列的项目，可根据工程实际情况补充。

通用措施项目一览表　　　　　　　　　　　　　　　3.3.1

序号	项目名称
1	安全文明施工（含环境保护、文明施工、安全施工、临时设施）
2	夜间施工
3	二次搬运
4	冬雨季施工
5	大型机械设备进出场及安拆
6	施工排水
7	施工降水
8	地上、地下设施，建筑物的临时保护设施
9	已完工程及设备保护

3.3.2 措施项目中可以计算工程量的项目清单宜采用分部分项工程量清单的方式编制，列出项目编码、项目名称、项目特征、计量单位和工程量计算规则；不能计算工程量的项目清单，以"项"为计量单位。

3.4 其他项目清单

3.4.1 其他项目清单宜按照下列内容列项：
1. 暂列金额；
2. 暂估价：包括材料暂估单价、专业工程暂估价；
3. 计日工；
4. 总承包服务费。

3.4.2 出现本规范第3.4.1条未列的项目，可根据工程实际情况补充。

3.5 规费项目清单

3.5.1 规费项目清单应按照下列内容列项：
1. 工程排污费；
2. 工程定额测定费；
3. 社会保障费，包括养老保险费、失业保险费、医疗保险费；
4. 住房公积金；
5. 危险作业意外伤害保险。

3.5.2 出现本规范第3.5.1条未列的项目，应根据省级政府或省级有关权力部门的规定列项。

3.6 税金项目清单

3.6.1 税金项目清单应包括下列内容：
1. 营业税；
2. 城市维护建设税；
3. 教育费附加。

3.6.2 出现本规范第3.6.1条未列的项目，应根据税务部门的规定列项。

4 工程量清单计价

4.1 一般规定

4.1.1 采用工程量清单计价，建设工程造价由分部分项工程费、措施项目费、其他项目费、规费和税金组成。

4.1.2 分部分项工程量清单应采用综合单价计价。

4.1.3 招标文件中的工程量清单标明的工程量是投标人投标报价的共同基础，竣工结算的工程量按发、承包双方在合同中约定应予计量且实际完成的工程量确定。

4.1.4 措施项目清单计价应根据拟建工程的施工组织设计，可以计算工程量的措施项目，应按分部分项工程量清单的方式采用综合单价计价；其余的措施项目可以"项"为单位的方式计价，应包括除规费、税金外的全部费用。

4.1.5 措施项目清单中的安全文明施工费应按照国家或省级、行业建设主管部门的规定计价，不得作为竞争性费用。

4.1.6 其他项目清单应根据工程特点和本规范第4.2.6、4.3.6、4.8.6条的规定计价。

4.1.7 招标人在工程量清单中提供了暂估价的材料和专业工程属于依法必须招标的，由承包人和招标人共同通过招标确定材料单价与专业工程分包价。

若材料不属于依法必须招标的，经发、承包双方协商确认单价后计价。

若专业工程不属于依法必须招标的，由发包人、总承包人与分包人按有关计价依据进行计价。

4.1.8 规费和税金应按国家或省级、行业建设主管部门的规定计算，不得作为竞争性费用。

4.1.9 采用工程量清单计价的工程，应在招标文件或合同中明确风险内容及其范围

（幅度），不得采用无限风险、所有风险或类似语句规定风险内容及其范围（幅度）。

4.2 招标控制价

4.2.1 国有资金投资的工程建设项目应实行工程量清单招标，并应编制招标控制价。招标控制价超过批准的概算时，招标人应将其报原概算审批部门审核。投标人的投标报价高于招标控制价的，其投标应予以拒绝。

4.2.2 招标控制价应由具有编制能力的招标人，或受其委托具有相应资质的工程造价咨询人编制。

4.2.3 招标控制价应根据下列依据编制：
1. 本规范；
2. 国家或省级、行业建设主管部门颁发的计价定额和计价办法；
3. 建设工程设计文件及相关资料；
4. 招标文件中的工程量清单及有关要求；
5. 与建设项目相关的标准、规范、技术资料；
6. 工程造价管理机构发布的工程造价信息，工程造价信息没有发布的，参照市场价；
7. 其他的相关资料。

4.2.4 分部分项工程费应根据招标文件中的分部分项工程量清单项目的特征描述及有关要求，按本规范第 4.2.3 条的规定确定综合单价计算。

综合单价中应包括招标文件中要求投标人承担的风险费用。

招标文件提供了暂估单价的材料，按暂估的单价计入综合单价。

4.2.5 措施项目费应根据招标文件中的措施项目清单按本规范第 4.1.4、4.1.5 和 4.2.3 条的规定计价。

4.2.6 其他项目费应按下列规定计价：
1. 暂列金额应根据工程特点，按有关计价规定估算；
2. 暂估价中的材料单价应根据工程造价信息或参照市场价格估算，暂估价中的专业工程金额应分不同专业，按有关计价规定估算；
3. 计日工应根据工程特点和有关计价依据计算；
4. 总承包服务费应根据招标文件列出的内容和要求估算。

4.2.7 规费和税金应按本规范第 4.1.8 条的规定计算。

4.2.8 招标控制价应在招标时公布，不应上调或下浮，招标人应将招标控制价及有关资料报送工程所在地工程造价管理机构备查。

4.2.9 投标人经复核认为招标人公布的招标控制价未按照本规范的规定进行编制的，应在开标前 5 天向招标投标监督机构或（和）工程造价管理机构投诉。

招标投标监督机构应会同工程造价管理机构对投诉进行处理，发现确有错误的，应责成招标人修改。

4.3 投 标 价

4.3.1 除本规范强制性规定外，投标价由投标人自主确定，但不得低于成本。

投标价应由投标人或受其委托具有相应资质的工程造价咨询人编制。

4.3.2 投标人应按招标人提供的工程量清单填报价格。填写的项目编码、项目名称、项目特征、计量单位、工程量必须与招标人提供的一致。

4.3.3 投标报价应根据下列依据编制：

1. 本规范；
2. 国家或省级、行业建设主管部门颁发的计价办法；
3. 企业定额，国家或省级、行业建设主管部门颁发的计价定额；
4. 招标文件、工程量清单及其补充通知、答疑纪要；
5. 建设工程设计文件及相关资料；
6. 施工现场情况、工程特点及拟定的投标施工组织设计或施工方案；
7. 与建设项目相关的标准、规范等技术资料；
8. 市场价格信息或工程造价管理机构发布的工程造价信息；
9. 其他的相关资料。

4.3.4 分部分项工程费应依据本规范第 2.0.4 条综合单价的组成内容，按招标文件中分部分项工程量清单项目的特征描述确定综合单价计算。

综合单价中应考虑招标文件中要求投标人承担的风险费用。

招标文件中提供了暂估单价的材料，按暂估的单价计入综合单价。

4.3.5 投标人可根据工程实际情况结合施工组织设计，对招标人所列的措施项目进行增补。

措施项目费应根据招标文件中的措施项目清单及投标时拟定的施工组织设计或施工方案按本规范第 4.1.4 条的规定自主确定。其中安全文明施工费应按照本规范第 4.1.5 条的规定确定。

4.3.6 其他项目费应按下列规定报价：

1. 暂列金额应按招标人在其他项目清单中列出的金额填写；
2. 材料暂估价应按招标人在其他项目清单中列出的单价计入综合单价；专业工程暂估价应按招标人在其他项目清单中列出的金额填写；
3. 计日工按招标人在其他项目清单中列出的项目和数量，自主确定综合单价并计算计日工费用；
4. 总承包服务费根据招标文件中列出的内容和提出的要求自主确定。

4.3.7 规费和税金应按本规范第 4.1.8 条的规定确定。

4.3.8 投标总价应当与分部分项工程费、措施项目费、其他项目费和规费、税金的合计金额一致。

4.4 工程合同价款的约定

4.4.1 实行招标的工程合同价款应在中标通知书发出之日起 30 天内，由发、承包双方依据招标文件和中标人的投标文件在书面合同中约定。

不实行招标的工程合同价款，在发、承包双方认可的工程价款基础上，由发、承包双方在合同中约定。

4.4.2 实行招标的工程，合同约定不得违背招、投标文件中关于工期、造价、质量等方面的实质性内容。招标文件与中标人投标文件不一致的地方，以投标文件为准。

4.4.3 实行工程量清单计价的工程，宜采用单价合同。

4.4.4 发、承包双方应在合同条款中对下列事项进行约定；合同中没有约定或约定不明的，由双方协商确定；协商不能达成一致的，按本规范执行。
1. 预付工程款的数额、支付时间及抵扣方式；
2. 工程计量与支付工程进度款的方式、数额及时间；
3. 工程价款的调整因素、方法、程序、支付及时间；
4. 索赔与现场签证的程序、金额确认与支付时间；
5. 发生工程价款争议的解决方法及时间；
6. 承担风险的内容、范围以及超出约定内容、范围的调整办法；
7. 工程竣工价款结算编制与核对、支付及时间；
8. 工程质量保证（保修）金的数额、预扣方式及时间；
9. 与履行合同、支付价款有关的其他事项等。

4.5 工程计量与价款支付

4.5.1 发包人应按照合同约定支付工程预付款。支付的工程预付款，按照合同约定在工程进度款中抵扣。

4.5.2 发包人支付工程进度款，应按照合同约定计量和支付，支付周期同计量周期。

4.5.3 工程计量时，若发现工程量清单中出现漏项、工程量计算偏差，以及工程变更引起工程量的增减，应按承包人在履行合同义务过程中实际完成的工程量计算。

4.5.4 承包人应按照合同约定，向发包人递交已完工程量报告。发包人应在接到报告后按合同约定进行核对。

4.5.5 承包人应在每个付款周期末，向发包人递交进度款支付申请，并附相应的证明文件。除合同另有约定外，进度款支付申请应包括下列内容：
1. 本周期已完成工程的价款；
2. 累计已完成的工程价款；
3. 累计已支付的工程价款；
4. 本周期已完成计日工金额；
5. 应增加和扣减的变更金额；
6. 应增加和扣减的索赔金额；
7. 应抵扣的工程预付款；
8. 应扣减的质量保证金；
9. 根据合同应增加和扣减的其他金额；
10. 本付款周期实际应支付的工程价款。

4.5.6 发包人在收到承包人递交的工程进度款支付申请及相应的证明文件后，发包人应在合同约定时间内核对和支付工程进度款。发包人应扣回的工程预付款，与工程进度款同期结算抵扣。

4.5.7 发包人未在合同约定时间内支付工程进度款，承包人应及时向发包人发出要求付款的通知，发包人收到承包人通知后仍不按要求付款，可与承包人协商签订延期付款协议，经承包人同意后延期支付。协议应明确延期支付的时间和从付款申请生效后按同期银行贷款利率计算应付款的利息。

4.5.8 发包人不按合同约定支付工程进度款，双方又未达成延期付款协议，导致施工无法进行时，承包人可停止施工，由发包人承担违约责任。

4.6 索赔与现场签证

4.6.1 合同一方向另一方提出索赔时,应有正当的索赔理由和有效证据,并应符合合同的相关约定。

4.6.2 若承包人认为非承包人原因发生的事件造成了承包人的经济损失,承包人应在确认该事件发生后,按合同约定向发包人发出索赔通知。

发包人在收到最终索赔报告后并在合同约定时间内,未向承包人作出答复,视为该项索赔已经认可。

4.6.3 承包人索赔按下列程序处理:

1. 承包人在合同约定的时间内向发包人递交费用索赔意向通知书;
2. 发包人指定专人收集与索赔有关的资料;
3. 承包人在合同约定的时间内向发包人递交费用索赔申请表;
4. 发包人指定的专人初步审查费用索赔申请表,符合本规范第4.6.1条规定的条件时予以受理;
5. 发包人指定的专人进行费用索赔核对,经造价工程师复核索赔金额后,与承包人协商确定并由发包人批准;
6. 发包人指定的专人应在合同约定的时间内签署费用索赔审批表,或发出要求承包人提交有关索赔的进一步详细资料的通知,待收到承包人提交的详细资料后,按本条第4、5款的程序进行。

4.6.4 若承包人的费用索赔与工程延期索赔要求相关联时,发包人在作出费用索赔的批准决定时,应结合工程延期的批准,综合作出费用索赔和工程延期的决定。

4.6.5 若发包人认为由于承包人的原因造成额外损失,发包人应在确认引起索赔的事件后,按合同约定向承包人发出索赔通知。

承包人在收到发包人索赔通知后并在合同约定时间内,未向发包人作出答复,视为该项索赔已经认可。

4.6.6 承包人应发包人要求完成合同以外的零星工作或非承包人责任事件发生时,承包人应按合同约定及时向发包人提出现场签证。

4.6.7 发、承包双方确认的索赔与现场签证费用与工程进度款同期支付。

4.7 工程价款调整

4.7.1 招标工程以投标截止日前28天,非招标工程以合同签订前28天为基准日,其后国家的法律、法规、规章和政策发生变化影响工程造价的,应按省级或行业建设主管部门或其授权的工程造价管理机构发布的规定调整合同价款。

4.7.2 若施工中出现施工图纸(含设计变更)与工程量清单项目特征描述不符的,发、承包双方应按新的项目特征确定相应工程量清单项目的综合单价。

4.7.3 因分部分项工程量清单漏项或非承包人原因的工程变更,造成增加新的工程量清单项目,其对应的综合单价按下列方法确定:

1. 合同中已有适用的综合单价,按合同中已有的综合单价确定;
2. 合同中有类似的综合单价,参照类似的综合单价确定;
3. 合同中没有适用或类似的综合单价,由承包人提出综合单价,经发包人确认后执行。

4.7.4 因分部分项工程量清单漏项或非承包人原因的工程变更,引起措施项目发生变化,造成施工组织设计或施工方案变更,原措施费中已有的措施项目,按原措施费的组价方法调整;原措施费中没有的措施项目,由承包人根据措施项目变更情况,提出适当的措施费变更,经发包人确认后调整。

4.7.5 因非承包人原因引起的工程量增减,该项工程量变化在合同约定幅度以内的,应执行原有的综合单价;该项工程量变化在合同约定幅度以外的,其综合单价及措施项目费应予以调整。

4.7.6 若施工期内市场价格波动超出一定幅度时,应按合同约定调整工程价款;合同没有约定或约定不明确的,应按省级或行业建设主管部门或其授权的工程造价管理机构的规定调整。

4.7.7 因不可抗力事件导致的费用,发、承包双方应按以下原则分别承担并调整工程价款。

1. 工程本身的损害、因工程损害导致第三方人员伤亡和财产损失以及运至施工场地用于施工的材料和待安装的设备的损害,由发包人承担;
2. 发包人、承包人人员伤亡由其所在单位负责,并承担相应费用;
3. 承包人的施工机械设备损坏及停工损失,由承包人承担;
4. 停工期间,承包人应发包人要求留在施工场地的必要的管理人员及保卫人员的费用,由发包人承担;
5. 工程所需清理、修复费用,由发包人承担。

4.7.8 工程价款调整报告应由受益方在合同约定时间内向合同的另一方提出,经对方确认后调整合同价款。受益方未在合同约定时间内提出工程价款调整报告的,视为不涉及合同价款的调整。

收到工程价款调整报告的一方应在合同约定时间内确认或提出协商意见,否则,视为工程价款调整报告已经确认。

4.7.9 经发、承包双方确定调整的工程价款,作为追加(减)合同价款与工程进度款同期支付。

4.8 竣 工 结 算

4.8.1 工程完工后,发、承包双方应在合同约定时间内办理工程竣工结算。

4.8.2 工程竣工结算由承包人或受其委托具有相应资质的工程造价咨询人编制,由发包人或受其委托具有相应资质的工程造价咨询人核对。

4.8.3 工程竣工结算应依据:

1. 本规范;
2. 施工合同;
3. 工程竣工图纸及资料;
4. 双方确认的工程量;
5. 双方确认追加(减)的工程价款;
6. 双方确认的索赔、现场签证事项及价款;
7. 投标文件;
8. 招标文件;

9. 其他依据。

4.8.4 分部分项工程费应依据双方确认的工程量、合同约定的综合单价计算；如发生调整的，以发、承包双方确认调整的综合单价计算。

4.8.5 措施项目费应依据合同约定的项目和金额计算；如发生调整的，以发、承包双方确认调整的金额计算，其中安全文明施工费应按本规范第4.1.5条的规定计算。

4.8.6 其他项目费用应按下列规定计算：

1. 计日工应按发包人实际签证确认的事项计算；
2. 暂估价中的材料单价应按发、承包双方最终确认价在综合单价中调整；专业工程暂估价应按中标价或发包人、承包人与分包人最终确认价计算；
3. 总承包服务费应依据合同约定金额计算，如发生调整的，以发、承包双方确认调整的金额计算；
4. 索赔费用应依据发、承包双方确认的索赔事项和金额计算；
5. 现场签证费用应依据发、承包双方签证资料确认的金额计算；
6. 暂列金额应减去工程价款调整与索赔、现场签证金额计算，如有余额归发包人。

4.8.7 规费和税金应按本规范第4.1.8条的规定计算。

4.8.8 承包人应在合同约定时间内编制完成竣工结算书，并在提交竣工验收报告的同时递交给发包人。

承包人未在合同约定时间内递交竣工结算书，经发包人催促后仍未提供或没有明确答复的，发包人可以根据已有资料办理结算。

4.8.9 发包人在收到承包人递交的竣工结算书后，应按合同约定时间核对。

同一工程竣工结算核对完成，发、承包双方签字确认后，禁止发包人又要求承包人与另一个或多个工程造价咨询人重复核对竣工结算。

4.8.10 发包人或受其委托的工程造价咨询人收到承包人递交的竣工结算书后，在合同约定时间内，不核对竣工结算或未提出核对意见的，视为承包人递交的竣工结算书已经认可，发包人应向承包人支付工程结算价款。

承包人在接到发包人提出的核对意见后，在合同约定时间内，不确认也未提出异议的，视为发包人提出的核对意见已经认可，竣工结算办理完毕。

4.8.11 发包人应对承包人递交的竣工结算书签收，拒不签收的，承包人可以不交付竣工工程。

承包人未在合同约定时间内递交竣工结算书的，发包人要求交付竣工工程，承包人应当交付。

4.8.12 竣工结算办理完毕，发包人应将竣工结算书报送工程所在地工程造价管理机构备案。竣工结算书作为工程竣工验收备案、交付使用的必备文件。

4.8.13 竣工结算办理完毕，发包人应根据确认的竣工结算书在合同约定时间内向承包人支付工程竣工结算价款。

4.8.14 发包人未在合同约定时间内向承包人支付工程结算价款的，承包人可催告发包人支付结算价款。如达成延期支付协议的，发包人应按同期银行同类贷款利率支付拖欠工程价款的利息。如未达成延期支付协议，承包人可以与发包人协商将该工程折价，或申请人民法院将该工程依法拍卖，承包人就该工程折价或者拍卖的价款优先受偿。

4.9 工程计价争议处理

4.9.1 在工程计价中,对工程造价计价依据、办法以及相关政策规定发生争议事项的,由工程造价管理机构负责解释。

4.9.2 发包人以对工程质量有异议,拒绝办理工程竣工结算的,已竣工验收或已竣工未验收但实际投入使用的工程,其质量争议按该工程保修合同执行,竣工结算按合同约定办理;已竣工未验收且未实际投入使用的工程以及停工、停建工程的质量争议,双方应就有争议的部分委托有资质的检测鉴定机构进行检测,根据检测结果确定解决方案,或按工程质量监督机构的处理决定执行后办理竣工结算,无争议部分的竣工结算按合同约定办理。

4.9.3 发、承包双方发生工程造价合同纠纷时,应通过下列办法解决:

1. 双方协商;
2. 提请调解,工程造价管理机构负责调解工程造价问题;
3. 按合同约定向仲裁机构申请仲裁或向人民法院起诉。

4.9.4 在合同纠纷案件处理中,需作工程造价鉴定的,应委托具有相应资质的工程造价咨询人进行。

6. 《标准施工招标资格预审文件》和《标准施工招标文件》试行规定

国家发展和改革委员会、财政部、建设部、铁道部、交通部、信息产业部、水利部、民用航空总局、广播电影电视总局第 56 号令

第一条 为了规范施工招标资格预审文件、招标文件编制活动,提高资格预审文件、招标文件编制质量,促进招标投标活动的公开、公平和公正,国家发展和改革委员会、财政部、建设部、铁道部、交通部、信息产业部、水利部、民用航空总局、广播电影电视总局联合编制了《标准施工招标资格预审文件》和《标准施工招标文件》(以下如无特别说明,统一简称为《标准文件》)。

第二条 本《标准文件》在政府投资项目中试行。国务院有关部门和地方人民政府有关部门可选择若干政府投资项目作为试点,由试点项目招标人按本规定使用《标准文件》。

第三条 国务院有关行业主管部门可根据《标准施工招标文件》并结合本行业施工招标特点和管理需要,编制行业标准施工招标文件。行业标准施工招标文件重点对"专用合同条款"、"工程量清单"、"图纸"、"技术标准和要求"作出具体规定。

第四条 试点项目招标人应根据《标准文件》和行业标准施工招标文件(如有),结合招标项目具体特点和实际需要,按照公开、公平、公正和诚实信用原则编写施工招标资格预审文件或施工招标文件。

第五条 行业标准施工招标文件和试点项目招标人编制的施工招标资格预审文件、施工招标文件,应不加修改地引用《标准施工招标资格预审文件》中的"申请人须知"(申请人须知前附表除外)、"资格审查办法"(资格审查办法前附表除外)以及《标准施工招标文件》中的"投标人须知"(投标人须知前附表和其他附表除外)、"评标办法"(评标办法前附表除外)、"通用合同条款"。

《标准文件》中的其他内容,供招标人参考。

第六条 行业标准施工招标文件中的"专用合同条款"可对《标准施工招标文件》中的"通用合同条款"进行补充、细化,除"通用合同条款"明确"专用合同条款"可作出不同约定外,补充和细化的内容不得与"通用合同条款"强制性规定相抵触,否则抵触内容无效。

第七条 "申请人须知前附表"和"投标人须知前附表"用于进一步明确"申请人须知"和"投标人须知"正文中的未尽事宜,试点项目招标人应结合招标项目具体特点和实际需要编制和填写,但不得与"申请人须知"和"投标人须知"正文内容相抵触,否则抵触内容无效。

第八条 "资格审查办法前附表"和"评标办法前附表"用于明确资格审查和评标的方法、因素、标准和程序。试点项目招标人应根据招标项目具体特点和实际需要,详细列明全部审查或评审因素、标准,没有列明的因素和标准不得作为资格审查或评标的依据。

第九条 试点项目招标人编制招标文件中的"专用合同条款"可根据招标项目的具体特点和实际需要,对《标准施工招标文件》中的"通用合同条款"进行补充、细化和修改,但不得违反法律、行政法规的强制性规定和平等、自愿、公平和诚实信用原则。

第十条 试点项目招标人编制的资格预审文件和招标文件不得违反公开、公平、公正、

平等、自愿和诚实信用原则。

第十一条 国务院有关部门和地方人民政府有关部门应加强对试点项目招标人使用《标准文件》的指导和监督检查，及时总结经验和发现问题。

第十二条 在试行过程中需要就如何适用《标准文件》中不加修改地引用的内容作出解释的，按照国务院和地方人民政府部门职责分工，分别由选择试点的部门负责。

第十三条 因出现新情况，需要对《标准文件》中不加修改地引用的内容作出解释或调整的，由国家发展和改革委员会会同国务院有关部门作出解释或调整。该解释和调整与《标准文件》具有同等效力。

第十四条 省级以上人民政府有关部门可以根据本规定并结合实际，对试点项目范围、试点项目招标人使用《标准文件》及行业标准施工招标文件作进一步要求。

第十五条 《标准文件》作为本规定的附件，与本规定同时发布。本规定与《标准文件》自 2008 年 5 月 1 日起试行。

7. 建设工程价款结算暂行办法

财建 [2004] 369 号

第一章 总　则

第一条　为加强和规范建设工程价款结算，维护建设市场正常秩序，根据《中华人民共和国合同法》、《中华人民共和国建筑法》、《中华人民共和国招标投标法》、《中华人民共和国预算法》、《中华人民共和国政府采购法》、《中华人民共和国预算法实施条例》等有关法律、行政法规制定本办法。

第二条　凡在中华人民共和国境内的建设工程价款结算活动，均适用本办法。国家法律法规另有规定的，从其规定。

第三条　本办法所称建设工程价款结算（以下简称"工程价款结算"），是指对建设工程的发承包合同价款进行约定和依据合同约定进行工程预付款、工程进度款、工程竣工价款结算的活动。

第四条　国务院财政部门、各级地方政府财政部门和国务院建设行政主管部门、各级地方政府建设行政主管部门在各自职责范围内负责工程价款结算的监督管理。

第五条　从事工程价款结算活动，应当遵循合法、平等、诚信的原则，并符合国家有关法律、法规和政策。

第二章　工程合同价款的约定与调整

第六条　招标工程的合同价款应当在规定时间内，依据招标文件、中标人的投标文件，由发包人与承包人（以下简称"发、承包人"）订立书面合同约定。

非招标工程的合同价款依据审定的工程预（概）算书由发、承包人在合同中约定。

合同价款在合同中约定后，任何一方不得擅自改变。

第七条　发包人、承包人应当在合同条款中对涉及工程价款结算的下列事项进行约定：

（一）预付工程款的数额、支付时限及抵扣方式；

（二）工程进度款的支付方式、数额及时限；

（三）工程施工中发生变更时，工程价款的调整方法、索赔方式、时限要求及金额支付方式；

（四）发生工程价款纠纷的解决方法；

（五）约定承担风险的范围及幅度以及超出约定范围和幅度的调整办法；

（六）工程竣工价款的结算与支付方式、数额及时限；

（七）工程质量保证（保修）金的数额、预扣方式及时限；

（八）安全措施和意外伤害保险费用；

（九）工期及工期提前或延后的奖惩办法；

（十）与履行合同、支付价款相关的担保事项。

第八条　发、承包人在签订合同时对于工程价款的约定，可选用下列一种约定方式：

（一）固定总价。合同工期较短且工程合同总价较低的工程，可以采用固定总价合同方式。

（二）固定单价。双方在合同中约定综合单价包含的风险范围和风险费用的计算方法，在约定的风险范围内综合单价不再调整。风险范围以外的综合单价调整方法，应当在合同中约定。

（三）可调价格。可调价格包括可调综合单价和措施费等，双方应在合同中约定综合单价和措施费的调整方法，调整因素包括：

1. 法律、行政法规和国家有关政策变化影响合同价款；
2. 工程造价管理机构的价格调整；
3. 经批准的设计变更；
4. 发包人更改经审定批准的施工组织设计（修正错误除外）造成费用增加；
5. 双方约定的其他因素。

第九条 承包人应当在合同规定的调整情况发生后 14 天内，将调整原因、金额以书面形式通知发包人，发包人确认调整金额后将其作为追加合同价款，与工程进度款同期支付。发包人收到承包人通知后 14 天内不予确认也不提出修改意见，视为已经同意该项调整。

当合同规定的调整合同价款的调整情况发生后，承包人未在规定时间内通知发包人，或者未在规定时间内提出调整报告，发包人可以根据有关资料，决定是否调整和调整的金额，并书面通知承包人。

第十条 工程设计变更价款调整

（一）施工中发生工程变更，承包人按照经发包人认可的变更设计文件，进行变更施工，其中，政府投资项目重大变更，需按基本建设程序报批后方可施工。

（二）在工程设计变更确定后 14 天内，设计变更涉及工程价款调整的，由承包人向发包人提出，经发包人审核同意后调整合同价款。变更合同价款按下列方法进行：

1. 合同中已有适用于变更工程的价格，按合同已有的价格变更合同价款；
2. 合同中只有类似于变更工程的价格，可以参照类似价格变更合同价款；
3. 合同中没有适用或类似于变更工程的价格，由承包人或发包人提出适当的变更价格，经对方确认后执行。如双方不能达成一致的，双方可提请工程所在地工程造价管理机构进行咨询或按合同约定的争议或纠纷解决程序办理。

（三）工程设计变更确定后 14 天内，如承包人未提出变更工程价款报告，则发包人可根据所掌握的资料决定是否调整合同价款和调整的具体金额。重大工程变更涉及工程价款变更报告和确认的时限由发承包双方协商确定。

收到变更工程价款报告一方，应在收到之日起 14 天内予以确认或提出协商意见，自变更工程价款报告送达之日起 14 天内，对方未确认也未提出协商意见时，视为变更工程价款报告已被确认。

确认增（减）的工程变更价款作为追加（减）合同价款与工程进度款同期支付。

第三章 工程价款结算

第十一条 工程价款结算应按合同约定办理，合同未作约定或约定不明的，发、承包双方应依照下列规定与文件协商处理：

（一）国家有关法律、法规和规章制度；

（二）国务院建设行政主管部门、省、自治区、直辖市或有关部门发布的工程造价计价标准、计价办法等有关规定；

（三）建设项目的合同、补充协议、变更签证和现场签证以及经发、承包人认可的其他有效文件；

（四）其他可依据的材料。

第十二条 工程预付款结算应符合下列规定：

（一）包工包料工程的预付款按合同约定拨付，原则上预付比例不低于合同金额的10%，不高于合同金额的30%，对重大工程项目，按年度工程计划逐年预付。计价执行《建设工程工程量清单计价规范》（GB 50500—2003）的工程，实体性消耗和非实体性消耗部分应在合同中分别约定预付款比例。

（二）在具备施工条件的前提下，发包人应在双方签订合同后的一个月内或不迟于约定的开工日期前的7天内预付工程款，发包人不按约定预付，承包人应在预付时间到期后10天内向发包人发出要求预付的通知，发包人收到通知后仍不按要求预付，承包人可在发出通知14天后停止施工，发包人应从约定应付之日起向承包人支付应付款的利息（利率按同期银行贷款利率计），并承担违约责任。

（三）预付的工程款必须在合同中约定抵扣方式，并在工程进度款中进行抵扣。

（四）凡是没有签订合同或不具备施工条件的工程，发包人不得预付工程款，不得以预付款为名转移资金。

第十三条 工程进度款结算与支付应当符合下列规定：

（一）工程进度款结算方式

1. 按月结算与支付，即实行按月支付进度款，竣工后清算的办法。合同工期在两个年度以上的工程，在年终进行工程盘点，办理年度结算。

2. 分段结算与支付，即当年开工、当年不能竣工的工程按照工程形象进度，划分不同阶段支付工程进度款。具体划分在合同中明确。

（二）工程量计算

1. 承包人应当按照合同约定的方法和时间，向发包人提交已完工程量的报告。发包人接到报告后14天内核实已完工程量，并在核实前1天通知承包人，承包人应提供条件并派人参加核实，承包人收到通知后不参加核实，以发包人核实的工程量作为工程价款支付的依据。发包人不按约定时间通知承包人，致使承包人未能参加核实，核实结果无效。

2. 发包人收到承包人报告后14天内未核实完工程量，从第15天起，承包人报告的工程量即视为被确认，作为工程价款支付的依据，双方合同另有约定的，按合同执行。

3. 对承包人超出设计图纸（含设计变更）范围和因承包人原因造成返工的工程量，发包人不予计量。

（三）工程进度款支付

1. 根据确定的工程计量结果，承包人向发包人提出支付工程进度款申请，14天内，发包人应按不低于工程价款的60%，不高于工程价款的90%向发包人支付工程进度款。按约定时间发包人应扣回的预付款，与工程进度款同期结算抵扣。

2. 发包人超过约定的支付时间不支付工程进度款，承包人应及时向发包人发出要求付款的通知，发包人收到承包人通知后仍不能按要求付款，可与承包人协商签订延期付款协议，经承包人同意后可延期支付，协议应明确延期支付的时间和从工程计量结果确认后第15天起计算应付款的利息（利率按同期银行贷款利率计）。

3. 发包人不按合同约定支付工程进度款，双方又未达成延期付款协议，导致施工无法进行，承包人可停止施工，由发包人承担违约责任。

第十四条 工程完工后，双方应按照约定的合同价款及合同价款调整内容以及索赔事项，进行工程竣工结算。

（一）工程竣工结算方式

工程竣工结算分为单位工程竣工结算、单项工程竣工结算和建设项目竣工总结算。

（二）工程竣工结算编审

1. 单位工程竣工结算由承包人编制，发包人审查；实行总承包的工程，由具体承包人编制，在总包人审查的基础上，发包人审查。

2. 单项工程竣工结算或建设项目竣工总结算由总（承）包人编制，发包人可直接进行审查，也可以委托具有相应资质的工程造价咨询机构进行审查。政府投资项目，由同级财政部门审查。单项工程竣工结算或建设项目竣工总结算经发、承包人签字盖章后有效。

承包人应在合同约定期限内完成项目竣工结算编制工作，未在规定期限内完成的并且提不出正当理由延期的，责任自负。

（三）工程竣工结算审查期限

单项工程竣工后，承包人应在提交竣工验收报告的同时，向发包人递交竣工结算报告及完整的结算资料，发包人应按以下规定时限进行核对（审查）并提出审查意见。

	工程竣工结算报告金额	审查时间
1	500 万元以下	从接到竣工结算报告和完整的竣工结算资料之日起 20 天
2	500 万元—2000 万元	从接到竣工结算报告和完整的竣工结算资料之日起 30 天
3	2000 万元—5000 万元	从接到竣工结算报告和完整的竣工结算资料之日起 45 天
4	5000 万元以上	从接到竣工结算报告和完整的竣工结算资料之日起 60 天

建设项目竣工总结算在最后一个单项工程竣工结算审查确认后 15 天内汇总，送发包人后 30 天内审查完成。

（四）工程竣工价款结算

发包人收到承包人递交的竣工结算报告及完整的结算资料后，应按本办法规定的期限（合同约定有期限的，从其约定）进行核实，给予确认或者提出修改意见。发包人根据确认的竣工结算报告向承包人支付工程竣工结算价款，保留 5% 左右的质量保证（保修）金，待工程交付使用一年质保期到期后清算（合同另有约定的，从其约定），质保期内如有返修，发生费用应在质量保证（保修）金内扣除。

（五）索赔价款结算

发承包人未能按合同约定履行自己的各项义务或发生错误，给另一方造成经济损失的，由受损方按合同约定提出索赔，索赔金额按合同约定支付。

（六）合同以外零星项目工程价款结算

发包人要求承包人完成合同以外零星项目，承包人应在接受发包人要求的 7 天内就用工数量和单价、机械台班数量和单价、使用材料和金额等向发包人提出施工签证，发包人签证后施工，如发包人未签证，承包人施工后发生争议的，责任由承包人自负。

第十五条 发包人和承包人要加强施工现场的造价控制，及时对工程合同外的事项如实纪录并履行书面手续。凡由发、承包双方授权的现场代表签字的现场签证以及发、承包双方协商确定的索赔等费用,应在工程竣工结算中如实办理,不得因发、承包双方现场代表的中途变更改变其有效性。

第十六条 发包人收到竣工结算报告及完整的结算资料后,在本办法规定或合同约定期限内,对结算报告及资料没有提出意见,则视同认可。

承包人如未在规定时间内提供完整的工程竣工结算资料,经发包人催促后14天内仍未提供或没有明确答复,发包人有权根据已有资料进行审查,责任由承包人自负。

根据确认的竣工结算报告,承包人向发包人申请支付工程竣工结算款。发包人应在收到申请后15天内支付结算款,到期没有支付的应承担违约责任。承包人可以催告发包人支付结算价款,如达成延期支付协议,承包人应按同期银行贷款利率支付拖欠工程价款的利息。如未达成延期支付协议,承包人可以与发包人协商将该工程折价,或申请人民法院将该工程依法拍卖,承包人就该工程折价或者拍卖的价款优先受偿。

第十七条 工程竣工结算以合同工期为准,实际施工工期比合同工期提前或延后,发、承包双方应按合同约定的奖惩办法执行。

第四章 工程价款结算争议处理

第十八条 工程造价咨询机构接受发包人或承包人委托,编审工程竣工结算,应按合同约定和实际履约事项认真办理,出具的竣工结算报告经发、承包双方签字后生效。当事人一方对报告有异议的,可对工程结算中有异议部分,向有关部门申请咨询后协商处理,若不能达成一致的,双方可按合同约定的争议或纠纷解决程序办理。

第十九条 发包人对工程质量有异议,已竣工验收或已竣工未验收但实际投入使用的工程,其质量争议按该工程保修合同执行;已竣工未验收且未实际投入使用的工程以及停工、停建工程的质量争议,应当就有争议部分的竣工结算暂缓办理,双方可就有争议的工程委托有资质的检测鉴定机构进行检测,根据检测结果确定解决方案,或按工程质量监督机构的处理决定执行,其余部分的竣工结算依照约定办理。

第二十条 当事人对工程造价发生合同纠纷时,可通过下列办法解决:
(一)双方协商确定;
(二)按合同条款约定的办法提请调解;
(三)向有关仲裁机构申请仲裁或向人民法院起诉。

第五章 工程价款结算管理

第二十一条 工程竣工后,发、承包双方应及时办清工程竣工结算,否则,工程不得交付使用,有关部门不予办理权属登记。

第二十二条 发包人与中标的承包人不按照招标文件和中标的承包人的投标文件订立合同的,或者发包人、中标的承包人背离合同实质性内容另行订立协议,造成工程价款结算纠纷的,另行订立的协议无效,由建设行政主管部门责令改正,并按《中华人民共和国招标投标法》第五十九条进行处罚。

第二十三条 接受委托承接有关工程结算咨询业务的工程造价咨询机构应具有工程造价咨询单位资质,其出具的办理拨付工程价款和工程结算的文件,应当由造价工程师签字,并应加盖执业专用章和单位公章。

第六章 附 则

第二十四条 建设工程施工专业分包或劳务分包，总（承）包人与分包人必须依法订立专业分包或劳务分包合同，按照本办法的规定在合同中约定工程价款及其结算办法。

第二十五条 政府投资项目除执行本办法有关规定外，地方政府或地方政府财政部门对政府投资项目合同价款约定与调整、工程价款结算、工程价款结算争议处理等事项，如另有特殊规定的，从其规定。

第二十六条 凡实行监理的工程项目，工程价款结算过程中涉及监理工程师签证事项，应按工程监理合同约定执行。

第二十七条 有关主管部门、地方政府财政部门和地方政府建设行政主管部门可参照本办法，结合本部门、本地区实际情况，另行制定具体办法，并报财政部、建设部备案。

第二十八条 合同示范文本内容如与本办法不一致，以本办法为准。

第二十九条 本办法自公布之日起施行。

8. 土木工程承包招标投标指南

英国土木工程师协会常设合同条件联合委员会制定

1 序 言

1.1 英国土木工程师协会（ICE）合同条件常设联合委员会建立于1975年，其任务是监督ICE合同条件第五版的实行。联合委员会由每一发起团体的各三名成员组成，即土木工程师协会、咨询工程师协会或土木工程承包商联合会，总共九名成员，外加一位主席。

1.2 委员会工作的最初五年收到了许多关于招标投标程序方面的要求，显而易见，需要提供指导。因此，经各发起单位同意，本委员会编辑了这份文件。

1.3 照各发起单位的看法，此文件是在实践中在英国准备、提交和考虑用作土木工程承包标书的指南，虽然其许多叙述和主张同样适用于其他地方。在海外承包实践中，建议参考国际咨询工程师联合会（EIDIC）出版的《土木工程承包合同的获得和评价标书的推荐做法》。

1.4 在所有使用术语"业主"、"承包商"和"工程师"的地方，其定义均为ICE合同条件第五版所赋予的。

2 总 则

2.1 公开和选择性招标

1. 在一般情况下采用选择性招标与公开招标的对比已有充分的论证。公开招标在浪费资源和低效率的无结果投标中牵涉到过多的承包商，因而是不受欢迎的。建立批准的名单或资格预审基础上的选择性招标，被大力推荐为在各方面都产生最高效率和经济利益的最佳程序。尽管有此建议，如果仍然采用公开招标，则应在发行招标文件时将已发给文件的承包商数目通知投标人。

2.2 承包商资格预审

1. 对选择性招标来说，通常要求对承包商进行资格预审，以帮助编制一份有资格接受投标邀请书的公司名单。被邀请参加资格预审的公司应提交其适用于该类工程所在地或环境的有关经验的详情。所要求的信息主要应反映该工程的技术内容和应予考虑的下列三方面的有关因素。

(a) 承包商的财务状况。该公司财务上是否稳定或有无大集团的保险后台以应付在合同执行期间可能发生的并非不合理的任何财务问题。此项估价通常包括审查年度报告（如为公营公司），由该公司开户银行出具有函件或信用报告。

(b) 技术和组织能力。该公司是否有在所考虑的时间内完成该工程的足够能力。向其他雇主和工程师作调查可有助于根据该公司过去的经历评价其完工能力。

(c) 一般经验和履行合同的记录。该公司对该类型和规模的工程是否有足够的经验以及令人满意的履行合同的信誉。这种信息的获得，最好是通过与承包商面谈，这胜于完全依靠公开出版的文献或者他人的评论。

2. 进行资格预审对承包商询问的范围应取决于工程的性质和工程师/业主已得到的信息。如果对承包商的资格和过去履行合同的记录已有详细的了解，则不必每一次都要求预审。

2.3 批准的名单

1. 保持一份常备的经批准的承包商名单，还是在特定的基础上为每一工程项目编制一份经过选择的名单，取决于工程的规模、性质和业主的工程计划的继续性。不管是根据公开广告编制的特别批准的名单，还是根据现有的常备名单，其目的都是为了识别那些公司是否拥有能令人满意地完成合同的必要技术和财务资源。

2. 常备名单应按工程的类型、等级和价值分成层次，与此相对应地批准承包商的资格，重要的是使其了解列入名单所依据的因素。常备名单不应停滞不变，以鼓励承包商不违约和保持必要的标准。在每一项合同执行的末尾，应单独地检查其履约情况以及将该公司转放另一适当等级的机会。对新公司列入常备名单的要求的检查至少应每年一次。

2.4 选定的投标者数目

1. 选择性招标的目的在于把投标的承包商的数目限制到一个切合实际水平。被邀请投标的承包商数目应不少于四家，也不超过八家，一般认为是良好的习惯做法。

2. 邀请参加投标的承包商数目应考虑到工程项目的规模；招标是一种代价昂贵的业务，其费用与项目的规模成正比，而作为一般规律，项目的规模越大，邀请的投标者数目应该越少，为了雇主和建筑业的利益，必须明确地保证完全和公平的竞争，当雇主的工程计划包括许多份合同时，选择方式的运用应确保给所有合格的承包商提供均等的机会。

2.5 初步调查

1. 为把邀请限制在从批准的名单中抽出的承包商名单之内，习惯做法是进行关于公司对每一具体项目投标意愿的初步调查。此项初步调查的目的在于确保所要求的完满标书能如数返回，而且，一旦某一公司谢绝投标，即可由名单上的另一家来代替，以达到要求的数目。由于承包商接受投标的邀请取决于该公司当时承担的任务，而谢绝邀请是负责任的表现，故应向承包商说明，他们对当前投标的谢绝，并不损害将来投标的机会。承包商应被告知预期邀请投标的日期，以便他们能为处理此项投标工程作出可用资源的计划。上述日期如有任何修改，应立即通知承包商，因此凭此信息，他们可以考虑对其他投标机会的反应。

2. 在初步调查和/或广告中对招标工程的叙述应足够详细，使潜在的投标者能够估量工程的规模和造价概数。所提供的信息应包括场地位置，工程性质，预期开工日期，指出主要工程量，并提供任何专门特征的细节。

2.6 投标期

准备投标对承包商来说是一项活动紧张的任务，而且为了业主的利益，从一开始就应给以充分的时间。投标期的决定应考虑到工程项目的价值和复杂性以及投标者与其他谈判的范围，故不应少于四个星期；对大型项目，建议投标期至少为八个星期。在投标期内，如果有一个投标者提出原定的投标时间不充分并答应给以延期，则须相应地通知全体投标者。为了对全体投标者公平合理，"投标者须知"应包括一项关于在一规定的日期之后即不再考虑延长投标期的要求的说明:以预定投标日期之前三个星期作为合理的截止期,以便在返回标书日期之前至少两星期能够发出延期通知。

2.7 开 工 日 期

投标者在初步调查阶段应被告知,在投标邀请书阶段再次被告知,设想的决标大至日期和工程开工的大致日期。这些日期可仅作为大体上的控制日期,在"投标者须知"中予以说明。

3 招 标 文 件

3.1 投 标 者 须 知

1. "投标者须知"随同招标文件发行,以引起承包商对邀请适用条件及编制和投送标书所应遵循的程序的注意。须知应明确规定,不使其影响填在标书中的单价,或影响任何其他合同事项。而唯一的目的是传送在投标期或签订合同之前运用的信息和指示。须知应强调全部条款和签字要清楚明确的重要性,而且任何必要的变更都必须以缩写签名。

2. 须知通常应对下列事项提起注意:
（a）包括合同价格波动的条款;
（b）应该填写并随同标书提交的表格目录;
（c）对保险的要求/程序;
（d）处理质询的方法;
（e）合格标书的可接受性与否;
（f）供选择的建议方案的可接受性与否;
（g）错误如何处理;
（h）公布投标结果的程序;
（i）在工程量清单中表示单价和价格的要求,例如小数点以后位数的使用;
（j）制约业主涉及合同决策的任何事项;
（k）标书的表示和提交程序的采用;
（l）价值、时间和返还标书的日期以及申请延长投标时间;
（m）设想的大致开工日期和竣工时间;
（n）投标期内视察场地的安排。

3.2 合 同 条 件

建议业主们为其土木工程使用现行的土木工程师协会（ICE）合同条件,不须更改。这些条件是经多次精心修改和法律上的建议而制订的;许多条款是互相依存的,并且应避免对这些条件的任何可能的更改,因为这可能导致不清楚和引起错误,并破坏承包商与业主之间的合同平衡。当修订和/或附加条款被认为必须时,这些条款应根据土木工程师协会合同条件常设联合委员会（CCSJC）颁发的指导书第 2 款"合同专门条件"予以合并,这些条款不应包括在说明书之内。

3.3 场 地 资 料

由业主和/或工程师确认用于设计的一切有关场地和地基条件的确实资料以及对这些资

料的必要的专门解释，都应包括在招标文件之内，或者可由投标者进行有效的检验。这些资料包括钻孔的记录，降雨量记录，河流水位，潮汐记录，地质资料以及可能需要考虑的任何其他特别要求或限制条件。这些资料应不加评论地提出，使投标者自行得出对其投标可能有影响的结果论。如果包括试验结果或其他推导资料的水力学报告已经作出，连同工程师的有关解释和建议，都应包括在招标文件之内，或者，对这些资料如不能进行有效的检验，虽然工程师应使资料清楚，业主也要对所提供的确实资料的准确性承担责任，特别重要的是，工程师和业主拥有的无关资料不得发出。

3.4 招标文件的供应

1. 供给投标者的招标文件套数应考虑到工程的复杂性和所涉及的专业分包范围。招标文件通常应不少于两套，其中一份划价的工程量清单随同标书返还。在开始时，也应供给业主适当的套数，以确保在需要时有足够的份数能立即查证。

2. 图纸（如有可能）应同招标文件一起分发，这不仅仅为了便于检查，估算师为了给工程计价也需要这些文件。图纸通常包含所要求的重要说明。图纸上的说明用以详述设计细节；它们应清楚地画成便于阅读的印刷尺寸，并不应与规范抵触或用来变更规范。除了足尺的一套图纸，再给投标人提供一套缩小尺寸的，以便承包商有必要时复制底图，也是一种很好的做法。

3. 如采用选择性招标程序，则不宜要求招标文件押金。

4 投 标 期

4.1 询问（质疑）

1. 投标者在提交其标书之前应尽力澄清导致出现不合格标书的一切疑点。询问应尽早提出，通常为接受询问规定一个时间限制是适宜的。

2. 性质十分次要的询问可由投标者参考某些特定规范的条款或图纸的详细说明来处理，不须对全体投标者重复，但所给的答复应以书面确认直接寄给有关的投标者。当询问涉及两种以上可能的解释时，则需要补充信息；或者招标文件中有错误时，任何口头的回答必须记录下来，随后以书面确认通过补充通知或修正案的方式发给全体投标者。尽快澄清出现的一切疑点是很重要的。

4.2 投标前的会议

如有必要召开投标前的会议，则这些会议的安排应不会打破竞争投标的格局。这些会议可能有助于澄清在投标期内产生的疑问和不确定之点。会议和/或现场参观应妥善地安排成全体投标者集体讨论会的形式，在此场合的全部情况须作成严格的记录，并以书面确认发给全体投标者。如果这些资料具有合同意义，则必须并入合同文件中去。

4.3 订 正

1. 工程师/业主对合同文件所做的任何订正发出之后会破坏投标进程并给投标者增加实际负担。订正的文件仅应在工程师确信为了改变投标者之间的平衡而严重影响投标报价时发出。除非必须做出重大改变，最好避免订正，而在开标之后或决标之后作为合同管理的一部分来处理。

2. 如决定对招标文件发出任何订正，必须即刻通知各投标者。如果订正不是次要的，投标期应给以适当延长。

3. 招标文件的订正应以补充函件或通知发出。这些函件必须顺序编号并附有收件回执封套。在处理此情况时使用勘误表也可能是有益的。投标者应被告知随同其标书返还连署的每一信件或通知，以便确认该补充文件已经收到，并作为标书及合同文件的一部分而生效。

4.4 接受标书的安排

1. 关于返还和启封标书的时间、日期、地点，封装及地址的格式的指示都应包括在"投标者须知"之中。标书应装在完全密封的封套内以挂号邮件或登记的送达服务送出或亲手送交，标签按指示写，但不得带有任何指出投标者名称的标记。在亲手送交时必须将记有日期和时间的收据交给送件人。送件人不得参与有关标书起源或其内容之讨论。用于递送投标文件的封套必须清楚地标明"投标文件在某日某时之前不得启封"。

2. 标书为机密件，除为决标所必要者外不得流传。因此在全部时间内标书文件必须妥善安全地保管并适当安排接收。这可包括当标书送到时简要指出辅助工作人员应采取的程序。加盖时间和日期邮戳。递送未启封的标书给应签收的正式收件人应遵循的程序。标书应安全地保持未启封直至规定的开标时间。

3. 附加的标书副本可成为错误的来源，故应避免。如附加副本绝对必要，应使用原本照像复制，并标明"副本"，当万一发生任何不一致之处时，应以原始主标书为准。

4. 在规定的递交时间之前的任何阶段，投标者有权以书面修订其标书。在规定的递交时间之前如标书已送出，而投标者希望加以修订，他可以另行递交一份对第一次递交的标书的修正补充说明，这也应密封送交，以便在开标时加以考虑。

4.5 迟到的标书

除下列情况外，在规定日期和时间之后收到的标书一律无效，应不予考虑。

（a）如电报或电传表明投标总价是准时收到的。

（b）如有清楚的证据（例如邮戳）表明，完整的投标文件已在预期正常到达的足够时间限度内送出。

如决定不接受迟到的标书，则应立即退还承包商，并附函解释该标书为何不被接受。

4.6 供选择的标书

1. "投标者须知"应说明，以供选择的设计为基础报价是否可作为候选对象予以考虑，如果是，应建议承包商向工程师查明，对于他打算推进替换或修改的设计方案，适用什么专门设计标准和要求，以及有无不可侵犯的特写设计的约束或参数。供选择的报价通常作为机密处理。

2. 可行的供选择的标书的递交，如果未连同一份"无条件的"标书，则违反投标的公平性原则。因此，应要求投标者提交一份不附带条件的标书作为考虑其供选择标书的条件。业主的利益靠促进产生更经济的方案来满足，因此设计规范不应成为不合理的约束。

3. 如果供选择的设计被接受，投标者和工程师/业主就必须遵守程序性的规则，以确保投标的公平和恰当的裁决。这些规则应在"投标者须知"中列出，典型的规定为：

(a) 也要提交一份严格地以招标文件为依据的标书。
(b) 投标者至少在返还标书之前两星期发出他提交供选择的标书意向的通知。
(c) 为了能够充分估价供选择的标书的技术上可接受性，施工时间和经济性，应随同标书提交支持资料，诸如图纸、计算书和划价的工程量清单附件等。

4.7 限 制 条 件

1. 非标书是严格地按照招标文件递交，要保持投标的平等是十分困难的。标书限制条件有损于此原则。提交与其他标书无比较性的报价将会妨碍公平的评标。因此应通过在投标期内精心计划和准备，避免多种解释，特别是通过预见到投标者及供应者为工程定价时必须解决的问题的解释，达到减少限制条件发生的可能之目的。

2. 与此同时，作为一般原则，限制条件应予避免，因为它们倾向于损害投标必须保持的平等原则，有时，这可以是使工程师视为正常的至关重要的事项，而且为了业主的最大利益，他应考虑和评价限制条件。

3. 为了避免限制条件对判断的影响的误解，"投标者须知"应把限制条件会引起标书被拒绝或将受到如何处理的情况写得绝对清楚。

5 评 标

5.1 标书的撤回

1. 根据英格兰法律，投标人在正式受标以前的任何时候皆可撤回其标书，而根据苏格兰法律，标书被视为在报价条款规定的时期内是确定不变和愿意接受的。标书应保持的愿接受的时期必须根据情况和计划的合同开始日期而变化。通常建议最多为两个月。

2. 为避免授予合同的拖延，尽可能做好每一件事是很重要的，特别是在固定价格合同的情况下。如合同的授予是由于未预见到的和不可避免的情况而不适当的拖延，应将预期任何进一步的延期通知处于最有利地位的投标者，并征询其是否同意延长原标书的有效期。

5.2 错 误

1. 在"投标者须知"中说明对审查标书时指出的错误所采取的处理程序，是一种好办法。这些程序应在投标的平等性不可侵犯的原则下，公平地处理错误所产生的问题。

2. 开标以后应立即校核全部标书的算术计算准确性。校核标书应遵循的原则是，填入工程量清单的单价为投标的单价，总额为单价与分项工程量的乘积。如果填入工程量清单的每一分项的总计金额与乘积不符则为错误，并应予以订正。经订正的各分项金额的总和构成划价的工程量清单的总金额，此数即用于评标。

3. 当权衡和评价合同时，算术计算错误通过重新计算而自动排除，但错误一经发现，立即将错误事实和订正后的划价工程量清单总金额通知该投标者为通常的礼貌。上述各点根据英国土木工程师协会合同条件的规定，投标者在递交其标书之前为工程量清单附加的单价表被视为已满足他自己对标书的订正和承担全部合同义务的标价的愿望，因此，根据列入清单的工程量计算的总额即为推算合同价格的基础。

4. 如果投标者在开标日之前发现其提出的单价表有错误，他可以在规定的日期当天或以前递交一份订正单价表予以改正（见 4.4.4 条）。投标者在规定日期之后不得订正其投标单价，他可以有允许其原报价继续有效或撤回标书之间进行选择。允许任何其他做法可能允许投标的公平性被破坏。

5. 如果工程师在审核标书的过程中发现他认为投标者记入单价中的某一错误，在他看来并不完全由某一项目所包含的工作反映出来，他必须十分仔细地考虑随之而来的对雇主的合同后果的大致影响。

6. 投标者计算造价和合同价格所选用的方法有多种多样，对工程师来说，确定是否已发生错误是极为困难的。而且，投标结果不能在长时间内保密，如果在开标后就确认或变更单价进行协商，投标的平等性也将被破坏。在此情况下进行协商将造成事实上的两阶段招标，并促进为上谈判桌而投标的作法。这对仔细的投标者是不利的，归根到底，也对全体雇主不利；因此，根据错误的或不恰当的单价协商改变投标单价，不被认为是一种好办法。

7. 如果工程师认为确实发生了错误，他仅应着手协商改正，如果考虑在第一份标书中可能发生他未察觉的其他错误的事实，则认为投标的平等性不会被破坏。工程师要悉心地判断，由于他认为确实的错误，决定是否寻求改变一份标书已提出的单价，同时，在其他标书中保存于未被发现的确实错误的机率是均等的；如上所述，这样做趋于削弱投标的整个基础。

5.3 候选者名单通知书

标书经校核后，如有被授予合同的可能性，应立即通知投标者。这可借此通知投标者他的标书是否已被列入供严格审核的候选人名单来完成。此项通知应自标书提交评定之日起七天内发出，不做到这一点对拥有可动用资源的投标者是不公正的。在开列候选者名单时应清楚地说明，该通知并不构成一份意向书。一经作出接受某一标书的决定，随后应立即通知曾被告知已列入候选人名单的投标者。

5.4 开标后的会谈

在评定和研究标书之后，单独会见最低标或者甚至最低的两三家投标者，对业主可能是合适的。这种会见应服务于澄清在详细审查标书中发现的任何疑点以达到合同管理和评标之目的。讨论的题目可包括：

(a) 澄清问题；
(b) 资源的可靠性；
(c) 拟议的现场和总管理处的组织；
(d) 设想的施工方法；
(e) 第三方；
(f) 限制条件。

会议的详细记录应经双方同意，就影响最终合同的任何事项达成的协议应分别作为书面记录，以便并入合同文件。在此阶段无论如何也不暗指打算接受某一具体标书。

5.5 经协商后变更标书

1. 在合同中有充分的办法处理由于投标情况和资料引起的变动，而且，除了相应地改正合同文件中的错误，只有在例外的情况下才应与投标者协商在决标之前改变其总标价。不过，如认为在决标之前修改标书是重要的，则应最先同最有利的投标者进行协商，而且只有在雇主认为价格的调整或该投标者的其他要求是不合理的情况下，才应同次一个处于最有利地位的投标者协商，举行任何讨论都要作详细记录，并得到投标者证实与记录一致，这是十分重要的，因为这些协议将成为契约性的约束条件。不过，当有必要对工程范围作实质性修改时，标书则不再作为决标的有效依据，全体投标者应得到对范围已修改过的工程提交一份新标书的机会。

2. 在安排这种协商时，其指导原则必须是能保证投标的机密性和公平性得到保护，而且没有一个投标者被给予超过其他投标者的不公平的优待。

5.6 重新投标

一旦标书已返还雇主，再邀请对实际上的同一工程重新投标，是不符合良好习惯的不公正态度。如果由于特殊情况和不得已的原因而被动员重新投标，投标者则应得到关于导致此决定的情况和理由的充分说明。

5.7 评价报告

工程师应通过向雇主提交一份评价报告来完成其对标书的评价，陈述为检查、校核和订正标书而采取的一切行动，并向雇主提出他的结论和决标应予注意的建议。投标程序的一个基本目的是识别将合同给予标价最低的投标者。不过，雇主的利益并非必然靠选择最低标来最好的满足。工程师形成其建议时应考虑到评标期间确定的各种因素，特别是诸如将使用的设备型号，拟议的施工方法和与报价有关的合同大致财务结果。在公开招标的情况下，工程师也应估价投标者如期竣工的潜在能力。

6 决标程序

6.1 最终结果通知书

1. 应立即通知成功的投标者，已决定接受他的报价。不管以什么理由，业主决定不再进行该项目，都应尽早通知全体投标者。

2. 发包一经确定，即应将结果包括成功的报价总额分别通知未成功的投标者。全体投标者包括成功的投标者应得到一份按字母顺序排列的全体投标者名单和另外一份按提交的总标价从低到高顺序排列的清单，由此可使每一投标者不须专门向其他人查询，即能评定自己的位次。为此，收到了的标书数目如少于四份，其姓名和标价总额应不予公布。在通知未成功的投标者之前，不应在报刊上发布通知。

3. 在致函未成功的投标者时，出于版权的原因，习惯上要求退还全部图纸和未随同其标书递交的未用过的招标文件。

6.2 意向书

1. 如不可能立即向成功的投标者发出正式的接受函，在某些情况下发一份签订合同的意向书可提供有用的效果。意向书一经发出，为了授权承包商在正式受标之前进行某些工作而作准备，它本身可构成有约束力的契约，雇主则对由此产生的财务后果负有责任。因此，意向书必须准确地表达其意图。

2. 意向书意图指最终签订正式合同的序曲，应包括下列内容：

(a) 关于意图指最终签订的某个日期接受投标的说明。
(b) 关于进行（或不进行）材料定货及订分包合同等的指示。
(c) 关于随后如不接受该投标或撤回意向书，业主将支付承包商所发生的合理费用的说明。
(d) 在正式受标之前的财务义务的限度。
(e) 关于该投标由受标函正式接受时意向书的条款应即作废的说明。
(f) 对承包商收到意向书的回执和确认接收其条件的要求。

6.3 受 标 函

1. 当投标为业主或其代表正式接受时，具有法律上的约束力的合同即确立。

2. 工程师起草受标函的通常做法是，分别说明在投标期内发生并随标书评价报告送交业主的已达成协议的任何条件或限制性条款。受标函应包括有关合同的一切后续指示（这些指示按合同均由工程师发出）以及合同中正式要求以外的应向其提出的一切与合同有关的信件，但在任何情况下，这些信件的副本都要送交工程师。受标函由业主发出，也可根据业主的书面授权，由工程师代行发出，条件是此项授权已经公布。在两者中任一种情况下，受标函应必然是对最后报价的明确的接受。

7 校 核 一 览 表

7.1 序 言

下列提要旨在作为一个便于查阅本指南全文的校核一览表。

7.2 总 则

1. 尽可能避免公开招标，但如采用，应将已发给招标文件的承包商数目通知投标者。
2. 在感兴趣的承包商提交其有关经验、组织和财务状况之后进行资格预审。
3. 拟订一份适合于该工程的四至八个投标者的候选人名单。按不同价值、不同类型工程列出常备名单，每年评定一次。为保证从此项名单中得到适当的投标者，致函各承包商说明工程的情况，以便确认他们将对一具体工程投标，应清楚地说明，他们如谢绝投标，也不会损害将来的机会。

7.3 招 标 文 件

1. 随同招标文件发出的"投标者须知"应包括：
——要求随标书提交的资料清单。
——对疑问的处理程序和察看场地的安排。
——递交标书的要求，包括必要时延长时间的安排。
——投标资格或其标书的可接受性如何。
——错误的订正。
——设想的工程开工日期。

2. 招标文件中包括，或能获得有关现场及地基条件的一切有用资料（以业主对真实资料的准确性负责为条件，但不对其任何解释负责）。

3. 招标文件至少发两份,包括两套图纸,如工程涉及若干专业分包,图纸份数可增加(也可将图纸制成底图副本)。

7.4 投标期

1. 至少容许四个星期的投标期,如果工程大或者复杂还应多些。
2. 规定一个接受投标者询问的时间限制。
3. 发给全体投标者一份收到的询问及其答复的一览表。
4. 最好以全体投标者集体讨论会的方式举行投标前会议和参观现场。
5. 不要发招标文件的修正案,除非它们将对标价有重大影响(最好不要作次要的修正,而留待以后处理)。
6. 在开标之前要安全地保管标书,并作为密件处理。
7. 不接受迟到的标书(但在一定情况下也可被接受,例如电传表明总标价是按时价收到的以及有清楚的证据表明标书是在规定时间内发出的)。
8. 事先规划减少对附加限制条件的标书的需要。

7.5 评标

1. 以收到标书后两个月内签订合同为目的,特别要避免接受固定价格标书的拖延。
2. 如发现有错误,应根据投标单价算出的金额的总合来评定总标价(如这样作变更原递交的总价,应通知投标者)。
3. 开标以后不得改变投标单价(投标者如不愿保持错误的单价,可撤回其标书)。
4. 开标后一星期之内通知投标者,他是否被列入候选人名单。
5. 如有必要可召请任何较低价的投标者会议,以澄清疑点或审核其可动用的资源,拟议的组织机构和施工方法(此类会谈的记录应经双方同意,所达成的协议应并入合同之内)。
6. 业主如欲对工程范围作重大变更,应与处于有利地位的投标者协商新的单价。
7. 只有在极特殊的情况下才可重新投标,并应将理由通知投标者。
8. 考虑到施工方法、组织以及大致的竣工日期或财务结果,如果业主的利益可由别的投标者满足,则不一定选择最低标。

7.6 决标程序

1. 尽快将结果通知全体投标者。
2. 安排未成功的投标者退还招标文件。
3. 发出受标函,列出自发出招标文件以来达成的协议的一切条件或附加条款,并指示承包商此后按合同与工程师进行一切信件联系。
4. 如正式受标拖延,应发出意向书,其中包括进行(或不进行)材料订货等指示,并规定正式受标前的财务义务的限度。

十一、公路工程招标投标

1. 公路建设项目的勘察设计招标划分有哪些范围?

公路建设项目的勘察、设计单项合同估算价在 50 万元人民币以上,或者建设项目总投资额在 3000 万元人民币以上的,必须进行勘察设计招标。

公路建设项目符合下列条件之一的,按项目管理权限报交通部或者省级人民政府交通主管部门批准,可以不进行勘察设计招标:

(1) 涉及国家安全、国家秘密、抢险救灾的;
(2) 勘察、设计采用特定专利、专有技术的;
(3) 对建筑艺术造型有特殊要求的。

2. 公路工程勘察设计招标有哪些要求?

公路工程勘察设计招标是指招标人按照国家基本建设程序,依据批准的可行性研究报告,对公路工程初步设计、施工图设计通过招标活动选定勘察设计单位。公路工程勘察设计招标可以实行一次性招标、分阶段招标,有特殊要求的关键工程可以进行方案招标。招标人自行办理招标事宜的,应当在发布招标公告或者发出投标邀请书十五日前,按项目管理权限报交通部或者省级人民政府交通主管部门核备;招标人委托招标代理机构办理招标事宜的,应当在委托合同签订后十五日内,按项目管理权限报交通部或者省级人民政府交通主管部门核备。

3. 公路工程勘察设计招标实行哪些资格审查制度?

公路工程勘察设计招标实行资格审查制度。公开招标的,实行资格预审;邀请招标的,实行资格后审。资格预审是招标人在发布招标公告后,发出投标邀请书前对潜在投标人的资质、信誉、业绩和能力的审查。招标人只向资格预审合格的潜在投标人发出投标邀请书、发售招标文件。资格后审是招标人在收到被邀请投标人的投标文件后,对投标人的资质、信誉、业绩和能力的审查。公路工程勘察设计招标按下列程序进行:

(1) 编制资格预审文件和招标文件;
(2) 发布招标公告或者发出投标邀请书;
(3) 对潜在投标人进行资格审查;
(4) 向合格的潜在投标人发售招标文件;
(5) 组织潜在投标人勘察现场,召开标前会;
(6) 接受投标人的投标文件,公开开标;
(7) 组建评标委员会评标,推荐中标候选人;
(8) 确定中标人,发出中标通知书;
(9) 与中标人签订合同。

4. 公路工程勘察设计投标有哪些要求?

投标人是符合公路建设市场准入条件，具备规定资格，响应招标、参加投标竞争的法人或者组织。两个以上法人或者组织可以组成联合体，以一个投标人身份共同投标。由同一专业的法人或者组织组成的联合体资质按联合体成员内资质等级低的确定。联合体成员各方应当签订共同投标协议，明确联合体主办人和成员各方拟承担的工作和责任，并将共同投标协议连同投标文件一并提交招标人。招标人不得强制投标人组成联合体共同投标，不得限制投标人之间的竞争。投标文件由商务文件、技术文件和报价清单组成。商务文件包括下列基本内容：

（1）投标书；

（2）授权书；

（3）项目负责人及主要技术人员基本情况；

（4）勘察设计工作大纲。

技术文件包括下列基本内容：

（1）对招标项目的理解；

（2）对招标项目特点、难点、重点等的技术分析和处理措施；

（3）拟进行的科研课题；

（4）工程造价初步测算。

报价清单包括下列基本内容：

（1）勘察设计费报价；

（2）勘察设计费计算清单。

5. 公路工程施工监理招标应当具备哪些条件？

公路工程施工监理，包括路基路面（含交通安全设施）工程、桥梁工程、隧道工程、机电工程、环境保护配套工程的施工监理以及对施工过程中环境保护和施工安全的监理。施工监理招标的公路工程项目，应当具备下列条件：

（1）初步设计文件应当履行审批手续的，已经批准；

（2）建设资金已经落实；

（3）项目法人或者承担项目管理的机构已经依法成立。

招标人可以将整个公路工程项目的施工监理作为一个标一次招标，也可以按不同专业、不同阶段分标段进行招标。招标人分标段进行施工监理招标的，标段划分应当充分考虑有利于对招标项目实施有效管理和监理企业合理投入等因素。

6. 公路工程施工监理招标的招标人如何对潜在投标人进行资格审查？

公路工程施工监理招标的招标人应当对潜在投标人进行资格审查。资格审查方式分为资格预审和资格后审。资格预审是招标人在发布招标公告后，发出投标邀请书前对潜在投标人的资质、信誉和能力进行的审查。招标人只向通过资格预审的潜在投标人发出投标邀请书和发售招标文件。资格后审是招标人在收到投标人的投标文件后，对投标人的资质、信誉和能力进行的审查。资格审查方法分为强制性条件审查法和综合评分审查法。强制性条件审查法是指招标人只对投标人或者潜在投标人的资格条件是否满足招标文件规定的投标资格、信誉要求等强制性条件进行审查，并得出"通过"或者"不通过"的审查结论，不对投标人或潜在投标人的资格条件进行具体量化评分的资格审查方法。综合评分审查法是指在投标人或者潜在投标人的资格条件满足招标文件规定的最低资格、信誉要求的基础上，招标人对投标人或者潜在投标人的施工监理能力、管理能力、履约情况和施工监理经验等进行量化评分并按照分值进行筛选的资格审查方法。

7. 公路工程施工监理招标应当如何实施程序？

公路工程施工监理招标，应当按照下列程序进行：

（1）招标人确定招标方式。采用邀请招标的，应当履行审批手续。

（2）招标人编制招标文件，并按照项目管理权限报县级以上地方交通主管部门备案；采用资格预审方式的，同时编制投标资格预审文件，预审文件中应当载明提交资格预审申请文件的时间和地点。

（3）发布招标公告。采用资格预审方式的，同时发售投标资格预审文件；采用邀请招标的，招标人直接发出投标邀请，发售招标文件。

（4）采用资格预审方式的，对潜在投标人进行资格审查，并将资格预审结果通知所有参加资格预审的潜在投标人，向通过资格预审的潜在投标人发出投标邀请书和发售招标文件。

（5）必要时组织投标人考察招标项目工程现场，召开标前会议。

（6）接受投标人的投标文件。

（7）公开开标。

（8）采用资格后审方式的，招标人对投标人进行资格审查。

（9）组建评标委员会评标，推荐中标候选人。

（10）确定中标人，将评标报告和评标结果按照项目管理权限报县级以上地方交通主管部门备案并公示。

（11）招标人发出中标通知书。

（12）招标人与中标人签订公路工程施工监理合同。

二级以下公路、独立中小桥及独立中短隧道的新建、改建以及养护大修工程项目，可根据具体条件和实际需要对上述程序适当简化，但应当符合《招标投标法》的规定。招标人应当根据施工监理招标项目的特点和需要编制招标文件，招标文件应当符合交通部部颁标准《公路工程施工监理规范》中要求强制性执行的规定。

二级及二级以上公路、独立大桥及特大桥、独立长隧道及特长隧道的新建、改建以及养护大修工程项目，其主体工程的施工监理招标文件，应当使用交通部颁布的《公路工程施工监理招标文件范本》，附属设施工程及其他等级的公路工程项目的施工监理招标文件，可以参照交通部颁布的《公路工程施工监理招标文件范本》进行编制，并可适当简化。

8. 哪些公路工程施工项目必须进行招标？

公路工程，包括公路、公路桥梁、公路隧道及与之相关的安全设施、防护设施、监控设施、通信设施、收费设施、绿化设施、服务设施、管理设施等公路附属设施的新建、改建与安装工程。下列公路工程施工项目必须进行招标，但涉及国家安全、国家秘密、抢险救灾或者利用扶贫资金实行以工代赈等不适宜进行招标的项目除外：

（1）投资总额在3000万元人民币以上的公路工程施工项目；

（2）施工单项合同估算价在200万元人民币以上的公路工程施工项目；

（3）法律、行政法规规定应当招标的其他公路工程施工项目。

9. 公路工程施工招标的项目应当具备哪些条件？

公路工程施工招标的项目应当具备下列条件：
（1）初步设计文件已被批准；
（2）建设资金已经落实；
（3）项目法人已经确定，并符合项目法人资格标准要求。

具备下列条件的招标人，可以自行办理招标事宜：
（1）具有与招标项目相适应的工程管理、造价管理、财务管理能力；
（2）具有组织编制公路工程施工招标文件的能力；
（3）具有对投标人进行资格审查和组织评标的能力。

公路工程施工招标，可以对整个建设项目分标段一次招标，也可以根据不同专业、不同实施阶段分别进行招标，但不得将招标工程化整为零或者以其他任何方式规避招标。公路工程施工招标标段，应当按照有利于对项目实施管理和规模化施工的原则，合理划分。施工工期应当按照批复的初步设计建设工期，结合项目实际情况，合理确定。

10. 公路工程施工招标应当按哪些程序进行？

公路工程施工招标，应当按下列程序进行：
（1）确定招标方式。采用邀请招标的，应当按照国家规定报有关主管部门审批。
（2）编制投标资格预审文件和招标文件。招标文件按照本办法规定备案。
（3）发布招标公告，发售投标资格预审文件；采用邀请招标的，可直接发出投标邀请书，发售招标文件。
（4）对潜在投标人进行资格审查。
（5）向资格预审合格的潜在投标人发出投标邀请书和发售招标文件。
（6）组织潜在投标人考察招标项目工程现场，召开标前会。
（7）接受投标人的投标文件，公开开标。
（8）组建评标委员会评标，推荐中标候选人。
（9）确定中标人。评标报告和评标结果按照本办法规定备案并公示。
（10）发出中标通知书。
（11）与中标人订立公路工程施工合同。

11. 公路工程施工招标投标如何对潜在投标人进行资格审查？

公路工程施工招标投标应当对潜在投标人进行资格审查。公路工程施工采用公开招标的，招标公告发布后，招标人应当根据潜在投标人提交的资格预审申请文件，对潜在投标人的资格进行审查。招标人只向资格预审合格的潜在投标人发售招标文件。公路工程施工采用邀请招标的，投标邀请书发出后，招标人应当根据投标人提交的投标文件，对投标人的资格进行审查。招标人审查潜在投标人的资格，应当严格按照资格预审的规定进行，不得采用抽签、摇号等博彩性方式进行资格审查。

12. 对公路工程施工招标的投标人有何要求？

公路工程施工招标的投标人是响应招标、参加投标竞争的公路工程施工单位。投标人应当具备招标文件规定的资格条件，具有承担所投标项目的相应能力。两个以上施工单位可以组成联合体参加公路工程施工投标。联合体各成员单位都应当具备招标文件规定的相应资质条件。由同一专业施工单位组成的联合体，按照资质等级较低的单位确定资质等级。以联合体形式参加公路工程施工投标的单位，应当在资格预审申请文件中注明，并提交联合体各成员单位共同签订的联合体协议。联合体协议应当明确主办人及成员单位各自的权利和义务。

投标人应当按照招标文件的要求，按时参加招标人主持召开的标前会并勘察现场。投标人应当按照招标文件的要求编制投标文件，并对招标文件提出的实质性要求和条件作出响应。投标人根据招标文件载明的项目实际情况，拟在中标后将中标项目的部分非关键性工作进行分包的，应当向招标人提交分包计划，并在投标文件中载明。分包单位的资质应当与其承担的工程规模标准相适应。

附录十一：公路工程招标投标管理相关法规

1. 公路工程勘察设计招标投标管理办法

交通部令第6号

第一章 总 则

第一条 为规范公路建设市场秩序，提高公路工程勘察设计水平和公路建设投资效益，确保工程质量，根据《中华人民共和国公路法》、《中华人民共和国招标投标法》和国家有关规定，制定本办法。

第二条 公路建设项目的勘察、设计单项合同估算价在50万元人民币以上，或者建设项目总投资额在3000万元人民币以上的，必须进行勘察设计招标。

第三条 公路建设项目符合下列条件之一的，按项目管理权限报交通部或者省级人民政府交通主管部门批准，可以不进行勘察设计招标：

（一）涉及国家安全、国家秘密、抢险救灾的；

（二）勘察、设计采用特定专利、专有技术的；

（三）对建筑艺术造型有特殊要求的。

第四条 公路工程勘察设计招标投标活动应当遵循公开、公平、公正、诚实信用的原则。

第五条 公路工程勘察设计招标投标活动不受地区或者部门的限制，任何单位和个人不得以任何方式干预正当的招标投标活动；不得将必须进行招标的项目化整为零或者以其他任何方式规避招标。

第六条 公路工程勘察设计招标投标活动的监督管理实行统一领导、分级管理。

交通部负责全国公路建设项目勘察设计招标投标活动的监督管理工作。

省级人民政府交通主管部门负责本行政区域内公路建设项目勘察设计招标投标活动的监督管理工作。

县级以上人民政府交通主管部门按照项目管理权限，依法查处公路建设项目勘察设计招标投标活动中的违法行为。

第二章 招 标

第七条 公路工程勘察设计招标是指招标人按照国家基本建设程序，依据批准的可行性研究报告，对公路工程初步设计、施工图设计通过招标活动选定勘察设计单位。

公路工程勘察设计招标可以实行一次性招标、分阶段招标，有特殊要求的关键工程可以进行方案招标。

第八条 招标人是符合公路建设市场准入条件，依照本办法规定提出公路工程勘察设计招标项目、进行招标的项目法人。

第九条 招标人具有与招标项目规模相适应的工程技术、管理人员，具备组织编制勘察设计招标文件和组织评标能力的，可以自行办理招标事宜。

招标人不具备前款规定条件的,应当委托符合公路建设市场准入条件、具有相应资格的招标代理机构办理招标事宜。招标代理机构应当在招标人委托的代理范围内办理招标事宜。

任何单位和个人不得以任何方式为招标人指定招标代理机构。

第十条 招标人自行办理招标事宜的,应当在发布招标公告或者发出投标邀请书十五日前,按项目管理权限报交通部或者省级人民政府交通主管部门核备;招标人委托招标代理机构办理招标事宜的,应当在委托合同签订后十五日内,按项目管理权限报交通部或者省级人民政府交通主管部门核备。

第十一条 公路工程勘察设计招标分为公开招标和邀请招标。

公开招标是招标人通过国家指定的报刊、信息网络或者其他媒体发布招标公告,邀请不特定的法人或者组织投标。

邀请招标是招标人以投标邀请书的方式,邀请三个以上具有相应资质、具备承担招标项目勘察设计能力的、资信良好的特定法人或者组织投标。

招标公告或者投标邀请书应当载明招标人的名称和地址、招标项目的基本概况、投标人的资质要求以及获取资格预审文件、招标文件的办法等事项。

第十二条 公路工程勘察设计招标应当实行公开招标。

国务院发展计划部门确定的国家重点项目和省级人民政府确定的地方重点项目不适宜公开招标的,经国务院发展计划部门或者省级人民政府批准,可以进行邀请招标。

其他公路建设项目符合下列条件之一不适宜公开招标的,按项目管理权限经交通部或者省级人民政府交通主管部门批准,可以进行邀请招标:

(一) 投标人少于三个的;

(二) 长大桥梁或者隧道工程有特殊要求的;

(三) 涉及专利权保护或者受特殊条件限制的;

(四) 实行以工代赈、民工建勤、民办公助和利用扶贫资金的。

第十三条 公路工程勘察设计招标实行资格审查制度。公开招标的,实行资格预审;邀请招标的,实行资格后审。

资格预审是招标人在发布招标公告后,发出投标邀请书前对潜在投标人的资质、信誉、业绩和能力的审查。招标人只向资格预审合格的潜在投标人发出投标邀请书、发售招标文件。

资格后审是招标人在收到被邀请投标人的投标文件后,对投标人的资质、信誉、业绩和能力的审查。

第十四条 公路工程勘察设计招标按下列程序进行:

(一) 编制资格预审文件和招标文件;

(二) 发布招标公告或者发出投标邀请书;

(三) 对潜在投标人进行资格审查;

(四) 向合格的潜在投标人发售招标文件;

(五) 组织潜在投标人勘察现场,召开标前会;

(六) 接受投标人的投标文件,公开开标;

(七) 组建评标委员会评标,推荐中标候选人;

(八) 确定中标人,发出中标通知书;

(九) 与中标人签订合同。

公路工程勘察设计招标实行邀请招标的，在编制招标文件后，按上述程序的（四）至（九）项要求进行。

第十五条 资格预审文件应当要求潜在投标人提供下列基本材料：

（一）营业执照、资质等级证书、资信证明和勘察设计收费证书；

（二）近五年完成的主要公路工程勘察设计项目和获奖情况以及社会信誉；

（三）正在承担的和即将承担的勘察设计项目情况；

（四）拟安排的项目负责人、主要技术人员和技术设备、应用软件投入情况；

（五）上两个会计年度的财务决算审计情况；

（六）以联合体形式投标的，联合体成员各方共同签订的投标协议和联合体各方的资质证明材料；

（七）有分包计划的，提交分包计划和拟分包单位的资质要求。

第十六条 招标文件应当按照交通部或者省级人民政府交通主管部门颁布的公路工程勘察设计招标文件范本，结合招标项目的特点和实际需要进行编制。招标文件应当包括以下内容：

（一）投标邀请书；

（二）投标须知；

（三）勘察设计合同通用条款和专用条款；

（四）勘察设计标准规范；

（五）勘察设计原始资料；

（六）勘察设计协议书格式；

（七）投标文件格式；

（八）评标标准和方法。

第十七条 招标人对已发出的招标文件进行必要的补遗或者修正时，应当在提交投标文件截止日期十五日前，书面通知所有招标文件收受人。该补遗或者修正的内容为招标文件的组成部分。

第十八条 公路工程勘察设计招标资格预审结果和招标文件的审批工作由省级人民政府交通主管部门负责。其中，国道主干线、国家、部重点公路建设项目的资格预审结果和招标文件由省级人民政府交通主管部门审批后，报交通部核备。

第十九条 招标人应当合理确定资格预审申请文件和投标文件的编制时间。自招标公告发布之日起至潜在投标人递交资格预审文件截止时间，不得少于十四日；自招标文件发售截止之日至投标人递交投标文件截止时间，不得少于二十一日。

第三章 投 标

第二十条 投标人是符合公路建设市场准入条件，具备规定资格，响应招标、参加投标竞争的法人或者组织。

第二十一条 两个以上法人或者组织可以组成联合体，以一个投标人身份共同投标。由同一专业的法人或者组织组成的联合体资质按联合体成员内资质等级低的确定。

联合体成员各方应当签订共同投标协议，明确联合体主办人和成员各方拟承担的工作和责任，并将共同投标协议连同投标文件一并提交招标人。

招标人不得强制投标人组成联合体共同投标，不得限制投标人之间的竞争。

第二十二条 投标人拟将部分非主体、非关键工作进行分包的，必须向招标人提交分包计划，并在投标文件中载明。分包单位的资质应当与其承担的工程规模标准相适应。

第二十三条 投标人应当按照招标文件要求编制投标文件，投标文件应当对招标文件提出的实质性要求和条件作出响应。

第二十四条 投标文件由商务文件、技术文件和报价清单组成。

商务文件包括下列基本内容：

（一）投标书；

（二）授权书；

（三）项目负责人及主要技术人员基本情况；

（四）勘察设计工作大纲。

技术文件包括下列基本内容：

（一）对招标项目的理解；

（二）对招标项目特点、难点、重点等的技术分析和处理措施；

（三）拟进行的科研课题；

（四）工程造价初步测算。

报价清单包括下列基本内容：

（一）勘察设计费报价；

（二）勘察设计费计算清单。

第二十五条 投标文件中的商务文件应当包括资格预审文件规定的主要内容以及通过资格预审后的更新材料，勘察设计工作大纲应当包括勘察设计周期、进度和质量保证措施、后续服务措施。

第二十六条 投标文件的报价清单中，对勘察设计取费应当按照现行公路工程勘察设计费收费标准进行计算。

第二十七条 投标文件应当采用双信封密封，第一个信封内为商务文件和技术文件，第二个信封内为报价清单。上述两个信封应当密封于同一信封中为一份投标文件。

投标人应当在招标文件要求截止日期前，将投标文件送达指定地点。投标文件及任何说明函件应当经投标人盖章或者其法定代表人或者其授权代理人签字。

第二十八条 投标人在招标文件要求的截止日期前，可以补充、修改或者撤回已递交的投标文件，并书面通知招标人。补充、修改的内容应当使用与投标书相同的密封方式投递，并作为投标文件的组成部分。

第二十九条 招标人在收到投标文件后，应当签收保存，不得开启。对在投标截止日期后送达的任何函件，招标人均不得接受。投标人少于三个的，招标人应当按照本办法规定重新招标。

第三十条 投标人在投标过程中不得串通作弊，不得妨碍其他投标人的公平竞争，不得以行贿、弄虚作假等手段骗取中标。

第四章 开标、评标、中标

第三十一条 开标应当在招标文件确定的提交投标文件截止日期的同一时间公开进行。开标地点应当为招标文件预先确定的地点。

第三十二条 开标由招标人主持，邀请所有投标人参加。进行公证的，应当有公证员出席。

第三十三条 开标时，由投标人或者其推选的代表检查投标文件的密封情况，也可以由招标人委托的公证机构检查并公证；经确认无误后，当众拆封投标文件的第一个信封，宣读投标人名称、投标文件签署情况及商务文件标前页的主要内容。投标文件中的第二个信封不予拆封，并妥善保存。

开标过程应当记录，并存档备查。

第三十四条 属于下列情况之一的，应当作为废标处理：

（一）投标文件未按要求密封；

（二）投标文件未加盖投标人公章或者未经法定代表人或者其授权代理人签字；

（三）投标文件字迹潦草、模糊，无法辨认；

（四）投标人对同一招标项目递交两份或者多份内容不同的投标文件，未书面声明哪一个有效；

（五）投标文件不符合招标文件实质性要求。

第三十五条 评标由招标人依法组建的评标委员会负责，评标工作按照交通部制定的公路工程勘察设计招标评标有关规定和招标文件的有关要求进行。

评标委员会成员由招标人的代表及有关技术、经济等方面的专家组成，人数为五人以上单数，其中专家人数不得少于成员总数的三分之二。与投标人有利害关系的人员不得进入评标委员会。

交通部和省级人民政府交通主管部门应当分别设立评标专家库。国道主干线和国家、部重点公路建设项目的评标委员会专家，从交通部设立的评标专家库中确定，或者由交通部授权从省级人民政府交通主管部门设立的评标专家库中确定。其他公路建设项目的评标委员会专家从省级人民政府交通主管部门设立的评标专家库中确定。

评标委员会成员名单在中标结果确定前应当保密。

第三十六条 评标委员会可以要求投标人对投标文件中含义不明确的内容作必要的澄清或者说明，但是澄清或者说明不得超出投标文件的实质性内容。

第三十七条 评标委员会应当按照招标文件确定的评标标准，采用综合评价方法对投标人的信誉和经验，项目负责人的资格和能力，对项目的技术建议，勘察设计周期及进度计划、质量保证措施，后续服务和报价进行分别打分评议。

评标委员会对投标人的第一个信封评审打分后，在监督机构到场的情况下，拆封投标人的第二个信封，对第二个信封进行评审打分。经综合评审，依据对投标人综合得分结果的排序高低推荐二名中标候选人，并向招标人提出书面评标报告。

招标人根据评标委员会提出的书面评标报告和推荐的合格中标候选人确定中标人。招标人也可以授权评标委员会确定中标人。

第三十八条 评标委员会经评审，认为所有投标都不满足招标文件要求的，可以否决所有投标。出现下列情况之一的，招标人应当依照本办法重新招标：

（一）所有的投标文件均未通过商务文件、技术文件符合性审查；

（二）所有的投标文件均不能满足招标文件要求。

第三十九条 评标委员会成员应当客观、公正地履行职责，遵守职业道德，对所提出的评审意见承担个人责任。

评标委员会成员不得私下接触投标人，不得收受投标人的财物或者其他好处，不得透露对投标文件的评审、中标候选人的推荐情况以及与评标有关的其他情况。

第四十条 中标人确定后，招标人应当在七日内向中标人发出中标通知书，并同时将中标结果通知所有未中标的投标人；在十五日之内，按项目管理权限将评标报告向交通部或者省级人民政府交通主管部门核备。

第四十一条 在中标通知书发出之日起三十日内，招标人和中标人应当按照招标文件和投标文件签定合同。招标人和中标人不得再行订立背离合同实质性内容的其他协议。

招标文件要求中标人提交履约保证金的，中标人应当提供。

第四十二条 中标人应当按照合同约定履行义务，完成中标项目。

联合体中标的，联合体各方应当共同与招标人签订合同，就中标项目向招标人承担连带责任。

中标人将中标项目的部分非主体、非关键性工作分包给他人完成的，中标人应当就分包项目向招标人负责，分包人就分包项目承担连带责任。

第四十三条 进行方案招标的，招标人、中标人使用未中标人的专利、专有技术的投标方案，应当征得未中标人的同意，并给予合理的经济补偿。

第五章 法 律 责 任

第四十四条 必须进行公路工程勘察设计招标的项目，招标人自行组织或者委托招标代理机构办理招标事宜，未在规定时间内按项目管理权限报交通主管部门核备的，给予警告，责令停止招标活动。

第四十五条 违反本办法规定，必须进行招标的项目而不招标的，将必须进行招标的项目化整为零，或者以其他任何方式规避招标的，责令限期改正，可以处以项目合同金额千分之五以上千分之十以下的罚款；对全部或者部分使用国有资金的项目，可以暂停项目执行或者暂停资金拨付，对单位直接负责的主管人员和其他直接责任人员依法给予行政处分。

第四十六条 招标代理机构违反本办法规定，泄露应当保密的与招标投标活动有关的情况和资料的，或者与招标人、投标人串通损害国家利益、社会公共利益或者他人合法权益的，处五万元以上二十五万元以下的罚款，对单位直接负责的主管人员和其他直接责任人员处单位罚款数额百分之五以上百分之十以下的罚款；有违法所得的并处没收违法所得；情节严重的，暂停直至取消招标代理资格。

第四十七条 投标人违反本办法，相互串通投标或者与招标人串通投标，投标人以向招标人或者评标委员会成员行贿的手段谋取中标的，中标无效，处中标项目金额千分之五以上千分之十以下的罚款；有违法所得的，并处没收违法所得；情节严重的，取消其一年至二年内参加依法必须进行招标的项目的投标资格并予以公告。

第四十八条 评标委员会成员收受投标人的财物或者其他好处的，评标委员会成员或者参加评标的有关工作人员向他人透露对投标文件的评审和比较、中标候选人的推荐以及与评标有关的其他情况的，给予警告，没收收受财物，可以并处三千元以上五万元以下的罚款，对违法的评标委员会成员取消其评标委员会专家资格，建议所在单位按有关规定给予行政处分。

第四十九条 招标人在评标委员会推荐的中标候选人以外确定中标人的，所有投标被评标委员会否决后自行确定中标人的，中标无效，责令改正，可以处中标项目金额千分之五以上千分之十以下的罚款；对单位直接负责的主管人员和其他直接责任人员依法给予处分。

第五十条 中标人将中标项目转让给他人的,将中标项目肢解后分别转让给他人的,违反本办法规定将中标项目的部分主体、关键性工作分包给他人的,或者分包人再次分包的,转让、分包无效,处转让、分包项目金额千分之五以上千分之十以下的罚款,对单位直接负责的主管人员和其他直接责任人员依法给予处分。

第五十一条 任何单位违反本办法规定,限制或者排斥本地区、本系统以外的潜在投标人参加投标的,为招标人指定招标代理机构的,强制招标人委托招标代理机构办理招标事宜的,或者以其他方式干涉招标投标活动的,责令改正,对单位直接负责的主管人员和其他直接责任人员依法给予处分。

第五十二条 交通主管部门的工作人员徇私舞弊、滥用职权、索贿、行贿、受贿、干预正常招标投标活动的,视情况由交通主管部门会同有关部门依法给予行政处分,构成犯罪的,依法追究刑事责任。

第六章 附 则

第五十三条 使用国际组织或者外国政府贷款、援助资金的项目进行招标,贷款方、资金提供方对招标投标有特殊规定的,可以适用其规定,但违背中华人民共和国的社会公共利益的除外。

第五十四条 本办法由交通部负责解释。

第五十五条 本办法自 2002 年 1 月 1 日起施行。

2. 公路工程施工监理招标投标管理办法

交通部第 5 号令

第一章 总 则

第一条 为规范公路工程施工监理招标投标活动，保证公路工程质量，维护招标投标活动各方当事人合法权益，依据《公路法》和《招标投标法》，制定本办法。

第二条 依法必须进行招标的公路工程施工监理项目，其招标投标活动应当遵守本办法。

本办法所称公路工程施工监理，包括路基路面（含交通安全设施）工程、桥梁工程、隧道工程、机电工程、环境保护配套工程的施工监理以及对施工过程中环境保护和施工安全的监理。

第三条 公路工程施工监理招标投标应当遵循公开、公平、公正和诚实信用的原则。

第四条 交通部负责全国公路工程施工监理招标投标活动的监督管理。

县级以上地方人民政府交通主管部门负责本行政区域内公路工程施工监理招标投标活动的监督管理工作。

交通主管部门可以委托其所属的质量监督机构具体负责施工监理招标投标活动的监督管理工作。

第五条 交通主管部门应当加强对公路工程施工监理招标投标活动全过程的监督管理。

第六条 交通主管部门应当按照《工程建设项目招标投标活动投诉处理办法》和国家有关规定，建立公正、高效的招标投标投诉处理机制。

任何单位和个人认为公路工程施工监理招标投标活动违反法律、法规、规章规定，都有权向招标人提出异议或者依法向交通主管部门投诉。

第七条 交通主管部门应当逐步建立公路工程施工监理企业和人员信用档案体系。

信用档案中应当包括公路工程施工监理企业和人员的基本情况、业绩以及行政处罚记录。

第二章 招 标

第八条 依照本办法进行施工监理招标的公路工程项目，应当具备下列条件：

（一）初步设计文件应当履行审批手续的，已经批准；

（二）建设资金已经落实；

（三）项目法人或者承担项目管理的机构已经依法成立。

第九条 公路工程施工监理招标人，应当是依照本办法规定提出公路工程施工监理招标项目、进行招标的公路工程项目法人或者其他组织。

第十条 招标人可以将整个公路工程项目的施工监理作为一个标一次招标，也可以按不同专业、不同阶段分标段进行招标。

招标人分标段进行施工监理招标的，标段划分应当充分考虑有利于对招标项目实施有效管理和监理企业合理投入等因素。

第十一条 公路工程施工监理招标分为公开招标和邀请招标。

第十二条 公路工程施工监理应当公开招标。

符合下列条件之一的项目，经有审批权的部门批准后，可以进行邀请招标：

（一）技术复杂或者有特殊要求的；

（二）符合条件的潜在投标人数量有限的；

（三）受自然地域环境限制的；

（四）公开招标的费用与工程监理费用相比，所占比例过大的；

（五）法律、法规规定不宜公开招标的。

第十三条 采用公开招标方式的，招标人应当依法在国家指定媒介上发布招标公告，并可以在交通主管部门提供的媒介上同步发布。

第十四条 公路工程施工监理招标的招标人应当对潜在投标人进行资格审查。资格审查方式分为资格预审和资格后审。

资格预审是招标人在发布招标公告后，发出投标邀请书前对潜在投标人的资质、信誉和能力进行的审查。招标人只向通过资格预审的潜在投标人发出投标邀请书和发售招标文件。

资格后审是招标人在收到投标人的投标文件后，对投标人的资质、信誉和能力进行的审查。

第十五条 资格审查方法分为强制性条件审查法和综合评分审查法。

强制性条件审查法是指招标人只对投标人或者潜在投标人的资格条件是否满足招标文件规定的投标资格、信誉要求等强制性条件进行审查，并得出"通过"或者"不通过"的审查结论，不对投标人或潜在投标人的资格条件进行具体量化评分的资格审查方法。

综合评分审查法是指在投标人或者潜在投标人的资格条件满足招标文件规定的最低资格、信誉要求的基础上，招标人对投标人或者潜在投标人的施工监理能力、管理能力、履约情况和施工监理经验等进行量化评分并按照分值进行筛选的资格审查方法。

第十六条 公路工程施工监理招标，应当按照下列程序进行：

（一）招标人确定招标方式。采用邀请招标的，应当履行审批手续。

（二）招标人编制招标文件，并按照项目管理权限报县级以上地方交通主管部门备案；采用资格预审方式的，同时编制投标资格预审文件，预审文件中应当载明提交资格预审申请文件的时间和地点。

（三）发布招标公告。采用资格预审方式的，同时发售投标资格预审文件；采用邀请招标的，招标人直接发出投标邀请，发售招标文件。

（四）采用资格预审方式的，对潜在投标人进行资格审查，并将资格预审结果通知所有参加资格预审的潜在投标人，向通过资格预审的潜在投标人发出投标邀请书和发售招标文件。

（五）必要时组织投标人考察招标项目工程现场，召开标前会议。

（六）接受投标人的投标文件。

（七）公开开标。

（八）采用资格后审方式的，招标人对投标人进行资格审查。

（九）组建评标委员会评标，推荐中标候选人。

（十）确定中标人，将评标报告和评标结果按照项目管理权限报县级以上地方交通主管部门备案并公示。

（十一）招标人发出中标通知书。

（十二）招标人与中标人签订公路工程施工监理合同。

二级以下公路、独立中小桥及独立中短隧道的新建、改建以及养护大修工程项目，可根据具体条件和实际需要对上述程序适当简化，但应当符合《招标投标法》的规定。

第十七条 招标人应当根据施工监理招标项目的特点和需要编制招标文件，招标文件应当符合交通部部颁标准《公路工程施工监理规范》中要求强制性执行的规定。

二级及二级以上公路、独立大桥及特大桥、独立长隧道及特长隧道的新建、改建以及养护大修工程项目，其主体工程的施工监理招标文件，应当使用交通部颁布的《公路工程施工监理招标文件范本》，附属设施工程及其他等级的公路工程项目的施工监理招标文件，可以参照交通部颁布的《公路工程施工监理招标文件范本》进行编制，并可适当简化。

第十八条 招标文件应当包括以下主要内容：

（一）投标邀请书；

（二）投标须知（包括工程概况和必要的工程设计图纸，提交投标文件的起止时间、地点和方式，开标的时间和地点等）；

（三）资格审查要求及资格审查文件格式（适用于采用资格后审方式的）；

（四）公路工程施工监理合同条款；

（五）招标项目适用的标准、规范、规程；

（六）对投标监理企业的业务能力、资质等级及交通和办公设施的要求；

（七）根据招标对象是总监理机构还是驻地监理机构，提出对投标人投入现场的监理人员、监理设备的最低要求；

（八）是否接受联合体投标；

（九）各级监理机构的职责分工；

（十）投标文件格式，包括商务文件格式、技术建议书格式、财务建议书格式等；

（十一）评标标准和办法：评标标准应当考虑投标人的业绩或者处罚记录等诚信因素，评标办法应当注重人员素质和技术方案。

第十九条 招标人对重要监理岗位人员的数量、资格条件和备选人员的要求，应当符合《公路工程施工监理规范》的规定。

第二十条 招标人要求投标人提交投标担保的，投标人应当按照要求的金额和形式提交。投标保证金金额一般不得超过五万元人民币。

第二十一条 招标人不得在招标文件中制定限制性条件阻碍或者排斥投标人，不得规定以获得本地区奖项等要求作为评标加分条件或者中标条件。

第二十二条 招标公告、投标邀请书应当载明下列内容：

（一）招标人的名称和地址；

（二）招标项目的名称、技术标准、规模、投资情况、工期、实施地点和时间；

（三）获取招标文件或者资格预审文件的办法、时间和地点；

（四）招标人对投标人或者潜在投标人的资质要求；

（五）招标人认为应当公告或者告知的其他事项。

第二十三条 资格预审文件和招标文件的发售时间不得少于5个工作日。

第二十四条 招标人应当合理确定投标人编制资格预审申请文件和投标文件的时间。

采用资格预审的招标项目，潜在投标人编制资格预审申请文件的时间，自开始发售资格预审文件之日起至提交资格预审申请文件截止之日止，不得少于14日。

投标人编制投标文件的时间，自发售招标文件之日起至提交投标文件截止之日止不得少于 20 日。

第二十五条 招标人发出的招标文件补遗书至少应当在投标截止日期 15 日前以书面形式通知所有投标人或者潜在投标人。补遗书应当向招标文件的备案部门补充备案。

第二十六条 招标人应当根据编制成本，合理确定资格预审文件和招标文件的售价。

第三章 投 标

第二十七条 公路工程施工监理投标人是依法取得交通主管部门颁发的监理企业资质，响应招标、参加投标竞争的监理企业。

第二十八条 招标人允许监理企业以联合体方式投标的，联合体应当符合以下要求：

（一）联合体成员可以由两个以上监理企业组成，联合体各方均应当具备承担招标项目的相应能力和招标文件规定的资格条件。由同一专业的监理企业组成的联合体，按照资质等级较低的企业确定资质等级；

（二）联合体各方应当签订共同投标协议，约定各方拟承担的工作和责任，并将共同投标协议连同投标文件一并提交招标人。联合体各方签订共同投标协议后，只能以一个投标人的身份投标，不得针对同一标段再以各自名义单独投标或者参加其他联合体投标。

第二十九条 投标人应当按照招标文件的要求编制投标文件，并对招标文件提出的实质性要求和条件做出响应。

第三十条 采用本办法规定的技术评分合理标价法和综合评标法的项目，投标文件由商务文件、技术建议书、财务建议书组成。商务文件和技术建议书应当密封于一个信封中，财务建议书密封于另一个信封中。上述两个信封应当再密封于同一信封内，成为一份投标文件。

采用本办法规定的固定标价评分法的项目，投标文件由商务文件、技术建议书组成。商务文件和技术建议书应当密封于一个信封中，成为一份投标文件。

投标文件及任何说明函件应当经投标人盖章，投标文件内的任何有文字页须经其法定代表人或者其授权的代理人签字。

第四章 开标、评标和中标

第三十一条 开标由招标人主持，邀请所有投标人的法定代表人或其授权的代理人参加。交通主管部门应当对开标过程进行监督。

第三十二条 开标时，由投标人或者其推选的代表检查投标文件的密封情况，也可以由招标人委托的公证机构进行检查并公证；经确认无误后，当众拆封商务文件和技术建议书所在的信封，宣读投标人名称和主要监理人员等内容。

投标文件中财务建议书所在的信封在开标时不予拆封，由交通主管部门妥善保存。在评标委员会完成对投标人的商务文件和技术建议书的评分后，在交通主管部门的监督下，再由评标委员会拆封参与评分的投标人的财务建议书的信封。

第三十三条 开标过程应当记录，并存档备查。

第三十四条 投标人少于三个的，招标人应当重新招标。

第三十五条 招标人设有标底的，标底应当符合有关价格管理规定。标底应当综合考虑项目特点、要求投入的监理人员、配备的监理设备等因素。标底应当在开标时予以公布。

招标人不设标底且不采用固定标价评分法的，招标人可以在规定的范围内设定投标报价上下限。

第三十六条 评标工作由招标人依法组建的评标委员会负责。

对国家和交通部重点公路建设项目，评标委员会的专家应当从交通部设立的监理专家库中随机抽取，或者根据交通部授权从省级交通主管部门设立的监理专家库中随机抽取；其他公路建设项目评标委员会的专家从省级交通主管部门设立的监理专家库中随机抽取。

第三十七条 评标委员会应当按照招标文件确定的评标标准和方法，对投标文件进行评审和比较。未列入招标文件的评标标准和方法，不得作为评标的依据。

第三十八条 评标可以使用固定标价评分法、技术评分合理标价法、综合评标法以及法律、法规允许的其他评标方法。

固定标价评分法，是指由招标人按照价格管理规定确定监理招标标段的公开标价，对投标人的商务文件和技术建议书进行评分，并按照得分由高至低排序，确定得分最高者为中标候选人的方法。

技术评分合理标价法，是指对投标人的商务文件和技术建议书进行评分，并按照得分由高至低排序，确定得分前两名中的投标价较低者为中标候选人的方法。

综合评标法，是指对投标人的商务文件和技术建议书、财务建议书进行评分、排序，确定得分最高者为中标候选人的方法。其中财务建议书的评分权值应当不超过10%。

第三十九条 评标委员会成员应当客观、公正地履行职务，遵守职业道德，对所提出的评审意见承担个人责任。

评标委员会成员及参加评标的有关工作人员不得私下接触投标人，不得收受商业贿赂。

第四十条 评标委员会完成评标后，应当向招标人提交书面评标报告。

评标报告应当包括以下内容：

（一）评标委员会的成员名单；

（二）开标记录情况；

（三）符合要求的投标人情况；

（四）评标采用的标准、评标办法；

（五）投标人排序；

（六）推荐的中标候选人；

（七）需要说明的其他事项。

第四十一条 招标人确定中标人后，应当及时向中标人发出中标通知书，并同时将中标结果告知所有的投标人。

第四十二条 招标人和中标人应当自中标通知书发出之日起30日内订立书面合同。招标人和中标人均不得提出招标文件和投标文件之外的任何其他条件。

招标文件中要求中标人提交履约担保的，中标人应当按要求的金额、时间和形式提交。以保证金形式提交的，金额一般不得超过合同价的5%。

第四十三条 招标人应当在与中标人签订合同后的5个工作日内，向中标人和未中标的投标人退还投标保证金。

第五章 法 律 责 任

第四十四条 违反本办法，由交通主管部门根据各自的职责权限按照《招标投标法》和有关法规、规章及本办法进行处罚。

第四十五条 招标人有下列情形之一的，交通主管部门责令其限期改正，根据情节可以处三万元以下的罚款：

（一）公开招标的项目未在国家指定的媒介发布招标公告的；

（二）应当公开招标而不公开招标的；

（三）不具备招标条件而进行招标的；

（四）资格预审文件及招标文件出售时限、潜在投标人提交资格预审申请文件的时限、投标人提交投标文件的时限少于规定时限的；

（五）在规定时限外接收资格预审申请文件和投标文件的。

第四十六条 评标过程中有下列情形之一的，评标无效，应当依法重新进行评标：

（一）使用招标文件没有确定的评标标准和方法评标的；

（二）评标标准和方法含有倾向或者排斥投标人的内容，妨碍或者限制投标人之间竞争，且影响评标结果的；

（三）应当回避担任评标委员会成员的人员参与评标的；

（四）评标委员会的组建及人员组成不符合法定要求的。

第四十七条 评标委员会成员及参加评标的有关工作人员收受投标人的商业贿赂，向他人透露对投标文件的评审和比较、中标候选人的推荐以及与评标有关的其他情况的，给予警告，没收收受的财物，可以并处三千元以上五万元以下的罚款，对评标委员会成员，如有上述违规行为，则取消其担任评标委员会成员的资格，不得再参加任何依法必须进行招标的项目的评标；构成犯罪的，依法追究刑事责任。

第四十八条 交通主管部门及其所属质量监督机构的工作人员违反本办法规定，在监理招标投标活动的监督管理工作中徇私舞弊、收受商业贿赂、滥用职权或者玩忽职守，构成犯罪的，依法追究刑事责任；不构成犯罪的，依法给予行政处分。

第六章 附 则

第四十九条 国际金融组织或者外国政府贷款、援助资金的公路工程项目，贷款方或者资金提供方对施工监理招标投标的具体条件和程序有不同规定的，可以适用其规定，但不得违背中华人民共和国的社会公众利益。

第五十条 本办法自 2006 年 7 月 1 日起施行。交通部 1998 年 12 月 28 日发布的《公路工程施工监理招标投标管理办法》（交通部令 1998 年第 9 号）同时废止。

3. 公路工程施工招标投标管理办法

交通部令第 7 号

第一章 总 则

第一条 为规范公路工程施工招标投标活动，保证公路工程施工质量，维护招标投标活动各方当事人合法权益，依据《公路法》、《招标投标法》，制定本办法。

第二条 在中华人民共和国境内进行公路工程施工招标投标活动，适用本办法。

本办法所称公路工程，包括公路、公路桥梁、公路隧道及与之相关的安全设施、防护设施、监控设施、通信设施、收费设施、绿化设施、服务设施、管理设施等公路附属设施的新建、改建与安装工程。

第三条 下列公路工程施工项目必须进行招标，但涉及国家安全、国家秘密、抢险救灾或者利用扶贫资金实行以工代赈等不适宜进行招标的项目除外：

（一）投资总额在 3000 万元人民币以上的公路工程施工项目；

（二）施工单项合同估算价在 200 万元人民币以上的公路工程施工项目；

（三）法律、行政法规规定应当招标的其他公路工程施工项目。

第四条 公路工程施工招标投标活动应当遵循公开、公平、公正和诚信的原则。

第五条 依法必须进行招标的公路工程施工项目，其招标投标活动不受地区或者部门的限制，任何具备从事公路建设规定条件的企业法人都可以参加投标。

任何组织和个人不得以任何方式非法干预公路工程施工招标投标活动。

第六条 交通部依法负责全国公路工程施工招标投标活动的监督管理。

县级以上地方人民政府交通主管部门按照各自职责依法负责本行政区域内公路工程施工招标投标活动的监督管理。

第二章 招 标

第七条 公路工程施工招标的项目应当具备下列条件：

（一）初步设计文件已被批准；

（二）建设资金已经落实；

（三）项目法人已经确定，并符合项目法人资格标准要求。

第八条 公路工程施工招标的招标人，应当是依照本办法规定提出公路工程施工招标项目、进行公路工程施工招标的项目法人。

第九条 具备下列条件的招标人，可以自行办理招标事宜：

（一）具有与招标项目相适应的工程管理、造价管理、财务管理能力；

（二）具有组织编制公路工程施工招标文件的能力；

（三）具有对投标人进行资格审查和组织评标的能力。

招标人不具备本条前款规定条件的，应当委托具有相应资格的招标代理机构办理公路工程施工招标事宜。

任何组织和个人不得为招标人指定招标代理机构。

第十条 公路工程施工招标分为公开招标和邀请招标。

采用公开招标的，招标人应当通过国家指定的报刊、信息网络或者其他媒体发布招标公告，邀请具备相应资格的不特定的法人投标。

采用邀请招标的，招标人应当以发送投标邀请书的方式，邀请三家以上具备相应资格的特定的法人投标。

第十一条　公路工程施工招标应当实行公开招标，法律、行政法规和本办法另有规定的除外。

符合下列条件之一，不适宜公开招标的，依法履行审批手续后，可以进行邀请招标：

（一）项目技术复杂或有特殊技术要求，且符合条件的潜在投标人数量有限的；

（二）受自然地域环境限制的；

（三）公开招标的费用与工程费用相比，所占比例过大的。

第十二条　公路工程施工招标，可以对整个建设项目分标段一次招标，也可以根据不同专业、不同实施阶段分别进行招标，但不得将招标工程化整为零或者以其他任何方式规避招标。

第十三条　公路工程施工招标标段，应当按照有利于对项目实施管理和规模化施工的原则，合理划分。

施工工期应当按照批复的初步设计建设工期，结合项目实际情况，合理确定。

第十四条　公路工程施工招标，应当按下列程序进行：

（一）确定招标方式。采用邀请招标的，应当按照国家规定报有关主管部门审批；

（二）编制投标资格预审文件和招标文件。招标文件按照本办法规定备案；

（三）发布招标公告，发售投标资格预审文件，采用邀请招标的，可直接发出投标邀请书，发售招标文件；

（四）对潜在投标人进行资格审查；

（五）向资格预审合格的潜在投标人发出投标邀请书和发售招标文件；

（六）组织潜在投标人考察招标项目工程现场，召开标前会；

（七）接受投标人的投标文件，公开开标；

（八）组建评标委员会评标，推荐中标候选人；

（九）确定中标人。评标报告和评标结果按照本办法规定备案并公示；

（十）发出中标通知书；

（十一）与中标人订立公路工程施工合同。

第十五条　公路工程施工招标投标应当对潜在投标人进行资格审查。

公路工程施工采用公开招标的，招标公告发布后，招标人应当根据潜在投标人提交的资格预审申请文件，对潜在投标人的资格进行审查。招标人只向资格预审合格的潜在投标人发售招标文件。

公路工程施工采用邀请招标的，投标邀请书发出后，招标人应当根据投标人提交的投标文件，对投标人的资格进行审查。

公路工程施工招标资格预审办法由交通部另行制定。

第十六条　招标人审查潜在投标人的资格，应当严格按照资格预审的规定进行，不得采用抽签、摇号等博彩性方式进行资格审查。

第十七条　招标人应当根据招标项目的特点和需要，编制招标文件。

二级及以上公路和大型桥梁、隧道工程的主体工程施工招标文件，应当按照交通部颁布的《公路工程国内招标文件范本》的格式和要求编制。

本条前款规定以外的其他公路工程和公路附属设施工程的施工招标文件，可参照《公路工程国内招标文件范本》的格式和内容编制，并可根据实际需要适当简化。

第十八条 招标文件中关于投标人的资质要求，应当符合法律、行政法规的规定。

招标人不得在招标文件中制定限制性条件阻碍或者排斥投标人，不得规定以获得本地区奖项等要求作为评标加分条件或者中标条件。

第十九条 招标文件应当载明以下主要内容：

（一）投标邀请书；

（二）投标人须知；

（三）公路工程施工合同条款；

（四）招标项目适用的技术规范；

（五）施工图设计文件；

（六）投标文件格式，包括投标书格式及投标书附录格式、投标书附表格式、工程量清单格式、投标担保文件格式、合同格式等。

投标人须知应当载明以下主要内容：

（一）评标标准和方法；

（二）工期要求；

（三）提交投标文件的起止时间、地点和方式；

（四）开标的时间和地点。

招标公告、投标邀请书应当载明下列内容：

（一）招标人的名称和地址；

（二）招标项目的名称、技术标准、规模、投资情况、工期、实施地点和时间；

（三）获取资格预审文件或者招标文件的办法、时间和地点；

（四）对潜在投标人的资质要求；

（五）招标人认为应当公告或者告知的其他事项。

第二十条 招标人应当按照招标公告或者投标邀请书规定的时间、地点出售资格预审文件和招标文件。资格预审文件和招标文件的发售时间不得少于5个工作日。

第二十一条 招标人应当合理确定资格预审申请文件和投标文件的编制时间。

编制资格预审申请文件的时间，自开始发售资格预审文件之日起至潜在投标人提交资格预审申请文件截止时间止，不得少于14日。

编制投标文件的时间，自招标文件开始发售之日起至投标人提交投标文件截止时间止，高速公路、一级公路、技术复杂的特大桥梁、特长隧道不得少于28日，其他公路工程不得少于20日。

第二十二条 国道主干线和国家高速公路网建设项目的工程施工招标文件应当报交通部备案，其他公路建设项目的工程施工招标文件应当按照项目管理权限报县级以上地方人民政府交通主管部门备案。

交通主管部门发现招标文件存在不符合法律、法规及规章规定内容的，应当在收到备案文件后的7日内，提出处理意见，及时行使监督检查职责。

第二十三条 招标人如需对已出售的招标文件进行必要的澄清或修改，应当在投标截止日期15日前以书面形式通知所有招标文件收受人，并应当按照第二十二条的规定备案。

对招标文件澄清或者修改的内容为招标文件的组成部分。

第二十四条 招标人设定标底的，可自行编制标底或者委托具备相应资格的单位编制标底。

标底编制应当符合国家有关工程造价管理的规定，并应当控制在批准的概算以内。

招标人应当采取措施，在开标前做好标底的保密工作。

第二十五条 国道主干线和国家高速公路网建设项目的资格预审结果报交通部备案，其他公路建设项目的资格预审结果按照项目管理权限报县级以上地方人民政府交通主管部门备案。

第三章 投　　标

第二十六条 公路工程施工招标的投标人是响应招标、参加投标竞争的公路工程施工单位。

投标人应当具备招标文件规定的资格条件，具有承担所投项目的相应能力。

第二十七条 两个以上施工单位可以组成联合体参加公路工程施工投标。联合体各成员单位都应当具备招标文件规定的相应资质条件。由同一专业施工单位组成的联合体，按照资质等级较低的单位确定资质等级。

以联合体形式参加公路工程施工投标的单位，应当在资格预审申请文件中注明，并提交联合体各成员单位共同签订的联合体协议。

联合体协议应当明确主办人及成员单位各自的权利和义务。

第二十八条 投标人应当按照招标文件的要求，按时参加招标人主持召开的标前会并勘察现场。

第二十九条 投标人应当按照招标文件的要求编制投标文件，并对招标文件提出的实质性要求和条件作出响应。

第三十条 投标人根据招标文件载明的项目实际情况，拟在中标后将中标项目的部分非关键性工作进行分包的，应当向招标人提交分包计划，并在投标文件中载明。分包单位的资质应当与其承担的工程规模标准相适应。

第三十一条 投标文件中投标书及投标书附录、投标报价部分应当由投标人的法定代表人或其授权的代理人签字，并加盖投标人印章，其他部分应当按照招标文件的要求签署。

投标文件应当由投标人密封，并按照招标文件规定的时间、地点和方式送达招标人。

第三十二条 投标文件按照要求送达后，在招标文件规定的投标截止时间前，投标人如需撤回或者修改投标文件，应当以正式函件提出并作出说明。

修改投标文件的函件是投标文件的组成部分，其形式要求、密封方式、送达时间，适用对投标文件的规定。

第三十三条 招标人对投标人按时送达并符合密封要求的投标文件，应当签收，并妥善保存。

招标人不得接受未按照要求密封的投标文件及投标截止时间后送达的投标文件。

第三十四条 投标人参加投标，不得弄虚作假，不得与其他投标人互相串通投标，不得采取贿赂以及其他不正当手段谋取中标，不得妨碍其他投标人投标。

第四章 开标、评标和中标

第三十五条 开标时间应当与招标文件中确定的提交投标文件截止时间一致。

开标地点应当是招标文件中预先确定的地点，不得随意变更。

第三十六条 开标应当公开进行。

开标由招标人主持，邀请交通主管部门和所有投标人的法定代表人或其授权的代理人参加。

第三十七条 开标时，由投标人或者其推选的代表检查投标文件的密封情况，也可以由招标人委托的公证机构检查并予以公证。

投标文件的密封情况经确认无误后，招标人应当当众拆封，并宣读投标人名称、投标价格和投标文件的其他主要内容。

招标人设有标底的，应当同时公布标底。

第三十八条 招标人应当记录开标过程，并存档备查。

第三十九条 评标由招标人依法组建的评标委员会负责。

评标委员会由招标人的代表和技术、经济专家组成。评标委员会委员人数为五人以上单数，其中专家人数不得少于成员总数的三分之二。

第四十条 国道主干线和国家高速公路网建设项目，评标委员会专家从交通部设立的评标专家库中随机抽取，其他公路建设项目的评标委员会专家从省级人民政府交通主管部门设立的评标专家库中随机抽取。

与投标人有利害关系的人员不得进入相关招标项目的评标委员会。

第四十一条 评标委员会成员名单在中标结果确定前应当保密。

第四十二条 评标委员会成员应当客观、公正地履行职责，遵守职业道德，对所提出的评审意见承担责任。

评标委员会成员不得私下接触投标人，不得收受贿赂或者投标人的其他好处，不得透露对投标文件的评审、中标候选人的推荐情况以及与评标有关的其他情况。评标委员会成员存在违规行为的，一经查实，取消其评标委员会成员资格，并不得再参加任何依法必须进行招标的项目的评标。

任何单位和个人不得非法干预、影响评标过程和结果。

第四十三条 评标委员会可以要求投标人对投标文件中含义不明确的内容作出必要的澄清或者说明，但是澄清或者说明不得超出或者改变投标文件的实质性内容。

第四十四条 公路工程施工招标的评标方法可以使用合理低价法、最低评标价法、综合评估法和双信封评标法以及法律、法规允许的其他评标方法。

合理低价法，是指对通过初步评审和详细评审的投标人，不对其施工组织设计、财务能力、技术能力、业绩及信誉进行评分，而是按招标文件规定的方法对评标价进行评分，并按照得分由高到低的顺序排列，推荐前3名投标人为中标候选人的评标方法。

最低评标价法，是指按由低到高顺序对评标价不低于成本价的投标文件进行初步评审和详细评审，推荐通过初步评审和详细评审且评标价最低的前3名投标人为中标候选人的评标方法。

综合评估法，是指对所有通过初步评审和详细评审的投标人的评标价、财务能力、技术能力、管理水平以及业绩与信誉进行综合评分，按综合评分由高到低排序，并推荐前3名投标人为中标候选人的评标方法。

双信封评标法，是指投标人将投标报价和工程量清单单独密封在一个报价信封中，其他商务和技术文件密封在另外一个信封中，分两次开标的评标方法。第一次开商务和技术文件信封，对商务和技术文件进行初步评审和详细评审，确定通过商务和技术评审的投标人名单。第二次再开通过商务和技术评审投标人的投标报价和工程量清单信封，当场宣读其报价，再按照招标文件规定的评标办法进行评标，推荐中标候选人。对未通过商务和技术评审的投标人，其报价信封将不予开封，当场退还给投标人。

公路工程施工招标评标，一般应当使用合理低价法。使用世界银行、亚洲开发银行等国际金融组织贷款的项目和工程规模较小、技术含量较低的工程，可使用最低评标价法。

第四十五条 评标委员会应当按照招标文件确定的评标标准和方法，对投标文件进行评审和比较。

招标文件中没有规定的标准和方法，不得作为评标的依据。

第四十六条 评标委员会完成评标工作后，应当向招标人提出书面评标报告。评标报告应当由所有评标委员会委员签字。

评标报告应当载明以下内容：

（一）评标委员会的成员名单；

（二）开标记录情况；

（三）评标采用的标准和方法；

（四）对投标人的评价；

（五）符合要求的投标人情况；

（六）推荐的中标候选人；

（七）需要说明的其他事项。

第四十七条 评标委员会推荐的中标候选人应当限定在一至三人，并标明排列顺序。

招标人应当根据评标委员会提出的书面评标报告确定排名第一的中标候选人为中标人。排名第一的中标候选人放弃中标、因不可抗力不能履行合同，或者在招标文件规定的期限内未能提交履约担保的，招标人可以确定排名第二的中标候选人为中标人。

排名第二的中标候选人因前款规定的原因也不能签定合同的，招标人可以确定排名第三的中标候选人为中标人。

招标人可以授权评标委员会直接确定中标人。

第四十八条 招标人应当将评标结果在招标项目所在地省级交通主管部门政府网站上公示，接受社会监督。公示时间不少于7日。

第四十九条 属于下列情况之一的，应当作废标处理：

（一）投标文件未经法定代表人或者其授权代理人签字，或者未加盖投标人公章；

（二）投标文件字迹潦草、模糊，无法辨认；

（三）投标人对同一标段提交两份以上内容不同的投标文件，未书面声明其中哪一份有效；

（四）投标人在招标文件未要求选择性报价时，对同一个标段，有两个或两个以上的报价；

（五）投标人承诺的施工工期超过招标文件规定的期限或者对合同的重要条款有保留；

（六）投标人未按招标文件要求提交投标保证金；

（七）投标文件不符合招标文件实质性要求的其他情形。

第五十条 有下列情形之一的，招标人应当依照本办法重新招标：

（一）少于3个投标人的；

（二）经评标委员会评审，所有投标均不符合招标文件要求的；

（三）由于招标人、招标代理人或投标人的违法行为，导致中标无效的；

（四）中标人均未与招标人签订公路工程施工合同的。

重新招标的，招标文件、资格预审结果和评标报告应当按照本办法的规定重新报交通主管部门备案，招标文件未作修改的可以不再备案。

第五十一条 招标人确定中标人后，应当向中标人发出中标通知书，并同时将中标结果通知所有未中标的投标人。

第五十二条 招标人应当自确定中标人之日起15日内，将评标报告向第二十二条规定的备案机关进行备案。

第五十三条 招标人和中标人应当自中标通知书发出之日起30日内订立书面公路工程施工合同。

公路工程施工合同应当按照招标文件、中标人的投标文件、中标通知书订立。

招标人和中标人不得再行订立背离合同实质性内容的其他协议。

第五十四条 招标人应当自订立公路工程施工合同之日起5个工作日内，向中标人和未中标的投标人退还投标保证金。由于中标人自身原因放弃中标，招标文件约定放弃中标不予返还投标保证金的，中标人无权要求返还投标保证金。

第五章 附 则

第五十五条 违反本办法及《招标投标法》的行为，依法承担相应的法律责任。

第五十六条 使用国际金融组织或者外国政府贷款的公路工程施工招标，贷款方或者资金提供方对施工招标投标的具体条件和程序有特殊规定的，可以适用其规定，但不得违背中华人民共和国的社会公共利益。交通部对其有另行规定的，适用其规定。

第五十七条 本办法自2006年8月1日起施行，交通部2002年6月6日发布的《公路工程施工招标投标管理办法》同时废止。

4. 公路工程施工招标资格预审办法

交公路发［2006］57号

第一章　总　　则

第一条　为规范公路工程施工招标资格预审工作，依据《中华人民共和国招标投标法》和《公路工程施工招标投标管理办法》，制定本办法。

第二条　公路工程施工招标实行资格预审的，适用本办法。

第三条　公路工程施工招标资格预审是指招标人在发出投标邀请前，对潜在投标人的投标资格进行的审查。只有通过资格预审的潜在投标人，方可取得投标资格。

第四条　潜在投标人是具有独立法人资格、持有营业执照、具有与招标项目相应的施工资质和施工能力的施工企业。

第五条　资格预审工作由招标人负责，任何单位和个人不得非法干预。

第六条　资格预审工作应遵循公开、公平、公正、科学、择优的原则，不得实行地方保护和行业保护，不得对不同地区、不同行业的潜在投标人设定不同的资格标准。

第二章　资格预审程序和要求

第七条　资格预审按下列程序进行：

（一）招标人编制资格预审文件；

（二）发布资格预审公告；

（三）出售资格预审文件；

（四）潜在投标人编制并递交资格预审申请文件；

（五）对资格预审申请文件进行评审；

（六）编写资格评审报告；

（七）发出资格预审结果通知。

第八条　资格预审文件应当载明以下主要内容：

（一）资格预审公告；

（二）资格预审须知；

（三）资格预审申请表格式；

（四）有关附件：工程概况、各标段详细情况、计划工期、实施要求、建设环境与条件、招标时间安排等。

招标人应根据工程实际，科学划分标段，合理确定资格标准。

第九条　资格预审公告应当载明以下内容：

（一）招标人的名称和地址；

（二）招标项目和各标段的基本情况；

（三）各标段投标人的合格条件和资质要求；

（四）获得资格预审文件的办法、时间、地点和费用；

（五）递交资格预审申请文件的地点和截止时间；

（六）招标人认为应当告知的其他事项。

资格预审公告应在国家指定的媒介上公开发布。公告中不得含有限制具备条件的潜在投标人购买资格预审文件的内容。

第十条 资格预审须知应当载明以下内容：

（一）潜在投标人可以申请资格预审的标段数量以及可以通过资格预审的标段数量；

（二）对潜在投标人的施工经验、施工能力（包括人员、设备和财务状况）、管理能力和履约信誉等的要求；

（三）对工程分包、子公司施工、联合体投标的规定和要求；

（四）资格预审申请文件编制和递交要求（包括编制格式、内容、签署、装订、密封及递交方式、份数、时间、地点等）；

（五）资格预审文件的修改和资格预审申请文件的澄清的要求；

（六）资格预审方法、评审标准（包括符合性条件、强制性标准、评分标准等）和合格标准；

（七）资格审查结果的告知方式和时间；

（八）招标人和潜在投标人分别享有的权利；

（九）招标人认为应当告知的其他事项。

第十一条 招标人应当按照资格预审公告规定的时间、地点出售资格预审文件。自资格预审文件出售之日起至停止出售之日止，最短不得少于 5 个工作日。

第十二条 资格预审文件的售价应当合理，不得以营利为目的。具备条件的，可以通过信息网络发售资格预审文件。

第十三条 招标人应当合理确定资格预审申请文件的编制时间，自开始发售资格预审文件之日起至潜在投标人递交资格预审申请文件截止之日止，不得少于 14 个工作日。

第十四条 招标人如需对已出售的资格预审文件进行补充、说明、勘误或者局部修正，应在递交资格预审申请文件截止之日 7 日前以编号的补遗书的形式通知所有已购买资格预审文件的潜在投标人。对已出售的资格预审文件进行补充、说明、勘误或者局部修正的内容，为资格预审文件的组成部分。

购买资格预审文件或递交资格预审申请文件的单位少于三家的，招标人应重新组织资格预审或经有关部门批准采取邀请招标方式。

第三章 资格预审申请

第十五条 潜在投标人应当按照资格预审文件的要求，编制资格预审申请文件，并应载明以下内容：

（一）营业执照；

（二）相关工程施工资质证书；

（三）法人证书或法定代表人授权书及公证书；

（四）财务资信和能力的证明文件（包括近三年来财务平衡表及财务审计情况等）；

（五）拟派出的项目负责人与主要技术人员的简历、相关资格证书及业绩证明，并按要求提供备选人员的相关信息；

（六）拟用于完成投标项目的主要施工机械设备；

（七）初步的施工组织计划，包括质量保证体系、安全管理措施等内容；

（八）近五年来完成的类似工程施工业绩情况及履约信誉的证明材料；

（九）目前正在承担和已经中标的全部工程情况；

（十）资产构成情况及投资参股的关联企业情况；

（十一）潜在投标人若存在工程分包、分公司施工或以联合体形式投标，应符合第十七、十八、十九条要求；

（十二）招标人要求的其他相关文件。

第十六条　资格预审申请文件（正本）应加盖法人单位公章，并由其法定代表人或其授权代理人签字。

资格预审申请文件应当密封，并按照资格预审文件规定的时间、地点和方式送达招标人。

第十七条　潜在投标人如有工程分包计划，应遵守以下规定：

（一）分包人应具备与其分包工程内容相适应的资质和施工能力；

（二）提供分包人的营业执照、资质证书、人员、设备等资料表以及拟分包的工作量。

第十八条　潜在投标人如由所属分公司承担施工，应遵守以下规定：

（一）明确具体承担施工的分公司名称及负责施工的主要内容；

（二）该分公司不得再以任何形式参加该标段的资格预审；

（三）资格预审申请文件应提供分公司施工经验、施工能力（包括人员、设备）、管理能力和履约信誉等方面的资料。

第十九条　潜在投标人如以联合体形式申请资格预审，应遵守以下规定：

（一）联合体主办人应具备与所投标段工程内容相适应的施工资质，成员单位应具备与所承担工程内容相适应的施工资质。由同一专业的单位组成的联合体，按照施工资质等级较低的单位确定施工资质等级。

（二）联合体主办人所承担的工程量必须超过总工程量的50%。

（三）联合体各方签订联合体协议后，不得再以自己名义单独或以其他联合体成员的名义申请同一标段的资格预审。

（四）提交联合体各成员单位共同签订的联合体协议，明确主办人及成员单位各自的权利和义务以及应当承担的责任。

第二十条　具有投资参股关系的关联企业，或具有直接管理和被管理关系的母子公司，或同一母公司的子公司，不得同时申请同一标段的资格预审。

第二十一条　凡投资参股招标项目或承担招标项目代建工作的法人单位不得申请该项目的资格预审。

第二十二条　资格预审申请文件按要求送达后，在规定的递交截止时间前，潜在投标人可以撤回申请文件或修改申请文件。如需修改申请文件，应当以正式函件提出并作出说明。

修改资格预审申请文件的正式函件是资格预审申请文件的组成部分，其形式要求、密封方式、送达时间，应符合资格预审文件的要求。

第二十三条　对于按时送达并符合密封要求的资格预审申请文件，招标人应当向潜在投标人出具签收证明，并妥善保管，在规定的截止时间前不得开启。

第二十四条　在规定的截止时间后送达的或未按要求密封的资格预审申请文件为无效的资格预审申请文件。

第四章 资 格 评 审

第二十五条 资格评审工作由招标人组建的资格评审委员会负责。

第二十六条 资格评审委员会由招标人代表和有关方面的专家组成，人数为五人以上单数，其中专家人数应不少于成员总数的二分之一。

第二十七条 资格评审委员会的专家从国务院交通主管部门或省级交通主管部门设立的评标专家库中抽取。

但有下列情形之一者，不得进入资格评审委员会：

（一）与潜在投标人的主要负责人或授权代理人有近亲属关系的人员；

（二）当地交通主管部门或行政监督部门的人员；

（三）与潜在投标人有利害关系，可能影响公正评审的人员；

（四）法律、法规和规章规定的其他情形。

资格评审委员会成员名单在评审工作结束前应当保密。

第二十八条 资格评审委员会成员应当客观、公正地履行职责，遵守职业道德，对所提出的评审意见承担个人责任。

第二十九条 资格评审委员会成员不得私下接触潜在投标人，不得收受潜在投标人的财物或者其他好处，不得透露资格评审的有关情况。

第三十条 资格评审方法分强制性资格条件评审法和综合评分法两种。招标人可根据工程特点和潜在投标人的数量选择合适的评审方法。

第三十一条 对潜在投标人的资格评审，应当严格按照资格预审文件载明的资格预审的条件、标准和方法进行。不得采用抽签、摇号等博彩方式进行资格审查。

第三十二条 资格评审按以下程序进行：

（一）符合性检查；

（二）强制性资格条件评审或综合评分；

（三）澄清与核实。

第三十三条 通过符合性检查的主要条件：

（一）资格预审申请文件组成完整；

（二）资格预审申请文件正本应加盖潜在投标人法人单位公章，并由其法定代表人或其授权的代理人签字；

（三）潜在投标人的营业执照、法定代表人授权书及公证书有效；

（四）潜在投标人的施工资质满足资格预审文件的要求；

（五）潜在投标人没有正受到责令停产、停业的行政处罚或正处于财务被接管、冻结、破产的状态；

（六）潜在投标人没有正受到取消投标资格的行政处罚；

（七）潜在投标人没有涉及正在诉讼的案件，或涉及正在诉讼的案件但经评审委员会认定不会对承担本项目造成重大影响；

（八）潜在投标人符合本办法第十七条至第二十一条规定；

（九）潜在投标人没有提供虚假材料。

符合以上条件的，方可进入下一阶段的评审。

第三十四条 采用强制性资格条件评审法的，招标人应按照标段内容和特点，对潜在投标人的施工经验、财务能力、施工能力、管理能力和履约信誉等资格条件，制定强制性的量化标准。只有全部满足强制性资格条件的潜在投标人才可通过资格审查。评审结论分"通过"和"未通过"两种。

第三十五条 采用综合评分法的，招标人应对潜在投标人的施工经验、财务能力、施工能力、管理能力、施工组织和履约信誉等资格条件，制定可以量化的评分标准，并明确通过资格审查的最低总得分值。只有总得分超过规定的最低总得分值的潜在投标人才能通过资格审查。

对重要的资格条件也可制定最低资格条件要求，不符合最低资格条件的，不得通过资格审查。计算得分时应以评审委员会的打分平均值确定，该平均值以去掉一个最高分和一个最低分后计算。

第三十六条 综合评分法采用百分制，评分内容和权重分值划分如下：
（一）类似工程施工经验 分值范围 15—25；
（二）财务能力 分值范围 10—20；
（三）拟投入本标段的主要机械设备 分值范围 10—20；
（四）拟投入本标段的主要人员资历 分值范围 15—25；
（五）初步施工组织计划 分值范围 10—15；
（六）履约信誉 分值范围 15—25。

第三十七条 资格评审委员会对资格预审申请文件中不明确之处，可通过招标人要求潜在投标人进行澄清，但不应作为资格审查不通过的理由。如潜在投标人不按照招标人的要求进行澄清，其资格审查可不予通过。澄清应以书面材料为主，一般不得直接接触潜在投标人。

第三十八条 资格评审委员会在审查潜在投标人的主要人员资历和施工业绩、信誉时，应当通过省级以上交通主管部门设立的交通行业施工企业信息网进行查询；若潜在投标人所提供信息与企业信息网上的相关内容不符，经核实存在虚假、夸大的内容，不予通过资格审查。

第三十九条 对联合体进行资格评审时，其施工能力为主办人和各成员单位施工能力之和。对含分包人的潜在投标人进行资格评审时，其施工能力为潜在投标人和分包人施工能力之和。

第四十条 对通过资格评审的潜在投标人明显偏少的标段，在征得潜在投标人同意的情况下，评审委员会可以对通过评审的潜在投标人申请的标段进行调整。经调整后，合格的潜在投标人仍少于三家的，招标人应重新组织资格预审或经有关部门批准采取邀请招标方式。

第五章 资 格 评 审 报 告

第四十一条 资格评审工作结束后，由资格评审委员会编制资格评审报告，其内容包括：
（一）工程项目概述；
（二）资格审查工作简介；
（三）资格审查结果；
（四）未通过资格审查的主要理由及相关附件证明；
（五）资格评审表等附件。

第四十二条 招标人应在资格评审工作结束后 15 日内,按项目管理权限,将资格评审报告报交通主管部门备案。

第四十三条 交通主管部门在收到资格评审报告后 5 个工作日内未提出异议的,招标人可向通过资格审查的潜在投标人发出投标邀请书,向未通过资格审查的潜在投标人告知资格审查结果。

第四十四条 招标人不得向他人透露已通过资格审查的潜在投标人名称、数量以及可能影响公平竞争的有关招标投标的其他情况。

第四十五条 资格预审工作出现下列情况之一的,招标人负责组织重新评审。

(一)由于招标人提供给资格评审委员会的信息有误或不完整,导致评审结果出现重大偏差的;

(二)由于评审委员会的原因导致评审结果出现重大偏差的;

(三)由于潜在投标人有违法违规行为,导致评审结果无效的。

第六章 附 则

第四十六条 对于公路工程附属设施以及工程规模较小、技术较简单、工期特别紧的工程或潜在投标人数量较少的,招标人如采取资格后审的方式,可参照本办法执行。

第四十七条 利用国际金融组织贷款、外国政府贷款和采用合资、合作、独资方式融资的公路项目,有特殊规定的从其规定。

第四十八条 本办法由交通部负责解释。

第四十九条 本办法自 2006 年 5 月 1 日起施行。交通部 1997 年 8 月 1 日发布的《公路工程施工招标资格预审办法》(交公路发〔1997〕451 号)同时废止。

5. 经营性公路建设项目投资人招标投标管理规定

交通部令第8号

第一章 总 则

第一条 为规范经营性公路建设项目投资人招标投标活动，根据《中华人民共和国公路法》、《中华人民共和国招标投标法》和《收费公路管理条例》，制定本规定。

第二条 在中华人民共和国境内的经营性公路建设项目投资人招标投标活动，适用本规定。

本规定所称经营性公路是指符合《收费公路管理条例》的规定，由国内外经济组织投资建设，经批准依法收取车辆通行费的公路（含桥梁和隧道）。

第三条 经营性公路建设项目投资人招标投标活动应当遵循公开、公平、公正、诚信、择优的原则。

任何单位和个人不得非法干涉招标投标活动。

第四条 国务院交通主管部门负责全国经营性公路建设项目投资人招标投标活动的监督管理工作。主要职责是：

（一）根据有关法律、行政法规，制定相关规章和制度，规范和指导全国经营性公路建设项目投资人招标投标活动；

（二）监督全国经营性公路建设项目投资人招标投标活动，依法受理举报和投诉，查处招标投标活动中的违法行为；

（三）对全国经营性公路建设项目投资人进行动态管理，定期公布投资人信用情况。

第五条 省级人民政府交通主管部门负责本行政区域内经营性公路建设项目投资人招标投标活动的监督管理工作。主要职责是：

（一）贯彻执行有关法律、行政法规、规章，结合本行政区域内的实际情况，制定具体管理制度；

（二）确定下级人民政府交通主管部门对经营性公路建设项目投资人招标投标活动的监督管理职责；

（二）发布本行政区域内经营性公路建设项目投资人招标信息；

（四）负责组织对列入国家高速公路网规划和省级人民政府确定的重点经营性公路建设项目的投资人招标工作；

（五）指导和监督本行政区域内的经营性公路建设项目投资人招标投标活动，依法受理举报和投诉，查处招标投标活动中的违法行为。

第六条 省级以下人民政府交通主管部门的主要职责是：

（一）贯彻执行有关法律、行政法规、规章和相关制度；

（二）负责组织本行政区域内除第五条第（四）项规定以外的经营性公路建设项目投资人招标工作；

（三）按照省级人民政府交通主管部门的规定，对本行政区域内的经营性公路建设项目投资人招标投标活动进行监督管理。

第二章 招 标

第七条 需要进行投资人招标的经营性公路建设项目应当符合下列条件：

（一）符合国家和省、自治区、直辖市公路发展规划；

（二）符合《收费公路管理条例》第十八条规定的技术等级和规模；

（三）已经编制项目可行性研究报告。

第八条 招标人是依照本规定提出经营性公路建设项目、组织投资人招标工作的交通主管部门。

招标人可以自行组织招标或委托具有相应资格的招标代理机构代理有关招标事宜。

第九条 经营性公路建设项目投资人招标应当采用公开招标方式。

第十条 经营性公路建设项目投资人招标实行资格审查制度。资格审查方式采取资格预审或资格后审。

资格预审，是指招标人在投标前对潜在投标人进行资格审查。

资格后审，是指招标人在开标后对投标人进行资格审查。

实行资格预审的，一般不再进行资格后审，但招标文件另有规定的除外。

第十一条 资格审查的基本内容应当包括投标人的财务状况、注册资本、净资产、投融资能力、初步融资方案、从业经验和商业信誉等情况。

第十二条 经营性公路建设项目招标工作应当按照以下程序进行：

（一）发布招标公告；

（二）潜在投标人提出投资意向；

（三）招标人向提出投资意向的潜在投标人推介投资项目；

（四）潜在投标人提出投资申请；

（五）招标人向提出投资申请的潜在投标人详细介绍项目情况，可以组织潜在投标人踏勘项目现场并解答有关问题；

（六）实行资格预审的，由招标人向提出投资申请的潜在投标人发售资格预审文件；实行资格后审的，由招标人向提出投资申请的投标人发售招标文件；

（七）实行资格预审的，潜在投标人编制资格预审申请文件，并递交招标人，招标人应当对递交资格预审申请文件的潜在投标人进行资格审查，并向资格预审合格的潜在投标人发售招标文件；

（八）投标人编制投标文件，并提交招标人；

（九）招标人组织开标，组建评标委员会；

（十）实行资格后审的，评标委员会应当在开标后首先对投标人进行资格审查；

（十一）评标委员会进行评标，推荐中标候选人；

（十二）招标人确定中标人，并发出中标通知书；

（十三）招标人与中标人签订投资协议。

第十三条 招标人应通过国家指定的全国性报刊、信息网络等媒介发布招标公告。

采用国际招标的，应通过相关国际媒介发布招标公告。

第十四条 招标人应当参照国务院交通主管部门制定的经营性公路建设项目投资人招标资格预审文件范本编制资格预审文件，并结合项目特点和需要确定资格审查标准。

招标人应当组建资格预审委员会对递交资格预审申请文件的潜在投标人进行资格审查。资格预审委员会由招标人代表和公路、财务、金融等方面的专家组成,成员人数为七人以上单数。

第十五条 招标人应当参照国务院交通主管部门制定的经营性公路建设项目投资人招标文件范本,并结合项目特点和需要编制招标文件。

招标人编制招标文件时,应当充分考虑项目投资回收能力和预期收益的不确定性,合理分配项目的各类风险,并对特许权内容、最长收费期限、相关政策等予以说明。招标人编制的可行性研究报告应当作为招标文件的组成部分。

第十六条 招标人应当合理确定资格预审申请文件和投标文件的编制时间。

编制资格预审申请文件时间,自资格预审文件开始发售之日起至潜在投标人提交资格预审申请文件截止之日止,不得少于三十个工作日。

编制投标文件的时间,自招标文件开始发售之日起至投标人提交投标文件截止之日止,不得少于四十五个工作日。

第十七条 列入国家高速公路网规划和需经国务院投资主管部门核准的经营性公路建设项目投资人招标投标活动,应当按照招标工作程序,及时将招标文件、资格预审结果、评标报告报国务院交通主管部门备案。国务院交通主管部门应当在收到备案文件七个工作日内,对不符合法律、法规规定的内容提出处理意见,及时行使监督职责。

其他经营性公路建设项目投资人招标投标活动的备案工作按照省级人民政府交通主管部门的有关规定执行。

第三章 投 标

第十八条 投标人是响应招标、参加投标竞争的国内外经济组织。

采用资格预审方式招标的,潜在投标人通过资格预审后,方可参加投标。

第十九条 投标人应当具备以下基本条件:

(一)注册资本一亿元人民币以上,总资产六亿元人民币以上,净资产二亿五千万元人民币以上;

(二)最近连续三年每年均为盈利,且年度财务报告应当经具有法定资格的中介机构审计;

(三)具有不低于项目估算的投融资能力,其中净资产不低于项目估算投资的百分之三十五;

(四)商业信誉良好,无重大违法行为。

招标人可以根据招标项目的实际情况,提高对投标人的条件要求。

第二十条 两个以上的国内外经济组织可以组成一个联合体,以一个投标人的身份共同投标。联合体各方均应符合招标人对投标人的资格审查标准。

以联合体形式参加投标的,应提交联合体各方签订的共同投标协议。共同投标协议应当明确约定联合体各方的出资比例、相互关系、拟承担的工作和责任。联合体中标的,联合体各方应当共同与招标人签订项目投资协议,并向招标人承担连带责任。

联合体的控股方为联合体主办人。

第二十一条 投标人应当按照招标文件的要求编制投标文件,投标文件应当对招标文件提出的实质性要求和条件作出响应。

第二十二条 招标文件明确要求提交投标担保的,投标人应按照招标文件要求的额度、期限和形式提交投标担保。投标人未按照招标文件的要求提交投标担保的,其提交的投标文件为废标。

投标担保的额度一般为项目投资的千分之三,但最高不得超过五百万元人民币。

第二十三条 投标人参加投标,不得弄虚作假,不得与其他投标人串通投标,不得采取商业贿赂以及其他不正当手段谋取中标,不得妨碍其他投标人投标。

第四章 开标与评标

第二十四条 开标应当在招标文件确定的提交投标文件截止时间的同一时间公开进行。

开标由招标人主持,邀请所有投标人代表参加。招标人对开标过程应当记录,并存档备查。

第二十五条 评标由招标人依法组建的评标委员会负责。评标委员会由招标人代表和公路、财务、金融等方面的专家组成,成员人数为七人以上单数。招标人代表的人数不得超过评标委员会总人数的三分之一。

与投标人有利害关系以及其他可能影响公正评标的人员不得进入相关项目的评标委员会,已经进入的应当更换。

评标委员会成员的名单在中标结果确定前应当保密。

第二十六条 评标委员会可以直接或者通过招标人以书面方式要求投标人对投标文件中含义不明确、对同类问题表述不一致或者有明显文字错误的内容作出必要的澄清或者说明,但是澄清或者说明不得超出或者改变投标文件的范围或者改变投标文件的实质性内容。

第二十七条 经营性公路建设项目投资人招标的评标办法应当采用综合评估法或者最短收费期限法。

采用综合评估法的,应当在招标文件中载明对收费期限、融资能力、资金筹措方案、融资经验、项目建设方案、项目运营、移交方案等评价内容的评分权重,根据综合得分由高到低推荐中标候选人。

采用最短收费期限法的,应当在投标人实质性响应招标文件的前提下,推荐经评审的收费期限最短的投标人为中标候选人,但收费期限不得违反国家有关法规的规定。

第二十八条 评标委员会完成评标后,应当向招标人提出书面评标报告,推荐一至三名中标候选人,并标明排名顺序。

评标报告需要由评标委员会全体成员签字。

第五章 中标与协议的签订

第二十九条 招标人应当确定排名第一的中标候选人为中标人。招标人也可以授权评标委员会直接确定中标人。

排名第一的中标候选人有下列情形之一的,招标人可以确定排名第二的中标候选人为中标人:

(一)自动放弃中标;

(二)因不可抗力提出不能履行合同;

(三)不能按照招标文件要求提交履约保证金;

(四)存在违法行为被有关部门依法查处,且其违法行为影响中标结果的。

如果排名第二的中标候选人存在上述情形之一,招标人可以确定排名第三的中标候选人为中标人。

三个中标候选人都存在本条第二款所列情形的,招标人应当依法重新招标。

招标人不得在评标委员会推荐的中标候选人之外确定中标人。

第三十条 提交投标文件的投标人少于三个或者因其他原因导致招标失败的,招标人应当依法重新招标。重新招标前,应当根据前次的招标情况,对招标文件进行适当调整。

第三十一条 招标人确定中标人后,应当在十五个工作日内向中标人发出中标通知书,同时通知所有未中标的投标人。

第三十二条 招标文件要求中标人提供履约担保的,中标人应当提供。担保的金额一般为项目资本金出资额的百分之十。

履约保证金应当在中标人履行项目投资协议后三十日内予以退还。其他形式的履约担保,应当在中标人履行项目投资协议后三十日内予以撤销。

第三十三条 招标人和中标人应当自中标通知书发出之日起三十个工作日内按照招标文件和中标人的投标文件订立书面投资协议。投资协议应包括以下内容:

(一) 招标人与中标人的权利、义务;

(二) 履约担保的有关要求;

(三) 违约责任;

(四) 免责事由;

(五) 争议的解决方式;

(六) 双方认为应当规定的其他事项。

招标人应当在与中标人签订投资协议后五个工作日内向所有投标人退回投标担保。

第三十四条 中标人应在签订项目投资协议后九十日内到工商行政管理部门办理项目法人的工商登记手续,完成项目法人组建。

第三十五条 招标人与项目法人应当在完成项目核准手续后签订项目特许权协议。特许权协议应当参照国务院交通主管部门制定的特许权协议示范文本并结合项目的特点和需要制定。特许权协议应当包括以下内容:

(一) 特许权的内容及期限;

(二) 双方的权利及义务;

(三) 项目建设要求;

(四) 项目运营管理要求;

(五) 有关担保要求;

(六) 特许权益转让要求;

(七) 违约责任;

(八) 协议的终止;

(九) 争议的解决;

(十) 双方认为应规定的其他事项。

第六章 附 则

第三十六条 对招标投标活动中的违法行为,应当按照国家有关法律、法规的规定予以处罚。

第三十七条 招标人违反本办法规定,以不合理的条件限制或者排斥潜在投标人,对潜在投标人实行歧视待遇的,由上级交通主管部门责令改正。

第三十八条 本规定自 2008 年 1 月 1 日起施行。

十二、水运工程招标投标

1. 水运工程建设项目的勘察设计招标划分哪些范围?

水运工程建设项目的勘察、设计单项合同估算价在 50 万元人民币以上,或者建设项目总投资额在 3000 万元人民币以上的,必须进行勘察、设计招标。水运工程勘察、设计招标是指招标人按照国家基本建设程序,依据批准的可行性研究报告,对水运工程勘察、初步设计、施工图设计通过招标活动选定勘察、设计单位。水运工程设计招标分为设计方案招标和设计组织招标两种形式。设计方案招标要求投标的设计单位须完成工程设计方案、提出工程造价测算,是以技术方案为主进行的招标;设计组织招标要求投标的设计单位针对建设项目提出拟进行设计的组织形式,是以商务为主进行的招标。水运工程勘察、设计招标一般实行项目整体一次性招标,也可实行分阶段招标,有特殊要求的专业单项工程可单独招标。水运工程勘察、设计招标实行资格审查制度。公开招标的,实行资格预审;邀请招标的,实行资格后审。资格预审是招标人在发布招标公告后,发出投标邀请书前对潜在投标人的资质、信誉、业绩和能力进行审查。招标人只向资格预审合格的潜在投标人发出投标邀请书、招标文件。资格后审是招标人在收到被邀请投标人的投标文件后,对投标人的资质、信誉、业绩和能力的审查。

2. 水运工程勘察设计招标公告(投标邀请书)和资格审查申请文件包括哪些内容?

招标公告(投标邀请书)应当包括的以下内容:
(1) 招标人的名称和地址、获取招标文件的办法;
(2) 招标依据:项目批准文号;
(3) 勘察、设计项目概况:工程名称、地点、工程类别、规模、招标范围、工程工期、勘察周期、设计周期和资金来源等;
(4) 获取资格审查申请文件的起止时间、地点;
(5) 对投标人资质的要求;
(6) 对未中标投标人是否补偿。

资格审查申请文件应当包括以下内容:
(1) 资格审查申请书;
(2) 潜在投标人的营业执照、资质等级证书;
(3) 潜在投标人的专业技术人员构成和仪器设备水平情况;
(4) 投标人的经营管理状况,包括近三年完成主要勘察、设计项目的情况,同类工程实绩,勘察、设计项目获奖和企业社会信誉情况;
(5) 上两个会计年度的财务决算审计情况;
(6) 正在承担的勘察、设计项目情况;
(7) 以联合体形式投标的,联合体成员各方签订的共同投标协议和联合体各方的资质证明材料;
(8) 如有分包计划的,提交拟分包单位的有关资质证明材料。

3. 水运工程勘察设计招标文件应当包括哪些内容？

招标文件应当包括以下内容：

（1）招标公告或者投标邀请书；

（2）投标须知，包括项目名称、地点、工期、工程建设规模、招标范围，勘察、设计周期，招标方式，招标文件答疑、踏勘现场及召开标前会的时间、地点，递交投标文件的时间、地点、方式和正、副本的份数及密封要求，开标的时间、地点，通知评标结果的时间等内容；

（3）勘察、设计合同通用条款和专用条款；

（4）勘察、设计标准规范；

（5）勘察、设计基础资料、经批准的项目建议书、工程可行性研究报告或者初步设计文件及工程外部配套条件；

（6）投标文件编制要求；

（7）评标标准和方法。

在招标公告中规定对未中标人作出补偿的，还应当规定对达到招标文件规定要求的未中标投标人的补偿方法。招标人对已发出的招标文件进行必要的补遗或者修正时，应当在提交投标文件截止日期十五日前，书面通知所有招标文件收受人。该补遗或者修正的内容为招标文件的组成部分。招标人应当合理确定资格审查申请文件和投标文件的编制时间。发布招标公告至招标文件发放截止时间，不得少于十日；设计组织招标自招标文件发售之日起至潜在投标人递交投标文件截止时间，不得少于十五日；设计方案招标自招标文件发售之日起至潜在投标人递交投标文件截止时间，不得少于三十日。

4. 水运工程勘察设计投标文件由哪些内容组成？

投标人应当按照招标文件要求编制投标文件，投标文件应当对招标文件提出的实质性要求和条件作出响应。投标文件由商务文件、技术文件及报价清单组成。

商务文件包括下列基本内容：

（1）投标书；

（2）授权书；

（3）资格审查文件规定的主要内容；

（4）项目负责人及主要技术人员基本情况。

技术文件包括下列基本内容：

（1）对招标项目的理解；

（2）勘察、设计工作大纲，包括勘察、设计周期，进度计划，质量保证措施和后续服务措施等内容；

（3）对招标项目特点、难点、重点等的技术分析和处理措施；

（4）拟进行的科研课题和试验；

（5）工程设计方案；

（6）工程造价测算。

报价清单包括下列基本内容：

（1）勘察、设计费报价；

（2）勘察、设计费计算清单。

招标文件的报价清单中，对勘察、设计取费应当按照国家现行水运工程勘察、设计收费的有关规定进行计算并可作适当调整。

5. 水运工程施工监理如何招标？

水运工程，是指港口、航道、航标、通航建筑物、修造船水工建筑物及其他附属建筑物的新建、改建、大修和安装工程。下列水运工程施工监理，应当进行招标：

(1) 水运工程的工程总投资在 3000 万元以上；

(2) 水运工程施工监理的单项合同价在 50 万元以上。

水运工程施工监理招标应当在水运工程施工招标之前进行。拟进行施工监理招标的水运工程项目，应当具备下列条件：

(1) 初步设计文件已被批准；

(2) 建设资金已经落实；

(3) 施工监理招标文件已编制完毕，并按本办法的有关规定经交通主管部门批准。

水运工程施工监理招标，分为公开招标和邀请招标。采用公开招标的，招标人应当通过国家指定的报刊、信息网络或者其他媒介发布招标公告，邀请具备相应资格的不特定的监理单位投标。采用邀请招标的，招标人应当以发送投标邀请书的方式，邀请三个以上具备相应资格的特定的监理单位投标。水运工程施工监理招标，可以对整个项目一次招标，也可以根据不同使用功能、不同专业、不同实施阶段，分标段、分阶段进行招标，但不得将主体工程施工监理肢解或者只对部分工程施工监理进行招标。

6. 水运工程施工监理招标文件应包括哪些内容？

水运工程施工监理招标文件，应包括下列内容：

(1) 投标须知；

(2) 水运工程施工监理合同主要条款；

(3) 水运工程施工监理技术标准规范要求；

(4) 投标文件格式；

(5) 评标标准和方法。

水运工程施工监理投标须知，应包括下列内容：

(1) 招标项目名称、地点、工程投资、现场条件、工期、主要工程种类、规模、数量；

(2) 委托监理的工程范围及业务内容；

(3) 递交投标文件的地点、方式和起止时间；

(4) 开标的时间和地点；

(5) 公布评标结果的时间；

(6) 投标保证金的数量及交付、返还的时间和方式；

(7) 投标文件的格式和内容要求。

水运工程施工监理的招标公告或者投标邀请书，应当包括下列内容：

(1) 招标人的名称、地址和通信联系方式；

(2) 招标工程的概况，包括工程名称、地点、工期、投资情况及工程的种类、结构、规模、数量等；

(3) 报送投标文件的起止时间和地点；

(4) 投标人的资质要求;
(5) 投标文件的内容要求;
(6) 招标人认为必要的其他事项。

7. 水运工程机电设备的采购如何进行招标?

水运工程机电设备是指港口工程、航道工程、航运枢纽工程、通航建筑物工程、修造船水工建筑物工程项目中的机械、电气、车船等设备。机电设备的采购应当进行招标。属于下列情形之一的,可以不进行招标:
(1) 只能从惟一制造商获得的;
(2) 采购活动涉及国家安全和秘密的;
(3) 单项合同在 100 万元以下,且项目总投资在 3000 万元以下的;
(4) 法律、法规另有规定的。

水运工程机电设备招标分为公开招标和邀请招标。公开招标是招标人通过国务院有关部门指定的报刊、信息网络或者其他媒介发布招标公告,邀请不特定的法人或者其他组织投标。邀请招标是指招标人以投标邀请书的方式,邀请三个以上具备承担招标项目能力的、资信良好的特定法人或者其他组织投标。全部使用国有资金投资或者国有资金投资占控股或者主导地位的水运工程项目的机电设备招标,应当公开招标。

水运工程机电设备招标由招标人组织,按下列程序进行:
(1) 确定招标方式;
(2) 编制招标文件;
(3) 招标文件报送交通主管部门备案;
(4) 发布招标公告或发出投标邀请书;
(5) 出售或发放招标文件;
(6) 必要时召开标前会,并进行答疑;
(7) 接收投标人的投标文件;
(8) 开标,审查投标文件;
(9) 组建评标委员会,依据评标办法评标,提出评标报告,推荐中标候选人;
(10) 将评标报告、评标结果报交通主管部门备案;
(11) 确定中标人,发出中标通知书;
(12) 与中标人签订水运工程机电设备采购合同。

招标公告(投标邀请书)应当包括以下主要内容:
(1) 招标人的名称和地址;
(2) 招标依据;
(3) 招标项目的概况,包括采购设备的名称、招标范围、供货时间和资金来源等;
(4) 招标方式、时间、地点、获取招标文件的办法;
(5) 对投标人的要求;
(6) 其他事项。

招标文件应当包括以下主要内容:
(1) 投标须知,包括设备名称、交付地点、递交投标文件的时间、地点、方式和正、副本的份数,开标的时间、地点,通知评标结果的时间,投标有效期,投标保函或投标保证金额度、提交方式、返还的时间和方式等。

(2) 合同格式及合同主要条款，包括供货范围、价格与支付，交货期，交货方式，交货地点，质量与检验，试车和验收，赔偿等。

(3) 技术规格书，包括招标设备的名称、数量，所用的标准、规范和技术要求，设备的主要技术性能、参数指标，详细的设计、制造、安装、调试、验收等方面的技术条件和要求，备品备件方面的要求，设计审查、监造、厂验、培训、技术图纸及资料和售后服务等方面的要求。重要的技术条款和主要参数及偏差范围应加注"*"号。

(4) 评标原则、标准和方法，废标条件和评估价的计算方法等。

(5) 要求投标人提供的有关文件，包括投标人及主要制造厂商的营业执照及资信证明文件。

(6) 附件，包括开标一览表，投标报价表，货物说明一览表，规格偏离表。

8. 水运工程机电设备的投标人如何投标？

水运工程机电设备的投标人，是具备相应投标资格，响应招标文件要求、参加投标竞争的机电设备的制造商或者制造商授权的销售商。投标人可以单独投标，也可由两个以上法人或者其他组织组成一个联合体，以一个投标人的身份共同投标。联合体中各制造商均应当具备承担招标项目的相应能力，联合体成员间须签订协议，明确牵头人以及各方的责任、权利和义务，并将协议连同投标文件一并提交招标人。联合体中标的，联合体各方应当共同与招标人签订合同，就中标项目向招标人承担连带责任。如果招标文件有要求的，投标人应按要求参加标前会。投标文件应按照招标文件规定的内容和要求编制，主要包括以下内容：

(1) 投标函；
(2) 总报价和分项报价；
(3) 设备名称和数量，设备的主要性能、参数指标；
(4) 供货方案，包括进度安排，安全、质量保证措施等内容；
(5) 货物说明一览表，规格偏离表；
(6) 招标文件要求的其他内容。

附录十二：水运工程招标投标管理相关法规

1. 水运工程勘察设计招标投标管理办法

交通部令 4 号

第一章 总 则

第一条 为加强水运工程勘察、设计招标投标活动的管理，保证水运工程勘察、设计质量，保护人民生命和财产安全，根据《中华人民共和国招标投标法》、《建设工程勘察设计管理条例》和国家有关规定，制定本办法。

第二条 本办法适用于中华人民共和国境内进行的水运工程建设项目勘察、设计招标投标活动。

第三条 水运工程建设项目的勘察、设计单项合同估算价在 50 万元人民币以上，或者建设项目总投资额在 3000 万元人民币以上的，必须进行勘察、设计招标。

第四条 水运工程建设项目符合下列条件之一的，按项目管理权限报交通部或者省级人民政府交通主管部门批准，可以不进行勘察、设计招标：

（一）涉及国家安全、国家秘密、抢险救灾的；

（二）勘察、设计采用特定专利、专有技术的。

第五条 水运工程勘察、设计招标投标活动应当遵循公开、公平、公正、诚实信用的原则。

第六条 水运工程勘察、设计招标投标活动不受地区或者部门的限制，任何单位和个人不得以任何方式非法干预正当的招标投标活动，不得将必须进行招标的项目化整为零或者以其他任何方式规避招标。

第七条 水运工程建设项目勘察、设计招标投标活动的监督管理实行统一领导、分级管理。

交通部负责全国水运工程建设项目勘察、设计招标投标活动的监督管理工作，并直接负责有国家投资的大中型及限额以上水运工程建设项目和交通部支持系统水运工程建设项目勘察、设计招标投标活动的监督管理工作；长江航务管理局根据交通部的委托，负责长江干线支持系统建设项目勘察、设计招标投标活动的监督管理工作。

省级人民政府交通主管部门负责本行政区域内水运工程建设项目勘察、设计招标投标活动的监督管理工作。

县级以上人民政府交通主管部门按照项目管理权限，依法查处水运工程建设项目勘察、设计招标投标活动中的违法行为。

第二章 招 标

第八条 水运工程勘察、设计招标是指招标人按照国家基本建设程序，依据批准的可行性研究报告，对水运工程勘察、初步设计、施工图设计通过招标活动选定勘察、设计单位。

第九条 水运工程设计招标分为设计方案招标和设计组织招标两种形式。设计方案招标要求投标的设计单位须完成工程设计方案、提出工程造价测算，是以技术方案为主进行的招标；设计组织招标要求投标的设计单位针对建设项目提出拟进行设计的组织形式，是以商务为主进行的招标。

水运工程勘察、设计招标一般实行项目整体一次性招标，也可实行分阶段招标，有特殊要求的专业单项工程可单独招标。

第十条 招标人是依照本办法规定提出水运工程勘察、设计招标项目、进行招标的项目法人或者其他组织。

第十一条 招标人具有与招标项目规模相适应的工程技术、管理人员，具有编制招标文件和组织评标能力的，可以自行办理招标事宜。

招标人不具备前款规定条件的，应当委托具有相应资格的招标代理机构办理招标事宜。招标代理机构应当在招标人委托的代理范围内办理招标事宜。

任何单位和个人不得以任何方式为招标人指定招标代理机构。

第十二条 必须进行招标的项目，招标人自行办理招标事宜的，应当在发布招标公告或者发出投标邀请书十五日前，按项目管理权限报交通部或者省级人民政府交通主管部门核备。其中，报交通部核备的项目应当同时抄报省级人民政府交通主管部门。

第十三条 水运工程勘察、设计招标分为公开招标和邀请招标。

公开招标是招标人通过国家指定的报刊、信息网络或者其他媒体发布招标公告，邀请不特定的法人或者其他组织投标。

邀请招标是招标人以投标邀请书的方式，邀请三个以上具有相应资质、具备承担招标项目勘察设计能力的、信誉良好的特定法人或者其他组织投标。

第十四条 全部使用国有资金投资或者国有资金投资占控股或者主导地位的水运工程项目的勘察、设计招标，应当公开招标。

国务院经济调控综合主管部门确定的国家重点项目和省级人民政府确定的地方重点项目不适宜公开招标的，经国务院经济调控综合主管部门或者省级人民政府批准，可以进行邀请招标。

除上述重点项目外，涉及专利权保护或者受特殊条件限制不适宜公开招标的，按项目管理权限经交通部或者省级人民政府交通主管部门批准，可进行邀请招标。

第十五条 水运工程勘察、设计招标实行资格审查制度。公开招标的，实行资格预审；邀请招标的，实行资格后审。

资格预审是招标人在发布招标公告后，发出投标邀请书前对潜在投标人的资质、信誉、业绩和能力进行审查。招标人只向资格预审合格的潜在投标人发出投标邀请书、招标文件。

资格后审是招标人在收到被邀请投标人的投标文件后，对投标人的资质、信誉、业绩和能力的审查。

第十六条 水运工程勘察、设计招标按下列程序进行：

（一）确定招标方式；

（二）编制资格预审文件和招标文件；

（三）发布招标公告或者发出投标邀请书；

（四）接收潜在投标人的投标申请书和资格审查申请文件；

（五）对提出投标申请的潜在投标人进行资格审查；

（六）通知申请投标人资格审查结果，向合格的潜在投标人发放招标文件；

（七）组织潜在投标人踏勘工程现场，召开标前会；
（八）接受投标人的投标文件；
（九）开标，审查投标文件的符合性，并作开标记录；
（十）评标，组成评标委员会，提出评标报告；
（十一）确定中标人，发出中标通知书；
（十二）与中标人签订合同。

水运工程勘察、设计招标实行邀请招标的，在编制招标文件后，按上述程序的（六）至（十二）项要求进行。

第十七条 招标公告（投标邀请书）应当包括的以下内容：
（一）招标人的名称和地址、获取招标文件的办法；
（二）招标依据：项目批准文号；
（三）勘察、设计项目概况：工程名称、地点、工程类别、规模、招标范围、工程工期、勘察周期、设计周期和资金来源等；
（四）获取资格审查申请文件的起止时间、地点；
（五）对投标人资质的要求；
（六）对未中标投标人是否补偿。

第十八条 资格审查申请文件应当包括以下内容：
（一）资格审查申请书；
（二）潜在投标人的营业执照、资质等级证书；
（三）潜在投标人的专业技术人员构成和仪器设备水平情况；
（四）投标人的经营管理状况，包括近三年完成主要勘察、设计项目的情况，同类工程实绩、勘察、设计项目获奖和企业社会信誉情况；
（五）上两个会计年度的财务决算审计情况；
（六）正在承担的勘察、设计项目情况；
（七）以联合体形式投标的，联合体成员各方签订的共同投标协议和联合体各方的资质证明材料；
（八）如有分包计划的，提交拟分包单位的有关资质证明材料。

第十九条 招标文件应当包括以下内容：
（一）招标公告或者投标邀请书；
（二）投标须知，包括项目名称、地点、工期、工程建设规模、招标范围，勘察、设计周期，招标方式，招标文件答疑、踏勘现场及召开标前会的时间、地点，递交投标文件的时间、地点、方式和正、副本的份数及密封要求，开标的时间、地点，通知评标结果的时间等内容；
（三）勘察、设计合同通用条款和专用条款；
（四）勘察、设计标准规范；
（五）勘察、设计基础资料、经批准的项目建议书、工程可行性研究报告或者初步设计文件及工程外部配套条件；
（六）投标文件编制要求；
（七）评标标准和方法。

在招标公告中规定对未中标人作出补偿的，还应当规定对达到招标文件规定要求的未中标投标人的补偿方法。

第二十条 招标人对已发出的招标文件进行必要的补遗或者修正时，应当在提交投标文件截止日期十五日前，书面通知所有招标文件收受人。该补遗或者修正的内容为招标文件的组成部分。

第二十一条 招标人在发出招标文件的同时，应当将招标文件按水运工程建设项目管理权限向交通部或者省级人民政府交通主管部门备案。

第二十二条 招标人应当合理确定资格审查申请文件和投标文件的编制时间。发布招标公告至招标文件发放截止时间，不得少于十日；设计组织招标自招标文件发售之日起至潜在投标人递交投标文件截止时间，不得少于十五日；设计方案招标自招标文件发售之日起至潜在投标人递交投标文件截止时间，不得少于三十日。

第三章 投 标

第二十三条 投标人是具备相应投标资格，响应招标文件要求、参加投标竞争的法人或者其他组织。

第二十四条 投标人可以单独投标，也可由两个以上法人或者组织组成联合体，以一个投标人身份共同投标。由同一专业的法人或者组织组成的联合体资质，按联合体成员内资质等级低的确定。

联合体成员各方应当签订共同投标协议，明确联合体主办人和成员各方拟承担的工作和责任，并将共同投标协议连同投标文件一并提交招标人。

招标人不得强制投标人组成联合体共同投标，不得限制投标人之间的竞争。

第二十五条 投标人拟将部分非主体、非关键工作进行分包的，必须向招标人提交分包计划，并在投标文件中载明。分包单位的资质应当与其承担的工程规模标准相适应。

第二十六条 投标人应当按照招标文件要求编制投标文件，投标文件应当对招标文件提出的实质性要求和条件作出响应。

第二十七条 投标文件由商务文件、技术文件及报价清单组成。

商务文件包括下列基本内容：

（一）投标书；

（二）授权书；

（三）资格审查文件规定的主要内容；

（四）项目负责人及主要技术人员基本情况。

技术文件包括下列基本内容：

（一）对招标项目的理解；

（二）勘察、设计工作大纲，包括勘察、设计周期、进度计划、质量保证措施和后续服务措施等内容；

（三）对招标项目特点、难点、重点等的技术分析和处理措施；

（四）拟进行的科研课题和试验；

（五）工程设计方案；

（六）工程造价测算。

报价清单包括下列基本内容：

（一）勘察、设计费报价；

（二）勘察、设计费计算清单。

第二十八条 招标文件的报价清单中，对勘察、设计取费应当按照国家现行水运工程勘察、设计收费的有关规定进行计算并可作适当调整。

第二十九条 投标文件应当采用双信封密封，第一个信封内为商务文件和技术文件，第二个信封内为报价清单。上述两个信封应当密封于同一信封中为一份投标文件。

投标文件及补充说明函件，均须经投标人盖章及其法定代表人或者其授权代理人签字或者署印。投标人应当在招标文件要求截止时间前，将投标文件送达指定地点。

第三十条 投标人在招标文件要求的截止时间前，可以补充、修改或者撤回已递交的投标文件，并书面通知招标人。补充、修改的内容应当使用与投标书相同的密封方式送达，并作为投标文件的组成部分。

第三十一条 招标人在收到投标文件后，应当签收封存。对在投标截止日期后送达的任何函件，招标人均不得接受。投标人少于三个的，招标人应当依法重新招标。

第三十二条 投标人在投标过程中不得串通作弊，不得妨碍其他投标人的公平竞争，不得以行贿、弄虚作假等手段骗取中标。

第四章 开标、评标、中标

第三十三条 开标应当在招标文件规定的提交投标截止日期的同一时间公开进行。开标地点应当为招标文件预先确定的地点。

第三十四条 开标由招标人主持，邀请所有投标人和监督人员参加。

第三十五条 开标时，由投标人或者其推选的代表检查投标文件的密封情况，也可以由招标人委托的公证机构检查并公证；经确认无误后，当众拆封投标文件的第一个信封，宣读投标人名称、投标文件签署情况及商务文件标前页的主要内容。投标文件中的第二个信封不予拆封。

开标过程应当场记录，并存档备查。

第三十六条 属于下列情况之一的，应当作为废标处理：

（一）投标文件未按要求密封；

（二）投标文件未按要求加盖投标人印章及其法定代表人或者其授权代理人签字或者署印；

（三）投标人对同一招标项目递交两份或者多份内容不同的投标文件，未书面声明哪一个有效；

（四）投标文件不符合招标文件实质性要求。

第三十七条 评标工作由招标人依法组建的评标委员会负责，评标工作按照交通部制定的水运工程勘察、设计招标评标有关规定和招标文件的有关要求进行。

评标委员会成员由招标人的代表及有关技术、经济等方面的专家组成，人数为五人以上单数，其中专家人数不得少于成员总数的三分之二。与投标人有利害关系的人员不得进入评标委员会。

交通部和省级人民政府交通主管部门分别设立评标专家库。大中型及限额以上有国家投资的水运工程建设项目的评标委员会专家，从交通部设立的评标专家库名单中确定，其他水运工程建设项目的评标委员会专家从省级人民政府交通主管部门设立的评标专家库名单中确定。

按前款规定确定评标专家，可以采取随机抽取或者直接确定的方式。一般项目，可以采用随机抽取的方式；技术特别复杂、专业性要求特别高或者国家有特殊要求的招标项目，采用随机抽取方式确定的专家难以胜任的，可以由招标人在专家库名单中直接确定。

评标委员会成员名单在中标结果确定前应当保密。

第三十八条 评标委员会可以要求投标人对投标文件中含义不明确的内容作必要的澄清或者说明，但是澄清或者说明不得超出投标文件的实质性内容。

第三十九条 评标中一般采用综合评价方法。评标委员会应当按照招标文件确定的评标标准，对投标人的信誉和经验，项目负责人的资格和能力，对项目的技术方案、技术建议，勘察、设计周期及进度计划、质量保证措施，后续服务和报价进行分别打分评议。

评标委员会对投标人的第一个信封评审打分后，在监督机构到场的情况下，拆封投标人的第二个信封，对第二个信封进行评审打分。经综合评审，依据对投标人综合得分结果的排序高低推荐二名中标候选人，并向招标人提出书面评标报告。

招标人应根据评标委员会提出的书面评标报告和推荐的中标候选人名单依序确定中标人。招标人也可以授权评标委员会直接确定中标人。

第四十条 评标报告由评标委员会全体成员签字。对评标结论持有异议的评标委员会成员可以书面阐述其不同意见和理由。评标委员会成员拒绝在评标报告上签字且不陈述其不同意见和理由的，视为同意评标结论。评标委员会应当对此作出书面说明并记录在案。

第四十一条 评标委员会经评审，认为所有投标都不符合招标文件要求的，可以否决所有投标，招标人应当依法重新招标。

第四十二条 评标委员会成员应当客观、公正地履行职责，遵守职业道德，对所提出的评审意见承担个人责任。

评标委员会成员不得私下接触投标人，不得收受投标人的财物或者其他好处，不得透露对投标文件的评审和比较、中标候选人的推荐情况以及与评标有关的其他情况。

第四十三条 在确定中标人之前，招标人不得与投标人就投标价格、投标方案等实质性内容进行谈判。

第四十四条 中标人确定后，招标人应当在七日内向中标人发出中标通知书，并同时将中标结果通知所有未中标的投标人；在十五日内，按项目管理权限将评标报告向交通部或者省级人民政府交通主管部门备案。

第四十五条 招标人与中标人应当自中标通知书发出之日起三十日内，按照招标文件和中标人的投标文件订立书面合同。招标人和中标人不得再行订立背离合同实质性内容的其他协议。

第四十六条 招标文件要求中标人提交履约保证金的，中标人应当提供。提供履约保证金可以采用提供银行保函的方式。

第五章 法　律　责　任

第四十七条 违反本办法规定，招标人不具备自行办理招标事宜的条件而自行办理招标事宜的，给予警告，招标无效，并责令其委托招标代理机构办理招标事宜。

第四十八条 违反本办法规定，招标人未经批准而进行邀请招标的，给予警告，并责令其重新办理招标事宜。

第四十九条 违反本办法规定，招标文件未按照项目管理权限报交通主管部门备案而进行招标的,给予警告,并责令其停止招标活动。

第五十条 违反本办法规定的其他行为,按《中华人民共和国招标投标法》、《建设工程勘察设计管理条例》的有关规定办理。

第五十一条 交通主管部门的工作人员在水运工程建设项目勘察、设计活动的监督管理工作中徇私舞弊、滥用职权或者玩忽职守的,视情况由交通主管部门会同有关部门依法给予行政处分;构成犯罪的,依法追究刑事责任。

第六章 附 则

第五十二条 投标人和其他利害关系人认为招标投标活动不符合有关规定的,有权向招标人提出异议或者依法向有关行政监督部门投诉。

第五十三条 使用国际金融组织或者外国政府贷款、援助资金的项目进行招标,贷款方、资金提供方对招标投标的具体条件和程序有特殊规定的,可以适用其规定,但违背中华人民共和国的社会公共利益的除外。

第五十四条 本办法由交通部负责解释。

第五十五条 本办法2003年6月1日起施行。

2. 水运工程施工监理招标投标管理办法

交通部令第 3 号

第一章 总 则

第一条 为加强水运工程施工监理招标投标管理,规范水运工程施工监理招标投标活动,根据《中华人民共和国招标投标法》和国家有关规定,制定本办法。

第二条 在中华人民共和国境内进行水运工程施工监理招标投标活动,适用本办法。

本办法所称水运工程,是指港口、航道、航标、通航建筑物、修造船水工建筑物及其他附属建筑物的新建、改建、大修和安装工程。

第三条 下列水运工程施工监理,应当进行招标:

(一)水运工程的工程总投资在 3000 万元以上;

(二)水运工程施工监理的单项合同价在 50 万元以上。

第四条 水运工程施工监理招标投标,应当遵循公开、公平、公正、诚实信用的原则。

第五条 水运工程施工监理招标投标,不受地区或者部门的限制,任何组织和个人不得以任何方式非法进行干预。

第六条 水运工程监理招标投标监督管理,实行统一领导、分级管理。

交通部负责全国水运工程施工监理招标投标活动的监督管理,并直接负责大中型及限额以上、国家投资以及其他重要水运工程施工监理招标投标活动的监督管理。

省、自治区、直辖市人民政府交通主管部门负责本行政区域内水运工程施工监理招标投标活动的监督管理,并直接负责小型及限额以下的水运工程施工监理招标投标活动的监督管理。

长江航务管理局根据交通部的委托,负责小型、限额以下的长江干线水运工程施工监理招标投标活动的监督管理。

第二章 招 标

第七条 水运工程施工监理招标应当在水运工程施工招标之前进行。拟进行施工监理招标的水运工程项目,应当具备下列条件:

(一)初步设计文件已被批准;

(二)建设资金已经落实;

(三)施工监理招标文件已编制完毕,并按本办法的有关规定经交通主管部门批准。

第八条 水运工程施工监理招标投标活动的招标人,应当是依照本办法规定提出招标项目,并进行水运工程施工监理招标的该招标项目的项目法人或者建设单位(以下简称招标人)。

第九条 具备下列条件的招标人,可以自行办理招标事宜:

(一)具有与招标工作相适应的工程管理、概预算管理、财务管理能力;

(二)有组织编制招标文件和标底的能力;

(三)有对投标者进行资格审查和组织评标的能力。

招标人不具备本条前款规定条件的,应当委托招标代理机构办理水运工程施工监理招事宜。

第十条 依照本办法规定，应当进行施工监理招标的水运工程项目，招标人自行办理招标事宜的，应当在发布招标公告或者发出投标邀请书之日 15 日前，按项目管理权限报交通主管部门备案。

第十一条 水运工程施工监理招标，分为公开招标和邀请招标。

采用公开招标的，招标人应当通过国家指定的报刊、信息网络或者其他媒介发布招标公告，邀请具备相应资格的不特定的监理单位投标。

采用邀请招标的，招标人应当以发送投标邀请书的方式，邀请三个以上具备相应资格的特定的监理单位投标。

第十二条 水运工程施工监理招标，应当实行公开招标，法律、行政法规和本办法另有规定的，从其规定。

水运工程施工监理招标实行邀请招标的，招标人应当按项目管理权限报交通主管部门审批，所邀请的潜在投标人名单应当报交通主管部门备案。

第十三条 水运工程施工监理招标，可以对整个项目一次招标，也可以根据不同使用功能、不同专业、不同实施阶段，分标段、分阶段进行招标，但不得将主体工程施工监理肢解或者只对部分工程施工监理进行招标。

第十四条 水运工程施工监理招标，应当按下列程序进行：

（一）招标人确定招标方式；

（二）编制招标文件，并按本办法有关规定报交通主管部门审批；

（三）发布招标公告或者发出投标邀请书，公布资格审查要求；

（四）对潜在投标人进行资格预审，并按本办法有关规定将资格预审报告及预审结果报交通主管部门备案；

（五）向资格预审合格的潜在投标人发售招标文件；

（六）组织潜在投标人考察工程现场，并进行答疑；

（七）接受投标人的投标文件；

（八）开标并审查投标文件；

（九）组建评标委员会评标，推荐中标候选人；

（十）招标人将评标报告和评标结果报交通主管部门备案；

（十一）确定中标人，发出中标通知书；

（十二）与中标人签订水运工程施工监理合同。

第十五条 水运工程施工监理招标文件，应包括下列内容：

（一）投标须知；

（二）水运工程施工监理合同主要条款；

（三）水运工程施工监理技术标准规范要求；

（四）投标文件格式；

（五）评标标准和方法。

第十六条 水运工程施工监理投标须知，应包括下列内容：

（一）招标项目名称、地点、工程投资、现场条件、工期、主要工程种类、规模、数量；

（二）委托监理的工程范围及业务内容；

（三）递交投标文件的地点、方式和起止时间；

（四）开标的时间和地点；
（五）公布评标结果的时间；
（六）投标保证金的数量及交付、返还的时间和方式；
（七）投标文件的格式和内容要求。

第十七条 水运工程施工监理合同，应当包括下列内容：
（一）招标人与施工监理单位的主要权利、义务；
（二）施工监理的时间及范围；
（三）施工监理的检测项目及监理手段；
（四）对施工监理单位资质和现场监理人员的要求；
（五）招标人为施工监理单位可提供的检测仪器和设备；
（六）必要的水运工程施工图纸及地质情况等技术资料；
（七）招标人为监理单位提供的交通、办公和食宿等条件；
（八）对施工监理费报价的要求。

第十八条 水运工程施工监理技术标准规范要求，应当包括下列内容：
（一）水运工程施工监理依据的技术规范和有关标准；
（二）已被批准的水运工程设计文件提供时间和方式；
（三）水运工程施工监理的特殊技术要求；
（四）水运工程施工监理其他有关资料。

第十九条 水运工程施工监理的招标公告或者投标邀请书，应当包括下列内容：
（一）招标人的名称、地址和通信联系方式；
（二）招标工程的概况，包括工程名称、地点、工期、投资情况及工程的种类、结构、规模、数量等；
（三）报送投标文件的起止时间和地点；
（四）投标人的资质要求；
（五）投标文件的内容要求；
（六）招标人认为必要的其他事项。

第二十条 招标人应将招标文件按照本办法的规定报交通主管部门审批。

招标人对已发出的招标文件进行必要的澄清或者修改的，应当在招标文件要求提交投标文件截止时间至少15日前，以书面形式通知所有招标文件收受人。该澄清或者修改的内容为招标文件的组成部分。

招标人未按本条前款的规定通知投标人，给投标人造成经济损失的，招标人应当予以赔偿。

第二十一条 招标人确定投标人编制投标文件所需要的时间，自招标文件发出之日起至投标人提交投标文件截止之日止，不得少于20日。

第二十二条 水运工程施工监理招标投标实行资格审查制度。

公开招标的，招标公告发布后，招标人应当根据潜在投标人提交的资格预审申请文件，对潜在投标人的资格进行审查。招标人只向资格预审合格的潜在投标人发售招标文件。

邀请招标的，投标邀请书发出后，招标人应当根据投标人提交的投标文件，对投标人的资格进行审查。

第二十三条 投标人应当按照招标公告或投标邀请书的资格审查要求，向招标人提交资格审查申请书及下列有关文件：

（一）投标人的营业执照；

（二）交通主管部门颁发或者认可的水运工程施工监理资质证书；

（三）投标人的组织机构及专业技术人员构成；

（四）投标人近年施工监理主要业绩；

（五）其他与水运工程施工监理资质有关的文件或材料。

第二十四条 属于以下情况之一者，资格审查申请文件无效：

（一）未按期送达的资格审查申请文件；

（二）未经法定代表人或其授权的代理人签字，并加盖潜在投标人印章的资格审查申请文件；

（三）不符合本办法规定内容要求的资格审查申请文件；

（四）内容虚假的资格审查申请文件。

第二十五条 两个以上的监理单位以联合体形式参加水运工程施工监理投标的，应当以一个投标人身份共同投标，并在资格审查申请文件中注明。

联合体各成员单位均应提交资格审查申请文件。

由同一专业的单位组成的联合体，按照资质等级较低的单位确定资质等级。

第二十六条 招标人应将资格预审报告及预审结果报有审批权的交通主管部门备案。

第二十七条 资格预审合格并接到招标文件的投标人，应当按时参加招标人主持召开的投标预备会、勘察现场。

第三章 投 标 和 开 标

第二十八条 投标人按照本办法规定经过资格预审取得投标资格后，即可参加水运工程施工监理投标。

招标人及招标代理机构不得参加招标项目的投标。

第二十九条 投标人应当按照招标文件的要求编制投标文件，并对招标文件提出的实质性要求和条件作出响应。

第三十条 投标人参加投标，不得弄虚作假，不得与其他投标人互相串通作弊，不得采取贿赂以及其他不正当手段谋取中标，不得妨碍其他投标人投标。

第三十一条 投标文件应当包括下列主要内容：

（一）投标说明；

（二）水运工程施工监理大纲；

（三）拟配置的现场检测仪器和技术装备情况；

（四）拟派出到本项目的施工监理负责人和主要监理人员的基本情况及其有关资质；

（五）有关水运工程施工监理的资质说明；

（六）投标人近三年水运工程施工监理的主要业绩；

（七）水运工程施工监理费及其依据；

（八）招标文件中要求的其他内容。

第三十二条 水运工程施工监理投标文件，应当由投标人的法定代表人或其授权的代理人签字，并加盖投标人印章。

水运工程施工监理投标文件，应当由投标人密封，并在招标文件规定的期限内送达招标人。

第三十三条 投标人在递交投标文件时，应当按招标文件规定数额向招标人交纳投标保证金。保证金根据工程规模确定，但最高不得超过3万元。

第三十四条 投标书按要求送达后，在招标文件规定的投标截止时间前，投标人如需撤回或者修改投标书，应当以正式函件提出并作出说明。

修改投标文件的函件是投标文件的组成部分，其形式要求、密封方式、送达时间，适用本办法第三十二条的规定。

第三十五条 招标人对投标人按时送达的投标文件，应当签收保存，不得开启。

在招标文件要求提交投标文件的截止时间后送达的投标文件，招标人应当拒收。

第三十六条 投标人少于3个的，招标人应当重新招标。

第三十七条 开标应当在招标文件确定的提交投标文件截止时间的同一时间公开进行。

开标地点应当为招标文件中预先确定的地点，不得随意变更。

第三十八条 开标由招标人主持，邀请所有投标人的法定代表人或其授权的代理人参加。

第三十九条 开标时，由投标人或者其推选的代表检查投标文件的密封情况，也可以由招标人委托的公证机构检查并公证。

投标文件的密封情况经确认无误后，应当当众拆封，并宣读投标人名称、投标价格和投标文件的其他主要内容。

招标人应当公布评标、中标的时间和办法以及评标结果的公布方式。

招标人对开标过程应当记录，并存档备查。

第四十条 属于下列情况之一的，应当作为废标处理：

（一）投标文件未按要求密封；

（二）投标文件未经法定代表人或者其授权代理人签字（或印鉴），或者未加盖投标人公章；

（三）投标文件字迹潦草、模糊，无法辨认；

（四）投标文件不符合招标文件实质性要求；

（五）投标人对同一招标项目递交两份以上内容不同的投标文件，未书面声明其中有效的投标文件；

（六）投标文件未按招标文件规定的时间送达；

（七）投标人未按招标文件要求交纳投标保证金；

（八）投标人以不正当手段进行投标。

第四章 评标和中标

第四十一条 评标由招标人依法组建的评标委员会负责。

评标委员会成员由招标人的代表及有关技术、经济等方面的专家组成，人数为五人以上单数，其中专家人数不得少于成员总数的三分之二。

第四十二条 被邀请的专家由招标人从交通主管部门提供的专家库中采取随机抽取方式确定。技术特别复杂、专业性要求特别高的特殊招标项目，经交通主管部门同意后，可以由招标人直接指定评标专家。

与投标人有利害关系的人，不得参加相关项目的评标委员会。

第四十三条 评标委员会成员名单应报交通主管部门备案。

评标委员会成员名单在中标结果确定前应当保密。

在评标阶段，评标委员会或评标小组成员不得出席投标人主办或资助的任何活动。

第四十四条 评标委员会成员不代表其所在单位，也不受任何单位和个人的制约，应独立、公正地开展评标工作。

任何单位和个人不得非法干预、影响评标过程和结果。

第四十五条 评标委员会可以要求投标人对投标文件中含义不明确的内容作出必要的澄清或者说明，但是澄清或者说明不得超出投标文件的范围或者改变投标文件的实质性内容。

在评标过程中，招标人或者招标代理机构、投标人不得通过任何形式改变投标文件的内容和报价。

第四十六条 评标办法分为计分法和综合评议法。

采用计分法评标，应当按照招标人事先制定的计分方法，对投标文件的各项内容分别评分，按分数高低排出投标人顺序。

采用综合评议法评标，应当对投标文件的内容、投标人的资信、业绩、人员的素质、监理方案及报价等方面进行综合评议，提出各项评议意见，最后由评标委员会成员以无计名投票方法排出投标人顺序。

第四十七条 评标委员会应当按照招标文件确定的评标标准和办法，对投标文件进行评审和比较。招标文件中没有规定的标准和办法，不得作为评标的依据。

第四十八条 评标委员会完成评标后，应当向招标人提出书面评标报告。

评标报告应包括以下内容：

（一）评标委员会的成员名单；

（二）开标记录情况；

（三）符合要求的投标人情况；

（四）评标采用的标准、评标办法；

（五）投标人顺序；

（六）推荐的中标候选人；

（七）需要说明的其他事项。

第四十九条 招标人根据评标委员会提出的书面评标报告和推荐的中标候选人确定中标人。招标人也可以授权评标委员会直接确定中标人。

第五十条 评标委员会经评审，认为所有投标都不符合招标文件要求的，可以否决所有投标。

遇有本条前款规定的情况，招标人应当重新招标。

第五十一条 招标人应当自确定中标人之日起15日内按项目管理权限将评标报告和评标结果报交通主管部门备案。

交通主管部门自收到评标报告和评标结果之日起5日内未提出异议的，招标人应当向中标人发出中标通知书，并同时将中标结果通知所有未中标的投标人。

第五十二条 水运工程施工监理评标、中标的时间，自开标之日起至发出中标通知书之日止最长不得超过30日，大型水运工程施工监理或者实行国际招标的水运工程施工监理的评标、中标的时间，最长不得超过40日。

第五十三条 招标人应当在发出中标通知书后15日内向未中标的投标人一次性返还投

标保证金。

第五十四条 招标人和中标人应当自中标通知书发出之日起30日内订立书面水运工程施工监理合同。

水运工程施工监理合同应当按照招标文件、中标人的投标文件、中标通知书，参照《水运工程施工监理合同范本》订立。

招标人和中标人不得再行订立背离合同实质性内容的其他协议。

第五十五条 招标人应当自水运工程施工监理合同订立之日起15日内退还中标人投标保证金。

第五十六条 招标文件要求中标人提交履约保函或保证金的，中标人应当提交。

招标人应当在水运工程施工监理合同全部履行10日内退还履约保函或保证金。

第五章 附 则

第五十七条 违反本办法及《中华人民共和国招标投标法》的行为，依法承担相应的法律责任。

第五十八条 使用国际组织或者外国政府贷款、援助资金的水运工程项目的施工监理进行招标，贷款方或者资金提供方对施工监理招标投标的具体条件和程序有不同规定的，可以适用其规定，但不得违背中华人民共和国的社会公共利益。

第五十九条 本办法由交通部解释。

第六十条 本办法自2002年8月1日起施行。交通部1999年3月1日发布的《水运工程施工监理招标投标管理办法》（试行）同时废止。

3. 水运工程施工招标投标管理办法

交通部令第 12 号

第一章 总 则

第一条 为加强水运工程施工招标投标的管理，合理安排建设工期，确保工程质量，降低工程造价，提高经济效益，保护公平竞争，制定本管理办法。

第二条 水运工程施工招标投标，应在投标者自愿的前提下，坚持公平、等价、有偿、讲求信用的原则，以技术水平、管理水平和社会信誉开展竞争。

第三条 凡列入国家和地方建设计划的水运基本建设工程项目，除经交通主管部门同意不进行招标及进行国际招标的项目外，均应按本办法进行招标。

第四条 凡持有工商行政管理部门核发的营业执照，并具有与水运工程规模相应等级资格证书的施工单位，均可参加投标。

大中型及限额以上建设项目的主体工程，只限于持有一、二级施工资格等级证书的施工单位参加投标。

第五条 水运工程施工招标的管理工作，按工程项目的隶属关系，分别由交通部和地方交通主管部门负责。地方交通主管部门应设立相应机构，负责招标投标工作的领导。

第六条 招标工作由建设单位主持。建设单位的招标机构必须按隶属关系经上级主管部门进行资格审查，其中部直属的大中型及限额以上项目以及部指定项目的招标机构由部审查。

第七条 水运工程施工的招标投标，受国家法律的保护和约束。有关主管部门应加强对招标投标活动的监督管理，杜绝违法行为。

第二章 招 标

第八条 招标单位（即建设单位）应具备下列条件：
（一）具有法人资格；
（二）有与招标工程相适应的工程管理、预算管理、财务管理能力；
（三）有组织编制招标义件和标底的能力；
（四）有对投标者进行资格审查和组织评标定标的能力。

招标单位可以委托或指定符合上述条件的工程咨询、工程管理、工程监理及其他相应机构，负责水运工程施工招标的具体组织工作，并向上级主管部门报备。

第九条 实行施工招标的水运工程项目，应符合下列条件：
（一）有持有设计证书的设计单位编制并经审定的施工图设计和预算，或在特定条件下有经过审批机关批准的初步设计和概算，并已列入年度投资计划；
（二）征地拆迁工作已基本完成或落实，能保证分年度连续施工；
（三）有当地基建主管部门颁发的建筑许可证或施工执照；
（四）投资、材料、设备和协作配套条件均已落实；
（五）施工现场三通一平（水、电、路通，场地平整）已经基本完成。

第十条 招标可采取下列方式：

（一）公开招标。招标单位通过报刊、广播、电视等新闻媒介公开发布招标广告。

（二）邀请招标。招标单位选择数家施工单位发出招标邀请函。

应邀参加投标的单位不得少于三家。

（三）议标。对个别施工难度大、工期特别紧的水运工程及特殊的专业工程项目，招标单位可邀请或通过主管部门指定数家施工单位，通过协商，议定标价及有关事宜。参加议标的施工单位不得少于两家。

公开招标和邀请招标依本办法进行。议标工作的有关事项由招标单位或主管部门确定。

第十一条 水运工程施工招标可实行全部工程招标、单位工程招标、分部工程或分项工程招标。招标形式应在招标广告或招标邀请函中说明。

第十二条 水运工程施工招标应按下列程序进行：

（一）编制招标文件并报上级主管部门审定；

（二）发布招标广告或发出招标邀请函；

（三）投标者报送投标申请书；

（四）对投标者进行资格审查，并将审查结果通知各申请投标者；

（五）向资格审查合格的投标者出售或发放招标文件；

（六）组织投标者勘察工程现场，针对投标者的询问，解释招标文件中的疑点；

（七）组织编制标底，并报上级主管部门审定；

（八）接受投标者的投标书；

（九）当众开标，组织评标，初步确定中标者；

（十）按项目隶属关系向上级主管部门报送评标报告，经批准后向中标企业发出中标通知书；

（十一）与中标者签订承包合同并根据工程的情况决定是否履行公证手续。

开标后至发出中标通知书，为评标阶段，这期间一切评标活动均应保密。

第三章 招标文件及标底

第十三条 招标文件一般应包括下列内容：

（一）投标须知，包括工程概况、投资来源、工期要求、投标方式、对投标单位资格审查的要求、评标原则、报送标书的截止日期、开标的时间和地点、投标保证金和履约保证金额度等；

（二）合同主要条款，包括分项单价和总价、付款和结算办法，工期要求，主要材料供应方式和价格，设计修改，质量要求，工程监理，试车和验收，奖罚办法等；

（三）技术条款，包括工程名称、地点、分部分项工程量，设备的名称、规格和数量，所用的标准、规范，必要的图纸和设计说明书等。

第十四条 招标单位如需对招标文件进行补充说明、勘误、澄清，或经上级主管部门批准后进行局部修正时，最迟应在投标截止日期前十五天，以书面形式通知所有投标者。补充说明、勘误、澄清或局部修正，与招标文件具有同等的法律效力。招标单位改变已发出的招标文件，未按上述要求提前通知投标者，给投标者造成的经济损失，应予赔偿。

第十五条 每一个招标项目只允许有一个标底。标底由招标单位负责编制。标底在开标前应严格保密。

第十六条 标底应按国家规定的定额和价格计算，并控制在批准的概算或修正概算之内。在施工图设计完成前进行招标的工程，概算是确定标底的主要依据；在施工图设计完成后进行招标的工程，预算是确定标底的主要依据。

第十七条 实行整个项目招标的部直属的大中型及限额以上的工程项目以及实行单项工程招标的上述项目的主体工程，其标底由交通部审定。其他工程项目的标底，由地方交通主管部门或项目主管部门审定。

标底的审定应在投标单位投送标书之后进行，在开标之前完成。

第四章 资格审查

第十八条 水运工程施工招标，实行资格预审。招标单位必须对投标者承担该项目的施工能力进行审查，作出评估。

第十九条 投标者按照招标广告或邀请函的要求，向招标单位递交资格预审申请书。招标单位应根据项目的性质、规模和技术要求，统一审查标准，在同等条件下进行资格审查。

第二十条 资格预审申请书应包括如下内容：

（一）投标者的营业执照，所有制性质和隶属关系，担保银行及证明、账号等。

（二）投标者的资质等级证书、固定资产、各类人员的专业和技术构成；施工设备的配备，特别是承担本项目拟投入的人员、施工设备的情况以及拟采取的施工手段等。

（三）投标者的经营管理情况，任务分布与近五年完成任务的情况，工程质量与工期，同类工程实绩，近几年财务平衡表，社会信誉等。

（四）投标者正在承担的任务，包括已开未完项目及待开工项目，目前承担新工程的实际能力等。

（五）对有分包者的工程，必须明确分包者的资格保证（不得将整个项目或项目的主体工程转包）。

资格预审申请书的内容须经公证机关公证或申请者的上级主管部门证明。集体所有制投标者的资格预审申请书的内容应经所在县以上（含县）基建主管部门证明。

第五章 投 标

第二十一条 资格审查合格并按到招标文件的投标者，应按招标义件的有关规定编制投标书，在招标文件规定的日期内，按要求的份数将投标书送交招标单位。

第二十二条 投标书应包括下列内容：

（一）综合说明；

（二）对招标文件的全面反映；

（三）工程总报价及分部分项工程报价，主要材料数量；

（四）开工与竣工日期；

（五）施工实施方案，包括施工进度安排，施工平面布置，主要工程的施工方法，使用的主要船机设备，技术组织措施，安全、质量保证措施等。

第二十三条 投标书送交招标单位后，在投标截止日期前，投标者如需调整已报的标价，应以正式函件提出并附说明。上述函件应使用与投标书相同的密封方式投递，与投标书具有同等法律效力。任何函件，包括投标书，在投标截止日期后送达，不予接受，原封退回。

第二十四条 投标书及任何说明函件应经单位盖章及其法定代表人签字，采用双层密封信封，密封后投递或递交招标单位。

第二十五条 投标者除按要求填报投标书外，可以根据项目和本身的情况，在报送投标书的同时提交建议方案及选择性报价，供招标单位选用。

第二十六条 投标者在递交投标书时，应同时提交开户银行出具的投标保函，或交付保证金。保证金数额（一般占工程造价的5‰～10‰）、交付方式及保证金清退办法，由招标单位在招标文件中规定。

第二十七条 投标者不得串通作弊，不得哄抬标价，不得对招标单位行贿，违者丧失投标资格，并无权请求返还投标保证金。

第六章　开标、评标与定标

第二十八条 发出招标文件到开标的时间，由招标单位根据工程项目的大小和招标内容确定。大中型项目及限额以上项目一般不应超过三个月。

第二十九条 开标仪式由招标单位组织并主持。投标者应出席开标仪式，同时邀请招标单位的上级主管部门，当地计划、建设和经办银行以及项目监理工程师及其代表参加。进行公证的，应有公证机关出席。

第三十条 开标时，招标单位公开标底；由招标单位及有关各方检查各份标书的完整性；确认标书有效后，招标单位宣布评标、定标办法，并宣读各份投标书的主要内容。

第三十一条 属于下列情况之一者，应作为废标处理：

（一）投标书未密封；

（二）投标书未加盖本单位公章及未经法定代表人签字；

（三）投标书未按招标文件规定的格式、内容和要求填写；

（四）投标书字迹潦草、模糊、无法辨认；

（五）投标者在一份标书中，对同一个施工项目报有两个或多个报价，本办法第二十五条规定的内容不在此限；

（六）投标者递交两份或多份内容不同的投标书，未书面声明哪一个有效；

（七）投标者未经招标单位同意，不参加开标仪式；

（八）投标者未能按要求提交投标保函。

第三十二条 评标工作由招标单位主持，组织项目设计单位、经办建设银行、项目监理工程师、有关工程咨询机构以及技术经济专家和上级主管部门组成评标委员会或评标小组进行评标。

由有关投资机构筹措资金的项目，还应邀请该投资机构参加评标工作。

第三十三条 评标过程中，评标委员会可分别请投标者就投标书的有关问题提供补充说明和有关资料，投标者应做出书面答复。补充说明和有关资料应作为标书的组成部分。

第三十四条 评标定标的原则是：报价合理、施工方案可行、施工技术先进，确保工期和工程质量。

评标时，应根据上述原则就投标书的主要内容和投标者的信誉及优惠条件等，制定出具体的评定标准或评分标准，并据此对投标书逐一评定，以求全面、公正。

第三十五条 评标定标可采用无记名投票的办法，也可采用打分制办法，无论投票或打分，都应在评标委员会或评标小组成员对投标书充分讨论和评议后进行。

第三十六条 开标后,招标单位和投标者不得通过补充说明和有关资料改变招标书或投标书的实质内容和报价。

第三十七条 开标后,如所有投标者的报价均超过标底5%以上时,招标单位应检查标底计算是否有误。如无误,且经招标单位与所有投标者议标仍不能降低标价时,招标单位可以宣布此次招标无效,并在慎重审查标书、修改标底的基础上,重新组织招标或议标。

对报价低于标底10%的投标书,如无充分理由证明能够保证降低造价的,评标时可不予考虑。

第三十八条 评标委员会或评标小组成员不得索贿受贿,不得泄漏评议、会谈及其他工作情况。在评标定标工作期间,评标委员会或评标小组成员不得出席由投标者主办或赞助的任何活动。

第三十九条 开标仪式后,一般应在一个月内完成评标定标工作,由招标单位发出中标通知并抄知所有投标者。

实行整个工程项目招标的大中型及限额以上项目以及实行单项工程招标的上述项目的主体工程,由招标单位将评标结果按隶属关系报上级主管部门,经审批后方可通知中标单位;其他项目招标单位将评标结果通知投标人的同时应报上级主管部门备案。

第七章 合同签订

第四十条 中标者接到中标通知后,应在一个月内与招标单位签订承包合同。签订合同的惟一依据是招标文件、投标书及有效的补充文件和信函。

第四十一条 任何一方不得以提出第四十条所列文件内容以外的条件未获满足为理由,拒绝签订合同。中标者拒签合同,无权请求返还投标保证金;招标单位拒签合同,除返还投标保证金外,还应付给投标者相当于投标保证金数额的赔偿。

第四十二条 签订承包合同时,中标者应向招标单位送交由开户银行出具的履约保证金证书(简称"保函")。保函金额为合同总价的5%~10%。合同履行后,保函金额应予收回。无法定理由,中标者不履行合同的,无权请求返还保函金额,招标方不履行合同的,除返还保函金额外,还应付给中标者相当于保函金额的赔偿。

第四十三条 大中型及限额以上建设项目的招标工作结束后,由招标单位写出总结,按隶属关系报上级主管部门备案。

第八章 管理、监督与纠纷处理

第四十四条 交通部和各级地方交通主管部门在水运工程施工招标管理工作中的主要职责是:

(一)贯彻本办法,指导招标投标工作的开展;
(二)参加大中型及限额以上项目的招标、评标工作;
(三)总结交流招标投标工作经验。

第四十五条 在合同执行过程中,如有关各方发生争议或纠纷,应按照合同及有关法律、法规的规定,通过监理工程师协调解决。如协调不成,可由建设单位的上级主管部门予以调解。调解不成时,可申请项目所在地仲裁机关仲裁,也可直接向法院起诉。

第九章 附　则

第四十六条　各省、自治区、直辖市交通厅（局）可根据本办法结合本地区的具体情况，制定实施细则，并报交通部备案。

第四十七条　本办法由交通部负责解释。

第四十八条　本办法自 1990 年 4 月 1 日起施行，交通部 1985 年发布的《港口建设工程施工招标投标暂行办法》同时废止。

4. 水运工程机电设备招标投标管理办法

交通部第 9 号令

第一章 总 则

第一条 为规范水运工程机电设备招标投标活动，保证水运工程机电设备质量，保护各方当事人的合法权益，依据《中华人民共和国招标投标法》、《中华人民共和国政府采购法》和国家有关规定，制定本办法。

第二条 本办法适用于中华人民共和国境内水运工程基本建设项目和技术改造项目的机电设备采购。

水运工程机电设备是指港口工程、航道工程、航运枢纽工程、通航建筑物工程、修造船水工建筑物工程项目中的机械、电气、车船等设备。

第三条 机电设备的采购应当进行招标。属于下列情形之一的，可以不进行招标：

（一）只能从唯一制造商获得的；

（二）采购活动涉及国家安全和秘密的；

（三）单项合同在 100 万元以下，且项目总投资在 3000 万元以下的；

（四）法律、法规另有规定的。

第四条 水运工程机电设备招标投标活动，应遵循公开、公平、公正和诚实信用的原则。

第五条 水运工程机电设备招标投标活动的监督管理实行统一领导、分级管理。

交通部负责全国水运工程机电设备招标投标活动的监督管理。

省级人民政府交通主管部门负责本行政区域内水运工程机电设备招标投标活动的监督管理。

县级以上人民政府交通主管部门按照项目管理权限，依法查处水运工程机电设备招标投标活动中的违法行为。

第二章 招 标

第六条 水运工程机电设备的招标人，是依照本办法规定提出机电设备招标项目、进行机电设备招标的法人或者其他组织。

第七条 具备下列条件的招标人，可以自行办理招标事宜：

（一）具有法人资格；

（二）具有与招标项目相适应的技术、经济管理和编制招标文件的能力；

（三）有同类项目招标的经验；

（四）拥有相应的招标业务人员，具有组织招标、评标的能力；

（五）熟悉和掌握招标投标法及有关法律、法规、规章。

招标人不具备前款规定条件的，应当委托具有相应资格的招标代理机构办理招标事宜。

任何单位和个人不得以任何方式为招标人指定招标代理机构。

第八条 必须进行招标的项目，招标人自行办理招标事宜的，应当在发布招标公告或者发出投标邀请书十五日前，按项目管理权限报交通主管部门备案，其中，国家投资的大中型基本建设项目及限额以上技术改造建设项目报交通部备案,并同时抄送省级交通行政主管部门。

第九条 水运工程机电设备招标分为公开招标和邀请招标。

公开招标是招标人通过国务院有关部门指定的报刊、信息网络或者其他媒介发布招标公告,邀请不特定的法人或者其他组织投标。

邀请招标是指招标人以投标邀请书的方式,邀请三个以上具备承担招标项目能力的、资信良好的特定法人或者其他组织投标。

第十条 全部使用国有资金投资或者国有资金投资占控股或者主导地位的水运工程项目的机电设备招标,应当公开招标。

国务院发展和改革部门确定的国家重点项目和省、自治区、直辖市人民政府确定的地方重点项目不适宜公开招标的,经国务院发展和改革部门或者省、自治区、直辖市人民政府批准,可以进行邀请招标。

第十一条 水运工程机电设备招标由招标人组织,按下列程序进行:

(一)确定招标方式;
(二)编制招标文件;
(三)招标文件报送交通主管部门备案;
(四)发布招标公告或发出投标邀请书;
(五)出售或发放招标文件;
(六)必要时召开标前会,并进行答疑;
(七)接收投标人的投标文件;
(八)开标,审查投标文件;
(九)组建评标委员会,依据评标办法评标,提出评标报告,推荐中标候选人;
(十)将评标报告、评标结果报交通主管部门备案;
(十一)确定中标人,发出中标通知书;
(十二)与中标人签订水运工程机电设备采购合同。

第十二条 招标公告(投标邀请书)应当包括以下主要内容:

(一)招标人的名称和地址;
(二)招标依据;
(三)招标项目的概况,包括采购设备的名称、招标范围、供货时间和资金来源等;
(四)招标方式、时间、地点、获取招标文件的办法;
(五)对投标人的要求;
(六)其他事项。

第十三条 招标文件应当包括以下主要内容:

(一)投标须知,包括设备名称、交付地点,递交投标文件的时间、地点、方式和正、副本的份数,开标的时间、地点,通知评标结果的时间,投标有效期,投标保函或投标保证金额度、提交方式、返还的时间和方式等。

(二)合同格式及合同主要条款,包括供货范围、价格与支付,交货期,交货方式,交货地点,质量与检验,试车和验收,赔偿等。

(三)技术规格书,包括招标设备的名称、数量、所用的标准、规范和技术要求,设备的主要技术性能、参数指标,详细的设计、制造、安装、调试、验收等方面的技术条件和要求、备品备件方面的要求，设计审查、监造、厂验、培训、技术图纸及资料和售后服务等方面的要求。

重要的技术条款和主要参数及偏差范围应加注"＊"号。

（四）评标原则、标准和方法，废标条件和评估价的计算方法等。

（五）要求投标人提供的有关文件，包括投标人及主要制造厂商的营业执照及资信证明文件。

（六）附件，包括开标一览表、投标报价表、货物说明一览表、规格偏离表。

第十四条 招标人对已发出的招标文件进行必要的澄清或者修改、补充的，招标人最迟应在投标截止日期前十五日，以书面形式通知所有潜在投标人。该澄清或者修改、补充的内容为招标文件的组成部分。

第十五条 招标人应在发售招标文件十日前，按规定的管理权限将招标文件报交通主管部门备案，其中，国家投资的大中型基本建设项目及限额以上技术改造建设项目报交通部备案。

第十六条 招标人应当合理确定投标文件的编制时间。发布招标公告至招标文件发售截止时间，不得少于十日。自招标文件发售之日起至潜在投标人递交投标文件截止时间，一般不得少于二十日，大型成套设备不得少于六十日。

第三章 投 标

第十七条 水运工程机电设备的投标人，是具备相应投标资格、响应招标文件要求、参加投标竞争的机电设备的制造商或者制造商授权的销售商。

第十八条 投标人可以单独投标，也可由两个以上法人或者其他组织组成一个联合体，以一个投标人的身份共同投标。

联合体中各制造商均应当具备承担招标项目的相应能力，联合体成员间须签订协议，明确牵头人以及各方的责任、权利和义务，并将协议连同投标文件一并提交招标人。联合体中标的，联合体各方应当共同与招标人签订合同，就中标项目向招标人承担连带责任。

招标人不得强制投标人组成联合体共同投标，不得限制投标人之间的竞争。

第十九条 如果招标文件有要求的，投标人应按要求参加标前会。

第二十条 投标文件应按照招标文件规定的内容和要求编制，主要包括以下内容：

（一）投标函；

（二）总报价和分项报价；

（三）设备名称和数量，设备的主要性能、参数指标；

（四）供货方案，包括进度安排，安全、质量保证措施等内容；

（五）货物说明一览表，规格偏离表；

（六）招标文件要求的其他内容。

第二十一条 投标文件须经投标人盖章及其法定代表人（或者代理人）签字（或者署印），并按招标文件的规定密封。投标人应当在招标文件要求截止时间前，将投标文件送达指定地点。

第二十二条 投标人在招标文件要求的截止时间前，可以补充、修改或者撤回已递交的投标文件，并书面通知招标人。补充、修改的内容应当使用与投标书相同的方式签署、密封和送达，并作为投标文件的组成部分。

第二十三条　招标人在收到投标文件后，应当签收保存。在投标截止时间后送达的任何函件，招标人不得接受。

第二十四条　招标文件要求提交投标保函或者投标保证金的，投标人应在递交投标文件的同时，按要求提交投标保函或者投标保证金。

第四章　开标、评标和中标

第二十五条　开标应当在招标文件确定的提交投标文件截止时间的同一时间公开进行；开标地点应当为招标文件中预先确定的地点。

第二十六条　开标由招标人组织并主持。开标时，由投标人或者其推选的代表检查投标文件的密封情况，也可以由招标人委托的公证机构检查并公证；经确认无误后，当众拆封，宣读投标人名称、投标函、投标价格和投标文件的其他主要内容。

开标过程应当场记录，并存档备查。

第二十七条　投标人少于三个的，招标人应当按照本办法规定重新招标。

第二十八条　属于下列情况之一的，应当作为废标处理：

（一）投标文件未按要求密封；

（二）投标文件未按要求盖章及无其法定代表人（或者其代理人）签字（或者署印）；

（三）投标有效期不足的；

（四）投标人未按要求提交投标保函（或者投标保证金）；

（五）投标人递交两份或者多份内容不同的投标文件，又未书面声明哪一份为投标方案，哪一份为备选方案；

（六）投标人在一份投标文件中，对同一个机电设备有两个或者多个报价；

（七）投标文件不符合招标文件实质性要求；

（八）投标人以不正当手段从事投标活动。

第二十九条　开标后，招标人和投标人不得通过补充说明和有关资料改变招标文件和投标文件的实质内容。

第三十条　开标至发出中标通知书为评标阶段，评标活动均应保密。

第三十一条　评标工作由招标人依法组建的评标委员会负责。评标委员会成员由招标人的代表和有关技术、经济等方面的专家组成，总人数为五人以上单数，其中专家人数不得少于成员总数的三分之二。

前款专家应当从事相关领域工作满八年并具有高级职称或者具有同等专业水平，由招标人从交通部或者省级交通主管部门提供的专家库内的相关专业的专家名单中确定，一般招标项目可以采取随机抽取方式，特殊招标项目可以由招标人直接确定。

与投标人有利害关系的人不得进入相关项目的评标委员会；已经进入的应当更换。

评标委员会成员的名单在中标结果确定前应保密。

第三十二条　评标过程中，评标委员会可要求投标人对投标文件中含义不明确的内容作必要的澄清或者说明，投标人应作出书面澄清或者说明。澄清或者说明不得超出投标文件的范围或者改变投标文件的实质性内容。

第三十三条　评标时，评标委员会应当按照招标文件确定的评标原则、标准和方法，对投标文件进行综合评审和比较，推荐合格的中标候选人。

招标人应根据评标委员会提出的书面评标报告和推荐的中标候选人确定中标人。招标人也可以授权评标委员会直接确定中标人。

第三十四条 中标人的投标应当符合下列条件之一：

（一）能够最大限度地满足招标文件规定的各项综合评价标准；

（二）能够满足招标文件的实质性要求，且评估价格最低。

第三十五条 评标委员会经评审，认为所有投标都不符合招标文件要求的，可以否决所有投标。

招标项目的所有投标被否决的，招标人应当按规定重新招标。

第三十六条 在确定中标人之前，招标人不得与投标人就投标价格、投标方案等实质性内容进行谈判。

第三十七条 评标委员会成员应当客观、公正地履行职责，遵守职业道德，对所提出的评审意见承担个人责任。

评标委员会成员不得私下接触投标人，不得收受投标人的财物或者其他好处。

评标委员会成员和参与评标的有关工作人员不得透露对投标文件的评审和比较、中标候选人的推荐情况以及与评标有关的其他情况。

第三十八条 评标工作一般应在开标后三十日内完成，大型成套设备的评标时间可适当延长。

第三十九条 中标人确定后，招标人应当按项目管理权限将评标报告报交通部或者省级交通主管部门备案，其中，国家投资的大中型基本建设项目及限额以上技术改造建设项目报交通部备案。招标人应当向中标人发出中标通知书，并同时将中标结果通知所有未中标的投标人。

第四十条 招标人应在发出中标通知书三十日内与中标人签订合同，并返还所有投标人的投标保函或者投标保证金。

第四十一条 招标文件要求中标人提交履约保证金的，中标人应向招标人提交履约保证金，其额度一般为合同总价的1‰～3‰。履约保证金可以银行保函方式支付。

第四十二条 投标人和其他利害关系人认为招标投标活动不符合有关规定的，有权向招标人提出异议或者依法向有关部门投诉。

第五章 附 则

第四十三条 使用国际金融组织或者外国政府贷款、援助资金的项目进行招标，贷款方、资金提供方对招标投标的具体条件和程序有特殊要求的，可以适用其要求，但有损我国社会公共利益的除外。

第四十四条 水运工程进口机电设备的招标投标活动，依照国家的相关规定办理。

第四十五条 本办法自2004年12月1日起施行。

十三、水利工程招标投标

1. 哪些规模标准的水利工程建设项目必须进行招标?

符合下列具体范围并达到规模标准之一的水利工程建设项目必须进行招标。

1) 具体范围

(1) 关系社会公共利益、公共安全的防洪、排涝、灌溉、水力发电、引(供)水、滩涂治理、水土保持、水资源保护等水利工程建设项目;

(2) 使用国有资金投资或者国家融资的水利工程建设项目;

(3) 使用国际组织或者外国政府贷款、援助资金的水利工程建设项目。

2) 规模标准

(1) 施工单项合同估算价在 200 万元人民币以上的;

(2) 重要设备、材料等货物的采购,单项合同估算价在 100 万元人民币以上的;

(3) 勘察设计、监理等服务的采购,单项合同估算价在 50 万元人民币以上的;

(4) 项目总投资额在 3000 万元人民币以上,但分标单项合同估算价低于本项第(1)、(2)、(3)目规定的标准的项目原则上都必须招标。

2. 水利工程建设项目招标应当具备哪些条件?

水利工程建设项目招标应当具备以下条件:

1) 勘察设计招标应当具备的条件

(1) 勘察设计项目已经确定;

(2) 勘察设计所需资金已落实;

(3) 必需的勘察设计基础资料已收集完成。

2) 监理招标应当具备的条件

(1) 初步设计已经批准;

(2) 监理所需资金已落实;

(3) 项目已列入年度计划。

3) 施工招标应当具备的条件

(1) 初步设计已经批准;

(2) 建设资金来源已落实,年度投资计划已经安排;

(3) 监理单位已确定;

(4) 具有能满足招标要求的设计文件,已与设计单位签订适应施工进度要求的图纸交付合同或协议;

(5) 有关建设项目永久征地、临时征地和移民搬迁的实施、安置工作已经落实或已有明确安排。

4) 重要设备、材料招标应当具备的条件

(1) 初步设计已经批准;

(2) 重要设备、材料技术经济指标已基本确定;

（3）设备、材料所需资金已落实。

3. 招标工作一般按哪些程序进行？

招标工作一般按下列程序进行：

（1）招标前，按项目管理权限向水行政主管部门提交招标报告备案。报告具体内容应当包括：招标已具备的条件、招标方式、分标方案、招标计划安排、投标人资质（资格）条件、评标方法、评标委员会组建方案以及开标、评标的工作具体安排等；

（2）编制招标文件；

（3）发布招标信息（招标公告或投标邀请书）；

（4）发售资格预审文件；

（5）按规定日期接受潜在投标人编制的资格预审文件；

（6）组织对潜在投标人资格预审文件进行审核；

（7）向资格预审合格的潜在投标人发售招标文件；

（8）组织购买招标文件的潜在投标人现场踏勘；

（9）接受投标人对招标文件有关问题要求澄清的函件，对问题进行澄清，并书面通知所有潜在投标人；

（10）组织成立评标委员会，并在中标结果确定前保密；

（11）在规定时间和地点，接受符合招标文件要求的投标文件；

（12）组织开标评标会；

（13）在评标委员会推荐的中标候选人中，确定中标人；

（14）向水行政主管部门提交招标投标情况的书面总结报告；

（15）发中标通知书，并将中标结果通知所有投标人；

（16）进行合同谈判，并与中标人订立书面合同。

招标文件中应当明确投标保证金金额，一般可按以下标准控制：

（1）合同估算价 10000 万元人民币以上，投标保证金金额不超过合同估算价的千分之五；

（2）合同估算价 3000 万元至 10000 万元人民币之间，投标保证金金额不超过合同估算价的千分之六；

（3）合同估算价 3000 万元人民币以下，投标保证金金额不超过合同估算价的千分之七，但最低不得少于 1 万元人民币。

4. 对水利工程建设项目投标人有哪些要求？

投标人必须具备水利工程建设项目所需的资质（资格）。投标人应当按照招标文件的要求编写投标文件，并在招标文件规定的投标截止时间之前密封送达招标人。在投标截止时间之前，投标人可以撤回已递交的投标文件或进行更正和补充，但应当符合招标文件的要求。投标人必须按招标文件规定投标，也可附加提出"替代方案"，且应当在其封面上注明"替代方案"字样，供招标人选用，但不作为评标的主要依据。两个或两个以上单位联合投标的，应当按资质等级较低的单位确定联合体资质（资格）等级。招标人不得强制投标人组成联合体共同投标。投标人在递交投标文件的同时，应当递交投标保证金。招标人与中标人签订合同后 5 个工作日内，应当退还投标保证金。投标人应当对递交的资质（资格）预审文件及投标文件中有关资料的真实性负责。

5. 对评标标准和方法有哪些要求?

评标标准和方法应当在招标文件中载明,在评标时不得另行制定或修改、补充任何评标标准和方法。招标人在一个项目中,对所有投标人评标标准和方法必须相同。评标标准分为技术标准和商务标准,一般包含以下内容:

1) 勘察设计评标标准
(1) 投标人的业绩和资信;
(2) 勘察总工程师、设计总工程师的经历;
(3) 人力资源配备;
(4) 技术方案和技术创新;
(5) 质量标准及质量管理措施;
(6) 技术支持与保障;
(7) 投标价格和评标价格;
(8) 财务状况;
(9) 组织实施方案及进度安排。

2) 监理评标标准
(1) 投标人的业绩和资信;
(2) 项目总监理工程师经历及主要监理人员情况;
(3) 监理规划(大纲);
(4) 投标价格和评标价格;
(5) 财务状况。

3) 施工评标标准
(1) 施工方案(或施工组织设计)与工期;
(2) 投标价格和评标价格;
(3) 施工项目经理及技术负责人的经历;
(4) 组织机构及主要管理人员;
(5) 主要施工设备;
(6) 质量标准、质量和安全管理措施;
(7) 投标人的业绩、类似工程经历和资信;
(8) 财务状况。

4) 设备、材料评标标准
(1) 投标价格和评标价格;
(2) 质量标准及质量管理措施;
(3) 组织供应计划;
(4) 售后服务;
(5) 投标人的业绩和资信;
(6) 财务状况。

评标方法可采用综合评分法、综合最低评标价法、合理最低投标价法、综合评议法及两阶段评标法。施工招标设有标底的,评标标底可采用:

（1）招标人组织编制的标底 A；

（2）以全部或部分投标人报价的平均值作为标底 B；

（3）以标底 A 和标底 B 的加权平均值作为标底；

（4）以标底 A 值作为确定有效标的标准，以进入有效标内投标人的报价平均值作为标底。

施工招标未设标底的，按不低于成本价的有效标进行评审。

6. 招标人对有哪些情况之一的投标文件可以拒绝或按无效标处理？

招标人对有下列情况之一的投标文件，可以拒绝或按无效标处理：

（1）投标文件密封不符合招标文件要求的；

（2）逾期送达的；

（3）投标人法定代表人或授权代表人未参加开标会议的；

（4）未按招标文件规定加盖单位公章和法定代表人（或其授权人）的签字（或印鉴）的；

（5）招标文件规定不得标明投标人名称，但投标文件上标明投标人名称或有任何可能透露投标人名称的标记的；

（6）未按招标文件要求编写或字迹模糊导致无法确认关键技术方案、关键工期、关键工程质量保证措施、投标价格的；

（7）未按规定交纳投标保证金的；

（8）超出招标文件规定，违反国家有关规定的；

（9）投标人提供虚假资料的。

评标委员会经过评审，认为所有投标文件都不符合招标文件要求时，可以否决所有投标，招标人应当重新组织招标。对已参加本次投标的单位，重新参加投标不应当再收取招标文件费。在评标过程中，评标委员会可以要求投标人对投标文件中含义不明确的内容采取书面方式作出必要的澄清或说明，但不得超出投标文件的范围或改变投标文件的实质性内容。

7. 如何确定中标人？

评标委员会经过评审，从合格的投标人中排序推荐中标候选人。中标人的投标应当符合下列条件之一：

（1）能够最大限度地满足招标文件中规定的各项综合评价标准；

（2）能够满足招标文件的实质性要求，并且经评审的投标价格合理最低，但投标价格低于成本的除外。

招标人可授权评标委员会直接确定中标人，也可根据评标委员会提出的书面评标报告和推荐的中标候选人顺序确定中标人。当招标人确定的中标人与评标委员会推荐的中标候选人顺序不一致时，应当有充足的理由，并按项目管理权限报水行政主管部门备案。自中标通知书发出之日起 30 日内，招标人和中标人应当按照招标文件和中标人的投标文件订立书面合同，中标人提交履约保函。招标人和中标人不得另行订立背离招标文件实质性内容的其他协议。招标人在确定中标人后，应当在 15 日之内按项目管理权限提交招标投标情况的书面报告。当确定的中标人拒绝签订合同时，招标人可与确定的候补中标人签订合同，并按项目管理权限备案。由于招标人自身原因致使招标工作失败（包括未能如期签订合同），招标人应当按投标保证金双倍的金额赔偿投标人，同时退还投标保证金。

8. 水利工程建设项目重要设备材料的采购如何鉴定？

采购是指项目重要设备、材料的一次性采购。重要设备是指：直接用于项目永久性工程的机电设备、自动化设备、金属结构及设备、试验设备、原型观测和测量仪器设备等；使用本项目资金购置的用于本项目施工的各种施工设备、施工机械和施工车辆等；使用本项目资金购置的服务于本项目的办公设备、通信设备、电气设备、医疗设备、环保设备、交通运输车辆和生活设施设备等。重要材料是指：

（1）构成永久工程的重要材料，如钢材、水泥、粉煤灰、硅粉、抗磨材料等；

（2）用于项目数量大的消耗材料，如油品、木材、民用爆破材料等。

9. 对水利工程建设项目招标投标如何实施审计监督？

《水利工程建设项目招标投标管理规定》所规定的水利工程建设项目的勘察设计、施工、监理以及与水利工程建设项目有关的重要设备、材料采购等的招标投标的审计监督。审计部门根据工作需要，对水利工程建设项目的招标投标进行事前、事中、事后的审计监督，对重点水利建设项目的招标投标进行全过程跟踪审计，对有关招标投标的重要事项进行专项审计或审计调查。审计部门对水利工程建设项目招标投标中的下列事项进行审计监督：

（1）招标项目前期工作是否符合水利工程建设项目管理规定，是否履行规定的审批程序；

（2）招标项目资金计划是否落实，资金来源是否符合规定；

（3）招标文件确定的水利工程建设项目的标准、建设内容和投资是否符合批准的设计文件；

（4）与招标投标有关的取费是否符合规定；

（5）招标人与中标人是否签订书面合同，所签合同是否真实、合法；

（6）与水利工程建设项目招标投标有关的其他经济事项。

审计部门会同行政监督部门、行政监察部门对招标投标中的下列事项进行审计监督：

（1）招标项目的招标方式、招标范围是否符合规定；

（2）招标人是否符合规定的招标条件，招标代理机构是否具有相应资质，招标代理合同是否真实、合法；

（3）招标项目的招标、投标、开标、评标和中标程序是否合法；

（4）招标项目评标委员会、评标专家的产生及人员组成、评标标准和评标方法是否符合规定；

（5）对招标投标过程中泄露保密资料、泄露标底、串通招标、串通投标、规避招标、歧视排斥投标等违法行为进行审计监督；

（6）对勘察、设计、施工单位转包、违法分包和监理单位违法转让监理业务以及无证或借用资质承接工程业务等违法违规行为进行审计监督。

附录十三：水利工程招标投标管理相关法规

1. 水利工程建设项目招标投标管理规定

水利部发布第 14 号令

第一章 总 则

第一条 为加强水利工程建设项目招标投标工作的管理，规范招标投标活动，根据《中华人民共和国招标投标法》和国家有关规定，结合水利工程建设的特点，制定本规定。

第二条 本规定适用于水利工程建设项目的勘察设计、施工、监理以及与水利工程建设有关的重要设备、材料采购等的招标投标活动。

第三条 符合下列具体范围并达到规模标准之一的水利工程建设项目必须进行招标。

（一）具体范围

1. 关系社会公共利益、公共安全的防洪、排涝、灌溉、水力发电、引（供）水、滩涂治理、水土保持、水资源保护等水利工程建设项目；
2. 使用国有资金投资或者国家融资的水利工程建设项目；
3. 使用国际组织或者外国政府贷款、援助资金的水利工程建设项目。

（二）规模标准

1. 施工单项合同估算价在 200 万元人民币以上的；
2. 重要设备、材料等货物的采购，单项合同估算价在 100 万元人民币以上的；
3. 勘察设计、监理等服务的采购，单项合同估算价在 50 万元人民币以上的；
4. 项目总投资额在 3000 万元人民币以上，但分标单项合同估算价低于本项第 1、2、3 目规定的标准的项目原则上都必须招标。

第四条 招标投标活动应当遵循公开、公平、公正和诚实信用的原则。建设项目的招标工作由招标人负责，任何单位和个人不得以任何方式非法干涉招标投标活动。

第二章 行政监督与管理

第五条 水利部是全国水利工程建设项目招标投标活动的行政监督与管理部门，其主要职责是：

（一）负责组织、指导、监督全国水利行业贯彻执行国家有关招标投标的法律、法规、规章和政策；

（二）依据国家有关招标投标法律、法规和政策，制定水利工程建设项目招标投标的管理规定和办法；

（三）受理有关水利工程建设项目招标投标活动的投诉，依法查处招标投标活动中的违法违规行为；

（四）对水利工程建设项目招标代理活动进行监督；

（五）对水利工程建设项目评标专家资格进行监督与管理；

（六）负责国家重点水利项目和水利部所属流域管理机构（以下简称流域管理机构）主

要负责人兼任项目法人代表的中央项目的招标投标活动的行政监督。

第六条 流域管理机构受水利部委托,对除第五条第六项规定以外的中央项目的招标投标活动进行行政监督。

第七条 省、自治区、直辖市人民政府水行政主管部门是本行政区域内地方水利工程建设项目招标投标活动的行政监督与管理部门,其主要职责是:

(一)贯彻执行有关招标投标的法律、法规、规章和政策;

(二)依照有关法律、法规和规章,制定地方水利工程建设项目招标投标的管理办法;

(三)受理管理权限范围内的水利工程建设项目招标投标活动的投诉,依法查处招标投标活动中的违法违规行为;

(四)对本行政区域内地方水利工程建设项目招标代理活动进行监督;

(五)组建并管理省级水利工程建设项目评标专家库;

(六)负责本行政区域内除第五条第六项规定以外的地方项目的招标投标活动的行政监督。

第八条 水行政主管部门依法对水利工程建设项目的招标投标活动进行行政监督,内容包括:

(一)接受招标人招标前提交备案的招标报告;

(二)可派员监督开标、评标、定标等活动,对发现的招标投标活动的违法违规行为,应当立即责令改正,必要时可作出包括暂停开标或评标以及宣布开标、评标结果无效的决定,对违法的中标结果予以否决;

(三)接受招标人提交备案的招标投标情况书面总结报告。

第三章 招　　标

第九条 招标分为公开招标和邀请招标。

第十条 依法必须招标的项目中,国家重点水利项目、地方重点水利项目及全部使用国有资金投资或者国有资金投资占控股或者主导地位的项目应当公开招标,但有下列情况之一的,按第十一条的规定经批准后可采用邀请招标:

(一)属于第三条第二项第4目规定的项目;

(二)项目技术复杂,有特殊要求或涉及专利权保护,受自然资源或环境限制,新技术或技术规格事先难以确定的项目;

(三)应急度汛项目;

(四)其他特殊项目。

第十一条 符合第十条规定,采用邀请招标的,招标前招标人必须履行下列批准手续:

(一)国家重点水利项目经水利部初审后,报国家发展计划委员会批准;其他中央项目报水利部或其委托的流域管理机构批准。

(二)地方重点水利项目经省、自治区、直辖市人民政府水行政主管部门会同同级发展计划行政主管部门审核后,报本级人民政府批准;其他地方项目报省、自治区、直辖市人民政府水行政主管部门批准。

第十二条 下列项目可不进行招标,但须经项目主管部门批准:

(一)涉及国家安全、国家秘密的项目;

(二)应急防汛、抗旱、抢险、救灾等项目;

（三）项目中经批准使用农民投工、投劳施工的部分（不包括该部分中勘察设计、监理和重要设备、材料采购）；

（四）不具备招标条件的公益性水利工程建设项目的项目建议书和可行性研究报告；

（五）采用特定专利技术或特有技术的；

（六）其他特殊项目。

第十三条 当招标人具备以下条件时，按有关规定和管理权限经核准可自行办理招标事宜：

（一）具有项目法人资格（或法人资格）；

（二）具有与招标项目规模和复杂程度相适应的工程技术、概预算、财务和工程管理等方面专业技术力量；

（三）具有编制招标文件和组织评标的能力；

（四）具有从事同类工程建设项目招标的经验；

（五）设有专门的招标机构或者拥有3名以上专职招标业务人员；

（六）熟悉和掌握招标投标法律、法规、规章。

第十四条 当招标人不具备第十三条的条件时，应当委托符合相应条件的招标代理机构办理招标事宜。

第十五条 招标人申请自行办理招标事宜时，应当报送以下书面材料：

（一）项目法人营业执照、法人证书或者项目法人组建文件；

（二）与招标项目相适应的专业技术力量情况；

（三）内设的招标机构或者专职招标业务人员的基本情况；

（四）拟使用的评标专家库情况；

（五）以往编制的同类工程建设项目招标文件和评标报告以及招标业绩的证明材料；

（六）其他材料。

第十六条 水利工程建设项目招标应当具备以下条件：

（一）勘察设计招标应当具备的条件

1. 勘察设计项目已经确定；
2. 勘察设计所需资金已落实；
3. 必需的勘察设计基础资料已收集完成。

（二）监理招标应当具备的条件

1. 初步设计已经批准；
2. 监理所需资金已落实；
3. 项目已列入年度计划。

（三）施工招标应当具备的条件

1. 初步设计已经批准；
2. 建设资金来源已落实，年度投资计划已经安排；
3. 监理单位已确定；
4. 具有能满足招标要求的设计文件，已与设计单位签订适应施工进度要求的图纸交付合同或协议；
5. 有关建设项目永久征地、临时征地和移民搬迁的实施、安置工作已经落实或已有明确安排。

（四）重要设备、材料招标应当具备的条件
1. 初步设计已经批准；
2. 重要设备、材料技术经济指标已基本确定；
3. 设备、材料所需资金已落实。

第十七条 招标工作一般按下列程序进行：

（一）招标前，按项目管理权限向水行政主管部门提交招标报告备案，报告具体内容应当包括：招标已具备的条件、招标方式、分标方案、招标计划安排、投标人资质（资格）条件、评标方法、评标委员会组建方案以及开标、评标的工作具体安排等；

（二）编制招标文件；

（三）发布招标信息（招标公告或投标邀请书）；

（四）发售资格预审文件；

（五）按规定日期接受潜在投标人编制的资格预审文件；

（六）组织对潜在投标人资格预审文件进行审核；

（七）向资格预审合格的潜在投标人发售招标文件；

（八）组织购买招标文件的潜在投标人现场踏勘；

（九）接受投标人对招标文件有关问题要求澄清的函件，对问题进行澄清，并书面通知所有潜在投标人；

（十）组织成立评标委员会，并在中标结果确定前保密；

（十一）在规定时间和地点，接受符合招标文件要求的投标文件；

（十二）组织开标评标会；

（十三）在评标委员会推荐的中标候选人中，确定中标人；

（十四）向水行政主管部门提交招标投标情况的书面总结报告；

（十五）发中标通知书，并将中标结果通知所有投标人；

（十六）进行合同谈判，并与中标人订立书面合同。

第十八条 采用公开招标方式的项目，招标人应当在国家发展计划委员会指定的媒介发布招标公告，其中大型水利工程建设项目以及国家重点项目、中央项目、地方重点项目同时还应当在《中国水利报》发布招标公告，公告正式媒介发布至发售资格预审文件（或招标文件）的时间间隔一般不少于10日。招标人应当对招标公告的真实性负责。招标公告不得限制潜在投标人的数量。

采用邀请招标方式的，招标人应当向3个以上有投标资格的法人或其他组织发出投标邀请书。

投标人少于3个的，招标人应当依照本规定重新招标。

第十九条 招标人应当根据国家有关规定，结合项目特点和需要编制招标文件。

第二十条 招标人应当对投标人进行资格审查，并提出资格审查报告，经参审人员签字后存档备查。

第二十一条 在一个项目中，招标人应当以相同条件对所有潜在投标人的资格进行审查，不得以任何理由限制或者排斥部分潜在投标人。

第二十二条 招标人对已发出的招标文件进行必要澄清或者修改的，应当在招标文件要求提交投标文件截止日期至少15日前，以书面形式通知所有投标人。该澄清或者修改的内容为招标文件的组成部分。

第二十三条 依法必须进行招标的项目,自招标文件开始发出之日起至投标人提交投标文件截止之日止,最短不应当少于 20 日。

第二十四条 招标文件应当按其制作成本确定售价,一般可按 1000 元至 3000 元人民币标准控制。

第二十五条 招标文件中应当明确投标保证金金额,一般可按以下标准控制:

(一) 合同估算价 10000 万元人民币以上,投标保证金金额不超过合同估算价的千分之五;

(二) 合同估算价 3000 万元至 10000 万元人民币之间,投标保证金金额不超过合同估算价的千分之六;

(三) 合同估算价 3000 万元人民币以下,投标保证金金额不超过合同估算价的千分之七,但最低不得少于 1 万元人民币。

第四章 投 标

第二十六条 投标人必须具备水利工程建设项目所需的资质(资格)。

第二十七条 投标人应当按照招标文件的要求编写投标文件,并在招标文件规定的投标截止时间之前密封送达招标人。在投标截止时间之前,投标人可以撤回已递交的投标文件或进行更正和补充,但应当符合招标文件的要求。

第二十八条 投标人必须按招标文件规定投标,也可附加提出"替代方案",且应当在其封面上注明"替代方案"字样,供招标人选用,但不作为评标的主要依据。

第二十九条 两个或两个以上单位联合投标的,应当按资质等级较低的单位确定联合体资质(资格)等级。招标人不得强制投标人组成联合体共同投标。

第三十条 投标人在递交投标文件的同时,应当递交投标保证金。招标人与中标人签订合同后 5 个工作日内,应当退还投标保证金。

第三十一条 投标人应当对递交的资质(资格)预审文件及投标文件中有关资料的真实性负责。

第五章 评标标准与方法

第三十二条 评标标准和方法应当在招标文件中载明,在评标时不得另行制定或修改、补充任何评标标准和方法。

第三十三条 招标人在一个项目中,对所有投标人评标标准和方法必须相同。

第三十四条 评标标准分为技术标准和商务标准,一般包含以下内容:

(一) 勘察设计评标标准

1. 投标人的业绩和资信;
2. 勘察总工程师、设计总工程师的经历;
3. 人力资源配备;
4. 技术方案和技术创新;
5. 质量标准及质量管理措施;
6. 技术支持与保障;
7. 投标价格和评标价格;
8. 财务状况;

9. 组织实施方案及进度安排。

（二）监理评标标准

1. 投标人的业绩和资信；
2. 项目总监理工程师经历及主要监理人员情况；
3. 监理规划（大纲）；
4. 投标价格和评标价格；
5. 财务状况。

（三）施工评标标准

1. 施工方案（或施工组织设计）与工期；
2. 投标价格和评标价格；
3. 施工项目经理及技术负责人的经历；
4. 组织机构及主要管理人员；
5. 主要施工设备；
6. 质量标准、质量和安全管理措施；
7. 投标人的业绩、类似工程经历和资信；
8. 财务状况。

（四）设备、材料评标标准

1. 投标价格和评标价格；
2. 质量标准及质量管理措施；
3. 组织供应计划；
4. 售后服务；
5. 投标人的业绩和资信；
6. 财务状况。

第三十五条 评标方法可采用综合评分法、综合最低评标价法、合理最低投标价法、综合评议法及两阶段评标法。

第三十六条 施工招标设有标底的，评标标底可采用：

（一）招标人组织编制的标底 A；

（二）以全部或部分投标人报价的平均值作为标底 B；

（三）以标底 A 和标底 B 的加权平均值作为标底；

（四）以标底 A 值作为确定有效标的标准，以进入有效标内投标人的报价平均值作为标底。

施工招标未设标底的，按不低于成本价的有效标进行评审。

第六章　开标、评标和中标

第三十七条 开标由招标人主持，邀请所有投标人参加。

第三十八条 开标应当按招标文件中确定的时间和地点进行。开标人员至少由主持人、监标人、开标人、唱标人、记录人组成，上述人员对开标负责。

第三十九条 开标一般按以下程序进行：

（一）主持人在招标文件确定的时间停止接收投标文件，开始开标；

（二）宣布开标人员名单；

（三）确认投标人法定代表人或授权代表人是否在场；
（四）宣布投标文件开启顺序；
（五）依开标顺序，先检查投标文件密封是否完好，再启封投标文件；
（六）宣布投标要素，并作记录，同时由投标人代表签字确认；
（七）对上述工作进行记录，存档备查。

第四十条 评标工作由评标委员会负责。评标委员会由招标人的代表和有关技术、经济、合同管理等方面的专家组成，成员人数为七人以上单数，其中专家（不含招标人代表人数）不得少于成员总数的三分之二。

第四十一条 公益性水利工程建设项目中，中央项目的评标专家应当从水利部或流域管理机构组建的评标专家库中抽取；地方项目的评标专家应当从省、自治区、直辖市人民政府水行政主管部门组建的评标专家库中抽取，也可从水利部或流域管理机构组建的评标专家库中抽取。

第四十二条 评标专家的选择应当采取随机的方式抽取。根据工程特殊专业技术需要，经水行政主管部门批准，招标人可以指定部分评标专家，但不得超过专家人数的三分之一。

第四十三条 评标委员会成员不得与投标人有利害关系。所指利害关系包括：是投标人或其代理人的近亲属；在5年内与投标人曾有工作关系；或有其他社会关系或经济利益关系。

评标委员会成员名单在招标结果确定前应当保密。

第四十四条 评标工作一般按以下程序进行：
（一）招标人宣布评标委员会成员名单并确定主任委员；
（二）招标人宣布有关评标纪律；
（三）在主任委员主持下，根据需要，讨论通过成立有关专业组和工作组；
（四）听取招标人介绍招标文件；
（五）组织评标人员学习评标标准和方法；
（六）经评标委员会讨论，并经二分之一以上委员同意，提出需投标人澄清的问题，以书面形式送达投标人；
（七）对需要文字澄清的问题，投标人应当以书面形式送达评标委员会；
（八）评标委员会按招标文件确定的评标标准和方法，对投标文件进行评审，确定中标候选人推荐顺序；
（九）在评标委员会三分之二以上委员同意并签字的情况下，通过评标委员会工作报告，并报招标人。评标委员会工作报告附件包括有关评标的往来澄清函、有关评标资料及推荐意见等。

第四十五条 招标人对有下列情况之一的投标文件，可以拒绝或按无效标处理：
（一）投标文件密封不符合招标文件要求的；
（二）逾期送达的；
（三）投标人法定代表人或授权代表人未参加开标会议的；
（四）未按招标文件规定加盖单位公章和法定代表人（或其授权人）的签字（或印鉴）的；
（五）招标文件规定不得标明投标人名称，但投标文件上标明投标人名称或有任何可能透露投标人名称的标记的；

（六）未按招标文件要求编写或字迹模糊导致无法确认关键技术方案、关键工期、关键工程质量保证措施、投标价格的；

（七）未按规定交纳投标保证金的；

（八）超出招标文件规定，违反国家有关规定的；

（九）投标人提供虚假资料的。

第四十六条 评标委员会经过评审，认为所有投标文件都不符合招标文件要求时，可以否决所有投标，招标人应当重新组织招标。对已参加本次投标的单位，重新参加投标不应当再收取招标文件费。

第四十七条 评标委员会应当进行秘密评审，不得泄露评审过程、中标候选人的推荐情况以及与评标有关的其他情况。

第四十八条 在评标过程中，评标委员会可以要求投标人对投标文件中含义不明确的内容采取书面方式作出必要的澄清或说明，但不得超出投标文件的范围或改变投标文件的实质性内容。

第四十九条 评标委员会经过评审，从合格的投标人中排序推荐中标候选人。

第五十条 中标人的投标应当符合下列条件之一：

（一）能够最大限度地满足招标文件中规定的各项综合评价标准；

（二）能够满足招标文件的实质性要求，并且经评审的投标价格合理最低，但投标价格低于成本的除外。

第五十一条 招标人可授权评标委员会直接确定中标人，也可根据评标委员会提出的书面评标报告和推荐的中标候选人顺序确定中标人。当招标人确定的中标人与评标委员会推荐的中标候选人顺序不一致时，应当有充足的理由，并按项目管理权限报水行政主管部门备案。

第五十二条 自中标通知书发出之日起 30 日内，招标人和中标人应当按照招标文件和中标人的投标文件订立书面合同，中标人提交履约保函。招标人和中标人不得另行订立背离招标文件实质性内容的其他协议。

第五十三条 招标人在确定中标人后，应当在 15 日之内按项目管理权限向水行政主管部门提交招标投标情况的书面报告。

第五十四条 当确定的中标人拒绝签订合同时，招标人可与确定的候补中标人签订合同，并按项目管理权限向水行政主管部门备案。

第五十五条 由于招标人自身原因致使招标工作失败（包括未能如期签订合同），招标人应当按投标保证金双倍的金额赔偿投标人，同时退还投标保证金。

第七章 附 则

第五十六条 在招标投标活动中出现的违法违规行为，按照《中华人民共和国招标投标法》和国务院的有关规定进行处罚。

第五十七条 各省、自治区、直辖市可以根据本规定，结合本地区实际制定相应的实施办法。

第五十八条 本规定由水利部负责解释。

第五十九条 本规定自 2002 年 1 月 1 日起施行，《水利工程建设项目施工招标投标管理规定》（水建［1994］130 号 1995 年 4 月 21 日颁发，水政资［1998］51 号 1998 年 2 月 9 日修正）同时废止。

2. 水利工程建设项目监理招标投标管理办法

水建管〔2002〕587号

第一章 总 则

第一条 为了规范水利工程建设项目监理招标投标活动，根据《水利工程建设项目招标投标管理规定》（水利部第14号令，以下简称《规定》）和国家有关规定，结合水利工程建设监理的特点，制定本办法。

第二条 本办法适用于水利工程建设项目（以下简称"项目"）监理的招标投标活动。

第三条 项目符合《规定》第三条规定的范围与标准必须进行监理招标。国家和水利部对项目技术复杂或者有特殊要求的水利工程建设项目监理另有规定的，从其规定。

第四条 项目监理招标一般不宜分标。如若分标，各监理标的监理合同估算价应当在50万元人民币以上。

项目监理分标的，应当利于管理和竞争，利于保证监理工作的连续性和相对独立性，避免相互交叉和干扰，造成监理责任不清。

第五条 水行政主管部门依法对项目监理招标投标活动进行行政监督。内容包括：

（一）监督检查招标人是否按照招标前提交备案的项目招标报告进行监理招标；

（二）可派员监督项目开标、评标、定标等活动，查处监理招标投标活动中违法违规行为；

（三）接受招标人依法备案的项目监理招标投标情况报告。

第六条 项目监理招标投标活动应当遵循公开、公平、公正和诚实信用的原则。项目监理招标工作由招标人负责，任何单位和个人不得以任何方式非法干涉项目监理招标投标活动。

第二章 招 标

第七条 项目监理招标分为公开招标和邀请招标。

第八条 项目监理招标的招标人是该项目的项目法人。

第九条 招标人自行办理项目监理招标事宜时，应当按有关规定履行核准手续。

第十条 招标人委托招标代理机构办理招标事宜时，受委托的招标代理机构应符合水利工程建设项目招标代理有关规定的要求。

第十一条 项目监理招标应当具备下列条件：

（一）项目可行性研究报告或者初步设计已经批复；

（二）监理所需资金已经落实；

（三）项目已列入年度计划。

第十二条 项目监理招标宜在相应的工程勘察、设计、施工、设备和材料招标活动开始前完成。

第十三条 项目监理招标一般按照《规定》第十七条规定的程序进行。

第十四条 招标公告或者投标邀请书应当至少载明下列内容：

（一）招标人的名称和地址；

（二）监理项目的内容、规模、资金来源；
（三）监理项目的实施地点和服务期；
（四）获取招标文件或者资格预审文件的地点和时间；
（五）对招标文件或者资格预审文件收取的费用；
（六）对投标人的资质等级的要求。

第十五条 招标人应当对投标人进行资格审查。资格审查分为资格预审和资格后审。进行资格预审的，一般不再进行资格后审，但招标文件另有规定的除外。

第十六条 资格预审，是指在投标前对潜在投标人进行的资格审查。资格预审一般按照下列原则进行：
（一）招标人组建的资格预审工作组负责资格预审；
（二）资格预审工作组按照资格预审文件中规定的资格评审条件，对所有潜在投标人提交的资格预审文件进行评审；
（三）资格预审完成后，资格预审工作组应提交由资格预审工作组成员签字的资格预审报告，并由招标人存档备查；
（四）经资格预审后，招标人应当向资格预审合格的潜在投标人发出资格预审合格通知书，告知获取招标文件的时间、地点和方法，并同时向资格预审不合格的潜在投标人告知资格预审结果。

第十七条 资格后审，是指在开标后，招标人对投标人进行资格审查，提出资格审查报告，经参审人员签字由招标人存档备查，同时交评标委员会参考。

第十八条 资格审查应主要审查潜在投标人或者投标人是否符合下列条件：
（一）具有独立合同签署及履行的权利；
（二）具有履行合同的能力，包括专业、技术资格和能力，资金、设备和其他物质设施能力，管理能力，类似工程经验、信誉状况等；
（三）没有处于被责令停业，投标资格被取消，财产被接管、冻结等；
（四）在最近三年内没有骗取中标和严重违约及重大质量问题。

资格审查时，招标人不得以不合理的条件限制、排斥潜在投标人或者投标人，不得对潜在投标人或者投标人实行歧视待遇。任何单位和个人不得以行政手段或者其他不合理方式限制投标人的数量。

第十九条 招标文件应当包括下列内容：
（一）投标邀请书。
（二）投标人须知。投标人须知应当包括：招标项目概况，监理范围、内容和监理服务期，招标人提供的现场工作及生活条件（包括交通、通信、住宿等）和试验检测条件，对投标人和现场监理人员的要求，投标人应当提供的有关资格和资信证明文件，投标文件的编制要求，提交投标文件的方式、地点和截止时间，开标日程安排，投标有效期等。
（三）书面合同书格式。大、中型项目的监理合同书应当使用《水利工程建设监理合同示范文本》（GF—2000—0211），小型项目可参照使用。
（四）投标报价书、投标保证金和授权委托书、协议书和履约保函的格式。
（五）必要的设计文件、图纸和有关资料。
（六）投标报价要求及其计算方式。
（七）评标标准与方法。

（八）投标文件格式。

（九）其他辅助资料。

第二十条 依法必须进行招标的项目，自招标文件开始发出之日起至投标人提交投标文件截止之日止，最短不得少于 20 日。

第二十一条 招标文件一经发出，招标内容一般不得修改。招标文件的修改和澄清，应当于提交投标文件截止日期 15 日前书面通知所有潜在投标人。该修改和澄清的内容为招标文件的组成部分。

第二十二条 投标人少于 3 个的，招标人应当依法重新招标。

第二十三条 资格预审文件售价最高不得超过 500 元人民币。

第二十四条 招标文件售价应当按照《规定》第二十四条规定的标准控制。

第二十五条 投标保证金的金额一般按照招标文件售价的 10 倍控制。履约保证金的金额按照监理合同价的 2%～5%控制，但最低不少于 1 万元人民币。

第三章 投 标

第二十六条 投标人必须具有水利部颁发的水利工程建设监理资质证书，并具备下列条件：

（一）具有招标文件要求的资质等级和类似项目的监理经验与业绩；

（二）与招标项目要求相适应的人力、物力和财力；

（三）其他条件。

第二十七条 招标代理机构代理项目监理招标时，该代理机构不得参加或代理该项目监理的投标。

第二十八条 投标人应当按照招标文件的要求编制投标文件。投标文件一般包括下列内容：

（一）投标报价书；

（二）投标保证金；

（三）委托投标时，法定代表人签署的授权委托书；

（四）投标人营业执照、资质证书以及其他有效证明文件的复印件；

（五）监理大纲；

（六）项目总监理工程师及主要监理人员简历、业绩、学历证书、职称证书以及监理工程师资格证书和岗位证书等证明文件；

（七）拟用于本工程的设施设备、仪器；

（八）近 3～5 年完成的类似工程、有关方面对投标人的评价意见以及获奖证明；

（九）投标人近 3 年财务状况；

（十）投标报价的计算和说明；

（十一）招标文件要求的其他内容。

第二十九条 监理大纲的主要内容应当包括：工程概况、监理范围、监理目标、监理措施、对工程的理解、项目监理机构组织机构、监理人员等。

第三十条 投标人应当在招标文件要求提交投标文件的截止时间前，将投标文件密封送达招标人。投标人的投标文件正本和副本应当分别包装，包装封套上加贴封条，加盖"正本"或"副本"标记。

第三十一条 投标人在招标文件要求提交投标文件截止时间之前,可以书面方式对投标文件进行修改、补充或者撤回,但应当符合招标文件的要求。

第三十二条 两个以上监理单位可以组成一个联合体,以一个投标人的身份投标。

联合体各方签订共同投标协议后,不得再以自己名义单独投标,也不得组成新的联合体或参加其他联合体在同一项目中投标。

招标人不得强制投标人组成联合体共同投标。

第三十三条 联合体参加资格预审并获通过的,其组成的任何变化都必须在提交投标文件截止之日前征得招标人的同意。如果变化后的联合体削弱了竞争,含有事先未经过资格预审或者资格预审不合格的法人,或者使联合体的资质降到资格预审文件中规定的最低标准下,招标人有权拒绝。

第三十四条 联合体各方必须指定牵头人,授权其代表所有联合体成员负责投标和合同实施阶段的主办、协调工作,并应当向招标人提交由所有联合体成员法定代表人签署的授权书。

第三十五条 联合体投标的,应当以联合体各方或者联合体中牵头人的名义提交投标保证金。

第三十六条 投标人应当对递交的资格预审文件、投标文件中有关资料的真实性负责。

第四章 评标标准与方法

第三十七条 项目监理评标标准和方法应当体现根据监理服务质量选择中标人的原则。评标标准和方法应当在招标文件中载明,在评标时不得另行制定或者修改、补充任何评标标准和方法。

项目监理招标不宜设置标底。

第三十八条 评标标准包括投标人的业绩和资信、项目总监理工程师的素质和能力、资源配置、监理大纲以及投标报价等五个方面。其重要程度宜分别赋予20%、25%、25%、20%、10%的权重,也可根据项目具体情况确定。

第三十九条 业绩和资信可以从以下几个方面设置评价指标:

(一)有关资质证书、营业执照等情况;

(二)人力、物力与财力资源;

(三)近3~5年完成或者正在实施的项目情况及监理效果;

(四)投标人以往的履约情况;

(五)近5年受到的表彰或者不良业绩记录情况;

(六)有关方面对投标人的评价意见等。

第四十条 项目总监理工程师的素质和能力可以从以下几个方面设置评价指标:

(一)项目总监理工程师的简历、监理资格;

(二)项目总监理工程师主持或者参与监理的类似工程项目及监理业绩;

(三)有关方面对项目总监理工程师的评价意见;

(四)项目总监理工程师月驻现场工作时间;

(五)项目总监理工程师的陈述情况等。

第四十一条 资源配置可以从以下几个方面设置评价指标:

(一)项目副总监理工程师、部门负责人的简历及监理资格;

（二）项目相关专业人员和管理人员的数量、来源、职称、监理资格、年龄结构、人员进场计划；

（三）主要监理人员的月驻现场工作时间；

（四）主要监理人员从事类似工程的相关经验；

（五）拟为工程项目配置的检测及办公设备；

（六）随时可调用的后备资源等。

第四十二条 监理大纲可以从以下几个方面设置评价指标：

（一）监理范围与目标；

（二）对影响项目工期、质量和投资的关键问题的理解程度；

（三）项目监理组织机构与管理的实效性；

（四）质量、进度、投资控制和合同、信息管理的方法与措施的针对性；

（五）拟定的监理质量体系文件等；

（六）工程安全监督措施的有效性。

第四十三条 投标报价可以从以下几个方面设置评价指标：

（一）监理服务范围、时限；

（二）监理费用结构、总价及所包含的项目；

（三）人员进场计划；

（四）监理费用报价取费原则是否合理。

第四十四条 评标方法主要为综合评分法、两阶段评标法和综合评议法，可根据工程规模和技术难易程度选择采用。大、中型项目或者技术复杂的项目宜采用综合评分法或者两阶段评标法，项目规模小或者技术简单的项目可采用综合评议法。

（一）综合评分法。根据评标标准设置详细的评价指标和评分标准，经评标委员会集体评审后，评标委员会分别对所有投标文件的各项评价指标进行评分，去掉最高分和最低分后，其余评委评分的算术和即为投标人的总得分。评标委员会根据投标人总得分的高低排序选择中标候选人1~3名。若候选人出现分值相同情况，则对分值相同的投标人改为投票法，以少数服从多数的方式，也可根据总监理工程师、监理大纲的得分高低决定次序选择中标候选人。

（二）两阶段评标法。对投标文件的评审分为两阶段进行。首先进行技术评审，然后进行商务评审。有关评审方法可采用综合评分法或综合评议法。评标委员会在技术评审结束之前，不得接触投标文件中商务部分的内容。

评标委员会根据确定的评审标准选出技术评审排序的前几名投标人，而后对其进行商务评审。根据规定的技术和商务权重，对这些投标人进行综合评价和比较，确定中标候选人1~3名。

（三）综合评议法。根据评标标准设置详细的评价指标，评标委员会成员对各个投标人进行定性比较分析，综合评议，采用投票表决的形式，以少数服从多数的方式，排序推荐中标候选人1~3名。

第五章 开标、评标和中标

第四十五条 开标时间、地点应当为招标文件中确定的时间、地点。开标工作人员至少有主持人、监标人、开标人、唱标人、记录人组成。招标人收到投标文件时，应当检查其密封性，进行登记并提供回执。已收投标文件应妥善保管，开标前不得开启。在招标文件要求提交投标文件的截止时间后送达的投标文件，应当拒收。

第四十六条 开标由招标人主持，邀请所有投标人参加。投标人的法定代表人或者授权代表人应当出席开标会议。评标委员会成员不得出席开标会议。

第四十七条 开标人员应当在开标前检查出席开标会议的投标人法定代表人的证明文件或者授权代表人有关身份证明。法定代表人或者授权代表人应当在指定的登记表上签名报到。

第四十八条 开标一般按照《规定》第三十九条规定的程序进行。

第四十九条 属于下列情况之一的投标文件，招标人可以拒绝或者按无效标处理：

（一）投标人的法定代表人或者授权代表人未参加开标会议；

（二）投标文件未按照要求密封或者逾期送达；

（三）投标文件未加盖投标人公章或者未经法定代表人（或者授权代表人）签字（或者印鉴）；

（四）投标人未按照招标文件要求提交投标保证金；

（五）投标文件字迹模糊导致无法确认涉及关键技术方案、关键工期、关键工程质量保证措施、投标价格；

（六）投标文件未按照规定的格式、内容和要求编制；

（七）投标人在一份投标文件中，对同一招标项目报有两个或者多个报价且没有确定的报价说明；

（八）投标人对同一招标项目递交两份或者多份内容不同的投标文件，未书面声明哪一个有效；

（九）投标文件中含有虚假资料；

（十）投标人名称与组织机构与资格预审文件不一致；

（十一）不符合招标文件中规定的其他实质性要求。

第五十条 评标由评标委员会负责。评标委员会的组成按照《规定》第四十条的规定进行。

第五十一条 评标专家的选择按照《规定》第四十一条、第四十二条的规定进行。

第五十二条 评标委员会成员实行回避制度，有下列情形之一的，应当主动提出回避并不得担任评标委员会成员：

（一）投标人或者投标人、代理人主要负责人的近亲属；

（二）项目主管部门或者行政监督部门的人员；

（三）在5年内与投标人或其代理人曾有工作关系；

（四）5年内与投标人或其代理人有经济利益关系，可能影响对投标的公正评审的人员；

（五）曾因在招标、评标以及其他与招标投标有关活动中从事违法行为而受到行政处罚或者刑事处罚的人员。

第五十三条 招标人应当采取必要的措施，保证评标过程在严格保密的情况下进行。

第五十四条 评标工作一般按照以下程序进行：

（一）招标人宣布评标委员会成员名单并确定主任委员；

（二）招标人宣布有关评标纪律；

（三）在主任委员的主持下，根据需要，讨论通过成立有关专业组和工作组；

（四）听取招标人介绍招标文件；
（五）组织评标人员学习评标标准与方法；
（六）评标委员会对投标文件进行符合性和响应性评定；
（七）评标委员会对投标文件中的算术错误进行更正；
（八）评标委员会根据招标文件规定的评标标准与方法对有效投标文件进行评审；
（九）评标委员会听取项目总监理工程师陈述；
（十）经评标委员会讨论，并经二分之一以上成员同意，提出需投标人澄清的问题，并以书面形式送达投标人。
（十一）投标人对需书面澄清的问题，经法定代表人或者授权代表人签字后，作为投标文件的组成部分，在规定的时间内送达评标委员会；
（十二）评标委员会依据招标文件确定的评标标准与方法，对投标文件进行横向比较，确定中标候选人推荐顺序；
（十三）在评标委员会三分之二以上成员同意并在全体成员签字的情况下，通过评标报告。评标委员会成员必须在评标报告上签字。若有不同意见，应明确记载并由其本人签字，方可作为评标报告附件。

第五十五条 评标报告应当包括以下内容：
（一）招标项目基本情况；
（二）对投标人的业绩和资信的评价；
（三）对项目总监理工程师的素质和能力的评价；
（四）对资源配置的评价；
（五）对监理大纲的评价；
（六）对投标报价的评价；
（七）评标标准和方法；
（八）评审结果及推荐顺序；
（九）废标情况说明；
（十）问题澄清、说明、补正事项纪要；
（十一）其他说明；
（十二）附件。

第五十六条 评标委员会要求投标人对投标文件中含义不明确的内容作出必要的澄清或者说明，但澄清或说明不得改变投标文件提出的主要监理人员、监理大纲和投标报价等实质性内容。

第五十七条 评标委员会经评审，认为所有投标文件都不符合招标文件要求，可以否决所有投标，招标人应当重新招标，并报水行政主管部门备案。

第五十八条 评标委员会成员应当客观、公正地履行职责，遵守职业道德，对所提出的评审意见承担个人责任。

第五十九条 遵循根据监理服务质量选择中标人的原则，中标人应当是能够最大限度地满足招标文件中规定的各项综合评价标准的投标人。

第六十条 招标人可授权评标委员会直接确定中标人，也可根据评标委员会提出的书面评标报告和推荐的中标候选人顺序确定中标人。当招标人确定的中标人与评标委员会推荐的中标候选人顺序不一致时，应当有充足的理由，并按项目管理权限报水行政主管部门备案。

第六十一条 在确定中标人前,招标人不得与投标人就投标方案、投标价格等实质性内容进行谈判。自评标委员会提出书面评标报告之日起,招标人一般应在15日内确定中标人,最迟应在投标有效期结束日30个工作日前确定。

第六十二条 中标人确定后,招标人应当在招标文件规定的有效期内以书面形式向中标人发出中标通知书,并将中标结果通知所有未中标的投标人。招标人不得向中标人提出压低报价、增加工作量、延长服务期或其他违背中标人意愿的要求,以此作为发出中标通知书和签订合同的条件。

第六十三条 中标通知书对招标人和中标人具有法律效力。中标通知书发出后,招标人改变中标结果的,或者中标人放弃中标项目的,应当依法承担法律责任。

第六十四条 中标人收到中标通知书后,应当在签订合同前向招标人提交履约保证金。

第六十五条 招标人和中标人应当自中标通知书发出之日起在30日内,按照招标文件和中标人的投标文件订立书面合同。招标人和中标人不得再行订立背离合同实质性内容的其他协议。

第六十六条 当确定的中标人拒绝签订合同时,招标人可与确定的候补中标人签订合同。

第六十七条 中标人不得向他人转让中标项目,也不得将中标项目肢解后向他人转让。

第六十八条 招标人与中标人签订合同后5个工作日内,应当向中标人和未中标的投标人退还投标保证金。

第六十九条 在确定中标人后15日之内,招标人应当按项目管理权限向水行政主管部门提交招标投标情况的书面总结报告。书面总结报告至少应包括下列内容:

(一)开标前招标准备情况;

(二)开标记录;

(三)评标委员会的组成和评标报告;

(四)中标结果确定;

(五)附件:招标文件。

第七十条 由于招标人自身原因致使招标失败(包括未能如期签订合同),招标人应当按照投标保证金双倍的金额赔偿投标人,同时退还投标保证金。

第六章 附 则

第七十一条 在招标投标活动中出现的违法违规行为,按照《中华人民共和国招标投标法》和国务院的有关规定进行处罚。

第七十二条 使用国际组织或者外国政府贷款、援助资金的项目监理招标,贷款方、资金提供方对招标投标的具体条件和程序有不同规定的,可以从其规定,但违背中华人民共和国的社会公众利益的除外。

第七十三条 本办法由水利部负责解释。

第七十四条 本办法自发布之日起施行。

3. 水利工程建设项目重要设备材料采购招标投标管理办法

水建管 [2002] 585 号

第一章 总 则

第一条 为了规范水利工程建设项目重要设备、材料采购管理招标投标活动，根据《水利工程建设项目招标投标管理规定》（水利部令第 14 号，以下简称《规定》）和国家有关规定，结合水利工程建设特点，制定本办法。

第二条 本办法适用于水利工程建设项目（以下简称"项目"）重要设备、材料采购招标投标活动。

第三条 项目符合《规定》第三条规定的范围与标准的，必须进行招标采购。

国家和水利部对项目技术复杂或者有特殊要求的水利工程建设项目重要设备、材料采购另有规定的，从其规定。

本办法所称采购是指项目重要设备、材料的一次性采购。

第四条 本办法所称的重要设备是指：

直接用于项目永久性工程的机电设备、自动化设备、金属结构及设备、试验设备、原型观测和测量仪器设备等；

使用本项目资金购置的用于本项目施工的各种施工设备、施工机械和施工车辆等；

使用本项目资金购置的服务于本项目的办公设备、通信设备、电气设备、医疗设备、环保设备、交通运输车辆和生活设施设备等。

第五条 本办法所称重要材料是指：

（一）构成永久工程的重要材料，如钢材、水泥、粉煤灰、硅粉、抗磨材料等；

（二）用于项目数量大的消耗材料，如油品、木材、民用爆破材料等。

第六条 水行政主管部门依法对项目重要设备、材料招标采购活动实施行政监督。内容包括：

（一）监督检查招标人是否按照招标前提交备案的项目招标报告进行招标；

（二）可派员监督重要设备、材料招标采购活动，查处违法违规行为；

（三）接受招标人依法备案的项目重要设备、材料招标采购报告。

第七条 项目重要设备、材料的招标采购活动应当遵循公开、公平、公正和诚实信用的原则。项目重要设备、材料招标工作由招标人负责，任何单位和个人不得以任何方式非法干涉项目重要设备、材料招标采购活动。

第二章 招 标

第八条 重要设备、材料的招标采购分为公开招标采购、邀请招标采购。一般情况下应采用公开招标方式，采用邀请招标方式的在依法备案的采购报告中应予注明。

第九条 项目重要设备、材料招标采购的招标人是指水利工程建设项目的项目法人。

第十条 项目重要设备、材料招标采购应具备以下条件：

（一）初步设计已经批准；

(二) 重要设备、材料技术经济指标已基本确定；

(三) 重要设备、材料所需资金已落实。

第十一条 招标人自行办理项目重要设备、材料招标采购招标事宜时，应当按有关规定履行核准手续。

第十二条 招标人委托招标代理机构办理招标事宜时，受委托的招标代理机构应符合水利工程建设项目招标代理有关规定的要求。

第十三条 招标采购工作一般按照《规定》第十七条规定的程序进行。

第十四条 采用公开招标方式的项目，招标人应当在《规定》指定的媒介发布招标公告，公告应载明招标人的名称、地址、招标项目的性质、数量、实施地点和时间及获取招标文件的办法等事宜。发布招标公告至发售资格预审文件或招标文件的时间间隔一般不少于10日。招标人应对招标公告的真实性负责。招标公告不得限制潜在投标人的数量。

采用邀请招标方式的，招标人应向3个以上有投标资格的法人或其他组织发出投标邀请书。

第十五条 招标人应当对投标人进行资格审查。资格审查分为资格预审和资格后审。资格审查主要内容为：

(一) 营业执照、注册地点、主要营业地点、资质等级（包括联合体各方）；

(二) 管理和执行本合同所配备的主要人员资历和经验情况；

(三) 拟分包的项目及拟承担分包项目的企业情况；

(四) 银行出具的资信证明；

(五) 制造厂家的授权书；

(六) 生产（使用）许可证、产品鉴定书；

(七) 产品获得的国优、部优等荣誉证书；

(八) 投标人的情况调查表，包括工厂规模、财务状况、生产能力及非本厂生产的主要零配件的来源、产品在国内外的销售业绩、使用情况、近2～3年的年营业额、易损件供应商的名称和地址等；

(九) 投标人最近3年涉及的主要诉讼案件；

(十) 其他资格审查要求提供的证明材料。

第十六条 资格预审是指在投标前招标人对潜在投标人投标资格进行审查。资格预审不合格的不得参加投标。资格预审主要工作包括：

(一) 发布资格预审信息；

(二) 向潜在投标人发售资格预审文件；

(三) 按规定日期，接受潜在投标人编制的资格预审文件；

(四) 组织专人对潜在投标人编制的资格预审文件进行审核，必要时也可实地进行考察；

(五) 提出资格预审报告，经参审人员签字后存档备查；

(六) 将资格预审结果分别通知潜在投标人。

第十七条 资格后审是指在开标后招标人对投标人进行资格审查，提出资格审查报告，经参审人员签字后存档备查，并交评标委员会一份。资格后审不合格的，其投标文件按废标处理。

第十八条 招标文件主要内容包括：

(一) 招标公告或投标邀请书。

（二）投标人须知，主要包括如下内容：
1. 工程项目概况；
2. 资金来源；
3. 重要设备、材料的名称、规格、型号、数量和批次、运输方式、交货地点、交货时间、验收方式；
4. 有关招标文件的澄清、修改的规定；
5. 投标人须提供的有关资格和资信证明文件的格式、内容要求；
6. 投标报价的要求、报价编制方式及须随报价单同时提供的资料；
7. 标底的确定方法；
8. 评标的标准、方法和中标原则；
9. 投标文件的编制要求、密封方式及报送份数；
10. 递交投标文件的方式、地点和截止时间，与投标人进行联系的人员姓名、地址、电话号码、电子邮件；
11. 投标保证金的金额及交付方式；
12. 开标的时间安排和地点；
13. 投标有效期限。
（三）合同条件（通用条款和专用条款）。
（四）图纸及设计资料附件。
（五）技术规定及规范（标准）。
（六）货物量、采购及报价清单。
（七）安装调试和人员培训内容。
（八）表式和其他需要说明的事项。

第十九条 招标人对已发出的招标文件中有关设备、材料选型、设计图纸等问题进行必要的澄清或者修改的，应当在招标文件要求提交投标文件截止时间至少15日前，以书面形式通知所有投标人。该澄清或者修改的内容为招标文件的组成部分。

第二十条 从招标文件开始发出之日起至投标截止之日止不得少于20日。

第二十一条 资格预审文件的售价不超过500元人民币。招标文件的售价应当按照《规定》第二十四条规定的标准控制。

第二十二条 投标保证金的金额一般按照招标文件售价的10倍控制。履约保证金的金额按照招标采购合同价的2％～5％控制，但最低不少于1万元人民币。

第三章 投 标

第二十三条 重要设备、材料采购招标的投标人必须是生产企业、成套设备供应商、经销企业或企业联合体，投标人必须具有承担招标文件规定的设备、材料质量责任的能力。

采购重要的水利专用设备时，投标人必须有水利行业主管部门颁发的资质证书或生产（使用）许可证。

第二十四条 两个以上投标人可以组成一个联合体，以一个投标人的身份投标。

联合体各方签订共同投标协议后，不得再以自己名义单独投标，也不得组成新的联合体或参加其他联合体在同一项目中投标。

招标人不得强制投标人组成联合体共同投标。

第二十五条　联合体参加资格预审并获通过的，其组成的任何变化都必须在提交投标文件截止之日前征得招标人的同意。如果变化后的联合体削弱了竞争，含有事先未经过资格预审或者资格预审不合格的法人，或者使联合体的资质降到资格预审文件中规定的最低标准下，招标人有权拒绝。

第二十六条　联合体各方必须指定牵头人，授权其代表所有联合体成员负责投标和合同实施阶段的主办、协调工作，并应当向招标人提交由所有联合体成员法定代表人签署的授权书。

第二十七条　联合体投标的，应当以联合体各方或者联合体中牵头人的名义提交投标保证金。

第二十八条　投标人应当对递交的资格预审文件、投标文件中有关资料的真实性负责。

第二十九条　招标人设置资格预审程序的，投标人应按照资格预审公告规定的时间、地点购买资格预审文件。参加资格预审的投标人应当在规定的时间内向招标人提交符合要求的资格预审文件。

第三十条　投标人应当按招标文件的要求和格式编制投标文件。投标文件一般包括下列内容：

（一）投标书须按招标文件指定的表式填报投标总报价、重要技术参数、质量标准、交货期、售后服务保证措施等主要内容；

（二）资格后审时，投标人资格证明材料；

（三）重要设备、材料技术文件；

（四）近2~3年来的工作业绩、获得的各种荣誉；

（五）重要设备或材料投标价目报价表和其他价格信息材料；

（六）重要设备的售后服务或技术支持承诺；

（七）招标文件要求提供的其他资料。

第三十一条　投标文件应当按照招标文件的规定进行密封、标志，在投标截止时间前送达指定地点。投标文件须标明"正本"或"副本"字样，正本与副本不一致时以正本为准。

招标人对接收的投标文件应出具回执，妥善保管，开标前不得开启。

第三十二条　在招标文件规定的时间内，投标人可以书面要求招标人就招标文件的内容进行澄清。投标人可按照招标文件规定的时间参加答疑会或标前会。

第三十三条　投标人在招标文件要求提交投标文件的截止时间之前，可以补充、修改或者撤回已提交的投标文件，并且书面通知招标人。投标人补充、修改的内容为投标文件的组成部分，与投标文件具有同等法律效力。投标人递交的"撤回通知"必须密封递交，并标明"撤回"字样，招标人应当退还投标保证金。投标截止时间之后，投标人不得撤回投标文件。

第三十四条　投标人在向招标人递交投标文件时，须按招标文件规定的金额和支付方式向招标人交纳投标保证金。

第三十五条　投标人拟在中标后将项目的非主体、非关键部分进行分包的，应当将分包情况在投标文件中载明。

第四章　评标标准与方法

第三十六条　评标标准和方法应当在招标文件中载明，在评标时不得另行制定或者修改、补充任何评标标准和方法。

第三十七条 评标标准分为技术标准和商务标准。技术标准和商务标准的评价指标及权重，由招标人在招标文件中明确。

第三十八条 技术标准可以在以下几个方面设置评价指标：
（一）设备、材料的性能、质量、技术参数；
（二）技术经济指标；
（三）生产同类产品的经验；
（四）可靠性和使用寿命；
（五）检修条件及售后服务。

第三十九条 商务标准可以在以下几个方面设置评价指标：
（一）设备、材料的报价；
（二）供货范围和交货期；
（三）付款方式、付款条件、付款计划；
（四）资质、信誉；
（五）运输、保险、税收；
（六）技术服务和人员培训等费用计算；
（七）运营成本；
（八）货物的有效性和配套性；
（九）零配件和售后服务的供给能力；
（十）安全性和环境效益等方面。

第四十条 根据招标项目的具体情况，评标方法可采用经评审的合理最低投标价法、最低评标价法、综合评分法、综合评议法（包括寿命期费用评标价法）以及两阶段评标法等评标方法。

第四十一条 评标委员会按照招标文件规定的评标标准和方法对投标文件进行秘密评审和比较，其工作步骤分为初步评审和详细评审等。

第四十二条 招标人根据需要可编制标底作为评定投标人报价的参考依据。招标人可自行编制标底或委托具有相应业绩的造价咨询机构、监理机构或招标代理机构编制。标底应当在市场调查的基础上，根据所需设备、材料的品种、性能、适用条件、市场价格编制。评标标底可用下列任一种方法确定：
（一）以招标人编制的标底 A 为评标标底；
（二）以投标人的报价去掉最高报价和最低报价后的平均值 B 为评标标底；
（三）以投标人的报价的平均值 B 为评标标底；
（四）设定投标报价超过 A 一定百分数和低于 A 一定百分数的报价为无效报价，以有效范围内的各投标报价的平均值 B 为评标标底；
（五）赋予 A、B 以权重，分别为 a、b，令 $a+b=1$，评标标底 $C=Aa+bB$。

第五章 开标、评标和中标

第四十三条 开标由招标人主持，邀请所有投标人参加。

第四十四条 开标应当在招标文件中确定的时间和地点进行，开标工作人员至少有主持人、监标人、开标人、唱标人、记录人组成。

第四十五条 开标人员应当在开标前检查出席开标会议的投标人法定代表人或者授权代表人有关身份证明。法定代表人或者授权代表人应在指定的表格上签名登记。

第四十六条 开标一般按照《规定》第三十九条规定的程序进行。

第四十七条 属于下列情况之一的投标文件,招标人可以拒绝或按无效标处理:

(一)投标文件未按招标文件要求密封、标志,或者逾期送到;

(二)投标文件未按招标文件要求加盖公章和投标人法定代表人或授权代表签字;

(三)未按招标文件要求交纳投标保证金;

(四)投标人与通过资格预审的投标申请人在名称上和法人地位上发生实质性的改变;

(五)投标人法定代表人或授权代表人未参加开标会议;

(六)投标文件未按照规定的格式、内容和要求编制;

(七)投标文件字迹模糊导致无法确认关键技术方案、关键工期、关键工程质量保证措施、投标价格;

(八)投标人对同一招标项目递交两份或者多份内容不同的投标文件,未书面声明哪一个有效;

(九)投标文件中含有虚假资料;

(十)不符合招标文件中规定的其他实质性要求。

第四十八条 评标工作由评标委员会负责。评标委员会的组成按照《规定》第四十条的规定进行。

第四十九条 评标专家的选择按照《规定》第四十一条、第四十二条的规定进行。

第五十条 评标委员会成员实行回避制度,有下列情形之一的,应当主动提出回避并不得担任评标委员会成员:

(一)投标人或者投标人、代理人主要负责人的近亲属;

(二)项目主管部门或者行政监督部门的人员;

(三)在 5 年内与投标人或其代理人曾有工作关系;

(四)5 年内与投标人或其代理人有经济利益关系,可能影响对投标的公正评审的人员;

(五)曾因在招标、评标以及其他与招标投标有关活动中从事违法行为而受到行政处罚或者刑事处罚的人员。

第五十一条 评标委员会的主任委员由招标人确定,包括确定由评标委员会成员推举产生的方式。

对于大型、技术复杂的成套设备等招标项目,评标委员会可以成立专业评审组。专业评审组全部由评标委员组成,其工作由评标委员会安排,并对评标委员会负责。评标委员会可以下设服务性的工作小组,工作小组也可按需要配合专业评审组设立技术组、商务组和综合组。工作小组仅为评标委员会或专业组提供事务性服务。

第五十二条 评标工作一般按照《规定》第四十四条规定的程序进行。

第五十三条 在评标过程中,评标委员会可以要求投标人对投标文件中含义不明确的内容采取书面方式作出必要的澄清或说明,但不得超出投标文件的范围或改变投标文件的实质性内容。

第五十四条 评标委员会推荐的中标候选人的投标文件应当符合下列条件之一:

(一)能够最大限度地满足招标文件中规定的各项综合评价标准;

(二)能够满足招标文件的实质性要求,并且经评审的投标价格合理最低,但是投标价格低于成本的除外。

第五十五条 评标委员会完成评标后，应当向招标人提交评标报告，在评标委员会三分之二以上成员同意的情况下，通过评标报告。评标委员会成员必须在评标报告上签字，若有不同意见，应明确记载并由其本人签字，方可作为评标报告附件。

第五十六条 评标报告一般包括以下内容：

（一）基本情况：

1. 项目简要说明；

2. 开标后，符合开标要求的投标文件基本情况：投标人、报价、有无修改函等。

（二）评标标准和评标方法。

（三）初步评审情况：

1. 有效投标文件的确定（有效性、完整性、符合性）；

2. 废标原因的说明。

（四）详细评审情况：

1. 技术审查和评议；

2. 商务审查和评议。

（五）评审结果及推荐意见：排序推荐中标候选人 1～3 名。

（六）评标报告附件：

1. 评标委员会组成及其签名；

2. 投标文件符合性鉴定表；

3. 投标报价评审比较表；

4. 评标期间与投标人往来函件；

5. 其他有关资料。

第五十七条 招标人应当根据评标委员会提出的书面评标报告和推荐的中标候选人顺序确定中标人，也可授权评标委员会直接确定中标人。当招标人确定的中标人与评标委员会推荐的中标候选人顺序不一致时，应有充足的理由，并按项目管理权限报水行政主管部门备案。

第五十八条 在确定中标人前，招标人不得与投标人就投标方案、投标价格等实质性内容进行谈判。自评标委员会提出书面评标报告之日起，招标人一般应在 15 日内确定中标人，最迟应在投标有效期结束日 30 个工作日前确定。

第五十九条 招标人与中标人签订合同后 5 个工作日内，应当向中标人和未中标的投标人退还投标保证金。

第六十条 中标人确定后，招标人应当在招标文件规定的有效期内以书面形式向中标人发出中标通知书，并将中标结果通知所有未中标的投标人。招标人不得向中标人提出压低报价、增加工作量、缩短供货期或其他违背中标人意愿的要求，以此作为发出中标通知书和签订合同的条件。

第六十一条 招标人和中标人应当自中标通知书发出 30 日内，按照招标文件和中标人的投标文件订立书面合同。招标人和中标人不得再行订立背离合同实质性内容的其他协议。

第六十二条 招标人在确定中标人 15 日内，应按项目管理权限向水行政主管部门提交招标投标情况的书面总结报告。

书面总结报告一般包括以下内容：

（一）招标项目概况。

（二）招标情况。

（三）资格预审（后审）情况。

（四）开标记录。

（五）评标情况。

（六）中标结果确定。

（七）附件：

1. 招标文件；

2. 投标人资格审查报告；

3. 评标委员会评标报告；

4. 其他。

第六十三条 出现下列情况之一的，招标人有权取消中标人中标资格，并没收其投标保证金：

（一）中标人不出席合同谈判；

（二）中标人未能在招标文件规定期限内提交履约保证金；

（三）中标人无正当理由拒绝签订合同。

第六十四条 由于招标人自身原因致使招标失败（包括未能如期签订合同），招标人应当按照投标保证金双倍的金额赔偿投标人，同时退还投标保证金。

第六十五条 当确定的中标人拒绝签订合同时，招标人可与确定的候补中标人签订合同，并按项目管理权限向水行政主管部门备案。

第六章 附 则

第六十六条 在招标投标活动中出现的违法违规行为，按照《中华人民共和国招标投标法》和国务院的有关规定进行处罚。

第六十七条 施工、设计和监理单位使用项目资金采购重要设备、材料时，按照与项目业主签订的合同办理。

第六十八条 国家对重要设备、材料进行国际招标采购另有规定的，从其规定。

第六十九条 本办法由水利部负责解释。

第七十条 本办法自发布之日起施行。

4. 水利工程建设项目招标投标审计办法

第一章 总 则

第一条 为了加强对水利工程建设项目招标投标的审计监督，规范水利招标投标行为，提高投资效益，根据《中华人民共和国审计法》、《中华人民共和国招标投标法》、《中华人民共和国政府采购法》等法律、法规，结合水利工作实际，制定本办法。

第二条 各级水利审计部门（以下简称"审计部门"）在本单位负责人领导下，依法对本单位及其所属单位水利工程建设项目的招标投标进行审计监督。

上级水利审计部门对下级单位的招标投标审计工作进行指导和监督。

第三条 本办法适用于《水利工程建设项目招标投标管理规定》所规定的水利工程建设项目的勘察设计、施工、监理以及与水利工程建设项目有关的重要设备、材料采购等的招标投标的审计监督。

第四条 审计部门根据工作需要，对水利工程建设项目的招标投标进行事前、事中、事后的审计监督，对重点水利建设项目的招标投标进行全过程跟踪审计，对有关招标投标的重要事项进行专项审计或审计调查。

第二章 审计职责

第五条 在招标投标审计中，审计部门具有以下职责：

（一）对招标人、招标代理机构及有关人员执行招标投标有关法律、法规和行业制度的情况进行审计监督；

（二）对招标项目评标委员会成员执行招标投标有关法律、法规和行业制度的情况进行审计监督；

（三）对属于审计监督对象的投标人及有关人员遵守招标投标有关法律、法规和行业制度的情况进行审计监督；

（四）对与招标投标项目有关的投资管理和资金运行情况进行审计监督；

（五）协同行政监督部门、行政监察部门查处招标投标中的违法违纪行为。

第三章 审计权限

第六条 在招标投标审计中，审计部门具有以下权限：

（一）有权参加招标人或其代理机构组织的开标、评标、定标等活动，招标人或其代理机构应当通知同级审计部门参加；

（二）有权要求招标人或其代理机构提供与招标投标活动有关的文件、资料，招标人或其代理机构应当按照审计部门的要求提供相关文件、资料；

（三）对招标人或其代理机构正在进行的违反国家法律、法规规定的招标投标行为，有权予以纠正或制止；

（四）有权向招标人、投标人、招标代理机构等调查了解与招标投标有关的情况；

（五）监督检查招标投标结果执行情况。

第四章 审 计 内 容

第七条 审计部门对水利工程建设项目招标投标中的下列事项进行审计监督：

（一）招标项目前期工作是否符合水利工程建设项目管理规定，是否履行规定的审批程序；

（二）招标项目资金计划是否落实，资金来源是否符合规定；

（三）招标文件确定的水利工程建设项目的标准、建设内容和投资是否符合批准的设计文件；

（四）与招标投标有关的取费是否符合规定；

（五）招标人与中标人是否签订书面合同，所签合同是否真实、合法；

（六）与水利工程建设项目招标投标有关的其他经济事项。

第八条 审计部门会同行政监督部门、行政监察部门对招标投标中的下列事项进行审计监督：

（一）招标项目的招标方式、招标范围是否符合规定；

（二）招标人是否符合规定的招标条件，招标代理机构是否具有相应资质，招标代理合同是否真实、合法；

（三）招标项目的招标、投标、开标、评标和中标程序是否合法；

（四）招标项目评标委员会、评标专家的产生及人员组成、评标标准和评标方法是否符合规定；

（五）对招标投标过程中泄露保密资料、泄露标底、串通招标、串通投标、规避招标、歧视排斥投标等违法行为进行审计监督；

（六）对勘察、设计、施工单位转包、违法分包和监理单位违法转让监理业务以及无证或借用资质承接工程业务等违法违规行为进行审计监督。

第九条 审计部门和审计人员对招标投标工作中涉及保密的事项负有保密责任。

第五章 审 计 程 序

第十条 招标人编制的年度招标工作计划以及重大水利工程建设项目的招标投标文件，应当报送同级审计部门备案。

第十一条 审计部门根据年度审计工作计划、招标人年度招标计划和招标项目具体情况，确定招标投标项目审计计划，经单位主管审计工作负责人批准后实施审计。

第十二条 审计部门根据审计项目计划确定的审计事项组成审计组，并应在实施审计三日前，向被审计单位送达审计通知书。

被审计单位以及与招标投标活动有关的单位、部门，应当配合审计部门的工作，并提供必要的工作条件。

第十三条 审计人员通过审查招标投标文件、合同、会计资料，以及向有关单位和个人进行调查等方式实施审计，并取得证明材料。

第十四条 审计组对招标投标事项实施审计后，应当向派出的审计部门提出审计报告。审计报告应当征求被审计单位的意见。被审计单位应当自接到审计报告之日起十日内，将其书面意见送交审计组或者审计部门。

第十五条 审计部门审定审计报告，对审计事项作出评价，出具审计意见书；对违反国家规定的招标投标行为,需要依法给予处理、处罚的,在职权范围内作出审计决定或者向有关主管部门提出处理、处罚意见。

被审计单位应当执行审计决定并将结果反馈审计部门;有关主管部门对审计部门提出的处理、处罚意见应及时进行研究,并将结果反馈审计部门。

第六章 罚 则

第十六条 被审计单位违反本办法,拒绝或者拖延提供与审计事项有关的资料,或者拒绝、阻碍审计的,审计部门责令改正;拒不改正的,可以通报批评,对负有直接责任的主管人员和其他直接责任人员提出给予行政处分的建议,被审计单位或者其主管单位、监察部门应当及时作出处理,并将结果抄送审计部门。

第十七条 被审计单位拒不执行审计决定的,对负有直接责任的主管人员和其他直接责任人员提出给予行政处分的建议,被审计单位或者其主管单位、监察部门应当及时作出处理,并将结果抄送审计部门。

第十八条 招标人、招标代理机构及其有关人员违反国家招标投标的法律、法规的,依照《中华人民共和国招标投标法》予以处理。

第十九条 审计人员滥用职权、徇私舞弊、玩忽职守,涉嫌犯罪的,依法移送司法机关处理;不构成犯罪的,给予行政处分。

第七章 附 则

第二十条 各省、自治区、直辖市水行政主管部门、流域机构、新疆生产建设兵团,可以根据本办法制定实施细则并报部备案。

第二十一条 本办法由水利部负责解释。

第二十二条 本办法自 2008 年 4 月 1 日起执行。

5. 水利工程建设项目招标投标行政监察暂行规定

水监〔2006〕256号

第一章 总 则

第一条 为规范水利工程建设项目招标投标行政监察行为，强化监督，根据《中华人民共和国行政监察法》、《中华人民共和国招标投标法》、《中华人民共和国政府采购法》、《水利工程建设项目招标投标管理规定》等法律、法规和规章的规定，并结合实际，制定本规定。

第二条 本规定所称水利工程建设项目招标投标行政监察（以下简称"招标投标行政监察"）是指水利行政监察部门依法对行政监察对象在水利工程建设项目招标投标活动中遵守招标投标有关法律、法规和规章制度情况的监督检查以及对违法违纪行为的调查处理。招标投标行政监察工作不得替代招标投标行政监督工作。

第三条 本规定适用于《水利工程建设项目招标投标管理规定》所规定的水利工程建设项目的勘察设计、施工、监理、与水利工程建设有关的重要设备、材料采购等的招标投标的行政监察活动。

第四条 招标投标行政监察工作实行分级管理、分级负责。上级水利行政监察部门可以指导和督查下级水利行政监察部门的招标投标行政监察工作。

第五条 招标投标行政监察工作遵循依法监察、实事求是、突出重点、监督检查与改进工作相结合的原则。

第二章 招标投标行政监察工作职责

第六条 招标投标行政监察部门履行下列职责：

（一）对水行政主管部门及其工作人员依法履行招标投标管理和监督职责等情况开展监察；

（二）对属于行政监察对象的招标人、招标代理机构及其工作人员遵守招标投标有关法律、法规和规章制度情况开展监察；

（三）对属于行政监察对象的评标委员会成员遵守招标投标有关法律、法规和规章制度情况开展监察；

（四）对属于行政监察对象的投标人及其工作人员遵守招标投标有关法律、法规和规章制度情况开展监察；

（五）受理涉及招标投标的信访举报，查处招标投标中的违法违纪行为。

第三章 招标投标行政监察工作方式与程序

第七条 招标投标行政监察工作可采取以下方式：

（一）对招标投标活动进行全过程监察；

（二）对重要环节和关键程序进行现场监察；

（三）开展事后的专项检查。

第八条 招标投标行政监察工作应遵循以下程序：

（一）根据工作计划和需要进行立项。

（二）制定监察工作方案并组织实施。
1. 根据招标投标项目，制定监察工作实施方案；
2. 确定监察人员和检查时间，必要时可以邀请专业技术人员参加；
3. 通知被监察单位；
4. 公布举报电话、信箱、电子邮箱等；
5. 组织实施。
（三）向所在监察部门提交监察工作报告。
（四）受理信访举报，并对违法违纪行为进行调查处理。
（五）根据检查与调查结果，作出监察决定或者提出监察建议。

第九条 招标投标行政监察部门可根据工作需要，加强与招标投标行政监督部门的配合与沟通。

第四章 招标投标行政监察工作内容

第十条 开标前的监察：
（一）对招标前准备工作的监察：
1. 招标项目是否按照国家有关规定履行了项目审批手续；
2. 招标项目的相应资金或者资金来源是否已经落实；
3. 招标项目分标方案是否已确定、是否合理。
（二）对招标方式的监察：
1. 招标人是否按已备案的招标方案进行招标；
2. 邀请招标的，是否已履行审批程序；
3. 自行招标的，招标人是否已履行报批程序；
4. 委托招标的，被委托单位是否具备相应的资格条件。
（三）对招标公告的监察：
1. 招标公告是否在国家或者省、自治区、直辖市人民政府指定的媒介发布，在两家以上媒介发布的同一招标公告内容是否一致；
2. 招标公告是否载明招标人的名称和地址、招标项目的性质、数量、实施地点和时间、投标截止日期以及获取招标文件的办法等事项，有关事项是否真实、准确和完整。
（四）对招标文件的监察：
1. 招标文件是否有以不合理的条件限制或者排斥潜在投标人以及要求或者标明特定的生产供应者的内容；
2. 评标标准与方法是否列入招标文件，并向所有潜在投标人公开；
3. 招标文件中规定的评标标准和方法是否合理，是否含有倾向或者排斥潜在投标人的内容，是否有妨碍或者限制投标人之间竞争的内容；
4. 招标文件中载明的递交投标文件的截止时间是否符合有关法律法规和规章的规定；
5. 对招标文件进行澄清或者修改的，是否在规定的时限前以书面形式通知所有投标人。
（五）对资格审查的监察：
1. 潜在投标人（或者投标人）资格条件是否符合招标文件要求和有关规定；
2. 是否对潜在投标人（或者投标人）仍在处罚期限内或者在工程质量、安全生产和信用等方面存在的不良记录进行审查；

3. 是否存在歧视、限制或者排斥潜在投标人（或者投标人）的行为。

（六）对标底编制的监察：

1. 招标人标底编制过程及结果在开标前是否保密；

2. 招标人标底（或者标底产生办法）是否惟一。

（七）对投标的监察：

1. 招标人或者其代理人是否核实投标文件递交人的合法身份；

2. 招标人或者其代理人是否当场检查投标文件的密封情况；

3. 招标人或者其代理人是否按规定的投标截止时间终止投标文件的接收。

第十一条　对开标的监察：

（一）开标程序是否合法、公开、公平、公正；

（二）开标时间是否与接收投标文件截止时间为同一时间；

（三）开标地点是否为招标文件预先确定的地点；

（四）有效投标人是否满足三个以上的要求；

（五）招标人或者其代理人是否核实参加开标会的投标人代表的合法身份；

（六）招标人或者其代理人是否按照法定程序，组织投标人或者其推选的代表检查投标文件的密封情况，或者委托公证机构检查并公证投标文件的密封情况；

（七）招标人或者其代理人是否将所有投标文件均当众予以拆封、宣读，设有标底（或者标底产生办法）的，是否当场宣布标底（或者标底产生办法）。

第十二条　对评标的监察：

（一）对评标委员会的监察：

1. 评标委员会组成人数以及专家库的使用是否符合有关法律法规和规章的规定；

2. 评标委员会成员是否符合有关法律法规和规章规定的回避要求；

3. 评标委员会中技术、经济、合同管理等方面的专家评委是否占成员总数的三分之二以上；

4. 专家评委的产生是否根据专业分工从符合规定的评标专家库中随机抽取产生，技术特别复杂、专业性要求特别高或者国家有特殊要求的招标项目，采取随机抽取方式确定的专家难以胜任的除外；

5. 评标委员会成员名单的产生时间是否符合有关规定；

6. 评标委员会成员名单在中标结果确定前是否保密。

（二）对评标过程的监察：

1. 评标程序是否符合有关规定；

2. 评标标准与方法是否与招标文件一致；

3. 招标人是否采取必要措施，保证评标在严格保密的情况下进行；

4. 评标委员会成员是否遵守职业道德和纪律要求；

5. 评标委员会成员是否独立评审，但确需集体评议的除外；

6. 评标委员会是否出具评标报告，评标报告的讨论及通过、中标候选人的推荐及其排序是否符合有关规定。

第十三条　对中标的监察：

（一）招标人是否按评标委员会的推荐意见确定中标人。与评标委员会推荐意见不一致的，理由是否充足；

（二）招标人是否在中标通知书发出之日起三十日内，按照招标文件和中标人的投标文件订立书面合同；
（三）招标人与中标人是否订立背离合同实质性内容的其他协议。

第十四条 对招标投标活动中其他情况的监察：
（一）水行政主管部门是否依法正确履行管理和监督职责；
（二）是否存在非法干预招标投标的行为；
（三）是否存在行贿、受贿等行为；
（四）中标合同的履行情况；
（五）其他需要监察的事项。

第五章　招标投标行政监察工作权限

第十五条 要求招标人将年度招标计划及时报送监察部门；列入监察工作计划的具体项目的招标公告发布、招标文件出售、评标委员会成员产生等事项于三天前报送监察部门；评标结果与报告按时报监察部门备案。

第十六条 对标底编制、资格审查、投标、开标、评标、中标及合同签订等与招标投标有关的活动进行监察。

查阅或者复制与招标投标有关的文件、资料、财务账目及其他有关的材料。

第十七条 要求涉及招标投标的被监察的单位和人员就有关事项作出解释和说明。

第十八条 协调建设管理、招标投标管理、财务、审计、预算执行、质量监督等单位（部门）参与监督检查。

第十九条 对招标投标中的违法违纪行为进行调查处理，要求有关单位（部门）和人员进行配合。

第二十条 对违反招标投标规定的行为，行政监察人员可以予以提醒、纠正或者制止；不及时进行整改的，可以提出监察建议；情节严重构成违纪的，依法作出监察决定；构成犯罪的，移交司法机关处理。

第六章　招标投标行政监察工作纪律要求

第二十一条 参与招标投标行政监察的监察人员应当依法办事、遵守纪律、坚持原则，正确履行职责。有下列行为之一的，应予以批评教育；经批评教育不改的，应予以撤换；情节严重的，依法依纪处理：
（一）对监察中发现问题不及时采取措施，以致造成损失或者使损失扩大的；
（二）纵容、包庇违法违纪行为的；
（三）利用职权谋取私利的；
（四）泄露保密事项的；
（五）不遵守工作纪律的；
（六）其他有碍招标投标工作公开、公平、公正进行的。

第二十二条 行政监察对象应当依法正确履行工作职责，配合监察部门开展工作。对在招标投标活动中有下列行为之一的，按照有关规定予以处理：
（一）拒绝、阻挠监察人员监察的；
（二）未严格执行有关招标投标法律、法规和规章规定的；

（三）不遵守招标投标工作纪律的；

（四）徇私舞弊、滥用职权和玩忽职守的；

（五）其他有碍招标投标活动公开、公平、公正进行的。

<h2 style="text-align:center">第七章 附 则</h2>

第二十三条 本规定由监察部驻水利部监察局负责解释。

第二十四条 各流域机构，各省、自治区、直辖市水行政主管部门可以根据本规定，制订相应的实施办法。

第二十五条 对依据《中华人民共和国政府采购法》，采取招标方式实施的部门集中采购项目、限额以上分散采购项目开展行政监察的，参照本规定执行。

第二十六条 本规定自9月1日起施行。

十四、铁路工程招标投标

1. 何谓铁路建设活动？

铁路建设是指新建、改建铁路建设项目的立项决策、勘察设计、工程实施、竣工验收等全部建设活动。铁路建设实行招标投标制、工程监理制、合同管理制、质量监督制。铁路建设程序包括立项决策、设计、工程实施和竣工验收。

立项决策阶段。依据铁路建设规划，对拟建项目进行预可行性研究，编制项目建议书；根据批准的铁路中长期规划或项目建议书，在初测基础上进行可行性研究，编制可行性研究报告。项目建议书和可行性研究报告按国家规定报批。工程简易的建设项目，可直接进行可行性研究，编制可行性研究报告。

设计阶段。根据批准的可行性研究报告，在定测基础上开展初步设计。初步设计经审查批准后，开展施工图设计。工程简易的建设项目，可根据批准的可行性研究报告，直接进行施工图设计。

工程实施阶段。在初步设计文件审查批准后，组织工程招标投标、编制开工报告。开工报告批准后，依据批准的建设规模、技术标准、建设工期和投资，按照施工图和施工组织设计文件组织建设。

竣工验收阶段。铁路建设项目按批准的设计文件全部竣工或分期、分段完成后，按规定组织竣工验收，办理资产移交。

2. 铁路建设单位有哪些条件和主要职责？

铁路建设管理单位必须是依法设立、从事铁路建设业务的企业或具有独立法人资格的事业单位，并满足下列条件：

（1）具有管理同类建设项目的工作业绩，其负责建设的项目工程质量合格、投资控制良好，经运输检验，没有质量隐患。

（2）具有与建设项目相适应、专业齐全的技术、经济管理人员。其中单位负责人、技术负责人、财务负责人，必须具有大专以上学历，熟悉国家和国务院铁路主管部门有关铁路建设的方针、政策、法规和规定，有较高的政策水平。

单位负责人必须有较强的组织能力，具有建设项目管理工作的经验，或担任过同类建设项目施工现场高级管理职务，并经实践证明是称职的项目高级管理人员。

主要技术负责人必须熟悉铁路建设的规程规范，具有建设项目技术管理的实践经验，或担任过同类建设项目的技术负责人，并经实践证明是称职的。

主要财务负责人必须熟悉铁路建设的财务规定，具有建设项目投资控制和财务管理的实践经验，或担任过同类建设项目财务负责人，并经实践证明是称职的。

（3）具有与建设项目建设管理相适应的技术、质量和经济管理机构，能够确保建设项目的质量、安全等符合国家规定，良好地控制工程投资，依法进行财务管理和会计核算。

建设管理单位的主要职责：

（1）贯彻国家和国务院铁路主管部门的有关工程建设的方针、政策、法规和规定，按照批准的建设规模、技术标准、建设工期和投资，组织铁路工程项目建设，就工程质量、安全、工期、投资等全过程对委托方负责；

（2）组织勘察设计招标，组织实施勘察设计、工程地质勘察监理和设计咨询工作；

（3）组织施工、监理、物资设备采购招标，与中标企业签订合同；

（4）办理工程质量监督手续；

（5）负责项目的征地、拆迁工作，负责审批建设项目中单项工程开工（复工）报告；

（6）组织编制工程项目施工组织设计；

（7）负责审核施工图，供应设计文件，组织工程设计现场技术交底；

（8）编报工程项目年度建设计划及建设资金预算建议；

（9）组织、协调工程建设中出现的问题，负责统计、报告工程进度；

（10）按规定办理变更设计；

（11）按规定组织或参与对工程质量、人身伤亡和行车安全等事故的调查和处理；

（12）负责工程项目的财务管理工作，按规定使用建设资金，办理与工程项目有关的各种结算业务；

（13）负责验工计价，及时办理工程价款等资金的拨付与结算；

（14）负责工程竣工验收前期工作，组织编制工程竣工文件和竣工决算，组织编写工程总结。

铁路建设项目工程勘察设计、施工、监理以及工程建设有关的重要物资、设备等采购，应当依法进行招标投标。建设管理单位不得要求中标企业分割标段；勘察设计、施工企业不得转包或违法分包承接的铁路建设工程业务；监理企业不得转让承接的铁路建设工程监理业务。招标确定中标人后，建设管理单位和中标人必须在规定的时限内，按照招标投标文件约定的合同条款，签订书面合同，明确当事人双方的权利和义务。当事人应严格履行合同约定，违约方必须承担相应的经济、法律责任。铁路建设勘察设计、施工、监理承包实行履约担保制度，积极推行保险制度。铁路建设实行合同备案制度，合同签订15日内，建设管理单位应向国务院铁路主管部门或其指定单位备案。

3. 铁路建设资金如何管理？

铁路建设应合理确定建设项目投资，建设项目初步设计批准概算静态投资超出批复可行性研究报告静态投资的部分不应大于批复可行性研究报告静态投资的10%，因特殊情况而超出者，须报原可行性研究报告批准单位批准。铁路建设必须严格控制工程投资，避免损失和浪费，提高投资效益。除政策和特殊原因外，不得调增建设项目初步设计批准概算。铁路建设必须严格执行国家有关财务管理制度，加强资金管理。铁路建设项目的财政投资，必须按规定编制建设资金预算，严格执行批准预算。铁路建设必须严格执行有关建设资金支付规定，严格按照合同约定拨付工程价款，不得超拨，也不得拖欠。

4. 铁路建设资金如何竣工验收？

铁路建设项目按批准的设计文件建成后，必须按国家规定验收。未经验收或验收不合格的，不得交付使用。铁路建设项目由验收机构组织验收，验收机构按国家规定设立。验收包括初验、正式验收和固定资产移交。限额以下项目和小型项目可一次验收。建设管理单位确认建设项目达到初验条件后提出申请初验报告，验收机构认为达到初验标准后，组织对项目进行初验；初验合格后，方可交付监管运营。正式验收原则上在初验一年后进行。验收机构认为建设项目达到正式验收标准后，组织验收。验收合格后交付正式运营。建设项目正式验收合格后，按规定办理固定资产移交工作。

5. 铁路工程勘察设计如何发包与承包？

铁路大中型建设项目在决策阶段一般通过方案竞选方式选择下一阶段勘察设计单位。其他必须招标的建设项目，由业主或建设管理单位通过方案竞选或招标选定项目勘察设计单位。决策阶段选择总体勘察设计单位的建设项目，建设管理单位可以在保证项目完整性、系统性的前提下，在初步设计阶段对建设项目按段落、工点或专业等进行勘察设计招标。初步设计阶段已进行勘察设计招标的建设项目，施工图阶段不再进行勘察设计招标。依法必须招标的建设项目，可以对项目的勘察设计、施工以及工程建设有关重要设备、材料的采购，实行工程总承包招标。实行工程总承包招标的建设项目，初步设计阶段不进行勘察设计招标。

铁路建设工程项目勘察设计招标，应以投标人的业绩、信誉和承担项目的勘察设计人员的资格和能力、勘察设计方案的优劣以及勘察设计费报价为依据，进行综合评定。建设项目方案竞选中选的勘察设计单位应根据建设管理单位要求提供详细的勘察设计资料。铁路建设项目业主或建设管理单位应与勘察设计单位签订勘察设计合同，督促勘察设计单位按合同约定完成勘察设计业务。铁路建设工程勘察设计合同中应明确建设项目的主要技术标准、建设规模、建设方案等建设目标，同时确定勘察设计质量标准。铁路建设工程勘察设计合同应为勘察设计单位提出能够保证勘察设计质量的合理工期。中标的勘察设计单位必须完成工程建设项目的主要勘察设计业务。经业主或建设管理单位书面批准，方可将一些专业勘察设计业务分包给其他具有相应资质条件的工程勘察设计单位，并对分包的勘察设计业务的质量负责。

6. 铁路建设项目达到哪些规模和标准之一的必须进行招标？

铁路建设项目是指新建、改建国家铁路、国家与地方或企业合资铁路、地方铁路的固定资产投资项目的施工、监理及与建设工程有关的重要设备和主要材料采购等的招标投标活动。

铁路建设项目达到以下规模和标准之一的必须进行招标：

(1) 工程总投资 200 万元（含）以上或施工单项合同估算价在 100 万元人民币以上的；

(2) 监理单项合同估算价在 10 万元人民币以上的；

(3) 重要设备、主要材料采购单项合同估算价在 50 万元人民币以上的。

7. 铁路建设项目招标应具备哪些条件？

铁路建设项目招标应具备下列条件：

(1) 大中型建设项目可行性研究报告经国家批准，其他建设项目按规定已履行相应审批手续；

(2) 有批准的设计文件（两阶段设计有初步设计文件，一阶段设计有施工图）；

(3) 建设资金已落实；

(4) 建设项目管理机构已建立。

招标分为公开招标和邀请招标。必须招标的铁路建设工程项目均应公开招标。公开招标项目的招标人必须以招标公告的方式邀请不特定的法人或其他组织投标。不适宜公开招标的项目，经项目审批部门批准，可以采用邀请招标。招标人以投标邀请书的形式邀请三个以上具备承担招标项目的能力、资信良好的特定投标人投标。投标邀请书的内容可比照招标公告。

8. 铁路建设工程招标有哪些程序？

铁路建设工程招标程序如下：
（1）编制、报批招标计划；
（2）发布招标公告；
（3）申请投标；
（4）审查投标资格；
（5）发售招标文件；
（6）召开标前会；
（7）递送投标文件；
（8）确定评标方案、标底；
（9）开标、评标、定标；
（10）核准招标结果，发中标通知书；
（11）上报招标投标情况的书面报告；
（12）承发包合同签订与登记。

9. 招标文件的编制应符合哪些要求？

招标文件的编制应符合下列要求
（1）招标文件包括以下主要内容：
①投标邀请书；②投标人须知；③合同条件；④技术规范；⑤图纸；⑥工程量清单；⑦投标书格式及投标保证；⑧辅助资料表及各类文件格式；⑨履约保证金；⑩合同协议书；⑪评标的标准和方法；⑫国家对招标项目的技术、标准有规定的，应按照其规定在招标文件中提出相应要求；⑬招标文件应对技术标和商务标的划分、内容要求、密封、标志、递交投标文件和开标等作出具体规定。
（2）招标文件应载明：严禁中标人转包工程，中标人不得将招标项目的主体、关键工程进行分包；重要的设备和主要材料的招标范围，其他设备和材料的采购供应方式；开标时的唱标内容。
（3）招标文件不得规定任何不合理的标准、要求和程序，不得要求或者标明特定的生产供应者，不得含有倾向或排斥潜在投标人的内容，不得强制投标人组成联合体或限制投标人之间的竞争。
招标文件发出后，招标人不得擅自变更和增加附加条件，确需进行必要的澄清或修改，应在招标文件要求提交投标文件截止时间至少15日前，以书面形式通知所有招标文件的收受人。澄清或修改内容以及对投标人所提问题的书面答复均为招标文件的组成部分。

10. 资格审查一般应审查潜在投标人是否符合哪些条件？

招标人应按招标公告和招标文件载明的条件对潜在投标人进行资格审查。资格审查分为资格预审和资格后审。资格预审是指在投标前对潜在投标人进行的资格审查,资格后审是指在开标后对投标人的资格审查。采取资格预审的,招标人应当在资格预审文件中载明资格预审的条件;采取资格后审的,招标人应当在招标文件中载明对投标人的资格要求。资格审查一般应审查潜在投标人是否符合下列条件:

(1) 具有独立签订合同的资格;
(2) 具有与招标项目相适应的资质证书、生产许可证或特许证等;
(3) 具有有效履行合同的能力;
(4) 以往承担类似项目的业绩情况;
(5) 没有处于被责令停业,暂停投标期限,财产被接管、冻结、破产状态等;
(6) 近两年内没有与骗取合同有关的犯罪或严重违法行为;
(7) 近一年无重大质量、安全事故及既有线施工造成的铁路行车重大、大事故等;
(8) 投标联合体还应符合规定的资格条件。

11. 铁路建设工程项目的投标人应具备哪些条件?

必须招标的铁路建设工程项目的投标人应具备下列条件:
(1) 经工商行政管理部门注册登记核准的营业执照;
(2) 与招标工程相应的铁路行业资质条件,承担招标项目的相应能力;
(3) 重要设备、主要材料的产品生产许可证或特许证;
(4) 开户银行的资信证明;
(5) 社会中介机构对年度财务报表出具的年审报告。

由两个以上的法人或者其他组织组成联合体共同投标的应符合下列要求:
1) 联合体投标人的资格条件:
(1) 联合体各方均应符合本办法第三十四条的条件;
(2) 国家有关规定或者招标文件对投标人资格条件有规定的,联合体各方均应具备规定的相应条件;
(3) 由同一专业的各方组成的联合体,按照资质等级较低的一方考核。
2) 联合体各方应当签订共同投标协议,约定各方拟承担的工作和责任,明确联合体代表及授权。联合体代表在协议授权的范围内代表联合体各方处理有关问题。
3) 联合体中标的,联合体各方应当共同与招标人签订合同,就中标项目向招标人承担连带责任。

12. 投标文件的编制应符合哪些要求?

投标文件的编制应符合下列要求:
(1) 投标人应当严格按招标文件的要求编制投标文件,投标文件应对招标文件提出的实质性要求作出响应,即对招标项目的价格和其他商务条件、项目的计划和组织实施安排、技术规范、合同主要条款等作出响应。
投标人拟投标项目的预定项目经理(总监理工程师)必须参与投标文件的编制。
(2) 投标文件一般应包括以下内容:
①投标书;②法定代表人证书或授权书;③各种投标保证;④投标价格及有关分析资料;⑤投标项目的实施或重要设备和主要材料供应方案及说明;⑥投标项目达到的目标及措

施；⑦投标保证金和其他担保；⑧项目管理或监理机构主要负责人和专业人员资格的简历、业绩；⑨完成项目的主要设备和检测仪器；⑩招标文件要求的其他内容。

（3）技术标文件和商务标文件应分别编写。

（4）投标人拟在中标后将中标项目的部分非主体、非关键工程进行分包的，应在投标文件中说明，并将分包人的资质证明文件载入投标文件。

（5）投标人组成联合体投标的，应在投标文件中说明，并将各方联合投标的协议载入投标文件。

（6）除有变化和招标文件规定外，投标文件中不再重复资格审查申请文件已报送的资料。

（7）投标人在规定提交投标文件的截止时间前，以书面方式对已提交投标文件的补充、修改内容，为投标文件的组成内容。

13. 铁路工程标段划分有哪些标准？

铁路工程标段划分标准

1) 高速铁路

（1）站前工程，包括路基、桥涵、隧道、轨道等工程，标段招标额为50亿元左右，涉及营业线施工的标段可结合里程长度适当减少；项目招标额少于50亿元的应设1个标段；独立由具有公路、港口与航道、水利水电、矿山、市政公用工程施工总承包特级资质之一的施工企业参加投标的标段，标段招标额为30亿元左右。综合接地、接触网立柱基础、声屏障基础、电缆沟槽、连通管道等有关接口工程内容，一并划入站前工程标段。

（2）站后工程，采用"四电"系统集成方式的，原则上应按"四电"、信息、客服、防灾等工程进行系统集成招标，配套房屋纳入招标范围。

2) 其他新建铁路

（1）站前工程：标段招标额为30亿元左右；独立由具有公路、港口与航道、水利水电、矿山、市政公用工程施工总承包特级资质之一的施工企业参加投标的标段，标段招标额为20亿元左右。

（2）站后工程：原则上按线路里程划分标段，也可按通信、信号、电力、电气化等工程分专业划分标段，但标段招标额原则上为7亿元，配套房屋纳入招标范围。

（3）项目招标额在30亿元及以下的，可设1个综合施工标段，也可分站前、站后各设1个标段。

3) 改建铁路

站前工程标段招标额为18亿元左右，站后工程标段招标额原则上为5亿元；站前站后工程关系密切的，应将站前站后工程按里程划分综合标段，标段招标额为18亿元左右。

4) 特长隧道、极高风险隧道或隧道群、技术复杂的特大桥或桥梁群、单座建筑面积3万平方米及以上的站房，可单独划分标段，站台雨篷纳入站房标段。其他站房工程应按专业化施工的要求划分标段，集中招标。

5) 集装箱中心站采用工程总承包招标方式，原则上按一个标段考虑。

6) 非经济补偿的"三电"迁改、电磁防护和管线迁改等工程（含征地拆迁协助工作），应结合行政区域划分标段。

招标人应根据项目特点合理设定潜在投标人资质要求。仅有上跨营业线施工的新线标段，对潜在投标人资质要求应符合铁路建设市场开放的原则；站房工程应根据站房建筑面积、结构特点及地理位置合理设定潜在投标人资质条件；三电迁改、电磁防护和管线迁改等工程（含征地拆迁协助工作）潜在投标人资质要求原则上应为铁路工程施工总承包特级资质，同时具备铁路电务、电气化工程专业承包一级资质（子公司具备也可）。站前工程长大标段，允许2个施工总承包特级资质企业组成联合体投标，其中1个为牵头单位。牵头单位承担任务应不少于投标额的2/3，非牵头单位仅允许其下属1个公司承担施工任务。

附录十四：铁路工程招标投标管理相关法规

1. 铁路建设管理办法

铁道部令第 11 号

第一章 总 则

第一条 为加强铁路建设管理，规范铁路建设行为，提高铁路建设水平，根据《中华人民共和国铁路法》、《中华人民共和国招标投标法》、《建设工程质量管理条例》、《建设工程勘察设计管理条例》等有关法律、法规，依据国务院规定的铁道部负责铁路建设行业管理的职责，制定本办法。

第二条 本办法所称铁路建设是指新建、改建铁路建设项目的立项决策、勘察设计、工程实施、竣工验收等全部建设活动。

第三条 本办法适用于中华人民共和国境内的铁路建设活动。

第四条 铁路建设必须贯彻执行国家有关方针政策，严格执行国家法律、法规和国务院铁路主管部门的规章及工程建设强制性标准，严格执行国家规定的建设程序。

第五条 铁路建设应坚持科技创新，积极采用现代管理方法，推广使用先进技术、先进设备、先进工艺、新型建筑材料，不断提高建设水平。

第六条 铁路建设应高度重视环境保护、水土保持和防灾减灾工作，节约能源和土地，做好文物保护。

第七条 铁路建设实行招标投标制、工程监理制、合同管理制、质量监督制。

第八条 铁路建设必须加强质量、安全管理，保证工程质量，保护人民生命和财产安全。

第九条 从事铁路建设的项目管理、勘察设计、工程施工和监理、咨询等活动的企业和主要从业人员，必须按规定取得相应专业资质和个人执业资格，在批准的资质和资格范围内从业，接受国务院铁路主管部门依法进行的监督、检查。

第十条 国务院铁路主管部门负责全国铁路建设工作的监督管理。

第二章 建 设 程 序

第十一条 铁路建设程序包括立项决策、设计、工程实施和竣工验收。

第十二条 立项决策阶段。依据铁路建设规划，对拟建项目进行预可行性研究，编制项目建议书；根据批准的铁路中长期规划或项目建议书，在初测基础上进行可行性研究，编制可行性研究报告。项目建议书和可行性研究报告按国家规定报批。

工程简易的建设项目，可直接进行可行性研究，编制可行性研究报告。

第十三条 设计阶段。根据批准的可行性研究报告，在定测基础上开展初步设计。初步设计经审查批准后，开展施工图设计。

工程简易的建设项目，可根据批准的可行性研究报告，直接进行施工图设计。

第十四条 工程实施阶段。在初步设计文件审查批准后，组织工程招标投标、编制开工报告。开工报告批准后,依据批准的建设规模、技术标准、建设工期和投资,按照施工图和施工组织设计文件组织建设。

第十五条 竣工验收阶段。铁路建设项目按批准的设计文件全部竣工或分期、分段完成后,按规定组织竣工验收,办理资产移交。

第三章 项目管理机构及职责

第十六条 铁路建设项目的建设管理单位是建设项目的组织实施机构,是实现建设目标的直接责任者。建设管理单位由建设项目投资人选择或组建。建设项目投资人按权力和责任统一的原则,明确建设管理单位的职责和权限,并监督其完成建设工作。

第十七条 中央政府直接投资的铁路建设项目,由国务院铁路主管部门根据建设项目的特点,选择建设管理单位。

实行项目法人责任制的铁路建设项目,由项目法人选择或组建建设管理单位。

其他铁路建设项目,按国家规定并参照本办法选择或组建建设管理单位。

第十八条 铁路建设管理单位必须是依法设立、从事铁路建设业务的企业或具有独立法人资格的事业单位,并满足下列条件:

(一)具有管理同类建设项目的工作业绩,其负责建设的项目工程质量合格、投资控制良好,经运输检验,没有质量隐患。

(二)具有与建设项目相适应、专业齐全的技术、经济管理人员。其中:单位负责人、技术负责人、财务负责人,必须具有大专以上学历,熟悉国家和国务院铁路主管部门有关铁路建设的方针、政策、法规和规定,有较高的政策水平。

单位负责人必须有较强的组织能力,具有建设项目管理工作的经验,或担任过同类建设项目施工现场高级管理职务,并经实践证明是称职的项目高级管理人员。

主要技术负责人必须熟悉铁路建设的规程规范,具有建设项目技术管理的实践经验,或担任过同类建设项目的技术负责人,并经实践证明是称职的。

主要财务负责人必须熟悉铁路建设的财务规定,具有建设项目投资控制和财务管理的实践经验,或担任过同类建设项目财务负责人,并经实践证明是称职的。

(三)具有与建设项目建设管理相适应的技术、质量和经济管理机构,能够确保建设项目的质量、安全等符合国家规定,良好地控制工程投资,依法进行财务管理和会计核算。

第十九条 建设管理单位的主要职责:

(一)贯彻国家和国务院铁路主管部门的有关工程建设的方针、政策、法规和规定,按照批准的建设规模、技术标准、建设工期和投资,组织铁路工程项目建设,就工程质量、安全、工期、投资等全过程对委托方负责;

(二)组织勘察设计招标,组织实施勘察设计、工程地质勘察监理和设计咨询工作;

(三)组织施工、监理、物资设备采购招标,与中标企业签订合同;

(四)办理工程质量监督手续;

(五)负责项目的征地、拆迁工作,负责审批建设项目中单项工程开工(复工)报告;

(六)组织编制工程项目施工组织设计;

(七)负责审核施工图,供应设计文件,组织工程设计现场技术交底;

(八)编报工程项目年度建设计划及建设资金预算建议;

(九)组织、协调工程建设中出现的问题,负责统计、报告工程进度;

(十) 按规定办理变更设计；

(十一) 按规定组织或参与对工程质量、人身伤亡和行车安全等事故的调查和处理；

(十二) 负责工程项目的财务管理工作，按规定使用建设资金，办理与工程项目有关的各种结算业务；

(十三) 负责验工计价，及时办理工程价款等资金的拨付与结算；

(十四) 负责工程竣工验收前期工作，组织编制工程竣工文件和竣工决算，组织编写工程总结。

第四章 招标投标与合同管理

第二十条 铁路建设必须按照社会主义市场经济体制的要求，构建统一、开放、有序的铁路建设市场。

第二十一条 铁路建设项目工程勘察设计、施工、监理以及工程建设有关的重要物资、设备等采购，应当依法进行招标投标。

第二十二条 铁路建设工程招标投标活动应当遵循公开、公平、公正和诚实信用的原则。

第二十三条 铁路建设工程招标投标活动不受地区或部门限制，任何单位和个人不得违法限制或排斥本地区、本系统以外的具备相应资格的企业或其他组织参加投标，不得以任何方式非法干涉招标投标活动。

任何单位和个人不得将依法必须招标的铁路建设项目化整为零或以其他任何理由规避招标。

第二十四条 铁路建设工程招标投标活动受国家法律保护，招标投标活动及其当事人应当接受国务院铁路主管部门及其委托部门的监督。

第二十五条 建设管理单位不得要求中标企业分割标段；勘察设计、施工企业不得转包或违法分包承接的铁路建设工程业务；监理企业不得转让承接的铁路建设工程监理业务。

第二十六条 招标确定中标人后，建设管理单位和中标人必须在规定的时限内，按照招标投标文件约定的合同条款，签订书面合同，明确当事人双方的权利和义务。当事人应严格履行合同约定，违约方必须承担相应的经济、法律责任。

第二十七条 铁路建设勘察设计、施工、监理承包实行履约担保制度，积极推行保险制度。

第二十八条 铁路建设实行合同备案制度，合同签定 15 日内，建设管理单位应向国务院铁路主管部门或其指定单位备案。

第五章 勘察设计管理

第二十九条 铁路建设工程勘察设计应当与社会、经济发展水平及铁路发展目标相适应，遵循经济效益、社会效益和环境效益统一的原则。

第三十条 铁路建设工程勘察设计应认真贯彻执行国家和国务院铁路主管部门颁布的技术政策、工程建设强制性标准和国家有关部门关于项目建议书、可行性研究报告和初步设计审查批复意见。

第三十一条 铁路建设工程勘察设计按有关规定实行招标投标制度、工程地质勘察监理制度、设计咨询制度和设计文件审查制度。

第三十二条 承担铁路建设工程勘察设计的企业必须加强技术管理和质量管理。工程地质勘察资料必须真实、准确;设计工作应认真做好经济社会调查,运用系统工程理论,综合考虑运输能力、运输质量、建设规模和投资,推荐先进适宜的技术标准。在充分进行方案论证和经济技术比较的基础上,推荐最佳设计方案。

第三十三条 铁路建设工程设计文件必须达到规定的深度,初步设计概算静态投资与批复可行性研究报告静态投资的差额一般不得大于批复可行性研究报告静态投资的10%。

第三十四条 铁路建设工程设计选用的材料、设备,应当注明其规格、型号、性能等技术指标,其质量要求必须符合国家规定的标准。

除有特殊要求的建筑材料、专用设备和工艺生产线等外,设计单位不得指定生产厂、供应商。

第三十五条 铁路建设项目开工前,勘察设计企业必须按勘察设计合同约定,向施工、监理企业说明设计意图,解释设计文件,并选派设计代表机构与人员常驻现场,及时解决施工中出现的勘察设计问题,完善和优化勘察设计,并按规定进行变更设计。

第三十六条 铁路建设工程勘察、设计取费,按国家和国务院铁路主管部门有关规定实行优质优价。

第六章 施 工 管 理

第三十七条 承担铁路建设项目的工程施工承包企业必须执行国家有关质量、安全、环境保护等法律、法规,接受相关部门依法进行的监督、检查。

第三十八条 工程施工承包企业必须履行合同,按照合同约定,组建现场管理机构,配备相应的工程技术人员、施工力量和机械设备。

第三十九条 工程施工承包企业必须详细核对设计文件,依据施工图和施工组织设计施工。对设计文件存在的问题以及施工中发现的勘察设计问题,必须及时以书面形式通知设计、监理和建设管理单位。

第四十条 工程施工承包企业必须建立质量责任制,强化质量、安全管理,建立健全质量、安全保证体系,开展文明施工,推行标准化工地建设。

第四十一条 工程施工承包企业对工程施工的关键岗位、关键工种,必须严格执行先培训后上岗的制度。

第四十二条 工程施工承包企业必须对建筑材料、混凝土、构配件、设备等按规定进行检查和检验,严禁使用不合格的材料、产品和设备。

第四十三条 工程施工承包企业不得转包和违法分包工程。确需分包的工程,应在投标文件中载明,并在签订合同中约定。工程施工承包企业对分包工程的质量、安全负责。

第四十四条 工程施工承包企业在工程施工中应准确填写各种检验表格,按规定编制竣工文件。

第七章 监 理 管 理

第四十五条 铁路建设工程监理实行总监理工程师负责制和监理执业人员持证上岗制。

第四十六条 工程监理必须执行铁路建设有关规程规范,依据设计文件、工程质量检验评定标准进行监理。

第四十七条 监理企业必须按照监理合同和投标承诺,设置现场监理机构,配备总监理工程师、专业监理工程师以及必需的检测设备。

第四十八条 施工现场应建立总监理工程师、监理工程师、监理员各负其责的工程监理体系，现场监理人员的配置必须满足监理工作需要。涉及工程结构安全的关键工序和隐蔽工程，必须实行旁站监理。

第四十九条 监理人员必须认真审阅、检查设计文件，依据设计文件和施工组织设计实施监理，对发现的勘察设计问题，必须及时以书面形式通知设计和建设管理单位。

第五十条 建筑材料、构配件和设备必须经监理工程师检查签字后方可使用或安装，涉及工程结构安全的关键工序和隐蔽工程，必须经监理工程师签字后方可进行下一道工序作业。

第五十一条 建设管理单位拨付工程款之前，验工计价文件应经总监理工程师签认。

第八章 质量管理

第五十二条 铁路建设应严格遵守《建设工程质量管理条例》，建设管理单位和勘察设计、施工、监理企业依法承担相应的质量责任。

第五十三条 铁路建设实行工程质量监督制度，铁路工程质量监督机构及派出单位依法对铁路建设工程质量实施监督。建设管理单位必须在工程项目开工前，按规定办理质量监督手续。

第五十四条 铁路建设工程质量事故的报告、调查和处理，执行国家和国务院铁路主管部门的有关规定。发生工程质量事故，建设管理单位和施工、监理企业必须按规定及时报告，并组织或协助调查处理，严禁延误报告或隐瞒不报。

工程质量事故处理资料应作为竣工资料移交接管单位。

第五十五条 铁路建设实行工程质量保修制度。工程施工承包企业应对保修范围和保修期限内发生的质量问题，按规定履行保修义务，并对造成的损失承担赔偿责任。

第九章 安全管理

第五十六条 铁路建设必须严格执行《中华人民共和国安全生产法》和其他有关安全生产的法律、法规，严格执行保障安全生产的国家标准和国务院铁路主管部门制定的有关安全规定。

第五十七条 铁路建设的建设管理、勘察设计、施工、监理企业，应当建立健全劳动安全教育培训制度，加强对职工安全生产的教育培训，未经安全生产培训的人员，不得上岗作业。

第五十八条 铁路建设实行安全责任制和事故责任追究制度，依法追究事故责任人员的法律责任。

第五十九条 铁路建设项目安全设施必须与主体工程同时设计、同时施工、同时竣工，经验收合格后方可投入正式运营。

第六十条 严格安全事故报告、调查和处理制度，发生安全事故的工程施工承包企业、建设管理单位及监理企业等均必须按规定及时报告，并协助调查和处理。严禁延误报告和隐瞒不报。

第六十一条 承担既有线改建的建设管理单位和勘察设计、施工、监理企业，必须严格执行国务院铁路主管部门关于既有线施工的规章制度，接受运营单位的指导和监督，确保运输和施工安全。

既有线改造过渡工程必须经验收合格后方可开通运营。

第十章 建设资金管理

第六十二条 铁路建设应合理确定建设项目投资，建设项目初步设计批准概算静态投资超出批复可行性研究报告静态投资的部分不应大于批复可行性研究报告静态投资的10%，因特殊情况而超出者，须报原可行性研究报告批准单位批准。

第六十三条 铁路建设必须严格控制工程投资，避免损失和浪费，提高投资效益。除政策和特殊原因外，不得调增建设项目初步设计批准概算。

第六十四条 铁路建设必须严格执行国家有关财务管理制度，加强资金管理。

第六十五条 铁路建设项目的财政投资，必须按规定编制建设资金预算，严格执行批准预算。

第六十六条 铁路建设必须严格执行有关建设资金支付规定，严格按照合同约定拨付工程价款，不得超拨，也不得拖欠。严禁挤占、截留或挪用建设资金。

第六十七条 铁路建设资金的使用和管理，依法接受审计和监督检查。

第十一章 竣工验收

第六十八条 铁路建设项目按批准的设计文件建成后，必须按国家规定验收。未经验收或验收不合格的，不得交付使用。

第六十九条 铁路建设项目由验收机构组织验收，验收机构按国家规定设立。验收包括初验、正式验收和固定资产移交。限额以下项目和小型项目可一次验收。

第七十条 建设管理单位确认建设项目达到初验条件后提出申请初验报告，验收机构认为达到初验标准后，组织对项目进行初验；初验合格后，方可交付监管运营。

第七十一条 正式验收原则上在初验一年后进行。验收机构认为建设项目达到正式验收标准后，组织验收。验收合格后交付正式运营。

第七十二条 建设项目正式验收合格后，按规定办理固定资产移交工作。

第十二章 罚 则

第七十三条 参与铁路建设活动的单位和个人，在铁路建设中发生违规违法行为的，依法承担相应的行政、经济和法律责任。

国务院铁路主管部门及其委托部门对违反本办法的行为进行行政处罚。

第七十四条 铁路建设管理单位违反本办法规定，有下列行为之一者，责令改正；情节严重的，降低资质等级；对直接责任人员依法给予行政处罚；构成犯罪的，依法追究刑事责任。

（一）必须招标的建设工程项目不进行招标，或违法、违规进行招标，或将工程项目发包给不具有相应资质条件的承包单位；

（二）不履行建设管理单位职责，造成延误工期、工程质量低劣或发生重大质量、安全事故；

（三）未按规定办理工程质量监督手续擅自开工；

（四）建设项目未经验收或验收不合格，擅自交付使用；

（五）擅自扩大建设项目规模、提高或降低建设标准；

（六）挤占、截留或挪用建设资金；

（七）未按批准的工期组织建设，盲目压缩工期，造成工程质量低劣，发生重大质量、安全事故；

（八）其他违法违规行为。

第七十五条 勘察设计企业承担铁路工程勘察设计业务违反本办法规定，有下列行为之一者，责令改正；情节严重的，暂停投标资格，由资质审批部门降低铁路专业资质等级直至撤销资质；对直接责任人员依法给予行政处罚；构成犯罪的，依法追究刑事责任。

（一）超越资质等级许可的范围承揽铁路工程勘察设计业务，允许其他单位或者个人以本单位名义承揽铁路勘察设计业务，将所承揽的铁路勘察设计业务进行转包或违法分包；

（二）未按照工程建设强制性标准进行设计，或未根据勘察成果资料进行工程设计；

（三）设计失误，造成严重经济损失；

（四）未按规定进行变更设计；

（五）其他违法违规行为。

第七十六条 工程施工承包企业承担铁路建设项目工程施工业务违反本办法规定，有下列行为之一者，责令改正；情节严重的，暂停投标资格，由资质审批部门降低铁路专业资质等级直至撤销资质；构成犯罪的，依法追究刑事责任。

（一）违法、违规参加工程投标，以非法手段中标；允许其他单位或者个人以本单位名义承揽铁路工程施工业务，转包或违法分包工程。

（二）未按照设计文件、施工技术标准施工；施工中偷工减料，使用不合格的建筑材料、建筑构配件和设备；施工现场管理混乱，造成工程质量低劣和安全隐患。

（三）不履行合同和投标承诺，不履行保修义务。

（四）不接受工程质量监督机构监督，不接受监理单位检查。

（五）发生重大工程质量事故或重大安全事故隐瞒不报、谎报或拖延报告。

（六）发现设计文件错误不报，造成工程质量低劣和安全隐患。

（七）其他违法违规行为。

第七十七条 工程监理企业承担铁路工程监理业务违反本办法规定，有下列行为之一者，责令改正；情节严重的，暂停投标资格，由资质审批部门降低铁路专业资质等级直至撤销资质；构成犯罪的，依法追究刑事责任。

（一）违法、违规参加工程监理投标，采用非法手段中标，转让监理业务；

（二）与建设管理、设计、施工企业串通，弄虚作假；

（三）不认真履行监理合同和投标承诺，监理人员因过错或失职造成质量事故；

（四）监理人员收受贿赂，接收礼品，索要钱物；

（五）发现设计文件错误不报，或接到施工单位关于设计文件错误的报告而未及时向建设管理单位报告，造成工程质量低劣和事故隐患；

（六）其他违法违规行为。

第七十八条 铁路建设管理部门的工作人员有徇私舞弊、滥用职权、玩忽职守行为的，依法给予纪律或行政处分；构成犯罪的，依法追究刑事责任。

第十三章　附　则

第七十九条　利用外资（含国外贷款）的铁路建设项目，国家另有规定的，执行国家规定。

第八十条　已发布的铁路建设管理方面的规定、办法与本办法相悖的，以本办法为准。

第八十一条　本办法由国务院铁路主管部门负责解释。

第八十二条　本办法自 2003 年 10 月 1 日起施行。铁道部发布的《铁路基本建设管理暂行办法》（铁建〔1990〕191 号）同时废止。

2. 铁路建设工程勘察设计管理办法

铁道部命令第 26 号

第一章 总 则

第一条 为规范铁路建设工程勘察设计活动，保证铁路建设工程勘察设计质量，提高铁路勘察设计水平，保护人民生命和财产安全，根据国家有关法律法规，制定本办法。

第二条 在中华人民共和国境内从事铁路建设工程勘察设计活动，必须遵守本办法。

第三条 本办法所称铁路建设工程勘察设计，是指推荐建设方案，查明、分析、评价地质地理环境特征和工程地质条件，对技术、经济、环境、土地利用等方面进行综合分析、论证，编制设计文件以及现场配合的活动。

第四条 铁路建设工程勘察设计必须坚持科学发展观和为经济社会全面协调可持续发展服务的指导思想，必须与社会、经济发展水平相适应，与铁路发展目标相适应，做到经济效益、社会效益和环境资源效益相统一。

第五条 铁路建设工程勘察设计必须贯彻执行国家有关法律法规、规章和工程建设强制性标准，严格执行国家有关保密规定。

第六条 铁路建设工程勘察设计必须贯彻以人为本、服务运输、强本简末、系统优化、着眼发展的建设理念，采用先进的运输管理模式，使用先进、成熟、经济、适用、可靠的技术、工艺、设备和材料，提高铁路建设水平，提高铁路运输能力和运输效率。

第七条 铁路建设工程勘察设计应高度重视环境保护和水土保持工作，节约能源和土地，重视防灾减灾和运输安全工作，保护文物。

第八条 铁路建设工程勘察设计必须严格执行铁路主要技术政策和铁路建设程序，先勘察、后设计。

第九条 从事铁路建设工程勘察设计活动的企业和主要从业人员，必须按规定取得相应勘察设计资质和个人执业资格，在批准的资质和资格范围内从业。

第十条 铁道部负责全国铁路建设工程勘察设计活动的监督管理，建立铁路项目勘察设计单位质量信誉评价制度。

第二章 勘察设计程序

第十一条 铁路大中型建设工程应在项目决策阶段开展预可行性研究和可行性研究，在实施阶段应开展初步设计和施工图设计。小型项目或工程简易的项目，可适当简化。

第十二条 预可行性研究报告是项目立项的依据，根据国家批准的铁路中长期规划，收集相关资料，进行社会、经济和运量调查、现场踏勘，系统研究项目在路网及综合交通运输体系中的作用和对社会经济发展的作用，初步提出建设方案、规模和主要技术标准，对主要工程、外部环境、土地利用、协作条件、项目投资、资金筹措、经济效益等初步研究后编制，论证项目建设的必要性和可能性。

第十三条 可行性研究文件是项目决策的依据，根据国家批准的铁路中长期规划或项目建议书开展初测，进行社会、经济和运量调查，综合考虑运输能力和运输质量，从技术、经济、环保、节能、土地利用等方面进行全面深入的论证，对建设方案、建设规模、主要技术标准等进行比较分析后，提出推荐意见，进行基础性设计，提出主要工程数量、主要设备和材料概数、拆迁概数、用地概数和补偿方案，施工组织方案，建设工期和投资估算，进行经济评价后编制，论证建设项目的可行性。

可行性研究的工程数量和投资估算要有较高的准确度，环境保护、水土保持和使用土地设计工作应达到规定的深度。

第十四条 初步设计文件是确定建设规模和投资的主要依据，根据批准的可行性研究报告开展定测、现场调查，通过局部方案比选和比较详细的设计，提出工程数量、主要设备和材料数量、拆迁数量、用地总量与分类及补偿费用、施工组织设计及工程总投资后编制。

初步设计文件应满足主要设备采购、征地拆迁和施工图设计的需要。

初步设计概算静态投资一般不应大于批复可行性研究报告的静态投资。

第十五条 施工图文件是工程实施和验收的依据，根据审批的初步设计文件进行编制，为工程建设提供施工图、表、设计说明和工程投资检算。

建设项目施工图投资检算不得大于批准初步设计概算，因特殊情况而超出者，须报初步设计批准单位批准。

第十六条 各阶段勘察设计工作必须达到规定的要求和深度，不得将本阶段工作推到下一阶段进行。

第三章 勘察设计发包与承包

第十七条 铁路大中型建设项目在决策阶段一般通过方案竞选方式选择下一阶段勘察设计单位。其他必须招标的建设项目，由业主或建设管理单位通过方案竞选或招标选定项目勘察设计单位。

第十八条 决策阶段选择总体勘察设计单位的建设项目，建设管理单位可以在保证项目完整性、系统性的前提下，在初步设计阶段对建设项目按段落、工点或专业等进行勘察设计招标。

初步设计阶段已进行勘察设计招标的建设项目，施工图阶段不再进行勘察设计招标。

第十九条 依法必须招标的建设项目，可以对项目的勘察设计、施工以及工程建设有关重要设备、材料的采购，实行工程总承包招标。

实行工程总承包招标的建设项目，初步设计阶段不进行勘察设计招标。

第二十条 铁路建设工程项目勘察设计招标，应以投标人的业绩、信誉和承担项目的勘察设计人员的资格和能力、勘察设计方案的优劣以及勘察设计费报价为依据，进行综合评定。

第二十一条 建设项目方案竞选中选的勘察设计单位应根据建设管理单位要求提供详细的勘察设计资料。

第二十二条 铁路建设项目业主或建设管理单位应与勘察设计单位签订勘察设计合同，督促勘察设计单位按合同约定完成勘察设计业务。

第二十三条 铁路建设工程勘察设计合同中应明确建设项目的主要技术标准、建设规模、建设方案等建设目标，同时确定勘察设计质量标准。

第二十四条 铁路建设工程勘察设计合同应为勘察设计单位提出能够保证勘察设计质量的合理工期。

第二十五条 中标的勘察设计单位必须完成工程建设项目的主要勘察设计业务。经业主或建设管理单位书面批准，方可将一些专业勘察设计业务分包给其他具有相应资质条件的工程勘察设计单位，并对分包的勘察设计业务的质量负责。

第四章 工 程 勘 察

第二十六条 勘察工作是设计工作的依据，是保证建设质量的基础，铁路建设必须重视勘察工作。

第二十七条 铁路工程勘察主要包括初测、定测。工程地质条件复杂的地段和工点，应在相应阶段加深地质勘察工作。

第二十八条 初测主要查明线路通过地区的地形、地貌、地物、区域地质条件、推荐方案和主要比较方案的地质条件。初测资料是可行性研究的依据。

定测主要核实方案通过地区的地形、地貌、地物，详细查明方案的地质条件，为各类建筑物提供地质资料。定测成果是初步设计的依据。

第二十九条 铁路工程地质勘察实行综合勘探，通过加强地质测绘工作，采用新技术、新方法，应用多种地质勘探方法，相互验证和综合分析，提高和保证工程勘察质量。

第三十条 铁路勘察实行勘察大纲审查制度。勘察单位应依据项目建议书或可行性研究报告批复意见、规程规范编制勘察大纲，业主或建设管理单位应对勘察大纲组织审查。审查后的勘察大纲为工程勘察合同的组成部分。

第三十一条 铁路勘察实行监理（或咨询）和勘察成果验收制度。业主或建设管理单位应委托具有相应资质的工程勘察单位依照批准的勘察大纲对勘察进行监理（或咨询），应组织对勘察资料和勘察报告进行验收，对实际完成的勘察工作量进行审核。

勘察监理工作必须与勘察工作同时进行。

第三十二条 勘察单位应加强管理，科学合理地编制勘察大纲，严格按操作规程和勘测细则作业，加强过程管理，接受工程勘察监理（或咨询）的检查，保证勘察工作达到规定的深度，勘察成果真实、准确，满足设计要求。

第三十三条 业主或建设管理单位应按照工程勘察合同约定解决勘察工作的外部环境问题，协调解决勘察工作中存在的问题，为勘察工作提供条件，同时对勘察工作进行监督、检查。

第三十四条 勘察单位要加强对经业主或建设管理单位批准分包的勘察工作的管理，对分包勘察业务质量负责。

第五章 设 计 文 件 编 制

第三十五条 铁路建设工程设计文件应当依据下列要求编制：
一、铁路路网规划；
二、项目批准文件；
三、设计阶段对应的勘察成果；
四、铁路主要技术政策；
五、工程建设强制性标准；
六、铁路设计规程规范；
七、铁路工程建设设计文件编制规定；
八、设计合同。

第三十六条 铁路建设工程设计必须做好经济和社会调查，掌握区域运输需求、区域交通运输结构现状和规划、铁路运输需求，在征求铁路运输企业意见的基础上，提出建设项目的近、远期客货运量和运输组织方案的推荐建议。

第三十七条 铁路建设工程设计必须根据铁路路网规划和综合交通规划，采用先进的运输管理模式，综合考虑近期与远期、相关线路技术条件、路网运输能力、运输质量、运营成本和工程投资，在充分论证的基础上，推荐先进适用的主要技术标准。

第三十八条 铁路建设工程设计必须应用系统工程理论，优化点与点、线与线、点与线、固定设备与移动设备以及装备能力的匹配，正确处理建设与运输、建设与维修、新建工程与既有设备的关系，通过经济技术比较，选择技术适用、经济合理的建设方案。

第三十九条 铁路建设工程设计必须加强工程技术经济工作，保护环境和基本农田，节约土地，进行合理充分的方案比选，完善优化设计；采用科学先进的施工工艺和工程措施，提出实用经济的施工组织设计；准确计算工程、材料、设备和征地拆迁数量，采用合理的定额和单价，按照建设、运营费用最合理的原则确定工程建设投资。

第四十条 铁路建设工程设计必须依据经验收的勘察资料进行，达到规定的深度，满足项目决策和工程实施的要求。工程设计选用的材料、设备，应当注明其规格、性能等技术指标，其质量必须符合国家有关规定。除特殊要求的建筑材料、专用设备外，设计单位不得指定生产厂、供应商。

第四十一条 铁路建设工程勘察设计应在严格执行工程建设强制性标准的前提下，将正确执行铁路勘察设计规程规范和技术创新结合起来，提高铁路勘察设计水平。

第四十二条 铁路建设工程勘察设计应积极推广使用信息技术，完善勘察设计一体化；设计文件格式应符合铁路建设信息化要求，设计单位应及时将设计文件输入信息系统。

第四十三条 铁路建设工程勘察设计应研究铁路建设三维可视设计技术，为铁路建设提供数字化的设计文件，为运输生产和设备维修管理信息化提供基础资料。

第六章 设 计 文 件 审 查

第四十四条 铁路建设工程项目的设计文件实行审查制度。

第四十五条 业主或建设管理单位应根据项目批准文件、设计文件编制规定，对勘察设计单位提交的勘察设计文件进行审查；项目建议书和可行性研究报告按规定程序审查，需要上报的，按国家规定程序上报。

第四十六条 铁路建设项目的初步设计文件实行审查制度，审查重点包括涉及公共利益、公众安全、工程建设强制性标准等内容。

新建改建路网干线、时速160公里及以上铁路建设项目的初步设计文件，由铁道部组织审查。其他铁路建设项目的初步设计文件由投资方组织审查，建设项目所在地铁路局参与审查。

第四十七条 铁路建设项目的施工图实行审核制度，由建设管理单位组织审核；特殊项目由铁道部指定单位审核。铁道部对施工图审核工作实施监督。

未经审核或审核不合格的施工图，不得交付施工。

第四十八条 业主和建设管理单位不得明示或暗示勘察设计单位违反法律、法规、规章和工程建设强制性标准进行勘察设计。

勘察设计单位应拒绝业主、建设管理单位和其他单位提出的违反法律、法规、规章，以及违反工程建设强制性标准的要求。

第四十九条 批准的项目建议书、可行性研究报告和初步设计文件是开展下一步工作和审查的依据，除原批准单位或其上级单位外，其他单位不得修改或变更。

施工图设计中，对初步设计批准的设计内容需要作较大修改的，经建设管理单位报原初步设计审批单位批准后方可修改。

第七章 设计文件实施

第五十条 勘察设计单位应当根据勘察设计合同约定，向业主或建设管理单位提交勘察设计文件，说明设计意图。

第五十一条 勘察设计单位应在建设项目开工前，按审核后的施工图，向施工、监理单位说明设计意图，提出建设、监理和施工注意事项。

第五十二条 建设项目开工后，勘察设计单位应设立现场设计代表机构，选派主持或参与该项目施工图设计的主要技术人员常驻现场，完善和优化勘察设计，及时解决施工中出现的勘察设计问题，按变更设计管理规定修改设计。

第五十三条 勘察设计单位应及时对建设管理、咨询、监理单位提出的勘察设计文件中存在的问题进行研究，提出处理意见和实施方案。

勘察设计文件一般由原勘察设计单位修改。经原勘察设计单位书面同意，建设管理单位可以委托其他具有相应资质的勘察设计单位修改设计文件。修改勘察设计文件的单位对修改的勘察设计文件承担相应责任，原勘察设计单位仍对设计文件的总体性负责。

第五十四条 批准的初步设计概算为铁路建设工程项目总投资的控制数，一般不得调整。因政策和特殊原因需要调整的，按规定程序报批。

第五十五条 勘察设计单位有权督促施工单位按审核后的施工图文件施工，对发现不按施工图文件施工的，应及时通知建设管理单位和监理单位。

第五十六条 勘察设计单位应在建设项目正式交付运营后，针对勘察设计质量进行回访，及时协助解决因勘察设计原因出现的问题。

第八章 勘察设计收费

第五十七条 铁路建设工程勘察设计收费必须遵守国家的相关规定。

第五十八条 铁路建设工程勘察设计费应在国家和铁道部规定的范围内，通过勘察设计招标确定，勘察设计费支付方式在工程勘察设计合同中约定。

第五十九条 勘察设计费与勘察设计质量挂钩。勘察设计质量达不到合同约定或造成质量事故的，勘察设计单位应无偿补充勘察、修改设计，并按规定承担相应责任及赔偿。

第九章 罚 则

第六十条 参与铁路建设工程勘察设计活动的当事人发生违法行为的，依法承担法律责任。

第六十一条 铁道部对参与铁路建设工程勘察设计的单位和个人违反本办法规定的行为，按照国家有关法律、法规和规章规定进行行政处罚。应予吊销资质或资格处罚的，由铁道部向有关部门提出建议。

第六十二条 业主或建设管理单位有下列行为之一者，责令改正，对单位和直接责任人给以警告：
  （一）未按规范审查勘察大纲的；
  （二）未按规定委托工程勘察监理或咨询的；
  （三）未按规范验收勘察资料的；
  （四）由于管理不到位致使勘察设计工作达不到规定深度的；
  （五）上报审查的设计文件未按规定初审的；
  （六）未按规定审核施工图的；
  （七）未按规定处理变更设计的；
  （八）未履行监督责任，造成勘察设计质量大事故以及以上事故的。
  第六十三条 勘察设计单位有下列行为之一者，责令改正，对单位和直接责任人给以警告：
  （一）不按规范编制勘察大纲的；
  （二）不配合工程地质勘察监理（咨询）工作的；
  （三）不配合设计文件审查工作的；
  （四）不按时向施工、监理单位解释设计文件的；
  （五）未设置现场配合机构、配备相应人员的；
  （六）不及时处理建设过程中发现的勘察设计问题的；
  （七）项目验收后两年内未进行设计回访的；
  （八）不积极推广使用信息技术的。
  有前款行为之一，情节严重的，按规定暂停参加铁路建设工程勘察设计投标；造成经济损失的，依法承担赔偿责任。

第十章 附 则

  第六十四条 本办法由铁道部负责解释。
  第六十五条 本办法自 2006 年 3 月 1 日起施行。

3. 铁路建设工程招标投标实施办法

铁道部令第 8 号

第一章 总 则

第一条 铁路建设工程是关系社会公共利益、公众安全的基础设施建设，必须依法进行招标投标。为规范铁路建设工程招标投标活动，保护国家利益、社会公共利益和招标投标当事人的合法权益，保证项目质量和公众安全，提高投资效益，依据《中华人民共和国招标投标法》和国家有关法律、法规，制定本实施办法。

第二条 本办法适用于新建、改建国家铁路、国家与地方或企业合资铁路、地方铁路的固定资产投资项目的施工、监理及与建设工程有关的重要设备和主要材料采购等的招标投标活动。

专用铁路和铁路专用线的建设项目可参照执行。

第三条 铁路建设项目达到以下规模和标准之一的必须进行招标：

（一）工程总投资 200 万元（含）以上或施工单项合同估算价在 100 万元人民币以上的；

（二）监理单项合同估算价在 10 万元人民币以上的；

（三）重要设备、主要材料采购单项合同估算价在 50 万元人民币以上的。

不足以上规模和标准的铁路建设项目参照本办法进行招标。

第四条 铁路建设工程招标投标活动应遵循公开、公平、公正、诚实信用的原则。

第五条 任何单位和个人不得将必须招标的铁路建设项目化整为零或者以其他任何方式规避招标。

第六条 必须招标的铁路建设项目，其招标投标活动不受地区或部门的限制。任何单位和个人不得违法限制或排斥本地区、本系统以外的具备相应资质的法人或其他组织参加投标，不得以任何方式非法干涉招标投标活动。

第七条 铁路建设工程招标投标活动受国家法律保护，招标投标活动及其当事人应当接受依法实施的监督。

第八条 国务院铁路主管部门及受其委托的部门归口管理全国铁路建设工程招标投标工作，主要职责是：

（一）贯彻国家有关招标投标的法律、法规，制定铁路建设工程招标投标管理的规章制度并监督实施；

（二）对铁路建设项目工程招标投标活动实施监督；

（三）审查招标人资质。

第九条 受国务院铁路主管部门委托的铁道部工程招标投标管理办公室和铁路局工程招标投标管理办公室（以下统称工程招标投标管理办公室）按委托规定权限负责监督、检查铁路建设项目招标投标活动。

工程招标投标管理办公室的主要职责是：

（一）宣传、贯彻有关建设工程招标投标法律、法规和规章制度；

（二）审查招标人、招标代理机构和标底编制单位资格；

（三）监督、检查招标投标当事人的招标投标行为是否符合法律、法规规定的权限和程序；

（四）对新建、改建国家铁路、国家与地方或企业合资铁路的招标计划、标底、评标办法、招标结果进行审查、核准；

（五）协调与省、市地方招标投标管理部门的工作关系；

（六）组建并管理招标评标委员会评委专家库。

第十条 铁路建设工程施工、监理及与建设工程有关的重要设备和主要材料采购等招标投标活动，除特殊情况经工程招标投标管理办公室批准外，一律在铁路有形建设市场的交易中心进行。

第二章 招 标

第十一条 铁路建设项目招标应具备下列条件：

（一）大中型建设项目可行性研究报告经国家批准，其他建设项目按规定已履行相应审批手续；

（二）有批准的设计文件（两阶段设计有初步设计文件，一阶段设计有施工图）；

（三）建设资金已落实；

（四）建设项目管理机构已建立。

第十二条 铁路建设工程的招标人是依照本办法规定提出招标项目、负责组织招标活动的法人或其他组织。

第十三条 招标人的责任与权利

（一）责任：

1. 发布招标公告及编制招标文件，负责组织招标；
2. 审查投标人资格；
3. 组织现场踏勘，解答和澄清招标文件中的问题；
4. 编制标底，组建评标委员会，编写评标报告；
5. 按招标文件和中标人的投标文件与中标人签订合同；
6. 对招标文件、合同条款与建设项目目标实现的差异承担责任；
7. 接受依法实施的监督，遵守招标投标有关法规，按规定保守秘密；
8. 负责招标档案的建立和保存。

（二）权利：

1. 参加设计文件鉴定。
2. 按招标投标法律、法规，根据招标项目特点，经过资格审查选定投标人。
3. 具备自行招标条件的招标人有权自行办理招标，有权拒绝任何单位和个人强制其委托招标代理机构办理招标事宜。不具备自行招标条件的招标人，有权自行选择招标代理机构，委托办理招标事宜，拒绝任何单位和个人指定的招标代理机构。
4. 有权拒绝不符合招标文件要求的投标。
5. 按评标委员会的书面评标报告和推荐的中标候选人确定中标人。

第十四条 招标人可自行招标或委托招标。经项目审批部门核准招标人符合自行招标条件的，可以自行组织招标。不符合自行招标条件的，由招标人委托具有相应资质的招标代理机构办理招标事宜。

第十五条 招标人自行组织招标时必须具备下列条件：

（一）具有项目法人资格（或法人资格）；
（二）有与建设项目规模相适应的，熟悉和掌握招标投标法律、法规、规章的专业齐全的技术、经济管理人员；
（三）具有编制招标文件、审查投标人资格和组织开标、评标、定标的能力；
（四）设有财务机构和具有会计从业资格的人员，能按有关法规进行财务管理和独立的会计核算；
（五）资质等级与建设项目的投资规模相适应，有从事同类铁路建设项目招标的经验。

第十六条 招标人自行招标应在上报可行性研究报告时向项目审批部门报送下列书面材料，经核准后方能自行招标：
（一）项目法人营业执照、法人证书或项目法人组建的文件；
（二）与招标项目相适应的专业技术力量情况，包括工程技术、概（预）算、财务和工程管理人员的高、中、初级职称的人数；
（三）内设的招标机构或专职招标人员的基本情况；
（四）拟使用的评委专家库；
（五）以往编制的同类建设项目招标文件和评标报告，以及招标业绩的证明材料；
（六）其他材料。

在报送可行性研究报告前，需通过招标方式或其他方式确定勘察、设计单位开展前期工作的，应在上述书面材料中说明。

第十七条 任何单位和个人不得限制招标人自行办理招标事宜，不得强制其委托招标代理机构办理招标事宜，不得为招标人指定招标代理机构，也不得拒绝办理工程建设的有关手续。

第十八条 委托招标应遵守下列规定：
（一）招标人与招标代理机构应签订委托代理合同，招标代理机构在招标人委托的范围内办理招标事宜，并遵守本办法关于招标人的规定；
（二）招标代理机构应维护招标人的合法权益，对招标文件、评标办法、评标报告等的科学性、准确性负责，不得向外泄漏有关情况，影响公正、公平竞争；
（三）招标代理机构不得接受已代理的同一招标项目的投标咨询业务，不得转让招标代理；
（四）招标代理机构与行政机关和其他国家机关及投标人不得有隶属关系或其他利益关系。

第十九条 招标分为公开招标和邀请招标。必须招标的铁路建设工程项目均应公开招标。公开招标项目的招标人必须以招标公告的方式邀请不特定的法人或其他组织投标。

不适宜公开招标的项目，经项目审批部门批准，可以采用邀请招标。招标人以投标邀请书的形式邀请三个以上具备承担招标项目的能力、资信良好的特定投标人投标。投标邀请书的内容可比照招标公告。

第二十条 招标公告应在《中国日报》、《中国经济导报》、《中国建设报》、《中国采购与招标网》等至少一家媒介上发布，其中，必须招标的国际招标项目的招标公告应在《中国日报》发布。同时应将招标公告抄送指定网络。公告发布手续由铁路有形建设市场的交易中心归口对指定媒介办理，同时在交易中心网站发布。

招标公告的内容包括：

(一)招标人的名称和地址;
(二)招标项目的名称、资金来源、内容、规模、实施的地点和工期;
(三)获取资格审查文件和招标文件的办法、地点和时间;
(四)对投标人资质条件的要求;
(五)招标的日程安排;
(六)对资格预审文件和招标文件收取的费用。

第二十一条 铁路建设工程招标程序如下:
(一)编制、报批招标计划;
(二)发布招标公告;
(三)申请投标;
(四)审查投标资格;
(五)发售招标文件;
(六)召开标前会;
(七)递送投标文件;
(八)确定评标方案、标底;
(九)开标、评标、定标;
(十)核准招标结果,发中标通知书;
(十一)上报招标投标情况的书面报告;
(十二)承发包合同签订与登记。

第二十二条 招标人应提出招标计划报工程招标投标管理办公室审批,招标计划应包括以下内容:
(一)工程项目概况,招标依据,招标方式、范围和内容;
(二)标段划分依据及数量,每个标段的主要工程量及估价;
(三)投标人选择标段的方式;
(四)招标时间安排和地点;
(五)评委会组成方案,从专家库中选择专家的专业分类、人数;
(六)建议定标方式。

第二十三条 招标文件的编制应符合下列要求
(一)招标文件包括以下主要内容:
1. 投标邀请书;
2. 投标人须知;
3. 合同条件;
4. 技术规范;
5. 图纸;
6. 工程量清单;
7. 投标书格式及投标保证;
8. 辅助资料表及各类文件格式;
9. 履约保证金;
10. 合同协议书;
11. 评标的标准和方法;

12. 国家对招标项目的技术、标准有规定的，应按照其规定在招标文件中提出相应要求；

13. 招标文件应对技术标和商务标的划分、内容要求、密封、标志、递交投标文件和开标等作出具体规定。

（二）招标文件应载明：严禁中标人转包工程，中标人不得将招标项目的主体、关键工程进行分包；重要的设备和主要材料的招标范围，其他设备和材料的采购供应方式；开标时的唱标内容。

（三）招标文件不得规定任何不合理的标准、要求和程序，不得要求或者标明特定的生产供应者，不得含有倾向或排斥潜在投标人的内容，不得强制投标人组成联合体或限制投标人之间的竞争。

第二十四条 招标文件发出后，招标人不得擅自变更和增加附加条件，确需进行必要的澄清或修改，应在招标文件要求提交投标文件截止时间至少15日前，以书面形式通知所有招标文件的收受人。澄清或修改内容以及对投标人所提问题的书面答复均为招标文件的组成部分。

第二十五条 标段划分应符合下列要求：
（一）标段不宜过小；
（二）根据工程项目的特点，考虑工程的整体性、专业性；
（三）有利于组织工程建设和管理，工程衔接和相关工程的配合，场地平面布置，大型临时设施、过渡工程和辅助工程的合理配置，分段施工、分期投产、分期受益。

第二十六条 招标人应按招标公告和招标文件载明的条件对潜在投标人进行资格审查。资格审查分为资格预审和资格后审。资格预审是指在投标前对潜在投标人进行的资格审查，资格后审是指在开标后对投标人的资格审查。采取资格预审的，招标人应当在资格预审文件中载明资格预审的条件；采取资格后审的，招标人应当在招标文件中载明对投标人的资格要求。

第二十七条 资格审查一般应审查潜在投标人是否符合下列条件：
（一）具有独立签订合同的资格；
（二）具有与招标项目相适应的资质证书、生产许可证或特许证等；
（三）具有有效履行合同的能力；
（四）以往承担类似项目的业绩情况；
（五）没有处于被责令停业，暂停投标期限，财产被接管、冻结，破产状态等；
（六）近两年内没有与骗取合同有关的犯罪或严重违法行为；
（七）近一年无重大质量、安全事故及既有线施工造成的铁路行车重大、特大事故；
（八）投标联合体还应符合本办法第三十五条规定的资格条件。
国家对投标人资格条件有规定的，依照其规定。

第二十八条 招标人应将资格审查结果通知潜在投标人，并在铁路有形建设市场的交易中心公布资格审查合格的潜在投标人。只有资格审查合格的潜在投标人才能购买招标文件。

第二十九条 招标人可按下列原则和方式确定潜在投标人投标标段：
（一）若潜在投标人自报投标标段，资格审查通过后即为潜在投标人投标标段；
（二）考虑资格审查通过的潜在投标人的专业特长确定投标标段；
（三）结合资格审查通过的潜在投标人的企业规模，做到投标机会基本公平。

第三十条 招标人应组织召开有购买招标文件的潜在投标人参加的标前会。标前会的内容包括：

（一）招标人介绍招标文件和工程概况，设计单位介绍设计情况。

（二）现场踏勘。可根据项目的具体情况，由招标人统一组织或明确由潜在投标人自行进行。

（三）潜在投标人提出问题，招标人答疑。

提出问题应以书面方式，答复问题以书面形式通知所有招标文件收受人。

第三十一条 招标人不得与投标人串通，不得向他人透露已获取招标文件的潜在投标人的名称、数量以及可能影响公平竞争的有关招标投标的其他情况。

第三十二条 招标中各项工作的期限应满足下列要求：

（一）向交易中心报送招标公告资料至发售招标资格审查文件一般不少于12日。

（二）招标人发售资格审查文件至潜在投标人报送资格审查申请文件一般不少于7日。

（三）潜在投标人向招标人提出的问题一般应在提交投标文件截止时间16日前，过时不予受理。

（四）自招标文件开始发售之时起至提交投标文件截止之时止不得少于20日。

（五）评委专家的产生时间：开标前1—3日。

（六）评标时间：从开标至推荐中标候选人一般在15日之内完成。

（七）招标人应于确定中标人后5日内，向工程招标投标管理办公室上报招标结果，工程招标投标管理办公室核准时间不超过5个工作日。

（八）中标通知书发出时间应不超过招标文件载明的投标文件的有效期。

（九）自中标通知书发出之日起，30日内签订书面合同。

第三十三条 出现下列情况，招标人必须按本办法的规定重新招标：

（一）一个招标标段递交投标文件的投标人少于三个；

（二）一个招标标段所有投标人递交的投标文件，符合本办法第三十七条的有效投标文件少于三个；

（三）所有投标被评标委员会否决；

（四）投标人放弃中标，其余又无有效的中标候选人；

（五）由于行为人的违法行为中标无效，其余又无有效的中标候选人；

（六）经主管部门批准，其他原因需要重新招标的。

第三章 投　　标

第三十四条 必须招标的铁路建设工程项目的投标人应具备下列条件：

（一）经工商行政管理部门注册登记核准的营业执照；

（二）与招标工程相应的铁路行业资质条件，承担招标项目的相应能力；

（三）重要设备、主要材料的产品生产许可证或特许证；

（四）开户银行的资信证明；

（五）社会中介机构对年度财务报表出具的年审报告。

第三十五条 由两个以上的法人或者其他组织组成联合体共同投标的应符合下列要求：

（一）联合体投标人的资格条件：

1. 联合体各方均应符合本办法第三十四条的条件；

2. 国家有关规定或者招标文件对投标人资格条件有规定的，联合体各方均应具备规定的相应条件；

3. 由同一专业的各方组成的联合体，按照资质等级较低的一方考核。

（二）联合体各方应当签订共同投标协议，约定各方拟承担的工作和责任，明确联合体代表及授权。联合体代表在协议授权的范围内代表联合体各方处理有关问题。

（三）联合体中标的，联合体各方应当共同与招标人签订合同，就中标项目向招标人承担连带责任。

第三十六条 投标人的权利与义务：

（一）权利：

1. 有权决定参加或不参加投标；
2. 在提交投标文件截止时间前有权补充、修改以至撤回投标文件；
3. 有权要求招标人书面澄清招标文件中词义表达不清、遗漏的内容或对比较复杂的事项进行说明；
4. 当自己的权益受到损害或认为招标投标活动不符合有关法律、法规规定时，有权向招标人提出异议或依法向有关行政部门投诉。

（二）义务：

1. 接受依法实施的监督，遵守招标投标法律、法规和招标文件的规定，遵循诚实信用原则，公平竞争，对投标文件的真实性负责；
2. 按评标委员会的要求对投标文件中含义不明确的内容作必要的澄清或者说明，但不得超出投标文件范围或者改变投标文件实质内容；
3. 按规定提供投标保证金、履约保证金或其他经济担保；
4. 中标通知书发出后在规定期限内，按招标文件和中标的投标文件与招标人签订合同。

第三十七条 投标文件的编制应符合下列要求：

（一）投标人应当严格按招标文件的要求编制投标文件，投标文件应对招标文件提出的实质性要求作出响应，即对招标项目的价格和其他商务条件、项目的计划和组织实施安排、技术规范、合同主要条款等作出响应。

投标人拟投标项目的预定项目经理（总监理工程师）必须参与投标文件的编制。

（二）投标文件一般应包括以下内容：

1. 投标书；
2. 法定代表人证书或授权书；
3. 各种投标保证；
4. 投标价格及有关分析资料；
5. 投标项目的实施或重要设备和主要材料供应方案及说明；
6. 投标项目达到的目标及措施；
7. 投标保证金和其他担保；
8. 项目管理或监理机构主要负责人和专业人员资格的简历、业绩；
9. 完成项目的主要设备和检测仪器；
10. 招标文件要求的其他内容。

（三）技术标文件和商务标文件应分别编写。

（四）投标人拟在中标后将中标项目的部分非主体、非关键工程进行分包的，应在投标文件中说明，并将分包人的资质证明文件载入投标文件。

（五）投标人组成联合体投标的，应在投标文件中说明，并将各方联合投标的协议载入投标文件。

（六）除有变化和招标文件规定外，投标文件中不再重复资格审查申请文件已报送的资料。

（七）投标人在规定提交投标文件的截止时间前，以书面方式对已提交投标文件的补充、修改内容，为投标文件的组成内容。

第三十八条 投标人应当在招标文件要求提交投标文件的截止时间前，将投标文件密封送达招标地点。

招标人在收到投标文件后，应当向投标人出具标明签收人和签收时间的凭证，对投标文件要妥善保存并不得开启。

第四章 评标委员会和评标办法

第三十九条 评标委员会由招标人依法组建，负责人由招标人确定。

评标委员会成员人数，铁路大中型建设项目为7人以上、其他建设项目为5人以上，均应为单数。其中招标人代表不得多于总人数的三分之一，技术、经济方面的专家名额不得少于总人数的三分之二。技术、经济专家于开标前1－3天在工程招标投标管理办公室的监督下，由招标人从评委专家库相应专业中随机抽取。每次可抽取与评委专家名额相同的备选评委专家。

技术特别复杂、专业性要求特别高或者国家有特殊要求的招标项目，采取随机抽取方式确定的专家难以胜任的，可以由招标人直接确定。

评标委员会可根据需要安排工作人员负责评标的具体事务性工作。

第四十条 抽取的评委专家与招标人、投标人有利害关系或因故不能出席的，应从备选评委专家中依次递补。

评委专家确定后由招标人通知评委专家本人，其名单在中标结果确定前应严格保密。

第四十一条 评标委员会职责

（一）按评标办法评审投标文件；

（二）编写评标报告，向招标人推荐中标候选人（按顺序列出第1、2、3名），或根据招标人的授权直接确定中标人；

（三）负责评标工作，接受依法实施的监督。

第四十二条 评标办法应遵循下列原则

（一）评标办法应根据选定的评标方法（即最低评标价法、综合评分法、合理最低投标价法三种之一）制定。

（二）评标办法应详细、具体，便于操作，避免随意性。内容、标准应与招标文件一致，条件尽可能量化。技术标文件和商务标文件应分开评审，技术标文件作为暗标先评审，技术标文件未通过的，商务标文件不再参加评审。

（三）评标方法若采用综合评分法，报价评分比例不宜超过百分之四十，报价较标底的增减幅度应拉开分差。

（四）国家对特定的招标项目的评标有特别规定的，从其规定。

（五）评标办法经工程招标投标管理办公室审核确定后应即时密封，待开标会上当场启封公布。评标办法公布后，其内容不得作任何修改。

第四十三条 招标项目需要编制标底的,由招标人自行编制或委托经主管部门批准具有编制标底能力的中介机构代理编制。

第四十四条 编制标底应遵循以下依据和原则

(一) 依据:

1. 招标文件的商务条款及其他规定;

2. 批复的设计文件及概算;

3. 工程施工组织设计,重要设备和主要材料供应计划;

4. 国务院铁路及建设主管部门颁发的概算定额、费用标准和有关规定。

(二) 原则:

1. 标底价格应根据市场情况,力求科学、合理,有利于竞争和保证项目质量;

2. 标底的计价内容、依据应与批准的设计文件和招标文件一致;

3. 按招标文件工程量清单的工程项目划分、统一计量单位和工程量计算规则确定工程数量和编制标底;

4. 不由投标人承包的项目及费用不计入标底;

5. 标底价格由成本、利润、税金等组成,按概算章、节编制,应低于招标概算,即批准的设计概算中招标项目的概算金额;

6. 一个标段只能编制一个标底。

第四十五条 标底经工程招标投标管理办公室审核确定后应即时密封,待开标会上当场启封公布。

第五章 开 标

第四十六条 开标应按招标文件规定的时间,在交易中心举行。

第四十七条 开标由招标人主持。邀请所有投标人、监督部门代表等参加。必要时,招标人可委托公证部门的公证人员对整个开标过程依法进行公证。

第四十八条 开标会按以下程序进行:

(一) 宣布参加开标会的投标人及法定代表人或委托代理人名单。

(二) 介绍招标项目的有关情况。

(三) 公布评标、定标办法。宣布开标顺序和唱标主要内容。

(四) 请投标人代表确认投标文件的密封完整性。

当众检验、启封投标文件和补充、修改函件。

(五) 宣读投标文件的主要内容:

1. 必须按当场启封的投标文件正本宣读;

2. 在提交投标文件截止时间前收到的所有投标文件和对投标文件的补充、修改函件都应当当众予以宣读。

(六) 当众启封、公布标底。

(七) 当场作出开标记录,并由招标人、投标人法定代表人或委托代理人在记录上签字,确认开标结果。

第六章 评 标

第四十九条 招标人应根据评标工作量和难易程度安排足够的评标时间,并采取必要的措施，保证评标在严格保密的情况下进行。避免任何单位和个人非法干预、影响评标过程和结果。

评标委员会应组织全体评标委员学习有关规定和保密要求，宣布评标纪律，熟悉招标文件和评标办法。

第五十条 评标只对有效投标文件进行评审，有下列情形之一的属于无效投标文件：

（一）逾期送达；

（二）未按规定密封；

（三）投标人的法定代表人或委托代理人未参加开标会；

（四）未按招标文件规定提交投标保证金；

（五）未同时加盖投标人和法定代表人或委托代理人的印鉴或签字（含投标联合体各方）；

（六）实质性内容不全或数据模糊、辨认不清或者拒不按照要求对投标文件进行澄清、说明或补正的；

（七）投标人未对招标文件作出实质性的响应或与招标文件有重大的偏离；

（八）投标人有《中华人民共和国反不正当竞争法》所列的不正当竞争行为；

（九）投标人在同一个投标段，提交一个以上的标价或自行投标又参加联合体投标或同时参加一个以上联合体投标；

（十）在技术标文件中显示或暗示投标人的。

第五十一条 评标应按照招标文件和评标办法规定的标准和方法进行。不得采用招标文件和评标办法未列明的标准和方法；不得改变招标文件和评标办法规定的标准和方法；也不得在招标文件和评标办法规定的评审内容之外增加和延伸评审内容。

第五十二条 评标过程中评标委员会可以要求投标人对投标文件中含义不明确的内容以书面方式作必要的澄清或说明，但澄清或者说明不得超出投标文件的范围，不得改变投标文件的实质内容。评标委员会不得向投标人提出超出招标文件范围的问题，不得与投标人就投标价格和投标方案进行实质性谈判。

第五十三条 评标委员应在阅读投标文件的基础上，对同一标段各投标文件同一评审分项进行横向比较，客观、公正、独立地提出评审意见。不得采取事先议论某标段可能中标的总体意向后再评审，不得有迎合任何人评标意图的倾向，不得以分项评审人的评审意见代替其余评标委员的意见。

经评标委员会评审，认为所有的投标都不符合招标文件的要求，可以否决所有投标，对低于成本价格的投标应予否决。

第五十四条 经评审具备下列条件之一，应推荐为第一中标候选人：

（一）若采用最低评标价法，评标价最低的投标人；

（二）若采用综合评分法，平均分最高的投标人；

（三）若采用合理最低投标价法，能够满足招标文件各项要求，投标价格最低（但低于成本的除外）的投标人。

若有不同意见，以多数评标委员的意见为准。

第五十五条 评标委员会全体委员应对评标结果经签字确认，并向招标人提出书面评标报告和推荐中标候选人。评标委员对中标候选人有不同意见在评标报告中说明。

第七章 中 标

第五十六条 中标人的投标应当符合下列条件之一：

（一）能最大限度地满足招标文件中规定的各项综合评标标准，综合评分最高；

（二）能够满足招标文件的实质性要求，并且经评审的投标价格最低，但是投标价格低于成本的除外。

第五十七条 招标人应根据评标委员会的书面评标报告和推荐的中标候选人确定排名第一的中标候选人为中标人。排名领先的中标候选人放弃中标、因不可抗力提出不能履行合同，或者招标文件规定应当提交履约保证金而在规定的期限内未能提交的，可以确定顺延排名的中标候选人为中标人。

招标人可以授权评标委员会直接确定中标人。

第五十八条 招标人在确定中标人5日内，将招标结果书面报工程招标投标管理办公室。书面报告的内容包括：中标人，中标标段的招标概算、标底、中标价、降造幅度、评分、评标报告等。

招标人的书面评标报告经工程招标投标管理办公室核准后，招标人应向中标人发出中标通知书，并同时将中标结果通知所有未中标的投标人。

第五十九条 经国家计委核准自行招标的铁路建设项目，招标人在最终确定中标人之日起15日内向国家计委提交招标投标情况的书面报告，同时抄送国务院铁路主管部门。书面报告至少应包括下列内容：

（一）招标方式和发布招标公告的媒介；

（二）招标文件中投标人须知、技术标准、评标标准和方法、合同主要条款等内容；

（三）评标委员会的组成和评标报告；

（四）中标结果。

第六十条 招标文件规定提交履约保证金的，中标人应在收到中标通知书后、签订合同前按规定提交履约保证金。若中标人未按期或拒绝提交履约保证金，可视为放弃中标项目，中标人依法承担法律责任。招标人可以从其余仍然有效的中标候选排序最前的投标人选取中标人，签订合同。

第六十一条 中标人在提交履约保证金的同时，应按中标的承诺，将中标项目的项目经理的资质证书原件交由招标人保存。该项目经理在合同履行期间不得在其他建设工程项目任职。

第六十二条 招标人与中标人应当自中标通知书发出之日起30日内，按照招标文件和中标人的投标文件订立书面合同，并在签订合同后5个工作日内向中标人和未中标的投标人退还投标保证金。

招标人和中标人不得再订立背离合同实质性内容的其他协议。招标人不得对中标人的中标工程指定分包或将任务切割。

双方当事人应按招、投标文件的承诺和合同约定履行义务。中标人在投标文件中承诺的人员、装备，一般不允许更换；因特殊原因需要更换时，必须经招标人同意，且技术能力不得低于资格审查和投标时的水平。

第八章 罚 则

第六十三条 招标投标有关当事人在招标投标活动中，发生违法行为的，依据《中华人民共和国招标投标法》规定承担相应法律责任。

国务院铁路主管部门依据《中华人民共和国招标投标法》和本办法对违法行为进行行政

处罚。受国务院铁路主管部门委托的部门，认为需要进行行政处罚时，报国务院铁路主管部门批准后实施。

第六十四条 必须进行招标的项目而不招标的，将必须进行招标的项目化整为零或者以其他任何方式规避招标的，限期改正，可以处项目合同金额千分之五以上千分之十以下的罚款；对全部或者部分使用国有资金的项目，可以暂停项目执行或者暂停资金拨付；对单位直接负责的主管人员和其他直接责任人依法给予处分。

第六十五条 招标代理机构泄露应当保密的与招标投标活动有关的情况和资料的，或者与招标人、投标人串通损害国家利益、社会公共利益或者他人合法权益的，处五万元以上二十五万元以下的罚款，对单位直接负责的主管人员和其他直接责任人员处单位罚款数额百分之五以上百分之十以下的罚款；有违法所得的，并处没收违法所得；情节严重的，暂停直至取消招标代理机构资格；构成犯罪的，依法追究刑事责任。给他人造成损失的，依法承担赔偿责任。

前款所列行为影响中标结果的，中标无效。

第六十六条 招标人以不合理的条件限制或者排斥潜在投标人的，对潜在投标人实行歧视待遇的，强制要求投标人组织联合体共同投标的，或者限制投标人之间竞争的，责令改正，可以处一万元以上五万元以下的罚款。

第六十七条 招标人向他人透露已获取招标文件的潜在投标人的名称、数量或者可能影响公平竞争的有关招标投标的其他情况的，或者泄露标底的，给予警告，可以并处一万元以上十万元以下的罚款；对单位直接负责的主管人员和其他直接责任人依法给予处分；构成犯罪的，依法追究刑事责任。

前款所列行为影响中标结果的，中标无效。

第六十八条 投标人相互串通投标或者与招标人串通投标的，投标人以向招标人或者评标委员会成员行贿的手段谋取中标的，中标无效，处中标项目金额千分之五以上千分之十以下的罚款，对单位直接负责的主管人员和其他直接责任人员处单位罚款数额百分之五以上百分之十以下的罚款；有违法所得的并处没收违法所得；情节严重的，取消其一年至二年参加招标项目的投标资格并予以公告，直至由主管部门建议工商行政管理机关吊销营业执照；构成犯罪的，依法追究刑事责任。给他人造成损失的，依法承担赔偿责任。

第六十九条 投标人以他人名义投标或者以其他方式弄虚作假、骗取中标的，中标无效；处中标项目金额千分之五以上千分之十以下的罚款，对单位直接负责的主管人员和其他直接责任人员处单位罚款数额百分之五以上百分之十以下的罚款；有违法所得的，并处没收违法所得；情节严重的，取消其一年至三年内参加招标项目的投标资格并予以公告，直至由主管部门建议工商行政管理机关吊销营业执照；给招标人造成损失的，依法承担赔偿责任；构成犯罪的，依法追究刑事责任。

第七十条 招标人与投标人就投标价格、投标方案等实质性内容进行谈判的，给予警告，对单位直接负责的主管人员和其他直接责任人员依法给予处分。

影响中标结果的，中标无效。

第七十一条 评标委员会成员收受投标人的财物或者其他好处的，评标委员会成员或者参加评标的有关工作人员向他人透露对投标文件的评审和比较、中标候选人的推荐以及与评标有关的其他情况的，给予警告，没收收受的财物，可以并处三千元以上五万元以下的罚款，对有所列违法行为的评标委员会成员，取消担任评标委员会成员的资格，不得参加任何招标项目的评标；构成犯罪的，依法追究刑事责任。

第七十二条 招标人在评标委员会依法推荐的中标候选人以外确定中标人的，在所有投标被评标委员会否决后自行确定中标人的，中标无效，责令改正。

可以处中标项目金额千分之五以上千分之十以下的罚款；对单位直接负责的主管人员和其他直接责任人员依法给予处分。

第七十三条 中标人将中标项目转让给他人的，将中标项目肢解后分别转让给他人的，将中标项目的部分主体、关键性工程分包给他人的，或者分包人再次分包的，转让、分包无效，处转让、分包项目金额千分之五以上千分之十以下的罚款；有违法所得的，并处没收违法所得；可以责令停业整顿；情况严重的，由主管部门建议工商行政管理机关吊销营业执照。

第七十四条 招标人与中标人不按照招标文件和中标人的投标文件订立合同，或者招标人、中标人订立背离合同实质性内容的协议的，责令改正；可以处中标项目金额千分之五以上千分之十以下的罚款。

第七十五条 中标人不履行与招标人订立的合同的，履约保证金不予退还，给招标人造成的损失超过履约保证金数额的，应当对超过部分予以赔偿；没有提交履约保证金的，应当对招标人的损失承担赔偿责任。

中标人不按照与招标人订立的合同履行义务，情节严重的，取消其二年至五年内参加招标项目的投标资格并予以公告，直至由工商行政管理机关吊销营业执照。

前两项规定不包括因不可抗力不能履行合同的。

第七十六条 由于招标人自身原因违约，使得中标人无法签订合同的，招标人应对中标人的损失承担赔偿责任。

第七十七条 限制或者排斥本地区、本系统以外的法人或者其他组织参加投标的，为招标人指定招标代理机构的，强制招标人委托招标代理机构办理招标事宜的，或者以其他方式干涉招标投标活动的，责令改正；对单位直接负责的主管人员和其他直接责任人员依法给予警告、记过、记大过的处分，情节较重的，依法给予降级、撤职、开除的处分。

第七十八条 对招标投标活动依法负有行政监督职责的国家机关工作人员徇私舞弊、滥用职权或者玩忽职守，构成犯罪的，依法追究刑事责任；不构成犯罪的，依法给予行政处分。

第九章 附 则

第七十九条 必须招标的铁路建设项目使用国际组织或者外国政府贷款、援助资金进行招标，贷款方、资金提供方对招标投标的具体条件和程序有不同规定的，可以适用其规定，但违背中华人民共和国的社会公共利益的除外。

第八十条 本实施办法中所涉及的资格预审文件、资格预审办法、招标文件（含工程量清单）、评标办法的示范文本和招标档案的目录，应按照各类招标实施细则的规定编制。

第八十一条 本实施办法生效后，必须招标的铁路建设项目招标投标活动一律以本办法为准。

第八十二条 铁路建设工程勘察、设计招标投标实施办法另行制定。

第八十三条 本办法自2002年10月1日起施行。

第八十四条 本办法由国务院铁路主管部门负责解释。

4. 铁路建设工程施工招标投标实施细则

铁建设〔2010〕205 号

第一章 总 则

第一条 为规范铁路建设工程招标投标工作，维护招标投标各方合法权益，保证铁路建设顺利实施，依据《中华人民共和国招标投标法》、《工程建设项目施工招标投标办法》等有关规定，制定本实施细则。

第二条 本实施细则适用于铁路大中型建设项目的施工招标投标活动，其他建设项目的施工招标投标可参照执行。

第三条 工程建设项目符合《工程建设项目招标范围和规模标准规定》要求的，必须通过招标选择施工单位。任何单位和个人不得将依法必须进行招标的项目化整为零或者以其他任何方式规避招标。

第四条 铁路建设招标投标必须遵循公开、公平、公正和诚实信用的原则。

第五条 铁路建设工程施工招标由建设单位负责，并依法组织实施。任何单位和个人不得非法干涉正常开展的招标投标活动。

第六条 铁道部建设管理司和监察部驻铁道部监察局（以下简称监察局）对铁路建设工程施工招标投标活动实施监督，依法查处铁路建设工程施工招标投标活动中的违法违规行为。

第二章 招标条件

第七条 施工招标应具备下列条件：
（一）建设单位（或项目管理机构）依法成立。
（二）有相应的资金或资金来源已经落实。
（三）施工图已经审核合格。
（四）施工图预算已经核备或批准。
（五）指导性施工组织设计已经完成审查。
建设项目的特殊重点控制工程可以分段实施。
非经济补偿的"三电"迁改、电磁防护和管线迁改等工程（含征地拆迁协助工作），在初步设计批复后即可招标。

第八条 工程施工招标分为公开招标和邀请招标。采用邀请招标的须按规定经批准后实施。

第九条 招标人可自行招标或委托招标，任何单位和个人不得强制其委托招标代理机构办理招标事宜。

第三章 招标计划

第十条 建设项目具备招标条件后，建设单位应向招标投标管理办公室上报招标计划。招标计划应包括：工程概况、招标依据、招标范围、承包方式、标段划分（含标段起讫里程、长度、主要工程内容、重点控制工程、招标概算）、时间安排、资格审查方式、评委会组成方案、潜在投标人资质要求、交易场所等。

建设项目分期分批招标的，建设单位应在招标计划中说明已招标内容、本次招标内容以及剩余招标安排。委托代建工程应在代建协议签订后，由代建单位上报招标计划。

第十一条 标段划分原则

（一）科学合理原则。按照质量、安全、工期、投资、环保、技术创新"六位一体"要求，坚持项目整体安排最优，合理确定标段，实现建设项目系统效果最优。

（二）大标段原则。充分考虑施工企业技术管理、队伍、工装（包括制运架梁、铺轨等重要施工机械）和构件经济运距等资源配置优势，发挥规模效益，确保铁路建设顺利展开。

（三）施组优化原则。结合施工组织设计工期安排、工程特点，兼顾行政区域、设计里程分界、土石方调配、材料运输组织以及大型临时设施、过渡工程和辅助工程施工组织，促进资源合理配置和均衡利用，确保工程质量、施工安全和工程进度。

（四）安全第一原则。充分考虑营业线施工特点，发挥长期从事营业线施工企业的经验优势，确保营业线施工安全。

（五）效能优先原则。有利于分段施工、分期投产，尽早发挥投资效益，有利于减少招标工作量，降低招标成本。

（六）专业优先原则。充分考虑大型站房、特长隧道、特大桥梁、"四电"集成等专业特点，积极推进专业化施工，促进铁路建设技术水平提高。

第十二条 标段划分标准

（一）高速铁路

1. 站前工程：包括路基、桥涵、隧道、轨道等工程，标段招标额为50亿元左右，涉及营业线施工的标段可结合里程长度适当减少；项目招标额少于50亿元的应设1个标段；独立由具有公路、港口与航道、水利水电、矿山、市政公用工程施工总承包特级资质之一的施工企业参加投标的标段，标段招标额为30亿元左右。综合接地、接触网立柱基础、声屏障基础、电缆沟槽、连通管道等有关接口工程内容，一并划入站前工程标段。

2. 站后工程：采用"四电"系统集成方式的，原则上应按"四电"、信息、客服、防灾等工程进行系统集成招标，配套房屋纳入招标范围。

（二）其他新建铁路

1. 站前工程：标段招标额为30亿元左右；独立由具有公路、港口与航道、水利水电、矿山、市政公用工程施工总承包特级资质之一的施工企业参加投标的标段，标段招标额为20亿元左右。

2. 站后工程：原则上按线路里程划分标段，也可按通信、信号、电力、电气化等工程分专业划分标段，但标段招标额原则上为7亿元，配套房屋纳入招标范围。

3. 项目招标额在30亿元及以下的，可设1个综合施工标段，也可分站前、站后各设1个标段。

（三）改建铁路

站前工程标段招标额为18亿元左右，站后工程标段招标额原则上为5亿元；站前站后工程关系密切的，应将站前站后工程按里程划分综合标段，标段招标额为18亿元左右。

（四）特长隧道、极高风险隧道或隧道群、技术复杂的特大桥或桥梁群、单座建筑面积3万平方米及以上的站房，可单独划分标段，站台雨篷纳入站房标段。其他站房工程应按专业化施工的要求划分标段，集中招标。

（五）集装箱中心站采用工程总承包招标方式，原则上按一个标段考虑。

（六）非经济补偿的"三电"迁改、电磁防护和管线迁改等工程（含征地拆迁协助工作），应结合行政区域划分标段。

第十三条　招标人应根据项目特点合理设定潜在投标人资质要求。仅有上跨营业线施工的新线标段，对潜在投标人资质要求应符合铁路建设市场开放的原则；站房工程应根据站房建筑面积、结构特点及地理位置合理设定潜在投标人资质条件；三电迁改、电磁防护和管线迁改等工程（含征地拆迁协助工作）潜在投标人资质要求原则上应为铁路工程施工总承包特级资质，同时具备铁路电务、电气化工程专业承包一级资质（子公司具备也可）。

站前工程长大标段，允许2个施工总承包特级资质企业组成联合体投标，其中1个为牵头单位。牵头单位承担任务应不少于投标额的2/3，非牵头单位仅允许其下属1个公司承担施工任务。

第十四条　铁路基建大中型项目原则上在铁路一级交易市场招标，更新改造项目在铁路二级交易市场招标。投资额5000万元以上的招标项目，招标计划上报铁道部招标办，由铁道部招标办批复，其他报铁路局招标办，由铁路局招标办批复。

第四章　招　标　公　告

第十五条　采用公开招标方式的，招标人应当发布招标公告，邀请不特定的潜在投标人投标。

经批准采用邀请招标方式的，招标人应当向3家及以上具备承担施工招标项目的资质条件、能力、资信良好的特定的法人或者其他组织发出投标邀请书。

第十六条　实行资格预审的建设项目发布资格预审公告，资格后审的建设项目发布招标公告。

资格预审公告、招标公告通过铁道工程交易中心在规定的媒体上发布。

第十七条　资格预审文件和招标文件应按照批准的招标计划和铁道部《关于印发铁路建设项目单价承包等标准施工招标文件补充文本的通知》（以下简称《补充文本》）编制，空白部分根据项目的实际情况和有关要求填写，分别与国家发展改革委等9部委《标准施工招标资格预审文件》和《标准施工招标文件》构成完整的招标资格预审文件和招标文件。确需修改《补充文本》的，应书面报铁道部建设管理司批准后修改。

资格预审文件和招标文件报招标办备案。

第十八条　应根据项目具体特点在资格审查文件中载明资格审查的条件、标准和方法，对涉及营业线安全的施工标段应在资格审查文件中明确要求潜在投标人具有营业线施工经验，其他站前工程不得以铁路施工业绩或人员具有铁路施工经验作为条件限制潜在投标人投标。不得以不合理的条件限制或排斥潜在投标人。

第十九条　建设项目1个批次招标只编制1套资格预审文件，招标人应根据标段工程特点对标段进行分类，将类似工程的标段分为一类（如含有铺架、特殊结构或重点桥隧等工程内容的标段应分为一类），在资格预审文件中载明各类别标段的资审条件。

招标人无正当理由，不得拒绝符合公告资质要求的潜在投标人购买资格预审文件或招标文件，也不得向不满足公告资质要求的投标人发售资格预审文件或招标文件。

第五章　资　格　审　查

第二十条　资格审查原则上采用资格预审方式，确需进行资格后审的，建设单位应在招标计划中提出申请，经招标办批准。

第二十一条 招标人应当按招标公告或者投标邀请书规定的时间、地点出售资格预审文件或招标文件。自资格预审文件或者招标文件出售之日起至停止出售之日止，最短不得少于5个工作日。

招标人可以通过信息网络或者其他媒介发布招标文件，通过信息网络或者其他媒介发布的招标文件与书面招标文件具有同等法律效力，但出现不一致时以书面招标文件为准。招标人应当保持书面招标文件原始正本的完好。

第二十二条 资格预审文件或招标文件的收费不得以营利为目的，对于所附的设计文件可以向投标人酌收押金。

资格预审文件或招标文件售出后不予退还。除因不可抗力或者其他非招标人原因，招标人不得在发布资格预审公告、招标公告后或者发出投标邀请书后擅自终止招标；终止招标的应向投标人退还购买资格预审文件或招标文件的费用。

第二十三条 资格预审原则上采用合格制，符合资格预审文件规定条件的均为合格。通过资格预审且内容没有变化的内容不再作为投标文件内容，也不得作为评标时的废标条件。

资格审查应当按照资格审查文件规定的标准和方法进行。资格审查文件未规定的标准和方法，不得作为资格审查的依据。

第二十四条 实行资格预审的，招标人应依法组建资格预审评审委员会，资格预审评审委员会成员不少于5人，其中专家数量不少于三分之二，专家由招标人在所在地铁路局建设工程招标投标办公室和监察部门的监督下，按就近原则通过办公网从铁道部专家库中随机抽取，并严格执行回避政策。

第二十五条 两个以上施工企业可以组成一个联合体参加投标，在资格预审申请文件中应向招标人提交联合体协议；协议中应明确联合体组建原则、牵头单位和各成员单位拟承担的工作内容或投标报价比例和责任等。

联合体各方签订联合体协议后，不得再以自己名义单独投标，也不得与其他单位组成新的联合体在同一标段中投标。

第二十六条 有下列情况之一，不能通过资格审查：

（一）投标人资质不满足要求。

（二）企业正处于停止投标状态。

（三）安全生产许可证被暂扣或没有安全生产许可证的。

（四）资格预审申请文件或投标文件无单位盖章，无法定代表人或法定代表人授权的代理人签字或盖章的。

（五）招标人可将半年内在本铁路局管辖范围内发生较严重质量安全问题或运营安全事故作为不能通过资格审查的条件，在资格审查文件中载明。

第二十七条 资格预审评审（或评标）委员会可以书面方式要求对下列内容作必要的澄清、说明，澄清、说明应以书面方式进行并不得改变资格预审申请文件或投标文件的实质性内容。

（一）近3年平均营业收入。

（二）施工业绩。

（三）项目经理和总工程师工作年限或资格。

（四）投标人对招标人提出的专用设备，如对运梁车、架桥机、超前水平地质钻机、混凝土模板衬砌台车、铺轨机、混凝土搅拌站、无砟轨道铺设设备、接触网作业车等设备要求的承诺不明确的。

投标人拒绝澄清，或不能对存在问题作出合理解释的，资格审查不通过。

第二十八条 除第二十六条、第二十七条所列条件外，资格预审评审（评标）委员会不得以其他内容不满足作为投标人不能通过资格审查的依据。

对于同属1个企业集团公司的2个及以上子公司在同一标段提交资格预审申请的，通过资格预审的投标人在6个及以下时，最多只允许1个通过资格预审；通过资格预审的投标人超过6个时最多只允许2个通过资格预审。

母子公司在同一标段不能同时通过资格预审。

第二十九条 资格预审完成后，资格预审评审委员会应比照评标报告向招标人提交资格预审报告。资格预审评审委员会成员对资格预审结论持有异议的，可以书面方式阐述其不同意见和理由。资格预审评审委员会成员拒绝在资格预审报告上签字且不阐述其不同意见和理由的，视为同意资格预审结论，资格预审评审委员会应对此作出书面说明并记录在案。

通过资格预审申请人的数量不足3个的，招标人应重新组织资格预审。

第三十条 资格预审结束后，招标人应以书面形式向未通过资格预审的投标人说明其资格预审未通过原因。投标人有异议时，应在收到后2个工作日内向招标人提出书面质疑，招标人应在收到质疑后2个工作日内予以答复；对招标人的答复仍有异议的可向铁道部建设管理司或监察局提出申诉。

资格预审结果报招标办备案。

第三十一条 投标人按标段类别提交资格预审申请文件，具体投标标段在其通过资格预审后抽签确定。

资格预审时，按类对提交的资格预审申请文件进行评审；资格预审完成后，通过某一类标段资格预审的潜在投标人方可参加本类各标段抽签。抽签前，先按类设定每一类的签数（为本类内标段数量与通过本类资格预审潜在投标人数量的乘积），每根签代表通过本类资格预审的1个潜在投标人，每个潜在投标人在本类内的签数与本类内的标段数相等。抽签时，按类逐标段抽签；每个标段抽取与通过本类资格预审潜在投标人数量相等的签，抽出的签不再放回，各标段根据抽出的签来确定相应投标人。若某标段抽出的投标人数少于3个时，可从通过本类资格预审的其余潜在投标人中追加抽取，直至达到规定的有效投标人数。仅有1个标段的不进行抽签；1类标段仅有3个通过资格预审投标人的，重新进行资格预审。

抽签工作于发售招标文件第一天在工程交易中心进行，具体时间由招标人在投标邀请书或招标公告中载明。没有按时参加抽签的，视为放弃投标资格。招标投标各方应做好标段投标人信息保密工作。

第三十二条 除政策原因外，通过资格预审的潜在投标人不购买招标文件，或购买招标文件后不提交投标文件，或不交投标保证金的，视为一般不良行为，发生1次在当期施工企业信用评价总分中扣0.3分。招标结束后，建设单位在招标结果备案的同时将不良行为情况和扣分报铁道部建设管理司。

第六章 招 标 文 件

第三十三条 招标文件规定的各项技术标准应符合国家强制性标准，且均不得要求或标明某一特定的专利、商标、名称、设计、原产地或生产供应者，不得含有倾向或者排斥潜在投标人的其他内容。

第三十四条 招标人应在招标文件中载明廉政要求，明确双方的责任和义务，在签订合同的同时签订廉政协议，互相监督并接受相关部门的监督。

第三十五条 招标人对招标文件的补遗比照本细则第十七条规定的要求和程序办理，涉及有关技术标准和技术条件的补遗，按照经批复的设计文件执行。

招标人对已发出的招标文件进行澄清或者修改的，应当在招标文件要求提交投标文件截止时间至少15日前，以书面形式通知所有招标文件收受人。该澄清或者修改的内容为招标文件的组成部分。补遗、澄清时间距投标文件提交截止时间不足15日的，招标人应当顺延投标文件提交截止时间。

第三十六条 采用施工总价承包方式的，总承包风险费总额不得超过已公布的本标段招标预算（不含甲供材料设备费）的1.5%，由招标人根据项目情况自行确定，并在招标文件中载明具体数额。投标人对总承包风险费自主报价，但不得超过招标人公布的总承包风险费。

招标人应按国家规定在招标文件内载明安全生产费的比例，投标人应按招标文件进行安全生产费报价。

第三十七条 铁路建设项目招标评标办法有综合评估法（一）、综合评估法（二）和经评审的最低投标价法3种（以下简称为评标办法一、评标办法二、评标办法三）。招标人应在招标文件内同时载明3种评标办法，由投标人代表在开标会上通过抽签确定。

特殊情况，招标人须在发售招标文件前向铁道部招标办和监察局提交书面报告，经同意后可在招标文件只载明1种评标办法。

第三十八条 采用评标办法一或评标办法二的，招标人应在4.5%~8.5%的范围内设定3个差值为0.3%的系数并在招标文件中载明，在开标会上当众随机抽取1个作为招标降造系数。

投标人报价不得超过有效报价上限，有效报价上限按下述公式计算。

$$M=(B-J)\times(1-C)+J$$

M——有效报价上限；

B——招标人公布的招标预算（含总承包风险费、甲供材料设备费、安全生产费）；

C——招标降造系数；

J——招标预算中甲供材料设备费、安全生产费等不降造费用。

采用评标办法三的，不设有效报价上、下限，但投标人的投标报价超过招标预算的为废标。

第三十九条 采用评标办法一或评标办法二时，设定报价评标基准。

评标基准 $Z=D_{平均}-(D_{max}-D_{min})\times T$

其中：$D_{平均}$——全部有效报价的算术平均值；

D_{max}——全部有效报价中的最高报价；

D_{min}——全部有效报价中的最低报价；

T——调整系数，在开标会上从−0.1、0.0、0.1、0.2、0.3中随机抽取。

第四十条 信用评价A级企业投标加分执行以下规定：

（一）A级企业的第1次加分为信用评价结果适用期内其参加的第1次投标项目中的1个标段，但不能用于独立桥、隧道、铺架等专业工程和营业线施工标段。

A级企业的第2、3次加分以及因连续3次信用评价第1名而增加的1次加分，在公布信用评价结果适用期内由其自行选择标段使用。

（二）联合体投标时，牵头方为A级企业的，可按上述规定对所投标项目中的1个标段申请加分，计A级企业使用加分权1次；但联合体成员有C级企业的，不允许对联合体加分，且计A级企业使用加分权1次。

A级企业参加的联合体，牵头方不是A级企业的，对联合体不加分，计联合体中A级企业使用加分权1次。

联合体成员有A级企业所属子公司时，视为A级企业加分1次。

（三）A级企业通过资格预审后，不购买招标文件或不提交投标文件，均视为已使用1次信用评价加分权，因政策原因不购买招标文件或不提交投标文件的除外。

（四）A级企业使用加分权时，应随投标文件提交"施工企业信用评价加分声明函"，同投标函密封在一起，在开报价标时宣读。

第四十一条 招标人确定投标文件提交截止时间时，应充分考虑投标人编制投标文件所需要的时间，自招标文件开始发出之日起至投标人提交投标文件截止之日止，最短不得少于20日。

第四十二条 招标文件应当规定投标有效期，以保证招标人有足够的时间完成评标和与中标人签订合同。投标有效期从投标人提交投标文件截止之日起计算。

在原投标有效期结束前，出现特殊情况的，招标人可以书面形式要求所有投标人延长投标有效期。投标人同意延长的，不得要求或被允许修改其投标文件的实质性内容，但应当相应延长其投标保证金的有效期；投标人拒绝延长的，其投标失效，但投标人有权收回其投标保证金。因延长投标有效期造成投标人损失的，招标人应当给予补偿，但因不可抗力需要延长投标有效期的除外。

第七章 投　　标

第四十三条 投标人应当按照招标文件要求编制投标文件，投标文件应当对招标文件提出的质量、安全、工期、造价、标准化管理、上场机械设备类型、架子队组建、合同条款、环保、水保、土地复垦等实质性要求和条件作出响应。

投标人根据招标文件载明的项目实际情况，拟在中标后将中标项目的部分非主体、非关键性工程进行分包的，应当在投标文件中载明。

第四十四条 招标人可以在招标文件中要求投标人提交投标保证金。投标保证金为银行出具的银行保函、保兑支票、银行汇票或现金支票，不得以现金形式提交投标保证金。

投标人应当按照招标文件要求的方式和金额，将投标保证金随投标文件提交给招标人。投标人不按招标文件要求提交投标保证金的，招标人应当拒收其投标文件。

第四十五条 投标人应当在招标文件要求提交投标文件的截止时间前，将投标文件密封送达招标文件指定的地点。招标人收到投标文件后，应当向投标人出具标明签收人和签收时间的凭证，妥善保管好已接收的投标文件、修改或撤回通知、备选投标方案等投标资料，在开标前不得开启投标文件。

在招标文件载明的提交投标文件截止时间后送达的投标文件，招标人应当拒收。

提交投标文件的投标人少于3个的，招标人应当依法重新招标。重新招标后投标人仍少于3个的，按有关规定执行。

第四十六条 投标人在招标文件要求提交投标文件的截止时间前，可以补充、修改、替代或者撤回已提交的投标文件，并书面通知招标人。补充、修改的内容为投标文件的组成部分。

第四十七条 在提交投标文件截止时间后，投标人不得补充、修改、替代或者撤回其投标文件；投标人补充、修改、替代投标文件的，招标人不得接受；投标人撤回投标文件的，其投标保证金不予退还。

第四十八条 联合体资格预审通过后，联合体组成不允许发生变化，如有变化招标人有权拒绝其投标。

第四十九条 联合体各方必须指定牵头人，授权其代表所有联合体成员负责投标和合同实施阶段的主办、协调工作，并应当向招标人提交由所有联合体成员法定代表人签署的授权书。

第五十条 联合体投标的，应随投标文件提交明确约定各成员拟承担的工作内容和报价的联合体协议书，以联合体各方或者联合体中牵头人的名义提交投标保证金。以联合体中牵头人名义投标的，投标文件对联合体各成员具有约束力。

第五十一条 招标人与投标人之间不得有串标行为，投标人之间也不得有围标、串标行为，围标、串标行为认定执行有关规定。

投标人不得以他人名义投标。

第五十二条 投标文件出现下列情况之一，直接按废标处理：

（一）无单位盖章，无法定代表人或法定代表人授权的代理人签字或盖章的。

（二）未按规定格式填写，内容不全或关键字迹模糊、无法辨认的。

（三）投标人1个标段提交两份或多份内容不同的投标文件，或在1份投标文件中对同一招标项目1个标段报有2个或多个报价，且未声明哪一个有效的。

（四）投标人名称或组织结构与资格预审时不一致的。投标过程中名称发生变化并经工商部门办理变更手续的除外。

（五）投标担保内容不齐全的。

（六）联合体投标未附联合体投标协议的，或联合体协议未按招标文件明确约定联合体成员承担工作内容和报价的。

（七）未按招标文件规定对总承包风险费、甲供材料费、安全生产费等进行报价的。

（八）采用评标办法一或评标办法二评标时，报价超过有效报价上限的；采用评标办法三评标时，投标人投标报价超过招标文件中载明招标预算的。

（九）评标委员会对报价合理性评审后，发现投标人报价明显低于其他投标报价的，应当要求该投标人作出书面说明并提供相应的证明材料。投标人不能合理说明或者不能提供相应证明材料的。

（十）在评标过程中，评标委员会发现投标人以他人名义投标、串通投标、以行贿手段谋取中标或者以其他弄虚作假方式投标的。

（十一）投标文件载明的招标项目工期超过招标文件规定的期限。

（十二）明显不符合技术规格、技术标准的。

（十三）投标文件附有招标人不能接受的条件的。

除上述情况外，原则上其他因素不得作为废标条件。

第八章 开标、评标与定标

第五十三条 开标应当在招标文件确定的提交投标文件截止时间的同一时间公开进行，

开标地点应为招标文件中确定的地点，开标时间和开标地点不得随意更改。

以联合体形式投标的投标人，须在开标会上宣读联合体投标总价和各联合体成员拟承担工作部分的报价，否则按废标处理；有A级企业使用加分权时，还应宣读"施工企业信用评价加分声明函"。

第五十四条 开标会上，先由投标人代表抽签确定评标办法，抽取评标办法一或评标办法二的，继续由投标人代表抽取降造系数和调整系数。

第五十五条 招标人应依法组建评标委员会，评标委员会中专家数量不少于三分之二，评标专家由招标人在铁道部招标办和监察局监督下，从铁道部专家库中随机抽取。

在二级交易市场招标的，评标专家由招标人在所在地铁路局建设工程招标投标办公室和监察部门的监督下，按就近原则通过办公网从铁道部专家库中随机抽取，并严格执行回避政策。

第五十六条 采用评标办法一的，评标委员会先对技术标、商务标和报价标按评审标准进行评审，对技术标、商务标进行综合评分，根据有效标的报价及抽取的有关系数按本细则第三十九条规定计算评标基准，然后计算各投标人的报价分数。技术标、商务标和报价标的合计得分为投标人的综合评分。当A级企业符合加分条件并申请加分时，在综合评分的基础上加3分，然后按总分由高到低推荐中标候选人。

第五十七条 采用评标办法二的，技术标和商务标采用通过制。评标委员会先按评标办法对技术标、商务标和报价标进行评审，根据有效标的报价及抽取的有关系数按本细则第三十九条规定计算评标基准，然后计算各投标人得分。当A级企业符合加分条件并申请加分时，在计算出投标人得分基础上对A级企业加3分，然后按总分由高到低推荐中标候选人。

第五十八条 采用评标办法三的，技术标和商务标采用通过制。评标委员会先对技术标、商务标和报价标进行评审，之后核查有无信用评价A级企业申请加分，技术标、商务标通过的，按投标价由低到高进行排序。当A级企业符合加分条件并申请加分时，1个标段内仅有1个A级企业，其报价与经评审后的最低投标价的差值在1.5%之内，首先推荐其为第一中标候选人；1个标段有2个及以上A级企业，其报价与经评审后的最低投标价的差值均在1.5%之内，则信用评价结果排位靠前者优先推荐。

第五十九条 采用评标办法一或评标办法二的，所有评分在计算过程中不进行取舍，最终评标分数计算结果保留三位小数，小数点后第四位四舍五入；如最终评标分数出现相等，信用评价排序在前的排名在前。采用评标办法三的，若经评审的最低投标价相同，信用评价排序在前的排名在前。

第六十条 评标委员会可以书面方式要求投标人对投标文件中含义不明确、对同类问题表述不一致或者有明显文字和计算错误的内容作必要的澄清、说明或补正。评标委员会不得向投标人提出带有暗示性或诱导性的问题，或向其明确投标文件中的遗漏和错误。

澄清、说明或补正应以书面方式进行并不得超出投标文件的范围或者改变投标文件的实质性内容（算术性错误修正除外）。

第六十一条 评标委员会在对实质上响应招标文件要求的投标进行报价评价时，按下述原则进行修正：

（一）用数字表示的数额与用文字表示的数额不一致时，以文字数额为准。

（二）单价与工程量的乘积与总价之间不一致时，以单价为准。若单价有明显的小数点错位，应以总价为准，并修改单价。

调整后的报价经投标人确认后产生约束力。

投标文件中没有列入的价格和优惠条件在评标时不予考虑。

第六十二条 评标委员会评标前,应集中学习《招标投标法》以及招标投标管理的相关规定、招标文件、评标办法、招标补遗,严格按照抽取的评标办法进行评标,对所有投标人的投标文件按照公平、公正的原则进行评审,形成独立的评审意见。

评审意见如有涂改应旁签,严禁使用铅笔打分、签署意见或签名。

第六十三条 评标期间,除依法履行监督责任的监督人员,其他人员不得私下接触评标委员会成员,不得进入评标现场,不得干涉和影响评标委员会评标。

第六十四条 评标结束后,评标委员会应向招标人出具由全体成员签字的评标报告。评标委员会成员对评标结论持有异议的,可以采用书面方式阐述其不同意见和理由。评标委员会成员拒绝在评标报告上签字且不陈述其不同意见和理由的,视为同意评标结论,评标委员会应当对此做出书面说明并记录在案。

第六十五条 评标报告应包括:基本情况和数据表、评标委员会成员名单、开标记录、符合要求的投标人一览表、废标情况详细说明(包括废标依据)、评标标准、评标方法或者评标因素一览表(包括详细的评审过程,评标办法和招标降造系数等有关数据的确定,对一些重大偏差的评审意见和扣分依据等)、经评审的价格一览表、经评审的投标人排序、推荐的中标候选人名单或根据授权推荐的中标人名单、A级企业使用信用评价加分情况、签订合同前要处理的事宜以及澄清、说明或补正事项纪要。

第六十六条 招标文件、投标文件以及评标过程的资料(包括对重大偏差的评判、对投标文件评分和扣分理由、相关的澄清、说明或补正、评委的评审意见等内容)应纳入工程档案按有关要求进行保管。

第六十七条 招标人应将A级企业使用信用评价加分情况报铁道部招标办,抄送铁道工程交易中心。

铁道部招标办对A级企业使用加分情况及时统计,在铁道工程交易中心网上公布。

第六十八条 评标委员会推荐的中标候选人应当限定在1至3人,并标明排列顺序。

招标人可以授权评标委员会直接确定中标人,但不得在评标委员会推荐的中标候选人之外确定中标人。

第六十九条 招标人应当接受评标委员会推荐的中标候选人,确定排名第一的中标候选人为中标人。

排名第一的中标候选人放弃中标、因不可抗力提出不能履行合同,或者招标文件规定应当提交履约保证金而在规定的期限内未能提交或者被有关部门查实存在影响中标结果的违法违规行为,或因安全、质量问题、事故被停止投标的,招标人可以确定排名第二的中标候选人为中标人。

排名第二的中标候选人因前款规定的同样原因不能签订合同的,招标人可以确定排名第三的中标候选人为中标人。

中标候选人均存在前述情形的,应当重新招标。

第七十条 评标委员会提出书面评标报告后,招标人一般应当在3日内将中标候选人在铁道工程交易中心网站上公示,公示时间不少于3天,同时以书面形式向被废标的投标人说明废标原因。

公示没有异议或异议不成立且招标人将招标结果报招标办备案(包括应提报的有关数据

和表格）后，即可发中标通知书或中标结果通知书。

第七十一条 在公示期间，投标人对评标结果有异议的，可向铁道部建设管理司或监察局申诉。招标人应在有关部门对申诉处理完成后发中标通知书。

第七十二条 对于涉及营业线施工的标段，招标人必须在招标文件中明确要求潜在投标人项目经理进行营业线施工安全知识培训、考试的时间。营业线施工安全知识培训、考试由招标人组织，考试内容按现行规定确定，时间应安排在定标后，参加人员为中标人投标文件中提供的项目经理和有关部门负责人。考试不合格人员应进行补考，补考不合格人员由招标人责成中标人进行更换；更换人员也应按前述规定参加考试。

第七十三条 招标人和中标人应当自中标通知书发出之日起 30 日内，按照招标文件和中标人的投标文件订立书面合同。招标人和中标人不得再行订立背离合同实质性内容的其他协议。

第七十四条 中标通知书对招标人和中标人具有法律效力。中标通知书发出后，招标人改变中标结果的，或者中标人放弃中标项目的，应当依法承担违约责任。

第七十五条 招标文件要求中标人提交履约保证金或者其他形式履约担保的，中标人应当提交；拒绝提交的视为放弃中标项目。

履约保证金按以下公式计算：

（一）$(A-D)/A \leqslant 9\%$，提供合同价 10% 的银行保函。

（二）$9\% < (A-D)/A \leqslant 12\%$，除提供合同价 10% 的银行保函外，另外提供金额为 $[(A-D)/A - 9\%] \times A$ 的现金担保。

（三）$(A-D)/A > 12\%$，除提供合同价 10% 的银行保函外，另外提供金额为 $[(A-D)/A - 9\%] \times 1.5 \times A$ 的现金担保。

其中，A 为招标预算扣除甲供材料设备费、安全生产费后的费用，D 为扣除甲供材料设备费、安全生产费后中标合同价。

第七十六条 招标人与中标人签订合同后 5 个工作日内，未中标的投标人应当退回施工图纸，招标人向中标人和未中标的投标人退还图纸押金。中标人的施工图纸直接作为工程施工用图，份数不足的由招标人按合同约定的时间补齐。

第九章 罚 则

第七十七条 招标人有下列行为之一的，给予单位通报批评；情节严重的，按《铁路建设责任追究暂行办法》追究招标人主要领导、分管领导和责任人的责任。

（一）违背招标计划批复原则进行招标，或擅自修改《标准文本》和《补充文本》中不属于招标人修改内容的。

（二）不按本办法进行资格预审，资格预审结束后未在规定时间内向未通过资格预审投标人说明未通过原因。无正当理由，拒绝向符合要求的潜在投标人发售资格预审文件或招标文件的。

（三）违背有关规定在工程量清单中规定暂估价的。

（四）招标文件的补遗未按本细则第三十五条规定办理的。

（五）向他人透露已获取招标文件的投标人的名称、数量或者可能影响公平竞争其他情况的。

（六）与投标人串标或事前指定中标人的。

（七）在评标过程中诱导或胁迫评标委员的。

（八）无故终止招标的。

（九）其他违法违规行为。

第七十八条 投标人有下列行为之一的，投标文件按废标处理；情节特别严重的，按有关规定取消其一定期限的投标资格。

（一）经确认与招标人或与其他投标人串标、围标的。

（二）经确认在评标过程中与评标委员私下接触的。

（三）以他人名义投标或者投标中弄虚作假的。

（四）其他违法违规行为。

第七十九条 评标委员会成员有下列行为之一的，予以警告；情节严重的，取消评标专家资格，并通知推荐单位；触犯法律的，依法追究责任。

（一）评标期间与招标投标利益相关人私下接触，或接受利益相关人礼品的。

（二）经确认评标过程中不能客观公正地履行职责的。

（三）违反保密纪律透露评标相关情况的。

（四）连续 2 次接到评标通知无故不参加评标的。

（五）其他违法违规行为。

第八十条 铁路工程建设招标监管人员徇私舞弊、玩忽职守的，依据《铁路建设责任追究暂行办法》追究个人责任。

第八十一条 任何人均有权向铁道部建设管理司和监察局举报招标人、投标人和评标委员会成员的违规违纪问题。

第十章 附　　则

第八十二条 本细则第二十八条中所指的"同属 1 个企业集团公司的 2 个及以上子公司"不包括总公司所属的局级施工企业。

第八十三条 本实施细则未尽事宜执行国家有关规定；铁道部已发布的施工招标相关规定与本实施细则相悖的，以本实施细则为准。

第八十四条 本实施细则由铁道部建设管理司负责解释。

第八十五条 本实施细则自 2010 年 12 月 1 日起施行。铁道部前发《关于优化建设项目管理改进评标方式提高工程质量的指导意见》(铁建设〔2004〕89 号)、《关于进一步改进和加强铁路建设项目招标投标工作的通知》(铁建设〔2008〕240 号)、《关于进一步加强铁路建设有形市场管理和招标投标工作的通知》(铁建设〔2009〕119 号)、《关于进一步规范铁路施工招标投标工作的通知》(铁建设电〔2010〕6 号)，以及铁道部建设管理司原发《关于铁路建设项目招标投标若干问题处理意见的通知》(建工〔2000〕55 号)、《关于铁路建设项目施工招标中进行投标人项目经理答辩的通知》(建工〔2002〕58 号)、《关于铁路大中型建设项目施工招标投标有关问题的通知》(建工〔2003〕28 号)、《关于进一步规范铁路建设项目招标投标工作的通知》(建工〔2005〕28 号)、《关于〈加强和改进铁路施工招标投标管理工作的暂行规定〉有关问题的解释说明》(建建〔2005〕54 号)、《关于进一步完善铁路工程招标投标工作的通知》(建建〔2009〕275 号)、《关于铁路大中型建设项目中的大临等工程进行招标投标的通知》(2002 年铁路电报 400 号)同时废止。

十五、国家建设项目招标投标

1. 通信建设项目招标如何确认？

中华人民共和国境内进行邮政、电信枢纽、通信、信息网络等邮电通信建设项目的勘察、设计、施工、监理以及与工程建设有关的主要设备、材料等的采购，按照国务院批准、国家发展计划委员会发布的《工程建设项目招标范围和规模标准规定》，达到下列标准之一的，必须进行招标：

（1）施工发包单项合同估算价在 200 万元人民币及以上；

（2）重要设备、材料等货物的采购，单项合同估算价在 100 万元人民币及以上；

（3）勘察、设计、监理等服务的采购，单项合同估算价在 50 万元人民币以上；

（4）单项合同估算价低于第（一）、（二）、（三）项规定的标准，但项目总投资额在 3000 万元人民币及以上。

使用国际组织或外国政府贷款、援助资金的项目，除提供贷款或资金方有合法的特殊要求外，也应当按本规定进行招标。涉及国家安全等有关特殊通信建设项目，可以直接发包或委托。在原局采用同型号设备进行扩容工程设备采购的，可以直接发包或委托。

2. 对招标人有哪些要求？

招标人是依法提出招标项目，进行招标的法人或者其他组织。招标项目按国家有关规定需要履行项目审批手续的，应先办理审批手续，取得批准，落实相应资金或资金来源，并在招标文件中如实载明。招标人可以根据招标项目的特点和需要编制招标文件。招标文件应当包括招标项目的技术要求、对投标人资格审查的标准、投标报价要求和评标标准等所有实质性要求和条件以及拟签订合同的主要条款。

招标人可以根据招标项目本身的要求，在招标公告或者投标邀请书中要求潜在投标人提供有关资质证明文件和业绩情况，并对潜在投标人提供有关资质证明文件和业绩情况，并对潜在投标人进行资格审查；国家对投标人的资格条件有规定的，依照其规定。招标人不得以不合理的条件限制或排斥潜在投标人，不得对潜在投标人实行歧视性待遇。招标文件不得要求或标明特定的生产供应者及含有倾向或排斥潜在投标人的其他内容。

招标人可以根据招标项目的具体情况，组织潜在投标人踏勘项目现场。招标人不得以任何方式向他人透露已获取招标文件的潜在投标人的名称、数量以及可能影响公平竞争的有关招标投标的其他情况。招标项目一般要编制标底，但标底必须保密。

招标人对已发出的招标文件进行必要的澄清或修改时，应当在招标文件要求提交投标文件截止时间至少 15 日前，以书面形式通知所有招标文件收受人。该澄清或者修改的内容为招标文件的组成部分。招标人应当确定投标人编制投标文件所需要的合理时间。自招标文件发出之日起至投标人提交投标文件截止之日止，最短不得少于 20 日。

3. 国家储备粮库建设项目施工招标有哪些要求？

国家储备粮库建设项目的仓房工程，国家规定限额以上的辅助生产工程、办公生活工程、室外工程和独立工程应通过招标的方式确定施工单位。禁止将国家储备粮库建设项目工程肢解发包，附属工程应合并发包。原则上一个国家储备粮库建设项目，工程只能发包给1个施工单位，施工单位多于2个的须报国家粮食局批准。国家储备粮库建设项目的零星工程可直接发包，但建设费用不得超过批准的概算。评标工作应吸收有关监理单位和通用图设计单位参与。投标人必须具有工业与民用建筑施工二级以上资质，其中限上项目和有浅圆仓、立筒仓项目施工任务的投标人必须具有工业与民用建筑施工一级资质。应限制在以前建设项目中有劣迹的投标人参加国家储备粮库建设项目工程的投标。在投标时，准许投标人联合投标及合理分包。确定中标人后，禁止中标人转包，严格限制分包。

4. 农业基本建设项目招标管理有哪些要求？

农业基本建设项目招标投标管理，适用于农业部管理的基本建设项目的勘察、设计、施工、监理招标，仪器、设备、材料招标以及与工程建设相关的其他招标活动。招标投标活动一般应按照以下程序进行：

（1）有明确的招标范围、招标组织形式和招标方式，并在项目立项审批时经农业部批准。

（2）自行招标的应组建招标办事机构，委托招标的应选择由代理资质的招标代理机构。

（3）编写招标文件。

（4）发布招标公告或招标邀请书，进行资格审查，发放或出售招标文件，组织投标人现场踏勘。

（5）接受投标文件。

（6）制定具体评标方法或细则。

（7）成立评标委员会。

（8）组织开标、评标。

（9）确定中标人。

（10）向项目审批部门提交招标投标的书面总结报告。

（11）发中标通知书，并将中标结果通知所有投标人。

（12）签订合同。

5. 符合哪些条件之一的农业基本建设项目必须进行公开招标？

符合下列条件之一的农业基本建设项目必须进行公开招标：

（1）施工单项合同估算价在200万元人民币以上的；

（2）仪器、设备、材料采购单项合同估算价在100万元人民币以上的；

（3）勘察、设计、监理等服务的采购，单项合同估算价在50万元人民币以上的；

（4）单项合同估算低于第（一）、（二）、（三）项规定的标准，但项目总投资额在3000万元人民币以上的。

必须公开招标的项目，有下列情形之一的，经批准可以采用邀请招标：

（1）项目技术性、专业性较强，环境资源条件特殊，符合条件的潜在投标人有限的；

（2）受自然、地域等因素限制，实行公开招标影响项目实施时机的；

（3）公开招标所需费用占项目总投资比例过大的；

（4）法律法规规定的其他特殊项目。

必须公开招标的项目，有下列情况之一的，经批准可以不进行招标：
（1）涉及国家安全或者国家秘密不适宜招标的；
（2）勘察、设计采用特定专利或者专有技术的，或者其建筑艺术造型有特殊要求不宜进行招标的；
（3）潜在投标人为三家以下，无法进行招标的；
（4）抢险救灾及法律法规规定的其他特殊项目。

必须进行招标的农业基本建设项目应在报批的可行性研究报告（项目建议书）中提出招标方案。符合规定不进行招标的项目应在报批可行性研究报告时提出申请并说明理由。

6. 农业基本建设项目招标应当具备哪些条件？

农业基本建设项目招标应当具备以下条件：
1）勘察、设计招标条件
（1）可行性研究报告（项目建议书）已批准；
（2）具备必要的勘察设计基础资料。
2）监理招标条件
初步设计已经批准。
3）施工招标条件
（1）初步设计已经批准；
（2）施工图设计已经完成；
（3）建设资金已落实；
（4）建设用地已落实，拆迁等工作已有明确安排。
4）仪器、设备、材料招标条件
（1）初步设计已经批准；
（2）施工图设计已经完成；
（3）技术经济指标已基本确定；
（4）所需资金已经落实。

7. 民航专业工程及货物招标有哪些管理要求？

民航专业工程及货物的招标投标工作的监督管理适用于民航专业工程建设项目的勘察、设计、施工、监理、货物的招标投标活动及监督管理。货物，是指与工程建设项目有关的重要设备、材料等。机电产品国际招标投标的监督管理除外。民航专业工程包括以下内容：
（1）飞行区场道工程（含土方、基础、道面、排水、桥梁）及巡场路、围界工程。
（2）机场目视助航工程。
（3）机场通信、导航、航管、气象工程。
（4）航站楼工艺流程、民航专业弱电系统、机务维修设施、货运系统等项目的专业和非标准设备；航站楼民航专业弱电系统包括：航班动态显示、旅客离港系统、闭路电视监控系统、广播系统、地面信息管理系统、值机引导系统、行李处理系统、机位引导系统、登机门显示系统、时钟系统、旅客问讯系统、安全保卫系统等工程及其他民航专有的弱电设施。
（5）航空卸油站、储油库、输油管线、站坪加油系统等供油工艺和设备。

8. 招标的民航专业工程及货物的范围和规模标准如何划分?

依法必须招标的民航专业工程及货物的范围和规模标准,按照《工程建设项目招标范围和规模标准规定》执行,即:

(1) 施工单项合同估算价在 200 万元人民币以上的;

(2) 重要设备、材料等货物的采购,单项合同估算价在 100 万元人民币以上的;

(3) 勘察、设计、监理等服务的采购,单项合同估算价在 50 万元人民币以上的;

(4) 单项合同估算价低于第 (1)、(2)、(3) 项规定的标准,但项目总投资额在 3000 万元人民币以上的;

(5) 民航专业工程建设项目中所需的建筑材料可随工程施工项目一同招标,也可由工程建设项目招标人单独或与工程中标人共同组织招标;施工安装类工程中的主要设备应由工程建设项目招标人依法组织招标,次要设备及附属材料可由工程建设项目招标人单独或与工程中标人共同组织招标。

任何单位和个人不得将依法必须进行招标的项目化整为零或者以其他任何方式规避招标。

9. 招标的工程建设项目应当具备哪些条件?

依法必须招标的工程建设项目,应当具备下列条件才能进行招标:

(1) 招标人已经依法成立;

(2) 工程建设项目初步设计、施工图设计已按照有关规定要求获得批准;

(3) 有相应资金或者资金来源已经落实;

(4) 能够提出招标技术要求。

依法必须进行招标的工程建设项目,按国家有关投资项目审批管理规定,凡经过项目审批部门审批的,招标人应将核准有招标范围、招标方式(公开招标或邀请招标)、招标组织形式(自行招标或委托招标)等有关招标内容的批复文件报送民航地区管理局备案。民航专业工程及货物的招标一般应采用公开招标的方式进行;根据法律、行政法规的规定,不适宜公开招标的,依法经批准后方可采取邀请招标的方式或不进行招标。招标人应尽可能利用工程项目所在地政府招标投标有形市场(交易中心)进行招标工作。民航专业工程建设项目的投标人必须具备相应的住建部勘察设计、建筑业和工程监理等资质条件。

10. 国家电网公司招标活动管理有哪些要求?

国家电网公司招标活动管理适用于国家电网公司系统以下各单位:

(1) 公司总部及分公司;

(2) 区域电网公司、省(自治区、直辖市)电力公司及其下属单位;

(3) 公司控股的各单位;

(4) 公司直属的其他企事业单位。

公司受托管理单位、委托管理单位公司、参股单位的招标活动须按照执行。推荐入围厂家或者筛选投标单位的人员,不得参与评标和定标工作;评标的人员不得参与推荐和定标工作;定标的人员不得参与推荐入围厂家和评标工作。

下列建设工程项目,包括项目的勘察、设计、施工、监理、服务以及设备、物资材料的采购等,必须招标:

(1) 施工单项合同估算价在 200 万元人民币以上的；

(2) 设备、材料等货物的采购，单项合同估算价在 100 万元人民币以上的；

(3) 勘察、设计、监理、服务的单项合同估算价在 50 万元人民币以上的；

(4) 单项合同估算价低于第（1）、(2)、(3)项规定的标准，但项目总投资额在 3000 万元人民币以上的。非建设工程项目单项合同估算价在 20 万元人民币以上的设备、物资、办公用品采购及委托服务等项目必须进行招标。采用特定专利、专用技术等特殊原因不适宜招标的项目，须经上一级项目主管部门批准，可以采用国家法律、法规规定的其他合适的方式进行，并抄报本单位招标管理部门和监察部门备案。

附录十五：国家建设项目招标投标管理相关法规

1. 通信建设项目招标投标管理暂行规定

信息产业部令第2号

第一章 总 则

第一条 为了规范通信建设项目招标投标活动，保护国家利益、社会公共利益和招标投标活动当事人的合法权益，提高投资效益，保证通信建设项目质量，根据《中华人民共和国招标投标法》和国务院办公厅《关于国务院有关部门实施招标投标活动行政监督的职责分工的意见》，结合通信工程特点，制定本规定。

第二条 在中华人民共和国境内进行邮政、电信枢纽、通信、信息网络等邮电通信建设项目的勘察、设计、施工、监理以及与工程建设有关的主要设备、材料等的采购，按照国务院批准、国家发展计划委员会发布的《工程建设项目招标范围和规模标准规定》，达到下列标准之一的，必须进行招标：

（一）施工发包单项合同估算价在200万元人民币及以上；

（二）重要设备、材料等货物的采购，单项合同估算价在100万元人民币及以上；

（三）勘察、设计、监理等服务的采购，单项合同估算价在50万元人民币以上；

（四）单项合同估算价低于第（一）、（二）、（三）项规定的标准，但项目总投资额在3000万元人民币及以上。

使用国际组织或外国政府贷款、援助资金的项目，除提供贷款或资金方有合法的特殊要求外，也应当按本规定进行招标。

第三条 涉及国家安全等有关特殊通信建设项目，可以直接发包或委托。

在原局采用同型号设备进行扩容工程设备采购的，可以直接发包或委托。

第四条 任何单位和个人不得将依法必须进行招标的项目化整为零或者以其他任何方式规避招标。

第五条 招标投标活动应当遵循公开、公平、公正和诚实信用的原则。招标投标活动不受地区或部门限制，任何单位和个人不得违反本规定进行不正当竞争。

第二章 管理及职责

第六条 信息产业部负责全国通信建设项目招标投标工作的监督管理。其主要职责是：

（一）贯彻执行国家有关招标投标的政策、法律和法规；

（二）依照《中华人民共和国招标投标法》及本规定对通信建设项目招标投标活动及其当事人实施监督，查处招标投标活动中的违法行为，依法接受投标人和其他利害关系人的投诉；

（三）审批通信建设项目招标代理机构的资质，确认其编标和评标能力；对通信行业各专业评标专家进行资格管理；

（四）依据有关法律、行政法规制定通信建设项目勘察、设计、施工、监理及设备采购等的招标投标实施细则。

第七条 各省、自治区、直辖市通信管理机构，对本行政区域内的通信建设项目招标投标活动实施监督管理。其主要职责是：

（一）贯彻执行国家有关招标投标的政策、法律、法规和规章；

（二）对本行政区域内通信建设项目招标投标活动及其当事人实施监督，查处招标投标活动中的违法行为，依法接受投标人和其他利害关系人的投诉；

（三）初审本行政区域内通信建设项目招标代理机构的编标和评标能力，对本行政区域内通信行业各专业评标专家进行资格管理。

第八条 电信运营公司总部经信息产业部书面确认具有编制招标文件和组织评标能力的，可自行办理招标投标事宜，设立专门机构负责本公司的招标投标活动，接受信息产业部监督管理。其主要职责是：

（一）贯彻执行国家有关招标投标的政策、法律、法规和本规定；

（二）实施或组织实施所辖范围内通信建设项目招标投标工作；

（三）负责向信息产业部招标投标主管部门办理实施招标投标活动的有关手续；

（四）筹备、建立所需要的各专业评标专家库。

第三章 招 标

第九条 招标人是依法提出招标项目，进行招标的法人或者其他组织。

第十条 招标项目按国家有关规定需要履行项目审批手续的，应先办理审批手续，取得批准，落实相应资金或资金来源，并在招标文件中如实载明。

第十一条 招标分为公开招标和邀请招标。

公开招标，是指招标人以招标公告的方式邀请不特定的法人或其他组织投标。

邀请招标，是指招标人以投标邀请书的方式邀请特定的法人或其他组织投标。

通信建设项目的施工及设备、材料采购原则上应当采用公开招标方式；项目的勘察、设计、监理可以采用邀请招标方式。

第十二条 招标人有权自行选择招标代理机构，委托其办理招标事宜。任何单位和个人不得以任何方式为招标人指定招标代理机构。

依法必须进行招标的项目，招标人自行办理招标事宜的，应当向信息产业部或省、自治区、直辖市通信管理机构备案。

第十三条 招标代理机构是依法设立，从事招标代理业务并提供相关服务的社会中介组织。

通信建设项目招标代理机构必须取得相应资质后，方可从事招标代理活动。其资质认定管理办法，由信息产业部另行制定。

通信建设项目招标代理机构应当在招标人委托的范围内办理招标事宜，并遵守本规定关于招标人的规定。

第十四条 招标人采用公开招标方式的，应当在国家有关主管部门指定的报刊、信息网络或其他媒介上公开发布招标公告。

招标公告应当载明招标人的名称、地址、招标项目的性质、数量、实施地点、时间和获取招标文件的办法以及要求潜在投标人提供的有关资质证明文件和业绩情况等内容。

第十五条 招标人采用邀请招标时，应当同时向三个以上具备承担招标项目能力、资信良好的特定法人或其他组织发出投标邀请书。

投标邀请书应当载明本规定第十四条第二款规定的事项。

第十六条 招标人可以根据招标项目的特点和需要编制招标文件。招标文件应当包括招标项目的技术要求、对投标人资格审查的标准、投标报价要求和评标标准等所有实质性要求和条件以及拟签订合同的主要条款。

第十七条 招标人可以根据招标项目本身的要求，在招标公告或者投标邀请书中要求潜在投标人提供有关资质证明文件和业绩情况，并对潜在投标人提供有关资质证明文件和业绩情况，并对潜在投标人进行资格审查；国家对投标人的资格条件有规定的，依照其规定。

招标人不得以不合理的条件限制或排斥潜在投标人，不得对潜在投标人实行歧视性待遇。招标文件不得要求或标明特定的生产供应者及含有倾向或排斥潜在投标人的其他内容。

第十八条 招标人可以根据招标项目的具体情况，组织潜在投标人踏勘项目现场。

第十九条 招标人不得以任何方式向他人透露已获取招标文件的潜在投标人的名称、数量以及可能影响公平竞争的有关招标投标的其他情况。

招标项目一般要编制标底，但标底必须保密。

第二十条 招标人对已发出的招标文件进行必要的澄清或修改时，应当在招标文件要求提交投标文件截止时间至少15日前，以书面形式通知所有招标文件收受人。该澄清或者修改的内容为招标文件的组成部分。

第二十一条 招标人应当确定投标人编制投标文件所需要的合理时间。自招标文件发出之日起至投标人提交投标文件截止之日止，最短不得少于20日。

第四章 投 标

第二十二条 投标人是响应招标，参与投标竞争的法人或其他组织。

第二十三条 投标人应当具备承担招标项目的能力；国家及信息产业部有关规定或者招标文件对投标人资格条件有规定的，投标人应当满足规定的资格条件。

第二十四条 投标人应当按照招标文件的要求编制投标文件。投标文件应当对招标文件提出的实质性要求和条件作出响应。

第二十五条 投标人应当在招标文件要求提交投标文件的截止时间，将投标文件送达投标地点。招标人收到投标文件后，应当签收保存，不得开启。投标人不少于3个的，招标人应当依照本规定重新招标。

在招标文件要求提交投标文件的截止时间后送达的投标文件，招标人应当拒收。

第二十六条 投标人在招标文件要求提交投标文件的截止时间前，可以补充、修改或者撤回已提交的投标文件，并书面通知招标人。补充、修改的内容为投标文件的组成部分。

第二十七条 投标人根据招标文件载明的项目实际情况，拟在中标后将中标的部分非主体、非关键性工作进行分包的，应当在投标文件中载明。

第二十八条 两个以上法人或者其他组织可以组成一个联合体，以一个投标人的身份共同投标。

联合体各方均必须具备承担招标项目的相应能力和相应资质条件。由同一专业的单位组成的联合体，按照资质等级较低的单位确定资质等级。联合体各方应当签订共同投标协议，明确各方拟承担的工作和责任，并将共同投标协议连同投标文件一并提交招标人。联合体中标的，联合体各方应共同和招标人签订合同，就中标项目向招标人承担连带责任。

招标人不得强制投标人组成联合体共同投标，不得限制投标人之间的竞争。

第二十九条 投标人不得相互串通投标报价，不得排挤其他投标人的公平竞争，损害招标人或者其他投标人的合法权益。

投标人不得与招标人串通投标，损害国家利益、社会公众利益或者其他人的合法权益。

禁止投标人以向招标人或者评标委员会成员行贿的手段谋取中标。

第三十条 投标人不得以低于成本的报价竞标，也不得以他人名义投标或者以其他方式弄虚作假，骗取中标。

第五章 开标、评标和中标

第三十一条 开标应当在招标文件确定的提交投标文件截止时间的同一时间公开进行；开标地点应为招标文件中预先确定的地点。

第三十二条 开标由招标人主持，必须邀请所有投资人代表参加。

第三十三条 开标时，由投标人或者其推选的代表检查投标文件的密封情况，也可由招标人委托的公证机构检查并公证；经确认无误后，由工作人员当场拆封，宣读投标人名称、投标价格和投标文件的其他主要内容。

招标人在招标文件要求提交投标文件的截止时间前收到的所有投标文件，开标时都应当众予以拆封、宣读。如果开标时发现投标文件破损，应由招标人宣布此次开标工作暂停，并负责追查责任，并确定再次开标时间。

开标过程应当记录，并存档备查。

第三十四条 有下列情况之一的，投标书应当众被宣布为废标：

（一）授权委托书不是原件或者无投标单位法人章、法定代表人印鉴的；

（二）以联合体方式投标者无联合协议书的。

第三十五条 评标由招标人依法组建的评标委员会负责。

评标委员会由招标人的代表和有关技术、经济等方面的专家共同组成，成员人数为五人以上单数，其中专家不得少于成员总数的三分之二。

前款专家应当从事相关专业工作满8年并具有高级职称或者具有同等专业水平，由招标人在开标前5日内从信息产业部确认的专家库中的相关专业的专家名单中随机抽取确定。

评标委员会成员的名单在中标结果确定前应当严格保密。与投标人有利害关系的人不得进入相关项目的评标委员会。

第三十六条 招标人应当采取必要的措施，保证评标在严格保密的情况下进行。

任何单位和个人不得非法干预、影响评标的过程和结果。

第三十七条 评标委员会可以要求投标人对投标文件中含义不明确的内容作必要的澄清或者说明，但是澄清或者说明不得超出投标文件的范围或者改变投标文件的实质内容。

第三十八条 评标委员会应当按照招标文件确定的评标标准和方法，对投标文件进行评审和比较。评标委员会完成评标后，应当向招标人提出书面评标报告，并推荐2至3家合格的中标候选人。

招标人根据评标委员会提出的书面评标报告和推荐的中标候选人确定中标人。招标人也可以授权评标委员会直接确定中标人。招标人不得选择中标候选人以外的投标人中标。

第三十九条 中标人的投标应当符合下列条件之一：

（一）能够最大限度地满足招标文件中规定的各项综合评价标准；

（二）能够满足招标文件的实质性要求，并且经评审的投标价格最低，但是投标价格低于成本的除外。

第四十条 评标委员会经过评审，认为所有投标都不符合招标文件要求的，可以否决所有投标。

依法必须进行招标的项目所有投标被否决的，招标人应当依照本规定重新招标。

第四十一条 在确定中标人前，招标人不得与投标人就投标价格、投标方案等实质性内容进行谈判。

第四十二条 评标委员会成员应当客观、公正地履行职务，遵守职业道德，对所提出的评审意见承担个人责任。

评标委员会成员不得私下接触投标人，不得收受投标人的财物或者其他好处。

评标委员会成员和参与评标的有关工作人员不得透露对投标文件的评审和比较、中标候选人的推荐情况以及与评标有关的其他情况。

第四十三条 中标人确定后，招标人应当向中标人发出中标通知后，并同时将中标结果通知所有未中标的投标人。

中标通知书对招标人和中标人具有法律效力。中标通知发出后，招标人改变中标结果的，或者中标人放弃中标项目的，应当依法承担法律责任。

第四十四条 招标人和中标人应当自中标通知书发出之日起30日内，按照招标文件和中标人的投标文件订立书面合同。招标人和中标人不得再行订立背离合同实质性内容的其他协议。

招标文件要求中标人提交履约保证金的，中标人应当提交。

第四十五条 招标人应当自确定中标人之日起15日内，向信息产业部或者省、自治区、直辖市通信管理机构提交招标投标情况的书面报告。

第四十六条 中标人应当按照合同约定履行义务，完成中标项目。中标人不得向他人转让中标项目，也不得将中标项目肢解后分别向他人转让。

中标人按照合同约定或者经招标人同意，可以将中标项目的部分非主体、非关键性工作分包给他人完成。接受分包的人应当具备相应的资格条件，并不得再次分包。

中标人应当就分包项目向招标人负责，接受分包的人就分包项目承担连带责任。

第六章 罚　　则

第四十七条 违反本规定，必须进行招标的项目而不招标的，将必须进行招标的项目化整为零或者以其他任何方式规避招标的，责令限期改正，可以处项目合同金额5‰以上10‰以下的罚款；对全部或者部分使用国有资金的项目，可以暂停项目执行或者暂停资金拨付；对单位直接负责的主管人员和其他直接责任人员依法给予行政处分。

第四十八条 通信建设项目招标代理机构违反本规定，泄露应当保密的与招标投标活动有关的情况和资料的，或者与招标人、投标人串通损害国家利益、社会公共利益或者他人合法权益的，处5万元以上25万元以下的罚款；对单位直接负责的主管人员和其他直接责任人员处单位罚款数额5%以上10%以下的罚款；有违法所得的，并处没收违法所得；情节严重的，暂停直至取消招标代理资格；构成犯罪的，依法追究刑事责任。给他人造成损失的，依法承担赔偿责任。

前款所列行为影响中标结果的，中标无效。

第四十九条 招标人以不合理的条件限制或者排斥潜在投标人的,对潜在投标人实行歧视待遇的,强制要求投标人组成联合体共同招标的,或者限制投标人之间竞争的,责令改正,可以处1万元以上5万元以下的罚款。

第五十条 招标人向他人透露已获取招标文件的潜在投标人的名称、数量或者可能影响公平竞争的有关招标投标的其他情况的,或者泄露标底的,给予警告,可以并处1万元以上10万元以下的罚款;对单位直接负责的主管人员和其他直接责任人员依法给予通报批评或处分;构成犯罪的,依法追究刑事责任。

前款所列行为影响中标结果的,中标无效。

第五十一条 投标人相互串通投标或者与招标人串通投标的,投标人以向招标人或者评标委会成员行贿的手段谋取中标的,中标无效,处中标项目金额5‰以上10‰以下的罚款,对单位直接负责的主管人员和其他直接责任人员处单位罚款数额5%以上10%以下的罚款;有违法所得的,并处没收违法所得;情节严重的,取消其1年至2年内参加依法必须进行招标的项目的投标资格并予以公告,直至依法由工商行政管理机关吊销营业执照;构成犯罪的,依法追究刑事责任。给他人造成损失的,依法承担赔偿责任。

第五十二条 投标人以他人名义投标或者以其他方式弄虚作假,骗取中标的,中标无效。给招标人造成损失的,依法承担赔偿责任;构成犯罪的,依法追究刑事责任。

依法必须进行招标的项目的投标人有前款所列行为尚未构成犯罪的,处中标项目金额5‰以上10‰以下的罚款,对单位直接负责的主管人员和其他直接责任人员处单位罚款数额5%以上10%以下的罚款;有违法所得的,并处没收违法所得;情节严重的,取消其1年至3年内参加依法必须进行招标的项目的投标资格并予以公告,直至依法由工商行政管理机关吊销其营业执照。

第五十三条 依法必须进行招标的项目,招标人违反本规定,与投标人就投标价格、投标方案等实质性内容进行谈判的,给予警告,对单位直接负责的主管人员和其他直接责任人员依法给予通报批评或处分。

前款所列行为影响中标结果的,中标无效。

第五十四条 评标委员会成员收受投标人的财物或者其他好处的,评标委员会成员或者参加评标的有关工作人员向他人透露对投标文件的评审和比较、中标候选人的推荐以及与评标有关的其他情况的,给予警告,没收收受的财物,可以并处3000元以上5万元以下的罚款,对有所列违法行为的评标委员会成员取消担任评标委员会成员的资格,不得再参加任何依法必须进行招标的项目的评标;构成犯罪的,依法追究刑事责任。

第五十五条 招标人在评标委员会依法推荐的中标候选人以外确定中标人的,依法必须进行招标的项目在所有投标被评标委员会否决后自行确定中标人的,中标无效,责令改正,可以处中标项目金额5‰以上10‰以下的罚款,对单位直接负责的主管人员和其他直接责任人员依法给予处分。

第五十六条 中标人将中标项目转让给他人的,将中标项目肢解后分别转让给他人的,违反本规定将中标项目的部分主体、关键性工作分包给他人的,或者分包人再次分包的,转让、分包无效、处转让、分包项目金额5‰以上10‰以下的罚款;有违法所得的,并处没收违法所得;可以责令停业整顿;情节严重的,依法由工商行政管理机关吊销其营业执照。

第五十七条 招标人与中标人不按招标文件和中标人的投标文件订立合同的,或者招标人、中标人订立背离合同实质性内容的协议的,责令改正;可以处中标项目金额5‰以上

10‰以下的罚款。

第五十八条 中标人不履行与招标人订立的合同的，履约保证金不予退还，给招标人造成的损失超过履约保证金数额的，还应当对超过部分予以赔偿；没有提交履约保证金的，应当对招标人的损失承担赔偿责任。

中标人不按照与招标人订立的合同履行义务，情节严重的，取消其2年至5年内参加依法必须进行招标的项目的投标资格并予以公告，直至依法由工商行政管理机关吊销其营业执照。

因不可抗力不能履行合同的，不适用前两款规定。

第五十九条 任何单位违反本规定，限制或者排斥本地区、本系统以外的法人或者其他组织参加投标的，为招标人指定招标代理机构的，强制招标人委托招标代理机构办理招标事宜的，或者以其他方式干涉招标投标活动的，责令改正；对单位直接负责的主管人员和其他直接责任人员依法给予警告、记过、记大过的处分，情节较重的，依法给予降级、撤职、开除留用直至开除的处分。

个人利用职权进行前款违法行为的，依照前款规定追究责任。

对通信建设项目招标投资统计工作不按期或不如实统计上报的，通报批评，并追究有关人员责任。

第六十条 本规定所列违法行为，由信息产业部或省、自治区、直辖市通信管理机构进行处罚。

第六十一条 当事人对行政处罚不服的，可以依法申请行政复议或者提起行政诉讼。

第六十二条 对通信建设项目招标投标活动依法负有行政监督职责的工作人员徇私舞弊、滥用职权或者玩忽职守，构成犯罪的，依法追究刑事责任；不构成犯罪的，依法给予行政处分。

第六十三条 依法必须进行招标的通信建设项目违反本规定，中标无效的，招标人应当依照本规定的中标条件，从其余投标人中重新确定中标人或者依照本规定重新进行招标。

第七章 附 则

第六十四条 邮政建设项目的招标投标管理，由国家邮政局参照本规定执行，并制定具体管理办法。

第六十五条 本规定自发布之日起施行。

2. 国家储备粮库建设项目施工招标管理办法

计综合 [2001] 406 号

第一章 总 则

第一条 为确保国家储备粮库建设项目的建设质量，加强对施工招标工作的管理，规范施工招标行为，根据《中华人民共和国招标投标法》和有关国家储备粮库建设文件的精神，特制定本办法。

第二条 本办法的适用范围为国家储备粮库建设项目。由国家计委、国家粮食局批准建设的其他粮食流通项目可参照本办法执行。

第二章 施工招标的原则

第三条 国家储备粮库建设项目施工招标必须坚持"公开、公平、公正和诚实信用"的原则。

第四条 国家储备粮库建设项目的施工招标投标活动不受地区和部门的限制，不得因地域、所有制或隶属关系等因素对投标人采取歧视性或排斥性的政策或做法。

第五条 投标人必须依法取得投标资格。任何单位和个人不得指定施工单位，投标人不得以不正当的手段取得合同资格。

第三章 施工招标的范围及组织方式

第六条 国家储备粮库建设项目的仓房工程，国家规定限额以上的辅助生产工程、办公生活工程、室外工程和独立工程应通过招标的方式确定施工单位。

第七条 禁止将国家储备粮库建设项目工程肢解发包，附属工程应合并发包。原则上一个国家储备粮库建设项目，工程只能发包给1个施工单位，施工单位多于2个的须报国家粮食局批准。国家储备粮库建设项目的零星工程可直接发包，但建设费用不得超过批准的概算。

第八条 各省、自治区、直辖市及计划单列市计委、粮食局联合组建的粮库建设办公室（以下简称各省省级建库管理机构）负责国家储备粮库建设项目施工招标的领导、管理和协调工作，招标工作的管理权限不得下放。评标工作应吸收有关监理单位和通用图设计单位参与。

第九条 各省级建库管理机构应委托具有甲级资质的招标代理机构负责本地区国家储备粮库建设项目工程的招标工作。

第十条 项目单位为招标人。项目单位应根据省级建库管理机构的要求，委托具有相应资质的招标代理机构组织招标工作。项目单位应与招标代理机构签订委托合同，规定委托业务的范围、条件、责任、费用等。

第四章 投标人的资质要求

第十一条 投标人必须具有工业与民用建筑施工二级以上资质，其中限上项目和有浅圆仓、立筒仓项目施工任务的投标人必须具有工业与民用建筑施工一级资质。

第十二条 应限制在以前建设项目中有劣迹的投标人参加国家储备粮库建设项目工程的投标。

第十三条 在投标时,准许投标人联合投标及合理分包。确定中标人后,禁止中标人转包,严格限制分包。

第五章 施工招标的程序

第十四条 招标准备。项目初步设计批准后,省级建库管理机构要及时制定招标方案,确定招标代理机构。

第十五条 签订代理合同。项目单位与招标代理机构签订委托合同,明确双方的责任、权利和义务。

第十六条 资格审查。资格审查可通过资格预审或资格后审的方式进行。包括对施工企业的资质、组织机构、项目经理的资质、近年来的工程完成情况、财务状况等方面的审查,以确定其是否具备承担国家储备粮库建设项目工程建设任务的资格。

第十七条 编制并审查招标文件。招标代理机构应根据项目的施工图及相关资料,编制施工招标文件。招标文件中应包括评标原则、评标程序等内容。

招标文件由省级建库管理机构组织审查。

第十八条 发布资格预审公告或招标公告。按国家计委2000年第4号令要求,在《中国采购与招标网》(http://www.chinabidding.com.cn)、《中国经济导报》、《中国建设报》上以及项目所在地的省级媒体上发布资格预审公告或招标公告。

第十九条 编制标底。施工招标可以采用无标底招标、复合标底招标或确定标底招标等方式。如采用确定标底招标的方式,应符合以下两条要求:

一、确定标准不得高于批复的初步设计概算,否则招标无效。

二、省级建库管理机构和招标代理机构必须采取有效措施,做到标底不泄密。

第二十条 审查并发售招标文件。招标代理机构编制的招标文件经省级建库管理机构组织审查通过后,即可公开发售。

第二十一条 勘察现场。招标代理机构应组织投标人进行现场勘察,以便了解工程场地和周围环境情况,获取投标人认为有必要的信息。项目单位要为投标人进行现场勘察提供方便。

第二十二条 招标答疑会。招标代理机构应在标书发出后,及时组织召开招标答疑会,以解答或澄清标书、图纸或现场勘察中的问题,并以书面形式通知所有投标人。

第二十三条 投标文件的编制与递交。编制投标文件应符合招标文件的各项要求。投标文件应主要包括以下内容:投标书,投标书附录,投标保证金,法定代表人、项目经理以及投标单位的资格证明材料,投标报价(含详细报价),辅助资料表,资格审查表(资格预审的不采用),施工方案或施工组织设计,对招标文件中的合同协议条款内容的确认和响应,以及按招标文件规定必须提交的其他资料。

第二十四条 开标。招标代理机构应在规定的时间开标。开标会议应在省级建库管理机构和监督部门的监督下进行。开标过程可以视情况请公证机构进行公正。

第二十五条 评标。开标后,招标代理机构应根据批准的评标组成评标委员会,及时组织评标工作。评标委员会由项目单位代表和有关经济、技术专家组成,其中专家不少于评委总数的三分之二。评标委员会应根据评标方案,对投标单位的报价、工期、质量、主要材料用量、施工方案或组织设计、以往业绩、社会信誉、优惠条件等进行综合评估，向招标人推荐中标候选人。

第二十六条 定标。招标代理机构应在评标工作完成后5个工作日向省级建库管理机构报送评标报告。招标代理机构向中标人发出"中标通知书"。

原则上在发出中标通知书前应对评标结果进行公示，即以公告的形式告之社会对预中标人进行审查。公示期间，省级建库管理机构要受理单位公单或个人具体署名，反映真实情况的举报。公示时间一般为5天。

招标工作结束后5个工作日之内，省级建库管理机构应将招标方案、招标管理办法、招标公告、评标报告、预中标人投标文件等相关资料报国家粮食局备案。国家粮食局在接到文件后5个工作日内，对有疑义的招标结果提出意见。

第二十七条 签订合同。中标单位收到中标通知书后，按招标文件规定提交履约保证金，其金额不得低于中标价的5%，并按照招标文件规定的日期、时间和地点与项目单位签订合同。合同的签订工作应由招标代理机构负责组织，合同文本采用国家工商局和建设部颁发的标准合同文本《建设工程施工合同》（GF-1999-0201）；中标人若在规定的时间内拒绝提交履约保证金或签订合同，由招标代理机构报请省级建库管理机构批准同意后取消其中标资格，没收其投标保证金，另行确定中标人；建设单位如拒绝与中标单位签订合同，应双倍返还投标保证金；项目单位与中标人签订合同后，招标代理机构及时通知其他投标单位其投标未被接受，按要求退回投标保证金（无息）。因违反规定被没收的投标保证金不予退回。招标程序未尽事宜，执行招标法的规定。

第二十八条 本办法自发布之日起实行。

第二十九条 本办法由国家粮食局解释。

3. 农业基本建设项目招标投标管理规定

农计发 [2004] 10 号

第一章 总 则

第一条 为加强农业基本建设项目招标投标管理,确保工程质量,提高投资效益,保护当事人的合法权益,根据《中华人民共和国招标投标法》等规定,制定本规定。

第二条 本规定适用于农业部管理的基本建设项目的勘察、设计、施工、监理招标,仪器、设备、材料招标以及与工程建设相关的其他招标活动。

第三条 招标投标活动必须遵循公开、公平、公正和诚实信用的原则。

第四条 招标投标活动一般应按照以下程序进行:

(一)有明确的招标范围、招标组织形式和招标方式,并在项目立项审批时经农业部批准。

(二)自行招标的应组建招标办事机构,委托招标的应选择由代理资质的招标代理机构。

(三)编写招标文件。

(四)发布招标公告或招标邀请书,进行资格审查,发放或出售招标文件,组织投标人现场踏勘。

(五)接受投标文件。

(六)制定具体评标方法或细则。

(七)成立评标委员会。

(八)组织开标、评标。

(九)确定中标人。

(十)向项目审批部门提交招标投标的书面总结报告。

(十一)发中标通知书,并将中标结果通知所有投标人。

(十二)签订合同。

第二章 行 政 管 理

第五条 农业部发展计划司归口管理农业基本建设项目的招标投标工作,主要职责是:

(一)依据国家有关招标投标法律、法规和政策,研究制定农业基本建设项目招标投标管理规定;

(二)审核、报批项目招标方案;

(三)指导、监督、检查农业基本建设项目招标投标活动的实施;

(四)受理对农业建设项目招标投标活动的投诉并依法做出处理决定,督办农业基本建设项目招标投标活动中的违法违规行为的查处工作;

(五)组建和管理农业基本建设项目评标专家库;

(六)组织重大农业基本建设项目招标活动。

第六条 农业部行业司局负责本行业农业基本建设项目招标投标管理工作,主要职责是:

(一)贯彻执行有关招标投标的法律、法规、规章和政策;

（二）指导、监督、检查本行业基本建设项目招标投标活动的实施；

（三）推荐农业基本建设项目评标专家库专家人选。

第七条 省级人民政府农业行政主管部门管理本辖区内农业基本建设项目招标投标工作，主要职责是：

（一）贯彻执行有关招标投标的法律、法规、规章和政策；

（二）受理本行政区域内对农业基本建设项目招标投标活动的投诉，依法查处违法违规行为；

（三）组建和管理本辖区内农业基本建设项目评标专家库；

（四）指导、监督、检查本辖区内农业基本建设项目招标投标活动的实施，并向农业部发展计划司和行业司局报送农业基本建设项目招标投标情况书面报告；

（五）组织本辖区内重大农业工程建设项目招标活动。

第三章 招 标

第八条 符合下列条件之一的农业基本建设项目必须进行公开招标：

（一）施工单项合同估算价在200万元人民币以上的；

（二）仪器、设备、材料采购单项合同估算价在100万元人民币以上的；

（三）勘察、设计、监理等服务的采购，单项合同估算价在50万元人民币以上的；

（四）单项合同估算低于第（一）、（二）、（三）项规定的标准，但项目总投资额在3000万元人民币以上的。

第九条 第八条规定必须公开招标的项目，有下列情形之一的，经批准可以采用邀请招标：

（一）项目技术性、专业性较强，环境资源条件特殊，符合条件的潜在投标人有限的；

（二）受自然、地域等因素限制，实行公开招标影响项目实施时机的；

（三）公开招标所需费用占项目总投资比例过大的；

（四）法律法规规定的其他特殊项目。

第十条 符合第八条规定必须公开招标的项目，有下列情况之一的，经批准可以不进行招标：

（一）涉及国家安全或者国家秘密不适宜招标的；

（二）勘察、设计采用特定专利或者专有技术的，或者其建筑艺术造型有特殊要求不宜进行招标的；

（三）潜在投标人为三家以下，无法进行招标的；

（四）抢险救灾及法律法规规定的其他特殊项目。

第十一条 任何单位和个人不得将依法必须招标的项目化整为零或者以其他任何方式规避招标。

第十二条 必须进行招标的农业基本建设项目应在报批的可行性研究报告（项目建议书）中提出招标方案。符合第十条规定不进行招标的项目应在报批可行性研究报告时提出申请并说明理由。

招标方案包括以下主要内容：

（一）招标范围。说明拟招标的内容及估算金额。

（二）招标组织形式。说明拟采用自行招标或委托招标形式，自行招标的应说明理由。

（三）招标方式。说明拟采用公开招标或邀请招标方式，邀请招标的应说明理由。

第十三条 农业基本建设项目的招标人是提出招标项目、进行招标的农业系统法人或其他组织。

招标人应按审批部门批准的招标方案组织招标工作。确需变更的，应报原审批部门批准。

第十四条 农业基本建设项目招标应当具备以下条件：

（一）勘察、设计招标条件

1. 可行性研究报告（项目建议书）已批准；
2. 具备必要的勘察设计基础资料。

（二）监理招标条件

初步设计已经批准。

（三）施工招标条件

1. 初步设计已经批准；
2. 施工图设计已经完成；
3. 建设资金已落实；
4. 建设用地已落实，拆迁等工作已有明确安排。

（四）仪器、设备、材料招标条件

1. 初步设计已经批准；
2. 施工图设计已经完成；
3. 技术经济指标已基本确定；
4. 所需资金已经落实。

第十五条 自行招标的招标人应具备编制招标文件和组织评标的能力。招标人自行招标应具备的条件：

（一）具有与招标项目规模和复杂程度相应的工程技术、概预算、财务和工程管理等方面专业技术力量；

（二）有从事同类工程建设项目招标的经验；

（三）设有专门的招标机构或者拥有三名以上专职招标业务人员；

（四）熟悉和掌握招标投标法及有关法规规章。

第十六条 委托招标是指委托有资质的招标代理机构办理招标事宜。招标人不具备第十五条规定条件的，应当委托招标。

承担农业基本建设项目招标的代理机构必须是国务院建设行政主管部门认定的招标代理机构，其资质等级应与所承担招标项目相适应。

招标代理机构收费标准按国家规定执行。

第十七条 采用公开招标的项目，招标人应当在国家发展和改革委员会指定的媒介或建设行政主管部门认定的有形建筑市场发布招标公告。招标公告不得限制潜在投标人的数量。

采用邀请招标的项目，招标人应当向三个以上单位发出投标邀请书。

第十八条 招标公告或投标邀请书应当载明招标人名称和地址、招标项目的基本要求、投标人的资格要求以及获取招标文件的方法等事项。招标人应当对招标公告或投标邀请书的真实性负责。

第十九条 招标人可以对潜在投标人进行资格审查，并提出资格审查报告，经参审人员签字后存档备查,并将审查结果告知潜在投标人。

在一个项目中,招标人应当以相同条件对所有潜在投标人的资格进行审查,不得以任何理由限制或者排斥部分潜在投标人。

第二十条 招标人或招标代理机构应当按照国家有关规定和项目的批复编制招标文件。

(一) 勘察、设计招标文件主要内容包括:

1. 工程基本情况,包括工程名称、性质、地址、占地面积、建筑面积等;
2. 投标人须知,主要应包括接受投标报名、投标人资格审查、发售招标文件、组织招标答疑、踏勘工程现场、接受投标、开标等招标程序的规定和日程安排,投标人资格的要求,投标文件的签署和密封要求,投标保证金(保函)、履约保证金(保函)等方面的规定;
3. 已获批准的可行性研究报告(项目建议书);
4. 工程经济技术要求;
5. 有关部门确定的规划控制条件和用地红线图;
6. 可供参考的工程地质、水文地质、工程测量等建设场地勘察成果报告;
7. 供水、供电、供气、供热、环保、市政道路等方面的基础资料;
8. 招标答疑、踏勘现场的时间和地点;
9. 投标文件内容和编制要求;
10. 评标标准和方法;
11. 投标文件送达的截止时间;
12. 拟签订合同的主要条款;
13. 未中标方案的补偿办法。

(二) 监理招标文件主要内容包括:

1. 工程基本情况,包括工程建设项目名称、性质、地点、规模、用地、资金等;
2. 投标人须知,主要包括接受投标报名、投标人资格审查、发售招标文件、组织招标答疑、踏勘工程现场、接受投标、开标等招标程序的规定和日程安排,投标人资格的要求,投标文件的签署和密封要求,投标保证金(保函)、履约保证金(保函)等;
3. 施工图纸;
4. 投标文件内容和编制要求;
5. 评标标准和方法;
6. 拟签订合同的主要条款及合同格式;
7. 工程监理技术规范或技术要求。

(三) 施工招标文件主要内容包括:

1. 工程基本情况,包括工程建设项目名称、性质、地点、规模、用地、资金等方面的情况;
2. 投标人须知,主要包括接受投标报名、投标人资格审查、发售招标文件、组织招标答疑、踏勘工程现场、接受投标、开标等招标程序的规定和日程安排,投标人资格的要求,投标文件的签署和密封要求,投标保证金(保函)、履约保证金(保函)等方面的规定;
3. 招标内容和施工图纸;
4. 投标文件内容和编制要求;
5. 工程造价计算方法和工程结算办法;
6. 评标标准和方法;

7. 拟签订合同的主要条款及合同格式。

（四）仪器、设备、材料招标文件应与主管部门批复的设备清单和概算一致，包括的主要内容有：

1. 项目基本情况，包括工程建设项目名称、性质、资金来源等方面的情况；

2. 投标人须知，主要包括接受投标报名、投标人资格审查、发售招标文件、组织招标答疑、澄清或修改招标文件、接受投标、开标等招标程序的规定和日程安排，投标人资格、投标文件的签署和密封、投标有效期、投标保证金（保函）、履约保证金（保函）等方面的规定；

3. 招标内容及货物需求表；

4. 投标文件内容和编制要求，应包括投标文件组成和格式、投标报价及使用货币，投标使用语言及计量单位、投标人资格证明文件、商务或技术响应性文件等方面内容和规定；

5. 拟签署合同的主要条款和合同格式；

6. 投标文件格式，包括投标书、开标报价表、投标货物说明表、技术响应表、投标人资格证明、授权书、履约保函等投标文件的格式；

7. 评标标准和方法；

8. 招标人对拟采购仪器（设备、材料）的技术要求；

9. 仪器（设备、材料）招标文件一般应按照商务部分、技术部分分别编制。

第二十一条 农业部直属单位重点项目的招标文件，须经农业部发展计划司委托有关工程咨询单位进行技术审核后方可发出。

第二十二条 招标人对已发出的招标文件进行必要澄清或者修改的，应当在招标文件要求提交投标文件截止时间至少15日前，以书面形式通知所有招标文件收受人。该澄清或者修改的内容为招标文件的组成部分。

第二十三条 依法必须进行招标的项目，自招标文件发售之日至停止发售之日，最短不得少于5个工作日。自招标文件停止发出之日至投标人提交投标文件截止日，最短不应少于20个工作日。

第二十四条 招标文件应按其制作成本确定售价，一般应控制在2000元以内。

第二十五条 招标文件应当明确投标保证金金额，一般不超过合同估算价的千分之五，但最低不得少于1万元人民币。

第四章 投 标 和 开 标

第二十六条 投标人是响应招标、参加投标竞争的法人或者其他组织。农业基本建设项目的投标人应当具备相应资质或能力。

第二十七条 投标人应当按照招标文件的要求编制投标文件，并在招标文件规定的投标截止时间之前密封送达招标人。在投标截止时间之前，投标人可以撤回已递交的投标文件或进行修改和补充，但应当符合招标文件的要求。

第二十八条 两个或两个以上单位联合投标的，应当按资质等级较低的单位确定联合体资质（资格）等级。招标人不得强制投标人组成联合体共同投标。

第二十九条 投标人应当对递交的投标文件中资料的真实性负责。投标人在递交投标文件的同时，应当缴纳投标保证金。招标人收到投标文件后，应当签收保存，不得开启。

第三十条 开标应当在招标文件确定的提交投标文件截止时间的同一时间公开进行；开

标地点应当为招标文件中预先确定的地点。

在投标截止时间前提交投标文件的投标人少于三个的，不予开标。

第三十一条 开标由招标人主持，邀请所有投标人参加。开标人员至少由主持人、监标人、开标人、唱标人、记录人组成，上述人员对开标负责。

第三十二条 开标一般按以下程序进行：

（一）主持人在招标文件确定的时间停止接收投标文件，开始开标；

（二）宣布开标人员名单；

（三）确认投标人法定代表人或授权代表人是否在场；

（四）宣布投标文件开启顺序；

（五）依开标顺序，先检查投标文件密封是否完好，再启封投标文件；

（六）宣布投标要素，并作记录，同时由投标人代表签字确认；

（七）对上述工作进行记录，存档备查。

第五章 评 标 和 中 标

第三十三条 评标由招标人依法组建的评标委员会负责。

评标委员会应由招标人代表和有关技术、经济方面的专家组成；成员人数为五人以上单数，其中技术、经济等方面的专家不得少于成员总数的三分之二。

第三十四条 评标委员会专家应从评标专家库中随机抽取。技术特别复杂、专业性要求特别高或者国家有特殊要求的招标项目，采取随机抽取方式确定的专家难以胜任的，经农业部发展计划司同意可以直接确定。

评标委员会成员名单在中标结果确定前应当保密。

第三十五条 仪器、设备、材料招标中，参与制定招标文件的专家一般不再推选为同一项目的评标委员会成员。

第三十六条 评标委员会设主任委员1名，副主任委员1－2名。主任委员应由具有丰富评标经验的经济或技术专家担任，副主任委员可由专家或招标人代表担任。评标委员会在主任委员领导下开展评标工作。

第三十七条 评标工作按以下程序进行：

（一）招标人宣布评标委员会成员名单并确定主任委员；

（二）招标人宣布评标纪律；

（三）在主任委员主持下，根据需要成立有关专业组和工作组；

（四）招标人介绍招标文件；

（五）评标人员熟悉评标标准和方法；

（六）评标委员会对投标文件进行形式审查；

（七）经评标委员会初步评审，提出需投标人澄清的问题，经二分之一以上委员同意后，通知投标人；

（八）需要书面澄清的问题，投标人应当在规定的时间内，以书面形式送达评标委员会；

（九）评标委员会按招标文件确定的评标标准和方法，对投标文件进行详细评审，确定中标候选人推荐顺序；

（十）经评标委员会三分之二以上委员同意并签字，通过评标委员会工作报告，并附往来澄清函、评标资料及推荐意见等，报招标人。

第三十八条 设计、施工、监理评标之前应由评标委员会以外的工作人员将投标文件中的投标人名称、标识等进行隐蔽。

第三十九条 评标委员会对各投标文件进行形式审查，确认投标文件是否有效。对有下列情况之一的投标文件，可以拒绝或按无效标处理：

（一）投标文件密封不符合招标文件要求；

（二）逾期送达；

（三）未按招标文件要求加盖单位公章和法定代表人（或其授权人）的签字（或印鉴）；

（四）招标文件要求不得标明投标人名称，但投标文件上标明投标人名称或有任何可能透露投标人名称信息的；

（五）未按招标文件要求编写或字迹模糊导致无法确认关键技术方案、关键工期、关键工程质量保证措施、投标价格；

（六）未按规定交纳投标保证金；

（七）招标文件载明的招标项目完成期限超过招标文件规定的期限；

（八）明显不符合技术规格、技术标准要求；

（九）投标文件载明的货物包装方式、检验标准和方法不符合招标文件要求；

（十）不符合招标文件规定的其他实质性要求或违反国家有关规定；

（十一）投标人提供虚假资料。

第四十条 评标委员会应按照招标文件中载明的评标标准和方法进行评标。在同一个项目中，对所有投标人采用的评标标准和方法必须相同。

第四十一条 评标委员会应从技术、商务方面对投标文件进行评审，包括以下主要内容：

（一）勘察、设计评标

1. 投标人的业绩和资信；
2. 人力资源配备；
3. 项目主要承担人员的经历；
4. 技术方案和技术创新；
5. 质量标准及质量管理措施；
6. 技术支持与保障；
7. 投标价格；
8. 财务状况；
9. 组织实施方案及进度安排。

（二）监理评标

1. 投标人的业绩和资信；
2. 项目总监理工程师及主要监理人员经历；
3. 监理规划（大纲）；
4. 投标价格；
5. 财务状况。

（三）施工评标

1. 施工方案（或施工组织设计）与工期；
2. 投标价格；
3. 施工项目经理及技术负责人的经历；

4. 组织机构及主要管理人员；

5. 主要施工设备；

6. 质量标准、质量和安全管理措施；

7. 投标人的业绩和资信；

8. 财务状况。

（四）仪器、设备、材料评标

1. 投标价格；

2. 质量标准及质量管理措施；

3. 组织供应计划；

4. 售后服务；

5. 投标人的业绩和资信；

6. 财务状况。

第四十二条　评标方法可采用综合评估法或经评审的最低投标价法。

第四十三条　中标人的投标应当符合下列条件之一：

（一）能够最大限度地满足招标文件中规定的各项综合评价标准；

（二）能够满足招标文件的实质性要求，并且经评审的投标价格最低，但是投标价格低于成本的除外。

第四十四条　评标委员会经评审，认为所有投标都不符合招标文件要求的，可以否决所有投标。

所有投标被否决的，招标人应当重新组织招标。

第四十五条　评标委员会应向招标人推荐中标候选人，并明确排序。招标人也可以授权评标委员会直接确定中标人。

第四十六条　招标人在确定中标人时，必须选择评标委员会排名第一的中标候选人作为中标人。排名第一的中标候选人放弃中标，因不可抗力提出不能履行合同，或者未在招标文件规定期限内提交履约保证金的，招标人可以按次序选择后续中标候选人作为中标人。

第四十七条　依法必须进行招标的项目，招标人应当自确定中标人之日起7个工作日内向省级农业行政主管部门（地方和直属直供垦区承担的项目）、农业部有关行业司局（农业部直属单位承担的行业项目）或农业部发展计划司（农业部直属单位承担的基础设施建设项目）提交招标投标情况的书面报告。书面报告一般应包括以下内容：

（一）招标项目基本情况；

（二）投标人情况；

（三）评标委员会成员名单；

（四）开标情况；

（五）评标标准和方法；

（六）废标情况；

（七）评标委员会推荐的经排序的中标候选人名单；

（八）中标结果；

（九）未确定排名第一的中标候选人为中标人的原因；

（十）其他需说明的问题。

第四十八条　农业行政主管部门接到报告7个工作日无不同意见，招标人应向中标人发出中标通知书，并同时将中标结果通知所有未中标的投标人。

中标通知书发出后，招标人改变中标结果的，或者中标人放弃中标项目的，应当依法承担法律责任。

第四十九条 招标文件要求中标人提交履约保证金或其他形式履约担保的，中标人应当按规定提交；拒绝提交的，视为放弃中标项目。

第五十条 招标人和中标人应当自中标通知书发出之日起三十日内，按照招标文件和中标人的投标文件订立书面合同。招标人和中标人不得再行订立背离合同实质性内容的其他协议。

第五十一条 招标人与中标人签订合同后五个工作日内，应当向中标人和未中标人一次性退还投标保证金。勘察设计招标文件中规定给予未中标人经济补偿的，也应在此期限内一并给付。

第五十二条 定标工作应当在投标有效期结束日三十个工作日前完成。不能如期完成的，招标人应当通知所有投标人延长投标有效期。同意延长投标有效期的投标人应当相应延长其投标担保的有效期，但不得修改投标文件的实质性内容。拒绝延长投标有效期的投标人有权收回投标保证金。招标文件中规定给予未中标人补偿的，拒绝延长的投标人有权获得补偿。

第五十三条 有下列情形之一的，招标人应当依照本办法重新招标：
（一）在投标截止时间前提交投标文件的投标人少于三个的；
（二）资格审查合格的投标人不足三个的；
（三）所有投标均被作废标处理或被否决的；
（四）评标委员会否决不合格投标或者界定为废标后，有效投标不足三个的；
（五）根据第五十二条规定，同意延长投标有效期的投标人少于三个的；
（六）评标委员会推荐的所有中标候选人均放弃中标的。

第五十四条 因发生本规定第五十三条第（一）、（二）项情形之一重新招标后，仍出现同样情形，经审批同意，可以不再进行招标。

第六章 附 则

第五十五条 各级农业行政主管部门按照规定的权限受理对农业基本建设项目招标投标活动的投诉，并按照国家发展和改革委员会等部门发布的《工程建设项目招标投标活动投诉处理办法》，处理或会同有关部门处理农业建设项目招标投标过程中的违法活动。

对于农业基本建设项目招标投标活动中出现的违法违规行为，依照《中华人民共和国招标投标法》和国务院的有关规定进行处罚。

第五十六条 本规定所称勘察、设计招标，是指招标人通过招标方式选择承担该建设工程的勘察任务或工程设计任务的勘察、设计单位的行为。

本规定所称监理招标，是指招标人通过招标方式选择承担建设工程施工监理任务的建设监理单位的行为。

本规定所称施工招标，是指招标人通过招标方式选择承担建设工程的土建、田间设施、设备安装、管线敷设等施工任务的施工单位的行为。

本规定所称仪器、设备、材料招标，是指招标人通过招标方式选择承担建设工程所需的仪器、设备、建筑材料等的供应单位的行为。

第五十七条 农业部直属单位自筹资金建设项目参照本规定执行。

第五十八条 本规定自 2004 年 9 月 1 日起施行。

4. 民航专业工程及货物招标投标管理办法

民航机发〔2009〕1号

第一章 总 则

第一条 为加强民航专业工程及货物的招标投标工作的监督管理，规范招标投标活动，根据《中华人民共和国招标投标法》、《国务院办公厅印发国务院有关部门实施招标投标活动行政监督的职责分工意见通知》（国办发〔2000〕34号文）、《工程建设项目施工招标投标办法》（国家发改委、民航总局等七部委令第30号）、《工程建设项目勘察设计招标投标办法》（国家发改委、民航总局等八部委令第2号）、《工程建设项目货物招标投标办法》（国家发改委、民航总局等七部委令第27号）等规定，制定本办法。

第二条 本办法适用于民航专业工程建设项目的勘察、设计、施工、监理、货物的招标投标活动及监督管理。机电产品国际招标投标的监督管理除外。

本办法所称民航专业工程包括以下内容：

（一）飞行区场道工程（含土方、基础、道面、排水、桥梁）及巡场路、围界工程；

（二）机场目视助航工程；

（三）机场通信、导航、航管、气象工程；

（四）航站楼工艺流程、民航专业弱电系统、机务维修设施、货运系统等项目的专业和非标准设备；

航站楼民航专业弱电系统包括：航班动态显示、旅客离港系统、闭路电视监控系统、广播系统、地面信息管理系统、值机引导系统、行李处理系统、机位引导系统、登机门显示系统、时钟系统、旅客问讯系统、安全保卫系统等工程及其他民航专有的弱电设施；

（五）航空卸油站、储油库、输油管线、站坪加油系统等供油工艺和设备。

本办法所称货物，是指与工程建设项目有关的重要设备、材料等。

第三条 依法必须招标的民航专业工程及货物的范围和规模标准，按照《工程建设项目招标范围和规模标准规定》（国家计委令第3号）执行，即：

（一）施工单项合同估算价在200万元人民币以上的；

（二）重要设备、材料等货物的采购，单项合同估算价在100万元人民币以上的；

（三）勘察、设计、监理等服务的采购，单项合同估算价在50万元人民币以上的；

（四）单项合同估算价低于第（一）、（二）、（三）项规定的标准，但项目总投资额在3000万元人民币以上的；

（五）民航专业工程建设项目中所需的建筑材料可随工程施工项目一同招标，也可由工程建设项目招标人单独或与工程中标人共同组织招标；施工安装类工程中的主要设备应由工程建设项目招标人依法组织招标，次要设备及附属材料可由工程建设项目招标人单独或与工程中标人共同组织招标。

任何单位和个人不得将依法必须进行招标的项目化整为零或者以其他任何方式规避招标。

第四条 民航总局机场司和民航地区管理局及其派出机构（以下简称"民航地区管理局"）对民航专业工程及货物的招标投标活动实施监督，依法查处招标投标活动中的违法行为。

第五条 民航总局机场司监管职责包括：

（一）贯彻执行国家有关招标投标管理的法律、法规、规章和政策，依据国家有关招标投标法律、法规和政策，制定民航专业工程及货物招标投标的管理办法；

（二）负责全国民航专业工程及货物招标投标活动的监督管理工作；

（三）负责民航专业工程专家库的管理；

（四）受理招标投标活动的投诉，依法查处招标投标活动中的重大违法违规行为；

（五）其他与招标投标活动管理有关的事宜。

第六条 民航地区管理局监管职责包括：

（一）贯彻执行国家及民航有关招标投标管理的法律、法规、规章和规范性文件；

（二）负责具体实施对辖区内民航专业工程及货物的招标投标活动的监督；

（三）受理并备案审核招标人提交的招标方案、资格预审文件和招标文件；

（四）受理并备案审核招标人提交的招标投标情况书面报告、公示和确定的中标人报告；

（五）受理辖区内有关招标投标活动的投诉，依法查处招标投标活动中的违法违规行为。

第二章 招　标

第七条 工程建设项目招标人是项目法人或者由项目法人授权的项目建设实施机构。

本办法第三条第五款工程建设项目招标人与工程中标人共同招标时，也为招标人。

第八条 依法必须招标的工程建设项目，应当具备下列条件才能进行招标：

（一）招标人已经依法成立；

（二）工程建设项目初步设计、施工图设计已按照有关规定要求获得批准；

（三）有相应资金或者资金来源已经落实；

（四）能够提出招标技术要求。

第九条 依法必须进行招标的工程建设项目，按国家有关投资项目审批管理规定，凡经过项目审批部门审批的，招标人应将核准有招标范围、招标方式（公开招标或邀请招标）、招标组织形式（自行招标或委托招标）等有关招标内容的批复文件报送民航地区管理局备案。

第十条 民航专业工程及货物的招标一般应采用公开招标的方式进行；根据法律、行政法规的规定，不适宜公开招标的，依法经批准后方可采取邀请招标的方式或不进行招标。

第十一条 招标人可自行招标或委托招标。招标人自行办理招标事宜的，应当符合国家发改委《工程建设项目自行招标试行办法》（国家发展计划委员会令第5号）要求，并经批准后，按规定程序办理。

招标人不具备自行办理招标条件的，应委托有资质的招标代理机构办理招标事宜。

第十二条 具备条件的招标人应采取各种措施保证评标过程保密、封闭、公平、公正、有序地进行，并接受各级监管部门的有效监督。

招标人应尽可能利用工程项目所在地政府招标投标有形市场（交易中心）进行招标工作。

第十三条 依法必须招标的民航专业工程及货物，招标人必须在发布招标公告或发出投标邀请书前将招标方案报民航地区管理局备案。

招标方案应包括：

（一）招标项目及内容；
（二）本办法第九条所述要求的文件；
（三）招标方式（公开招标或邀请招标）；
（四）招标组织形式（自行招标或委托招标）；
（五）是否利用工程项目所在地政府招标投标有形市场（交易中心）；
（六）招标时间计划安排；
（七）招标公告或投标邀请书；
（八）招标文件或资格预审文件；
（九）其他有必要向监管部门说明的事项。

招标公告、投标邀请、招标文件（含补遗书）及资格预审文件的编写应符合本办法第一条所述相关规定的要求，其中，招标文件中的废标条件应予明确。

第十四条 民航地区管理局自收到招标方案后，应及时备案审核，如有异议，应在 7 个工作日内书面提出；如无异议，应在 7 个工作日内出具书面备案通知书。

第十五条 招标人在收到民航地区管理局出具的招标方案备案通知书后，方可发布招标公告或投标邀请书，并按招标公告或者投标邀请书规定的时间、地点发出招标文件或者资格预审文件。

发布招标公告应按照《招标公告发布暂行办法》（国家发展计划委员会令第 4 号）规定执行。

第十六条 民航专业工程建设项目的投标人必须具备相应的资质条件：

勘察和设计单位应按照《建设工程勘察和设计企业资质管理规定》（建设部第 93 号令）要求取得相应资质；建筑业企业应按照《建筑业企业资质管理规定》（建设部第 87 号令）要求取得相应资质；工程监理企业应按照《工程监理企业资质管理规定》（建设部第 102 号令）要求取得相应资质。

第十七条 投标人组织投标联合体的，联合体各成员均须具备民航专业资质。

联合体成员中的最低资质为投标联合体的资质。

第十八条 属于民用机场专用设备的货物，应按照《民用机场专用设备使用管理规定》（民航总局令第 150 号）要求取得民航总局颁发的《民用机场专用设备使用许可证》。

第十九条 招标人采取资格预审的，应在招标公告中包含资格预审文件。

招标人发布资格预审公告的，资格预审公告视同为招标公告，其发布要求、载明内容应与招标公告的相应要求一致。

第二十条 招标人应当在资格预审公告中载明资格预审后投标人的数量，一般不得少于 7 个投标人，且应采用专家评审的办法，由专家综合评分排序，按得分高低顺序确定投标人。

资格预审合格的潜在投标人不足三个的，招标人应当重新进行招标。

第三章 投 标

第二十一条 投标人应按照本办法第一条所述相关规定的要求进行投标。

投标人应具有法人资格。

为招标项目做前期准备工作的机构不得作为投标人。

法定代表人为同一个人的两个及两个以上法人，母公司、全资子公司及其控股公司以及其他形式有资产关联关系的投标人，都不得在同一招标项目中同时投标。

具有关联隶属关系的投标人在同一招标项目中不得超过两个。

在单一货物招标项目中，一个制造商对同一品牌同一型号的货物，仅能委托一个代理商参加投标，否则应作废标处理。

投标文件应内容完整、规范。

投标文件的送达应形式规范，符合要求。

第二十二条 提交投标文件的投标人少于三个的，招标人应当依法重新招标。重新招标后投标人仍少于三个的，属于经审批必须公开招标的工程建设项目，报经原审批部门批准后可以不再进行招标；对于货物招标项目，报经民航地区管理局备案后可以不再进行招标，或者对两家合格投标人进行开标和评标。

第二十三条 投标人相互之间、投标人与招标人之间不得串通投标；

投标人不得组织或参与围标；

投标人不得以他人名义投标。

第四章　开标、评标和定标

第二十四条 开标应程序规范，符合相关规定要求。

第二十五条 评标应由招标人依法组建的评标委员会负责。招标人的法人代表及领导班子成员不应直接参加评标委员会的工作。

评标委员会人数应为五人及以上单数，其中从民航专业工程专家库中抽取的专家人数不得少于评标委员会人员总数的三分之二。

当招标项目需要民航以外专业专家参与评审时，经批准，可采取在其他专业专家库抽取的方式选择部分专家共同组成评标委员会。

第二十六条 招标人拟申请在民航专业工程专家库中抽取专家时，应提前3个工作日向民航总局机场司或其授权的机构提出申请。申请文件包括：

（一）民航地区管理局为招标人出具的招标文件（或资格预审文件）备案通知书；

（二）填写《民航专业工程及货物评标专家申请表》（见附表）。

第二十七条 民航总局机场司或其授权的机构收到招标人提交的评标专家申请文件后，应对其符合相关规定的情况进行审查，有异议的，应及时告知招标人修改、补充后，重新申请；无异议的，则在民航专业工程专家库中按如下原则提供预选专家名单：

（一）预选专家的专业符合项目工程性质；

（二）预选专家应随机抽取产生；

（三）预选专家名单人员数量一般应为所需专家人数的2倍以上；

（四）预选专家不得与招标人有关联或利害关系；

（五）预选专家不得与投标人有关联或利害关系。

第二十八条 评标预选专家名单产生后以及送交招标人过程中，应严格保密。

预选专家名单应在评标前2日内以封口信函或传真的方式提供给招标人。

招标人开启信函或接收传真时应有招标项目法人的相关监督部门人员在场监督。

第二十九条 招标人获取预选专家名单后，应将预选专家名单以抽签或摇号等方式进行随机性的重新排序，然后按随机排序序号通知专家本人，直至选取到所需专家数量为止。

按以上方法选取的专家不够所需数量时，可由招标人向民航总局机场司或其授权的机构申请补充预选专家名单。补充的预选专家产生原则和抽取方式与前述要求一致。

以上抽取过程应有招标项目法人的相关监督部门人员在场监督，并做详细记录，由抽取当事人签字备查。

第三十条 对于技术特别复杂、专业性要求特别高或者国家有特殊要求的招标项目，采取随机抽取方式确定的专家难以胜任时，可以经民航总局监管部门特别批准后由招标人在民航专业工程专家库中直接选择确定。

第三十一条 按照《民航专业工程专家库管理办法》(MD－CA－2007－1－R1)，经各单位同意推荐申报并经民航总局审批进入民航专业工程专家库的专家，有义务积极参加民航专业工程项目的评标工作。

各有关单位应支持专家参加民航专业工程项目及货物的评标工作。

第三十二条 评标委员会成员应当客观、公正地履行职责，遵守职业道德，对所提出的评审意见承担个人责任，并接受监督。

评标委员会成员不得同任何与投标人有关联或利害关系的人进行私下接触，不得收受投标人、中间人、其他利害关系人的财物或者其他好处。

第三十三条 招标人应当采取必要的措施，保证评标在严格保密的情况下进行。任何单位和个人不得非法干预、影响评标的过程和结果。

评标委员会成员和与评标有关的工作人员不得透露对投标文件的评审、中标候选人的排序情况以及与评标有关的其他情况。

第三十四条 为防止投标人串标、不合理报价、恶意抬高报价，招标人应事先研究设立对投标报价的最高限价，最高限价不得超出批准的项目概算。投标人的投标报价超出最高限价的，其投标项目按废标处理。

第三十五条 评标过程中，因废标过多只剩一个合格投标人时，招标人应重新招标。

第三十六条 评标委员会成员评审计分工作实行实名制。采用综合评分法时，应将所有评分在去掉一个最高分和一个最低分之后的算术平均值作为投标人的实际得分。

评委的评分情况应予记录备查。对于打分超出算术平均分±30%的评委，招标人应在评标报告中特别说明，并通知这部分评委，要求这部分评委就打分情况提供书面说明。

第三十七条 如发现评标专家有明显倾向、有失公平者，招标人应报告民航总局或民航地区管理局监管部门。

民航地区管理局应将掌握的评标专家违规情况及时报告民航总局机场司。

民航总局机场司将按照《民航专业工程专家库管理办法》，对多次出现偏差或被投诉的专家予以警告、暂停直至取消其专家库专家资格的处理。

第三十八条 评标委员会完成评标后，应向招标人提交书面评标报告。评标报告须由评标委员会全体成员分别签署意见。签署不同意见的评标委员会成员应书面阐述其不同意见和理由。

评标委员会成员拒绝在评标报告上签字且不陈述其不同意见和理由的，作为不同意处理。

评标结论以评标委员会全体成员四分之三以上人数签署同意意见，方为有效。

第三十九条 评标委员会推荐的中标候选人应当限定在二至三人，并明确标明排列顺序。

第四十条 招标结束后，评标委员会应当提交书面评标报告，如实记载以下内容：
（一）废标情况说明；
（二）经评审的价格或者评分比较一览表；
（三）经评审的投标人排序；
（四）推荐的中标候选人名单。

第四十一条 招标人应以排序第一名确定中标候选人，招标人不得超越排列顺序确定中标候选人。

第四十二条 招标人应当自确定中标候选人之日起3个工作日内，向民航地区管理局提交招标评标情况的书面报告。书面报告包括：
（一）评标基本情况和数据表；
（二）抽取评标专家过程记录及评标委员会成员名单；
（三）符合要求的投标人一览表；
（四）评标标准、评标方法或者评标因素一览表；
（五）评委打分记录及评审意见记录（含签字及说明记录）；
（六）评标结果及确定的中标候选人；
（七）签订合同前要处理的事项；
（八）澄清、说明、补正事项纪要。

第四十三条 民航地区管理局在收到评标报告后应进行备案审核，对符合规定要求的应在7个工作日内出具备案通知书；对不符合规定要求的，应在7个工作日内书面通知招标人责令其重新评标或重新招标。

第四十四条 招标人在获得民航地区管理局对评标结果的备案通知书后方可公示评标结果。

第四十五条 招标人应在与招标公告相同的媒体上对评标结果的中标候选人情况进行公示。公示期不得少于5个工作日。

第四十六条 招标人应在公示期满后公布招标结果，对公示期间没有异议、异议不成立、没有投诉或投诉处理后没有发现问题的中标候选人确定为中标人，发布中标通知书，并以书面形式通知其他未中标的投标人；同时，向民航地区管理局提交公示和确定的中标人报告备案。

第四十七条 资格预审应采取专家评审的方式，其专家抽取过程及评审要求按本办法第二十五、二十六、二十七、二十八、二十九、三十二、三十三条规定执行。

第四十八条 民航专业工程建设项目及货物的招标公告、资格预审文件、招标文件、评标委员会报告、招标人书面报告、公示和确定的中标人报告等文件，应妥善保存到项目竣工验收后的决算工作完成为止，以备核查。

第五章 相关处理

第四十九条 民航总局及民航地区管理局对发现招标人、投标人在招标投标活动中的违法违规行为，应当立即责令改正，依法作出暂停开标或评标的决定，对违法的评标、中标结果予以否决。

第五十条 对民航专业工程及货物招标投标活动中出现的违法违规行为，将按照《中华人民共和国招标投标法》和有关行政法规、规章进行处罚。

第五十一条 对于民航专业工程及货物招标投标活动的投诉，按照《工程建设项目招标投标活动投诉处理办法》（国家发改委、民航总局等七部委令第 11 号）办理。

第六章 附 则

第五十二条 不属于民航专业工程建设项目但属于固定资产投资并使用民航政府资金的货物招标投标活动，参照本办法执行；属于政府采购范围的货物招标投标活动，按照国家有关规定执行。

民航建设项目中不属于民航专业工程的项目，执行国家及项目所在地省级政府建设行政主管部门的有关规定。

第五十三条 本办法与相关管理规定的条件或要求不一致时，按照从严的原则执行。

第五十四条 本办法由民航总局机场司负责解释。

5. 国家电网公司招标活动管理办法

建市〔2002〕40号

第一章 总 则

第一条 为规范国家电网公司（以下简称公司）系统招标活动，加强招标活动管理，保障公司的合法权益，根据《中华人民共和国招标投标法》及相关法律、法规，制定本办法。

第二条 本办法适用于国家电网公司系统以下各单位：

（一）公司总部及分公司；

（二）区域电网公司、省（自治区、直辖市）电力公司及其下属单位；

（三）公司控股的各单位；

（四）公司直属的其他企事业单位。

公司受托管理单位、委托管理单位的招标活动须按照本办法执行。公司参股单位的招标活动可参照本办法执行。

第三条 招标活动必须遵守国家的有关法律、法规以及国家电网公司的有关规定，必须遵循"公开、公平、公正"和诚实信用的原则。

第四条 招标活动必须坚持"推荐、评标、定标三分离"，推荐入围厂家或者筛选投标单位的人员，不得参与评标和定标工作；评标的人员不得参与推荐和定标工作；定标的人员不得参与推荐入围厂家和评标工作。特殊情况需要一人负责两项工作的，须经招标领导小组批准。招标领导小组成员、资格预审小组组长和评标委员会主任不得交叉担任，特殊情况下需要参与推荐、评标、定标中两项工作的，须经招标领导小组批准。

第五条 各单位应确定招标管理部门。招标管理部门应对本单位的招标活动实行统一管理，并负责日常招标管理工作。

第六条 招标活动必须接受本单位监督部门的监督。招标活动的监督工作应根据《国家电网公司招标活动监督管理办法》的规定执行。

第七条 下列建设工程项目，包括项目的勘察、设计、施工、监理、服务以及设备、物资材料的采购等，必须招标：

（一）施工单项合同估算价在200万元人民币以上的；

（二）设备、材料等货物的采购，单项合同估算价在100万元人民币以上的；

（三）勘察、设计、监理、服务的单项合同估算价在50万元人民币以上的；

（四）单项合同估算价低于第（一）、（二）、（三）项规定的标准，但项目总投资额在3000万元人民币以上的。

非建设工程项目单项合同估算价在20万元人民币以上的设备、物资、办公用品采购及委托服务等项目必须进行招标。

国家法律、法规以及国家电网公司相关制度规定的其他必须进行招标的项目。

第八条 采用特定专利、专用技术等特殊原因不适宜招标的项目，须经上一级项目主管部门批准，可以采用国家法律、法规规定的其他合适的方式进行，并抄报本单位招标管理部门和监察部门备案。

第二章 机 构 职 责

第九条 公司总部成立公司招标投标领导小组，其成员由相关业务部门负责人组成，公司领导任组长。

公司招标投标领导小组职责是：负责决定公司招标投标工作中的重大事项，指导公司系统招标投标活动。

第十条 公司招标投标领导小组下设办事机构，办事机构设在工程建设部，负责公司招标投标日常工作。

具体职责是：

（一）依据国家有关法律、法规、政策和公司有关规定，制定公司建设工程和非建设工程招标管理规定。

（二）负责公司总部直接投资的基建工程、技改工程、大宗物资采购以及其他在国家及公司招标范围内的招标管理工作。对发标及中标结果予以审核、批准并发布公告；组织和协调提交公司招标投标领导小组审议的有关招标文件并筹备相关会议；制定具体的招标、评标细则；对评标机构、专家产生及评标办法进行管理；负责监督检查招标、评标的过程；归口管理公司总部招标备案工作。

（三）负责对网、省公司的招标工作进行归口管理和监督。

（四）负责各网、省公司有关建设项目招标工作的备案工作。

（五）受理国家电网公司系统招、投标争议。

（六）负责公司招标投标领导小组的其他日常工作。

第十一条 公司系统各单位可根据本单位实际情况成立招标管理机构，领导、管理、组织、协调、监督本单位招标活动。

第十二条 公司下属单位的重大招标活动应当按照相关实施细则的要求进行审批或备案。

第三章 组 织 管 理

第十三条 招标准备阶段，业主单位（招标人）应及时组建项目招标领导小组，招标管理部门负责组建项目资格预审小组和评标委员会。经招标领导小组同意，可不分设资格预审小组。资格预审工作由评标委员会负责。

公司下属单位的重大项目的招标领导小组应按相关实施细则报国家电网公司批准或备案。

项目招标领导小组、资格预审小组成员人数应为单数，评标委员会成员人数应为五人及以上的单数，成员名单应当在评标结果公布前保密。

第十四条 项目招标领导小组由本单位主管领导和招标管理部门、项目主管部门负责人、有关业务部门负责人及法律顾问等组成，负责领导项目招标活动。

第十五条 资格预审小组由本单位的招标管理部门、项目主管部门、有关业务部门、相关专家和招标代理机构等有关人员组成。

在公开招标时，资格预审小组按照招标公告的要求和标准，对投标申请人进行资格预审；在邀请招标时，按照相关规定推荐入围厂家，提交项目招标领导小组批准。

第十六条 各单位应结合本单位实际，按专业类别依法建立和管理由各类专业技术人员组成的评标人员专家库，实行信息化管理，满足随机抽取人员的要求。

第十七条 评标委员会由业主单位（招标人）或其委托的招标代理机构中熟悉相关业务的代表，以及从专家库中抽取的专家组成。其中专家库中抽取的专家人数不得少于成员总数的三分之二。

评标委员会负责评标活动、出具评标报告、向项目招标领导小组推荐中标候选人。

第十八条 评标委员会成员的确定

（一）招标管理部门会同监督部门、法律部门，按照相关规定组建评标委员会。

（二）技术特别复杂、专业性要求特别高或者国家有特殊要求的招标项目，采取随机抽取方式确定的专家难以胜任的，可以由招标管理部门，会同监督人员提出评标委员会名单，报项目招标领导小组批准确定。

第十九条 招标管理部门对评标委员会专家实行动态管理，评标委员会专家不能正当履行职责的，或在与招标有关的活动中有违法违纪行为的，应取消评标专家资格。

第二十条 有下列情形之一的，不得担任资格预审小组、评标委员会成员和领导小组成员：

（一）投标人主要负责人的近亲属；

（二）监督部门人员；

（三）与投标人有经济利益关系或其他利害关系，可能影响对投标公正评审的；

（四）曾因在招标、评标以及其他与招标投标有关活动中有违法违纪行为而受过行政处罚或刑事处罚的。

资格预审小组和评标委员会成员有上述规定情形之一的，应当主动提出回避。

第二十一条 资格预审小组、评标委员会成员只对业主单位（招标人）负责，没有向本单位领导汇报情况的义务，对所提出的预审和评审意见承担责任。

第四章 招 标 管 理

第二十二条 业主单位（招标人）具备招标资格、具有编制招标文件和组织评标能力的，可以自行办理招标事宜；应当备案的，按有关规定履行备案手续。业主单位（招标人）不具备自行组织招标条件的，应委托具有相应资质等级的招标代理机构办理招标事宜，并签订委托代理合同，明确双方的权利和义务。

第二十三条 业主单位（招标人）或者招标代理机构应当根据招标项目的特点和需要编制招标文件。

招标文件应当包括招标项目的技术要求、对投标人资格审查的标准、投标报价要求、评标办法等所有实质性要求和条件以及拟签订合同的主要条款。

第二十四条 招标文件不得要求或者标明特定的生产供应者以及含有倾向或者排斥潜在投标人等其他内容。

第二十五条 需要设置标底的招标，业主单位（招标人）应当在保密环境中编制标底，标底计价内容、计价依据应与招标文件完全一致，任何部门不得干预标底的确定。标底在开标前密封保存，不得泄露。

第二十六条 业主单位（招标人）采用公开招标方式的，按规定在指定媒体上公开发布招标公告。招标公告应当载明业主单位（招标人）的名称、地址，招标项目的性质、数量、实施地点和时间，资格审查的要求以及获取招标文件的办法等。

第二十七条 凡公开招标的项目，资格预审小组应按招标公告公布的资格标准对投标申请人进行资格审查。

第二十八条 资格条件未达到招标公告要求，或者拒不按照要求对有关问题进行澄清、说明或者补正的投标申请人，业主单位（招标人）可以否决其投标。

第二十九条 资格预审小组成员应根据审查、排序情况，推荐投标人名单。采用公开招标方式的，若符合资格条件的投标申请人数量少于七个，原则上所有符合资格条件的投标申请人均应成为投标人；若符合资格条件的投标申请人数量为七个及以上，投标人数量不应少于七个。公开招标、邀请招标的投标人数量不应少于三个。

第三十条 业主单位（招标人）采用邀请招标时，应当同时向三个及以上具备承担投标项目能力、资信良好的特定法人或其他组织发出投标邀请书。

第三十一条 在投标邀请书中，业主单位（招标人）可以根据招标项目的要求，明确投标人的资格条件和标准。

第三十二条 业主单位（招标人）应当确定编制投标文件所需要的合理时间。依法必须招标的项目，自招标文件发出之日起至投标人提交投标文件截止之日止，最短不得少于20个工作日。

第三十三条 投标人根据招标文件载明的项目实际情况，拟在中标后将中标的部分非主体、非关键性工作进行分包的，应当在投标文件中载明。

第三十四条 两个以上法人或者其他组织可以组成一个联合体，以一个投标人的身份共同投标。联合体中标的，联合体各方应共同与业主单位（招标人）签订合同，就中标项目向业主单位（招标人）承担连带责任。

第三十五条 业主单位（招标人）不得以任何方式限制投标人之间的竞争，不得强制投标人组成联合体共同投标。

第三十六条 投标人应当在招标文件要求提交投标文件的截止时间前，将投标文件送达指定的投标地点。投标文件应加盖投标单位印章，或由其法定代表人或者其授权的代理人签署后密封。

第三十七条 投标人在招标文件要求提交投标文件的截止时间前，可以补充、修改或者撤回已提交的投标文件，并书面通知业主单位（招标人）。补充、修改的内容为投标文件的组成部分。

第三十八条 业主单位（招标人）应当拒收在递交投标文件截止时间后送达的投标文件。投标人少于三家的，业主单位（招标人）应当依法重新招标。

第三十九条 评标和定标应当在投标有效期结束日30个工作日前完成。不能按期完成的，业主单位（招标人）应当通知所有投标人延长投标有效期并作解释说明。拒绝延长投标有效期的投标人有权收回其投标保证金，同意延长投标有效期的投标人应当相应延长其投标担保的有效期，但不得修改投标文件的实质性内容。

第五章 开标评标定标管理

第四十条 开标由业主单位（招标人）或委托招标代理机构主持，必须邀请所有投标人代表以及监督人员参加，有法律顾问见证。

承办招标部门应在开标前五个工作日，向监察部门提供招标文件、评标细则（密封）等有关材料。特殊情况下，至少在开标前二个工作日向监察部门提供上述材料。

第四十一条 开标时,当众检查投标文件的密封情况,经确认无异议后,由招标工作人员当场拆封,宣读投标人名称、投标价格和投标文件的其他主要内容。在递交投标文件的截止时间前收到的所有投标文件,开标时都应该当众予以拆封、宣读。开标内容应当完整记录,经投标人签字确认,并存档备查。

第四十二条 开标时,发现投标文件已开封的,业主单位(招标人)或者招标代理机构应暂停开标,与投标人共同确定是否继续开标,并负责查明原因。

第四十三条 评标标准和评标方法应当在招标文件中公开载明,招标文件中没有规定的评标标准和评标方法,不得作为评标依据。

第四十四条 评标细则由评标委员会根据招标文件中的评标标准和方法拟定,报招标领导小组审定。

第四十五条 评标应封闭进行。业主单位(招标人)或者招标代理机构应做好评标保密工作,做好对外通信联络的控制工作。

第四十六条 评标委员会应当按照招标文件确定的评标细则,对投标文件中的商务、技术等内容进行公平、公正的评审和比较,采取实名打分的方式或者招标文件规定的其他方法,产生评标结果。

第四十七条 评标中,评标委员会可以要求投标人对投标文件中的有关问题作必要的澄清、说明或者补正,其结果应以书面方式进行确认,并不得超出投标文件的范围或者改变投标文件的实质性内容。

第四十八条 评标方法包括经评审的最低投标价法、综合评估法或者法律、法规允许的其他评标办法。

第四十九条 评标委员会应严格按照招标文件中载明的评标办法和标准进行评审。招标文件中没有载明的评标办法和标准不得采用。

第五十条 评标委员会发现投标人以低于成本的报价竞标、以他人的名义投标、串通投标的,该投标人的投标应作废标处理。并可作为今后考察投标人的否决条件。

第五十一条 评标委员会应当审查每一投标文件是否对招标文件提出的所有实质性要求和条件作出响应。未能在实质上响应的投标,应作废标处理。

第五十二条 评标委员会完成评标后,应当向项目招标领导小组提交书面评标报告。评标报告应当如实记载包括但不限于以下内容:

(一)基本情况和数据表;
(二)评标委员会成员名单;
(三)开标记录;
(四)符合要求的投标一览表;
(五)废标情况说明;
(六)评标标准、评标方法或者评标因素一览表;
(七)经评审的价格或者评分比较一览表;
(八)经评审的投标人排序;
(九)推荐的中标候选人名单与签订合同前要处理的事宜;
(十)澄清、说明、补正事项纪要。

第五十三条 评标报告应该由评标委员会全体成员签字。对评标结论持有异议的,评标委员会成员可以书面方式阐述其不同意见和理由。评标委员会成员拒绝在评标报告上签字且不陈述其不同意见和理由的，视为同意评标结论。评标委员会应当对此做出书面说明并记录在案。

监督人员应就评标过程是否履行规定程序以及执行评标纪律的情况在评标报告上签署意见。

第五十四条 定标程序

（一）项目招标领导小组听取评标委员会负责人的评标情况汇报，评标委员会负责人列席会议，定标前退席；

（二）招标领导小组应依据评标报告推荐的中标候选人进行定标，确定非排名第一的候选人中标的，应当书面说明理由；

（三）监督小组成员参加会议，监督定标，不参加定标表决；

（四）定标会议应形成书面会议纪要（含定标结果），并经参加会议的项目招标领导小组和监督小组的全体成员在中标方案上签字。

定标结束后三日内，应将定标会议纪要和评标报告抄报本单位招标管理部门和监察部门。

第五十五条 定标结束后，业主单位（招标人）或者招标代理机构应当及时将中标结果通知中标的投标人和未中标的投标人，并退回未中标的投标人所提交的投标保证金。

第五十六条 项目招标领导小组对评标委员会未发现的，投标人以低于成本的报价竞标、以他人的名义投标、串通投标的，作废标处理。

业主单位（招标人）发现投标人以行贿手段谋取中标或者以其他弄虚作假方式骗取中标的，该投标人的中标作无效处理。

第五十七条 中标通知书对业主单位（招标人）和中标人具有法律约束力。中标通知书发出后，业主单位（招标人）改变中标结果或者中标人放弃中标的，应当承担法律责任。

第五十八条 业主单位（招标人）和中标人应当自中标通知书发出之日起 30 日内，按照招标文件和中标人的投标文件订立书面合同。所订立的合同不得对招标文件和中标人的投标文件作实质性修改；业主单位（招标人）和中标人不得再行订立背离合同实质性内容的其他协议。

合同的审查、签订、履行、存档应当符合国家电网公司相关规定。

第五十九条 中标人应当按照合同约定履行义务，完成中标项目，不得向他人转让中标项目，也不得将中标项目肢解后分别向他人转让。

中标人按照合同约定，可以将中标项目的部分非主体、非关键性工作分包给他人完成。接受分包的单位应当具备相应的资格条件，并不得再次分包。中标人应当就分包项目向业主单位（招标人）负责，接受分包的单位就分包项目承担连带责任。

第六十条 招标活动结束后，下列文件应当按照档案管理要求进行归档：

（一）招标方案及批复；

（二）招标公告或邀请函；

（三）资格审查文件（资格审查公告、审查报告）；

（四）招标文件及答疑文件（评标委员会要求投标人对有关问题澄清、说明或者补正文件）；

（五）投标文件（商务部分、技术部分、企业资讯）；

（六）评标方法及标准、评标报告；
（七）定标会议纪要（含决标意见）、标底；
（八）中标函（通知书）；
（九）项目招标领导小组名单、资格预审小组成员名单、投标人名单、评标委员会成员名单、监督小组名单；
（十）其他应当存档的招标投标文件。

第六章 工 作 纪 律

第六十一条 任何单位和个人不得在招标中实施下列规避行为：
（一）将必须进行招标的项目化整为零不通过招标而发包；
（二）将必须公开招标的项目擅自改为邀请招标；
（三）相互串通搞虚假招标；
（四）以其他任何方式规避招标的行为。

第六十二条 任何单位和个人不得从事下列违反法定招标程序的行为：
（一）必须公开招标的项目未按规定发布招标公告；
（二）定标前，招标人与投标人就投标价格、投标方案等实质性内容进行谈判；
（三）在评标委员会推荐的中标候选人以外确定中标人（第五十六条规定的情况除外），或者在所有投标被评标委员会否决后自行确定中标人；
（四）违反本办法第五十八条规定的行为；
（五）其他必须遵守正当招标程序的行为。

第六十三条 任何人在招标投标中负有保密义务，严格禁止从事下列行为：
（一）泄露标底；
（二）招标人向投标人透露投标文件的评审、中标候选人的推荐以及与定标有关的其他情况；
（三）违反其他保密规定的行为。

第六十四条 所有参加招标的工作人员要恪守职业道德，严守纪律，严禁从事下列行为：
（一）招标人及其工作人员与投标人或者与招标结果有利害关系的人进行私下接触；
（二）招标人收受投标人、中介人以及其他利害关系人的财物或者其他好处；
（三）其他违反职业道德和工作纪律的行为。

第六十五条 任何单位和个人不得实施下列违反回避规定的行为：
（一）明知本人的亲属或其他利害关系人直接或间接参与或代理本项目的招标，拒不退出招标工作；
（二）设计单位对其所设计的项目进行监理；
（三）违反本办法第四条、第二十条规定的行为；
（四）其他违反回避规定的行为。

第六十六条 任何单位和个人不得实施下列限制正当竞争的行为：
（一）违法或以不合理的条件限制或者排斥本地区、本系统以外的法人或者其他组织参加投标；
（二）对潜在投标人实行歧视待遇；

（三）其他限制正当竞争的行为。

第六十七条 凡是具有招标项目的单位，要建立和完善公正、有效的招标投标投诉处理机制。各级监察部门要加强对招标投标活动的监督，及时受理投诉并查处违法违规行为；发现犯罪线索的，依法向司法机关举报。对举报人打击报复的，要依法从严处理。

第六十八条 对违反本办法的招标单位，视情节轻重由其上级主管部门、有管辖权的行政管理部门依法依职权分别给予以下惩处：

（一）限期改正、通报批评；

（二）对全部或部分使用国有资金的项目，暂停项目执行或者资金拨付；

（三）具有有关资格的，取消或建议有关部门取消其资格；

（四）没收非法所得；

（五）处以招标工程标的额千分之一至千分之五的罚款。

第六十九条 对违反本办法的招标单位的负责人、主管人员或其他有关责任人员，视情节轻重由其本单位、上级主管部门、有管辖权的行政管理部门依法依职权分别给予以下惩处：

（一）限期改正、通报批评、警告、记过、记大过；或者一千元至五千元的罚款；

（二）具有有关资格的，取消或建议有关部门取消其资格；

（三）没收非法所得；

（四）情节较重或造成重大损失的，依法给予降级、撤职、开除处分，并给予五千元至五万元的罚款。

第七十条 对违反本办法的投标人、招标代理机构以及其他中介服务机构或其工作人员，视情节轻重给予以下惩处：

（一）五年内禁止参加本系统任何投标或招标工作；

（二）招标活动的监督部门必须向有关部门出具书面监察建议，明确写明建议处罚意见。

第七章 附 则

第七十一条 公司系统各单位可根据本办法及公司相关规定，并结合实际情况制定相应的实施细则。

第七十二条 本办法自颁布之日起施行。

第七十三条 本办法由国家电网公司办公厅负责解释。

十六、货物和服务招标投标

1. 工程建设项目货物招标有哪些要求？

货物招标，是指与工程建设项目有关的重要设备、材料等，包括不属于工程建设项目，但属于固定资产投资的货物招标投标活动。工程建设项目符合《工程建设项目招标范围和规模标准规定》规定的范围和标准的，必须通过招标选择货物供应单位。工程建设项目货物招标投标活动，依法由招标人负责。工程建设项目招标人对项目实行总承包招标时，未包括在总承包范围内的货物达到国家规定规模标准的，应当由工程建设项目招标人依法组织招标。工程建设项目招标人对项目实行总承包招标时，以暂估价形式包括在总承包范围内的货物达到国家规定规模标准的，应当由总承包中标人和工程建设项目招标人共同依法组织招标。双方当事人的风险和责任承担由合同约定。工程建设项目招标人或者总承包中标人可委托依法取得资质的招标代理机构承办招标代理业务。招标代理服务收费实行政府指导价。招标代理服务费用应当由招标人支付；招标人、招标代理机构与投标人另有约定的，从其约定。

2. 招标的工程建设项目应当具备哪些条件才能进行货物招标？

工程建设项目招标人是依法提出招标项目、进行招标的法人或者其他组织。总承包中标人共同招标时，也为招标人。依法必须招标的工程建设项目，应当具备下列条件才能进行货物招标：

（1）招标人已经依法成立；

（2）按照国家有关规定应当履行项目审批、核准或者备案手续的，已经审批、核准或者备案；

（3）有相应资金或者资金来源已经落实；

（4）能够提出货物的使用与技术要求。

依法必须进行招标的工程建设项目，按国家有关投资项目审批管理规定，凡应报送项目审批部门审批的，招标人应当在报送的可行性研究报告中将货物招标范围、招标方式（公开招标或邀请招标）、招标组织形式（自行招标或委托招标）等有关招标内容报项目审批部门核准。项目审批部门应当将核准招标内容的意见抄送有关行政监督部门。

3. 货物招标人怎么采用两阶段招标程序？

对无法精确拟定其技术规格的货物，招标人可以采用两阶段招标程序。在第一阶段，招标人可以首先要求潜在投标人提交技术建议，详细阐明货物的技术规格、质量和其他特性。招标人可以与投标人就其建议的内容进行协商和讨论，达成一个统一的技术规格后编制招标文件。在第二阶段，招标人应当向第一阶段提交了技术建议的投标人提供包含统一技术规格的正式招标文件，投标人根据正式招标文件的要求提交包括价格在内的最后投标文件。

4. 对货物投标人有哪些要求？

投标人是响应招标、参加投标竞争的法人或者其他组织。法定代表人为同一个人的两个及两个以上法人，母公司、全资子公司及其控股公司，都不得在同一货物招标中同时投标。一个制造商对同一品牌同一型号的货物，仅能委托一个代理商参加投标，否则应作废标处理。投标人应当按照招标文件的要求编制投标文件。投标文件应当对招标文件提出的实质性要求和条件作出响应。投标文件一般包括下列内容：

（1）投标函；
（2）投标一览表；
（3）技术性能参数的详细描述；
（4）商务和技术偏差表；
（5）投标保证金；
（6）有关资格证明文件；
（7）招标文件要求的其他内容。

投标人根据招标文件载明的货物实际情况，拟在中标后将供货合同中的非主要部分进行分包的，应当在投标文件中载明。投标人应当在招标文件要求提交投标文件的截止时间前，将投标文件密封送达招标文件中规定的地点。招标人收到投标文件后，应当向投标人出具标明签收人和签收时间的凭证，在开标前任何单位和个人不得开启投标文件。提交投标文件的投标人少于三个的，招标人应当依法重新招标。重新招标后投标人仍少于三个的，必须招标的工程建设项目，报有关行政监督部门备案后可以不再进行招标，或者对两家合格投标人进行开标和评标。投标人在招标文件要求提交投标文件的截止时间前，可以补充、修改、替代或者撤回已提交的投标文件，并书面通知招标人。补充、修改的内容为投标文件的组成部分。两个以上法人或者其他组织可以组成一个联合体，以一个投标人的身份共同投标。联合体各方签订共同投标协议后，不得再以自己名义单独投标，也不得组成或参加其他联合体在同一项目中投标，否则作废标处理。

5. 对政府采购货物和服务招标有哪些要求？

货物服务招标分为公开招标和邀请招标。公开招标，是指招标采购单位依法以招标公告的方式邀请不特定的供应商参加投标。邀请招标，是指招标采购单位依法从符合相应资格条件的供应商中随机邀请三家以上供应商，并以投标邀请书的方式，邀请其参加投标。货物服务采购项目达到公开招标数额标准的，必须采用公开招标方式。招标采购单位不得将应当以公开招标方式采购的货物服务化整为零或者以其他方式规避公开招标采购。任何单位和个人不得阻挠和限制供应商自由参加货物服务招标投标活动，不得指定货物的品牌、服务的供应商和采购代理机构，以及采用其他方式非法干涉货物服务招标投标活动。

6. 对货物服务招标方式有哪些要求？

采用公开招标方式采购的，招标采购单位必须在财政部门指定的政府采购信息发布媒体上发布招标公告。采用邀请招标方式采购的，招标采购单位应当在省级以上人民政府财政部门指定的政府采购信息媒体发布资格预审公告，公布投标人资格条件，资格预审公告的期限不得少于七个工作日。投标人应当在资格预审公告期结束之日起三个工作日前，按公告要求提交资格证明文件。招标采购单位从评审合格投标人中通过随机方式选择三家以上的投标人，并向其发出投标邀请书。采用招标方式采购的，自招标文件开始发出之日起至投标人提交投标文件截止之日止，不得少于二十日。招标采购单位可以要求投标人提交符合招标文件规定要求的备选投标方案，但应当在招标文件中说明，并明确相应的评审标准和处理办法。招标文件规定的各项技术标准应当符合国家强制性标准。招标文件不得要求或者标明特定的投标人或者产品以及含有倾向性或者排斥潜在投标人的其他内容。招标采购单位可以根据需要，就招标文件征询有关专家或者供应商的意见。

7. 对货物服务投标有哪些要求？

投标人是响应招标并且符合招标文件规定资格条件和参加投标竞争的法人、其他组织或者自然人。投标人应当按照招标文件的要求编制投标文件。投标文件应对招标文件提出的要求和条件作出实质性响应。投标文件由商务部分、技术部分、价格部分和其他部分组成。投标人在投标截止时间前，可以对所递交的投标文件进行补充、修改或者撤回，并书面通知招标采购单位。补充、修改的内容应当按招标文件要求签署、盖章，并作为投标文件的组成部分。投标人根据招标文件载明的标的采购项目实际情况，拟在中标后将中标项目的非主体、非关键性工作交由他人完成的，应当在投标文件中载明。招标采购单位规定的投标保证金数额，不得超过采购项目概算的1%。投标人投标时，应当按招标文件要求交纳投标保证金。投标保证金可以采用现金支票、银行汇票、银行保函等形式交纳。招标采购单位应当在中标通知书发出后五个工作日内退还未中标供应商的投标保证金，在采购合同签订后五个工作日内退还中标供应商的投标保证金。招标采购单位逾期退还投标保证金的，除应当退还投标保证金本金外，还应当按商业银行同期贷款利率上浮20%后的利率支付资金占用费。

8. 对前期物业管理招标有哪些要求？

前期物业管理，是指在业主、业主大会选聘物业管理企业之前，由建设单位选聘物业管理企业实施的物业管理。建设单位通过招标投标的方式选聘具有相应资质的物业管理企业和行政主管部门对物业管理招标投标活动实施监督管理。住宅及同一物业管理区域内非住宅的建设单位，应当通过招标投标的方式选聘具有相应资质的物业管理企业；投标人少于3个或者住宅规模较小的，经物业所在地的区、县人民政府房地产行政主管部门批准，可以采用协议方式选聘具有相应资质的物业管理企业。国家提倡其他物业的建设单位通过招标投标的方式，选聘具有相应资质的物业管理企业。

9. 对招标人采取招标方式有哪些要求？

招标人是指依法进行前期物业管理招标的物业建设单位。前期物业管理招标由招标人依法组织实施。招标人不得以不合理条件限制或者排斥潜在投标人，不得对潜在投标人实行歧视待遇，不得对潜在投标人提出与招标物业管理项目实际要求不符的过高的资格等要求。前期物业管理招标分为公开招标和邀请招标。招标人采取公开招标方式的，应当在公共媒介上发布招标公告，并同时在中国住宅与房地产信息网和中国物业管理协会网上发布免费招标公告。招标人采取邀请招标方式的，应当向3个以上物业管理企业发出投标邀请书，投标邀请书应当包含前款规定的事项。通过招标投标方式选择物业管理企业的，招标人应当按照以下规定时限完成物业管理招标投标工作：

（1）新建现售商品房项目应当在现售前30日完成；
（2）预售商品房项目应当在取得《商品房预售许可证》之前完成；
（3）非出售的新建物业项目应当在交付使用前90日完成。

10. 对外国政府贷款项目采购公司招标有哪些要求？

为加强外国政府贷款项目采购公司招标工作的管理，适用于利用"外国政府贷款"（含日本国际协力银行不附带条件贷款、北欧投资银行贷款）和经国务院批准参照外国政府贷款管理的其他国外优惠贷款项目采购公司的招标工作。"采购公司"是指具有商务部颁发的《国际招标资格甲级证书》的公司（贷款国另有要求的除外）。"借款人"是指与转贷银行签署转贷协议，承担外国政府贷款项目还款义务的机构或法人实体。借款人应向3家以上（含3家）采购公司同时发出投标邀请书。涉及2个以上子项目的打捆项目应作为一个项目发出投标邀请书。投标邀请书中规定的采购公司提交代理申请书的截止时间，自投标邀请书发出之日起至代理申请书送达借款人之日（以邮戳或借款人单位签收为准）止不得少于10个工作日。借款人应组织成立由5~7名评审委员组成的评审委员会。借款人单位代表任评委会负责人，全面负责评定工作。借款人应在评标结果生效之日起15个工作日内与中标的采购公司签订《委托协议书》。

附录十六：货物和服务招标投标管理相关法规

1. 工程建设项目货物招标投标办法

国家发展改革委、建设部、铁道部、交通部、信息产业部、
水利部、中国民用航空总局令第 27 号

第一章 总 则

第一条 为规范工程建设项目的货物招标投标活动，保护国家利益、社会公共利益和招标投标活动当事人的合法权益，保证工程质量，提高投资效益，根据《中华人民共和国招标投标法》和国务院有关部门的职责分工，制定本办法。

第二条 本办法适用于在中华人民共和国境内依法必须进行招标的工程建设项目货物招标投标活动。

前款所称货物，是指与工程建设项目有关的重要设备、材料等。

第三条 工程建设项目符合《工程建设项目招标范围和规模标准规定》（原国家计委令第 3 号）规定的范围和标准的，必须通过招标选择货物供应单位。

任何单位和个人不得将依法必须进行招标的项目化整为零或者以其他任何方式规避招标。

第四条 工程建设项目货物招标投标活动应当遵循公开、公平、公正和诚实信用的原则。货物招标投标活动不受地区或者部门的限制。

第五条 工程建设项目货物招标投标活动，依法由招标人负责。

工程建设项目招标人对项目实行总承包招标时，未包括在总承包范围内的货物达到国家规定规模标准的，应当由工程建设项目招标人依法组织招标。

工程建设项目招标人对项目实行总承包招标时，以暂估价形式包括在总承包范围内的货物达到国家规定规模标准的，应当由总承包中标人和工程建设项目招标人共同依法组织招标。双方当事人的风险和责任承担由合同约定。

工程建设项目招标人或者总承包中标人可委托依法取得资质的招标代理机构承办招标代理业务。招标代理服务收费实行政府指导价。招标代理服务费用应当由招标人支付；招标人、招标代理机构与投标人另有约定的，从其约定。

第六条 各级发展改革、建设、铁道、交通、信息产业、水利、民航等部门依照国务院和地方各级人民政府关于工程建设项目行政监督的职责分工，对工程建设项目中所包括的货物招标投标活动实施监督，依法查处货物招标投标活动中的违法行为。

第二章 招 标

第七条 工程建设项目招标人是依法提出招标项目、进行招标的法人或者其他组织。本办法第五条第三款总承包中标人共同招标时，也为招标人。

第八条 依法必须招标的工程建设项目，应当具备下列条件才能进行货物招标：

（一）招标人已经依法成立；

（二）按照国家有关规定应当履行项目审批、核准或者备案手续的，已经审批、核准或者备案；

（三）有相应资金或者资金来源已经落实；

（四）能够提出货物的使用与技术要求。

第九条 依法必须进行招标的工程建设项目，按国家有关投资项目审批管理规定，凡应报送项目审批部门审批的，招标人应当在报送的可行性研究报告中将货物招标范围、招标方式（公开招标或邀请招标）、招标组织形式（自行招标或委托招标）等有关招标内容报项目审批部门核准。项目审批部门应当将核准招标内容的意见抄送有关行政监督部门。

企业投资项目申请政府安排财政性资金的，前款招标内容由资金申请报告审批部门依法在批复中确定。

第十条 货物招标分为公开招标和邀请招标。

第十一条 国务院发展改革部门确定的国家重点建设项目和各省、自治区、直辖市人民政府确定的地方重点建设项目，其货物采购应当公开招标。有下列情形之一的，经批准可以进行邀请招标：

（一）货物技术复杂或有特殊要求，只有少量几家潜在投标人可供选择的；

（二）涉及国家安全、国家秘密或者抢险救灾，适宜招标但不宜公开招标的；

（三）拟公开招标的费用与拟公开招标的节资相比，得不偿失的；

（四）法律、行政法规规定不宜公开招标的。

国家重点建设项目货物的邀请招标，应当经国务院发展改革部门批准；地方重点建设项目货物的邀请招标，应当经省、自治区、直辖市人民政府批准。

第十二条 采用公开招标方式的，招标人应当发布招标公告。依法必须进行货物招标的招标公告，应当在国家指定的报刊或者信息网络上发布。

采用邀请招标方式的，招标人应当向三家以上具备货物供应的能力、资信良好的特定的法人或者其他组织发出投标邀请书。

第十三条 招标公告或者投标邀请书应当载明下列内容：

（一）招标人的名称和地址；

（二）招标货物的名称、数量、技术规格、资金来源；

（三）交货的地点和时间；

（四）获取招标文件或者资格预审文件的地点和时间；

（五）对招标文件或者资格预审文件收取的费用；

（六）提交资格预审申请书或者投标文件的地点和截止日期；

（七）对投标人的资格要求。

第十四条 招标人应当按招标公告或者投标邀请书规定的时间、地点发出招标文件或者资格预审文件。自招标文件或者资格预审文件发出之日起至停止发出之日止，最短不得少于五个工作日。

招标人发出的招标文件或者资格预审文件应当加盖印章。招标人可以通过信息网络或者其他媒介发布招标文件，通过信息网络或者其他媒介发布的招标文件与书面招标文件具有同等法律效力，出现不一致时以书面招标文件为准，但法律、行政法规或者招标文件另有规定的除外。

对招标文件或者资格预审文件的收费应当合理，不得以营利为目的。

除不可抗力原因外，招标文件或者资格预审文件发出后，不予退还；招标人在发布招标公告、发出投标邀请书后或者发出招标文件或资格预审文件后不得擅自终止招标。因不可抗力原因造成招标终止的，投标人有权要求退回招标文件并收回购买招标文件的费用。

第十五条 招标人可以根据招标货物的特点和需要，对潜在投标人或者投标人进行资格审查；法律、行政法规对潜在投标人或者投标人的资格条件有规定的，依照其规定。

第十六条 资格审查分为资格预审和资格后审。

资格预审，是指招标人出售招标文件或者发出投标邀请书前对潜在投标人进行的资格审查。资格预审一般适用于潜在投标人较多或者大型、技术复杂货物的公开招标以及需要公开选择潜在投标人的邀请招标。

资格后审，是指在开标后对投标人进行的资格审查。资格后审一般在评标过程中的初步评审开始时进行。

第十七条 采取资格预审的，招标人应当发布资格预审公告。资格预审公告适用本办法第十二条、第十三条有关招标公告的规定。

第十八条 资格预审文件一般包括下列内容：

（一）资格预审邀请书；

（二）申请人须知；

（三）资格要求；

（四）其他业绩要求；

（五）资格审查标准和方法；

（六）资格预审结果的通知方式。

第十九条 采取资格预审的，招标人应当在资格预审文件中详细规定资格审查的标准和方法；采取资格后审的，招标人应当在招标文件中详细规定资格审查的标准和方法。

招标人在进行资格审查时，不得改变或补充载明的资格审查标准和方法或者以没有载明的资格审查标准和方法对潜在投标人或者投标人进行资格审查。

第二十条 经资格预审后，招标人应当向资格预审合格的潜在投标人发出资格预审合格通知书，告知获取招标文件的时间、地点和方法，并同时向资格预审不合格的潜在投标人告知资格预审结果。资格预审合格的潜在投标人不足三个的，招标人应当重新进行资格预审。

对资格后审不合格的投标人，评标委员会应当对其投标作废标处理。

第二十一条 招标文件一般包括下列内容：

（一）投标邀请书；

（二）投标人须知；

（三）投标文件格式；

（四）技术规格、参数及其他要求；

（五）评标标准和方法；

（六）合同主要条款。

招标人应当在招标文件中规定实质性要求和条件，说明不满足其中任何一项实质性要求和条件的投标将被拒绝，并用醒目的方式标明；没有标明的要求和条件在评标时不得作为实质性要求和条件。对于非实质性要求和条件，应规定允许偏差的最大范围、最高项数以及对这些偏差进行调整的方法。

国家对招标货物的技术、标准、质量等有特殊要求的，招标人应当在招标文件中提出相应特殊要求,并将其作为实质性要求和条件。

第二十二条 招标货物需要划分标包的,招标人应合理划分标包,确定各标包的交货期,并在招标文件中如实载明。

第二十三条 招标人允许中标人对非主体货物进行分包的,应当在招标文件中载明。主要设备或者供货合同的主要部分不得要求或者允许分包。

除招标文件要求不得改变标准货物的供应商外,中标人经招标人同意改变标准货物的供应商的,不应视为转包和违法分包。

第二十四条 招标人可以要求投标人在提交符合招标文件规定要求的投标文件外,提交备选投标方案,但应当在招标文件中作出说明。不符合中标条件的投标人的备选投标方案不予考虑。

第二十五条 招标文件规定的各项技术规格应当符合国家技术法规的规定。

招标文件中规定的各项技术规格均不得要求或标明某一特定的专利技术、商标、名称、设计、原产地或供应者等,不得含有倾向或者排斥潜在投标人的其他内容。如果必须引用某一供应者的技术规格才能准确或清楚地说明拟招标货物的技术规格时,则应当在参照后面加上"或相当于"的字样。

第二十六条 招标文件应当明确规定评标时包含价格在内的所有评标因素,以及据此进行评估的方法。

在评标过程中,不得改变招标文件中规定的评标标准、方法和中标条件。

第二十七条 招标人可以在招标文件中要求投标人以自己的名义提交投标保证金。投标保证金除现金外,可以是银行出具的银行保函、保兑支票、银行汇票或现金支票,也可以是招标人认可的其他合法担保形式。

投标保证金一般不得超过投标总价的百分之二,但最高不得超过八十万元人民币。投标保证金有效期应当与投标有效期一致。

投标人应当按照招标文件要求的方式和金额,在提交投标文件截止之日前将投标保证金提交给招标人或其招标代理机构。

投标人不按招标文件要求提交投标保证金的,该投标文件作废标处理。

第二十八条 招标文件应当规定一个适当的投标有效期,以保证招标人有足够的时间完成评标和与中标人签订合同。投标有效期从招标文件规定的提交投标文件截止之日起计算。

在原投标有效期结束前,出现特殊情况的,招标人可以书面形式要求所有投标人延长投标有效期。投标人同意延长的,不得要求或被允许修改其投标文件的实质性内容,但应当相应延长其投标保证金的有效期;投标人拒绝延长的,其投标失效,但投标人有权收回其投标保证金。

同意延长投标有效期的投标人少于三个的,招标人应当重新招标。

第二十九条 对于潜在投标人在阅读招标文件中提出的疑问,招标人应当以书面形式、投标预备会方式或者通过电子网络解答,但需同时将解答以书面方式通知所有购买招标文件的潜在投标人。该解答的内容为招标文件的组成部分。

除招标文件明确要求外,出席投标预备会不是强制性的,由潜在投标人自行决定,并自行承担由此可能产生的风险。

第三十条 招标人应当确定投标人编制投标文件所需的合理时间。依法必须进行招标的货物,自招标文件开始发出之日起至投标人提交投标文件截止之日止,最短不得少于二十日。

第三十一条 对无法精确拟定其技术规格的货物，招标人可以采用两阶段招标程序。

在第一阶段，招标人可以首先要求潜在投标人提交技术建议，详细阐明货物的技术规格、质量和其他特性。招标人可以与投标人就其建议的内容进行协商和讨论，达成一个统一的技术规格后编制招标文件。

在第二阶段，招标人应当向第一阶段提交了技术建议的投标人提供包含统一技术规格的正式招标文件，投标人根据正式招标文件的要求提交包括价格在内的最后投标文件。

第三章 投　标

第三十二条 投标人是响应招标、参加投标竞争的法人或者其他组织。

法定代表人为同一个人的两个及两个以上法人、母公司、全资子公司及其控股公司，都不得在同一货物招标中同时投标。

一个制造商对同一品牌同一型号的货物，仅能委托一个代理商参加投标，否则应作废标处理。

第三十三条 投标人应当按照招标文件的要求编制投标文件。投标文件应当对招标文件提出的实质性要求和条件作出响应。投标文件一般包括下列内容：

（一）投标函；

（二）投标一览表；

（三）技术性能参数的详细描述；

（四）商务和技术偏差表；

（五）投标保证金；

（六）有关资格证明文件；

（七）招标文件要求的其他内容。

投标人根据招标文件载明的货物实际情况，拟在中标后将供货合同中的非主要部分进行分包的，应当在投标文件中载明。

第三十四条 投标人应当在招标文件要求提交投标文件的截止时间前，将投标文件密封送达招标文件中规定的地点。招标人收到投标文件后，应当向投标人出具标明签收人和签收时间的凭证，在开标前任何单位和个人不得开启投标文件。

招标人不得接受以电报、电传、传真以及电子邮件方式提交的投标文件及投标文件的修改文件。

在招标文件要求提交投标文件的截止时间后送达的投标文件，为无效的投标文件，招标人应当拒收，并将其原封不动地退回投标人。

提交投标文件的投标人少于三个的，招标人应当依法重新招标。重新招标后投标人仍少于三个的，必须招标的工程建设项目，报有关行政监督部门备案后可以不再进行招标，或者对两家合格投标人进行开标和评标。

第三十五条 投标人在招标文件要求提交投标文件的截止时间前，可以补充、修改、替代或者撤回已提交的投标文件，并书面通知招标人。补充、修改的内容为投标文件的组成部分。

第三十六条 在提交投标文件截止时间后，投标人不得补充、修改、替代或者撤回其投标文件。投标人补充、修改、替代投标文件的，招标人不予接受；投标人撤回投标文件的，其投标保证金将被没收。

第三十七条 招标人应妥善保管好已接收的投标文件、修改或撤回通知、备选投标方案等投标资料，并严格保密。

第三十八条 两个以上法人或者其他组织可以组成一个联合体，以一个投标人的身份共同投标。

联合体各方签订共同投标协议后，不得再以自己名义单独投标，也不得组成或参加其他联合体在同一项目中投标；否则作废标处理。

第三十九条 联合体各方应当在招标人进行资格预审时，向招标人提出组成联合体的申请。没有提出联合体申请的，资格预审完成后，不得组成联合体投标。

招标人不得强制资格预审合格的投标人组成联合体。

第四章 开标、评标和定标

第四十条 开标应当在招标文件确定的提交投标文件截止时间的同一时间公开进行；开标地点应当为招标文件中确定的地点。

投标人或其授权代表有权出席开标会，也可以自主决定不参加开标会。

第四十一条 投标文件有下列情形之一的，招标人不予受理：

（一）逾期送达的或者未送达指定地点的；

（二）未按招标文件要求密封的。

投标文件有下列情形之一的，由评标委员会初审后按废标处理：

（一）无单位盖章并无法定代表人或法定代表人授权的代理人签字或盖章的；

（二）无法定代表人出具的授权委托书的；

（三）未按规定的格式填写，内容不全或关键字迹模糊、无法辨认的；

（四）投标人递交两份或多份内容不同的投标文件，或在一份投标文件中对同一招标货物报有两个或多个报价，且未声明哪一个为最终报价的，按招标文件规定提交备选投标方案的除外；

（五）投标人名称或组织结构与资格预审时不一致且未提供有效证明的；

（六）投标有效期不满足招标文件要求的；

（七）未按招标文件要求提交投标保证金的；

（八）联合体投标未附联合体各方共同投标协议的；

（九）招标文件明确规定可以废标的其他情形。

评标委员会对所有投标作废标处理的，或者评标委员会对一部分投标作废标处理后其他有效投标不足三个使得投标明显缺乏竞争，决定否决全部投标的，招标人应当重新招标。

第四十二条 评标委员会可以书面方式要求投标人对投标文件中含义不明确、对同类问题表述不一致或者有明显文字和计算错误的内容作必要的澄清、说明或补正。评标委员会不得向投标人提出带有暗示性或诱导性的问题，或向其明确投标文件中的遗漏和错误。

第四十三条 投标文件不响应招标文件的实质性要求和条件的，评标委员会应当作废标处理，并不允许投标人通过修正或撤销其不符合要求的差异或保留，使之成为具有响应性的投标。

第四十四条 技术简单或技术规格、性能、制作工艺要求统一的货物，一般采用经评审的最低投标价法进行评标。技术复杂或技术规格、性能、制作工艺要求难以统一的货物，一般采用综合评估法进行评标。

最低投标价不得低于成本。

第四十五条 符合招标文件要求且评标价最低或综合评分最高而被推荐为中标候选人的投标人，其所提交的备选投标方案方可予以考虑。

第四十六条 评标委员会完成评标后，应向招标人提出书面评标报告。评标报告由评标委员会全体成员签字。

第四十七条 评标委员会在书面评标报告中推荐的中标候选人应当限定在一至三人，并标明排列顺序。招标人应当接受评标委员会推荐的中标候选人，不得在评标委员会推荐的中标候选人之外确定中标人。

评标委员会提出书面评标报告后，招标人一般应当在十五日内确定中标人，但最迟应当在投标有效期结束日三十个工作日前确定。

第四十八条 使用国有资金投资或者国家融资的项目，招标人应当确定排名第一的中标候选人为中标人。排名第一的中标候选人放弃中标、因不可抗力提出不能履行合同，或者招标文件规定应当提交履约保证金而在规定的期限内未能提交的，招标人可以确定排名第二的中标候选人为中标人。

排名第二的中标候选人因前款规定的同样原因不能签订合同的，招标人可以确定排名第三的中标候选人为中标人。

招标人可以授权评标委员会直接确定中标人。

国务院对中标人的确定另有规定的，从其规定。

第四十九条 招标人不得向中标人提出压低报价、增加配件或者售后服务量以及其他超出招标文件规定的违背中标人意愿的要求，以此作为发出中标通知书和签订合同的条件。

第五十条 中标通知书对招标人和中标人具有法律效力。中标通知书发出后，招标人改变中标结果的，或者中标人放弃中标项目的，应当依法承担法律责任。

中标通知书由招标人发出，也可以委托其招标代理机构发出。

第五十一条 招标人和中标人应当自中标通知书发出之日起三十日内，按照招标文件和中标人的投标文件订立书面合同。招标人和中标人不得再行订立背离合同实质性内容的其他协议。

招标文件要求中标人提交履约保证金或者其他形式履约担保的，中标人应当提交；拒绝提交的，视为放弃中标项目。招标人要求中标人提供履约保证金或其他形式履约担保的，招标人应当同时向中标人提供货物款支付担保。

履约保证金金额一般为中标合同价的10%以内，招标人不得擅自提高履约保证金。

第五十二条 招标人与中标人签订合同后五个工作日内，应当向中标人和未中标的投标人一次性退还投标保证金。

第五十三条 必须审批的工程建设项目，货物合同价格应当控制在批准的概算投资范围内；确需超出范围的，应当在中标合同签订前，报原项目审批部门审查同意。项目审批部门应当根据招标的实际情况，及时作出批准或者不予批准的决定；项目审批部门不予批准的，招标人应当自行平衡超出的概算。

第五十四条 依法必须进行货物招标的项目，招标人应当自确定中标人之日起十五日内，向有关行政监督部门提交招标投标情况的书面报告。

前款所称书面报告至少应包括下列内容：

（一）招标货物基本情况；
（二）招标方式和发布招标公告或者资格预审公告的媒介；
（三）招标文件中投标人须知、技术条款、评标标准和方法、合同主要条款等内容；
（四）评标委员会的组成和评标报告；
（五）中标结果。

第五章 罚　则

第五十五条　招标人或者招标代理机构有下列情形之一的，有关行政监督部门责令其限期改正，根据情节可处三万元以下的罚款：
（一）未在规定的媒介发布招标公告的；
（二）不符合规定条件或虽符合条件而未经批准，擅自进行邀请招标或不招标的；
（三）依法必须招标的货物，自招标文件开始发出之日起至提交投标文件截止之日止，少于二十日的；
（四）应当公开招标而不公开招标的；
（五）不具备招标条件而进行招标的；
（六）应当履行核准手续而未履行的；
（七）未按审批部门核准内容进行招标的；
（八）在提交投标文件截止时间后接收投标文件的；
（九）投标人数量不符合法定要求不重新招标的；
（十）非因不可抗力原因，在发布招标公告、发出投标邀请书或者发售资格预审文件或招标文件后终止招标的。

具有前款情形之一，且情节严重的，应当依法重新招标。

第五十六条　招标人以不合理的条件限制或者排斥资格预审合格的潜在投标人参加投标，对潜在投标人实行歧视待遇的，强制要求投标人组成联合体共同投标的，或者限制投标人之间竞争的，责令改正，可以处一万元以上五万元以下的罚款。

第五十七条　评标过程有下列情况之一，且影响评标结果的，有关行政监督部门可处三万元以下的罚款：
（一）使用招标文件没有确定的评标标准和方法的；
（二）评标标准和方法含有倾向或者排斥投标人的内容，妨碍或者限制投标人之间公平竞争；
（三）应当回避担任评标委员会成员的人参与评标的；
（四）评标委员会的组建及人员组成不符合法定要求的；
（五）评标委员会及其成员在评标过程中有违法违规、显失公正行为的。

具有前款情形之一的，应当依法重新进行评标或者重新进行招标。

第五十八条　招标人不按规定期限确定中标人的，或者中标通知书发出后，改变中标结果的，无正当理由不与中标人签订合同的，或者在签订合同时向中标人提出附加条件或者更改合同实质性内容的，有关行政监督部门给予警告，责令改正，根据情节可处三万元以下的罚款；造成中标人损失的，并应当赔偿损失。

中标通知书发出后，中标人放弃中标项目的，无正当理由不与招标人签订合同的，在签订合同时向招标人提出附加条件或者更改合同实质性内容的，或者拒不提交所要求的履约保证金的，招标人可取消其中标资格，并没收其投标保证金；给招标人的损失超过投标保证金数额的，中标人应当对超过部分予以赔偿；没有提交投标保证金的，应当对招标人的损失承担赔偿责任。

第五十九条 招标人不履行与中标人订立的合同的，应当双倍返还中标人的履约保证金；给中标人造成的损失超过返还的履约保证金的，还应当对超过部分予以赔偿；没有提交履约保证金的，应当对中标人的损失承担赔偿责任。

因不可抗力不能履行合同的，不适用前款规定。

第六十条 中标无效的，发出的中标通知书和签订的合同自始没有法律约束力，但不影响合同中独立存在的有关解决争议方法的条款的效力。

第六章 附 则

第六十一条 不属于工程建设项目，但属于固定资产投资的货物招标投标活动，参照本办法执行。

第六十二条 使用国际组织或者外国政府贷款、援助资金的项目进行招标，贷款方、资金提供方对货物招标投标活动的条件和程序有不同规定的，可以适用其规定，但违背中华人民共和国社会公共利益的除外。

第六十三条 本办法由国家发展和改革委员会会同有关部门负责解释。

第六十四条 本办法自2005年3月1日起施行。

2. 政府采购货物和服务招标投标管理办法

财政部令　第18号

第一章　总　　则

第一条　为了规范政府采购当事人的采购行为，加强对政府采购货物和服务招标投标活动的监督管理，维护社会公共利益和政府采购招标投标活动当事人的合法权益，依据《中华人民共和国政府采购法》（以下简称政府采购法）和其他有关法律规定，制定本办法。

第二条　采购人及采购代理机构（以下统称"招标采购单位"）进行政府采购货物或者服务（以下简称"货物服务"）招标投标活动，适用本办法。

前款所称采购代理机构，是指集中采购机构和依法经认定资格的其他采购代理机构。

第三条　货物服务招标分为公开招标和邀请招标。

公开招标，是指招标采购单位依法以招标公告的方式邀请不特定的供应商参加投标。

邀请招标，是指招标采购单位依法从符合相应资格条件的供应商中随机邀请三家以上供应商，并以投标邀请书的方式，邀请其参加投标。

第四条　货物服务采购项目达到公开招标数额标准的，必须采用公开招标方式。因特殊情况需要采用公开招标以外方式的，应当在采购活动开始前获得设区的市、自治州以上人民政府财政部门的批准。

第五条　招标采购单位不得将应当以公开招标方式采购的货物服务化整为零或者以其他方式规避公开招标采购。

第六条　任何单位和个人不得阻挠和限制供应商自由参加货物服务招标投标活动，不得指定货物的品牌、服务的供应商和采购代理机构，以及采用其他方式非法干涉货物服务招标投标活动。

第七条　在货物服务招标投标活动中，招标采购单位工作人员、评标委员会成员及其他相关人员与供应商有利害关系的，必须回避。供应商认为上述人员与其他供应商有利害关系的，可以申请其回避。

第八条　参加政府采购货物服务投标活动的供应商（以下简称"投标人"），应当是提供本国货物服务的本国供应商，但法律、行政法规规定外国供应商可以参加货物服务招标投标活动的除外。

外国供应商依法参加货物服务招标投标活动的，应当按照本办法的规定执行。

第九条　货物服务招标投标活动，应当有助于实现国家经济和社会发展政策目标，包括保护环境，扶持不发达地区和少数民族地区，促进中小企业发展等。

第十条　县级以上各级人民政府财政部门应当依法履行对货物服务招标投标活动的监督管理职责。

第二章　招　　标

第十一条　招标采购单位应当按照本办法规定组织开展货物服务招标投标活动。

采购人可以依法委托采购代理机构办理货物服务招标事宜，也可以自行组织开展货物服务招标活动，但必须符合本办法第十二条规定的条件。

集中采购机构应当依法独立开展货物服务招标活动。其他采购代理机构应当根据采购人的委托办理货物服务招标事宜。

第十二条 采购人符合下列条件的，可以自行组织招标：

（一）具有独立承担民事责任的能力；

（二）具有编制招标文件和组织招标能力，有与采购招标项目规模和复杂程度相适应的技术、经济等方面的采购和管理人员；

（三）采购人员经过省级以上人民政府财政部门组织的政府采购培训。

采购人不符合前款规定条件的，必须委托采购代理机构代理招标。

第十三条 采购人委托采购代理机构招标的，应当与采购代理机构签订委托协议，确定委托代理的事项，约定双方的权利和义务。

第十四条 采用公开招标方式采购的，招标采购单位必须在财政部门指定的政府采购信息发布媒体上发布招标公告。

第十五条 采用邀请招标方式采购的，招标采购单位应当在省级以上人民政府财政部门指定的政府采购信息媒体发布资格预审公告，公布投标人资格条件，资格预审公告的期限不得少于七个工作日。

投标人应当在资格预审公告期结束之日起三个工作日前，按公告要求提交资格证明文件。招标采购单位从评审合格投标人中通过随机方式选择三家以上的投标人，并向其发出投标邀请书。

第十六条 采用招标方式采购的，自招标文件开始发出之日起至投标人提交投标文件截止之日止，不得少于二十日。

第十七条 公开招标公告应当包括以下主要内容：

（一）招标采购单位的名称、地址和联系方法；

（二）招标项目的名称、数量或者招标项目的性质；

（三）投标人的资格要求；

（四）获取招标文件的时间、地点、方式及招标文件售价；

（五）投标截止时间、开标时间及地点。

第十八条 招标采购单位应当根据招标项目的特点和需求编制招标文件。招标文件包括以下内容：

（一）投标邀请；

（二）投标人须知（包括密封、签署、盖章要求等）；

（三）投标人应当提交的资格、资信证明文件；

（四）投标报价要求、投标文件编制要求和投标保证金交纳方式；

（五）招标项目的技术规格、要求和数量，包括附件、图纸等；

（六）合同主要条款及合同签订方式；

（七）交货和提供服务的时间；

（八）评标方法、评标标准和废标条款；

（九）投标截止时间、开标时间及地点；

（十）省级以上财政部门规定的其他事项。

招标人应当在招标文件中规定并标明实质性要求和条件。

第十九条 招标采购单位应当制作纸质招标文件，也可以在财政部门指定的网络媒体上发布电子招标文件,并应当保持两者的一致。电子招标文件与纸质招标文件具有同等法律效力。

第二十条 招标采购单位可以要求投标人提交符合招标文件规定要求的备选投标方案,但应当在招标文件中说明,并明确相应的评审标准和处理办法。

第二十一条 招标文件规定的各项技术标准应当符合国家强制性标准。

招标文件不得要求或者标明特定的投标人或者产品以及含有倾向性或者排斥潜在投标人的其他内容。

第二十二条 招标采购单位可以根据需要,就招标文件征询有关专家或者供应商的意见。

第二十三条 招标文件售价应当按照弥补招标文件印制成本费用的原则确定,不得以营利为目的,不得以招标采购金额作为确定招标文件售价依据。

第二十四条 招标采购单位在发布招标公告、发出投标邀请书或者发出招标文件后,不得擅自终止招标。

第二十五条 招标采购单位根据招标采购项目的具体情况,可以组织潜在投标人现场考察或者召开开标前答疑会,但不得单独或者分别组织只有一个投标人参加的现场考察。

第二十六条 开标前,招标采购单位和有关工作人员不得向他人透露已获取招标文件的潜在投标人的名称、数量以及可能影响公平竞争的有关招标投标的其他情况。

第二十七条 招标采购单位对已发出的招标文件进行必要澄清或者修改的,应当在招标文件要求提交投标文件截止时间十五日前,在财政部门指定的政府采购信息发布媒体上发布更正公告,并以书面形式通知所有招标文件收受人。该澄清或者修改的内容为招标文件的组成部分。

第二十八条 招标采购单位可以视采购具体情况,延长投标截止时间和开标时间,但至少应当在招标文件要求提交投标文件的截止时间三日前,将变更时间书面通知所有招标文件收受人,并在财政部门指定的政府采购信息发布媒体上发布变更公告。

第三章 投 标

第二十九条 投标人是响应招标并且符合招标文件规定资格条件和参加投标竞争的法人、其他组织或者自然人。

第三十条 投标人应当按照招标文件的要求编制投标文件。投标文件应对招标文件提出的要求和条件作出实质性响应。

投标文件由商务部分、技术部分、价格部分和其他部分组成。

第三十一条 投标人应当在招标文件要求提交投标文件的截止时间前,将投标文件密封送达投标地点。招标采购单位收到投标文件后,应当签收保存,任何单位和个人不得在开标前开启投标文件。

在招标文件要求提交投标文件的截止时间之后送达的投标文件,为无效投标文件,招标采购单位应当拒收。

第三十二条 投标人在投标截止时间前,可以对所递交的投标文件进行补充、修改或者撤回,并书面通知招标采购单位。补充、修改的内容应当按招标文件要求签署、盖章,并作为投标文件的组成部分。

第三十三条 投标人根据招标文件载明的标的采购项目实际情况,拟在中标后将中标项目的非主体、非关键性工作交由他人完成的，应当在投标文件中载明。

第三十四条 两个以上供应商可以组成一个投标联合体，以一个投标人的身份投标。

以联合体形式参加投标的，联合体各方均应当符合政府采购法第二十二条第一款规定的条件。采购人根据采购项目的特殊要求规定投标人特定条件的，联合体各方中至少应当有一方符合采购人规定的特定条件。

联合体各方之间应当签订共同投标协议，明确约定联合体各方承担的工作和相应的责任，并将共同投标协议连同投标文件一并提交招标采购单位。联合体各方签订共同投标协议后，不得再以自己名义单独在同一项目中投标，也不得组成新的联合体参加同一项目投标。

招标采购单位不得强制投标人组成联合体共同投标，不得限制投标人之间的竞争。

第三十五条 投标人之间不得相互串通投标报价，不得妨碍其他投标人的公平竞争，不得损害招标采购单位或者其他投标人的合法权益。

投标人不得以向招标采购单位、评标委员会成员行贿或者采取其他不正当手段谋取中标。

第三十六条 招标采购单位应当在招标文件中明确投标保证金的数额及交纳办法。招标采购单位规定的投标保证金数额，不得超过采购项目概算的百分之一。

投标人投标时，应当按招标文件要求交纳投标保证金。投标保证金可以采用现金支票、银行汇票、银行保函等形式交纳。投标人未按招标文件要求交纳投标保证金的，招标采购单位应当拒绝接收投标人的投标文件。

联合体投标的，可以由联合体中的一方或者共同提交投标保证金，以一方名义提交投标保证金的，对联合体各方均具有约束力。

第三十七条 招标采购单位应当在中标通知书发出后五个工作日内退还未中标供应商的投标保证金，在采购合同签订后五个工作日内退还中标供应商的投标保证金。招标采购单位逾期退还投标保证金的，除应当退还投标保证金本金外，还应当按商业银行同期贷款利率上浮 20% 后的利率支付资金占用费。

第四章 开标、评标与定标

第三十八条 开标应当在招标文件确定的提交投标文件截止时间的同一时间公开进行；开标地点应当为招标文件中预先确定的地点。

招标采购单位在开标前，应当通知同级人民政府财政部门及有关部门。财政部门及有关部门可以视情况到现场监督开标活动。

第三十九条 开标由招标采购单位主持，采购人、投标人和有关方面代表参加。

第四十条 开标时，应当由投标人或者其推选的代表检查投标文件的密封情况，也可以由招标人委托的公证机构检查并公证；经确认无误后，由招标工作人员当众拆封，宣读投标人名称、投标价格、价格折扣、招标文件允许提供的备选投标方案和投标文件的其他主要内容。未宣读的投标价格、价格折扣和招标文件允许提供的备选投标方案等实质内容，评标时不予承认。

第四十一条 开标时，投标文件中开标一览表（报价表）内容与投标文件中明细表内容不一致的，以开标一览表（报价表）为准。

投标文件的大写金额和小写金额不一致的，以大写金额为准；总价金额与按单价汇总金额不一致的，以单价金额计算结果为准；单价金额小数点有明显错位的，应以总价为准，并修改单价；对不同文字文本投标文件的解释发生异议的，以中文文本为准。

第四十二条 开标过程应当由招标采购单位指定专人负责记录，并存档备查。

第四十三条 投标截止时间结束后参加投标的供应商不足三家的，除采购任务取消情形外，招标采购单位应当报告设区的市、自治州以上人民政府财政部门，由财政部门按照以下原则处理：

（一）招标文件没有不合理条款、招标公告时间及程序符合规定的，同意采取竞争性谈判、询价或者单一来源方式采购；

（二）招标文件存在不合理条款的，招标公告时间及程序不符合规定的，应予废标，并责成招标采购单位依法重新招标。

在评标期间，出现符合专业条件的供应商或者对招标文件作出实质响应的供应商不足三家情形的，可以比照前款规定执行。

第四十四条 评标工作由招标采购单位负责组织，具体评标事务由招标采购单位依法组建的评标委员会负责，并独立履行下列职责：

（一）审查投标文件是否符合招标文件要求，并作出评价；

（二）要求投标供应商对投标文件有关事项作出解释或者澄清；

（三）推荐中标候选供应商名单，或者受采购人委托按照事先确定的办法直接确定中标供应商；

（四）向招标采购单位或者有关部门报告非法干预评标工作的行为。

第四十五条 评标委员会由采购人代表和有关技术、经济等方面的专家组成，成员人数应当为五人以上单数。其中，技术、经济等方面的专家不得少于成员总数的三分之二。采购数额在300万元以上、技术复杂的项目，评标委员会中技术、经济方面的专家人数应当为五人以上单数。

招标采购单位就招标文件征询过意见的专家，不得再作为评标专家参加评标。采购人不得以专家身份参与本部门或者本单位采购项目的评标。采购代理机构工作人员不得参加由本机构代理的政府采购项目的评标。

评标委员会成员名单原则上应在开标前确定，并在招标结果确定前保密。

第四十六条 评标专家应当熟悉政府采购、招标投标的相关政策法规，熟悉市场行情，有良好的职业道德，遵守招标纪律，从事相关领域工作满八年并具有高级职称或者具有同等专业水平。

第四十七条 各级人民政府财政部门应当对专家实行动态管理。

第四十八条 招标采购单位应当从同级或上一级财政部门设立的政府采购评审专家库中，通过随机方式抽取评标专家。

招标采购机构对技术复杂、专业性极强的采购项目，通过随机方式难以确定合适评标专家的，经设区的市、自治州以上人民政府财政部门同意，可以采取选择性方式确定评标专家。

第四十九条 评标委员会成员应当履行下列义务：

（一）遵纪守法，客观、公正、廉洁地履行职责；

（二）按照招标文件规定的评标方法和评标标准进行评标，对评审意见承担个人责任；

（三）对评标过程和结果以及供应商的商业秘密保密；

（四）参与评标报告的起草；

（五）配合财政部门的投诉处理工作；

（六）配合招标采购单位答复投标供应商提出的质疑。

第五十条 货物服务招标采购的评标方法分为最低评标价法、综合评分法和性价比法。

第五十一条 最低评标价法，是指以价格为主要因素确定中标候选供应商的评标方法，即在全部满足招标文件实质性要求前提下，依据统一的价格要素评定最低报价，以提出最低报价的投标人作为中标候选供应商或者中标供应商的评标方法。

最低评标价法适用于标准定制商品及通用服务项目。

第五十二条 综合评分法，是指在最大限度地满足招标文件实质性要求前提下，按照招标文件中规定的各项因素进行综合评审后，以评标总得分最高的投标人作为中标候选供应商或者中标供应商的评标方法。

综合评分的主要因素是：价格、技术、财务状况、信誉、业绩、服务、对招标文件的响应程度，以及相应的比重或者权值等。上述因素应当在招标文件中事先规定。

评标时，评标委员会各成员应当独立对每个有效投标人的标书进行评价、打分，然后汇总每个投标人每项评分因素的得分。

采用综合评分法的，货物项目的价格分值占总分值的比重（即权值）为百分之三十至百分之六十；服务项目的价格分值占总分值的比重（即权值）为百分之十至百分之三十。执行统一价格标准的服务项目，其价格不列为评分因素。有特殊情况需要调整的，应当经同级人民政府财政部门批准。

$$评标总得分 = F_1 \times A_1 + F_2 \times A_2 + \cdots\cdots + F_n \times A_n$$

F_1、F_2……F_n 分别为各项评分因素的汇总得分；

A_1、A_2、……A_n 分别为各项评分因素所占的权重（$A_1 + A_2 + \cdots\cdots + A_n = 1$）。

第五十三条 性价比法，是指按照要求对投标文件进行评审后，计算出每个有效投标人除价格因素以外的其他各项评分因素（包括技术、财务状况、信誉、业绩、服务、对招标文件的响应程度等）的汇总得分，并除以该投标人的投标报价，以商数（评标总得分）最高的投标人为中标候选供应商或者中标供应商的评标方法。

$$评标总得分 = B/N$$

B 为投标人的综合得分，$B = F_1 \times A_1 + F_2 \times A_2 + \cdots\cdots + F_n \times A_n$，其中：$F_1$、$F_2$……$F_n$ 分别为除价格因素以外的其他各项评分因素的汇总得分；A_1、A_2、……A_n 分别为除价格因素以外的其他各项评分因素所占的权重（$A_1 + A_2 + \cdots\cdots + A_n = 1$）。

N 为投标人的投标报价。

第五十四条 评标应当遵循下列工作程序：

（一）投标文件初审。初审分为资格性检查和符合性检查。

1. 资格性检查。依据法律法规和招标文件的规定，对投标文件中的资格证明、投标保证金等进行审查，以确定投标供应商是否具备投标资格。

2. 符合性检查。依据招标文件的规定，从投标文件的有效性、完整性和对招标文件的响应程度进行审查，以确定是否对招标文件的实质性要求作出响应。

（二）澄清有关问题。对投标文件中含义不明确、同类问题表述不一致或者有明显文字和计算错误的内容，评标委员会可以书面形式（应当由评标委员会专家签字）要求投标人作出必要的澄清、说明或者纠正。投标人的澄清、说明或者补正应当采用书面形式，由其授权的代表签字，并不得超出投标文件的范围或者改变投标文件的实质性内容。

（三）比较与评价。按招标文件中规定的评标方法和标准，对资格性检查和符合性检查合格的投标文件进行商务和技术评估，综合比较与评价。

（四）推荐中标候选供应商名单。中标候选供应商数量应当根据采购需要确定，但必须按顺序排列中标候选供应商。

1．采用最低评标价法的，按投标报价由低到高顺序排列。投标报价相同的，按技术指标优劣顺序排列。评标委员会认为，排在前面的中标候选供应商的最低投标价或者某些分项报价明显不合理或者低于成本，有可能影响商品质量和不能诚信履约的，应当要求其在规定的期限内提供书面文件予以解释说明，并提交相关证明材料；否则，评标委员会可以取消该投标人的中标候选资格，按顺序由排在后面的中标候选供应商递补，以此类推。

2．采用综合评分法的，按评审后得分由高到低顺序排列。得分相同的，按投标报价由低到高顺序排列。得分且投标报价相同的，按技术指标优劣顺序排列。

3．采用性价比法的，按商数得分由高到低顺序排列。商数得分相同的，按投标报价由低到高顺序排列。商数得分且投标报价相同的，按技术指标优劣顺序排列。

（五）编写评标报告。评标报告是评标委员会根据全体评标成员签字的原始评标记录和评标结果编写的报告，其主要内容包括：

1．招标公告刊登的媒体名称、开标日期和地点；

2．购买招标文件的投标人名单和评标委员会成员名单；

3．评标方法和标准；

4．开标记录和评标情况及说明，包括投标无效投标人名单及原因；

5．评标结果和中标候选供应商排序表；

6．评标委员会的授标建议。

第五十五条 在评标中，不得改变招标文件中规定的评标标准、方法和中标条件。

第五十六条 投标文件属下列情况之一的，应当在资格性、符合性检查时按照无效投标处理：

（一）应交未交投标保证金的；

（二）未按照招标文件规定要求密封、签署、盖章的；

（三）不具备招标文件中规定资格要求的；

（四）不符合法律、法规和招标文件中规定的其他实质性要求的。

第五十七条 在招标采购中，有政府采购法第三十六条第一款第（二）至第（四）项规定情形之一的，招标采购单位应当予以废标，并将废标理由通知所有投标供应商。

废标后，除采购任务取消情形外，招标采购单位应当重新组织招标。需要采取其他采购方式的，应当在采购活动开始前获得设区的市、自治州以上人民政府财政部门的批准。

第五十八条 招标采购单位应当采取必要措施，保证评标在严格保密的情况下进行。

任何单位和个人不得非法干预、影响评标办法的确定以及评标过程和结果。

第五十九条 采购代理机构应当在评标结束后五个工作日内将评标报告送采购人。

采购人应当在收到评标报告后五个工作日内，按照评标报告中推荐的中标候选供应商顺序确定中标供应商；也可以事先授权评标委员会直接确定中标供应商。

采购人自行组织招标的，应当在评标结束后五个工作日内确定中标供应商。

第六十条 中标供应商因不可抗力或者自身原因不能履行政府采购合同的，采购人可以与排位在中标供应商之后第一位的中标候选供应商签订政府采购合同，以此类推。

第六十一条 在确定中标供应商前,招标采购单位不得与投标供应商就投标价格、投标方案等实质性内容进行谈判。

第六十二条 中标供应商确定后,中标结果应当在财政部门指定的政府采购信息发布媒体上公告。公告内容应当包括招标项目名称、中标供应商名单、评标委员会成员名单、招标采购单位的名称和电话。

在发布公告的同时,招标采购单位应当向中标供应商发出中标通知书,中标通知书对采购人和中标供应商具有同等法律效力。

中标通知书发出后,采购人改变中标结果,或者中标供应商放弃中标,应当承担相应的法律责任。

第六十三条 投标供应商对中标公告有异议的,应当在中标公告发布之日起七个工作日内,以书面形式向招标采购单位提出质疑。招标采购单位应当在收到投标供应商书面质疑后七个工作日内,对质疑内容作出答复。

质疑供应商对招标采购单位的答复不满意或者招标采购单位未在规定时间内答复的,可以在答复期满后十五个工作日内按有关规定,向同级人民政府财政部门投诉。财政部门应当在收到投诉后三十个工作日内,对投诉事项作出处理决定。

处理投诉事项期间,财政部门可以视具体情况书面通知招标采购单位暂停签订合同等活动,但暂停时间最长不得超过三十日。

第六十四条 采购人或者采购代理机构应当自中标通知书发出之日起三十日内,按照招标文件和中标供应商投标文件的约定,与中标供应商签订书面合同。所签订的合同不得对招标文件和中标供应商投标文件作实质性修改。

招标采购单位不得向中标供应商提出任何不合理的要求,作为签订合同的条件,不得与中标供应商私下订立背离合同实质性内容的协议。

第六十五条 采购人或者采购代理机构应当自采购合同签订之日起七个工作日内,按照有关规定将采购合同副本报同级人民政府财政部门备案。

第六十六条 法律、行政法规规定应当办理批准、登记等手续后生效的合同,依照其规定。

第六十七条 招标采购单位应当建立真实完整的招标采购档案,妥善保管每项采购活动的采购文件,并不得伪造、变造、隐匿或者销毁。采购文件的保存期限为从采购结束之日起至少保存十五年。

第五章 法 律 责 任

第六十八条 招标采购单位有下列情形之一的,责令限期改正,给予警告,可以按照有关法律规定并处罚款,对直接负责的主管人员和其他直接责任人员,由其行政主管部门或者有关机关依法给予处分,并予通报:

(一)应当采用公开招标方式而擅自采用其他方式采购的;

(二)应当在财政部门指定的政府采购信息发布媒体上公告信息而未公告的;

(三)将必须进行招标的项目化整为零或者以其他任何方式规避招标的;

(四)以不合理的要求限制或者排斥潜在投标供应商,对潜在投标供应商实行差别待遇或者歧视待遇,或者招标文件指定特定的供应商、含有倾向性或者排斥潜在投标供应商的其他内容的;

（五）评标委员会组成不符合本办法规定的；

（六）无正当理由不按照依法推荐的中标候选供应商顺序确定中标供应商，或者在评标委员会依法推荐的中标候选供应商以外确定中标供应商的；

（七）在招标过程中与投标人进行协商谈判，或者不按照招标文件和中标供应商的投标文件确定的事项签订政府采购合同，或者与中标供应商另行订立背离合同实质性内容的协议的；

（八）中标通知书发出后无正当理由不与中标供应商签订采购合同的；

（九）未按本办法规定将应当备案的委托招标协议、招标文件、评标报告、采购合同等文件资料提交同级人民政府财政部门备案的；

（十）拒绝有关部门依法实施监督检查的。

第六十九条 招标采购单位及其工作人员有下列情形之一，构成犯罪的，依法追究刑事责任；尚不构成犯罪的，按照有关法律规定处以罚款，有违法所得的，并处没收违法所得，由其行政主管部门或者有关机关依法给予处分，并予通报：

（一）与投标人恶意串通的；

（二）在采购过程中接受贿赂或者获取其他不正当利益的；

（三）在有关部门依法实施的监督检查中提供虚假情况的；

（四）开标前泄露已获取招标文件的潜在投标人的名称、数量、标底或者其他可能影响公平竞争的有关招标投标情况的。

第七十条 采购代理机构有本办法第六十八条、第六十九条违法行为之一，情节严重的，可以取消其政府采购代理资格，并予以公告。

第七十一条 有本办法第六十八条、第六十九条违法行为之一，并且影响或者可能影响中标结果的，应当按照下列情况分别处理：

（一）未确定中标候选供应商的，终止招标活动，依法重新招标；

（二）中标候选供应商已经确定但采购合同尚未履行的，撤销合同，从中标候选供应商中按顺序另行确定中标供应商；

（三）采购合同已经履行的，给采购人、投标人造成损失的，由责任人承担赔偿责任。

第七十二条 采购人对应当实行集中采购的政府采购项目不委托集中采购机构进行招标的，或者委托不具备政府采购代理资格的中介机构办理政府采购招标事务的，责令改正；拒不改正的，停止按预算向其支付资金，由其上级行政主管部门或者有关机关依法给予其直接负责的主管人员和其他直接责任人员处分。

第七十三条 招标采购单位违反有关规定隐匿、销毁应当保存的招标、投标过程中的有关文件或者伪造、变造招标、投标过程中的有关文件的，处以二万元以上十万元以下的罚款，对其直接负责的主管人员和其他直接责任人员，由其行政主管部门或者有关机关依法给予处分，并予通报；构成犯罪的，依法追究刑事责任。

第七十四条 投标人有下列情形之一的，处以政府采购项目中标金额千分之五以上千分之十以下的罚款，列入不良行为记录名单，在一至三年内禁止参加政府采购活动，并予以公告，有违法所得的，并处没收违法所得，情节严重的，由工商行政管理机关吊销营业执照；构成犯罪的，依法追究刑事责任：

（一）提供虚假材料谋取中标的；

（二）采取不正当手段诋毁、排挤其他投标人的；

（三）与招标采购单位、其他投标人恶意串通的；
（四）向招标采购单位行贿或者提供其他不正当利益的；
（五）在招标过程中与招标采购单位进行协商谈判、不按照招标文件和中标供应商的投标文件订立合同，或者与采购人另行订立背离合同实质性内容的协议的；
（六）拒绝有关部门监督检查或者提供虚假情况的。

投标人有前款第（一）至（五）项情形之一的，中标无效。

第七十五条 中标供应商有下列情形之一的，招标采购单位不予退还其交纳的投标保证金；情节严重的，由财政部门将其列入不良行为记录名单，在一至三年内禁止参加政府采购活动，并予以通报：
（一）中标后无正当理由不与采购人或者采购代理机构签订合同的；
（二）将中标项目转让给他人，或者在投标文件中未说明，且未经采购招标机构同意，将中标项目分包给他人的；
（三）拒绝履行合同义务的。

第七十六条 政府采购当事人有本办法第六十八条、第六十九条、第七十四条、第七十五条违法行为之一，给他人造成损失的，应当依照有关民事法律规定承担民事责任。

第七十七条 评标委员会成员有下列行为之一的，责令改正，给予警告，可以并处一千元以下的罚款：
（一）明知应当回避而未主动回避的；
（二）在知道自己为评标委员会成员身份后至评标结束前的时段内私下接触投标供应商的；
（三）在评标过程中擅离职守，影响评标程序正常进行的；
（四）在评标过程中有明显不合理或者不正当倾向性的；
（五）未按招标文件规定的评标方法和标准进行评标的。

上述行为影响中标结果的，中标结果无效。

第七十八条 评标委员会成员或者与评标活动有关的工作人员有下列行为之一的，给予警告，没收违法所得，可以并处三千元以上五万元以下的罚款；对评标委员会成员取消评标委员会成员资格，不得再参加任何政府采购招标项目的评标，并在财政部门指定的政府采购信息发布媒体上予以公告；构成犯罪的，依法追究刑事责任：
（一）收受投标人、其他利害关系人的财物或者其他不正当利益的；
（二）泄露有关投标文件的评审和比较、中标候选人的推荐以及与评标有关的其他情况的。

第七十九条 任何单位或者个人非法干预、影响评标的过程或者结果的，责令改正；由该单位、个人的上级行政主管部门或者有关机关给予单位责任人或者个人处分。

第八十条 财政部门工作人员在实施政府采购监督检查中违反规定滥用职权、玩忽职守、徇私舞弊的，依法给予行政处分；构成犯罪的，依法追究刑事责任。

第八十一条 财政部门对投标人的投诉无故逾期未作处理的，依法给予直接负责的主管人员和其他直接责任人员行政处分。

第八十二条 有本办法规定的中标无效情形的，由同级或其上级财政部门认定中标无效。中标无效的，应当依照本办法规定从其他中标人或者中标候选人中重新确定，或者依照本办法重新进行招标。

第八十三条 本办法所规定的行政处罚,由县级以上人民政府财政部门负责实施。

第八十四条 政府采购当事人对行政处罚不服的,可以依法申请行政复议,或者直接向人民法院提起行政诉讼。逾期未申请复议,也未向人民法院起诉,又不履行行政处罚决定的,由作出行政处罚决定的机关申请人民法院强制执行。

第六章 附 则

第八十五条 政府采购货物服务可以实行协议供货采购和定点采购,但协议供货采购和定点供应商必须通过公开招标方式确定;因特殊情况需要采用公开招标以外方式确定的,应当获得省级以上人民政府财政部门批准。

协议供货采购和定点采购的管理办法,由财政部另行规定。

第八十六条 政府采购货物中的进口机电产品进行招标投标的,按照国家有关办法执行。

第八十七条 使用国际组织和外国政府贷款进行的政府采购货物和服务招标,贷款方或者资金提供方与中方达成的协议对采购的具体条件另有规定的,可以适用其规定,但不得损害国家利益和社会公共利益。

第八十八条 对因严重自然灾害和其他不可抗力事件所实施的紧急采购和涉及国家安全和秘密的采购,不适用本办法。

第八十九条 本办法由财政部负责解释。

各省、自治区、直辖市人民政府财政部门可以根据本办法制定具体实施办法。

第九十条 本办法自 2004 年 9 月 11 日起施行。财政部 1999 年 6 月 24 日颁布实施的《政府采购招标投标管理暂行办法》(财预字〔1999〕363 号)同时废止。

3. 前期物业管理招标投标管理暂行办法

建住房〔2003〕130号

第一章 总 则

第一条 为了规范前期物业管理招标投标活动，保护招标投标当事人的合法权益，促进物业管理市场的公平竞争，制定本办法。

第二条 前期物业管理，是指在业主、业主大会选聘物业管理企业之前，由建设单位选聘物业管理企业实施的物业管理。

建设单位通过招标投标的方式选聘具有相应资质的物业管理企业和行政主管部门对物业管理招标投标活动实施监督管理，适用本办法。

第三条 住宅及同一物业管理区域内非住宅的建设单位，应当通过招标投标的方式选聘具有相应资质的物业管理企业；投标人少于3个或者住宅规模较小的，经物业所在地的区、县人民政府房地产行政主管部门批准，可以采用协议方式选聘具有相应资质的物业管理企业。

国家提倡其他物业的建设单位通过招标投标的方式，选聘具有相应资质的物业管理企业。

第四条 前期物业管理招标投标应当遵循公开、公平、公正和诚实信用的原则。

第五条 国务院建设行政主管部门负责全国物业管理招标投标活动的监督管理。

省、自治区人民政府建设行政主管部门负责本行政区域内物业管理招标投标活动的监督管理。

直辖市、市、县人民政府房地产行政主管部门负责本行政区域内物业管理招标投标活动的监督管理。

第六条 任何单位和个人不得违反法律、行政法规规定，限制或者排斥具备投标资格的物业管理企业参加投标，不得以任何方式非法干涉物业管理招标投标活动。

第二章 招 标

第七条 本办法所称招标人是指依法进行前期物业管理招标的物业建设单位。

前期物业管理招标由招标人依法组织实施。招标人不得以不合理条件限制或者排斥潜在投标人，不得对潜在投标人实行歧视待遇，不得对潜在投标人提出与招标物业管理项目实际要求不符的过高的资格等要求。

第八条 前期物业管理招标分为公开招标和邀请招标。

招标人采取公开招标方式的，应当在公共媒介上发布招标公告，并同时在中国住宅与房地产信息网和中国物业管理协会网上发布免费招标公告。

招标公告应当载明招标人的名称和地址，招标项目的基本情况以及获取招标文件的办法等事项。

招标人采取邀请招标方式的，应当向3个以上物业管理企业发出投标邀请书，投标邀请书应当包含前款规定的事项。

第九条 招标人可以委托招标代理机构办理招标事宜；有能力组织和实施招标活动的，

也可以自行组织实施招标活动。

物业管理招标代理机构应当在招标人委托的范围内办理招标事宜，并遵守本办法对招标人的有关规定。

第十条 招标人应当根据物业管理项目的特点和需要，在招标前完成招标文件的编制。

招标文件应包括以下内容：

（一）招标人及招标项目简介，包括招标人名称、地址、联系方式、项目基本情况、物业管理用房的配备情况等；

（二）物业管理服务内容及要求，包括服务内容、服务标准等；

（三）对投标人及投标书的要求，包括投标人的资格、投标书的格式、主要内容等；

（四）评标标准和评标方法；

（五）招标活动方案，包括招标组织机构、开标时间及地点等；

（六）物业服务合同的签订说明；

（七）其他事项的说明及法律法规规定的其他内容。

第十一条 招标人应当在发布招标公告或者发出投标邀请书的10日前，提交以下材料报物业项目所在地的县级以上地方人民政府房地产行政主管部门备案：

（一）与物业管理有关的物业项目开发建设的政府批件；

（二）招标公告或者招标邀请书；

（三）招标文件；

（四）法律、法规规定的其他材料。

房地产行政主管部门发现招标有违反法律、法规规定的，应当及时责令招标人改正。

第十二条 公开招标的招标人可以根据招标文件的规定，对投标申请人进行资格预审。

实行投标资格预审的物业管理项目，招标人应当在招标公告或者投标邀请书中载明资格预审的条件和获取资格预审文件的办法。

资格预审文件一般应当包括资格预审申请书格式、申请人须知以及需要投标申请人提供的企业资格文件、业绩、技术装备、财务状况和拟派出的项目负责人与主要管理人员的简历、业绩等证明材料。

第十三条 经资格预审后，公开招标的招标人应当向资格预审合格的投标申请人发出资格预审合格通知书，告知获取招标文件的时间、地点和方法，并同时向资格不合格的投标申请人告知资格预审结果。

在资格预审合格的投标申请人过多时，可以由招标人从中选择不少于5家资格预审合格的投标申请人。

第十四条 招标人应当确定投标人编制投标文件所需要的合理时间。公开招标的物业管理项目，自招标文件发出之日起至投标人提交投标文件截止之日止，最短不得少于20日。

第十五条 招标人对已发出的招标文件进行必要的澄清或者修改的，应当在招标文件要求提交投标文件截止时间至少15前，以书面形式通知所有的招标文件收受人。该澄清或者修改的内容为招标文件的组成部分。

第十六条 招标人根据物业管理项目的具体情况，可以组织潜在的投标申请人踏勘物业项目现场，并提供隐蔽工程图纸等详细资料。对投标申请人提出的疑问应当予以澄清并以书面形式发送给所有的招标文件收受人。

第十七条 招标人不得向他人透露已获取招标文件的潜在投标人的名称、数量以及可能影响公平竞争的有关招标投标的其他情况。

招标人设有标底的，标底必须保密。

第十八条 在确定中标人前，招标人不得与投标人就投标价格、投标方案等实质内容进行谈判。

第十九条 通过招标投标方式选择物业管理企业的，招标人应当按照以下规定时限完成物业管理招标投标工作：

（一）新建现售商品房项目应当在现售前30日完成；

（二）预售商品房项目应当在取得《商品房预售许可证》之前完成；

（三）非出售的新建物业项目应当在交付使用前90日完成。

第三章 投　　标

第二十条 本办法所称投标人是指响应前期物业管理招标、参与投标竞争的物业管理企业。

投标人应当具有相应的物业管理企业资质和招标文件要求的其他条件。

第二十一条 投标人对招标文件有疑问需要澄清的，应当以书面形式向招标人提出。

第二十二条 投标人应当按照招标文件的内容和要求编制投标文件，投标文件应当对招标文件提出的实质性要求和条件作出响应。

投标文件应当包括以下内容：

（一）投标函；

（二）投标报价；

（三）物业管理方案；

（四）招标文件要求提供的其他材料。

第二十三条 投标人应当在招标文件要求提交投标文件的截止时间前，将投标文件密封送达投标地点。招标人收到投标文件后，应当向投标人出具标明签收人和签收时间的凭证，并妥善保存投标文件。在开标前，任何单位和个人均不得开启投标文件。在招标文件要求提交投标文件的截止时间后送达的投标文件，为无效的投标文件，招标人应当拒收。

第二十四条 投标人在招标文件要求提交投标文件的截止时间前，可以补充、修改或者撤回已提交的投标文件，并书面通知招标人。补充、修改的内容为投标文件的组成部分，并应当按照本办法第二十三条的规定送达、签收和保管。在招标文件要求提交投标文件的截止时间后送达的补充或者修改的内容无效。

第二十五条 投标人不得以他人名义投标或者以其他方式弄虚作假，骗取中标。

投标人不得相互串通投标，不得排挤其他投标人的公平竞争，不得损害招标人或者其他投标人的合法权益。

投标人不得与招标人串通投标，损害国家利益、社会公共利益或者他人的合法权益。

禁止投标人以向招标人或者评标委员会成员行贿等不正当手段谋取中标。

第四章　开标、评标和中标

第二十六条 开标应当在招标文件确定的提交投标文件截止时间的同一时间公开进行；开标地点应当为招标文件中预先确定的地点。

第二十七条 开标由招标人主持，邀请所有投标人参加。开标应当按照下列规定进行：

由投标人或者其推选的代表检查投标文件的密封情况,也可以由招标人委托的公证机构进行检查并公证。经确认无误后,由工作人员当众拆封,宣读投标人名称、投标价格和投标文件的其他主要内容。

招标人在招标文件要求提交投标文件的截止时间前收到的所有投标文件,开标时都应当当众予以拆封。

开标过程应当记录,并由招标人存档备查。

第二十八条 评标由招标人依法组建的评标委员会负责。

评标委员会由招标人代表和物业管理方面的专家组成,成员为5人以上单数,其中招标人代表以外的物业管理方面的专家不得少于成员总数的三分之二。

评标委员会的专家成员,应当由招标人从房地产行政主管部门建立的专家名册中采取随机抽取的方式确定。

与投标人有利害关系的人不得进入相关项目的评标委员会。

第二十九条 房地产行政主管部门应当建立评标的专家名册。省、自治区、直辖市人民政府房地产行政主管部门可以将专家数量少的城市的专家名册予以合并或者实行专家名册计算机联网。

房地产行政主管部门应当对进入专家名册的专家进行有关法律和业务培训,对其评标能力、廉洁公正等进行综合考评,及时取消不称职或者违法违规人员的评标专家资格。被取消评标专家资格的人员,不得再参加任何评标活动。

第三十条 评标委员会成员应当认真、公正、诚实、廉洁地履行职责。

评标委员会成员不得与任何投标人或者与招标结果有利害关系的人进行私下接触,不得收受投标人、中介人、其他利害关系人的财物或者其他好处。

评标委员会成员和与评标活动有关的工作人员不得透露对投标文件的评审和比较、中标候选人的推荐情况以及与评标有关的其他情况。

前款所称与评标活动有关的工作人员,是指评标委员会成员以外的因参与评标监督工作或者事务性工作而知悉有关评标情况的所有人员。

第三十一条 评标委员会可以用书面形式要求投标人对投标文件中含义不明确的内容作必要的澄清或者说明。投标人应当采用书面形式进行澄清或者说明,其澄清或者说明不得超出投标文件的范围或者改变投标文件的实质性内容。

第三十二条 在评标过程中召开现场答辩会的,应当事先在招标文件中说明,并注明所占的评分比重。

评标委员会应当按照招标文件的评标要求,根据标书评分、现场答辩等情况进行综合评标。

除了现场答辩部分外,评标应当在保密的情况下进行。

第三十三条 评标委员会应当按照招标文件确定的评标标准和方法,对投标文件进行评审和比较,并对评标结果签字确认。

第三十四条 评标委员会经评审,认为所有投标文件都不符合招标文件要求的,可以否决所有投标。

依法必须进行招标的物业管理项目的所有投标被否决的,招标人应当重新招标。

第三十五条 评标委员会完成评标后,应当向招标人提出书面评标报告,阐明评标委员会对各投标文件的评审和比较意见,并按照招标文件规定的评标标准和评标方法,推荐不超过3名有排序的合格的中标候选人。

招标人应当按照中标候选人的排序确定中标人。当确定中标的中标候选人放弃中标或者因不可抗力提出不能履行合同的,招标人可以依序确定其他中标候选人为中标人。

第三十六条 招标人应当在投标有效期截止时限30日前确定中标人。投标有效期应当在招标文件中载明。

第三十七条 招标人应当向中标人发出中标通知书,同时将中标结果通知所有未中标的投标人,并应当返还其投标书。

招标人应当自确定中标人之日起15日内,向物业项目所在地的县级以上地方人民政府房地产行政主管部门备案。备案资料应当包括开标评标过程、确定中标人的方式及理由、评标委员会的评标报告、中标人的投标文件等资料。委托代理招标的,还应当附招标代理委托合同。

第三十八条 招标人和中标人应当自中标通知书发出之日起30日内,按照招标文件和中标人的投标文件订立书面合同;招标人和中标人不得再行订立背离合同实质性内容的其他协议。

第三十九条 招标人无正当理由不与中标人签订合同,给中标人造成损失的,招标人应当给予赔偿。

第五章 附 则

第四十条 投标人和其他利害关系人认为招标投标活动不符合本办法有关规定的,有权向招标人提出异议,或者依法向有关部门投诉。

第四十一条 招标文件或者投标文件使用两种以上语言文字的,必须有一种是中文;如对不同文本的解释发生异议的,以中文文本为准。用文字表示的数额与数字表示的金额不一致的,以文字表示的金额为准。

第四十二条 本办法第三条规定住宅规模较小的,经物业所在地的区、县人民政府房地产行政主管部门批准,可以采用协议方式选聘物业管理企业的,其规模标准由省、自治区、直辖市人民政府房地产行政主管部门确定。

第四十三条 业主和业主大会通过招标投标的方式选聘具有相应资质的物业管理企业的,参照本办法执行。

第四十四条 本办法自2003年9月1日起施行。

4. 外国政府贷款项目采购公司招标办法

财金〔2005〕103号

第一章 总 则

第一条 为加强外国政府贷款项目采购公司招标工作的管理，规范采购公司招标程序，增强招标工作透明度，提高招标工作效率，确保招标工作公平、公正、公开和有效地进行，制定本办法。

第二条 本办法适用于利用"外国政府贷款"（含日本国际协力银行不附带条件贷款、北欧投资银行贷款）和经国务院批准参照外国政府贷款管理的其他国外优惠贷款项目（以下简称"贷款项目"）采购公司的招标工作。

第三条 本办法所称"采购公司"是指具有商务部颁发的《国际招标资格甲级证书》的公司（贷款国另有要求的除外）。

第四条 本办法所称"借款人"是指与转贷银行签署转贷协议，承担外国政府贷款项目还款义务的机构或法人实体。

第二章 招标程序

第五条 财政部定期就符合条件的贷款项目通知各省、自治区、直辖市、计划单列市财政部门（以下简称"地方财政部门"）进行选定采购公司的招标工作。

第六条 地方财政部门收到财政部通知后，应组织或指导、监督借款人进行采购公司招标工作。所有贷款项目的采购公司招标工作必须在财政部发出通知之日起40个工作日内完成。

第七条 借款人应向3家以上（含3家）采购公司同时发出投标邀请书。涉及2个以上子项目的打捆项目应作为一个项目发出投标邀请书。

投标邀请书中规定的采购公司提交代理申请书的截止时间，自投标邀请书发出之日起至代理申请书送达借款人之日（以邮戳或借款人单位签收为准）止不得少于10个工作日。

第八条 收到投标邀请书的采购公司应按要求填写代理申请书。代理申请书须由采购公司总经理或副总经理签字，并加盖公司公章。采购公司应将代理申请书密封，按投标邀请书中规定的时间和地址提交借款人。采购公司不按本条规定提交代理申请书的视为无效投标。

在截止时间内收到代理申请书的采购公司如少于3家，借款人应在此前已发出投标邀请书的采购公司外，另行邀请数量至少足以补足3家的其他采购公司参加投标。如第二次招标后收到代理申请书的采购公司累计仍少于3家，则不必重新发出邀请，可在已收到代理申请书的采购公司范围内进行评标。

第九条 采购公司可按自愿协商的原则联合投标。联合投标各方应明确一方作为牵头单位，并共同签订合作协议，规定各方的责任、权利、义务和收益分配方案。牵头单位在报送代理申请书时应附合作协议和其合作伙伴的基本情况，评标时打分以牵头单位得分为准。

第十条 借款人应组织成立由5至7名评审委员（以下简称"评委"）组成的评审委员会（以下简称"评委会"）。借款人单位代表任评委会负责人，全面负责评定工作。

对于二类项目，地方财政部门可派代表参加评委会并履行评委职责；对于三类项目，地方财政部门原则上不派代表参加评委会。

第十一条 采购公司的代理申请书应密封提交借款人。评委会负责人主持评标会议,将所有代理申请书同时启封,各评委按照本办法第三章规定的评委会评分标准当场独立打分。

各评委打分后,去掉其中的最高分和最低分,其余评委的打分相加,得分最高的采购公司中标。

如两家以上采购公司得分相同且高于其他公司,由评委对这些公司当场投票表决(不需打分),得票最多者中标。

第十二条 评委会应对采购公司提交的代理申请书内容保密,各评委在评标结果公布前不得泄露。严禁参加投标的采购公司采用不正当手段对评委施加影响,严禁任何单位和个人干预评标工作。

第十三条 评委会应在评标工作完成后5个工作日内,向地方财政部门报送评委组成情况、评标过程、对各采购公司打分的详细情况及评标结果。地方财政部门收到评标结果报告后,根据本办法的有关规定进行审核,在5个工作日内将评标结果报财政部备案,并抄送中标的采购公司和有关借款人。地方财政部门不得更改评委会的评标结果,如对评标结果有不同意见,可在备案报告中提出。

如财政部对评标结论无异议,则备案报告送达财政部10个工作日后,招标结果即可生效。如对评标结论有异议,财政部应在收到备案报告之日起10个工作日内将处理意见函告地方财政部门和相关采购公司。

借款人应在评标结果生效之日起15个工作日内与中标的采购公司签订《委托协议书》。

第十四条 采购公司招标工作结束后,所有招标投标原始文件和打分记录应由借款人存档5年备查。

第十五条 对下列特殊情况,财政部将通知地方财政部门采用不同方法对采购公司进行招标:

(一)借款人尚未明确,但需确定采购公司;

(二)对两个以上部门或省(自治区、直辖市、计划单列市)的项目进行打捆实施;

(三)贷款国有特殊要求;

(四)项目实施紧迫,无法按正常时间完成采购公司招标工作;

(五)其他情况。

第三章 评委会评分标准

第十六条 对500万美元以上(含500万美元)贷款项目:

(一)近3年内承担委托代理的贷款项目累计金额3000万美元以上(含3000万美元)25分;3000万美元以下、2000万美元以上(含2000万美元)20分;2000万美元以下、1000万美元以上(含1000万美元)15分;1000万美元以下、500万美元以上(含500万美元)10分;500万美元以下5分。

(二)近3年累计进口非贷款项目成套设备到货金额3000万美元以上(含3000万美元)20分;3000万美元以下、1000万美元以上(含1000万美元)15分;1000万美元以下、500万美元以上(含500万美元)10分;500万美元以下5分。

(三)承担同类行业项目招标业务的业绩,0—10分。

(四)拟负责采购业务人员的资格、能力和业绩,0—15分。

（五）工作计划和拟投入工作量，0—15 分。

（六）根据项目特点，其他需要考虑的技术因素，0—10 分。

第十七条 对 500 万美元以下贷款项目：

（一）近 3 年内承担委托代理的贷款项目累计金额 2000 万美元以上（含 2000 万美元）25 分；2000 万美元以下、1000 万美元以上（含 1000 万美元）20 分；1000 万美元以下、500 万美元以上（含 500 万美元）15 分；500 万美元以下、300 万美元以上（含 300 万美元）10 分；300 万美元以下 5 分。

（二）近 3 年内累计进口非贷款项目成套设备到货金额 2000 万美元以上（含 2000 万美元）20 分；2000 万美元以下、1000 万美元以上（含 1000 万美元）15 分；1000 万美元以下、500 万美元以上（含 500 万美元）10 分；500 万美元以下 5 分。

（三）承担同类行业项目招标业务的业绩，0—10 分。

（四）拟负责采购业务人员的资格、能力和业绩，0—15 分。

（五）工作计划和拟投入工作量，0—15 分。

（六）根据项目特点，其他需要考虑的技术因素，0—10 分。

第十八条 采购公司因工作优异得到财政部通报表扬或因工作出现问题被财政部通报批评的，可在自通报之日起 1 年内的评标中增加 0—5 分或减少 0—5 分。

第十九条 采购公司拟收取的手续费不符合《外国政府贷款项下采购工作管理暂行规定》（财债字〔1999〕34 号），按废标处理。

第四章 招标的监督、检查和管理

第二十条 地方财政部门应加强对招标过程和委托协议的执行情况的监督、检查和管理。如在工作中发现借款人未按本办法办理采购公司招标工作，地方财政部门应及时采取有效措施，限期予以解决和纠正，并将问题和处理情况通报财政部和有关主管部门。

第二十一条 如在检查中发现重大违法违纪问题，地方财政部门应及时向纪检、监察、司法部门和财政部汇报，并配合有关部门做好调查核实工作。对调查属实的问题，应及时移交有关部门处理。

第二十二条 对不遵守国内有关法律、法规及贷款国相关规定，违规办理贷款项目采购公司招标工作的单位，财政部将视情节采取公开通报批评、建议废除投标资格等必要措施。

第五章 附　则

第二十三条 地方财政部门应根据本办法及财政部关于外国政府贷款采购工作有关规定制定实施细则，实施细则不得与本办法相抵触。

第二十四条 国务院有关部门、计划单列企业集团及中央直属企业贷款项目采购公司的招标工作，参照本办法办理。

第二十五条 现行外国政府贷款管理的有关规定与本办法不符的，以本办法为准。

第二十六条 本办法自印发之日起实施。

十七、机电产品招标投标

1. 机电产品国际招标有哪些要求?

机电产品国际招标投标一般应采用公开招标的方式进行;根据法律、行政法规的规定,不适宜公开招标的,可以采取邀请招标,采用邀请招标方式的项目应当向商务部备案。机电产品国际采购应当采用国际招标的方式进行;已经明确采购产品的原产地在国内的,可以采用国内招标的方式进行。应当通过国际招标方式采购的,不得以国内招标或其他方式规避国际招标。机电产品国际招标应当在招标网上完成招标项目建档、招标文件备案、招标公告发布、评审专家抽取、评标结果公示、质疑处理等招标业务的相关程序。下列机电产品的采购必须进行国际招标:

(1) 关系社会公共利益、公众安全的基础设施、公用事业等项目中进行国际采购的机电产品;

(2) 全部或者部分使用国有资金投资项目中进行国际采购的机电产品;

(3) 全部或者部分使用国家融资项目中进行国际采购的机电产品;

(4) 使用国际金融组织或者外国政府贷款、援助资金项目中进行国际采购的机电产品;

(5) 政府采购项目中进行国际采购的机电产品;

(6) 其他依照法律、行政法规的规定需要国际招标采购的机电产品。

上述所列招标范围中,属下列情况之一的,可以不进行国际招标:

(1) 国(境)外赠送或无偿援助的机电产品;

(2) 供生产配套用的零件及部件;

(3) 旧机电产品;

(4) 一次采购产品合同估算价格在 100 万元人民币以下的;

(5) 外商投资企业投资总额内进口的机电产品;

(6) 供生产企业及科研机构研究开发用的样品样机;

(7) 国务院确定的特殊产品或者特定行业以及为应对国家重大突发事件需要的机电产品;

(8) 产品生产商优惠供货时,优惠金额超过产品合同估算价格 50% 的机电产品;

(9) 供生产企业生产需要的专用模具;

(10) 供产品维修用的零件及部件;

(11) 根据法律、行政法规的规定,其他不适宜进行国际招标采购的机电产品。

2. 根据招标人所需机电产品的商务和技术要求,招标文件主要包括哪些内容?

招标人根据所需机电产品的商务和技术要求自行编制招标文件或委托招标机构、咨询服务机构编制招标文件。招标文件主要包括下列内容:

(1) 投标邀请书;

(2) 投标人须知;

(3) 招标产品的名称、数量、技术规格；
(4) 合同条款；
(5) 合同格式；
(6) 附件。

招标文件还应包括对投标人和制造商的业绩要求和评标依据。对招标文件中的重要商务和技术条款（参数）要加注星号，并注明若不满足任何一条带星号的条款（参数）将导致废标。评标依据除构成废标的重要商务和技术条款（参数）外，还应包括：一般商务和技术条款（参数）中允许偏离的最大范围、最高项数，以及在允许偏离范围和条款数内进行评标价格调整的计算方法，一般参数的偏离加价一般为0.5%，最高不得超过1%。

机电产品国际招标一般采用最低评标价法进行评标。因特殊原因，需要使用综合评价法（即打分法）进行评标的招标项目，其招标文件必须详细规定各项商务要求和技术参数的评分方法和标准，并通过招标网向商务部备案。所有评分方法和标准应当作为招标文件不可分割的一部分并对投标人公开。招标机构将招标文件送评审专家组审核时，只注明招标编号，不得注明招标人和项目名称。

3. 评审专家组如何审核招标文件？

评审专家组在审核招标文件时，主要审核商务、技术条款是否存在歧视性条款或不合理的条件及招标文件编制内容是否构成三个以上潜在投标人参与竞争，并将审核意见填入专家审核招标文件意见表。招标文件经评审专家组审核后，招标机构应当将招标文件的所有审核意见及招标文件最终修改部分的内容通过招标网报送相应的主管部门备案，同时将评审专家组审核意见的原始资料以及招标机构的意见报送相应的主管部门备案。招标机构的意见应当包括是否采纳专家意见的详细理由。招标机构根据招标人的要求，需对已经发售的招标文件进行修改的，应当在开标日十五日前，通过招标网将修改的内容及理由报相应主管部门备案。招标机构将修改的内容以书面形式通知所有招标文件收受人，该修改内容为招标文件的组成部分。

4. 机电产品国际招标机构的资格等级如何划分？

企业从事利用国外贷款和国内资金采购机电产品的国际招标业务应当取得机电产品国际招标资格。机电产品国际招标机构的资格等级分为甲级、乙级和预乙级。甲级国际招标机构从事机电产品国际招标业务不受委托金额限制；乙级国际招标机构只能从事一次性委托金额在4000万美元以下的机电产品国际招标业务；预乙级国际招标机构只能从事一次性委托金额在2000万美元以下的机电产品国际招标业务。未取得机电产品国际招标资格的法人只能申请预乙级机电产品国际招标资格。

5. 机电产品国际招标项目综合评价法有哪些要求？

综合评价法，是指根据机电产品国际招标项目的具体需求，设定商务、技术、价格、服务及其他评价内容的标准和权重，并由评标委员会对投标人的投标文件进行综合评价以确定中标人的一种评标方法。使用国际组织或者外国政府贷款、援助资金的招标项目采用综合评价法的，应当将综合评价法相关材料报商务部备案；使用国内资金及其他资金的招标项目采用综合评价法的，应当将综合评价法相关材料经相应的主管部门转报商务部备案。

综合评价法适用于技术含量高、工艺或技术方案复杂的大型或成套设备招标项目。综合评价法方案应当由评价内容、评价标准、评价程序及定标原则等组成，并作为招标文件不可分割的一部分对所有投标人公开。综合评价法的评价内容应当包括投标文件的商务、技术、价格、服务及其他方面：

（1）商务评价内容可以包括：资质、业绩、财务、交货期、付款条件及方式、质保期、其他商务合同条款等。

（2）技术评价内容可以包括：方案设计、工艺配置、功能要求、性能指标、项目管理、专业能力、项目实施计划、质量保证体系及交货、安装、调试和验收方案等。

（3）服务及其他评价内容可以包括：服务流程、故障维修、零配件供应、技术支持、培训方案等。综合评价法应当对每一项评价内容赋予相应的权重，其中价格权重不得低于30%，技术权重不得高于60%。综合评价法应当集中列明招标文件中所有的重要条款（参数），并明确规定投标人对招标文件中的重要条款（参数）的任何一条偏离将被视为实质性偏离，并导致废标。对于已进行资格预审的招标项目，综合评价法不得再将资格预审的相关标准和要求作为评价内容；对于未进行资格预审的招标项目，综合评价法应当明确规定资质、业绩和财务的相关指标获得最高评价分值的具体标准。综合评价法对投标文件的商务和技术内容的评价可以采用以下方法：

（1）对只需要判定是否符合招标文件要求或是否具有某项功能的指标，可以规定符合要求或具有功能即获得相应分值，反之则不得分。

（2）对可以明确量化的指标，可以规定各区间的对应分值，并根据投标人的投标响应情况进行对照打分。

（3）对可以在投标人之间具体比较的指标，可以规定不同名次的对应分值，并根据投标人的投标响应情况进行优劣排序后依次打分。

（4）对需要根据投标人的投标响应情况进行计算打分的指标，应当规定相应的计算公式和方法。

（5）对总体设计、总体方案等无法量化比较的评价内容，可以采取两步评价方法：第一步，评标委员会成员独立确定投标人该项评价内容的优劣等级，根据优劣等级对应的分值算术平均后确定该投标人该项评价内容的平均等级；第二步，评标委员会成员根据投标人的平均等级，在对应的分值区间内打分。评价方法应充分考虑每个评价指标所有可能的投标响应，且每一种可能的投标响应应当对应一个明确的分值，不得对应多个分值或分值区间，采用第（五）项所列方法的除外。

综合评价法的价格评价应当符合低价优先、经济节约的原则，并明确规定评标价格最低的有效投标人将获得价格评价的最高分值，价格评价的最大可能分值和最小可能分值应当分别为价格满分和0分。综合评价法应当明确规定评标委员会成员对评价过程及结果产生较大分歧时的处理原则与方法，包括：

（1）评标委员会成员对同一投标人的商务、技术、服务及其他评价内容的分项评分结果出现差距时，应遵循以下调整原则：评标委员会成员的分项评分偏离超过评标委员会全体成员的评分均值±20%，该成员的该项分值将被剔除，以其他未超出偏离范围的评标委员会成员的评分均值（称为"评分修正值"）替代；评标委员会成员的分项评分偏离均超过评标委员会全体成员的评分均值±20%，则以评标委员会全体成员的评分均值作为该投标人的分项得分。

（2）评标委员会成员对综合排名及推荐中标结果存在分歧时的处理原则与方法。

综合评价法应当明确规定投标人出现下列情形之一的，将不得被确定为推荐中标人：

（1）该投标人的评标价格超过全体有效投标人的评标价格平均值一定比例以上的；

（2）该投标人的技术得分低于全体有效投标人的技术得分平均值一定比例以上的。

第（1）、（2）项中所列的比例由招标文件具体规定，且第（1）项中所列的比例不得高于40%，第（2）项中所列的比例不得高于30%。

附录十七：机电产品招标投标管理相关法规

1. 机电产品国际招标投标实施办法

商务部令第 13 号

第一章 总 则

第一条 为了规范机电产品国际招标投标活动，保护国家利益、社会公共利益和招标投标活动当事人的合法权益，提高经济效益和资金使用率，保证招标投标质量和产品质量，建立公开、公平、公正、诚信、择优的国际招标投标竞争机制和评标原则，根据《中华人民共和国招标投标法》（以下称《招标投标法》）等法律法规以及国务院对有关部门实施招标投标活动行政监督的职责分工，制定本办法。

第二条 在中华人民共和国境内进行机电产品国际招标投标活动，适用本办法。

第三条 商务部是机电产品国际招标投标的国家行政主管部门，负责监督和协调全国机电产品的国际招标投标工作，制定相关规定；根据国家有关规定，调整、公布机电产品国际招标范围；审定国际招标机构资格；承担国家评标委员会日常工作。

各省、自治区、直辖市、计划单列市，各部门机电产品进出口管理机构（以下简称"主管部门"）依据本办法负责监督、协调本地区、本部门的机电产品国际招标投标活动。

第四条 机电产品国际招标投标一般应采用公开招标的方式进行；根据法律、行政法规的规定，不适宜公开招标的，可以采取邀请招标，采用邀请招标方式的项目应当向商务部备案，邀请招标应当按照本办法规定的操作程序进行。

机电产品国际采购应当采用国际招标的方式进行；已经明确采购产品的原产地在国内的，可以采用国内招标的方式进行。应当通过国际招标方式采购的，不得以国内招标或其他方式规避国际招标。

第五条 国家评标委员会负责国际金融组织贷款项目国际招标投标工作的监督和检查，协调解决招标投标过程中的有关问题，审核评标结果并下发《国家评标委员会评标结果通知》，保证招标投标活动符合公开、公平、公正的原则。

第六条 商务部指定专门的招标网站（以下简称"招标网"）为机电产品国际招标业务提供网络服务。机电产品国际招标应当在招标网上完成招标项目建档、招标文件备案、招标公告发布、评审专家抽取、评标结果公示、质疑处理等招标业务的相关程序。

第七条 本办法所称招标人，是指因使用需要提出通过国际招标方式采购机电产品的国家机关、企业、事业法人或其他组织。

本办法所称招标机构，是指满足一定条件，经向商务部申请，取得国际招标资格，从事机电产品国际招标代理服务业务的企业法人。

本办法所称投标人，是指响应招标文件的要求并参与投标的国内、外法人或者其他组织。

第二章 招 标 范 围

第八条 下列机电产品的采购必须进行国际招标：

（一）关系社会公共利益、公众安全的基础设施、公用事业等项目中进行国际采购的机电产品，具体范围见附件一；

（二）全部或者部分使用国有资金投资项目中进行国际采购的机电产品；

（三）全部或者部分使用国家融资项目中进行国际采购的机电产品；

（四）使用国际金融组织或者外国政府贷款、援助资金（以下简称国外贷款）项目中进行国际采购的机电产品；

（五）政府采购项目中进行国际采购的机电产品；

（六）其他依照法律、行政法规的规定需要国际招标采购的机电产品。

第九条 第八条所列招标范围中，属下列情况之一的，可以不进行国际招标：

（一）国（境）外赠送或无偿援助的机电产品；

（二）供生产配套用的零件及部件；

（三）旧机电产品；

（四）一次采购产品合同估算价格在 100 万元人民币以下的；

（五）外商投资企业投资总额内进口的机电产品；

（六）供生产企业及科研机构研究开发用的样品样机；

（七）国务院确定的特殊产品或者特定行业以及为应对国家重大突发事件需要的机电产品；

（八）产品生产商优惠供货时，优惠金额超过产品合同估算价格 50％的机电产品；

（九）供生产企业生产需要的专用模具；

（十）供产品维修用的零件及部件；

（十一）根据法律、行政法规的规定，其他不适宜进行国际招标采购的机电产品。

第三章 评 审 专 家

第十条 商务部在招标网建立国家、地方两级专家库，并对专家库内的专家实行动态管理，对专家进行培训及实时调整。

第十一条 机电产品国际招标活动中所需专家必须由招标机构及业主在招标网上从国家、地方两级专家库中采用随机抽取的方式产生。招标机构及业主不得无故废弃随机抽取的专家，抽取到的专家因客观原因不能参加招标项目评审工作的，应当以书面形式回复招标机构。招标机构收到回复后应当在网上注明原因并重新随机抽取专家。抽取专家次数超过三次的，应当报相应主管部门备案后，重新随机抽取专家。

第十二条 专家进入专家库应当由本人提出申请，经主管部门或招标机构推荐。被推荐的专家需填写"机电产品国际招标评审专家推荐表"并经推荐单位签章提交招标网，同时报商务部备案。

专家应具备以下基本条件：

（一）热爱招标事业，积极参加招标的评审活动；

（二）熟悉国家有关招标投标的法律、法规、政策；

（三）有良好的政治素质和职业道德，遵纪守法；

（四）具有大学本科或同等以上学力；

（五）具有高级技术、经济职称或同等专业水平，并从事相关领域八年以上，从事高新技术领域工作的专家以上条件可适当放宽；

（六）熟悉本专业领域国内外技术水平和发展动向。

符合前款条件的专家，具备以下条件之一，可推荐入选国家级专家库：

（一）具有教授级职称的；

（二）近五年承担过国家大型项目招标评审工作的；

（三）享受国家津贴的；

（四）获得过国家级科学奖励的。

第十三条 专家应当按规定履行以下职责：

（一）承担机电产品国际招标中招标文件的审核工作；

（二）承担评标委员会的评标工作，评标专家应当分别填写评标意见并对所提意见承担责任；

（三）参加对质疑问题的审议工作；

（四）向有关部门反映招标项目评审过程中的问题，提出意见和建议。

专家对所评审的机电产品国际招标内容负责，并承担相应的责任。

第十四条 随机抽取专家人数为实际所需专家人数。一次委托招标金额在五百万美元及以上的国际招标项目，所需专家的二分之一以上应从国家级专家库中抽取。

对于同一招标项目编号下同一包，每位专家只能参加其招标文件审核和评标两项工作中的一项。凡与该招标项目或投标人及其制造商有利害关系的外聘专家，招标机构不得确定其为被选专家，且需要重新抽取。

第十五条 专家受聘参与机电产品国际招标评审工作时应遵守以下工作守则：

（一）认真贯彻执行国家有关招标投标的法律、法规和政策；

（二）恪守职责，严守秘密，廉洁自律；

（三）客观、公正、公平地参与招标评审工作；

（四）与招标项目或投标人及其制造商有利害关系的应主动回避。

第十六条 在抽取专家时，如专家库中的专家数量不足以满足所需专家人数，不足部分可由招标机构和招标人自行推荐，但应当按照有关规定将符合条件的专家推荐表提交招标网补充进入国家或地方专家库，再随机抽取所需要的专家人数。

第十七条 专家库中的行业或专业分类如未包括招标项目所属分类，招标机构可向招标网提出增加分类的申请，招标网可将推荐的专家转入新增分类。

第十八条 专家名单一经抽取确定，必须严格保密。如有泄密，除追究当事人责任外，还应当报相应的主管部门并重新在专家库中抽取专家。如果泄密对招标评标产生影响，原招标文件或评标结果无效。

第十九条 专家受聘承担的具体项目评审工作结束后，主管部门或招标机构应对专家的能力、水平、履行职责等方面进行评价，评价结果分为优秀、称职和不称职，评价结果在招标网备案。

第四章 招 标 文 件

第二十条 招标人根据所需机电产品的商务和技术要求自行编制招标文件或委托招标机

构、咨询服务机构编制招标文件。招标文件主要包括下列内容：

（一）投标邀请书。

（二）投标人须知。

（三）招标产品的名称、数量、技术规格。

（四）合同条款。

（五）合同格式。

（六）附件：

1. 投标书格式；
2. 开标一览表；
3. 投标分项报价表；
4. 产品说明一览表；
5. 技术规格偏离表；
6. 商务条款偏离表；
7. 投标保证金保函格式；
8. 法定代表人授权书格式；
9. 资格证明格式；
10. 履约保证金保函格式；
11. 预付款银行保函格式；
12. 信用证样本；
13. 其他所需资料。

第二十一条 除本办法第二十条规定的内容外，招标文件还应包括对投标人和制造商的业绩要求和评标依据。

对招标文件中的重要商务和技术条款（参数）要加注星号（"*"），并注明若不满足任何一条带星号（"*"）的条款（参数）将导致废标。

评标依据除构成废标的重要商务和技术条款（参数）外，还应包括：一般商务和技术条款（参数）中允许偏离的最大范围、最高项数，以及在允许偏离范围和条款数内进行评标价格调整的计算方法，一般参数的偏离加价一般为 0.5%，最高不得超过 1%。

招标文件不得设立歧视性条款或不合理的要求排斥潜在的投标人。

第二十二条 机电产品国际招标一般采用最低评标价法进行评标。因特殊原因，需要使用综合评价法（即打分法）进行评标的招标项目，其招标文件必须详细规定各项商务要求和技术参数的评分方法和标准，并通过招标网向商务部备案。所有评分方法和标准应当作为招标文件不可分割的一部分并对投标人公开。

第二十三条 招标文件制定后，招标机构应当将招标文件送评审专家组审核，并通过招标网报送相应的主管部门备案。承担招标文件审核的评审专家组应有三名以上单数组成。

招标机构将招标文件送评审专家组审核时，只注明招标编号，不得注明招标人和项目名称。

第二十四条 评审专家组在审核招标文件时，主要审核商务、技术条款是否存在歧视性条款或不合理的条件及招标文件编制内容是否构成三个以上潜在投标人参与竞争，并将审核意见填入专家审核招标文件意见表（见附件二）。

第二十五条 招标文件经评审专家组审核后，招标机构应当将招标文件的所有审核意见及招标文件最终修改部分的内容通过招标网报送相应的主管部门备案，同时将评审专家组审核意见的原始资料以及招标机构的意见报送相应的主管部门备案。招标机构的意见应当包括是否采纳专家意见的详细理由。

主管部门在收到上述备案资料三日内通过招标网函复招标机构，如需协调可适当延长时间。

第二十六条 招标机构根据招标人的要求，需对已经发售的招标文件进行修改的，应当在开标日十五日前，通过招标网将修改的内容及理由报相应主管部门备案。招标机构将修改的内容以书面形式通知所有招标文件收受人，该修改内容为招标文件的组成部分。

第五章 招 标 投 标

第二十七条 招标人或招标机构在收到招标文件备案复函后，除应在国家指定的媒体以及招标网上发布招标公告外，也可同时在其他媒体上刊登招标公告。

招标文件的公告期即招标文件的发售期，自招标文件公告之日起至投标截止日止，不得少于二十日，对大型设备或成套设备不得少于五十日。

第二十八条 投标人应当根据招标文件要求编制投标文件，并根据自己的商务能力、技术水平对招标文件提出的要求和条件逐条标明满足与否。对带星号（"＊"）的技术参数必须在投标文件中提供技术支持资料，未提供的，评标时不予认可。

第二十九条 如果投标人认为已公开发售的招标文件含有歧视性条款或不合理的要求，应当在开标日五日以前以书面形式向相应的主管部门提出异议，同时提交相应的证明资料。

对投标人所提问题，招标机构或主管部门应当在开标前进行处理并将处理结果通知相应的投标人。

第三十条 投标人在规定投标截止时间前，应当在招标网免费注册，并将投标文件送达投标地点。投标人可以在规定投标截止时间前对已提交的投标文件进行补充、修改或撤回。补充、修改的内容应当作为投标文件的组成部分。投标人不得在投标截止时间后对投标文件进行补充、修改。

第三十一条 当投标截止时间到达时，投标人少于三个的应停止开标，并依照本办法重新组织招标。

两家以上投标人的投标产品为同一家制造商或集成商生产的，按一家投标人计算。对两家以上集成商使用同一家制造商产品作为其集成产品一部分的，按不同集成商计算。

第三十二条 招标机构应当按照招标公告规定的时间、地点进行开标。开标时，应当邀请招标人、投标人及有关人员参加。

投标人的投标方案、投标声明（价格变更或其他声明）都要在开标时一并唱出，否则在评标时不予承认。投标总价中不得包含招标文件要求以外的产品或服务，否则，在评标时不予核减。

招标人或招标机构应在开标时制作开标记录，并在开标后两日内通过招标网备案。

第六章 评 标

第三十三条 评标由依照本办法组建的评标委员会负责。评标委员会由具有高级职称或同等专业水平的技术、经济等相关领域专家、招标人和招标机构代表等五人以上单数组成，其中技术、经济等方面专家人数不得少于成员总数的三分之二。

开标前，招标机构及任何人不得向评标专家透露其即将参与的评标项目内容及招标人和投标人有关的情况。

第三十四条 评标委员会成员名单在评标结果公示前必须保密。招标人和招标机构应当采取措施保证评标工作在严格保密的情况下进行。在评标工作中，任何单位和个人不得干预、影响评标过程和结果。

第三十五条 评标委员会应严格按照招标文件规定的商务、技术条款对投标文件进行评审，招标文件中没有规定的任何标准不得作为评标依据，法律、行政法规另有规定的除外。评标委员会的每位成员在评标结束时，必须分别填写评标委员会成员评标意见表（见附件三），评标意见表是评标报告必不可少的一部分。

采用最低评标价法评标的，在商务、技术条款均满足招标文件要求时，评标价格最低者为推荐中标人；采用综合评价法评标的，综合得分最高者为推荐中标人。

第三十六条 在商务评标过程中，有下列情况之一者，应予废标，不再进行技术评标：

（一）投标人未提交投标保证金或保证金金额不足、保函有效期不足、投标保证金形式或出具投标保函的银行不符合招标文件要求的；

（二）投标文件未按照要求逐页签字的；

（三）投标人及其制造商与招标人、招标机构有利害关系的；

（四）投标人的投标书、资格证明未提供或不符合招标文件要求的；

（五）投标文件无法定代表人签字，或签字人无法定代表人有效授权书的；

（六）投标人业绩不满足招标文件要求的；

（七）投标有效期不足的；

（八）投标文件符合招标文件中规定废标的其他商务条款的。

除本办法另有规定外，前款所列文件应当提供原件，并且在开标后不得澄清、后补，否则将导致废标。

第三十七条 技术评标过程中，有下列情况之一者，应予废标：

（一）投标文件不满足招标文件技术规格中加注星号（"*"）的主要参数要求或加注星号（"*"）的主要参数无技术资料支持的；

（二）投标文件技术规格中一般参数超出允许偏离的最大范围或最高项数的；

（三）投标文件技术规格中的响应与事实情况不符或虚假投标的；

（四）投标人复制招标文件的技术规格相关部分内容作为其投标文件中一部分的。

第三十八条 采用最低评标价法评标时，价格评标按下列原则进行：

（一）按招标文件中的评标依据进行评标。计算评标价格时，对需要进行价格调整的部分，要依据招标文件和投标文件的内容加以调整并说明。

（二）投标人应当根据招标文件要求和产品技术要求列出供货产品清单和分项报价，如有缺漏项，评标时须将其他有效标中该项的最高价计入其评标总价。

（三）除国外贷款项目外，计算评标总价时，以货物到达招标人指定交货地点为依据。国外产品为CIF价＋进口环节税＋国内运输、保险费等；国内产品为出厂价（含增值税）＋国内运输、保险费等。

（四）如果招标文件允许以多种货币投标，在进行价格评标时，应当以开标当日中国银行公布的卖出价统一转换成美元。

第三十九条 投标人应当提供在开标日前三个月内由其开立基本账户的银行开具的银行资信证明的原件或复印件。

对投标文件中含义不明确的内容,可要求投标人进行澄清,但不得改变投标文件的实质性内容。澄清要通过书面方式在评标委员会规定的时间内提交。澄清后满足要求的按有效投标接受。

第四十条 按规定必须进行资格预审的项目,对已通过资格预审的投标人不能在资格后审时以资格不合格将其废标,但在招标周期内该投标人的资格发生了实质性变化不再满足原有资格要求的除外。

不需进行资格预审的项目,对符合性检查、商务评标合格的投标人不能再因其资格不合格将其商务废标,但在招标周期内该投标人的资格发生了实质性变化不再满足原有资格要求的除外。

第七章 公 示 及 质 疑

第四十一条 在评标结束后,招标机构应当在招标网进行评标结果公示,公示期为七日。

招标机构应按商务、技术和价格评议三个方面对每一位投标人的不中标理由在《评标结果公示表》中分别填写。填写的内容必须明确说明招标文件的要求和投标人的响应内容。《评标结果公示表》中的内容包括"推荐中标人及制造商名称"、"评标价格"和"不中标理由"等,应当与评标报告一致。

评标结果公示为一次性公示,凡未公示的不中标理由不再作为废标或不中标的依据,因商务废标而没有参加技术评议的投标人的技术偏离问题除外。

第四十二条 招标机构应在评标结果公示期内,将评标报告(见附件四)送至相应的主管部门备案。

第四十三条 评标结果进行公示后,招标机构应当应投标人的要求解释公示结果。

第四十四条 各方当事人可以通过招标网查看评标结果公示的内容。

第四十五条 投标人如对评标结果有异议,可以在公示期内在网上向相应的主管部门提出质疑。投标人应首先在公示期内在招标网在线填写《评标结果质疑表》,并在公示期内及结束后三日内,将由投标人法定代表人或法定代表人的授权人签字或签章的《评标结果质疑表》及相关资料送达相应的主管部门方为有效。

投标人也可在评标结果公示期内先向招标机构提出书面异议意见,招标机构收到投标人书面异议意见后,应当在公示期结束前给予书面或口头答复。如投标人未得到招标机构的答复或对答复结果仍有异议的,可在公示期内在网上向相应的主管部门提出质疑。

第四十六条 投标人可对以下方面进行质疑:

(一)招标程序的合法性;

(二)评标结果的合法性;

(三)评标委员会组成人员的合法性;

(四)投标人认为其不中标理由不充分的。

质疑人应保证其提出质疑内容及相应证明材料的真实性及来源的合法性,并承担相应的法律责任。经核实属提供虚假质疑的,主管部门可以对质疑人提出警告;提供虚假质疑、情节严重及影响该招标项目工程进度,对工程造成损失的,主管部门可对其进行警告并予以公告。

第四十七条 有下列情况之一的质疑，不予受理：

（一）由非投标人提出的质疑；

（二）质疑函件无合法投标人签字或签章的质疑；

（三）未按本办法提供相应证明材料的质疑；

（四）质疑函件为虚假情况的质疑；

（五）未在规定时间内将质疑函件送达主管部门的质疑；

（六）未在公示期内在招标网上提出的质疑。

第四十八条 质疑人按程序在网上提出质疑后，招标机构应当对质疑的内容逐项进行核实，并在公示期结束后三日内，将对投标人质疑的书面解释报送相应的主管部门。其中，对受到质疑的重大问题，应由招标机构组织评标委员会成员或受评标委员会的委托进行书面解释。

第四十九条 主管部门在受理质疑后，经核实，如评标过程存在以下问题之一的，应当责成招标机构组织重新评标：

（一）未按本办法的规定进行评标的；

（二）专家抽取或组成不符合本办法有关规定的；

（三）招标机构对投标人质疑的内容无法提供充分解释和说明的；

（四）其他违反《招标投标法》和本办法的行为。

重新评标的专家应从国家级专家库中重新随机抽取，国家级专家不足时，可由地方级专家库中补充，但国家级专家不得少于三分之二，参加重新评标的专家人数不得少于前一次参与评标的专家人数。重新评标的评标结果需报送相应的主管部门备案。

第五十条 质疑处理结果根据情况可分为维持原评标结果、变更中标人和招标无效三种。

主管部门对质疑的处理意见一经做出立即生效并进行公示结果公告。

第五十一条 投标人如对主管部门做出的处理意见仍有异议，可依法提起行政复议或行政诉讼。

第五十二条 在公示期内评标结果若无质疑，公示期结束后该评标结果自动生效并进行公示结果公告。

第五十三条 各主管部门、招标机构应当建立真实完整的质疑处理档案，并按照法定年限妥善保存原始正本投标文件及相关资料。

第八章 中 标

第五十四条 对于依法必须招标的项目，主管部门应当在公示结果公告后三日内通过招标网出具《评标结果备案通知》。招标机构凭《评标结果备案通知》向中标人发出中标通知书，并将结果在网上通知其他投标人。

使用国外贷款的项目，主管部门应当在公示结果公告后三日内通过招标网出具《评标结果通知》。招标机构凭《评标结果通知》，向贷款方报送评标报告，获其批准后向中标人发出中标通知书。

第五十五条 中标通知书发出后，不得擅自更改中标结果。如因特殊原因需要变更的，应当重新组织评标，并报相应的主管部门备案。

第五十六条 中标产品来自国外或港、澳、台地区的,由招标人按照国家有关规定办理进口手续。

第五十七条 招标人和中标人应当自中标通知书发出之日起三十日内,按照招标文件和投标文件签订供货合同。招标人或中标人不得无故拒绝或拖延与另一方签订合同。

第九章 法 律 责 任

第五十八条 招标人对必须进行招标的项目不招标或化整为零以及以其他任何方式规避国际招标的,责令其限期改正;有下列行为之一的,应给予警告;该行为影响到评标结果的公正性的,当次招标无效:

（一）与投标人相互串通、搞虚假招标投标的;

（二）修正、更改已经备案的招标文件未报相应主管部门备案的;

（三）招标活动开始后,在评标结果生效之前与投标人就投标价格、投标方案等实质性内容进行谈判或签订供货合同的;

（四）以不正当手段干扰招标、投标和评标工作的;

（五）拒不接受已经生效的评标结果的;

（六）招标人不履行与中标人签订的供货合同的;

（七）泄漏应当保密的与招标投标活动有关情况和内容的;

（八）其他违反《招标投标法》和本办法的行为。

第五十九条 投标人有下列行为之一的,当次投标无效,并予以警告;情节严重的,依照《招标投标法》的有关规定,取消其一年至二年内参加依法必须进行招标项目的投标资格并予以公告:

（一）与招标人相互串通、搞虚假招标投标的;

（二）以不正当手段干扰招标、评标工作的;

（三）评标结果生效之前与招标人签订供货合同的;

（四）投标文件及澄清资料与事实不符,虚假投标的;

（五）在质疑过程中,提供虚假证明材料的;

（六）投标人之间相互串通、哄抬标价或暗推中标人的;

（七）中标的投标人未按投标文件与招标人签订合同或提供的产品不符合投标文件的;

（八）其他违反《招标投标法》和本办法的行为。

前款所列行为影响到整个招标的公正性的,当次招标无效。

第六十条 招标机构有下列行为之一的,予以警告;情节严重的,依照《招标投标法》的有关规定,暂停或取消其招标资格;该行为影响到整个招标公正性的,当次招标无效:

（一）泄漏应当保密的与招标投标活动有关情况和资料的;

（二）未按本办法评标规则评标或者评标结果不真实反映招标文件、投标文件实际情况的;

（三）与招标人、投标人相互串通、搞虚假招标投标的;

（四）修正、更改已经备案的招标文件未报相应主管部门备案的;

（五）擅自变更中标结果的;

（六）未报相应的主管部门备案,擅自使用综合评价法的;

（七）在招标网上公示的内容与评标报告不符的;

（八）其他违反《中华人民共和国招标投标法》和本办法的行为。

第六十一条 受聘专家在评审过程中有下列行为之一的，依照《招标投标法》的有关规定，将被从专家库名单中除名，同时在招标网上予以公告：

（一）弄虚作假，谋取私利的；

（二）泄漏与评审活动有关情况和资料的；

（三）与投标人、招标人、招标机构串通的；

（四）在评标时未写出明确书面意见的；

（五）一年内两次被评价为不称职的；

（六）其他违反《招标投标法》和本办法的行为。

第六十二条 参加国际招标的各方当事人的违法、违规行为给他人造成损失的，承担赔偿责任，所需承担的经济处罚依照《招标投标法》进行。

第十章 附 则

第六十三条 评标过程中如遇重大意见分歧时，可向相应的主管部门进行咨询。

第六十四条 各主管部门发现国际招标项目中可能存在违反法律、法规和本办法的行为的，可以参照本办法第七章的规定在公示期内对该项目提出质疑。

第六十五条 使用国际组织或者外国政府贷款、援助资金进行机电产品国际招标的，应当严格按照本办法的有关规定执行。如果贷款方、资金提供方对招标投标的具体条件和程序有不同规定的，可以适用其规定，但违背中华人民共和国的国家安全或社会公共利益的除外。

第六十六条 在国际招标过程中，有下列情况之一的，经向相应的主管部门备案，招标人可以重新组织招标：

（一）经评标，没有实质上满足招标文件商务、技术要求的投标人的；

（二）招标人的采购计划发生重大变更的；

（三）当次招标被相应主管部门宣布无效的。

除前款所列情况外，招标人不得擅自决定重新招标。

第六十七条 本办法所称"日"为日历日，期限的最后一日是国家法定节假日的，顺延到节假日后的次日为期限的最后一日。

第六十八条 本办法由商务部负责解释。

第六十九条 本办法自发布之日起 30 日后施行。自本办法施行之日起，原《机电产品国际招标投标实施办法》、《关于在"中国国际招标网"开展国际招标业务的通知》、《机电产品国际招标评标结果公示及质疑投诉办法（试行）》、《机电产品国际招标评审专家聘用管理办法》、《机电产品国际招标投标评审专家网上随机抽取办法》同时废止。

附件

机电产品国际招标范围

一、发电、输变电项目

01 蒸汽锅炉、过热水锅炉及辅助设备

02 汽、水轮机

03 交流发电机及发电机组
04 全封闭组合式高压开关装置
05 电力变压器
06 六氟化硫断路器
07 自动断路器
08 互感器
二、公路、港口、城市交通项目
09 摊铺机
10 沥青混凝土搅拌站
11 平地机
12 推土机
13 压路机
14 装载机
15 起重机
16 集装箱正面吊
17 装、卸船机
18 多用途门机
19 自动售票、验票系统
20 牵引车（汽车牵引车除外）
三、矿山、冶金项目
21 铲运机
22 矿用电铲
23 连续运料输送机
24 凿岩机械
25 连铸机
26 冷、热轧机
27 大型减速机
四、建材、楼宇项目
28 水泥生产设备
29 水泥混凝土搅拌站
30 楼宇中央空调系统
31 电梯、自动扶梯
32 楼宇自控系统
33 消防、报警系统
五、纺织项目
34 圆网印花机
35 精梳机
36 片梭织机
37 精梳联合机
38 自动络筒机

39	平网印花机
40	整经机
41	剑杆织机
42	喷气、喷水织机

六、机械加工项目

43	冷室压铸机
44	三坐标测量机
45	数控电加工机床
46	等离子、火焰切割机
47	加工中心及数控车床
48	镗铣床、内外圆磨床
49	压力机
50	通用模具

七、石油、化工项目

51	轮胎外胎硫化、成型机
52	密闭式橡胶炼胶机
53	氨、尿素合成塔
54	塑料或橡胶用注模或压模
55	分散型工业过程控制系统
56	塑料、橡胶挤出机
57	X射线探伤机

八、轻工、环保项目

58	纸浆、纸及纸版生产设备
59	瓦楞纸板（箱）生产设备
60	纸浆、纸或纸板制品模制成型机器
61	塑料中空、压延成型机
62	胶印机
63	饮料及液体食品灌装设备（含酒类）
64	紧凑型节能灯管生产线
65	净水、污水、污泥处理设备
66	垃圾焚烧处理设备
67	离心通风机

九、医疗卫生项目

68	X射线断层检查仪（CT）
69	直线加速器
70	超声波诊断仪
71	X射线诊断装置（含DR）
72	单光子发射计算机断层扫描装置（ECT）
73	伽玛刀
74	核磁共振成像装置（MRI）

十、广播、通信、电子项目
75 用户环路载波设备
76 光通信传输设备（含 DWDM、SDH）
77 微波传输设备
78 光纤通信及性能测试仪
79 大、中、小型计算机及配套设备

2. 机电产品国际招标综合评价法实施规范（试行）

商产发［2008］311号

第一章 总 则

第一条 为进一步规范机电产品国际招标投标活动，提高评标工作的科学性，鼓励采购先进技术和设备，根据《中华人民共和国招标投标法》和《机电产品国际招标投标实施办法》（商务部令［2004］第13号，以下称"13号令"），制定本规范。

第二条 本规范所称综合评价法，是指根据机电产品国际招标项目（以下称"招标项目"）的具体需求，设定商务、技术、价格、服务及其他评价内容的标准和权重，并由评标委员会对投标人的投标文件进行综合评价以确定中标人的一种评标方法。

第三条 使用国际组织或者外国政府贷款、援助资金的招标项目采用综合评价法的，应当将综合评价法相关材料报商务部备案；使用国内资金及其他资金的招标项目采用综合评价法的，应当将综合评价法相关材料经相应的主管部门转报商务部备案。

第二章 适用范围及原则

第四条 综合评价法适用于技术含量高、工艺或技术方案复杂的大型或成套设备招标项目。

第五条 采用综合评价法应当遵循公开公平、科学合理、量化择优的原则。

第三章 内容与要求

第六条 综合评价法方案应当由评价内容、评价标准、评价程序及定标原则等组成，并作为招标文件不可分割的一部分对所有投标人公开。

第七条 综合评价法的评价内容应当包括投标文件的商务、技术、价格、服务及其他方面。

商务、技术、服务及其他评价内容可以包括但不限于以下方面：

（一）商务评价内容可以包括：资质、业绩、财务、交货期、付款条件及方式、质保期、其他商务合同条款等。

（二）技术评价内容可以包括：方案设计、工艺配置、功能要求、性能指标、项目管理、专业能力、项目实施计划、质量保证体系及交货、安装、调试和验收方案等。

（三）服务及其他评价内容可以包括：服务流程、故障维修、零配件供应、技术支持、培训方案等。

第八条 综合评价法应当对每一项评价内容赋予相应的权重，其中价格权重不得低于30%，技术权重不得高于60%。

第九条 综合评价法应当集中列明招标文件中所有的重要条款（参数）（加注星号"＊"的条款或参数，下同），并明确规定投标人对招标文件中的重要条款（参数）的任何一条偏离将被视为实质性偏离，并导致废标。

第十条 对于已进行资格预审的招标项目，综合评价法不得再将资格预审的相关标准和要求作为评价内容；对于未进行资格预审的招标项目，综合评价法应当明确规定资质、业绩和财务的相关指标获得最高评价分值的具体标准。

第十一条 综合评价法对投标文件的商务和技术内容的评价可以采用以下方法：

（一）对只需要判定是否符合招标文件要求或是否具有某项功能的指标，可以规定符合要求或具有功能即获得相应分值，反之则不得分。

（二）对可以明确量化的指标，可以规定各区间的对应分值，并根据投标人的投标响应情况进行对照打分。

（三）对可以在投标人之间具体比较的指标，可以规定不同名次的对应分值，并根据投标人的投标响应情况进行优劣排序后依次打分。

（四）对需要根据投标人的投标响应情况进行计算打分的指标，应当规定相应的计算公式和方法。

（五）对总体设计、总体方案等无法量化比较的评价内容，可以采取两步评价方法：第一步，评标委员会成员独立确定投标人该项评价内容的优劣等级，根据优劣等级对应的分值算术平均后确定该投标人该项评价内容的平均等级；第二步，评标委员会成员根据投标人的平均等级，在对应的分值区间内打分。

评价方法应充分考虑每个评价指标所有可能的投标响应，且每一种可能的投标响应应当对应一个明确的分值，不得对应多个分值或分值区间，采用本条第（五）项所列方法的除外。

第十二条 综合评价法的价格评价应当符合低价优先、经济节约的原则，并明确规定评标价格最低的有效投标人将获得价格评价的最高分值，价格评价的最大可能分值和最小可能分值应当分别为价格满分和 0 分。

第十三条 综合评价法应当明确规定评标委员会成员对评价过程及结果产生较大分歧时的处理原则与方法，包括：

（一）评标委员会成员对同一投标人的商务、技术、服务及其他评价内容的分项评分结果出现差距时，应遵循以下调整原则：

评标委员会成员的分项评分偏离超过评标委员会全体成员的评分均值±20%，该成员的该项分值将被剔除，以其他未超出偏离范围的评标委员会成员的评分均值（称为"评分修正值"）替代；评标委员会成员的分项评分偏离均超过评标委员会全体成员的评分均值±20%，则以评标委员会全体成员的评分均值作为该投标人的分项得分。

（二）评标委员会成员对综合排名及推荐中标结果存在分歧时的处理原则与方法。

第十四条 综合评价法应当明确规定投标人出现下列情形之一的，将不得被确定为推荐中标人：

（一）该投标人的评标价格超过全体有效投标人的评标价格平均值一定比例以上的；

（二）该投标人的技术得分低于全体有效投标人的技术得分平均值一定比例以上的。

本条第（一）、（二）项中所列的比例由招标文件具体规定，且第（一）项中所列的比例不得高于 40%，第（二）项中所列的比例不得高于 30%。

第四章 评价程序与规则

第十五条 评标委员会应当首先对投标文件进行初步评审（见附表 1），判定并拒绝无效的和存在实质性偏离的投标文件。通过初步评审的投标文件进入综合评价阶段。

第十六条 评标委员会成员应当根据综合评价法的规定对投标人的投标文件独立打分，

并分别计算各投标人的商务、技术、服务及其他评价内容的分项得分，凡招标文件未规定的标准不得作为加分或者减分的依据。

第十七条 价格评价应当遵循以下步骤依次进行：（1）算术修正；（2）计算投标声明（折扣/升降价）后的价格；（3）价格调整；（4）价格评分。

第十八条 评标委员会应当对每位成员的评分进行汇总；每位成员在提交其独立出具的评价记录表后不得重新打分。

第十九条 评标委员会应当按照本规范第十三条第（一）项的规定，对每位成员的评分结果进行调整和修正。

第二十条 投标人的综合得分等于其商务、技术、价格、服务及其他评价内容的分项得分之和。

第二十一条 评标委员会应当根据综合得分对各投标人进行排名。综合得分相同的，价格得分高者排名优先；价格得分相同的，技术得分高者排名优先，并依照商务、服务及其他评价内容的分项得分优先次序类推。

第二十二条 评标委员会应当推荐综合排名第一的投标人为推荐中标人。如综合排名第一的投标人出现本规范第十四条列明情形之一的，评标委员会应推荐综合排名第二的投标人为推荐中标人。如所有投标人均不符合推荐条件的，则当次招标无效。

第二十三条 评标报告应当按照13号令等有关规定制定，并详细载明综合评价得分的计算过程，包括但不限于以下表格：评标委员会成员评价记录表、商务最终评分汇总表、技术最终评分汇总表、服务及其他评价内容最终评分汇总表、价格最终评分记录表、投标人最终评分汇总及排名表和评审意见表。

第二十四条 投标文件、评标委员会评分记录表、汇总表等所有与评标相关的资料应当严格保密，并由招标人和招标机构及时存档。

第五章 附 则

第二十五条 本规范所称相应的主管部门，是指各省、自治区、直辖市、计划单列市、经济特区、新疆建设兵团、各部门机电产品进出口管理机构；所称有效投标人，是指通过初步评审，且商务和技术均实质性满足招标文件要求的投标人；所称均值，是指算术平均值。

第二十六条 重大装备自主化依托工程设备招标项目采用综合评价法的，参照本规范执行。

第二十七条 本规范由商务部负责解释。

第二十八条 本规范自发布之日起30日后施行。

3. 进一步规范机电产品国际招标投标活动有关规定

商产发 [2007] 395 号

第一章 招 标 文 件

第一条 招标文件应当明确规定投标人必须进行小签的相应内容，其中投标文件的报价部分、重要商务和技术条款（参数）（加注"*"的条款或参数，下同）响应等相应内容必须逐页小签。

第二条 招标文件应当明确规定允许的投标货币和报价方式，并注明该条款是否为重要商务条款。招标文件应当明确规定不接受选择性报价或者具有附加条件的报价。

第三条 招标文件应当明确规定对投标人的业绩、财务、资信和技术参数等要求，不得使用模糊的、无明确界定的术语或指标作为重要商务或技术条款（参数）或以此作为价格调整的依据。

招标文件内容应当符合国家有关法律法规、强制性认证标准，国家关于安全、卫生、环保、质量、能耗、社会责任等有关规定以及公认的科学理论。违反上述规定的，招标文件相应部分无效。

第四条 招标文件如允许联合体投标，应当明确规定对联合体牵头方和组成方的资格条件及其他相应要求。

招标文件如允许投标人提供备选方案，应当明确规定投标人在投标文件中只能提供一个备选方案并注明主选方案，且备选方案的投标价格不得高于主选方案。凡提供两个以上备选方案或未注明主选方案的，该投标将被视为实质性偏离而被拒绝。

第五条 《机电产品国际招标投标实施办法》（商务部令〔2004〕第 13 号，以下简称 13 号令）第二十一条规定的一般参数偏离加价最高不得超过 1%，是指每个一般参数的累计偏离加价最高不得超过该设备投标价格的 1%。交货期、付款条件的偏离加价原则招标文件可以另行规定。

第六条 招标文件不得设立歧视性条款或不合理的要求排斥潜在的投标人，其中重要商务和技术条款（参数）原则上应当同时满足三个以上潜在投标人能够参与竞争的条件。

第七条 对于利用国际金融组织和外国政府贷款项目（以下称国外贷款项目），招标人、招标机构和招标文件审核专家就招标文件全部内容达成一致意见后，招标机构应当按照 13 号令第二十五条规定将招标文件通过招标网报送商务部备案，招标网将生成"招标文件备案复函"。

第八条 投标人认为招标文件存在歧视性条款或不合理要求的，应当在规定时间内一次性全部提出，并将书面质疑及有关证明材料一并递交主管部门。

第九条 国外贷款项目的招标文件如需要修改的，包括条款或指标要求放宽、文字或单位错误纠正、设备数量变更、采购范围缩小等，招标机构可在网上提交"招标文件修改备案申请"，招标网将生成"招标文件修改备案复函"。除上述情况外，其他对招标文件内容的修改应当在得到招标文件审核专家的复审意见或贷款机构的书面意见后，招标机构方可在网上提交"招标文件修改备案申请"，并详细注明专家复审意见或贷款机构的意见，招标网将生成"招标文件修改备案复函"。

第二章 招标投标程序

第十条 对于国外贷款项目,当投标截止时间到达时,投标人少于三个的可直接进入两家开标或直接采购程序;招标机构应当于开标当日在招标网上递交"两家开标备案申请"(投标人为两个)或"直接采购备案申请"(投标人为一个),招标网将生成备案复函。

第十一条 对于利用国内资金机电产品国际招标项目,当投标截止时间到达时,投标人少于三个的应当立即停止开标或评标。招标机构应当发布开标时间变更公告,第一次投标截止日与变更公告注明的第二次投标截止日间隔不得少于七日。如需对招标文件进行修改,应按照13号令第二十六条执行。第二次投标截止时间到达时,投标人仍少于三个的,报经主管部门审核同意后,参照本规定第十条执行。

第三章 评标程序

第十二条 评标委员会评标前,招标人和招标机构等任何人不得进行查询投标文件、整理投标信息等活动,不得要求或组织投标人介绍投标方案。

第十三条 如招标文件允许以多种货币投标,评标委员会应当以开标当日中国人民银行公布的投标货币对评标货币的卖出价的中间价进行转换以计算评标价格。

第十四条 投标人的投标文件不响应招标文件规定的重要商务和技术条款(参数),或重要技术条款(参数)未提供技术支持资料的,评标委员会不得要求其进行澄清或后补。

技术支持资料以制造商公开发布的印刷资料或检测机构出具的检测报告为准,凡不符合上述要求的,应当视为无效技术支持资料。属于国家首台(套)采购或国内首次建设项目所需的特殊机电产品,招标文件可以对技术支持资料作另行规定。

第十五条 评标委员会对有备选方案的投标人进行评审时,应当以主选方案为准进行评标。凡未按要求注明主选方案的,应予以废标。如考虑备选方案的,备选方案必须实质性响应招标文件要求且评标价格不高于主选方案的评标价格。

第十六条 评标委员会在评标过程中有下列行为之一,影响评标结果公正性的,当次评标结果无效:

(一)擅自增加、放宽或取消重要商务和技术条款(参数)的;

(二)要求并接受投标人对投标文件实质性内容进行补充、更改、替换或其他形式的改变的;

(三)对采用综合评价法评标的项目,在综合分数计算汇总后重新打分的;

(四)故意隐瞒或擅自修改可能影响评标结果公正性的信息的。

第十七条 招标人和招标机构应当妥善保管投标文件、评标意见表、综合打分原始记录表等所有与评标相关的资料,并对评标情况和资料严格保密。

第四章 评审专家管理

第十八条 招标机构应当按照13号令有关规定推荐评审专家入库,被推荐的专家原则上年龄不宜超过七十岁,专业领域不得超过三个二级分类。推荐表应当经过专家本人签字确认。对确有特殊专长、年龄超过七十岁且身体健康的专家,应报主管部门备案后入库。

凡参加重大装备自主化依托工程等国家重大项目评审工作的专家,需经国务院有关主管部门审核后入库。

第十九条 专家信息发生变更的（包括联系方式、专业领域、工作单位等），推荐单位或专家本人应当及时更新招标网上的相应信息。招标机构在专家抽取过程中发现专家信息错误或变更的，应当及时通知主管部门和招标网。

第二十条 招标文件审核专家应当严格按照13号令第二十四条规定开展工作。对于未能如实填写专家审核招标文件意见表的，主管部门将在招标网上予以公布；上述行为超过两次的，主管部门将依法取消其评审专家资格。

第二十一条 抽取评标所需的评审专家的时间不得早于开标时间48小时，如抽取外省专家的，不得早于开标时间72小时，遇节假日向前顺延；同一项目评标中，来自同一法人单位的评审专家不得超过评标委员会总数的1/3。

招标机构和招标人在专家抽取工作中如出现违规操作或对外泄露被抽取的评审专家相关信息的，主管部门将在招标网上予以公布；招标机构出现上述行为超过两次的，将依法暂停或取消其国际招标代理资格。

第二十二条 随机抽取的评审专家不得参加与自己有利害关系的项目评标。如与招标人、投标人、制造商或评审项目有利害关系的，专家应当主动申请回避。本款所称的利害关系包括但不限于以下情况：

（一）评审专家在某投标人单位或制造商单位任职、兼职或者持有股份的；

（二）评审专家任职单位与招标人单位为同一法人代表的；

（三）评审专家的近亲属在某投标人单位或制造商单位担任领导职务的；

（四）有其他经济利害关系的。

评审专家理应知晓本人与招标人、投标人、制造商或评审项目存在利害关系但不主动回避的，主管部门将依法取消其评审专家资格，且当次评标结果无效。

评审专家曾因在招标、评标以及其他与招标投标有关活动中从事违法违规行为而受过行政处罚或刑事处罚且在处罚有效期内的。应主动申请回避。对于不主动回避的，主管部门将依法取消其评审专家资格，且当次评标结果无效。

第二十三条 评审专家未按规定时间到场参与评标，或不能保证合理评标时间，或在评标过程中不认真负责，将在招标网上予以公布；上述行为超过两次的，主管部门将依法取消其评审专家资格。

第二十四条 评审专家未按照13号令及招标文件有关要求进行评标、泄露评标秘密、违反公平公正原则的，主管部门将在招标网上进行公布，取消其评审专家资格，并向国家其他招标投标行政监督主管部门和政府采购主管部门进行通报。

第五章 评标结果公示

第二十五条 评标结果公示应当一次性公示各投标人在商务、技术方面存在的实质性偏离内容，并与评标报告相关内容一致。如有质疑，未在评标报告中体现的不满足招标文件要求的其他方面的偏离不能作为答复质疑的依据。

第二十六条 对一般商务和技术条款（参数）偏离进行价格调整的，在评标结果公示时，招标人和招标机构应当明确公示价格调整的依据、计算方法、投标文件偏离内容及相应的调整金额。

第二十七条 采用综合评价法评标的，评标结果公示应包含各投标人的废标理由或在商务、技术、价格、服务及其他等大类评价项目的得分。

第二十八条 评标结果公示开始日不得选择在国家法定长假的前二日。

第六章 评标结果质疑处理

第二十九条 自评标结果公示结束后第四日起，招标人和招标机构应当在七日内组织评标委员会或受评标委员会的委托，向质疑人提供质疑答复意见，该意见应当包括对投标人质疑问题的逐项说明及相关证明文件，但不得涉及其他投标人的投标秘密。如有特殊理由，经主管部门同意后可以延期答复，但延期时间不得超过七日。

第三十条 除13号令第四十七条所列各款外，有下列情况之一的质疑，视为无效质疑，主管部门将不予受理：

（一）涉及招标评标过程具体细节、其他投标人的商业秘密或其他投标人的投标文件具体内容但未能说明内容真实性和来源合法性的质疑；

（二）未能按照主管部门要求在规定期限内补充质疑问题说明材料的质疑；

（三）针对招标文件内容提出的质疑。

第三十一条 质疑人的质疑内容和相应证明材料与事实不符的，将被视为不良质疑行为，主管部门将在招标网上予以公布。

第三十二条 在主管部门作出质疑处理决定之前，投标人申请撤回质疑的，应当以书面形式提交给主管部门。已经查实质疑内容成立的，质疑人撤回质疑的行为不影响质疑处理结果。

第三十三条 在质疑处理过程中，如发现招标文件重要商务或技术条款（参数）出现内容错误、前后矛盾或与国家相关法律法规不一致的情况，影响评标结果公正性的，当次招标视为无效，主管部门将在招标网上予以公布。

第三十四条 经主管部门审核，要求重新评标的招标项目，重新评标专家不得包含前一次参与评标和审核招标文件的专家。

第三十五条 招标网设立信息发布栏，包括下列内容：

（一）受到质疑的项目、招标人和招标机构名称；

（二）招标机构质疑情况统计，包括本年度内项目质疑数量、质疑率及质疑处理结果等；

（三）投标人质疑情况统计，包括本年度内项目质疑数量、质疑率及有效质疑、无效质疑、不良质疑等；

（四）招标文件重要商务或技术条款（参数）出现内容错误、前后矛盾或与国家相关法律法规不一致的情况；

（五）质疑处理结果，如该结果为招标无效或变更中标人，则公布评标委员会成员名单；

（六）经核实，投标文件有关材料与事实不符的投标人或制造商名称。

第三十六条 投标人无效质疑六个月内累计超过两次、一年内累计超过三次的。主管部门将在招标网上予以公布。

招标人和招标机构可以在招标文件中将主管部门公布的质疑信息作为对投标人的资格要求。

第三十七条 因招标机构的过失。质疑项目的处理结果为招标无效或变更中标人，六个月累计两次或一年内累计三次的，主管部门将依法对该招标机构进行通报批评，并暂停其六个月到一年的招标资格；情节严重的，将取消其招标资格。

第七章 招标机构管理

第三十八条 招标机构不得以串通其他招标机构投标等不正当方式承接招标代理业务。违反规定的，主管部门将依法暂停其招标资格六个月以上；情节严重的，将取消其招标资格。

第三十九条 招标机构从事国际招标项目的人员必须为与本公司签订劳动合同的正式员工。违反规定的，主管部门将依法暂停其招标资格六个月以上；情节严重的，将取消其招标资格。

第八章 附 则

第四十条 本规定由商务部负责解释。

第四十一条 本规定自发布之日起30日后施行。

十八、招标代理机构资格

1. 何谓工程建设项目招标代理?

工程建设项目(以下简称工程),是指土木工程、建筑工程、线路管道和设备安装工程及装饰装修工程项目。工程建设项目招标代理,是指工程招标代理机构接受招标人的委托,从事工程的勘察、设计、施工、监理以及与工程建设有关的重要设备(进口机电设备除外)、材料采购招标的代理业务。

2. 如何申请工程招标代理机构资格?

申请工程招标代理资格的机构应当具备下列条件:

(1) 是依法设立的中介组织,具有独立法人资格;

(2) 与行政机关和其他国家机关没有行政隶属关系或者其他利益关系;

(3) 有固定的营业场所和开展工程招标代理业务所需设施及办公条件;

(4) 有健全的组织机构和内部管理的规章制度;

(5) 具备编制招标文件和组织评标的相应专业力量;

(6) 具有可以作为评标委员会成员人选的技术、经济等方面的专家库;

(7) 法律、行政法规规定的其他条件。

工程招标代理机构资格分为甲级、乙级和暂定级。

甲级工程招标代理机构可以承担各类工程的招标代理业务。

乙级工程招标代理机构只能承担工程总投资 1 亿元人民币以下的工程招标代理业务。

暂定级工程招标代理机构,只能承担工程总投资 6000 万元人民币以下的工程招标代理业务。工程招标代理机构可以跨省、自治区、直辖市承担工程招标代理业务。

申请甲级工程招标代理资格的机构,除具备上述规定的条件外,还应当具备下列条件:

(1) 取得乙级工程招标代理资格满 3 年;

(2) 近 3 年内累计工程招标代理中标金额在 16 亿元人民币以上(以中标通知书为依据,下同);

(3) 具有中级以上职称的工程招标代理机构专职人员不少于 20 人,其中具有工程建设类注册执业资格人员不少于 10 人(其中注册造价工程师不少于 5 人),从事工程招标代理业务 3 年以上的人员不少于 10 人;

(4) 技术经济负责人为本机构专职人员,具有 10 年以上从事工程管理的经验,具有高级技术经济职称和工程建设类注册执业资格;

(5) 注册资本金不少于 200 万元。

申请乙级工程招标代理资格的机构,除具备上述规定的条件外,还应当具备下列条件:

(1) 取得暂定级工程招标代理资格满 1 年;

(2) 近 3 年内累计工程招标代理中标金额在 8 亿元人民币以上;

(3) 具有中级以上职称的工程招标代理机构专职人员不少于 12 人,其中具有工程建设类注册执业资格人员不少于6人（其中注册造价工程师不少于3人），从事工程招标代理业务3年以上的人员不少于6人；

（4）技术经济负责人为本机构专职人员，具有8年以上从事工程管理的经历，具有高级技术经济职称和工程建设类注册执业资格；

（5）注册资本金不少于100万元。

新设立工程招标代理资格的机构，可以申请暂定级工程招标代理资格，除具备上述规定的条件外，还应当具备下列条件：

（1）具有中级以上职称的工程招标代理机构专职人员不少于12人，其中具有工程建设类注册执业资格人员不少于6人（其中注册造价工程师不少于3人），从事工程招标代理业务3年以上的人员不少于6人；

（2）技术经济负责人为本机构专职人员，具有8年以上从事工程管理的经历，具有高级技术经济职称和工程建设类注册执业资格；

（3）注册资本金不少于100万元。

3. 如何贯彻实施工程建设项目招标代理合同示范文本？

凡在中华人民共和国境内开展工程建设项目招标代理业务，签订工程建设项目招标代理合同时，应参照《示范文本》（GF—2005—0215）订立合同。签订工程建设项目招标代理合同的受托人应当具有法人资格，并持有建设行政主管部门颁发的招标代理资质证书。《示范文本》由《协议书》、《通用条款》和《专用条款》组成。《通用条款》应全文引用，不得删改。《专用条款》应根据工程建设项目的实际情况进行修改和补充，但不得违反公正、公平原则。《示范文本》自二〇〇五年十月一日起施行。

4. 机电产品国际招标资格如何划分？

机电产品国际招标机构是指依法成立、经商务部审定并赋予国际招标资格、从事机电产品国际招标业务的法人。企业从事利用国外贷款和国内资金采购机电产品的国际招标业务应当取得机电产品国际招标资格。机电产品国际招标机构的资格等级分为甲级、乙级和预乙级。甲级国际招标机构从事机电产品国际招标业务不受委托金额限制；乙级国际招标机构只能从事1次性委托金额在4000万美元以下的机电产品国际招标业务；预乙级国际招标机构只能从事1次性委托金额在2000万美元以下的机电产品国际招标业务。

5. 政府采购代理机构资格如何划分？

政府采购代理机构资格分为甲级资格和乙级资格。取得甲级资格的政府采购代理机构可以代理所有政府采购项目。取得乙级资格的政府采购代理机构只能代理单项政府采购项目预算金额在1000万元人民币以下的政府采购项目。

6. 中央投资项目招标代理机构资格如何划分？

中央投资项目招标代理机构资格分为甲级和乙级。甲级资格的招标代理机构可以从事所有中央投资项目的招标代理业务。乙级资格的招标代理机构只能从事总投资2亿元人民币及以下的中央投资项目的招标代理业务。

7. 招标代理服务如何收费？

招标代理服务收费按照《招标代理服务收费管理暂行办法》（计价格［2002］1980号），实行政府指导价，其费用应由招标人支付，招标人、招标代理机构与投标人另有约定的，从其约定。工程招标委托人支付的招标代理服务费，可计入工程前期费用。招标代理服务收费按照招标代理业务性质分为：工程招标代理服务收费、货物招标代理服务收费、除工程和货物以外的服务招标代理服务收费。招标代理服务收费采用差额定率累进计费方式。收费标准上下浮动幅度不超过20%，出售招标文件可以收取编制成本费。

附录十八：招标代理机构资格管理相关法规

1. 工程建设项目招标代理机构资格认定办法

建设部令第 154 号

第一条 为了加强对工程建设项目招标代理机构的资格管理，维护工程建设项目招标投标活动当事人的合法权益，根据《中华人民共和国招标投标法》、《中华人民共和国行政许可法》等有关法律和行政法规，制定本办法。

第二条 在中华人民共和国境内从事各类工程建设项目招标代理业务机构资格的认定，适用本办法。

本办法所称工程建设项目（以下简称工程），是指土木工程、建筑工程、线路管道和设备安装工程及装饰装修工程项目。

本办法所称工程建设项目招标代理（以下简称工程招标代理），是指工程招标代理机构接受招标人的委托，从事工程的勘察、设计、施工、监理以及与工程建设有关的重要设备（进口机电设备除外）、材料采购招标的代理业务。

第三条 国务院建设主管部门负责全国工程招标代理机构资格认定的管理。

省、自治区、直辖市人民政府建设主管部门负责本行政区域内的工程招标代理机构资格认定的管理。

第四条 从事工程招标代理业务的机构，应当依法取得国务院建设主管部门或者省、自治区、直辖市人民政府建设主管部门认定的工程招标代理机构资格，并在其资格许可的范围内从事相应的工程招标代理业务。

第五条 工程招标代理机构资格分为甲级、乙级和暂定级。

甲级工程招标代理机构可以承担各类工程的招标代理业务。

乙级工程招标代理机构只能承担工程总投资 1 亿元人民币以下的工程招标代理业务。

暂定级工程招标代理机构，只能承担工程总投资 6000 万元人民币以下的工程招标代理业务。

第六条 工程招标代理机构可以跨省、自治区、直辖市承担工程招标代理业务。

任何单位和个人不得限制或者排斥工程招标代理机构依法开展工程招标代理业务。

第七条 甲级工程招标代理机构资格由国务院建设主管部门认定。

乙级、暂定级工程招标代理机构资格由工商注册所在地的省、自治区、直辖市人民政府建设主管部门认定。

第八条 申请工程招标代理资格的机构应当具备下列条件：

（一）是依法设立的中介组织，具有独立法人资格；

（二）与行政机关和其他国家机关没有行政隶属关系或者其他利益关系；

（三）有固定的营业场所和开展工程招标代理业务所需设施及办公条件；

（四）有健全的组织机构和内部管理的规章制度；

（五）具备编制招标文件和组织评标的相应专业力量；

（六）具有可以作为评标委员会成员人选的技术、经济等方面的专家库；

（七）法律、行政法规规定的其他条件。

第九条　申请甲级工程招标代理资格的机构，除具备本办法第八条规定的条件外，还应当具备下列条件：

（一）取得乙级工程招标代理资格满3年；

（二）近3年内累计工程招标代理中标金额在16亿元人民币以上（以中标通知书为依据，下同）；

（三）具有中级以上职称的工程招标代理机构专职人员不少于20人，其中具有工程建设类注册执业资格人员不少于10人（其中注册造价工程师不少于5人），从事工程招标代理业务3年以上的人员不少于10人；

（四）技术经济负责人为本机构专职人员，具有10年以上从事工程管理的经验，具有高级技术经济职称和工程建设类注册执业资格；

（五）注册资本金不少于200万元。

第十条　申请乙级工程招标代理资格的机构，除具备本办法第八条规定的条件外，还应当具备下列条件：

（一）取得暂定级工程招标代理资格满1年；

（二）近3年内累计工程招标代理中标金额在8亿元人民币以上；

（三）具有中级以上职称的工程招标代理机构专职人员不少于12人，其中具有工程建设类注册执业资格人员不少于6人（其中注册造价工程师不少于3人），从事工程招标代理业务3年以上的人员不少于6人；

（四）技术经济负责人为本机构专职人员，具有8年以上从事工程管理的经历，具有高级技术经济职称和工程建设类注册执业资格；

（五）注册资本金不少于100万元。

第十一条　新设立的工程招标代理机构具备第八条和第十条第（三）、（四）、（五）项条件的，可以申请暂定级工程招标代理资格。

第十二条　申请工程招标代理机构资格的机构，应当提供下列资料：

（一）工程招标代理机构资格申请报告；

（二）《工程招标代理机构资格申请表》及电子文档；

（三）企业法人营业执照；

（四）工程招标代理机构章程以及内部管理规章制度；

（五）专职人员身份证复印件、劳动合同、职称证书或工程建设类注册执业资格证书、社会保险缴费凭证以及人事档案代理证明；

（六）法定代表人和技术经济负责人的任职文件、个人简历等材料，技术经济负责人还应提供从事工程管理经历证明；

（七）办公场所证明，主要办公设备清单；

（八）出资证明及上一年度经审计的企业财务报告（含报表及说明，下同）；

（九）评标专家库成员名单；

（十）法律、法规要求提供的其他有关资料。

申请甲级、乙级工程招标代理机构资格的，还应当提供工程招标代理有效业绩证明（工程招标代理合同、中标通知书和招标人评价意见）。

工程招标代理机构应当对所提供资料的真实性负责。

第十三条 申请甲级工程招标代理机构资格的,应当向机构工商注册所在地的省、自治区、直辖市人民政府建设主管部门提出申请。

省、自治区、直辖市人民政府建设主管部门应当自受理申请之日起 20 日内初审完毕,并将初审意见和申请材料报国务院建设主管部门。

国务院建设主管部门应当自省、自治区、直辖市人民政府建设主管部门受理申请材料之日起 40 日内完成审查,公示审查意见,公示时间为 10 日。

第十四条 乙级、暂定级工程招标代理机构资格的具体实施程序,由省、自治区、直辖市人民政府建设主管部门依法确定。

省、自治区、直辖市人民政府建设主管部门应当将认定的乙级、暂定级的工程招标代理机构名单在认定后 15 日内,报国务院建设主管部门备案。

第十五条 工程招标代理机构的资格,在认定前由建设主管部门组织专家委员会评审。

第十六条 工程招标代理机构资格证书分为正本和副本,由国务院建设主管部门统一印制,正本和副本具有同等法律效力。

甲级、乙级工程招标代理机构资格证书的有效期为 5 年,暂定级工程招标代理机构资格证书的有效期为 3 年。

第十七条 甲级、乙级工程招标代理机构的资格证书有效期届满,需要延续资格证书有效期的,应当在其工程招标代理机构资格证书有效期届满 60 日前,向原资格许可机关提出资格延续申请。

对于在资格有效期内遵守有关法律、法规、规章、技术标准,信用档案中无不良行为记录,且业绩、专职人员满足资格条件的甲级、乙级工程招标代理机构,经原资格许可机关同意,有效期延续 5 年。

第十八条 暂定级工程招标代理机构的资格证书有效期届满,需继续从事工程招标代理业务的,应当重新申请暂定级工程招标代理机构资格。

第十九条 工程招标代理机构在资格证书有效期内发生下列情形之一的,应当自情形发生之日起 30 日内,到原资格许可机关办理资格证书变更手续,原资格许可机关在 2 日内办理变更手续:

(一)工商登记事项发生变更的;

(二)技术经济负责人发生变更的;

(三)法律法规规定的其他需要变更资格证书的情形。

由省、自治区、直辖市人民政府建设主管部门办理变更的,省、自治区、直辖市人民政府建设主管部门应当在办理变更后 15 日内,将变更情况报国务院建设主管部门备案。

第二十条 工程招标代理机构申请资格证书变更的,应当提交以下材料:

(一)资格证书变更申请;

(二)企业法人营业执照复印件;

(三)资格证书正、副本复印件;

(四)与资格变更事项有关的证明材料。

第二十一条 工程招标代理机构合并的,合并后存续或者新设立的机构可以承继合并前各方中较高的资格等级,但应当符合相应的资格条件。

工程招标代理机构分立的,只能由分立后的一方工程招标代理机构承继原工程招标代理机构的资格,但应当符合原工程招标代理机构的资格条件。承继原工程招标代理机构资格的一方由分立各方协商确定；其他各方资格按照本办法的规定申请重新核定。

第二十二条 工程招标代理机构在领取新的工程招标代理机构资格证书的同时，应当将原资格证书交回原发证机关予以注销。

工程招标代理机构需增补（含增加、更换、遗失补办）工程招标代理机构资格证书的，应当持资格证书增补申请等材料向资格许可机关申请办理。遗失资格证书的，在申请补办前，应当在公众媒体上刊登遗失声明。资格许可机关应当在2日内办理完毕。

第二十三条 工程招标代理机构应当与招标人签订书面合同，在合同约定的范围内实施代理，并按照国家有关规定收取费用；超出合同约定实施代理的，依法承担民事责任。

第二十四条 工程招标代理机构应当在其资格证书有效期内，妥善保存工程招标代理过程文件以及成果文件。

工程招标代理机构不得伪造、隐匿工程招标代理过程文件以及成果文件。

第二十五条 工程招标代理机构在工程招标代理活动中不得有下列行为：

（一）与所代理招标工程的招标投标人有隶属关系、合作经营关系以及其他利益关系；

（二）从事同一工程的招标代理和投标咨询活动；

（三）超越资格许可范围承担工程招标代理业务；

（四）明知委托事项违法而进行代理；

（五）采取行贿、提供回扣或者给予其他不正当利益等手段承接工程招标代理业务；

（六）未经招标人书面同意，转让工程招标代理业务；

（七）泄露应当保密的与招标投标活动有关的情况和资料；

（八）与招标人或者投标人串通，损害国家利益、社会公共利益和他人合法权益；

（九）对有关行政监督部门依法责令改正的决定拒不执行或者以弄虚作假方式隐瞒真相；

（十）擅自修改经招标人同意并加盖了招标人公章的工程招标代理成果文件；

（十一）涂改、倒卖、出租、出借或者以其他形式非法转让工程招标代理资格证书；

（十二）法律、法规和规章禁止的其他行为。

申请资格升级的工程招标代理机构或者重新申请暂定级资格的工程招标代理机构，在申请之日起前一年内有前款规定行为之一的，资格许可机关不予批准。

第二十六条 国务院建设主管部门和省、自治区、直辖市建设主管部门应当通过核查工程招标代理机构从业人员、经营业绩、市场行为、代理质量状况等情况，加强对工程招标代理机构资格的管理。

第二十七条 工程招标代理机构取得工程招标代理资格后，不再符合相应条件的，建设主管部门根据利害关系人的请求或者依据职权，可以责令其限期改正；逾期不改的，资格许可机关可以撤回其工程招标代理资格。被撤回工程招标代理资格的，可以按照其实际达到的条件，向资格许可机关提出重新核定工程招标代理资格的申请。

第二十八条 有下列情形之一的，资格许可机关或者其上级机关，根据利害关系人的请求或者依据职权，可以撤销工程招标代理资格：

（一）资格许可机关工作人员滥用职权、玩忽职守作出准予资格许可的；

（二）超越法定职权作出准予资格许可的；

（三）违反法定程序作出准予资格许可的；

（四）对不符合许可条件的申请作出资格许可的；

（五）依法可以撤销工程招标代理资格的其他情形。

以欺骗、贿赂等不正当手段取得工程招标代理资格证书的，应当予以撤销。

第二十九条 有下列情形之一的，资格许可机关应当依法注销工程招标代理机构资格，并公告其资格证书作废，工程招标代理机构应当及时将资格证书交回资格许可机关：

（一）资格证书有效期届满未依法申请延续的；

（二）工程招标代理机构依法终止的；

（三）资格证书被撤销、撤回，或者吊销的；

（四）法律、法规规定的应当注销资格的其他情形。

第三十条 建设主管部门应当建立工程招标代理机构信用档案，并向社会公示。

工程招标代理机构应当按照有关规定，向资格许可机关提供真实、准确、完整的企业信用档案信息。

工程招标代理机构的信用档案信息应当包括机构基本情况、业绩、工程质量和安全、合同违约等情况。本办法第二十五条第一款规定的行为、被投诉举报处理的违法行为、行政处罚等情况应当作为不良行为记入其信用档案。

第三十一条 工程招标代理机构隐瞒有关情况或者提供虚假材料申请工程招标代理机构资格的，资格许可机关不予受理或者不予行政许可，并给予警告，该机构1年内不得再次申请工程招标代理机构资格。

第三十二条 工程招标代理机构以欺骗、贿赂等不正当手段取得工程招标代理机构资格的，由资格许可机关给予警告，并处3万元罚款；该机构3年内不得再次申请工程招标代理机构资格。

第三十三条 工程招标代理机构不及时办理资格证书变更手续的，由原资格许可机关责令限期办理；逾期不办理的，可处以1000元以上1万元以下的罚款。

第三十四条 工程招标代理机构未按照规定提供信用档案信息的，由原资格许可机关给予警告，责令限期改正；逾期未改正的，可处以1000元以上1万元以下的罚款。

第三十五条 未取得工程招标代理资格或者超越资格许可范围承担工程招标代理业务的，该工程招标代理无效，由原资格许可机关处以3万元罚款。

第三十六条 工程招标代理机构涂改、倒卖、出租、出借或者以其他形式非法转让工程招标代理资格证书的，由原资格许可机关处以3万元罚款。

第三十七条 有本办法第二十五条第（一）、（二）、（四）、（五）、（六）、（九）、（十）、（十二）项行为之一的，处以3万元罚款。

第三十八条 本办法自2007年3月1日起施行。《工程建设项目招标代理机构资格认定办法》（建设部令第79号）同时废止。申请资格升级的工程招标代理机构或者重新申请暂定级资格的工程招标代理机构，在申请之日起前一年内有前款规定行为之一的，资格许可机关不予批准。

2. 工程建设项目招标代理机构资格认定办法实施意见

建市 [2007] 230 号

为规范工程建设项目招标代理机构资格认定管理，依据《招标投标法》、《工程建设项目招标代理机构资格认定办法》（建设部令第154号，以下简称《认定办法》）等法律法规，制定本实施意见。

一、申请材料内容

（一）工程招标代理机构资格初始申请，需提供下列材料：

1. 《工程建设项目招标代理机构资格申请表》（以下简称《申请表》）及电子文档；
2. 企业法人营业执照正本、副本复印件；
3. 企业章程复印件；
4. 验资报告（含所有附件）复印件；
5. 主要办公设备清单、办公场所证明材料（自有的提供产权证复印件，租用的提供出租方产权证以及租用合同或协议的复印件）；
6. 技术经济负责人的身份证、任职文件、个人简历、高级职称证书、工程建设类注册执业资格证书、从事工程管理经历证明、社会保险缴费凭证、人事档案管理代理证明的复印件；
7. 工程建设类注册执业资格人员的身份证、注册执业资格证书（含变更记录及续期记录）、社会保险缴费凭证、人事档案管理代理证明及从事工程管理经历证明的复印件；
8. 具有工程建设类中级以上职称专职人员的身份证、职称证书、社会保险缴费凭证、人事档案管理代理证明及从事工程招标代理经历证明的复印件；
9. 工程招标代理机构内部各项管理规章制度；
10. 评标专家库成员名单。

（二）工程招标代理机构资格升级申请，需提供本实施意见第（一）条所列材料外，还需提供下列材料：

1. 原工程建设项目招标代理机构资格证书正本、副本（含变更记录）复印件；
2. 工程招标代理有效业绩证明，包括：工程招标代理委托合同、中标通知书和招标人评价意见（中标通知书或评价意见应有主管部门备案章的复印件）；
3. 企业上一年度经审计的财务报告（含资产负债表、损益表及报表说明）的复印件。

（三）工程招标代理机构资格延续申请，需提供下列材料：

1. 《工程建设项目招标代理机构资格申请表》（以下简称《申请表》）及电子文档；
2. 企业法人营业执照正本、副本复印件；
3. 工程建设项目招标代理机构资格证书正本、副本（含变更记录）复印件；
4. 技术经济负责人的身份证、任职文件、个人简历、高级职称证书、工程建设类注册执业资格证书、从事工程管理经历证明、社会保险缴费凭证、人事档案管理代理证明的复印件；
5. 工程建设类注册执业资格人员的身份证、注册执业资格证书（含变更记录及续期记录）、社会保险缴费凭证、人事档案管理代理证明及从事工程管理经历证明的复印件；
6. 具有工程建设类中级以上职称专职人员的身份证、职称证书、社会保险缴费凭证、人事档案管理代理证明及从事工程招标代理经历证明的复印件；

7. 工程招标代理有效业绩证明，包括：工程招标代理委托合同、中标通知书和招标人评价意见（中标通知书或评价意见应有主管部门备案章）的复印件；

8. 建设主管部门提供的确认工程招标代理机构在资格有效期内市场诚信行为信息档案情况。

（四）甲级工程招标代理机构申请变更资质证书中企业名称的，由建设部负责办理。机构应向工商注册所在地的省、自治区、直辖市人民政府建设主管部门提出申请，并提交下列材料：

1.《建设工程企业资质证书变更审核表》；

2. 企业法人营业执照副本复印件；

3. 原有资格证书正、副本原件及复印件；

4. 股东大会或董事会关于变更事项的决议或文件。

上述规定以外的资格证书变更手续，由省、自治区、直辖市人民政府建设主管部门负责办理，具体办理程序由省、自治区、直辖市人民政府建设主管部门依法确定。其中甲级工程招标代理机构其资格证书编号发生变化的，省、自治区、直辖市人民政府建设主管部门需报建设部核准后，方可办理。

（五）工程招标代理机构改制、重组、分立、合并需重新核定资格的，除提供（一）、（二）所列材料外，还需提交下列材料：

1. 工程招标代理机构改制、重组、分立、合并情况报告；

2. 上级部门的批复（准）文件复印件；或股东大会或董事会关于改制、重组、分立、合并或股权变更等事项的决议复印件。

（六）甲级工程招标代理机构申请工商注册地跨省、自治区、直辖市变更的，应向拟迁入工商注册地的省、自治区、直辖市人民政府建设主管部门提出申请，除提供（一）所列材料外，还应提交下列材料：

1. 工程招标代理机构原工商注册所在地省级建设主管部门同意资格变更的书面意见；

2. 资格变更前原企业工商注册登记注销证明及资格变更后新企业法人营业执照正本、副本复印件。

其中涉及资质证书中企业名称变更的，省、自治区、直辖市人民政府建设主管部门应将受理的申请材料报建设部办理。

乙级、暂定级工程招标代理机构申请工商注册地跨省、自治区、直辖市变更，由各省、自治区、直辖市人民政府建设主管部门参照上述程序依法制定。

（七）材料要求。

1. 申报材料应包括《申请表》及相应的附件材料；《申请表》一式二份，附件材料一套（其中业绩证明材料应独立成册），并注明总册数和每册编号；

2. 附件资料应按上述"申请材料内容"的顺序排列，编制标明页码的总目录。复印资料关键内容必须清晰、可辨，申请材料必须数据齐全、填表规范、盖章或印鉴齐全、字迹清晰；

3. 附件资料装订规格为 A4（210mm×297mm）型纸，建议采用软封面封底，并逐页编写页码；

4. 专职人员资料的排列顺序，除按照"申请材料内容"的顺序排列外，《申请表》中人员表格中名单的排列也应与上述顺序相同；

5. 工程招标代理业绩证明材料应当依照《申请表》中填报的项目顺序（按时间先后顺序）提供，同一项业绩的工程招标代理委托代理合同、中标通知书和业主招标人评价意见应当装订在一起，三项材料缺一不可；

6. 甲级招标代理资格申请，应登陆建设部网站（http：//www.cin.gov.cn），通过建设工程资质审核专栏，填报申请数据，进行网上申报。

二、受理审查程序

（八）受理审查。

1. 资格受理部门应在规定时限内对招标代理机构提出的资格申请做出是否受理的决定；

2. 资格初审部门应当对申报的附件材料原件进行核验，确认各项材料与原件相符，并在申报材料上加盖"原件与复印件一致"印章；

3. 资格许可机关可组织专家委员会对申请材料进行评审，并提出评审意见，在规定时限内作出行政许可决定；

4. 资格许可机关对企业申报材料提出质疑的，招标代理机构应予配合，做出相关解释或提供相关证明材料；

5. 资格许可机关对工程招标代理机构的申请材料、审查记录和审查意见、公示、质询和处理等书面材料和电子文档等应归档并保存五年；

6. 甲级工程招标代理机构的资格审查公告在建设部网站发布，乙级和暂定级工程招标代理机构资格的公告发布由各省、自治区、直辖市人民政府建设主管部门自行确定。

（九）资格延续。

1. 工程招标代理机构应于资格证书有效期届满60日前，向原资格许可机关提出资格延续申请。逾期不申请资格延续的，其工程招标代理机构资格证书有效期届满后自动失效。如需从事工程招标代理业务，应按首次申请办理；

2. 甲级工程招标代理机构资格延续申请，应当通过工商注册所在地的省级人民政府建设主管部门上报国务院建设主管部门审批；

3. 招标代理机构在资格有效期内遵守有关法律、法规、规章、技术标准，信用档案中无《认定办法》第三十条规定的不良行为记录，且业绩、专职人员条件满足资格条件要求的，经原资格许可机关同意，可延续相应资格证书的有效期。不满足资格条件要求的，资格许可机关不予资格延续。

（十）资格变更、改制、重组、分立与合并。

1. 工程招标代理机构改制、重组后不再符合资格条件的，应当按其实际达到的资格条件及《认定办法》申请重新核定；资格条件不发生变化的，按照变更规定办理。

2. 工程招标代理机构分立或者合并的，按照《认定办法》第二十一条执行。

三、资格证书

（十一）工程招标代理机构资格证书由国务院建设主管部门统一编码，由审批部门负责颁发，并加盖审批部门公章。

国务院建设主管部门统一制定资格证书编号规则，各级别资格证书全国通用。

（十二）工程招标代理机构资格证书包括正本一本和副本四本，企业因经营需要申请增加资格证书副本数量的，应持增加申请、企业法人营业执照副本、资格证书副本到原发证机关办理，最多增加四本。

（十三）工程招标代理机构遗失资格证书的，可以申请补办，并需提供下列资料：

1. 工程招标代理机构申请补办报告；

2.《建设工程企业资质证书增补审核表》；

3. 在全国性建筑行业报纸或省级综合类报纸上刊登的遗失声明。

四、监督管理

（十四）工程招标代理机构应当按照《认定办法》的规定，向资格许可机关及时、准确地提供企业信用档案信息。信用档案信息应当包括机构基本信息、完成的招标代理业绩情况、招标代理合同的履约、以及招标代理过程中有无不良行为等情况。

（十五）省级人民政府建设主管部门应通过核查工程招标代理机构资格条件、专职人员实际履职或执业情况、市场经营行为、招标代理服务质量等信用档案信息状况，充分运用网络信息化等手段，加强对工程招标代理机构资格的动态管理。

（十六）上级建设主管部门必要时可以对下级资格初审或审查部门的审批材料、审批程序，以及招标代理机构的申请材料等进行检查或抽查。

（十七）各级建设主管部门应建立并完善代理机构信用档案信息的记录、汇总、发布等工作，建立跨地区的联动监管机制。工程招标代理机构出现《认定办法》第二十五条所列违法违规行为的，各级建设主管部门在依法作出相应的行政处罚后，将处罚情况记入工程招标代理机构信用档案，并将处罚情况通报相应资格许可机关，资格许可机关应对其资格条件情况进行严格核查。一旦发生不满足资格条件的情况，按照《认定办法》第二十七条规定执行。

五、有关说明

（十八）申请招标代理机构资格的企业，不得与行政机关以及有行政职能的事业单位有隶属关系或者其他利益关系。有下列情形之一的，属于与行政机关、有行政职能的事业单位以及招标投标人有隶属关系或者其他利益关系：

1. 由国家机关、行政机关及其所属部门、履行行政管理职能或者存在其他利益关系的事业单位出资；

2. 与国家机关、行政机关及其所属部门、履行行政管理职能或者存在其他利益关系的事业单位存在行政隶属关系；

3. 法人代表或技术经济负责人由国家机关、行政机关及其所属部门、履行行政管理职能或者存在其他利益关系的事业单位任命。

（十九）注册资本金以企业法人营业执照载明的实收资本和验资报告中载明的实际出资的注册资本金为考核指标。

（二十）超过60岁的人员，不得视为代理机构的专职人员；部分超过法定退休年龄已办理退休的专职人员，无社保证明的，需提供与企业依法签订的劳动合同主要页（包括合同双方名称、聘用起止时间、签字盖章、生效日期）；未到法定退休年龄已办理内退手续的专职人员，需提供原单位内退证明及与企业依法签订的劳动合同主要页（包括合同双方名称、聘用起止时间、签字盖章、生效日期）。

（二十一）工程建设类注册执业资格包括：注册建筑师、注册结构工程师及其他勘察设计注册工程师、注册建造师、注册监理工程师、注册造价工程师等具有注册执业资格的人员。申请甲级招标代理资格的机构，其注册人员的级别要求为一级注册建造师、一级注册建筑师、一级注册结构工程师或者其他注册人员，乙级、暂定级资格企业注册执业人员级别由省、自治区、直辖市人民政府建设主管部门自行确定。

一人同时具有注册监理工程师、注册造价工程师、注册建造师、注册建筑师、注册结构工程师或者其他勘察设计注册工程师两个及两个以上执业资格，证书不能重复计算，只能计算为工程建设类注册执业资格人员中的1人。

（二十二）社会保险证明指社会统筹保险基金管理部门颁发的代理机构社会养老保险手册及对账单；或该机构资格有效期内的含有个人社会保障代码、缴费基数、缴费额度、缴费期限等信息的参加社会保险缴费人员名单和缴费凭证。

（二十三）人事档案代理管理证明是指国家许可的有人事档案管理权限的机构出具的资格有效期内的代理机构人事档案存档人员名单和委托代理管理协议（合同）。

（二十四）工程招标代理机构内部管理规章制度主要包括：人事管理制度、代理工作规则、合同管理办法、财务管理办法、档案管理办法等。

（二十五）工程总投资是指工程项目立项批准文件上的工程总投资额，含征地费、拆迁补偿费、大市政配套费、建安工程费等。

（二十六）招标代理业绩证明材料中的工程招标代理合同应当至少载明下列内容：

1. 招标人和工程招标代理机构的名称与地址；
2. 工程概况与总投资额；
3. 代理事项、代理权限和代理期间；
4. 代理酬金及支付方式；
5. 双方的权利和义务；
6. 招标代理机构项目负责人情况；
7. 违约、索赔和争议条款。

（二十七）工程招标代理业绩要求的"近3年"的计算方法：企业申报业绩的中标通知书出具日期至该代理机构资格申报之日，期间跨度时间应在3年以内。

六、分支机构备案管理

（二十八）工程招标代理机构设立分支机构的，应当自领取分支机构营业执照之日起30日内，持下列材料到分支机构工商注册所在地省、自治区、直辖市人民政府建设主管部门备案：

1. 分支机构营业执照复印件；
2. 招标代理机构资格证书复印件；
3. 拟在分支机构执业的本机构不少于2名工程建设类注册执业人员的注册证书、职称证书和劳动合同复印件（其中注册造价师不少于1人）；

分支机构工作的本机构聘用有中级以上职称的专职人员不少于5人的身份证、职称证书、社会保险缴费凭证、人事档案管理代理证明和从事工程招标代理经历证明的复印件；

4. 分支机构内部管理规章制度；
5. 分支机构固定办公场所的租赁合同和产权证明（自有的只需提供产权证明）；
6. 机构注册地建设行政主管部门开具的一年内无不良行为的诚信记录证明。省、自治区、直辖市人民政府建设主管部门应当在接受备案之日起20日内，报国务院建设主管部门备案。

（二十九）分支机构应当由设立该分支机构的工程招标代理机构负责承接工程招标代理业务，签订工程招标代理合同、出具中标通知书。

分支机构不得以自己名义承接工程招标代理业务、订立工程招标代理合同。

附件：1. 工程建设项目招标代理机构资格申请表（略）

2. 社会保险缴纳情况表（样表）（略）

3. 机电产品国际招标机构资格审定办法

商务部令第6号

第一章 总 则

第一条 为了维护机电产品国际招标的公开、公平、公正，建立良好的国际招标竞争机制，保证机电产品国际招标投标有序进行，规范对机电产品国际招标机构的资格审定工作，依据《中华人民共和国招标投标法》、《中华人民共和国行政许可法》以及国务院对有关部门实施招标投标活动行政监督的职责分工，制定本办法。

第二条 机电产品国际招标机构是指依法成立、经商务部审定并赋予国际招标资格、从事机电产品国际招标业务的法人。

第三条 商务部负责全国机电产品国际招标机构的资格审定和年度资格审核工作。

各省、自治区、直辖市、计划单列市、沿海开放城市、经济特区、新疆生产建设兵团、各部门机电产品进出口管理机构（以下简称"主管部门"）负责本地区、本部门机电产品国际招标机构资格审定和年度资格审核的初步审核工作。

第二章 资格申请及审定

第四条 企业从事利用国外贷款和国内资金采购机电产品的国际招标业务应当取得机电产品国际招标资格。

机电产品国际招标机构的资格等级分为甲级、乙级和预乙级。甲级国际招标机构从事机电产品国际招标业务不受委托金额限制；乙级国际招标机构只能从事一次性委托金额在4000万美元以下的机电产品国际招标业务；预乙级国际招标机构只能从事一次性委托金额在2000万美元以下的机电产品国际招标业务。

第五条 未取得机电产品国际招标资格的法人只能申请预乙级机电产品国际招标资格。

第六条 申请预乙级机电产品国际招标资格的法人应当具备以下条件：

（一）与行政机关和其他国家机关不得存在隶属关系或其他利益关系；

（二）具有相应资金；

（三）具备固定的营业场所（含开标大厅）和开展国际招标业务所需的设施以及连通专业信息网络的现代化办公条件；

（四）具备能够编制招标文件和组织评标的相应专业力量：

1. 具有中级职称以上的专职招标人员不得少于从事招标业务人员总数的70%。

2. 具有三年以上机电产品国内招标经验，且近三年年均机电产品国内公开招标业绩在2亿元以上；或从事三年以上外贸经营业务，且近三年年均机电产品进出口总额在6亿美元以上。

第七条 申请人应当于每年7月1日至5日将申请材料报送相应的主管部门进行初步审核。相应的主管部门受理或不受理行政许可申请，应当出具加盖商务部专用印章和注明日期的书面凭证。相应的主管部门应当自其受理行政许可申请之日起二十日内提出初步审核意见，并于当年8月1日至5日将初步审核意见和申请人的申请材料报送商务部。

申请人提交的申请材料应当包括以下内容：

（一）申请书，内容包括：企业法人注册时间、职工人员结构情况、招标营业场所、计算机及信息网络等配置情况及国内招标业绩或机电产品进出口业绩综述。

（二）公司章程。

（三）法人营业执照（复印件）。

（四）对外贸易经营者备案登记表（复印件）。

（五）机电产品进出口贸易业绩一览表或机电产品国内公开招标业绩一览表、国内公开招标项目分项表及下列材料（复印件）：

1. 招标委托代理合同；
2. 公开发布的招标公告；
3. 开标记录；
4. 中标通知书。

（六）企业机构设置表。

（七）中级职称以上专职招标人员名单。

第八条 商务部应当自收到相应的主管部门转报的申请材料和初步审核意见之日起二十日内对申请进行审核并作出行政许可决定，同时将审定结果进行公告。对符合本办法规定条件的，由商务部赋予预乙级机电产品国际招标资格，同时颁发《国际招标机构资格证书》（以下简称资格证书）。资格证书自签发之日起生效，有效期至下一年年度审核结果公告之日止。

第九条 满足本办法第十五条所列条件的预乙级机电产品国际招标机构可以申请乙级机电产品国际招标资格。满足本办法第十六条所列条件的乙级、预乙级机电产品国际招标机构可以申请甲级机电产品国际招标资格。

第十条 申请人在申请机电产品国际招标资格时，提供虚假材料的，当次申请无效，并且下一年度商务部不再受理其机电产品国际招标资格申请。

第三章　年度资格审核

第十一条 商务部每年对机电产品国际招标机构进行年度资格审核，获得机电产品国际招标资格未满一年的机电产品国际招标机构不参加当次年度资格审核。

第十二条 机电产品国际招标机构应当于每年1月1日至10日将年度资格审核材料报送相应的主管部门进行初步审核。相应的主管部门应当于每年2月1日至10日将初步审核意见和申请材料报送商务部。

第十三条 机电产品国际招标机构申请年度资格审核时，应提交以下材料：

（一）机电产品国际招标机构上一年度的招标业绩，以其在商务部授权的专业网站开展机电产品国际招标业务的中标金额为准；

（二）年度资格审核申请书，内容包括：组织机构变化情况、规范招标措施、国际国内招标业绩综述等；

（三）法人营业执照（复印件）；

（四）机电产品国际招标业绩一览表；

（五）资格证书副本。

第十四条 机电产品国际招标机构符合以下条件的，年度资格审核予以通过，并由商务部换发资格证书：

（一）甲级机电产品国际招标机构年度机电产品国际招标业绩达到 8000 万美元以上；

（二）乙级机电产品国际招标机构年度机电产品国际招标业绩达到 5000 万美元以上；

（三）预乙级机电产品国际招标机构年度机电产品国际招标业绩达到 3000 万美元以上；

（四）未违反《招标投标法》、《机电产品国际招标投标实施办法》、本办法及其他有关规定的。

第十五条 预乙级机电产品国际招标机构在参加年度资格审核时，年度招标业绩达到 5000 万美元以上的，可以提出升级申请，经商务部审核批准，其国际招标资格等级可以升为乙级。

第十六条 预乙级、乙级机电产品国际招标机构在参加年度资格审核时，符合以下条件之一的，可以提出升级申请，经商务部审核批准，其国际招标资格等级可以升为甲级：

（一）乙级机电产品国际招标机构年度招标业绩为 1 亿美元以上并且注册资金在 1000 万元以上的；

（二）乙级机电产品国际招标机构自获得乙级国际招标资格两年内业绩累计达到 1.8 亿美元以上并且注册资金在 1000 万元以上的；

（三）乙级机电产品国际招标机构自获得乙级国际招标资格三年内业绩累计达到 2.5 亿美元以上并且注册资金在 1000 万元以上的；

（四）预乙级机电产品国际招标机构年度招标业绩达到 2 亿美元以上并且注册资金在 1000 万元以上的。

第十七条 机电产品国际招标机构在参加年度资格审核时，招标业绩有以下情况之一的，招标资格等级予以降级，但是国务院有特殊规定或其他特殊原因的，可以适当放宽年度资格审核标准：

（一）甲级机电产品国际招标机构年度招标业绩未满 8000 万美元但超过 5000 万美元的，降为乙级国际招标资格；

（二）甲级机电产品国际招标机构年度招标业绩未满 5000 万美元但超过 3000 万美元的，降为预乙级国际招标资格；

（三）乙级机电产品国际招标机构年度招标业绩未满 5000 万美元但超过 3000 万美元的，降为预乙级国际招标资格。

第十八条 机电产品国际招标机构在参加年度资格审核时，其年度招标业绩未满 3000 万美元的，不得通过当次年度资格审核，自当次年度资格审核结果公布之日起不得继续开展机电产品国际招标业务，并且一年内商务部不再受理其机电产品国际招标机构资格申请，但是国务院有特殊规定或其他特殊原因的，可以适当放宽年度资格审核标准。

第十九条 机电产品国际招标机构在参加年度资格审核时，上一年度内受到一次警告的，年度资格审核时将其资格等级下降一级；对满足升级条件的机电产品国际招标机构不予升级。

机电产品国际招标机构在参加年度资格审核时，上一年度内受到两次警告的，不得参加当次年度资格审核，其上一年度的招标业绩在下一次年度资格审核时审核，从当次年度资格审核结果公布之日起到下一次年度资格审核通过前不得继续开展机电产品国际招标业务。

机电产品国际招标机构在参加年度资格审核时，上一年度内受到三次警告的，不得参加当次年度资格审核，自当次年度资格审核结果公布之日起不得继续开展机电产品国际招标业务，并且三年内商务部不再受理其机电产品国际招标资格申请。

第二十条 机电产品国际招标机构的机构名称、法定代表人、地址等如有变更，应向商务部提出申请更换资格证书；机电产品国际招标机构发生合并、分立等重大变化导致原机构发生实质性变化的，应向商务部重新申请机电产品国际招标资格。

第二十一条 未按本办法规定进行年度资格审核的机电产品国际招标机构，其国际招标资格证书到期自动失效。

第二十二条 机电产品国际招标机构在报送年度资格审核材料时提供虚假材料的，不得通过年度资格审核，并且下一年度内商务部不再受理其国际招标资格申请。

第二十三条 商务部负责对年度资格审核情况予以公布。

第四章 罚 则

第二十四条 机电产品国际招标机构有下列行为之一的，给予警告，并处三万元以下罚款：

（一）涂改资格证书的；
（二）转让、转借资格证书的；
（三）擅自修改招标文件的；
（四）招标文件、评标报告未按规定备案的；
（五）未按有关规定确定的评标规则进行评标的；
（六）评标报告未如实反映招标文件、投标文件实际情况的；
（七）未按规定组成评标委员会的；
（八）委托无机电产品国际招标资格的机构开展国际招标活动中的实质性业务的；
（九）委托分支机构开展国际招标活动中的实质性业务的；
（十）擅自更改中标结果的；
（十一）其他违反《招标投标法》、《机电产品国际招标投标实施办法》、本办法和国家其他有关招标投标法律法规的行为。

第二十五条 机电产品国际招标机构有下列行为之一的，处五万元以上二十五万元以下罚款，对单位直接负责的主管人员和其他直接责任人员处单位罚款数额百分之五以上百分之十以下罚款；有违法所得的，并处没收违法所得；情节严重的，暂停或取消其机电产品国际招标资格：

（一）与招标人相互串通虚假招标的；
（二）泄露应当保密的与招标、投标活动有关的情况和资料的；
（三）与投标人串通就投标文件的商务、技术和价格等进行实质性修改的。

第五章 附 则

第二十六条 本办法由商务部负责解释。

第二十七条 本办法自 2005 年 3 月 1 日起施行。原《国际招标机构资格审定办法》、《关于对机电产品国际招标机构实行年度审核的通知》、《关于国际招标机构资格审定及年度审核有关工作的补充通知》同时废止。

4. 政府采购代理机构资格认定办法

财政部第 61 号令

第一章 总 则

第一条 为了规范政府采购代理机构资格认定工作，加强政府采购代理机构资格管理，根据《中华人民共和国政府采购法》和国务院有关规定，制定本办法。

第二条 政府采购代理机构资格的认定适用本办法。

本办法所称政府采购代理机构，是指取得财政部门认定资格的，依法接受采购人委托，从事政府采购货物、工程和服务采购代理业务的社会中介机构。

各级人民政府设立的集中采购机构不适用本办法。

第三条 政府采购代理机构资格认定，应当遵循公开、公平、公正原则。

第四条 政府采购代理机构资格认定由财政部和省、自治区、直辖市人民政府财政部门（以下简称省级人民政府财政部门）依据本办法的规定实施。

第五条 代理政府采购事宜的机构，应当依法取得财政部或者省级人民政府财政部门认定的政府采购代理机构资格。

第六条 政府采购代理机构资格分为甲级资格和乙级资格。

取得甲级资格的政府采购代理机构可以代理所有政府采购项目。取得乙级资格的政府采购代理机构只能代理单项政府采购项目预算金额在一千万元人民币以下的政府采购项目。

第七条 政府采购代理机构甲级资格的认定工作由财政部负责；乙级资格的认定工作由申请人工商注册所在地的省级人民政府财政部门负责。

第八条 财政部或者省级人民政府财政部门应当向取得认定资格的政府采购代理机构颁发《政府采购代理机构资格证书》（以下简称《资格证书》）。

《资格证书》应当载明政府采购代理机构名称、代理业务范围、资格有效期限起止日期等事项，并加盖颁发证书的财政部门印章。

《资格证书》分为正本和副本，有效期为三年，持有人不得出借、出租、转让或者涂改。

第九条 政府采购代理机构可以在全国范围内依法代理政府采购事宜。任何单位和个人不得采取任何方式，阻挠和限制政府采购代理机构依法进入本地区或者本行业的政府采购市场。

政府采购代理机构拟在其工商注册地以外的省、自治区、直辖市开展业务的，应当持有效的企业法人营业执照、税务登记证副本、《资格证书》复印件向当地省级人民政府财政部门备案。

第十条 政府采购代理机构不得代理其本身或者与其有股权关系的自然人、法人或者其他组织作为直接或者间接供应商参加的政府采购项目。

第十一条 在政府采购代理业务中，政府采购代理机构应当向委托人提供合法、方便、优质、高效和价格合理的服务。

政府采购代理机构不得以不正当的手段承揽政府采购代理业务。

第十二条 政府采购代理机构代理政府采购事宜，按照国家有关规定收取代理服务费。

第十三条 财政部门在实施政府采购代理机构资格认定和对政府采购代理机构代理业务

情况进行监督检查工作中，不得收取任何费用。

第二章 资格申请

第十四条 乙级政府采购代理机构应当具备下列条件：
（一）具有企业法人资格，且注册资本为人民币一百万元以上；
（二）与行政机关没有隶属关系或者其他利益关系；
（三）具有健全的组织机构和内部管理制度；
（四）有固定的营业场所和开展政府采购代理业务所需的开标场所以及电子监控等办公设备、设施；
（五）申请政府采购代理机构资格之前三年内，在经营活动中没有因违反有关法律法规受到刑事处罚或者取消资格的行政处罚；
（六）有参加过规定的政府采购培训，熟悉政府采购法规和采购代理业务的法律、经济和技术方面的专职人员，母公司和子公司分别提出申请的，母公司与子公司从事政府采购代理业务的专职人员不得相同；
（七）专职人员总数不得少于十人，其中具有中级以上专业技术职务任职资格的不得少于专职人员总数的百分之四十；
（八）财政部规定的其他条件。

第十五条 甲级政府采购代理机构除应当具备本办法第十四条第二项至第六项条件外，还应当具备下列条件：
（一）具有企业法人资格，且注册资本为人民币五百万元以上；
（二）专职人员总数不得少于三十人，其中具有中级以上专业技术职务任职资格的不得少于专职人员总数的百分之六十；
（三）取得政府采购代理机构乙级资格一年以上，最近两年内代理政府采购项目中标、成交金额累计达到一亿元人民币以上；或者从事招标代理业务两年以上，最近两年中标金额累计达到十亿元人民币以上；
（四）财政部规定的其他条件。

第十六条 申请政府采购代理机构乙级资格的，申请人应当向其工商注册所在地的省级人民政府财政部门提交资格认定申请书，并提供下列材料：
（一）有效的企业法人营业执照、税务登记证副本和社会保险登记证书复印件；
（二）经工商管理部门备案的《企业章程》复印件；
（三）与行政机关没有隶属关系和其他利益关系的书面声明；
（四）机构内部各项管理制度；
（五）有固定的营业场所和开展政府采购代理业务所需的开标场所、电子监控等办公设备、设施的相关证明材料，营业场所、开标场所为自有场所的提供产权证复印件；营业场所、开标场所为租用场所的提供出租方产权证以及租用合同或者协议的复印件；
（六）申请政府采购代理机构资格之前三年内，在经营活动中没有因违反有关法律法规受到刑事处罚或者取消资格的行政处罚的书面声明；
（七）专职人员的名单、中级以上专业技术职务证书、劳动合同、人事档案管理代理证明以及申请之前六个月或者企业成立以来缴纳社会保险费的证明（社会保险缴纳情况表或者银行缴款单据）复印件；

（八）母公司或者子公司已申请或者取得政府采购代理机构资格情况的说明；

（九）财政部规定的其他材料。

第十七条 申请政府采购代理机构甲级资格的，申请人应当向财政部提交资格认定申请书，并提供下列材料：

（一）本办法第十六条规定的材料；

（二）具备政府采购代理机构乙级资格的，提交乙级资格证书复印件；

（三）《政府采购代理有效业绩一览表》或者《招标代理有效业绩一览表》以及与所列业绩相应的委托代理协议和采购人（招标人）确定中标、成交结果的书面通知复印件。

第十八条 申请人应当如实提交申请材料和反映真实情况，并对其申请材料实质内容的真实性负责。财政部或者省级人民政府财政部门不得要求申请人提供与政府采购代理机构资格认定无关的材料。

第十九条 申请人在递交申请材料复印件的同时，应当提交相应的原件，经财政部或者省级人民政府财政部门核对无误后予以退回。

申请人将申请材料中的复印件交由公证机构公证"与原件一致"后装订成册提交的，可以不提交复印件的原件。

第二十条 财政部或者省级人民政府财政部门对申请人提出的资格认定申请，应当根据下列情况分别作出处理：

（一）申请事项依法不属于本财政部门职权范围的，应当作出不予受理决定，并告知申请人向有关部门申请；

（二）申请材料存在可以当场更正的错误的，应当允许申请人当场更正；

（三）申请材料不齐全或者不符合本办法规定形式的，应当当场或者在五个工作日内一次告知申请人需要补正的全部内容，逾期不告知的，自收到申请材料之日起即为受理；

（四）申请事项属于本财政部门职权范围，申请材料齐全、符合本办法规定形式的，或者申请人已按要求提交全部补正申请材料的，应当受理资格认定申请。

第二十一条 财政部或者省级人民政府财政部门受理或者不予受理资格认定申请，应当出具加盖本财政部门专用印章和注明日期的书面凭证。

第二十二条 财政部或者省级人民政府财政部门应当对申请人提交的申请材料进行审查，并自受理资格认定申请之日起二十个工作日内，根据下列情况分别作出决定，二十个工作日内不能作出决定的，经本财政部门负责人批准，可以延长十个工作日，并应当将延长期限的理由告知申请人：

（一）申请人的申请符合本办法规定条件的，应当依法作出认定资格的书面决定，并向申请人颁发甲级或者乙级《资格证书》；

（二）申请人的申请不符合本办法规定条件的，应当依法作出不予认定资格的书面决定，并说明理由和告知申请人享有依法申请行政复议或者提起行政诉讼的权利。

财政部或者省级人民政府财政部门作出资格认定决定前，应当将拟认定资格的政府采购代理机构名单在指定的政府采购信息发布媒体上进行公示，公示期不得少于五个工作日。

第二十三条 乙级政府采购代理机构获得甲级政府采购代理机构资格后，其原有的乙级政府采购代理机构资格自动失效。

第二十四条 财政部或者省级人民政府财政部门应当将获得认定资格的政府采购代理机构名单在指定的政府采购信息发布媒体上予以公告。

第二十五条　省级人民政府财政部门应当自批准乙级政府采购代理机构资格之日起三十日内，将获得资格的乙级政府采购代理机构名单报财政部备案。

第三章　资格延续与变更

第二十六条　政府采购代理机构需要延续依法取得的政府采购代理机构资格有效期的，应当在《资格证书》载明的有效期届满六十日前，向作出资格审批决定的财政部门提出申请。

第二十七条　乙级政府采购代理机构申请资格延续的，应当满足本办法第十四条规定的条件。

第二十八条　甲级政府采购代理机构申请资格延续的，应当满足下列条件：

（一）本办法第十五条规定的条件，但第三项除外；

（二）《资格证书》有效期内代理完成政府采购项目中标、成交金额一亿五千万元人民币以上。

第二十九条　申请人提出资格延续申请的，应当提交资格延续申请书，并提供下列材料：

（一）有效的企业法人营业执照、税务登记证副本和社会保险登记证书复印件；

（二）原《资格证书》复印件；

（三）营业场所、开标场所发生变动的，自有场所应当提供产权证复印件，租用场所应当提供出租方产权证以及租用合同或者协议的复印件；

（四）最近三年内在经营活动中没有因违反有关法律法规受到刑事处罚或者取消资格以上的行政处罚的书面声明；

（五）专职人员的名单、中级以上专业技术职务证书、劳动合同、人事档案管理代理证明以及申请之前六个月缴纳社会保险费的证明（社会保险缴纳情况表或者银行缴款单据）复印件；

（六）甲级政府采购代理机构提交《政府采购代理有效业绩一览表》以及证明所列业绩所需的相应委托代理协议和采购人确定中标、成交结果的书面通知复印件；

（七）财政部规定的其他材料。

第三十条　财政部或者省级人民政府财政部门在收到资格延续申请后，经审核申请材料齐全，符合法定形式和要求的，应当受理申请，依照本办法第十九条至第二十一条的规定进行审查，并在申请人的政府采购代理机构资格有效期届满前，根据下列情况分别作出决定：

（一）申请人的申请符合本办法规定条件的，应当作出延续政府采购代理机构资格的书面决定，并重新颁发《资格证书》；

（二）申请人的申请不符合本办法规定条件的，应当作出不予延续政府采购代理机构资格的书面决定，并说明理由和告知申请人享有依法申请行政复议或者提起行政诉讼的权利。

第三十一条　政府采购代理机构逾期不申请资格延续的，其《资格证书》自证书载明的有效期届满后自动失效。需要继续代理政府采购事宜的，应当重新申请政府采购代理机构资格。

第三十二条　政府采购代理机构《资格证书》记载事项依法发生变更的，应当自变更之日起二十日内提供有关证明文件并办理变更或者换证手续。但是，机构名称变更的，应当重新申请政府采购代理机构资格。

第三十三条 政府采购代理机构解散、破产或者因其他原因终止政府采购代理业务的，应当自情况发生之日起十日内交回《资格证书》，办理注销手续。

第三十四条 政府采购代理机构分立或者合并的，应当自情况发生之日起十日内交回《资格证书》，办理注销手续；分立或者合并后的机构拟从事政府采购代理业务的，应当重新申请政府采购代理机构资格。

第三十五条 政府采购代理机构发生本办法第三十二条至第三十四条规定情形，逾期未办理相关手续的，其政府采购代理机构资格自动失效。

第四章 监督检查

第三十六条 财政部应当加强对省级人民政府财政部门实施政府采购代理机构资格认定工作的监督检查，及时纠正和依法处理资格认定工作中的违法违规行为。

第三十七条 县级以上人民政府财政部门应当按照政府采购管理权限，对政府采购代理机构执行政府采购法律、法规的情况，包括采购范围、采购方式、采购程序、代理业绩以及政府采购代理机构人员的职业素质和专业技能等方面进行监督检查，加强监管档案管理，建立不良行为公告制度。

第三十八条 县级以上人民政府财政部门应当依法处理处罚政府采购代理机构的违法违规行为，并予以公告。但涉及政府采购代理机构甲级资格的行政处罚，应当由财政部作出；涉及乙级资格的行政处罚，应当由认定资格的省级人民政府财政部门或者财政部作出。

第三十九条 县级以上地方人民政府财政部门应当将政府采购代理机构违法违规行为的处理处罚结果，书面告知作出资格认定决定的财政部门。

第四十条 个人和组织发现政府采购代理机构违法代理政府采购事宜的，有权向财政部门举报。收到举报的财政部门有权处理的，应当及时核实、处理；无权处理的，应当及时移送有权处理的财政部门处理。

第五章 法律责任

第四十一条 申请人隐瞒有关情况或者提供虚假材料的，财政部和省级人民政府财政部门应当不予受理或者不予资格认定、延续，并给予警告。

第四十二条 申请人以欺骗、贿赂等不正当手段取得政府采购代理机构资格的，由作出资格认定决定的财政部门予以撤销，并收回《资格证书》；涉嫌犯罪的，移送司法机关处理。

第四十三条 政府采购代理机构有下列情形之一的，责令限期改正，给予警告；情节严重的，暂停其政府采购代理机构资格三至六个月；情节特别严重或者逾期不改正的，取消其政府采购代理机构资格，并收回《资格证书》；涉嫌犯罪的，移送司法机关处理：

（一）出借、出租、转让或者涂改《资格证书》的；
（二）超出授予资格的业务范围承揽或者以不正当手段承揽政府采购代理业务的；
（三）违反本办法第十条规定的；
（四）违反委托代理协议泄露与采购代理业务有关的情况和资料的；
（五）擅自修改采购文件或者评标（审）结果的；
（六）在代理政府采购业务中有《中华人民共和国政府采购法》第七十一条、第七十二条、第七十六条规定的违法情形的；
（七）法律、法规、规章规定的其他违法行为。

受到警告或者暂停资格处罚的政府采购代理机构，在被处罚后三年内再次有本条第一款所列情形之一的，取消其政府采购代理机构资格，并收回《资格证书》；涉嫌犯罪的，移送司法机关处理。

第四十四条 政府采购代理机构对财政部门的行政处理、处罚决定不服的，可以依法申请行政复议或者向人民法院提起行政诉讼。

第六章 附 则

第四十五条 本办法所称专职人员是指与申请人签订劳动合同，由申请人依法缴纳社会保险费的在职人员，不包括退休人员。

第四十六条 政府采购代理机构资格认定和资格延续申请书的格式文本由财政部负责制定。

第四十七条 本办法自2010年12月1日起施行。2005年12月28日财政部发布的《政府采购代理机构资格认定办法》（财政部令第31号）同时废止。

5. 中央投资项目招标代理机构资格认定管理办法

发改委令（2005）36号

第一章 总 则

第一条 为了提高政府投资效益，规范中央投资项目的招标投标行为，提高招标代理机构的服务质量，从源头上防止腐败现象，根据《中华人民共和国招标投标法》、《中华人民共和国行政许可法》、《国务院关于投资体制改革的决定》、《国家发展改革委保留的行政审批项目确认书》以及其他相关法律法规，制定本办法。

第二条 凡在中华人民共和国境内从事中央投资项目招标代理业务的招标代理机构，应按照本办法进行资格认定。

第三条 本办法所称中央投资项目，是指全部或部分使用中央预算内投资资金（含国债）、专项建设基金、国家主权外债资金和其他中央财政性投资资金的固定资产投资项目。

使用国家主权外债资金的中央投资项目，国际金融机构或贷款国政府对项目招标与采购有要求的，从其规定。

第四条 本办法所称招标代理业务，包括受招标人委托，从事项目业主招标、专业化项目管理单位招标、政府投资规划编制单位招标，以及中央投资项目的勘察、可行性研究、设计、设备、材料、施工、监理、保险等方面的招标代理业务。

第五条 国家发展和改革委员会是中央投资项目招标代理机构资格认定的管理部门，依据《招标投标法》和相关法规，对招标代理机构进行资格认定和监督。

第六条 获得商务部颁发的机电产品国际招标机构资格的招标代理机构，可从事中央投资项目的机电产品国际招标代理业务。

依据《政府采购法》从事政府采购货物和服务招标的采购代理机构，其资格认定与管理办法由有关部门另行制定，不适用于本办法。

第二章 资 格 申 请

第七条 中央投资项目招标代理机构资格分为甲级和乙级。

甲级资格的招标代理机构可以从事所有中央投资项目的招标代理业务。

乙级资格的招标代理机构只能从事总投资2亿元人民币及以下的中央投资项目的招标代理业务。

第八条 申请中央投资项目招标代理资格的机构应具备下列条件：

（一）是依法设立的社会中介组织，具有独立企业法人资格；

（二）与行政机关和其他国家机关没有行政隶属关系或其他利益关系；

（三）有固定的营业场所和开展中央投资项目招标代理业务所需设施及办公条件；

（四）有健全的组织机构和内部管理规章制度；

（五）具备编制招标文件和组织评标的相应专业力量；

（六）建立有一定规模的评标专家库；

（七）近3年内机构没有因违反《招标投标法》及有关管理规定，受到相关管理部门暂停资格以上处罚；

（八）近3年内机构主要负责人没有因违反《招标投标法》及有关管理规定受到刑事处罚；

（九）国家发展和改革委员会规定的其他条件。

第九条 申请甲级招标代理机构资格的机构，除具备本办法第八条规定条件外，还应具备以下条件：

（一）注册资金不少于800万元人民币；

（二）招标专业人员不少于50人；

（三）招标专业人员中，具有中级及中级以上职称的技术人员不少于70%；

（四）评标专家库专家人数在800人以上；

（五）开展招标代理业务5年以上；

（六）近5年从事过的招标代理项目个数在300个以上，中标金额累计在50亿元人民币（以中标通知书为依据，下同）以上。

第十条 申请乙级招标代理机构资格的机构，除具备本办法第八条规定条件外，还应具备以下条件：

（一）注册资金不少于300万元人民币；

（二）招标从业人员不少于30人；

（三）招标从业人员中，具备中级及中级以上职称的技术人员不少于60%；

（四）评标专家库专家人数在500人以上；

（五）开展招标代理业务3年以上；

（六）近3年从事过的招标代理项目个数在100个以上，中标金额累计在15亿元人民币以上。

第十一条 开展招标代理业务不足三年的招标代理机构，具备第八条和第十条第（一）、（二）、（三）、（四）项条件的，可申请中央投资项目招标代理机构预备资格。获得预备资格后，可从事总投资1亿元人民币及以下的中央投资项目的招标代理业务。

第十二条 国家发展和改革委员会定期进行中央投资项目招标代理机构资格认定工作。相关资格受理的通知、要求和申请材料格式文本等将提前公布，以保证申请人有足够时间准备申请材料。

第十三条 申请中央投资项目招标代理机构资格的机构，应按要求报送以下材料：

（一）中央投资项目招标代理机构资格申请书；

（二）企业法人营业执照副本复印件（加盖原登记机关确认章）；

（三）公司章程；

（四）企业机构设置情况表；

（五）企业人员基本情况；

（六）招标业绩；

（七）所申报招标业绩的中标通知书；

（八）评标专家库人员名单；

（九）其他相关文件。

第十四条 申请中央投资项目招标代理机构资格的材料，应报送企业注册所在地的省级发展和改革委员会进行初审。初审机关按有关规定对申请材料进行审查，提出初审意见，报送国家发展和改革委员会。

第十五条 国家发展和改革委员会组织专家委员会，对经过省级发展和改革委员会初审的资格申请材料进行评审。通过评审的，授予中央投资项目招标代理机构资格。

国家发展和改革委员会在评定结果确定后10日内，向获得中央投资项目招标代理机构资格的机构颁发资格证书，同时将结果向社会公布。

第十六条 中央投资项目招标代理机构资格证书有效期为3年。招标代理机构需要延续资格证书有效期的，应当在证书有效期届满30日前向国家发展和改革委员会提出申请。

第十七条 国家发展和改革委员会定期进行中央投资项目招标代理机构资格升级的评审工作。乙级和预备级招标代理机构在初次取得中央投资项目招标代理机构资格1年以后，具备高一级别条件的，可在当年招标机构资格申请受理时，按规定提出升级申请。

第十八条 有以下情形之一的招标代理机构，暂不授予中央投资项目招标代理机构资格：

（一）不具备本办法规定的相关条件的；

（二）未按要求提供真实完整资料的；

（三）在招标代理业务中有违反法律法规的行为，已被司法机关立案审查或近3年内受到有关管理部门暂停资格以上处罚的。

第十九条 中央投资项目招标代理机构变更机构名称、地址、更换法定代表人的，应向国家发展和改革委员会申请更换资格证书。

中央投资项目招标代理机构在组织机构发生分立、合并等重大变化时，应按照本办法，向国家发展和改革委员会重新提出资格申请。

第三章 监督管理

第二十条 中央投资项目招标代理机构，应按照《招标投标法》及国家对中央投资项目的有关管理规定，接受招标人委托，从事招标代理业务，按国家有关规定收取招标代理服务费。

第二十一条 中央投资项目招标代理机构，应严格执行招标投标、投资管理等有关制度规定，自觉接受政府、社会监督，维护招标投标各方的合法权益，保障社会公共利益，承担有关保密义务。

第二十二条 中央投资项目招标代理机构，应在中央投资项目招标工作结束、发出中标通知书后15日内，向国家发展和改革委员会报送《中央投资项目招标情况报告》。

国家发展和改革委员会依据项目招标情况报告，不定期地对招标项目进行抽查。

第二十三条 国家发展和改革委员会负责接受有关中央投资项目招标代理机构资格的质疑和投诉。

第二十四条 国家发展和改革委员会每年组织专家委员会，依据项目招标情况报告、质疑和投诉记录以及招标项目业绩情况等，对中央投资项目招标代理机构进行年度资格检查。连续2年年检不合格的，予以降级处理直至取消招标代理资格。

有下列情况之一的，为年检不合格：

（一）年度中有严重违规行为；

（二）未能按时合规报送《中央投资项目招标情况报告》和年检材料；

（三）甲级招标机构年度招标业绩达不到10亿元人民币；

（四）乙级招标机构年度招标业绩达不到5亿元人民币。

第四章 罚 则

第二十五条 在资格申请过程中弄虚作假的招标代理机构，正在申请和审核过程中的，取消其申请；已经取得资格的，取消其资格。

第二十六条 在资格年检过程中报送虚假材料的招标代理机构，视情节轻重给予暂停或取消资格的处罚。

第二十七条 采用委托招标方式的中央投资项目，没有委托具备相应资格的招标代理机构办理招标事宜的，中标结果无效。

中央投资项目招标代理机构超越本办法规定范围从事招标代理业务的，给予暂停资格的处罚。

第二十八条 中央投资项目招标代理机构出借、转让、涂改资格证书的，给予取消资格的处罚。

第二十九条 中央投资项目招标代理机构在招标代理业务中有以下行为的，国家发展和改革委员会将视情节轻重，给予警告、暂停资格、取消资格的处罚：

（一）泄露应当保密的与招标代理业务有关的情况和资料；

（二）与招标人、投标人相互串通损害国家、社会公共利益或他人合法权益；

（三）与投标人就投标价格、投标方案等实质性内容进行谈判；

（四）擅自修改招标文件、投标报价、中标通知书。

因上述行为影响中标结果的，中标结果无效。

第三十条 招标代理机构有下列行为之一的，国家发展和改革委员会责令改正，视情节轻重给予警告处分，并可处以一定数额的罚款。对于第五项行为可处以 1 万元以上 5 万元以下罚款，其他行为可处以 1 万元以下罚款。

（一）不在指定媒体上发布招标公告；

（二）招标文件或资格预审文件发售时限不符合有关规定；

（三）评标委员会组成和专家结构不符合有关规定；

（四）投标人数量不符合法定要求不重新招标；

（五）以不合理条件限制或排斥潜在投标人、对潜在投标人实行歧视待遇或限制投标人之间的竞争；

（六）未按要求上报《中央投资项目招标情况报告》；

（七）其他违反法律法规和有关规定的行为。

第三十一条 对于招标代理机构的处罚结果将在国家发展和改革委员会网站上及时向社会公布。

因招标代理机构的违法违规行为给他人造成损失的，依法承担赔偿责任；构成犯罪的，依法移送司法机关追究刑事责任。

第五章 附 则

第三十二条 本办法由国家发展和改革委员会负责解释。

第三十三条 本办法自 2005 年 11 月 1 日起施行。

6. 招标代理服务收费管理暂行办法

计价格 [2002] 1980 号

第一条 为规范招标代理服务收费行为，维护招标人、投标人和招标代理机构的合法权益，根据《中华人民共和国价格法》、《中华人民共和国招标投标法》及有关法律、行政法规，制定本办法。

第二条 中华人民共和国境内发生的各类招标代理服务的收费行为，适用本办法。

第三条 本办法所称招标代理服务收费，是指招标代理机构接受招标人委托，从事编制招标文件（包括编制资格预审文件和标底），审查投标人资格，组织投标人踏勘现场并答疑，组织开标、评标、定标以及提供招标前期咨询、协调合同的签订等业务所收取的费用。

第四条 招标代理机构从事招标代理业务并收取服务费用的，必须符合《中华人民共和国招标投标法》第十三条、第十四条规定的条件，具备独立法人资格和相应资质。

第五条 招标代理机构应当在招标人委托的范围内办理招标事宜，遵守国家法律、法规及政策规定，符合招标人的技术、质量要求。

第六条 招标代理服务应当遵循公开、公正、平等、自愿、有偿的原则。严格禁止任何单位和个人为招标人强制指定招标代理机构或强制具有自行招标资格的单位接受代理并收取费用。

第七条 招标代理服务收费按照招标代理业务性质分为：

（一）各类土木工程、建筑工程、设备安装、管道线路敷设、装饰装修等建设以及附带服务的工程招标代理服务收费。

（二）原材料、产品、设备和固态、液态或气态物体和电力等货物及其附带服务的货物招标代理服务收费。

（三）工程勘察、设计、咨询、监理、矿业权、土地使用权出让、转让和保险等工程和货物以外的服务招标代理服务收费。

第八条 招标代理服务收费实行政府指导价。

第九条 招标代理服务收费采用差额定率累进计费方式。收费标准按本办法附件规定执行，上下浮动幅度不超过 20%。具体收费额由招标代理机构和招标委托人在规定的收费标准和浮动幅度内协商确定。

出售招标文件可以收取编制成本费，具体定价办法由省、自治区、直辖市价格主管部门按照不以营利为目的的原则制定。

第十条 招标代理服务实行"谁委托谁付费"。

工程招标委托人支付的招标代理服务费，可计入工程前期费用。货物招标和服务招标委托人支付的招标代理服务费，按照财政部门规定列支。

第十一条 招标代理机构按规定收取代理费用和出售招标文件后，不得再要求招标委托人无偿提供食宿、交通等或收取其他费用。

第十二条 招标代理业务中有超出本办法第三条规定的要求的，招标代理机构可与招标委托人就所增加的工作量，另行协商确定服务费用。

第十三条 招标代理服务收费纠纷，依据《中华人民共和国价格法》、《中华人民共和国合同法》及其他有关法律、法规处理。

第十四条 各级政府有关部门或者其授权、委托的单位,按照国务院关于招标投标管理职能分工规定履行监督职能,要求招标投标当事人履行审批、备案及其他手续的,一律不得收费。

违反前款规定,擅自设立收费项目、制定收费标准以及收取管理性费用的,由政府价格主管部门予以处罚。

第十五条 招标代理机构违反本办法规定的,由政府价格主管部门依据《中华人民共和国价格法》和《价格违法行为行政处罚规定》予以查处。

第十六条 本办法由国家计委负责解释。

第十七条 本办法自2003年1月1日起执行。国家计委及有关部门,各省、自治区、直辖市价格主管部门制定的相关规定,凡与本办法相抵触的,自本办法生效之日起废止。

附:招标代理服务收费标准

中标金额(万元)	货物招标	服务招标	工程招标
100以下	1.50%	1.50%	1.00%
100—500	1.10%	0.80%	0.70%
500—1000	0.80%	0.45%	0.55%
1000—5000	0.50%	0.25%	0.35%
5000—10000	0.25%	0.10%	0.20%
10000—100000	0.05%	0.05%	0.05%
1000000以上	0.01%	0.01%	0.01%

注:1. 按本表费率计算的收费为招标代理服务全过程的收费基准价格,单独提供编制招标文件(有标底的含标底)服务的,可按规定标准的30%计收。

2. 招标代理服务收费按差额定率累进法计算。例如:某工程招标代理业务中标金额为6000万元,计算招标代理服务收费额如下:

100万元×1.0%=1万元

(500−100)万元×0.7%=2.8万元

(1000−500)万元×0.55%=2.75万元

(5000−1000)万元×0.35%=14万元

(6000−5000)万元×0.2%=2万元

合计收费=1+2.8+2.75+14+2=22.55(万元)

十九、招标代理案例

1. RJ 项目管理策划书案例

RJ 项目管理服务方案纲要

第一部分　项目管理服务综合说明（略）
第二部分　工程概况（略）
第三部分　项目管理服务方案

一、项目管理服务范围
1. 参与项目建设策划及前期管理，协助业主办理各种开工手续；
2. 工程管理（含施工监理）；
3. 造价合同管理（含内部招标、合同谈判、材料设备采购、造价控制）；
4. 工程档案管理。

二、项目管理目标
1. 投资目标：工程投资控制在总概算范围内，并考虑到建筑物及设施生命周期成本；
2. 进度目标：实际建设周期不超过计划建设周期，并满足业主分阶段建设和使用的要求；
3. 质量目标：工程质量符合设计要求，100％验收合格；
4. 安全文明施工目标：安全文明施工管理做到无重大伤亡事故，创市文明标化工地。

三、项目管理组织机构及工程建设程序
1. 项目实施指令关系（见图1）

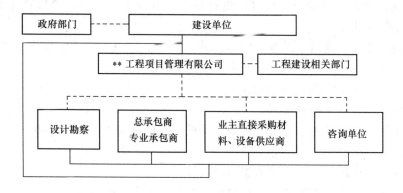

图1　项目实施指令关系图
（——为合同关系、----为管理与监督关系）

2. 项目管理组织结构
按照业主对项目管理工作的要求组织结构如图2。

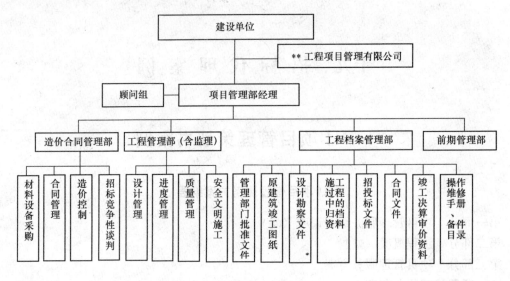

图 2

四、项目管理主要工作内容

(一)协助项目建设施工承包商(总承包、装饰、幕墙、钢结构、结构检测加固、桩基围护、消防、弱电系统、绿化等)和材料设备供应商(空调、电梯、高低压配电、通信、监控等)的招标工作:

1. 协助策划勘察、设计、施工承包商和材料设备供应商的招标方案;

2. 协助组织招标,包括编制招标文件、组织现场踏勘、答疑、编制标底、确定评标办法、发标、开标、评标、定标和签发中标通知书;

3. 协助组织合同谈判,包括起草合同文本、合同条款商洽、签订合同的前期准备工作、合同的登记备案。

(二)组织项目建设优化设计:

1. 组织设计方案和扩初方案比选、评审和优化,特别注意酒店管理公司或使用单位的要求;

2. 组织设计交底、控制设计进度,设计变更可能对工程造价、进度产生较大影响的,出具书面报告提请甲方确认;

3. 督促设计单位对建筑、结构、给水排水、强电、燃气、暖通、弱电、绿化及相关专业设计进行协调。

(三)负责项目建设工程进度管理:

1. 协助编制项目进度控制计划;

2. 审查承包商制定的施工总进度计划,审核承包商编制的年度、季度、月度施工计划,分阶段协调施工计划,及时提出整改意见;

3. 督促设计单位按设计进度完成施工图设计;

4. 审查承包商各项施工准备工作,组织编写开工报告,办理开工手续;

5. 制定工程例会制度,组织每周工程例会,对局部工期延误的情况进行分析并及时纠偏;

6. 检查督促收尾工程,落实按进度付款。

(四)负责项目建设工程质量管理:

1. 督促承包商建立、完善施工管理制度、施工安全措施和质量保证体系;
2. 审查承包商提交的施工组织计划、施工技术方案,安全专项方案;
3. 组织施工图会审和设计交底会;
4. 审核并提交甲方确认各分包项目及分包商;
5. 审核项目建设工程使用的原材料、半成品、成品和设备的数量和质量;
6. 检查、督促承包商严格按现行规范、规程、强制性质量控制标准和设计要求施工,控制工程质量;
7. 组织分项工程和隐蔽工程的检查、验收;
8. 组织项目建设各方进行工程初验;
9. 提出项目建设工程竣工报告;
10. 申请和组织工程竣工验收;
11. 组织承包商进行回访,对工程缺陷及时维修和弥补。

(五) 负责项目建设文明生产管理:
1. 协助业主与施工承包单位签订工程项目施工安全、文明协议书;
2. 督促施工单位建立、健全施工现场安全生产、文明施工保证体系;
3. 督促施工单位对达到一定规模的危险性较大的分部分项工程编制专项施工方案;
4. 督促和参加施工现场安全、文明检查。

(六) 负责项目建设投资控制管理:
1. 审核设计单位提交的设计概算;
2. 审核承包商编制的施工图预算,审核施工过程中发生的签证和设计变更预算;
3. 组织编制项目建设工程资金使用总计划和分阶段使用计划;
4. 编制进度款审定单,审核月度工程款报表,核签工程付款凭证;
5. 定期审查承包商上报的材料市场价格,就甲供设备材料的采购提供市场信息和建议;
6. 组织对不同技术方案进行经济分析和比较,争取最优性价比;
7. 进行实际投资与计划投资的比较分析,严格控制工程造价。

(七) 负责项目建设合同管理:
1. 组织和参加项目建设各项合同的谈判;
2. 对项目分包、材料设备采购合同分类进行管理;
3. 监督合同执行情况,分析合同非正常执行原因,避免承包商和第三人索赔。

(八) 负责项目建设信息管理:
1. 项目建设的各类信息收集、传递、处理、存储、发布;
2. 进行工程进度、质量、造价的动态分析,确保工程管理的高效、迅速、准确。

(九) 负责项目建设工程组织协调:
1. 负责项目建设过程中各参建单位、各供应商之间的协调;
2. 负责协调解决项目建设过程中各方发生的争议。

(十) 组织项目建设工程竣工验收和试运转:
1. 代甲方组织设计单位、勘察单位、施工单位、监理单位进行项目建设工程初验,检查实物质量和工程资料;
2. 对初验中发现的问题组织拟定整改方案并报甲方审定,落实整改措施,整改复验合格报质监站申请备案;

3. 施工过程中邀请质监站对工程质量情况提出咨询意见，并向施工单位转达，要求施工单位进行整改直至符合要求；

4. 组织竣工验收会；

5. 组织单机设备调试和项目联动试运转。

（十一）协助审核项目建设工程竣工结算：

1. 协助审核按合同执行的工程造价；

2. 协助审核合同外新增工程造价；

3. 协助审核工程变更费用；

4. 协助审核各方提出的索赔；

5. 协助审核工程竣工结算；

6. 负责工程资料，操作维修手册、备件目录等整理归档，协助建设单位移交给物业管理公司。

五、项目管理工作程序

1. 开工审核工作程序及实施要点；

2. 图纸会审工作程序及实施要点；

3. 分包单位资格审核工作程序及实施要点；

4. 材料、设备供应单位资质审核工作程序及实施要点；

5. 建筑材料审核工作程序及实施要点；

6. 隐蔽工程验收工作程序及实施要点；

7. 分项工程验收工作程序及实施要点；

8. 工程验收工作程序及实施要点。

六、项目前期管理（略）

七、项目设计管理（略）

八、项目招标投标管理（略）

九、项目投资管理（略）

十、项目质量管理（略）

十一、项目进度管理（略）

十二、项目合同管理（略）

十三、项目安全文明施工管理（略）

十四、项目信息管理（略）

十五、项目竣工验收、移交及保修期管理（略）

2. 设计院办公楼项目管理策划案例

项目管理服务建议书

一、工程概况
1. 工程名称：设计院办公楼；
2. 建设地址：上海市＊＊区；
3. 工程规模：
本工程总建筑面积约 20000m^2，地下 1 层，地上 18 层，计划开竣工日期：2009 年 11 月～2011 年 11 月，总投资约 1.5 亿元人民币。

二、项目管理服务范围
1. 参与项目建设策划及前期管理，协助业主办理各种开工手续；
2. 从项目立项到项目竣工验收、领取产权证全过程工程管理（不含施工监理）；
3. 造价合同管理（含招标代理、合同谈判、材料设备采购、造价控制）；
4. 工程档案管理。

三、项目管理目标
1. 投资目标：工程投资控制在总概算范围内，并考虑到建筑物及设施生命周期成本；
2. 进度目标：实际建设周期不超过计划建设周期，并满足业主分阶段建设和使用的要求；
3. 质量目标：工程质量符合设计要求，100％验收合格，创上海市优质结构；
4. 安全文明施工目标：安全文明施工管理做到无重大伤亡事故，创市文明标化工地。

四、项目管理组织机构及工程建设程序（略）

五、项目管理主要工作内容
1. 参与项目建设策划：
(1) 项目建设目标的确定；
(2) 项目功能定位和设计标准确定；
(3) 项目建设总体进度安排；
(4) 项目建设实施的组织安排；
(5) 项目建设的技术建议。
2. 负责项目建设前期协调工作：
(1) 项目建设报批与申照工作：
方案设计、扩初设计、施工图设计分别报规划、建设、交通、消防、绿化、环保、卫生防疫等部门审批，申请建设工程规划许可证，申请施工许可证；
(2) 项目建设相关配套申请工作：
供水配套；排水配套；供电配套；供气配套；通信配套。
3. 负责项目建设施工承包商（总承包、装饰、幕墙、钢结构、桩基围护、消防、弱电、绿化等）和材料设备供应商（空调、电梯、高低压配电、通信、监控、装饰材料等）的招标工作：
(1) 策划勘察、设计、监理、施工承包商和材料设备供应商的招标方案；

(2) 组织招标，包括编制招标文件、组织现场踏勘、答疑、编制标底、确定评标办法、发标、开标、评标、定标和签发中标通知书；

(3) 组织合同谈判，包括起草合同文本、合同条款商洽、签订合同的前期准备工作、合同的登记备案。

4. 组织项目建设优化设计：

(1) 组织设计方案和扩初方案比选、评审和优化；

(2) 组织设计交底、控制设计进度；设计变更可能对工程造价、进度产生较大影响的，出具书面报告提请甲方确认；

(3) 督促设计单位对建筑、结构、给水排水、强电、燃气、暖通、弱电、绿化及相关专业设计进行协调。

5. 负责项目建设工程进度管理：

(1) 协助编制项目进度控制计划；

(2) 审查承包商制定的施工总进度计划，审核承包商编制的年度、季度、月度施工计划，分阶段协调施工计划，及时提出整改意见；

(3) 督促设计单位按设计进度完成施工图设计；

(4) 审查承包商各项施工准备工作，组织编写开工报告，办理开工手续；

(5) 制定工程例会制度，组织每周工程例会，对局部工期延误的情况进行分析并及时纠偏；

(6) 检查督促收尾工程，落实按进度付款。

6. 负责项目建设工程质量管理：

(1) 督促承包商建立、完善施工管理制度、施工安全措施和质量保证体系；

(2) 审查承包商提交的施工组织计划、施工技术方案，安全专项方案；

(3) 组织施工图会审和设计交底会；

(4) 审核并提交甲方确认各分包项目及分包商；

(5) 审核项目建设工程使用的原材料、半成品、成品和设备的数量和质量；

(6) 检查、督促承包商严格按现行规范、规程、强制性质量控制标准和设计要求施工，控制工程质量；

(7) 组织分项工程和隐蔽工程的检查、验收；

(8) 组织项目建设各方进行工程初验；

(9) 提出项目建设工程竣工报告；

(10) 申请和组织工程竣工验收；

(11) 组织承包商进行回访，对工程缺陷及时维修和弥补。

7. 负责项目建设文明生产管理：

(1) 协助业主与施工承包单位签订工程项目施工安全、文明协议书；

(2) 督促施工单位建立、健全施工现场安全生产、文明施工保证体系；

(3) 督促施工单位对达到一定规模的危险性较大的分部分项工程编制专项施工方案；

(4) 督促和参加施工现场安全、文明检查。

8. 负责项目建设投资控制管理：

(1) 审核设计单位提交的设计概算；

(2) 审核承包商编制的施工图预算，审核施工过程中发生的签证和设计变更预算；

(3) 组织编制项目建设工程资金使用总计划和分阶段使用计划；

(4) 编制进度款审定单，审核月度工程款报表，核签工程付款凭证；

(5) 定期审查承包商上报的材料市场价格，就甲供设备材料的采购提供市场信息和建议；

(6) 组织对不同技术方案进行经济分析和比较，争取最优性价比；

(7) 进行实际投资与计划投资的比较分析，严格控制工程造价；

(8) 计算钢筋及预埋件重量。

9. 负责项目建设合同管理：

组织和参加项目建设各项合同的谈判；对项目分包、材料设备采购合同分类进行管理；监督合同执行情况，分析合同非正常执行原因，避免承包商和第三人索赔。

10. 负责项目建设信息管理：

项目建设的各类信息收集、传递、处理、存储、发布；进行工程进度、质量、造价的动态分析，确保工程管理的高效、迅速、准确。

11. 负责项目建设工程组织协调：

负责项目建设过程中各参建单位、各供应商之间的协调；负责协调解决项目建设过程中各方发生的争议。

12. 组织项目建设工程竣工验收和试运转：

(1) 代甲方组织设计单位、勘察单位、施工单位、监理单位进行项目建设工程初验，检查实物质量和工程资料；

(2) 对初验中发现的问题组织拟定整改方案并报甲方审定，落实整改措施，整改复验合格报质监站申请备案；

(3) 施工过程中邀请质监站对工程质量情况提出咨询意见，并向施工单位转达，要求施工单位进行整改直至符合要求；

(4) 组织竣工验收会；

(5) 组织单机设备调试和项目联动试运转。

13. 负责审核项目建设工程竣工结算：

负责审核按合同执行的工程造价；负责审核合同外新增工程造价；负责审核工程变更费用；负责审核各方提出的索赔；负责审核工程竣工结算。

14. 负责工程资料，操作维修手册、备件目录等整理归档，协助业主移交给物业管理公司。

六、前期阶段审批部门

1. 建设项目准备、设计、开工、施工管理审批手续

序号	办理项目	工作内容	管理部门
1	规划许可手续	填报规划许可证申请表 准备申请许可证所需资料 跟踪许可证申请情况	规划局
2	设计审批	申请设计范围和规划设计要求 方案设计送审 扩初设计送审 施工图送审 准备各阶段送审、申请所需资料 跟踪各阶段审批、审查和申请情况	规划局 各专业管理单位 施工图审查单位

续表

序号	办理项目	工作内容	管理部门
3	项目报建	建设项目报建 准备报建资料 跟踪报建过程	建管办
4	质量监督申报	办理质量监督早报手续 准备申报资料 跟踪申报过程	质量监督站
5	施工许可手续	填写建筑工程施工许可证申请表 准备施工许可申请材料 跟踪施工许可申请过程	建管办

2. 建设项目专项审查

序号	专项名称	审查阶段	审查内容	管理部门
1	环境保护专项审查	初步设计阶段	初步设计环境保护篇审查	环境保护局
		施工图设计阶段	环保设施、环保措施落实情况 环境保护"三同时"送审单	
		试生产阶段	试生产（运转）申请报告	
		竣工验收阶段	环保竣工验收	
2	卫生防疫专项审查	初步设计阶段	初步设计卫生审核	卫生局
		施工图设计阶段	施工图设计卫生审核	
		竣工验收阶段	竣工验收审核	
3	消防专项审核	初步设计阶段	消防设计专篇审查	公安局消防大队
		施工图设计阶段	建筑、设备、装修等部分的消防设计审查	
		竣工验收阶段	消防验收审查	
4	民防专项审查	初步设计阶段	民防设计审查（带民防项目）	民防办公室
		申领施工许可证阶段	办理人防工程建设费核定单	
5	绿化专项审查	初步设计阶段	初步设计绿化审查	绿化管理局
		施工图设计阶段	施工图绿化审查	
		竣工验收阶段	办理绿化验收证明书	
6	交通专项审查	初步设计阶段	交通设计专篇审查	交警大队
		施工图设计阶段	施工图交通审查	
		竣工验收阶段	竣工验收审查	
7	劳动安全卫生监察	初步设计阶段	劳动安全卫生专篇审查	卫生局卫生监督所
		施工图设计阶段	施工图劳动安全卫生审查	
		竣工验收阶段	劳动安全卫生预验 劳动安全卫生验收	
8	抗震设防审查	初步设计阶段	抗震审查	抗震办
		施工图设计阶段	抗震审图	审图单位

3. 建设项目配套申请

序号	专项名称	审查阶段	审查内容	管理部门
1	新装、增容用电申请	用电申请	向项目所在地的供电部门办理正式用电申请手续	供电局
		受电装置设计图纸审核	用户受电装置设计图纸交由供电部门审核	
		受送电工程施工与验收	供电部门负责用电计量装置的安装、表计接线及调试	
		供用水合同		自来水公司
2	排水申请	排水（方案）许可申请	填写《排水（方案）许可申请表》并提供相关资料	排水管理处
		排水接管许可证明申请	填写《排水接管许可证明》，并将相关资料送排水行政主管部门审查	
		排水许可证申请	向排水管理处提出排水许可证申请	
3	燃气申请	燃气配套建设	按不同对象，分别向各燃气销售公司提出燃气配套申请	燃气公司
		单位客户新装业务		
4	道路管线掘路申请	施工计划申报	申报月度掘路施工计划	市政管理局
		计划外项目申报	因特殊原因确需当月实施的道路、管线工程，需提交《计划外工程项目申报表》	
		登记备案	向道路管线监察办公室登记备案并办理承诺书手续	
5	电信申请	扩初设计阶段	向电信大客户服务中心和上海电信住宅配套室提出申请	电信公司
		项目实施阶段	经电信部门审核后，与业主签订合同	
		电信配套验收阶段	由电信部门实施验收工作	
6	智能化申请	立项阶段	立项报告经有关部门批准	劳动局、发改委
		设计阶段	由市、区建委认定的机构对设计方案进行技术评审	规划局
		实施阶段	开工前要向质量监督总站报监并接受监督检查	质检站
		竣工阶段	向质检总站提交经市、区建委认定的检测机构出具的各智能化系统得检测报告	质检站

七、项目管理服务费及其他咨询费初步报价（略）
八、项目管理工作程序（略）
1. 开工审核工作程序及实施要点；
2. 图纸会审工作程序及实施要点；
3. 分包单位资格审核工作程序及实施要点；

4. 材料、设备供应单位资质审核工作程序及实施要点；
5. 建筑材料审核工作程序及实施要点；
6. 隐蔽工程验收工作程序及实施要点；
7. 分项工程验收工作程序及实施要点；
8. 工程验收工作程序及实施要点。

九、关于本工程的工作难点及建议

1. 项目前期手续的办理及合同造价控制。
2. 新建大楼地下1层，关于桩基形式、桩基施工方案、降水方案、挖土方案、围护方案等，对周边道路、管线、建筑物的影响及监测方案。
3. 塔吊、脚手架等搭设、拆除方案（安全性）。
4. 幕墙、装饰、防水等材料节能环保和造价控制。
5. 空调、供配电、弱电（综合布线、楼宇管理、语音及通信、有线电视、车库管理、保安监控、网络）、消防、电梯、供热等具有很强的专业性，在方案比较时要考虑到功能、设备价格及使用维修费用（全生命周期成本），难度很大。
6. 本工程所涉及到的建筑材料、装饰材料、机电设备数量大及种类繁多，给成本控制工作带来挑战。一般结构工程占工程造价的20%～30%，主要材料是混凝土、钢材、砖、标准统一，材料价格易于控制；机电系统中占工程造价的10%～15%，主配电柜、变压器、冷冻机、锅炉等主要设备的生产厂家不多，一般由厂商直接供货，设备价格也易于控制；而大量占工程造价约60%的其他建筑、装修、机电等工程中所采用的设备/材料，由于厂商、产地不同，或者由于规格种类、技术标准复杂，供应环节不同，材料的价格存在较大的差异，不易控制。
7. 根据本工程及专业工程情况，发包模式、分包界定建议采用：
（1）总承包＋指定专业分包；
（2）施工总承包；
（3）平行发包；
（4）设计施工一体化承包。
8. 根据本工程及专业工程情况，合同形式建议采用：
（1）总价合同；
（2）单价合同；
（3）成本＋酬金合同。
9. 根据本工程及专业工程情况，计价模式建议采用：
（1）综合单价法；
（2）工料单价法。

3. 体育中心招标策划案例

体育中心招标策划书

第一部分　招标策划

招标策划的目的，是为了与业主进行有效沟通，进一步了解项目情况，形成招标代理的工作思路和进度安排，有效地指导整个招标工作的开展，为业主选择一个能够胜任项目的承包商，签订一个相对有利的承包合同。根据贵局就本次项目的委托范围及提供的招标资料，特制定本招标策划书。

一、建设项目概况

本项目建筑类型为体育中心及图书馆，位于海江路、永清路，总建筑面积67000平方米，其中地下面积10000平方米，总投资为35000万元，资金由区财政承担。工程计划开工时间：2009年8月，计划竣工时间：2011年2月。

二、招标方式的确定

根据《招标投标法》和国家发展和计划委员会第3号令《工程建设项目招标范围和规模标准规定》，本项目属于 科技、教育、文化等项目，使用区财政资金。据此，结合本项目的建设规模和企业性质，本次设计、勘察、监理、施工招标应采用公开招标。

三、招标实施计划

1. 设计

1）招标类型：设计方案招标。

2）合同形式：根据本工程建设特性，本次设计合同可采用上海市建设工程设计合同。

3）投标人资格：根据《建设工程勘察设计企业资质管理规定》和《建筑工程设计事务所管理办法》，本工程设计投标单位资质应确定为建筑工程甲级。

4）投标人入围方案：目前采用的投标人入围方案主要有全部入选法、资格预审法、随机确定法和邀请入选法，鉴于本工程的情况，此次招标建议采用全部入选法。

5）招标工作进度计划：发布招标信息7天；发招标文件——开标20天，评标3天，合计约30天。

2. 勘察

1）招标类型：结合上海的地基特性及通常做法，建议采用详勘招标。

2）合同形式：根据本工程建设特性，勘察合同可采用上海市建设工程勘察合同。

3）投标人资格：根据《建设工程勘察设计企业资质管理规定》，本工程勘察投标单位资质应确定为岩土工程甲级及其以上。

4）投标人入围方案：目前采用的投标人入围方案主要有全部入选法、资格预审法、随机确定法和邀请入选法，鉴于本工程的情况，此次招标建议采用全部入选法。

5）招标工作进度计划：发布招标信息7天；发招标文件——开标20天，评标3天，合计约30天。

3. 施工

1）标段的划分：标段划分既要有利于竞争，又要有利于管理。根据贵局对本项目的建设意图及工期要求，本工程建议不分标段，一次招标，采用总承包管理。

2) 发包模式：根据贵局对本项目的建设意图及上述标段划分的确定，本次施工招标可采用：

总承包＋指定专业分包（虽然项目实施过程中会投入一定力量选择专业分包单位，但有利于控制工程成本和进度，且分包项目仍纳入总承包单位的管理范围，一般总承包单位都有较强的技术和管理能力，此种模式利大于弊，且总包招标时间、工作量相对少些。目前大部分工程采用此种模式。）

施工总承包（一般用于施工量不大，且专业工程要求不高，要求总承包单位技术和管理能力强，虽然贵公司未得到部分专业工程分包商的直接让利，但项目实施过程中投入的力量相对少许多。）

平行分包（将整个工程划分为若干个可独立发包的单元，形成相对独立的、并分别进行招标发包，其特点：建设单位根据设计进度、施工发包条件进行施工招标和签订合同，要组织多次招标，招标工作量大、时间长。）

建议本工程采用总承包＋指定专业分包。

3) 投标人资格：根据《建筑业企业资质管理规定》，结合本工程标段的划分和发包模式，施工投标单位资质应确定为房屋建筑工程施工总承包一级及以上，采用资格预审。

4) 分包界定（略）

5) 合同形式：合同主要有总价合同、单价合同和成本＋酬金合同等形式。

单价合同——合同的工程量可以调整，合同单价不能调整，工程数量变化的风险无需由施工单位承担。使用于设计图纸不明确，工程急于开工的情况。

总价合同——如果设计图纸不做变化，合同价即为结算价，施工单位承担工程的数量风险和价格风险。使用于设计图纸明确（不会有较大的变化），工程规模不大，工期相对较短，市场物价相对稳定的情况。

成本＋酬金合同——事先对于工程情况不明确，难以确定合同的单价和总价，协商确定施工单位的报酬比例或者报酬绝对额，业主承担工程全部的数量风险和价格风险。

建议：根据现行的合同格式和本工程建设特性，本次施工合同可参照《上海市建设工程施工合同》签订单价合同。

6) 计价模式：常用的计价模式有综合单价法、工料单价法。

综合单价法——预算单价包括完成单位工作量所需要的人工、材料、机械、其他直接成本、间接成本、利润和税金。除此以外，不再计取其他费用。

工料单价法——预算单价包括完成单位工作量所需的人工、材料、机械费用。其他直接成本、间接成本、利润和税金另行计算。"93定额"的计价方式，就是工料单价法。

在推行工程量清单招标后，凡是公开招标的工程，必须采用综合单价法，因此本项目拟采用综合单价法。

7) 投标人入围方案：目前采用的入围方案主要有全部入选法、资格预审法、随机确定法和邀请入选法，鉴于本工程的情况，此次招标适合采用资格预审法。

8) 招标工作进度计划：编制工程量清单 30 天；发布招标信息 7 天；发招标文件——开标 20 天，评标 3 天，合计约 60 天。

4. 监理

1) 标段的划分：本工程规模虽然比较大，建议不分标段，一次招标。

2) 招标范围：根据贵局对本项目的建设意图及上述标段的划分，本次监理招标的范围应包括施工图范围内建筑物的所有结构、钢结构、幕墙、装饰、给水排水、强电、弱电、空调、室外总体绿化等建筑安装工程的施工和保修阶段质量、进度、造价（合格工程量签证）、组织协调、合同管理及安全文明施工的监理。

3) 报价方式及合同形式：本工程施工监理服务收费按照发改价格（2007）670号文件以及沪建交联（2007）802号文件规定。合同应采用建设工程委托监理合同（GF-2000-0202示范文本）。

4) 投标人资格：根据《工程监理企业资质管理规定》，投标单位资质应确定为房屋建筑工程甲级。

5) 投标人入围方案：目前采用的投标人入围方案主要由全部入选法、资格预审法、随机确定法和邀请入选法，鉴于本工程的情况，此次招标适合采用全部入选法。

6) 招标工作进度计划：发布招标信息7天；发招标文件——开标20天，评标3天，合计约30天。

5. 其他指定分包、设备采购的招标

本工程暂定的专业分包主要有钢结构工程、网架工程、幕墙工程、装修工程、消防工程、空调工程、弱电工程、绿化景观工程，设备采购主要有电梯、厨房设备、供热锅炉、变配电设备、制冷设备等。上述招标将根据中标后所列的详细计划，与区采购中心协商后，作进一步规划，确保在结构工程施工完成前完成所有专业分包招标，并纳入总包管理范围。

第二部分　　总进度计划（略）

第三部分　　招标代理费（略）

第四部分　　公司简介及资质证书（略）

4. 拆除工程招标案例

拆除工程招标文件

第一章 招标邀请（略）

第二章 投标须知

第一条 招标日程安排表（略）

第二条 工程概况（略）

第三条 拆除工程范围、内容（略）

第四条 承包方式

本工程的承包方式：中标单位负责完成本招标文件第三条"拆除工程范围、内容"内的所有拆除工程施工承包（包工、包料、包工期、包质量、包安全）。

第五条 工程现场条件和注意事项（略）

第六条 材料供应与结算

6.1 本工程招标承包范围内的设备材料由中标单位自行采购、运输、保管。

6.2 投标单位应根据本工程的特点和要求及拆除内容进行报价，一旦中标，闭口包干。

第七条 报价依据、方式和要求

7.1 报价依据：

本工程的招标文件、施工图纸、现场踏勘，以及答疑会纪要。

7.2 报价原则：

7.2.1 按招标文件、现场踏勘及施工图纸进行报价；

7.2.2 根据前述的报价原则，各投标单位根据市场行情、本工程实际情况、各种潜在风险、企业自身优势、企业实际竞争能力等自主报价。此工程造价一旦确定，施工合同执行期间一律不予调整。

7.3 施工措施费：

各投标单位应根据招标文件所提供的各项资料和踏勘现场的结果，并结合图纸以及质量、工期要求，计取施工措施费，其内容必须分列清楚，一并填入"施工措施费明细表"。一旦中标，施工措施费包干使用不作调整。施工措施费不得报"0"。

7.4 工程总造价：

$$工程总造价＝工程造价＋施工措施费$$

7.5 招标单位保留要求投标单位将本次招标范围内的工程分包给符合招标单位要求的分包商的权利，投标单位不得因此要求额外的费用及工期。

7.6 投标单位编制报价时应充分注意本招标文件中的各个事项与要求，在本招标文件中所涉及的各种费用，投标单位应根据本工程实际情况以及自身施工经验进行报价，均应计入总报价。无论是否开列此项费用，招标单位将一律视为已确认了上述要求，并已承诺完成要求其承担的所有工作。总报价中已包括各项费用（或视为向招标单位让利），一旦中标，一律不再调整。

7.7 投标货币及单位：

投标报价（包括单价、合价及投标总价）均采用人民币表示。在报价表中填写的价格均应四舍五入精确到小数点后两位。

第八条　工期要求和规定

8.1　进场时间要求和工程计划：

（1）开工进场日期：2009年2月18日（具体以招标单位书面通知为准）；

（2）工期：本工程要求工期暂定为60日历天。各投标单位可根据自身情况自报工期，并作出有依据的施工总进度计划表，以资竞争。并将作为本工程评标依据之一，一旦中标即为合同工期。

8.2　中标单位应在上述期限内完成本招标文件工程承包范围条款中所有工作内容，具体施工进度和节点应服从招标单位的安排。

8.3　工程竣工，中标单位应向招标单位提交竣工报告，由招标单位组织验收或相关政府职能部门验收，工程验收合格，则中标单位提交竣工报告的当天即为竣工日期；如验收不合格需返工，则返工日期将作为工期累计。

8.4　投标单位自报工期应满足招标文件的要求，延误违约金的计取标准为工程合同价的万分之五/天，逾期竣工应承担相应违约金，具体条款将在合同中明确。

第九条　工程管理原则（略）

第十条　工程款付款办法

10.1　工程款支付：

在施工合同生效后1周内，支付合同价的50%，工程竣工并经监理单位、招标单位验收通过后1周内支付剩余部分的工程款。

10.2　付款程序：

（1）施工单位应填写"工程付款申请书"上报监理单位。

（2）经监理确认已完工作量符合质量标准并签署验收意见后，再上报招标单位，由招标单位审核无误后支付。

第十一条　投标书的内容与编制要求（略）

第十二条　投标文件的递交（略）

第十三条　开标和评标

13.1　投标单位将于第一条"投标日程安排表"规定的时间和地点，当着各投标单位的面分别进行开标，参加开标的投标单位代表必须是法定代表人或法定代表人授权委托人，并携带法定代表人身份证明或授权委托书和法定代表人或授权委托人的身份证，证件携带不全的视为废标，标书不予开封。

13.2　开标会议由招标单位或代理单位组织并主持。对投标文件进行检查，确定它们是否完整，文件签署是否正确，以及是否按顺序编制。

13.3　投标单位法定代表人或授权委托人未参加开标会议的视为自动弃权。投标文件有下列情况之一者将视为无效：

13.3.1　投标文件未按规定标志、密封；

13.3.2　未加盖单位公章或未加盖法定代表人印章；

13.3.3　未按规定的格式填写，内容不全或字迹模糊辨认不清；

13.3.4　投标截止时间以后送达的投标文件。

13.4　招标单位将仅对确定为实质上响应招标文件要求的投标文件进行评价。

13.5　在评价与比较时，根据投标单位的工程造价、施工措施费、工期、质量标准、施工方案或施工组织设计等进行综合评价。

13.6 本次评标采用百分制评标办法,商务标、技术标合计得分最高者中标。

第十四条 其他须知(略)

第三章 图纸

(招标单位提供原施工图一套,具体由投标单位踏勘现场)

第四章 合同条款(略)

5. 岩土工程勘察招标案例

岩土工程勘察招标文件

一、投标须知

前附表

序号	内　　　容
1	工程概况： 工程名称：新城一站大社区动迁安置房B区 交通位置：新城淀浦河南路 工程类型：住宅建筑 建设规模：300000平方米 工程投资：246750万元 资金来源：国有资金
2	建设基地情况： 基地面积：53797平方米 地面标高：3.8米至4.7米，一般4.0米 地表水体分布：详见地形图
3	招标内容与范围：根据招标单位提供的建筑总平面图所示建筑物及其他资料作出工程勘察方案（详勘）
4	投标有效期：90天（日历日）
5	投标单位的资质要求：岩土工程勘察甲级及以上资质
6	招标方式：公开招标
7	投标文件要求（部分暗标） 投标公函（及公函附件）：1份 投标文本：暗标，为A4文本一式四份，采用附件提供统一封面 投标公函（及公函附件）和投标文本分别装订、包装、密封
8	交纳投标保证金 2012年1月11日前以支票方式提交人民币肆万元整（带好招标文件） 开户银行：中国建设银行＊＊支行 账户：＊＊分中心 账号：＊＊
9	勘探施工与生活条件： 青苗：无　　　　　动迁：无 电源：可用　　　　水源：可用 影响施工的障碍物：无 工地临时用房设施：可提供
10	领取招标文件 时间：2011年12月21日至2011年12月27日（法定公休日、节假日除外）； 　　　每日上午9点至11点，下午1点半至4点 地点：＊＊路218弄25号建交大楼底楼大厅
11	现场踏勘： 时间：2011年12月27日下午15：00 地点：项目现场

续表

序号	内　　　容
12	书面提问（传真提交） 截止时间：2011年12月29日（星期四）下午16：00（北京时间）
13	招标文件答疑会： 时间：2011年12月31日上午10：00 地点：＊＊路218弄25号建交大楼底楼105开标室 各投标单位参加答疑会时需携带本公司企业IC卡进行登记
14	投标文件递交/开标： 截止时间（即开标时间）：2012年01月17日上午9：00 地点：＊＊路218弄25号建交大楼底楼105开标室
15	评标 时间：2012年01月17日上午9：30 地点：＊＊路218弄25号建交大楼二楼
16	投标补偿金 对中标人不再支付投标补偿金； 排名第二名及第三名的投标人补偿金额为壹仟元； 其余投标人不支付补偿金； 为了保证投标质量，若评审专家认为投标标书的内容不全、投标质量低下，可适当降低补偿金或不予补偿，具体补偿数额由评审专家组确定
17	招标人：＊＊置业有限公司 地址：＊＊路1023号
18	招标代理单位：＊＊工程项目管理有限公司
19	评标办法：打分排序法

二、投标文件要求及主要合同条款

1. 投标文件要求

投标单位的标书应按招标文件的要求编制，要求其主要内容包括：

（1）标书的综合说明书：主要叙述勘察方案编制依据、原则，执行的规范、规程、规定和标准，及利用已有的资料（地质资料、工程建筑经验、科研成果等）重点说明本工程勘察目的和所要解决的工程技术问题，以及采用的勘探测试手段、方法（野外的和室内的）。根据存在的工程技术问题，提出与建设、设计、施工单位应配合和服务的事项等。

（2）拟定的勘探孔平面布置图（含工程地质剖面线）和其他有关图件。

（3）勘探工作量包括：野外勘探、测试，如钻孔及各试验项目的数量、孔深、测试点（次）数；室内土工试验的项目及按土层分配的数量等。

（4）拟订勘察报告书的主要章节，及其各章节的基本内容和提交的主要图件、图表。

（5）勘察方案实施投入的技术力量、机具测试设备、施工组织措施、进度计划安排。对非规范化的特殊的室内外测试方法，应明确施工（测试）技术措施或测试方案设计。

（6）对岩土工程勘察招标的投标单位，在报告书中尚应根据建筑物的工程特性、地基土的工程地质条件，对岩土利用、整治、改造提出方案，并对其进行技术、经济方面的分析和论证。

（7）工程勘察费的预算依据及预算明细表，岩土工程勘察另需标明岩土工程计算、设计部分的技术费和现场服务费。

（8）提出需要建设单位提供的配合条件。

(9) 其他应说明的内容和需附录的图件资料等。

2. 投标文件的编制

(1) 投标人应仔细阅读招标文件及招标补充文件的所有内容，按招标文件及招标补充文件的规定提供投标文件，并保证所提供的全部资料的真实性，以便其投标对招标文件作出实质性响应。

(2) 每个投标人提交一个勘察方案。

(3) 语言、计量单位、设计费报价货币：

1) 投标文件及招标过程中投标人提交的所有文件均应采用中文书写，若出现必须采用其他文字进行书写的情况，应同时附以中文表述，在两种文字内容不一致时，以中文所述含义为准。

2) 投标文件及招标过程中投标人提交的所有文件中采用的计量单位均应采用中华人民共和国法定单位的计量单位（国际单位制和国家选定的其他计量单位）。

3) 设计费报价货币应采用人民币，若出现必须采用其他货币进行报价的情况，同时附以人民币表述，并以人民币表述为准；如果单价与总价有出入，以单价为准（单价金额小数点有明显错误的除外）；若数据的文字大写与数字有差别，则以文字大写为准。

(4) 投标文件的组成：

投标文件由投标公函（及投标公函附件）、投标文本两部分组成。

1) 投标公函（及投标公函附件）

标准A4幅面投标公函、投标承诺书及投标公函附件1套，投标单位应按照投标公函和投标承诺书规定的内容填写清楚、完整，加盖单位公章、法定代表人（或法人授权代理人）签章和项目负责人签章，投标公函加盖符合要求的项目负责建筑师注册章。投标公函和投标承诺书格式由招标代理单位统一提供。

投标公函附件应包括以下内容：项目负责人及主要工种负责人名单、简历，格式见投标格式文件。

2) 投标文本

标准A4幅面投标文本4套封面由招标代理单位统一提供，不可采用硬质封面封底。

(5) 投标文本字体统一采用"宋体小四号"（除图表外），页边距（上2.5厘米，下2.5厘米，左3.0厘米，右2.0厘米，装订线0厘米，距边界：页眉1.5厘米，页脚1.75厘米，装订线位置左侧，应用于整篇文档）；行距：固定值20磅，字间距：标准。页码：下面居中小五号字体。

(6) 投标文件中"投标文本"部分内容为暗标，字体不许加浓加线或斜体，不得出现手写字迹。任何页中不允许有页眉、页脚。不得采用图签具名或带有单位、人员、业绩等任何可辨识名称、标志及标记以示暗示。违反者视作不响应招标文件处理。投标文本封面及装订夹由代理公司统一于答疑会时发放。

3. 投标文件的密封、递交

(1) 投标公函（及投标公函附件）、投标文本分别包装、密封，于封口处加盖投标单位公章或法人章，于包装正面书明投标公函（及投标公函附件）或投标文本字样。

(2) 投标人应委派法人授权代理人按照本招标文件前附表"第14条"规定的投标截止时间将包装、密封后的投标文件递交到指定地址。

4. 标书有下列情况之一者无效：

（1）标书未密封的；
（2）未按规定要求编写的，图纸和文字模糊、辨认不清，内容不全或粗制滥造的；
（3）送标函件未盖公章和法人代表印章的；
（4）逾期送达的；
（5）投标单位未在规定时间内参加开标会；
（6）勘察费用预算，违反国家规定的取费标准和擅自压价折扣；
（7）投标书没有使用统一投标书封面者；
（8）投标保证金确认函原件及盖单位公章的人员情况表。

5. 投标标书要求一式四份，按规定时间送达。

6. 递交投标文件时由招标人及招标办监管人员检验"法定代表人证明书"及相应居民身份证（如系法定代表人授权委托人，应交验法定代表人授权委托证书及相应受委托人居民身份证的原件）。招标人监管人员当场宣布检验结果，投标人代表应为投标单位的法定代表人或者法定代表人的授权委托人。法定代表人的授权委托人应为投标单位执业注册人员、有职称人员或者持有安全生产合格证书的在沪安全生产管理人员。投标单位的法定代表人参加开标会时应携带法定代表人证明及本人身份证。投标单位法定代表人的授权委托人参加开标会时应携带法定代表人授权委托书、受委托人身份证及在＊＊建筑建材业网站的网上办事"企业类"上查询电子《诚信手册》公众版，打印本单位人员查询结果页面，并加盖单位公章以证明参加开标会的投标人代表属本单位人员。如投标人交验的证件不齐或不符上述规定，招标人将拒绝其参加本工程开标。并对投标文件进行检查，确定它们是否完整。

招标投标监管部门在开标会开始后，应核验上述资料，并留存法定代表人授权委托书和人员查询结果页面等资料以备查。对在＊＊建筑建材业网无法查询到，提供不了证明的投标单位，视其为放弃投标。发现有弄虚作假的，依法进行查处，并将违规企业和违规人员记入不诚信记录。

7. 投标文件的补充、修改或者撤回：
（1）投标人在投标截止时间前可对投标文件进行补充、修改或撤回，投标文件的补充、修改或撤回都必须采用书面形式，单独包装、密封，于封口处加盖投标人公章或法人章，于包装正面书明投标文件的补充、修改或撤回的字样，加盖所在单位公章并且由其法定代表人或授权代表签字。
（2）在提交投标文件截止时间后到招标文件规定的投标有效期终止之前，投标人不得补充、修改或者撤回其投标文件，否则其投标保证金将被没收，评标委员会要求对投标文件作必要澄清或者说明的除外。

三、开标、评标和定标说明

1. 开标和验标：
（1）招标单位和招标代理单位于本招标文件前附表"第 14 条"规定的、地址举行公开开标，开标会由招标代理单位工作人员主持进行，所有投标单位的法定代表人或法人授权代理人应准时出席开标会。
（2）招标单位和招标代理单位按照后到先开的顺序当众启封所有按时递交的投标文件，开标后招标单位和招标代理单位根据招标文件无效投标的规定当众审验投标文件和投标人法定代表人授权书以及法人授权代理人有效身份证件，宣布各投标单位投标文件的有效性。
（3）由投标单位或其推选的代表检查投标文件的密封情况，也可以由招标单位委托的公证机构检查并公证。

（4）开标会后，招标单位和招标代理单位对所有开标审验通过的投标文件进行保密处理并提交进入下一步专家评审。

（5）＊＊建设工程招标投标管理办公室进行全过程监督管理。

2. 评标：

（1）评标标准评标主要目的是评审勘察方案的正确性、经济合理性、先进性，所以勘察方案是评审重点，包括以下五个方面：

1）勘察方案的编制依据、原则、执行规范规程、标准的准确性、合理性；

2）勘探测试的目的和应解决的工程技术问题的明确性；

3）勘探测试工程量的经济、合理性；

4）勘探测试手段、方法的针对性、可靠性、先进性、合理性；

5）拟定的勘察报告书章节内容及图件的完整性、实用性，满足招标文件和工程设计、施工要求的程度。

（2）保证工程质量的组织技术措施及力量配备等。

（3）施工组织与进度安排的合理性、先进性，满足招标文件要求的情况。

（4）工程勘察费预算依据与费率取值的合理性、准确性。

3. 评标委员会组成

评标委员会由招标单位代表及勘察专家依法组成，评标委员会专家人数为5人及以上单数，其中勘察等专家将从上海市建筑业建材业市场管理总站专家库中相关专业范围内的专家中随机抽取确定，招标单位代表人数应不大于专家总人数的1/3，评标委员会人员组成报＊＊建设工程招标投标管理办公室备案。

4. 评标程序

评标委员会中推选一名专家作为评标专家组组长主持评标会议，同时推选一名专家作为评标专家组秘书长记录评标会议纪要。评标委员会对投标文件的暗标部分进行评审。

投标文件的符合性审查：

评标委员会首先进行投标文件的符合性审查，根据无效投标的规定对审查各投标文件是否实质性响应了招标文件的要求；评标委员会判断投标文件的响应性仅基于投标文件本身而不靠外部证据；评标委员会将拒绝被确定为非实质性响应的投标，投标人不能通过修正或撤销不符之处而使其投标成为实质性响应的投标。

投标文件的符合性审查的主要内容为：

1）投标文件内容和深度是否响应招标文件的实质性要求；

2）投标文件与招标文件是否有重大偏差；

3）有否两个或者两个以上的投标人的投标文件内容基本一致；

4）投标报价是否明显不符合国家颁布的工程勘察设计收费标准或上下浮动超过标准收费20%；

5）评标委员会认为其他未实质性响应招标文件要求的。

投标文件的澄清：

为了有助于对投标文件进行审查、评估和比较，评标委员会有权向投标人提出质疑，请投标人澄清其投标内容。投标人有责任按照评标委员会通知的时间、地点，指派专人进行答疑和澄清；质疑和澄清均应以书面形式确认；投标人不得借澄清的机会，对投标文件的内容提出实质性修改。投标人若拒绝澄清，其相关需澄清内容则参照最不利于此投标人的状况进行解释。

5. 评标办法

（1）本次招标方式为公开招标，评标方式：暗标方式评标。简单打分法，即：第一名得1分，第二名得2分，依次类推。以得分排名最低的为第一名，得分次低的为第二名，依次类推。如有两个方案得分相同，评委会对这两个方案进行记名投票，决出名次，招标人一般应确认排名第一的中标候选方案为中标方案，排名第一的中标候选方案放弃中标或因不可抗力提出不能履行合同的，招标单位可以确定排名第二的中标候选方案为中标方案。

（2）评标小组成员注意事项

1）凡评标人员，不参加开标会议。

2）不与投标单位成员作有关评、决标工程的谈论，拒绝各方面的说情，不受外来的干扰与影响。

3）接到标书后，仔细研究、审阅，根据招标文件的评标标准和要求，国家有关的方针、政策、标准规范，准备好各方案优劣情况的书面评审意见，并在评、决标结束后，交招标单位，以备查考。

4）本着对国家、对建设单位及投标单位高度负责的原则，站在公正的立场上，以科学的态度，推荐最佳方案。

5）评、决标过程的情况必须保密，不得外泄。

6. 为保证评标的公正性，评标过程中评标委员会成员名单和评标活动保密。投标文件开启后，到招标单位作出决标结果，凡属于审查、澄清、评价和比较投标文件的有关资料和信息，都不应向投标单位或与该过程无关的其他人泄露。

7. 投标单位不得采用任何形式干扰评标活动，否则其投标将作为无效投标。

8. 中标人的确定：

招标单位一般应当确定评标委员会评选推荐的第一名为中标人，只有当被确定的中标人放弃中标或因不可抗力不能履行合同的，招标单位有权确定评标委员会评选得分第二名的中标推荐单位为中标人。

9. 有下列情形之一的，招标人应当依法重新招标：

（1）所有投标均作废标处理或被否决的；

（2）评标委员会界定为不合格标或废标后，因有效投标人不足3个使得投标明显缺乏竞争，评标委员会决定否决全部投标的；

（3）同意延长投标有效期的投标人少于3个的。

符合前款第一种情形的，评标委员会应在评标纪要上详细说明所有投标均作废标处理或被否决的理由。

招标人依法重新招标的，应对有串标、欺诈、行贿、压价或弄虚作假等违法或严重违规行为的投标人取消其重新投标的资格。

10. 投标补偿金：

（1）对中标人不再支付投标补偿金；

（2）排名第二名及第三名的投标人补偿金额为1000元；

（3）其余投标人不支付补偿金；

（4）为了保证投标质量，若专家认为投标标书的内容不全、投标质量低下，可适当降低

补偿金或不予补偿,具体补偿数额由评审专家组确定;

(5) 补偿金以人民币支付,所获补偿金可能发生的任何税金自理。

四、合同附件(略)

五、项目说明与勘察技术要求

1. 项目说明

拟建建(构)筑物名称、性质见《拟建建(构)筑物性质一览表》(附表1)。

2. 勘察任务要求

(1) 查明拟建场地岩土类型、成因、分布特征、地层结构、厚度、坡度及物理力学性质,计算地基承载力和评价地基稳定性,着重查明桩基持力层的层面埋深、厚度及其工程性能,查明持力层有无存在相对软弱夹层或软弱下卧层,对基础持力层及其性能作出评价,并提出基础方案的建议。

(2) 根据区域地质条件,查明是否存在滑坡、危岩、崩塌、泥石流等不良地质作用及类型、成因、分布范围、发展趋势及危害程度,提出整治方案的建议。

(3) 查明地下水埋藏条件、性质及场地土、地下水对建筑材料的腐蚀性,评价地下水对基础设计施工和基坑开挖的影响,了解与基坑开挖有关土层的渗透性能,为地下水控制设计提供依据,提供地下水位及其变化幅度。

(4) 查明拟建场地内有无暗浜等不良地质现象,分析其成因、分布范围和对工程产生的不利影响,并提出相应的地基处理措施。

(5) 通过对场地岩土层剪切波速测试、地脉动测试,划分建筑场地类别。

(6) 查明场地内是否存在可液化砂层或易发生震陷的饱和软土及其分布情况,并对沙土的液化等级、软土的震陷性及抗震性能等进行评价。

(7) 提供各岩土层基础设计、基坑支护设计、基坑降水等所需的参数,对地基类型、基础形式、基坑支护、地下水控制和施工监测等提出建议。

(8) 提供桩基设计所需的岩土技术参数,并确定单桩承载力,提出桩的类型、长度和施工方法等建议,评价成桩的可能性,论证桩基施工条件及其对环境的影响,提出治理方案。

(9) 对工程施工及使用期间可能发生的岩土工程问题进行预测,并提出建议。

(10) 勘探孔布置符合规范要求,并提供符合规范要求的地质报告。

六、招标依据与基础资料(略)

七、勘察费用支付方式

勘察合同签订后预付30%勘察费、成果报告提交后十天内按付至90%,工程竣工备案后按实际工作量结清全部勘察费用。

八、投标报价要求

按计价格(2002)10号文国家计委、建设部制定的《工程勘察设计收费管理规定》取费,浮动幅度为上下20%。

九、对投标人资格审查的标准(略)

十、日程安排及投标有效期(略)

十一、其他说明事项

十二、附件(略)

6. 新城设计招标案例

新城设计招标文件

一、工程概述

1.1 工程名称：**新城工程

1.2 招标单位：**置业有限公司

1.3 代理单位：**工程项目管理有限公司

1.4 项目报建号：1102SH0247

1.5 项目类别：住宅项目

1.6 建设基地概况

位于新城淀浦河南路。

1.7 建设规模

本工程占地面积约 53797 平方米，总建筑面积 300000 平方米。

1.8 投资来源及投资规模

项目总投资约为 246750 万元人民币，资金来源为国有性质资金。

1.9 建设工期时间节点要求

本项目现已着手前期准备工作，计划于 2012 年 4 月开工建设，于 2014 年 4 月完工。

二、投标须知

2.1 发包范围和内容

本次招标将通过对方案设计评标比选，确定设计中标人，中标人原则上将承担本工程全部专业的全过程设计，设计内容涵盖方案设计（含估算编制）、初步设计（含概算编制）和施工图设计全过程，并承担本工程涉及到的全部设计工作（例如智能建筑弱电系统工程等专项设计）的设计总包管理配合工作，协助设计各阶段的报批、评审，协助相关的招标工作，施工阶段的配合和现场服务等相关服务工作。中标人有义务与专项设计分包单位签订设计分包合同并提供设计管理配合服务，专项设计分包单位应具备符合国家规定的设计及出图资质，招标人对专项设计单位的选择具有决定权。

2.2 招标方式：公开招标。

三、开标、评标和定标说明

3.1 开标和验标

3.1.1 招标单位和招标代理单位于本投标须知"第 2.4.6 条"规定的地址举行公开开标，开标会由招标代理单位工作人员主持进行，所有投标单位的法定代表人或法人授权代理人应准时出席开标会。

3.1.2 招标单位和招标代理单位按照后到先开的顺序当众启封所有按时递交的投标文件，开标后招标单位和招标代理单位根据招标文件无效投标的规定当众审验投标文件和投标人法定代表人授权书以及法人授权代理人有效身份证件，宣布各投标单位投标文件的有效性。

3.1.3 由投标单位或其推选的代表检查投标文件的密封情况，也可以由招标单位委托的公证机构检查并公证。

3.1.4 开标会后,招标单位和招标代理单位对所有开标审验通过的投标文件进行保密处理并提交进入下一步专家评审。

3.1.5 上海市青浦区建设工程招标投标管理办公室进行全过程监督管理。

3.2 评标

3.2.1 评标原则及要点

1. 方案应符合国家、上海市及本行业的相关法律、法规、规范、规定。
2. 方案应响应招标文件的实质性要求和条件。
3. 对方案设计水平、设计质量高低进行综合评审。
4. 对方案社会效益、经济效益及环境效益的高低进行分析、评价。
5. 对方案建安投资估算的合理性进行分析、评价。
6. 对设计费报价的合理性进行评估。
7. 对保证设计质量、配合工程实施、提供优质服务的措施进行分析、评价。

3.2.2 评标委员会组成

评标委员会由招标单位代表及建筑、结构专家依法组成,评标委员会专家人数为5人及以上单数,其中建筑、结构等专家将从上海市建筑业建材业市场管理总站专家库中相关专业范围内的专家中随机抽取确定,招标单位代表人数应不大于专家总人数的1/3,评标委员会人员组成报上海市青浦区建设工程招标投标管理办公室备案。

3.2.3 评标程序

1. 评标委员会中推选一名专家作为评标专家组组长主持评标会议,同时推选一名专家作为评标专家组秘书长记录评标会议纪要。评标委员会对投标文件的暗标部分进行评审。

2. 投标文件的符合性审查:

评标委员会首先进行投标文件的符合性审查,根据无效投标的规定审查各投标文件是否实质性响应了招标文件的要求;评标委员会判断投标文件的响应性仅基于投标文件本身而不靠外部证据;评标委员会将拒绝被确定为非实质性响应的投标,投标人不能通过修正或撤销不符之处而使其投标成为实质性响应的投标。

投标文件的符合性审查的主要内容为:

(1) 投标文件内容和深度是否响应招标文件的实质性要求;
(2) 投标文件与招标文件是否有重大偏差;
(3) 有否两个或者两个以上的投标人的投标文件内容基本一致;
(4) 投标报价是否明显不符合国家颁布的工程勘察设计收费标准或上下浮动超过标准收费20%;
(5) 评标委员会认为其他未实质性响应招标文件要求的。

3. 投标文件的澄清:

为了有助于对投标文件进行审查、评估和比较,评标委员会有权向投标人提出质疑,请投标人澄清其投标内容。投标人有责任按照评标委员会通知的时间、地点,指派专人进行答疑和澄清;质疑和澄清均应以书面形式确认;投标人不得借澄清的机会,对投标文件的内容提出实质性修改。投标人若拒绝澄清,其相关需澄清内容则参照最不利于此投标人的状况进行解释。

3.2.4 评标办法

本次招标方式为公开招标,评标方式:暗标方式评标。简单打分法,即:第一名得1

分，第二名得 2 分，依次类推。以得分排名最低的为第一名，得分次低的为第二名，依次类推。如有两个方案得分相同，评委会对这两个方案进行记名投票，决出名次，招标人一般应确认排名第一的中标候选方案为中标方案，排名第一的中标候选方案放弃中标或因不可抗力提出不能履行合同的，招标单位可以确定排名第二的中标候选方案为中标方案。

3.2.5 为保证评标的公正性，评标过程中评标委员会成员名单和评标活动保密。投标文件开启后，到招标单位作出决标结果，凡属于审查、澄清、评价和比较投标文件的有关资料和信息，都不应向投标单位或与该过程无关的其他人泄露。

3.2.6 投标单位不得采用任何形式干扰评标活动，否则其投标将作为无效投标。

3.3 中标人的确定

招标单位一般应当确定评标委员会评选推荐的第一名为中标人，只有当被确定的中标人放弃中标或因不可抗力不能履行合同的，招标单位有权确定评标委员会评选得分第二名的中标推荐单位为中标人。

3.4 有下列情形之一的，招标人应当依法重新招标：

3.4.1 所有投标均作废标处理或被否决的；

3.4.2 评标委员会界定为不合格标或废标后，因有效投标人不足 3 个使得投标明显缺乏竞争，评标委员会决定否决全部投标的；

3.4.3 同意延长投标有效期的投标人少于 3 个的。

符合前款第一种情形的，评标委员会应在评标纪要上详细说明所有投标均作废标处理或被否决的理由。

招标人依法重新招标的，应对有串标、欺诈、行贿、压价或弄虚作假等违法或严重违规行为的投标人取消其重新投标的资格。

3.5 投标补偿金

3.5.1 对中标人不再支付投标补偿金；

3.5.2 排名第二名的投标人补偿金额为 1 万元；

3.5.3 排名第三名至第四名的投标人补偿金额为人民币 5000 元；

3.5.4 其余投标人不支付补偿金；

3.5.5 为了保证投标质量，若专家认为投标标书的内容不全、投标质量低下，可适当降低补偿金或不予补偿，具体补偿数额由评审专家组确定；

3.5.6 补偿金以人民币支付，所获补偿金可能发生的任何税金自理。

3.6 投标设计方案的权利归属

3.6.1 所有投标人必须是其投标方案的合法权利人，拥有著作权，并不得侵犯他人著作权。如有投标方案侵犯他人著作权的情况发生，由投标人承担相应法律责任，招标人对此不承担任何责任。

3.6.2 投标设计方案的设计构思和内容，受中华人民共和国相关知识产权法律、法规的保护。

3.6.3 中标设计方案使用权归招标人。

四、合同授予和合同格式（略）

五、设计任务书

1 项目基本情况

1.1 项目概况

本项目位于青浦新城，分为两个地块。地块一位于青浦新城一站大社区动迁安置房B区（非青东农场），东至规划地块，南至秀涓路，西至规划八路，北至南淀浦河路，地块占地面积11856.5平方米；地块二位于青浦新城一站大型社区保障性住房C地块，东至规划九路，南至秀湄路，西至崧潭路，北至南淀浦河路，地块占地面积103063.4平方米。

2　项目定位与开发理念

2.1　项目定位原则

根据青浦新城总体规划修编的要求，青浦新城要在原总体规划将青浦新城定位为具有"新江南水乡文化"和"历史文化"内涵的现代化城市的基础上，我们结合老上海建筑文化之精髓，吸收江南建筑温和、雅致的建筑气质，充分展现新时代的上海城市居民的安居乐业的生活环境，展现政府对于民众、民生衣食住行的殷切关怀。

2.2　项目总体定位

三类住宅用地。

2.3　客户定位

动迁居民及低收入人群。

2.4　物业类型

55米以下高层：住宅。

2.5　开发理念

2.5.1　实用性：注重户型功能空间齐全，注重生活功能设施的配置完整，注重品质展示的心理满足感。

2.5.2　经济性：从环保节能、未来房产消费理性回归的要求出发，户型空间设计要求紧凑合理，公共空间舒适宜人，使用材料惠而不费。

2.6　建筑风格

现代风格与装饰艺术相结合。

3　技术经济指标

3.1　技术经济指标

（1）用地面积：114916.9平方米

（2）总建筑面积：300000平方米

（3）建筑容积率：青浦新城一站人社区动迁安置房B区为2.2；青浦新城一站大型社区保障性住房C地块为2.0。

（4）建筑密度：

（5）建筑退让：东侧不小于8米（高层）、3米（多层），南侧不小于8米（高层）、12米（建筑离界距离），西侧不小于8米、3米（多层），北侧不小于8米（高层）。

（6）建筑间距控制：应满足《上海市城市规划管理技术规定》及《城市居住区规划设计规范》的要求。高层以日照分析控制。

（7）建筑高度：地块一建筑高度不大于70米；地块二建筑高度不小于55米

（8）停车位要求：机动车车位按不少于0.4辆/户配置；非机动车位按不少于1.2辆/户配置

（9）绿地率：不小于35%，其中集中绿地率不小于10%

（10）建筑基地标高要求：高于周边道路标高0.3米。

3.2　户型配置如下

物业类型	房 型	单套建筑面积（m²）	占总面积比例	备 注
高层	1/2/1	54	27	
	2/2/1	70	68	
	3/2/1	90	5	

4 总体规划设计原则

4.1 前瞻性

以上海市经济适用房设计导则为依据，开拓新思路，在实现经适房住宅设计水平基础上要有所超越，做先进、和谐、适宜生活的文化社区，做最有浓郁生活情趣的社区。规划布局、单体平面、建筑立面、环境设计、色彩空间、设备设施均体现温馨、有序和和谐的风格。

4.2 均好性

在设计的各个方面均应体现均好性原则，从总体规划、建筑设计到环境设计，均好性的实现是一个重要的设计目标。要寻求景观资源的配置均衡，充分考虑市政道路噪声对住宅的影响，提出合理的规划布置方案避免或减低噪声对主要房间的污染，尽管减少通过使用技术手段来降低噪声（会带来建设成本的提高）。

4.3 人性化

在有限的住宅空间设计中研究在空间、尺度、景观、设施、物业管理服务等诸多方面。设计在保证居民有舒适的居住空间、宜人的建筑尺度、洁净的环境空间、便捷的交通以外，更应在社区的休闲健身场所、公共服务设施、教育卫生设施、物业管理等方面，处处体现生活化的气息。

4.4 经济性

充分考虑项目开发、设计、管理、使用等各个阶段有效衔接和使用的经济性；方案中要合理体现现有的资源优势，合理平衡土方量，合理设置机动车停置方式地上地下有机结合，同时兼顾结构布置的经济合理性。

4.5 规范性

设计方案必须遵守有关城市住宅规划设计对日照间距、消防、人防等方面的规定，并符合国家有关规范和标准。

4.6 创新性

在整体布局中考虑各类产品的有效、合理排布，创造个性空间；单体房型新颖，能在户型中体现出较高的附加值。

5 与流线规划

5.1 机动车出入口位置

地块一：基地出入口沿南侧秀涢路和西侧规划八路设置，出入口距道路交叉口的距离应满足有关规定，并进一步征询有关部门意见；地块二：基地出入口结合方案设计研究布置，出入口距道路交叉口的距离应满足有关规定，并进一步征询有关部门意见。

5.2 设计要求

注重处理小区主要出入口位置，需远离市政道路交叉口；考虑公共区域与居住区的关系；解决好各种流线（生活后勤服务、临时访客、消防疏散等）之间的关系，做到人车分流。

(1) 小区内道路、消防车道及地面停车位应在用地红线范围内解决。

(2) 小区住户机动车停车位的平面布置应按住户就近、"局部地下车库＋局部地上车位"停车的原则进行考虑，根据总平面设计按地下一层车库或半地下车库进行集中规划设计时，平均每车位建筑面积指标不应大于 35 平方米/每车位（含坡道及配套设备房等附属区域面积）。

(3) 地下（或半地下）机动车库建议考虑设置双层机械式停车。

(4) 其他临时停车位根据总平面设计按地上停车位进行规划设计。

(5) 地下（或半地下）机动车库凸出地面的风道、烟道、疏散楼梯等附属构筑物的平面布置应在总平面规划方案中进行考虑。

(6) 地下（或半地下）机动车库平面柱网布置应与地上单体建筑的平面布置统筹考虑，综合考虑结构的合理性和经济性，尽可能提高单体建筑物地下空间平面的利用率。

(7) 充分考虑残疾人无障碍设计。

6 群体空间形态规划

6.1 建筑群体空间组织

建筑总体布局、造型、色彩应注重融合当地文化特点，充分考虑与周围地块的关系，并充分利用地形对地块进行规划布局设计，同时应保证差异化竞争优势。

6.2 住宅规划的空间秩序感：建筑总体布局应有良好的空间秩序，合理处理本地块相邻学校、商业配套用地、周边环境之间的关系，形成丰富的空间形态。同时，住宅群体布置要避免建筑之间的相互遮挡，要满足住宅对日照、间距、自然采光、自然通风的要求。

6.3 小区立面应有良好的整体性和连续性。

6.4 小区内的各个居住领域可结合主题及组团的划分，形成具有比较明显的可识别性的居住空间。

6.5 小区将实行封闭式管理，4m 以上围墙、组团围合式居住空间等要凸显强烈的私密性。小区内部大类产品之间应通过绿化景观、路网等形成较明显的分隔暗示，不同大类产品内部公共空间开放。

7 景观规划

7.1 景观规划的主题和理念：以人为本、纯朴自然、亲切平和、温馨优雅。

7.2 景观系统的整体性和连续性：小区内的景观应成系统，需有中心景观。

7.3 景观设计的丰富性和层次感：人流经常活动的空间，都需要引进景观设计，使其成为观景及交往的场所。

7.4 公共环境空间与私密环境空间：在人流聚集的公共场所，设置不同形式的开放空间。

7.5 社区各主要入口及广场等主要公共区域的景观效果：通过重点对住入口、入口广场、小区花园等的设计，营造丰富的、有新意的环境空间。

7.6 环境设计应结合现代建筑风格，相互协调融合，建议辅以少量堆坡景观。

7.7 环境设计应体现住宅小区的品质，与周边环境相协调，要体现出景观性和多样性相结合的特点。

7.8 建议高密度种植，以灌木＋高大乔木常绿植物为主，并充分实现景观布置得层次感。

8 公共配套规划

8.1 商业配套设计要求：本项目因有专门的商业配套地块，因此在住宅部分不考虑。

8.2 垃圾房等配套用房在方案中必须给予足够的重视，保证垃圾收集点集中、隐蔽，便于垃圾运出又不影响总体环境。

8.3 小学、幼儿园等配套设施暂不考虑。

8.4 社区综合用房及物业管理用房按规范要求配建。

8.5 其他相关配套设施：变电站、煤气调压站等，其设计要求满足上海市相关的设计规范。

8.6 应根据上海市相关规定进行人防工程设计。

9 单体设计

9.1 建筑单体设计以满足使用功能、实用率高、成本低为总设计原则。

9.2 建筑单体平面要求形体规整、布局紧凑，尽量减少交通及辅助用房面积。

9.3 高层住宅考虑增加附加值空间，创造市场亮点和卖点。

9.4 住宅公共前厅考虑自然通风的设计，避免封闭式走廊的压抑与不安全感，并减少机械的通风排烟的经济投入。

9.5 设备用房、车库尽量安排在地下室。

9.6 建筑立面风格为现代风格与装饰艺术相结合。

9.7 充分发挥色彩与材料质感的装饰作用。

9.8 细部设计是支撑产品档次的关键之一，设计方案要对其予以充分重视，对建筑立面的窗户、阳台、花槽、空调机位等构建均需仔细考虑。

9.9 市场成熟的科技产品：在当前市场中提倡低碳科技打造的典型项目基础上，根据本项目情况，适当上调着力设计点，如外遮阳卷帘、光纤系统等，充分考虑它们对建筑设计的影响，并妥善解决之。

六、投标格式文件（略）

7. 工程勘察设计施工总承包案例

道路及桥梁工程勘察设计施工总承包招标文件

第一卷 投标邀请书、投标人须知、合同条件

第一章 投标邀请书（略）

第二章 投标人须知

前附表

项号	条款号	内 容 规 定
1	1	工程名称：伊宁路（沪宜公路—广玉路）道路及桥梁工程 建设地点：新城中心区 工程内容：市政工程 承包方式：勘察设计施工总承包 质量标准：一次验收合格，争创市政金奖 施工工期：计划开工日期为 2010 年 12 月，2013 年 6 月竣工通车
2	1.6	合同名称：
3	2	资金来源：国有资金投资
4	3.1	投标人资质等级：工程勘察（岩土）专业甲级资质、市政行业（道路工程、桥梁工程）设计专业甲级资质和市政工程施工总承包壹级（及以上）资质，并具有同类工程勘察、设计和施工业绩
	3.2	建造师资格等级：具有同类工程施工经验的一级建造师且无在建项目
5	11.1	投标有效期：投标截止日后 60 天（公历日）
6	12.1	投标保证金金额：人民币 80 万元（支票或银行出具的投标保函） 有效期限：投标保证金应在投标有效期截止日后 30 天内保持有效 缴纳时间：投标截止日前 递交地址：中国建设银行＊＊支行
7	13.3	提出质疑问题时间：2010 年 10 月 24 日 16 时前 招标文件澄清会时间：2010 年 10 月 25 日 14 时 地点：＊＊路 683 号 2 楼会议室
8	14.1	技术标 5 份（其中正本 1 份、副本 4 份）、商务标 5 份（其中正本 1 份、副本 4 份），其中综合单价分析表（2 份）；电子文本 1 套（技术标、商务标的全部内容）
9	15.2	投标文件递交地点：＊＊路 683 号 2 楼会议室
10	16.1	投标截止时间：2010 年 11 月 11 日 10 时 30 分
11	18.1	开标时间：2010 年 11 月 11 日 10 时 30 分 地点：＊＊路 683 号 2 楼会议室
12	19.3	评标办法：综合评估法—百分比法

注：本招标文件内的时间均指北京时间。

总则：

1 工程说明

1.1 立项依据

＊＊发展和改革委员会嘉发改审［2010］203 号文"关于新城中心区伊宁路（沪宜公路—广玉路）道路及桥梁工程可行性研究报告的批复"。

1.2 工程概况

伊宁路（沪宜公路——广玉路）位于新城中心区与都市工业园交界处，道路西起于中心区的沪宜公路交叉口，沿线跨越规划湖区四路、横沥河、香莲路、S5沪嘉高速、沪嘉辅道，向东终止于都市工业园的广玉路交叉口，与丰年路相接。

伊宁路规划为城市次干路，道路工程范围（K0＋675.348～K2＋030.936），路线全长约1.36千米，规划红线50～60米，设计车速40千米/小时。道路沿线涉及伊宁路跨横沥河桥和跨S5沪嘉高速公路桥，同步实施伊宁路—S5立交。

工程范围内道路全长1360米，沿线包括横沥河桥和伊宁路－S5立交，敷设DN400-DN1350雨水管、DN300-DN800污水管，同步实施绿化、照明、交通标志、标线、信号灯等附属设施。本工程专业工程为桥梁景观、景观工程、电气工程，中标后由招标人按有关规定依法招标发包。

1.3 工程计划开工日期：2010年12月

竣工日期：2013年6月

1.4 质量标准：一次验收合格，争创市政金奖

1.5 本工程招标方式：勘察设计施工总承包

1.6 合同名称：伊宁路（沪宜公路－广玉路）新建工程勘察设计施工总承包合同

1.7 招标范围

道路西起于中心区的沪宜公路交叉口、沿线跨越规划湖区四路、横沥河、香莲路、S5沪嘉高速、沪嘉辅道，向东终止于都市工业园的广玉路交叉口，与丰年路相接，道路全长1360米，沿线包括横沥河桥和伊宁路－S5立交，敷设DN400-DN1350雨水管，DN300-DN800污水管，绿化、照明、交通标志、标线、信号灯等附属设施。

1.8 勘察设计施工总承包主要工程内容

（1）道路工程；

（2）桥梁工程；

（3）排水工程；

（4）绿化工程；

（5）交通设施；

（6）其他。

1.9 承包商对工程的总承包是指1.7、1.8款所列工程范围和工程内容从勘察、设计到施工全过程实行一揽子承包，具体包括工程勘察、初步设计、施工图设计、施工组织设计、施工实施、施工管理、工程竣工、缺陷修复、交付使用直至工程保修期结束。

2 资金来源

项目的建设资金通过前附表第3项所述方式获得，用于本工程合同项下的合格支付。

3 资质与合格条件要求

3.1 为履行本勘察设计施工总承包合同的目的，参加本项目投标的联合体（以下称"投标人"）必须符合前附表第4项要求，并经资格审查，以接到招标人的《投标邀请书》确认其资格条件为合格者。

3.2 拟派项目经理资格：具与本工程专业相同的有同类工程施工经验的一级注册建造师，并且无在建项目。

3.3 两个或两个以上单位组成的联合体投标时，尚应符合以下规定：

3.3.1 由联合体各成员法定代表人签署的联合体协议书。该协议书中应明确一家联合体成员作为主办人,并由联合体各成员法定代表人签署授权,证明其主办人资格。

3.3.2 投标联合体主办人应被授权代表所有联合体成员承担责任和接受指令。由联合体主办人负责投标及中标后签约及整个合同的全面实施,只有主办人可以接受或支付与本工程有关的费用等。

3.3.3 联合体协议书中应规定所有联合体成员在合同中的分工及共同的和各自的责任。

3.3.4 投标人的投标文件及中标后签署的合同,对联合体每一成员均有法律约束。

3.3.5 所有联合体成员按合同条件的规定为实施合同共同和分别承担责任,在联合体授权书中以及在投标文件和中标后签署的合同协议书中应对此作相应的声明。

3.3.6 投标联合体各成员不得同时参加本项目两个或两个以上联合体投标。

4 投标费用

4.1 不论投标结果如何,投标人应承担其投标过程所涉及的一切费用。

招标文件:

5 招标文件的组成

5.1 本合同的招标文件包括下列内容和所有按本须知第 7 条发出的补充文件及有关的会议纪要等。

第一卷　投标邀请书、投标人须知、合同条件
第一章　投标邀请书
第二章　投标人须知
第三章　合同条件
第二卷　技术标准、规范及要求
第四章　勘察、设计技术标准及要求
第五章　施工组织设计及要求
第六章　技术规范
第三卷　格式、附表及附件
第四卷　基础资料

5.2 投标人应认真审阅招标文件中的投标人须知、合同条件、技术规范、格式、附表和附件以及基础资料等。如果投标文件不能满足招标文件要求,对招标文件不作实质性响应,其投标将被拒绝,责任由投标人自负。投标文件的符合性检查按本须知第 21 条执行。

6 招标文件的解释

投标人在收到招标文件后,若有问题需要澄清时,应于前附表第 7 项规定时间前,以书面形式(包括书面文字快递、传真、电报等,下同)向招标代理上海容基工程项目管理有限公司提出,招标人将于前附表第 7 项所列时间与地点召开招标澄清会公开解答,并于会后以补充文件形式予以答复,答复将发送给所有获得招标文件的投标人。

7 招标文件的修改

7.1 在投标截止日期 15 日前,招标人可以补充文件的方式修改招标文件。

7.2 补充文件将以书面方式发送给所有获得招标文件的投标人,补充文件作为招标文件的组成部分,具有同等法律效力。

7.3 为使投标人在编制投标文件时把补充文件内容考虑进去,招标人可根据情况酌情延长投标截止日期,延长投标截止日期的决定以补充文件的形式给予明确。

投标报价说明：

8 投标价格

8.1 勘察设计施工总承包投标报价采用总价闭口合同形式。

8.2 本工程的最高限额设计（仅指建安工程费）为 33956.11 万元。

8.3 投标人在报价时应考虑到物价波动因素，因设计变更等招标方原因造成工期增加，总工期在 12 个月以内，材料价格波动不作调整；超过 12 个月以上部分工程实施期间人工价格的变化幅度大于等于 3%，钢材价格的变化幅度大于等于 5%，其他材料价格的变化幅度大于等于 8% 时，可进行价格调整〔以《上海市政公路造价信息》（以下简称信息价）为依据（钢筋、商品混凝土以《上海建设工程造价和交易信息》为依据），施工时的信息价与投标时的信息价相比〕，但浮动率（浮动率由投标单位根据采购渠道和市场风险而在投标报价中确定）不变。

具体调整方法由双方在合同中约定。

8.4 本工程报价不计工程起讫点之间规划确认的道路红线范围内的征地、房屋拆迁（至自然地平线）等由雇主负责并承担的相应费用（但不含航道内水工建筑物清除）。

8.5 勘察设计施工总承包投标报价内容为除 8.4 款所列费用外的一切费用，主要包括但不限于工程勘察费、设计费、土建工程费、设备及安装工程费、施工期间养护费、施工所需的机械设备使用及安装运输费、施工所需的临时工程费、施工租地费、临时设施费、协调配合费（不含政策性规费及方案评审费。配合服务项目主要包括但不限于此：航道、交通、港监、管线、防汛、环卫、消防等单位）、水下建（构）筑物拆除、永久配套工程（指水、电、通信等）外线及接入点设施费及其他建设费等，所有为实施本工程所需的设备、劳务、材料、安装、管理、维护、竣工验收、缺陷修复、保险（仅指外来人员综合保险）、利润、税金、保修期内的保修、政策性文件规定及合同包含的所有风险、责任等各项应有费用。

8.6 投标人应按招标文件第三卷工程量清单格式填写工程项目名称、单位、数量、综合单价和合价。工程量清单按照《建设工程工程量清单计价规范》（GB 50500—2008）格式编制。报价清单中没有罗列的项目将不予支付并认为此项费用已包含在报价清单的其他单价和合价中。

8.7 投标货币：投标文件报价中的单价、合价和总报价均采用人民币表示，雇主以人民币支付合同款。

8.8 投标人的报价应考虑招标文件合同条件中规定的承包商的有关风险、意外事件及所有其他与报价有关的一切事项，并体现在单价或总价中。

8.9 本工程项目的中标价即为合同价。除招标人在招标文件中规定的工程建设规模、主要技术标准及工程范围等发生重大变化和发生不可抗力及政府的指令（含政府各部门的行政指令）时可相应调整合同总价外，对工程设计的优化、工程实施期间及结算支付，合同价均不予调整。遇到国家相关审计部门审计时，以审计结果为准，发包人对承包人具有最终结果追索权。

8.10 招标人由于征地拆迁和管线搬迁等原因推迟交地而对工期产生影响，承包人应及时调整施工方案，请承包人在投标过程中综合考虑上述因素，产生相关费用在投标报价中自行考虑，中标后包干不作调整，工期相应顺延。

承包人应代招标人办理包括河道、航道、路政、交通、管线等相关办证手续，所产生相关配合服务费用（政策性规费及方案评审费由发包人负责，不在投标报价范围内），在投标报价中自行考虑，中标后包干不作调整。

8.11 本工程中安全防护措施、文明施工措施、环境保护措施、临时设施措施费等必须按照沪建交［2006］445 号、沪建市管［2006］91 号文、沪市政建［2006］549 号文的有关规定执行。本工程安全防护、文明施工、环境保护、临时设施的措施费费率为 2.2%～2.6%，上述费用的计费基数（分部分项工程费）应以沪建市管（2006）91 号文中的有关要求取定。环境保护、文明施工、安全防护、临时设施的措施费用报价不应低于招标文件规定的最低费用的 90%，即低于工程量清单费用合计×2.2%×0.9 的按废标处理，也不应高于招标文件规定的最高费用，即高于工程量清单费用合计×2.6%的按废标处理。

8.12 安全防护措施费用不得低于投标报价的 1%。

本工程建立项目管理奖励基金，金额为人民币 100 万元。用于奖励中标人的项目管理人员，具体奖励办法由业主指定，专款专用。请投标单位在措施费中单列，否则视为不响应招标文件，作出不利于投标单位的处理。

8.13 投标人应根据自己的工程进展情况列出与进度相匹配的月度用款计划。

8.14 为贯彻上海市建设和管理委员会及上海市劳动和社会保障局联合颁发的《关于进一步加强在沪建筑施工企业外来从业人员综合保险工作的若干规定》（沪建建［2004］349号文），投标人必须在"上海市建设工程投标标书情况汇总表"中列出预计外来从业人员的用工数，在规费中已包含此项费用并由中标人按规定缴纳。

8.15 中标人应积极按上海市政府有关要求（沪建建管［2010］28 号），做好对施工过程中渣土和建筑垃圾的规范施工、运输等工作。

自 2010 年 9 月 1 日起，进行公开招标的建设工程，建设单位应在施工招标文件中明确对渣土运输和处置的要求：在施工工地内，应当按规定设置车辆清洗设施、泥浆沉淀设施以及配套的排水设施；运输车辆应在装载渣土完毕经除泥、冲洗干净后，方可驶出施工工地；在施工现场处置工程渣土时，对干涸渣土应进行洒水或者喷淋；装载渣土高度应当与运输车辆箱体上沿口保持平整，并保证平闭箱盖。投标单位应对上述要求作出承诺，在中标后，严格按照要求实施。

8.16 勘察、设计取费可参照国家计委、建设部发布的《工程勘察设计收费管理规定》（计价格［2002］10 号）中《工程勘察收费标准》《工程设计收费标准》（2002 年修订本），根据本招标文件规定的设计（勘察）工作内容自行测算。

投标文件的编制：

9 投标文件的语言

投标人和招标人之间与招标有关的投标文件、来往通知、函件均应使用中文。

10 投标文件的组成

10.1 投标文件应包括下列内容：

第一册 技术标

1. 勘察、设计方案（上册），勘察、设计综合说明书（不限于此）

勘察综合说明包括勘察方案、勘察实施的组织和技术措施、勘察周期（包括开工、完工和提供勘察资料的日期）、勘察费报价、勘察费明细表、投标人认为必要说明的问题，含质量保证措施及服务承诺等；设计综合说明包括设计方案、质量保证措施及服务承诺、设计周期、设计概算、投标报价等。勘察图纸、设计图纸。

2. 施工组织设计（下册）

施工方案和技术措施，施工工期及计划开、竣工日期，施工进度计划，施工进度、质量保证措施，安全、文明施工措施，施工人员组织结构和技术力量配置，机械设备的配置，其他。

第二册　商务标

投标承诺书，法定代表人授权书，联合体协议书，投标书，上海市建设工程投标标书情况汇总表，投标报价综合说明书，报价汇总表，有标价的工程量清单，措施项目费，主要材料/设备汇总表，辅助资料表，资格证明资料，按本须知规定应提交的其他资料。

第三册　综合单价分析表

10.2　投标人必须使用招标文件第三卷提供的格式编制投标文件，但表格可以按同样格式扩展。

11　投标有效期

11.1　投标文件在前附表第5项所列的公历日内有效。

11.2　评标工作应当在投标有效期结束日30个工作日内完成。

12　投标保证

12.1　投标人在递交投标文件时，应附有"前附表第6项"所规定金额的投标保证金的证明，投标保证金是投标文件的一个组成部分。

（1）投标保证金应在投标截止前提交，按沪建建管（2005）第65号《关于上海市工程建设项目施工投标保证金实行集中提交的通知》的有关要求执行。

（2）在上海市建筑建材业受理服务中心的托管银行——中国建设银行上海小木桥支行办理交纳投标保证金（银行保函、支票、银行本票、银行汇票、贷记凭证、电汇），在投标时出示托管银行开具的"投标保证金确认函"，随投标文件提交招标人。

（3）招标人与中标人签订合同后，应当在五个工作日内向未中标的投标人发出"未中标通知书"。未中标的投标人凭招标人发出的"未中标通知书"，由上海市建筑建材业受理服务中心的托管银行办理退还投标保证金。

（4）对被确认为中标的投标人的投标保证金，在中标人按本须知第28.1款提交履约保证金并根据本须知第29.1款签署合同后的五个工作日内，由中标人凭经备案的合同，由上海市建筑建材业受理服务中心的托管银行办理退还投标保证金。

12.2　投标保证金是为了保护本次招标免受投标人的行为而引起的风险，招标人根据本须知第12.4款的规定，发生这种行为，将没收投标人的投标保证金。

12.3　任何未按本须知第12.1款规定提交投标保证金的投标，将被视为非响应性投标而按本须知第18.5款予以拒绝。

12.4　下列任何情况发生时，投标保证金将被没收：

（1）投标人在本须知第11条中规定的投标有效期内撤销其投标。

（2）中标人在规定期限内未能：

1）根据本须知第29.1款规定签订合同；

2）中标后未按本须知第28.1款规定开具招标人可接受的履约保证金。

13　招标澄清会

13.1　勘察现场

13.1.1　投标人应对工程施工现场和周围环境进行踏勘，以获取编制投标文件和签署合同所需的资料。踏勘现场所发生的费用由投标人自己承担。

13.1.2 招标人向投标人提供的有关工程现场的资料和数据,是招标人现有的能使投标人参考利用的资料。招标人对投标人由此做出的推论、理解和结论概不负责。

13.2 投标人提出的与投标有关的任何问题必须在"前附表第7项"所规定的时间前,以书面形式提出。

13.3 投标人应派代表于"前附表第7项"所述时间和地点出席招标文件澄清会。

13.4 招标文件澄清会的目的是澄清、解答投标人在考察现场、研究招标文件、了解情况后提出的问题。

13.5 对招标文件澄清问题的答复,招标人将以书面形式尽快提供给所有获得招标文件的投标人,该答复是招标文件的组成部分。

13.6 招标人不单独向某一投标人解释招标文件。

14 投标文件的份数和要求

14.1

(1) 技术标(第一册)5份(其中正本1份,副本4份),分为:勘察、设计方案(上册)、施工组织设计(下册)。另附简要本(设计方案主要内容)7份。

(2) 商务标(第二册)5份(其中正本1份,副本4份)。

(3) 综合单价分析表(第三册)2份。

(4) 电子文本1套(技术标、商务标、综合单价分析表),投标文件的全部内容。

14.2 投标文件的技术标和商务标应明确标明"正本"、"副本"。正本和副本如有不一致之处,以正本为准。

14.3 投标文件由投标人(或联合体主办人)法定代表人在投标文件每本扉页上签名或盖章并加盖企业法人公章。

14.4 全套投标文件应无涂改和行间插字。

14.5 技术标(勘察、设计方案)[第一册(上册)]要求:

14.5.1 勘察、设计方案采用A3纸装订。

14.5.2 图纸比例尺

(1) 平面布置图比例尺为1∶1000。

(2) 纵断面图比例尺为:竖向1∶100、横向1∶1000。

(3) 其他图纸比例按常规自定。

14.5.3 图纸除总平面图可以适当加长折叠外,其余图纸一律按A3纸装订,不得折叠;总数不得超过150张(可以双面复印)。

14.5.4 文字说明分两列书写,采用宋体四号字体;页面中缝底部编写页码。

14.6 技术标(施工组织设计)[第一册(下册)]要求:

14.6.1 施工组织设计采用A4纸装订。

14.7 商务标(第二册)采用A4纸装订,其他不作规定。

14.8 综合单价分析表(第三册)采用A4纸装订,其他不作规定。

14.9 所有投标文件一律采用软封面。

投标文件的递交:

15 投标文件的密封与标志

15.1 投标人必须按照《投标公函》的内容填写清楚,并加盖设计单位公章和法定代表人印章,单独密封后装入信封,并于密封口加盖单位公章。

15.2 投标人应将投标文件的［第一册（上册）］、［第一册（下册）］、第二册、第三册、简要本、电子文本分别密封封包，在包封上正确标明［第一册（上册）］、［第一册（下册）］、"第二册"、"第三册"、"电子文本"。

15.3 投标文件的外包封上应写明工程名称，投标人名称、地址、邮编，以便投标文件出现逾期送达时能原封退回。

15.4 投标文件递交至"前附表第10项"所述地址。

16 投标截止期

16.1 投标截止期见前附表第10项。投标人应于上述时间前将投标文件递交至前附表第11项规定的开标地点。

16.2 招标人对在投标截止期以后送达的投标文件，将予拒绝，并原封退给投标人。

16.3 招标人可以按本须知第7条规定以补充文件的方式，酌情延长投标截止日期。在上述情况下，招标人与投标人在以前的投标截止期方面的全部权利、责任和义务，将适用于延长后新的投标截止期。

17 投标文件的修改与撤回

17.1 投标人可以在递交投标文件以后，在规定的投标截止时间之前，以书面形式向招标人递交修改或撤回其投标文件的通知。在投标截止时间以后，不能更改投标文件。

17.2 经投标人修改或撤回的投标文件，应按本须知第14、15条的规定签署、密封、标志和递交。

17.3 根据本须知第12条的规定，在投标截止时间与招标文件中规定的投标有效期以内，投标人不能撤回投标文件，否则其投标保证金将被没收。

开标：

18 开标

18.1 在所有投标人（或投标联合体主办人）法定代表人或其授权代表人（携带本人身份证和授权委托书）在场的情况下，招标人将于"前附表第12项"规定的时间和地点进行开标。参加开标的投标人（或投标联合体主办人）代表应签到，以证明其出席开标会议。

18.2 开标由招标人（或招标代理）主持，行政主管部门委派代表全过程参加并进行监督。

18.3 开标由投标人或其推选的代表检查投标文件的密封情况，经确认无误后，由工作人员当众拆封，并检查投标文件数量、投标文件签署、投标文件内容等是否符合要求。招标人将当众宣布查验结果，并宣布投标文件是否有效。

18.4 投标文件有下列情况之一的，招标人不予受理：

（1）投标文件逾期送达或未送达指定地点的；

（2）未按招标文件要求密封的。

18.5 投标文件有下列情况之一的，由评标委员会初审后按废标处理：

（1）未提交投标保证金或投标保证金数额低于规定的；

（2）投标文件数量不满足规定要求的；

（3）投标文件未经投标人（或联合体主办人）法定代表人签署或未加盖企业法人公章的；

（4）联合体投标未附联合体各方共同签署的联合体协议书的；

（5）环境保护、文明施工、安全防护、临时设施的措施费用低于招标文件规定的；

(6) 超过最高限额设计的;

(7) 注册建造师在建项目记录为一项及以上的;

(8) 技术标文件中出现商务报价内容的,违背本须知第 14 条、第 15 条规定的;

(9) 投标人(或投标联合体成员)递交两份或多份内容不同的投标文件,或在一份投标文件中对同一招标项目报有两个或多个报价,但未声明哪一个有效;

(10) 开标时投标人(或联合体主办人)的法定代表人或其授权代表未出席,或未携带本人身份证,或未携带授权委托书的。

18.6 由招标人(或招标代理)对开标过程进行记录,由各投标人(或联合体主办人)、招标人、招标代理及行政监督部门代表在记录上签字,供存档备查。

评标:

19 评标方式

19.1 评标采用明标方式综合评分法。

19.2 评标采用百分制计分法。按技术、商务两部分设置不同权数,分别以百分制打分,再按各自权数计入总分。评分细则将分项细化各部分具体评分内容。

20 评标内容的保密

20.1 开标后,直到宣布授予中标人合同为止,凡属于审查、澄清、评价和比较投标方案的有关资料和有关授予合同的信息等情况,评标工作参与者都不应向投标人或与该过程无关的其他人泄露。

20.2 在投标文件的审查、澄清、评价和比较以及授予合同的过程中,投标人对招标人和评标委员会成员施加影响的任何行为,都将导致其取消评标资格,投标书不予补偿。

21 投标文件的符合性鉴定

21.1 在评标之前,评标委员会将首先审定每份投标文件是否实质性响应了招标文件的要求。

21.2 就本条款而言,实质性响应要求的投标文件,应该与招标文件所有规定要求、条件和条款相符,无显著差异或保留。所谓显著差异或保留,是指对工程的发包范围、建设规模、技术标准、质量标准及运行产生实质性影响,或者对合同中规定的招标人的权力及投标人的责任造成实质性限制。

21.3 投标文件粗制滥造、质量低劣或对招标文件不作实质性响应,评标委员会将其视为不合格标书。

22.4 不作实质性响应的投标文件,不允许通过修正或撤销其不符合要求的差异或保留,使之成为具有响应性的投标文件。

22 投标文件的澄清

为了有助于投标文件的审查、评价和比较,评标委员会可以书面方式要求投标人对投标文件中含义不明确、对同类问题表达不一致或有明显文字和计算错误的内容作必要的澄清、说明或纠正。澄清、说明或纠正应以书面形式进行(必要时招标代理组织投标文件澄清会),但不允许超出投标文件的范围或者改变投标文件的实质性内容。校核时发现的算术错误不在此列。

23 投标文件的评价与比较

23.1 评标委员会将仅对按照本须知第 21 条确定为实质性响应招标文件要求的投标文件进行评价与比较。

23.2 由评标委员会对投标人的勘察、设计方案、施工组织设计、工程报价等进行评价与比较，评委经交流、评议后，按评分办法和评分细则独立记名赋分，由招标代理统计汇总，由高分至低分按顺序排列，第一名将作为合格中标候选人推荐给招标人。若中标人放弃中标，则按排列顺序依次递补。

24　投标有效期的延长

24.1　在原定投标有效期满之前，如果出现特殊情况（如投标截止期的延长等），经上海市建设工程招标投标管理办公室备案，招标人可以书面形式向投标人提出延长投标有效期的要求。投标人必须服从此要求，并需要相应地延长投标保证金的有效期，在延长期内本须知第12条关于投标保证金的退还与没收的规定仍然适用。

24.2　若不能在投标有效期结束日30个工作日前完成评标时，招标人将通知所有投标人延长投标有效期。拒绝延长投标有效期的投标人有权收回其投标保证金。同意延长投标有效期的投标人应当延长其投标保证金的有效期。在延长投标有效期的期间内投标人不得修改投标文件的实质性内容。

合同授予：

25　授予合同

招标人将合同授予投标文件通过初步评审和详细评审，并且经综合评审得分最高的或评标价最低但不低于成本价的投标人。

26　接受和拒绝投标的权力

招标人在发出中标通知书前经有关行政监管部门同意有权接受和拒绝任何投标，宣布投标无效或拒绝所有投标，并对由此而引起的对投标人的影响不承担责任，也不解释原因，但投标保证金将退还给投标人。

27　中标通知书

27.1　评标结束并经批准后，招标人将在投标文件有效期截止前向中标单位发出中标通知书，确认其投标已被接受。中标通知书中将写明业主（招标人）将支付给承包人按合同规定实施和完成本工程及其缺陷修复的总价（即合同价格）。投标人在收到中标通知书后，应立即以书面形式通知招标人。

27.2　中标通知书是合同文件的组成部分，对招标人和中标人均具有法律约束力。

28　履约担保

中标人在收到中标通知书后28天内，并在签订合同协议书之前，应按"前附表第13项"规定履约担保的额度，向业主（招标人）提交一份履约担保。履约担保的形式可以是银行出具的履约保函，但出具履约保函的银行必须具有相应的担保能力，银行出具履约保函时所发生的有关费用由中标人自行承担。联合体的履约担保由联合体主办人承担或联合体成员共同承担。

29　合同协议书的签署

29.1　中标人应当自收到中标通知书之日起30日内，按中标通知书规定的时间和地点（若中标人系联合体，应由其各方法定代表人或其授权代表人）与招标人法定代表人或其授权代表人签订合同协议书。

29.2　招标人和中标人不得再行订立背离合同实质性内容的其他协议。

30　纪律与监督

30.1　严禁投标人向参与招标、评标工作的有关人员行贿，使其泄露一切与招标、评标工作有关的信息。在招标、评标期间，不得邀请参与招标、评标工作的有关人员到投标人单位参观考察或出席投标人主办的或赞助的任何活动。

30.2 投标人在投标过程中严禁互相串通、结盟，损害招标的公正性和竞争性，或以任何方式影响其他投标人参与正当投标。

30.3 如发现投标人有上述不正当竞争行为，将取消其投标资格或中标资格。

30.4 招标工作将公开接受社会监督。

第三章 合同条件（采用1999年第一版菲迪克（FIDIC）合同条件设计施工总承包（EPC）/交钥匙合同条件）（略）

第二卷 技术标准、规范及要求（略）

1 总则

第四章 勘察、设计技术标准及要求

2 技术标准、设计原则

2.1 几何设计标准

2.2 荷载等级

2.3 排水工程标准

3 方案设计

3.1 设计方案深度

3.2 设计方案内容

3.3 方案设计必须满足的条件和原则

3.4 多方案论证的要求

3.5 方案设计的重点

3.6 投标书设计图纸要求

4 工程风险分析

5 中标人职责

6 勘察要求

6.1 道路工程勘察要求

6.2 桥梁工程勘察钻探技术要求

6.3 排水工程勘察钻探技术要求

第五章 施工组织设计及要求

7 总则

8 施工组织设计编制内容

8.1 土建部分

8.2 设备安装部分

9 施工总平面布置

9.1 临时工程

9.2 施工租地

9.3 沿线建（构）筑物及地下管线

9.4 施工测量网布控

10 施工方案

10.1 总要求

10.2 施工方案内容

10.3 其他工程施工

10.4 交通组织方案

10.5 工程监测与工程保护

11 施工主要机械设备

12 人员组织

13 工期及进度要求

14 工程质量保证措施

15 安全、文明施工及环境保护

15.1 安全生产

15.2 文明施工

15.3 环境保护

16 消防与治安

17 防洪

第六章 技术规范

18 中华人民共和国国家标准

19 行业标准

20 地方标准及其他规定文件

21 勘察标准与规范

第三卷 格式、附表及附件（略）

一、格式

投标承诺书（格式），投标公函，投标书格式，联合体协议书格式，建造师委托，合同协议书格式，投标保函格式（银行保函），履约担保函即付保函格式，法定代表人授权书格式。

二、附表格式

1. 投标标书情况一览表

2. 工程量清单格式

封面工程量清单报价，报价说明，建设工程投标报价汇总表，分部分项工程量清单报价汇总表，分部分项工程量清单与计价表，措施项目清单报价汇总表，措施项目清单与计价表（一），安全防护、文明施工措施清单与费用明细措施项目清单与计价表（二），其他项目清单与计价汇总表，专业工程暂估价表，计日工表，总承包服务费计价表，规费、税金项目清单与计价表，工程量清单综合单价分析表，主要材料（设备）数量与计价表，不竞争性费用汇总表。

3. 辅助资料表

设计主要人员情况表；勘察主要人员情况表；主要施工管理人员表；项目拟分包情况表；主要施工机械设备表；施工进度表；临时设施布置及临时用地表。

三、附件

安全生产责任协议书；文明施工责任协议书；廉洁协议；承诺书；投标保证金提交与退还操作须知。

第四卷 基础资料（略）

第五卷 评标办法

道路及桥梁工程勘察设计施工总承包评标办法

一、编制依据

根据《招标投标法》、《工程建设项目勘察设计招标投标办法》（国家发改委、建设部等八部委、局令第2号）及《工程建设项目施工招标投标办法》（国家发展计划委员会、建设部等七部委、局令第30号），并结合本工程招标文件的有关规定，制定本办法。

二、评标方式

由市政工程专业勘察、设计、施工等方面的专家组成评标委员会，对各投标人提交的投标文件进行综合分析和评审。评委须在个人评审意见及评标汇总表上签字。

三、评审准则

1. 响应招标文件的实质性要求；
2. 勘察、设计方案科学合理并具有针对性；
3. 施工方案切实可行、计划安排合理、施工管理措施得力；
4. 能确保工程质量、安全和文明施工；
5. 在一定范围内能体现本工程的经济、社会和环境等效益。

四、评标原则

1. 本工程采用百分制综合评分法。由评标委员会对有效的投标文件进行技术标和商务标的评审，并按得分高低进行排序，得分最高的为中标候选人。
2. 本工程按技术标和商务标两大部分进行评分，总分100分。

五、技术标评审细则（36～60分）

评委必须严格按照以下内容对各投标人的技术标进行独立评分，最小评分单位为0.5分，经算术平均（保留小数两位）后的分值为各投标人的技术标评得分。

1. 勘察、设计方案（24～40分）
（1）贯彻执行规范、规程正确，并实质性响应招标文件要求（8～12分）；
（2）总体设计方案的合理性、适用性、可行性和性价比（10～15分）；
（3）勘察方案的合理性、可行性（2～5分）；
（4）各项技术经济指标准确、合理（2～5分）；
（5）质保、后续服务、限额设计等措施与承诺（2～3分）。

2. 施工组织设计（12～20分）
（1）施工方案及质量保证措施（3～5分）；
（2）各种机械的配备及使用方案（2～3分）；
（3）施工总进度计划，单位工程施工进度计划及进度控制的措施（2～3分）；
（4）安全生产、文明施工的目标和管理措施（3～5分）；
（5）周边建筑物、构筑物及管线保护措施（1～2分）；
（6）施工组织机构和技术力量配置（1～2分）。

六、商务标评审（满分40分）

1. 投标文件的评审

投标文件必须包括以下各方面的内容，且满足商务响应性要求，否则将直接导致投标文件的不完整、不响应。

（1）投标书、附录；

(2) 有标价的工程量清单、单价分析表；

(3) 投标保证金；

(4) 法定代表人证明和法定代表人授权书；

(5) 合适的签署（法定代表人或代理人的合适性，签名的完整性，正本、副本均盖应红章）；

(6) 工期、施工组织和人员情况满足招标文件的要求；

(7) 安全防护、文明施工、环境保护、临时设施的措施费除报总价外，还须列出细目清单和具体金额；

(8) 安全防护、文明施工、环境保护、临时设施的措施费用报价不应低于招标文件规定的最低费用的90%（分部分项工程量清单合计×2.2%×0.9），不应高于招标文件规定的最高费用（分部分项工程量清单合计×2.6%）；

(9) 招标文件要求的其他内容。

2. 评标基准价的计算

评标基准价：经评审的投标价的算术平均价。

3. 投标报价得分的计算

经评审的投标报价等于评标基准价得40分；低于评标基准价的每下浮1%扣1分；高于评标基准不着价的每上浮1%扣2分，采用中间插入法，四舍五入，保留两位小数。该项分值扣完为止，不计负分。

七、定标原则

1. 最终得分＝技术标得分＋商务标得分

2. 排名第一的中标候选人即为中标人。排名第一的中标候选人放弃中标，或因不可抗力提出不能履行合同，或招标文件规定应当提交履约保证金保函而在规定的期限内未能提交的，则按评标结果排名顺序依次确定评标排名第二的中标候选人为中标人，依次类推。

八、评标纪律

1. 评标委员会成员应当严谨、客观、公正地履行职责，遵守职业道德，对所提出的评审意见承担个人责任。

2. 评标委员会向招标人提交书面评标报告后自动解散。评标工作中使用的文件、表格以及其他资料应当同时归还招标人。

3. 评标委员会成员和其他参加评标活动的人员不得与任何投标人，或者与投标人有利害关系的人进行私下接触，不得收受投标人和其他与投标有利害关系的人的礼物或者其他好处。

4. 评标委员会成员和其他参加评标活动的人员，不得向他人透露对投标文件的评审以及与评标有关的其他情况。

5. 评标期间不得将评标的有关资料带出评标工作场所。

8. 施工监理招标评标案例

业务用房迁建工程施工监理招标评标办法

本着严格遵守公开、公平、公正的原则。根据《招标投标法》及国家计委等七部委联合发布的《评标委员会和评标办法暂行规定》的有关规定，采用百分制评标法，并结合本工程招标文件中的有关规定，特制定本办法，并报＊＊建设工程招标投标管理办公室备案。

一、评标原则

本工程评标将以《招标投标法》和国家七部委2001年12号令的规定为主要依据，并参照招标文件关于评标的准则予以评审。评标小组负责对投标文件进行评审，并将评审结果报招标人确定。

评标委员会依法组建，由招标人的代表和＊＊建设工程交易中心所属专家库中随机抽选的专家共同组成，人数为5人以上单数，评标委员会组长由各评委推荐产生。其中，招标人评委须从事相关专业领域工作，具有高级职称（工程、经济类）或者同等专业水平。

二、评标办法

1. 由评委对各投标单位的投标文件进行认真分析后，针对总监和总监代表工作经历资历、资格等情况（含答辩表现）；现场监理人员结构、技术水平、监理大纲结合工程针对性、检测手段、监理单位同类工程监理资历、社会荣誉、总监（包括总监代表及主要专业监理工程师）答辩表现和投标报价等内容综合评定。对各投标单位的投标文件采用百分制方法评标，由评委按照本办法各自独立打分（最小评分单位为0.1分），然后计算出每个投标单位的累计得分。最后将各评委的累计分值相加，计算出每个投标单位的最终得分并依次排序，得分最高者为评标委员会推荐的第一中标候选人，招标人将排序第一的中标候选人确定为中标人。

评标人员必须在评分表和评标报告及流程表上签字。

2. 由评标组长汇总各评委意见，写出书面评审报告。

三、其他

1. 执行《评标工作规则（2004版）》沪建招（2004）第018号文的各项规定。
2. 参加评标的成员在评标期间，不得私下与投标单位接触，同时应关闭手机等通信工具。
3. 招标方和招标代理将中标结果通知各投标单位，但无义务向未中标单位解释未中标原因。
4. 评分细则

本评分细则满分100分（介于两个评分等级之间的可内插，最小评分单位为0.1分），平均分值保留小数点后二位，具体评分值如下表：

序号	评标内容		分值
1	监理大纲	1. 监理工作程序、手段的合理性； 2. 对工程的特点、难点分析的准确性及所确定的监理重点的正确性以及为解决工程的难点而对施工带来的困难所采取的监理措施的针对性、正确性和可行性； 3. 监理质量保证措施的符合性、针对性和可行性； 4. 合理化建议和可信度及所产生的效果状况； 5. 对建筑节能材料施工的监理措施（以上每项内容优秀得6分、良好得5分、一般得4分）	20～30分

续表

序号	评标内容		分值
2	总监理工程师情况	1. 工作业绩(优秀得8分、良好得6分、一般得5分); 2. 总监监理资格(符合招标文件得2分,不完全符合招标文件得1分); 3. 与专业有关的荣誉情况(优秀得8分、良好得6分、一般得5分)	11~18分
3	总监答辩表现	优秀得10分、良好得8分、一般得5分	5~10分
4	安全监理员情况	1. 安全监理资格及工作经历(符合招标文件得2分,不完全符合招标文件得1分); 2. 业绩和荣誉(优秀得3分、良好得2分、一般得1分)	2~5分
5	现场监理人员情况	1. 常驻监理人员数(满足招标文件得1分,不满足招标文件得0分); 2. 年龄组合及专业分工(优秀得3分、良好得2分、一般得1分); 3. 监理资格证书及职称(优秀得3分、良好得2分、一般得1分); 4. 业绩及荣誉(优秀得5分、良好得4分、一般得3分)	5~12分
6	监理单位情况	最近六年类似工程业绩及荣誉(优秀得6分、良好得5分、一般得4分)	4~6分
7	检测设备	测量仪器、检测工具、测量方法及控制措施是否有力(优秀得5分、良好得4分、一般得3分)	3~5分
8	标书质量	1. 没有提供与工程项目无关资料得1分; 2. 正册满足自然页页数控制在150页内得1分; 3. 满足正册正文字体拟为宋体小四号、标准字间距、1.5倍行距,两册装帧为软面简装A4规格的,得1分; 4. 内容无缺项得1分	0~4分
9	监理费用报价	1. 以沪建监协字(2001)第20号文、沪建监协字(2004)第5号文规定,报价±0%为基准得基本分5分; 2. 在上述监理费用报价基础上,每上升1%扣1分,扣完为止,每下浮1%加0.5分,加至10分为止; 3. 监理费用报价下浮超过上述监理费用报价基准的10%时,本项不得分; 4. 报价与费率及浮动率不一致时,以报价为准	0~10分
	合　计		50~100分

9. 财务监理招标案例

工程项目财务监理招标文件

第一章 投标人须知前附表

序号	条款号	内 容 规 定
1	1	工程综合说明 (1) 工程名称：＊＊政法学院扩建工程（四期）； (2) 项目简介：总建筑面积 32193 平方米 建设内容为 2 层框架、桁架结构礼堂及体育馆 13616 平方米（包括地下人防面积 2457 平方米）、3 层框架结构法学教学楼 11450 平方米、3 层框架结构学生餐厅 3547 平方米、6 层砖混结构学生宿舍 3580 平方米
2	1	合同名称：财务监理合同
3	1	资金来源：市级建设财力定额安排 9138 万元，其余资金学校自筹
4	2.1	投标人资质等级须同时满足下列条件： (1) 在中华人民共和国境内注册的独立企业法人； (2) 造价咨询公司应当取得甲级工程造价咨询企业资质证书 3 年以上，会计师事务所应当成立满三年以上； (3) 承担过类似工程财务监理工作； (4) 配备从事工程概算、预（结）算、竣工财务决算审查工作的专业技术人员不少于 20 人，并且配备有取得注册造价工程师资格、注册会计师资格等资格的专业人员； (5) 近三年内未发生过违纪违规行为，具有良好的社会信誉和专业素质，且技术档案管理制度、质量控制制度、财务管理制度等制度齐全完善； (6) 接受委托承担本项目财务监理工作的专业人员，需遵守国家法律、法规，专业素质高，职业道德好并且在近三年内没有违法、违规执业行为； (7) 凡是此前已接受招标单位、建设单位或其他相关方的委托或聘请，为本项目的准备或实施提供过与财务监理工作内容有关的各类咨询服务的公司，均无资格参加本次投标
5	3.1	招标文件领取时间；单位：＊＊公司；地点：＊＊路 1221 号 1202 室
6	5.1	对招标文件提出疑问的截止时间：传真至：＊＊工程项目管理有限公司
7	5.2	答疑会，以书面答复为主，如有需要另行安排
8	14.1	投标有效期为 60 天（日历日）
9	13.1	投标保证金： (1) 保证金金额：￥10,000.00（人民币壹万元整） (2) 保证金形式：现金、支票、电汇或者银行汇票
10	15.1	投标文件份数： 一式九份，正本一份、副本八份
11	17.1	投标截止时间：
12	16.2	投标文件递交至：
13	21.1	开标时间：地点：

第二章 服务要求

1 对投标人资质要求

1.1 投标人必须满足本招标文件第一章"投标邀请书"第 2 条规定的所有条件；

1.2 投标人还应具备承担类似的建设工程财务监理服务能力。

2 本次招标范围

纳入本次服务招标范围为：＊＊学院扩建工程（四期）项目财务监理服务。

3 委托内容

受托人承担的财务监理业务范围为：从本项目的可行性研究报告获批复后至通过政府审计及竣工财务决算期间，全过程的资金监控、财务管理、投资控制（含工程价款结算审核）及绩效评价工作。具体工作内容如下：

3.1 资金监控工作

3.1.1 协助项目单位编制年度、月度资金用款计划，并对所编制的计划予以审核同时出具书面意见。

3.1.2 协助项目单位对建设资金进行专户管理，督促项目单位按规定用途使用建设资金，防止出现挤占、挪用、滞留资金的行为。

3.1.3 审核各类费用的支出，确保各项开支符合国家有关规定，防止建设资金的流失和占用。

3.1.4 审核工程预付款、进度款、预留款、工程变更签证等工程用款，并出具书面意见。

3.2 财务管理工作

3.2.1 全过程参与指导基建会计核算，协助项目单位制定相关的财务制度、规定。

3.2.2 协助项目单位正确设置会计科目，指导项目单位规范财务核算方法，参与并审核各类财务报表的编制。

3.2.3 审定项目的总预算以及分年度的基建支出预算，并及时出具书面审核报告。

3.2.4 核对项目的月度支出，每季度提交投资执行情况分析报告，每年提交年度完成投资分析报告。项目全部完成后，审查全部费用，审核项目总造价，对照项目实际造价与总概算进行对比分析，向项目单位提供总结算审核报告。

3.2.5 协助项目单位对项目建设过程中物资采购、保管、领用三个环节的管理及财务核算。

3.2.6 协助项目单位正确编制工程竣工决算，协助通过政府审计及竣工财务决算审批。

3.3 投资控制工作

3.3.1 设计阶段的投资控制

协助项目单位对初步设计概算进行预审，提出初步设计的技术经济分析和优化建议，特别针对影响造价的主要因素做出具体分析、修正并出具相应书面意见供项目单位参考。

3.3.2 前期阶段的投资控制

审核建设项目的前期费用，并出具相应的书面意见。

3.3.3 招标阶段的投资控制

（1）参与工程勘察、设计、施工、施工监理、设备采购等招标工作，对招标文件和工程量清单进行审核，并出具书面审核意见。

（2）参与合同谈判，对合同中有关合同价、付款、变更、索赔等条款的合理性出具书面审核意见。

（3）预判工程中可能出现的不确定因素，如涨价、设计变更、不可预见费等内容，并出具相关书面意见。

（4）参与有关工程项目的询价与审核，并出具相关的书面意见供项目单位参考。

3.3.4 施工阶段的投资控制

（1）制定现场控制造价步骤与措施。

（2）协调配合与工程监理单位（质量、进度控制）的工作，严格签证制度。

（3）参加工程例会和项目单位要求参加的其他工作会议，随时掌握工程进展的实际情况，实施造价控制的跟踪管理。

（4）审核施工单位上报并经工程监理单位认可的每月完成工作量报表，并提供当月付款建议书，经项目单位认可后作为支付当月进度款的依据。

（5）收集工程施工的有关资料，了解施工过程情况，协助项目单位及时审核因设计变更、现场签证等发生的费用，相应调整预算控制目标；计算因设计变更、项目单位指令而产生的工程费用的增减，与承包单位商讨合理的合同外工程变更金额，避免不合理的费用支出。

（6）根据施工阶段的每月工作量与付款，核定各项变更费用，会同项目单位办理工程总结算。

（7）及时预警项目单位可能发生的工程费用索赔问题，向项目单位提供专业评估意见、估算书及反索赔咨询业务，以保证项目单位在合同上的利益。当有关合同方提出索赔时，为项目单位提供确认、反馈索赔等咨询意见。

（8）协助项目单位检查各类合同的履行情况，编制合同执行情况专题报告，提供整套合同、结（决）算报告及各项费用汇总表交项目单位归档。

（9）审核施工图预算。

（10）对项目需要采购或者核定价格的材料、设备等，及时根据合同及有关规定进行询价或审核，并出具书面审核意见。

（11）做好工程钢筋及预埋件计算审核工作。

（12）做好对采购材料、设备合同执行情况等内容的定期检查。

3.3.5 竣工结算阶段的投资控制

及时审查施工单位递交的分部或整体工程价款结算，公正、合理地确定单项工程的造价，并提出审查结果书面报告（包括甲供料、设备价款、施工用水、用电的审核抵扣等）。

3.4 绩效评价工作

受托人应定期向委托人提交书面报告汇报财务（投资）监理工作成果及工作中存在或需协调的问题，包括项目动态分析报告、超投资专题报告、财务总决算审核报告、财务决算审核报告、财务监理工作年度小结报告、财务监理工作总结报告，以及其他需向委托人反映而形成的各类书面报告。

（1）对建设单位向上海市财政局申请下拨的财政资金，出具达到上海市财政局要求的书面审核报告。

（2）对于擅自提高建设标准、扩大规模的各项开支提出书面报告，并及时向委托人汇报。

（3）根据实际投资与概（预）算动态对照情况，及时向委托人提供造价控制和需调整的动态分析报告、超投资专题报告、工程总结算审核报告、财务决算审核报告。

（4）项目全部完成后，审查项目全部费用，审核项目造价，并对实际总支出与项目总概算进行对比分析，出具财务监理工作年度小结报告及财务监理工作总结报告。

(5) 按有关政府部门的统计要求，向建设单位提供各类项目资金费用相关的报表，以便建设单位向各相关部门提交。

(6) 定期向委托人提交财务监理工作报告（包括月报、季报、年报），汇报财务监理工作成果及工作中存在或需协调的问题。

(7) 编制项目绩效评价报告，并及时提交给上海市财政局。

4 财务监理工作要求

4.1 受托人必须建立起覆盖本项目涉及的全部范围的投资监理体系，按照"服务"和"监督"原则，合理控制项目成本费用，节约建设资金，规范项目会计核算和财务管理，确保总决算控制在批准的概算之内，提高建设资金使用效益。

4.2 受托人应按照合同要求配置专业人员，其中财务监理负责人必须以不低于2天/周的工作日驻守现场（不得派遣代表），施工现场至少应有不低于5天/周、1至2名财务监理人员（包括负责人），监理组人员专业配备应合理。未经招标方及建设单位同意，监理单位不得撤换总监及相关人员，否则按违约处理。

4.3 投标人一旦中标应在7天内完成财务监理实施细则，并根据招标方提出的合理要求进行修改优化。

5 财务监理有关依据

(1)《中华人民共和国预算法》

(2)《中华人民共和国招标投标法》

(3)《中华人民共和国政府采购法》

(4)《中华人民共和国建筑法》

(5)《中华人民共和国审计法》

(6)《建设工程质量管理条例》

(7)《国务院关于投资体制改革决定》

(8)《基本建设财务管理规定》

(9)《财政部关于解释〈基本建设财务管理规定〉执行中有关问题的通知》

(10)《财政支出绩效评价管理暂行办法》

(11)《建设工程价款结算暂行办法》

(12)《上海市市级建设财力项目管理暂行办法》

(13)《上海市人民政府办公厅关于转发市发展改革委等四部门分别制订的〈上海市市级建设财力项目储备库管理暂行办法〉等四个暂行办法的通知》

(14)《上海市市级基本建设资金拨付暂行办法》

(15)《上海市建筑市场管理条例》

(16) 其他国家和上海市政府颁布的有关法律、法规和规范性文件

(17) 经有关部门批准的项目可行性研究报告、初步设计、固定资产投资计划及其他有关文件

(18) 建设单位依法签订的工程技术合同、与投资有关的其他合同

6 投标报价

6.1 投标人应按附件所示《投标报价表》格式填写投标报价。

6.2 投标人在《财政性投资评审费用及委托代理业务补助费付费管理暂行办法》（财建[2001]512号）以及《上海市建设工程造价服务和工程招标代理服务收费标准》（沪建计联

[2005] 834号）中"施工阶段全过程造价控制"的收费标准基础上进行报价，报价应为绝对值。

6.3 投标人的报价最高不超过上述的收费标准。

6.4 上述报价在协议谈判和项目执行过程中投标人将不得擅自更改。

6.5 投标人所报的报价应考虑到可能发生的所有与完成相关工程服务及履行合同义务有关的一切费用。

6.6 投标人只允许有一个报价，招标单位不接受有任何有选择的报价。

7 其他说明

7.1 投标人提供的服务，必须符合国家标准，并对质量负全部责任。

7.2 如遇特殊因素导致服务不能正常提供，投标人必须提前一个月以书面形式发函报招标单位批准。

7.3 招标单位将定期或不定期地对工程咨询项目进行监督检查。

7.4 本要求未及事宜，均以上海市建设工程主管部门及上级有关部门的规定为准。

第三章 服务合同格式（略）

财务监理考核评分表

		内　容	分值	评 分 办 法
基本要求	工作态度	工作时效性	2	未及时报送报告、完成工作的，每次扣减1分
		业务态度	2	根据实际工作情况计分
		遵纪守法、廉洁公正	2	出现违法、违规行为的，扣减全部分值
	财务监理资料管理	可行性研究报告及批文	1	资料未收集的，扣减全部分值
		初步设计、扩初设计及施工图设计	1	资料未收集的，扣减全部分值
		与项目建设有关的合同文件	1	资料未收集的，扣减全部分值
		概算、预算、结算、决算资料	2	资料未收集的，扣减全部分值
		财务监理台账	2	根据台账的设置情况酌情计分
		财务监理工作底稿	2	根据工作底稿的完备情况酌情计分
	人员到位情况	财务监理人员的业务水平	2	不能满足要求时酌情扣分
		财务监理人员的专业配置	2	专业缺失的扣减全部分值
		现场人员到位情况	2	人员未到位影响工作的扣减全部分值
		例会及重要会议到位情况	2	缺席会议的酌情扣分
投资监理工作质量	"三算"审核	设计概算审核	3	视审查报告的偏差程度、详细程度、完善计分
		施工图预算审核	3	视审查报告的偏差程度、详细程度、完善计分
		竣工结算审核	4	复审后相差3%以上的扣减全部分值
	资金监控	审核前期费用合理、合法性	3	工作未完成或审查报告明显错误的，扣减全部分值
		合同经济条款审核及合同履行的检查	3	未能有效杜绝合同风险及出现合同超付的，扣减全部分值

续表

内 容			分值	评 分 办 法
投资监理工作质量	资金监控	设备材料价格咨询	3	拒绝提供价格咨询及价格咨询明显失实的,扣减全部分值
		验工计价、工程进度款支付证明	3	未发现申报工作量与实际完成量的差异的,扣减全部分值
		变更的审核、签证	3	签证明显失实的扣减全部分值
		审核提高建设标准、扩大规模的各项开支	3	未能按批准规模、标准进行控制且未提出意见的,扣减全部分值
		定期编制动态投资与概算对照分析表	3	未能提供动态投资情况分析的,扣减全部分值
		审查全部费用,对实际总支出与概算进行对比分析	3	未对全部费用进行审查,造成概算控制不全面的,酌情扣分
		协助编审资金使用计划	2	工作未完成,或工作发生差错,酌情扣分
资金监控和财务管理工作质量	财务核算管理	协助正确设置会计科目	2	根据科目设置的正确性计分
		协助编审各类报表	2	根据报表质量计分
		协助甲供设备材料的管理和核算	2	采购、保管、领用及核算混乱且未提出意见的,扣减全部分值
		协助编制财务竣工决算报表	3	竣工决算报表未能通过国家审计的,扣减全部分值
	支出审核	审核建设单位管理费支出	2	无合理理由批准超支的,扣减全部分值
		审查其他各类支出,确保合理合法	3	未完成及无合理由批准超支的,扣减全部分值
		监督建设资金的专款专用和专户管理,防止流失和占用	2	未监督专款专用的,造成资金流失和占用的扣减全部分值
		审查结余资金是否及时上交	2	不清楚节余资金情况的,扣减全部分值
财务监理效果	财务监理报告	定期财务监理报告的效果	3	不能即使反映情况或反映失实的,扣减全部分值
		发生重大问题上报专题报告的效果	3	未提出专题报告致使投资失控的,扣减全部分值
		及时提出财务监理建议书的效果	3	未出具必要的建议书内容不当的,酌情扣分
	财务监理最终效果	竣工财务决算审查报告	3	未真实全面反映项目建设情况及成本的,酌情扣分
		财务监理总结报告	2	未真实全面反映项目建设及财务监理情况的,酌情扣分
		竣工决算审计结论	3	审计过程中发现财务监理未发现的问题的,酌情扣分
		竣工决算财政审批结论	3	审批结论中发现财务监理未发现的问题的,扣减全部分值
		绩效评价结论	3	绩效评价结论中发现财务监理工作失效的问题,扣减全部分值

注:年度考核按实际发生工作量所占权重计分。

第四章　投标格式（略）

第五章　评标办法

1.1　由招标单位组建评标委员会，总数 9 人。评标委员会成员构成如下：＊＊财政局 1 人，＊＊司法局 1 人，8 学院 1 人，政府采购专家库随机抽取 6 人。

1.2　由评标专家负责对所有投标文件进行审查，按照评标细则所规定的内容，对投标人进行打分，择优选定中标候选人推荐给招标单位；

1.3　招标单位根据评标得分排名最高的投标人作为本项目的中标人。

2.1　本评标办公总分 100 分，分值保留了小数点后两位，第三位小数四舍五入计算。

2.2　具体打分办法如下：

2.2.1　技术标满分 90 分

1) 投标人整体情况（2～5 分）

(1) 公司业绩和社会信誉（1～2 分）。

(2) 近五年已完成或正在进行财务监理咨询业务业绩（1～3 分）。

（重点考察投标人承担过的类似学校工程财务监理项目经验情况。）

2) 针对本项目的人员组成情况（8～30 分）

（重点考察投标人安排的项目总监及相关组员是否具备承担类似学校建设工程财务监理服务能力。）

(1) 财务监理的组织机构形式、人员配备情况（年龄、工作经历、专业、类似工程业绩等）和在现场的具体安排（4～20 分）。

(2) 项目负责人的情况（4～10 分）。

3) 财务监理及财务监理方案（其内容应包括但不限于下列）（10～50 分）

(1) 主要方法和操作流程（3～15 分）。

(2) 对各类费用的控制和措施（3～15 分）。

(3) 对本工程造价控制内容的重点、难点分析及采取的措施（2～10 分）。

(4) 对设计变更及现场签证的造价控制内容重点、难点分析及措施（2～10 分）。

4) 投标人认为其他必要的内容和自报奖、罚措施（2～5 分）

2.2.2　商务分满分 10 分

以各投标人所报的财务监理费用的平均值下浮 5％为基准值。投标报价等于基准值，得满分 10 分。投标人投标报价高于基准值 1％扣 1 分，低于基准 1％扣 0.5 分，扣分最多扣至 0 分。

10. 施工招标案例

体育中心施工招标策划

第一章 投标须知前附表及投标须知

一、投标须知前附表

项号	条款号	内容	说明与要求
1	1.1	工程名称	＊＊体育中心及图书馆改造项目（报建编号：0801SH0088）
2	1.4	建设地点	北临海江路、东靠永清路、南临永乐路
3	1.5	工程概况	总建筑面积 79670 平方米
4	1.6	招标形式	公开招标
5	5.2	承包方式	包工包料包工期包质量包安全文明施工
6	43	质量标准	必须达到现行《工程施工质量验收规范》的要求，一次性验收合格，争创白玉兰奖
7	2.1	招标范围	本工程的施工图纸范围内的土建工程、安装工程、室内装饰工程、钢结构工程、幕墙工程、弱电工程、室外运动场地、室外总体、室外绿化工程等
8	4.4	工期要求	计划于 2009 年 7 月 27 日开工，总工期 420 日历天
9	6.1	资金来源	财政资金
10	7.1	投标单位资质等级要求	房屋建筑工程施工总承包特级资质，同时具有地基与基础工程专业承包一级、钢结构工程专业承包一级
11	16.2.1	工程报价方式	采用综合单价法
12	18.1	投标有效期	90 天（日历日）
13	19.1	投标保证金	提交金额：人民币 80 万元整 请于投标截止前提交至小木桥路 780 号中国建设银行＊＊支行法定工作日 9：00—11：30、13：00—16：30
14	39.1	领取招标文件	时间：2009 年 6 月 25 日（星期四）上午 9：30 地点：＊＊路 700 号施工现场临房
15	39.2	踏勘现场	时间：2009 年 6 月 25 日（星期四）上午 9：30 地点：＊＊路 700 号现场
16	39.3	招标答疑会	时间：2009 年 6 月 29 日（星期一）下午 14：00 地点：＊＊路 683 号 2 楼
17	20.1	投标文件份数	6 份（正本 1 份，副本 5 份）；电子投标文件 1 份（含加密标书文件（文件格式为 .tbs）及清单计价文件）
18	22.1	投标文件、《投标保证金提交确认函》提交地点及截止时间	时间：2009 年 7 月 16 日（星期四）下午 13：30 止 地点：＊＊路 683 号 2 楼 B07
19	39.4	开标	时间：2009 年 7 月 16 日（星期四）下午 13：30 地点：＊＊路 683 号 2 楼 B07
20	39.5	评标	时间：2009 年 7 月 20 日（星期一）上午 9：30 地点：＊＊路 683 号 2 楼
21	第九章	评标方法及标准	本工程评标采用"综合评估法"

二、投标须知（略）

（一）总则
（二）招标文件
（三）投标文件的编制
（四）投标文件的提交
（五）开标
（六）评标
（八）其他
（九）投标日程安排
第二章　建设工程合同文件（略）
第三章　工程建设标准及注意事项（略）
第四章　图纸（另提供）
第五章　工程量清单（略）
第六章　投标文件商务部分格式（采用建设工程电子招标、投标软件系统格式）
第七章　投标文件技术部分格式（略）
第八章　附件（略）
第九章　施工招标评标办法

施工招标评标办法

一、评标依据和原则

（1）本评标办法根据《招标投标法》、七部委12号令和沪建建（2003）532号文关于印发《关于改进本市建设工程施工投标报价、评标定标的试行办法》等有关规定制定，并报上海市建设工程招标投标管理办公室备案，作为本工程择优选定中标人的依据，在评标全过程中应遵照执行。

（2）评标委员会由招标人依法组建，负责评标活动。评标委员会由招标人的代表和从专家库中随机抽取得专家组成，人数为7人，其中招标人代表1人，技术、经济等方面的专家6人。评标委员会组长由各评委推荐产生。

（3）本次评标办法采用"综合评估法，总分100分，分值保留小数点后两位，第三位四舍五入，打分最小单位为0.1分。

（4）本工程评标由评委根据本评标办法的规定各自独立打分。

取算术平均值计算各家投标单位的技术标得分。商务标的评审由经济专家认定。在商务标评审过程中有异议时，可由全体专家讨论后，以少数服从多数的原则认定，最后经全体专家签字确认。

技术标和商务标合计得分为投标人最终得分。技术标及商务标合计得分最高者为中标人。如出现最高分并列时，则由评委无记名投票表决，得票最多者为中标人。如果得分最高的投标人因不可抗力或其他原因，无法签订合同，则得分排名第二（次高）的投标人将被视为中标人，以此类推。在评标中，评委应当提出各自的书面意见。评标结束，评标委员会应当做出书面评标报告。

二、确定评审入围投标人

（1）当投标人数量不多于11家时，所有投标人都将入围进入下一阶段的初步评审和商务、技术的评审。

（2）当投标人数量不少于12家时，依据投标人的投标总报价按自然排列从低到高，选第6家至第20家投标人入围进入下一阶段的初步评审和商务、技术的评审（如排序第20有两家及以上投标人的总报价相同，同时入围），剩余的投标人不再进行后续评审。

三、评分细则

1. 技术标 40 分

1) 施工组织设计（23～35分）；

（1）施工技术措施及施工方案（4～7分）；

（2）基坑围护方案及措施（2～4分）；

（3）保证节能、新工艺、新材料的技术措施（3～4分）；

（4）工程质量保证措施（2～3分）；

（5）施工总进度计划及保证措施（2～3分）；

（6）施工平面布置图（3～4分）；

（7）施工机械配备（3～4分）；

（8）安全文明及环境保护施工措施（4～6分）。

各评委按上述内容分别打分，若投标书中内容有缺项的，此项得0分。如投标书不按规定编制或提供与本工程项目无关内容的，评委会可根据程度不同，酌情扣减1～2分。

2) 施工工期（以表九为准）2分

（1）投标单位自报总工期超过（大于）招标单位的要求工期者，不得分。

（2）投标单位自报总工期满足招标单位的要求工期者，得基本分1分。在此基础上，有工期处罚措施（达到总工期延误违约金额为每延误一日历天按工程结算价的万分之二执行）的再加1分，得满分2分。达不到上述处罚金额或无处罚承诺者的不加分。

3) 质量等级（以表九为准）2分

（1）自报质量等级为"一次性验收合格"者，得1分；报"不合格者"不得分，报"合格"者只得0.5分。

（2）达到本招标文件规定（本工程质量违约处罚金额为合同总造价的2%执行）并且承诺本工程争创上海市白玉兰奖的加1分；达不到上述处罚金额的加0.5分；无处罚承诺者不加分。

经济处罚承诺必须在投标汇总表（表九）的主要说明中列明，同时承诺本工程争创上海市白玉兰奖，否则不得相应分。

4) 施工现场"渣土垃圾"的整治处置及违约措施的承诺（1分）

（1）无施工现场"渣土垃圾"的整治处置及违约措施的承诺或承诺低于招标文件要求的，得0分；

（2）施工现场"渣土垃圾"的整治处置及违约措施的承诺满足"若违约招标人将有权从中标人应得的工程款中扣除不少于施工合同总价1%的金额作为违约金"的，得1分。

2. 商务标 60 分 [采用合理基准加（减）分法]

商务评分时的投标价＝经评审的投标价－Σ暂定单价×工程数量－Σ指定单价×工程数量－Σ暂定金额－Σ指定金额

1) 甄别异常报价

对投标报价进行一次性甄别，对出现下列异常情况的商务标书只给常数分40分，不再进行基准价的加减评分。

（1）最高报价高于次高报价5%者（含5%），计算式＝[（最高报价－次高报价）÷次高报价]×100%；

（2）最低报价低于次低报价5%者（含5%），计算式＝[（次低报价－最低报价）÷次低报价]×100%。

2）计算合理基准价

在甄别后，对投标价进行评审，确定商务评分时投标价去掉一个最高报价、一个最低报价，然后用算术平均法求出本工程基准价。

3）计算得分

得出基准价后确定基准分为55分，然后根据以下规定，求出各投标单位的商务标得分（商务标得分值保留两位小数，最小计分单位为0.01分）：

（1）总报价每高出基准价1%基准分减1分，最少减至50分；

（2）总报价每低于基准价1%基准分加1分，最多加至60分。

注：当有效投标人少于或等于5名时，本项目施工评标办法中"合理基准值"改为"算术平均值"（不去掉最高报价和最低报价）。计算得分方法不变。

11. 办公楼装修项目施工评标案例

＊＊黄金交易所办公楼装修项目施工评标

本评标办法根据《招标投标法》及国家计委等7部委联合制定的《评标委员会和评标办法暂行规定》、上海市建设和管理委员会"关于印发《关于改进本市建设工程施工投标报价、评标定标的试行办法》的通知"（沪建建［2003］532号文）的有关规定，并结合本工程招标文件中的有关条款予以制定。

评标采用全部入围方式评审，按"综合评估法"，总分为100分，其中技术标满分40分，商务标满分60分。评标委员会全体成员按本评标办法进行各自有记名打分，分值保留小数点后两位，不可采用集体统一打分，总得分最高者为中标单位。如出现总得分并列时，则由评委无记名投票表决，得票多者为中标单位。在评标中，评委应当提出各自的书面评审意见。

一、技术标 40 分

1. 施工组织设计（23～35分）

(1) 施工技术措施及施工方案（4～7分）；
(2) 保证节能、新工艺、新材料的技术措施（3～5分）；
(3) 工程质量保证体系（3～4分）；
(4) 施工总进度计划表（3～4分）；
(5) 施工平面布置图（3～5分）；
(6) 施工机械配备（3～4分）；
(7) 文明安全施工措施（4～6分）。

各评委按上述内容分别打分，若投标书中内容有缺项的，此项得零分。如投标书不按规定编制或提供本工程项目无关内容的，评标委员会可根据程度不同，在总分中扣1～2分。

2. 施工工期（0～2分）

(1) 投标单位自报总工期超过（大于）招标单位的要求工期者，不得分，且按废标处理。
(2) 投标单位自报总工期满足招标单位的要求工期者，得基本分1分；在此基础上，有工期处罚措施的再加1分，得满分2分。

3. 质量等级（0～3分）

投标单位自报质量等级为"一次验收合格"者，得基本分2分，对自报质量等级为"一次验收合格"有经济处罚承诺者再加1分，得满分3分。

投标单位对工期处罚措施、质量经济处罚承诺，必须在投标汇总表（表九）的主要说明中列明，否则得0分；对工期、质量不作出承诺或承诺处罚百分比少于招标文件规定的，相应内容得0分。

二、商务标 60 分 ［采用合理基准加（减）分法］

商务评审的程序如下：

第一步：选取入围投标人

全部入围

第二步：甄别异常报价

对投标报价（扣除不具竞争性报价）进行一次性甄别，对出现下列异常情况的商务标书只给常数分 40 分，不再进行基准价的加减评分。

（1）最高报价高于次高报价 5%者（含 5%），计算式＝[(最高报价－次高报价)÷次高报价]×100%；

（2）最低报价低于次低报价 5%者（含 5%），计算式＝[(次低报价－最低报价)÷次低报价]×100%。

第三步：计算合理基准价

在甄别后，评审价中去掉一个最高报价、一个最低报价，然后用算术平均法求出本工程基准价。若甄别后经评审的有效标不多于 5 家时，则直接用算术平均法求出本工程基准价。

评审价应扣除不具有实质性竞争项目的费用，计算方法为：评审价＝经评审的投标报价－Σ安全防护、文明施工费－Σ暂列金额－Σ材料暂估单价×工程数量－Σ专业工程暂估价－Σ规费－Σ税金

第四步：计算得分

得出合理基准价后确定基准分，然后根据以下规定，求出各投标单位的商务标得分：（商务标得分值保留两位小数，最小计分单位为 0.01 分）：

（1）评审价等于合理基准价，得基准分，基准分为 55 分。

（2）评审价每高出合理基准价 1%，基准分减 1 分，最少减至 45 分。

（3）评审价每低于合理基准价 1%，基准分加 1 分，最多加至 60 分。

在计算报价基准价时被剔除最高、最低评审价的投标人仍可参加评标计分。

三、总得分＝技术标得分＋商务标得分

当有效投标人少于或等于 5 名时，本项目施工评标办法中"合理基准值"改为"算术平均值"（不去掉最高报价和最低报价）。计算得分方法不变。

12. 幕墙分包施工招标案例

幕墙分包施工招标文件

前附表

内容	说明与要求
工程名称	体育中心及图书馆改竖向铝板及基层钢结构分包工程
建设地点	北临海江路、东靠永清路、南临永乐路
投标单位资质等级要求	钢结构工程专业承包壹级；建筑幕墙工程专业承包壹级
投标有效期	90天（日历日）
投标保证金	提交金额：人民币80万元整 请于投标截止前7天提交至＊＊路1188号7楼交易大厅内 保证金：支票　法定工作日9：00—11：00、13：30—15：00
领取招标文件	时间：2010年7月14日15：30 地点：＊＊路1188号7楼大厅
踏勘现场	时间：2010年7月14日16：00 地点：体育中心及图书馆改造项目现场
招标答疑会	时间：2010年7月16日14：30 地点：＊＊路1188号7楼大厅 如有疑问，请于2010年7月15日11：00前，以书面形式并加盖公章传真
投标文件份数	6份（正本1份，副本5份）；电子投标文件1份（必须含标书bs2文件，及组价eb1文件）
投标文件提交地点及截止时间	时间：2010年8月3日10：00 地点：＊＊路1188号7楼
开标	时间：2010年8月3日10：00 地点：＊＊路1188号7楼
澄清	时间：另定 地点：＊＊路1188号7楼
评标	时间：另定 地点：＊＊路1188号7楼
评标方法及标准	根据招标文件

第一章　投标人须知

第一节　投标须知（略）

第二节　投标文件的编制

8　总体要求

8.1　本次投标的投标书由技术标及商务标组成。各投标书应按规定的格式和本招标文件（包括答疑纪要）的具体要求编制。

8.2　成果应分别包括：

（1）技术标（详见条款9内容）；

（2）商务标（详见条款10内容）。

8.3　除以上注明数量的外，各投标书均一式6份，正本1份，副本5份，均应注明

"正本"或"副本"字样。

8.4 凡须加盖法人单位印章和法定代表人或法定代表人委托代理人的印鉴之处，均应加盖（文页印鉴复印件无效），各类文页凡经修改之处，必须加盖投标人的法定代表人或法定代表人委托代理人的印章。

9 技术标

9.1 深化设计要求

（1）符合宝山体育中心及图书馆改造项目总体定位和建筑各方面的功能要求；

（2）根据目前现有的设计方案，对其中的节点进行深化与优化，特别在防水与防渗的深化设计，不仅经济可行且符合各项现行设计规范要求；

（3）提供的深化（优化）设计中充分考虑了与门窗、玻璃幕墙、墙面砖、石材幕墙各类围护结构交接处理方式（含顶部、中部、底部），充分考虑了在彩钢板与屋面/墙面交界处的收头处理；

（4）所有节点图纸详细，考虑全面，能充分地表达投标单位的设计意图。

9.2 施工部分

（1）施工组织设计及专项施工方案；

（2）施工工期承诺及施工进度计划（包括总进度计划和单位工程进度计划，可用网络图或横道图表示）；

（3）保证安全、文明生产的技术措施；

（4）保证质量的技术措施；

（5）保证节能、新工艺、新材料的技术措施；

（6）其他需采取的技术措施及总承包管理；

（7）工程投入的主要施工机械设备表；

（8）工程用工计划表；

（9）对招标文件中与施工承包分包合同有关协议做出的承诺；

（10）本工程施工项目经理简历并附项目经理资质证书复印件；

（11）主要施工管理人员情况表；

（12）施工管理机构配置情况及保证体系，与工程施工管理机构配置相适应的项目负责人、技术负责人、主要技术人员、各项保证体系人员名单。

技术标内容可不仅限于以上内容，各投标人可以增加其他为了更好反映各自技术质量而认为必要的内容。

10 商务标

10.1 投标承诺书（放在首页）

10.2 上海市建设工程施工投标标书情况汇总表

10.3 投标报价综合说明

10.4 工程量清单报价表（按加密标书制作工具中的投标报价表等形式和内容填写）

10.5 投标人概况

投标人概况要简要、客观地反映企业面貌，使招标人对其有感性了解，必须如实书写，如发现失实之处将影响其中标。概况应包括以下几方面内容，但可不仅限于以下内容：

（1）提供了自身资信证明且资料齐全（是联合体投标的，须同时出具另一方的资信证明，并出具联合体协议书）；

(2) 提供了以往参与的项目简历,且取得过良好的评价;

(3) 投标人在建工程项目和施工进度;

(4) 投标人近几年来获得省、市级以上优质工程质量奖励证明复印件;

(5) 投标人信誉证明复印件。

11 投标报价依据

11.1 本工程的招标文件、工程量清单、图纸、答疑会纪要等补充招标文件。

11.2 上海市建筑安装工程预算定额 2000 版(《建设工程工程量清单计价规范》GB 50500—2003)。

11.3 2010 年 6 月 20 日—2010 年 7 月 19 日的建筑工程市场信息价。

11.4 现行的建筑工程施工技术质量规程、规范、标准及安全文明施工等规定。

11.5 国家和上海市建设主管部门颁发的有关工程造价的其他现行文件和规定。

11.6 各级建设主管部门颁发的现行有关建设工程施工、技术、质量规程、规范、标准以及安全、文明施工等规定。

12 投标报价原则

12.1 本次投标最高限价 4800 万元(人民币肆仟捌佰万元整),投标单位若投标价大于此金额均以废标处理。

12.2 清单中所有数量均为参考数量,投标单位可根据其深化设计进行复核与演算,复核与演算结果若与招标清单中有差异,其费用请在工程量清单中"其他"项目中补充与完善(具体说明参考工程量清单),并填报相关费用。一旦中标,除有"中元国际工程设计研究院"单独发出的最新变更图纸,否则中标总价均不作任何调整。

12.3 综合单价中应已包括了实施和完成分包合同工程项目成品(包括各相关工序和工程内容)所需的人工、材料、机械、质检(自检)、安装、缺陷修复、产品保护、管理、利润、税金等费用以及分包合同明示或暗示的所有责任、义务和一般风险。工程总价由分部分项工程费、施工措施费及其他项目费组成。

12.4 投标单位的报价已视为包括了符合本分包合同文件中所述要求之全部费用。分包人的分包合同价款及单价应被视为已包括一切劳务、材料、深化设计费、报建费用、一切切割及损耗、超时工作、赶工费、技术措施费、税项、材料进口关税(若有)、专利费用、包装费用、空运费用(若有)、船运费用(若有)、陆地运输费、所有保险费用、货物的仓储费用、材料的临时存放费用、二次搬运费用、在所需位置进行升降及固定、施工机械使用费、竣工材料准备费用、管理费、利润、其他直接及间接费以及就履行所有本分包合同文件的要求及准时和满意地完成分包合同文件所指的分包工程所需的一切费用及物品的费用。

12.5 本分包工程的承包方式,采用在招标人统一协调、管理下,由中标施工单位按照设计单位确认的招标图、加工图、施工说明、技术要求及与钢结构相关的说明,实行包总价、包工期、包质量、包安全文明的承包方式。

12.6 本分包工程报价采用总价固定的形式,工程承包总价在功能、建筑设计及用材质量不变的情况不作调整。承包商无权以面积和工作量的出入为理由提出变更和费用洽商要求。

12.7 招标范围内的钢结构所涉及的封头板、隔板及加劲板由投标单位自行深化,所有的费用均包含在报价中,该些数量结算时不单独计算。

12.8 招标范围内的复合铝板中包含的热镀锌钢管龙骨(仅指设计图中尺寸为 50×50

钢管）附属构件由投标单位自行深化，所有的费用均包含在复合铝板报价中，钢管龙骨数量结算时不单独计算。

篮球馆住入口处（17-18/A-K 轴线）的复合铝板中不仅包含 50×50 热镀锌钢管龙骨，还需包含 100×200 及 200×200 热镀锌钢管龙骨构件，由投标单位自行深化，所有的费用均包含在复合铝板报价中，钢管龙骨数量结算时也不单独计算。

12.9 篮球馆主入口采光玻璃顶（6＋12A＋6＋0.76＋6 钢化中空夹胶玻璃）下包含的热镀锌钢管龙骨（仅指设计图中尺寸为 100×50 钢管）附属构件由投标单位自行深化，所有的费用均包含在采光玻璃顶报价中，钢管龙骨数量结算时不单独计算。

12.10 篮球馆、图书馆及市民馆雨篷覆盖系统中 300×300 不锈钢天沟中含的热镀锌钢支托构件及 100mm 厚 100kg/m³ 岩棉，由投标单位自行深化，所有的费用均包含在不锈钢天沟报价中，钢支托构件数量及岩棉数量结算时也不单独计算。

12.11 篮球馆、图书馆及市民馆雨篷覆盖系统中的彩钢板系统中需含的所有热镀锌钢龙骨支架及 100mm 厚 100kg/m³ 岩棉（若有），由投标单位自行深化，所有的费用均包含在彩钢板报价中，钢龙骨支架及岩棉数量结算时也不单独计算。

12.12 本次招标用于外立面及吊顶的复合铝板均采用 4mm 厚（若招标图纸、招标文件及清单中存在任何其他不同厚度要求的，均更正为 4mm 厚），复合铝板要求以中高档次为准，采用中外合资企业产品。投标单位需在投标时明确拟选用的品牌，若投标单位未提供品牌或提供的品牌不符合招标文件中的要求，招标单位有权选择指定的品牌，投标单位一旦中标，不得拒绝，同时中标单价不得调整。

12.13 市民广场装饰性灯柱钢结构中的预埋铁件是暂定数量，待相应设计图纸确定后，重新按实计算数量以投标单价予以结算。

请注意：12.7 条至 12.13 条中所描述的内容仅是概括性的，详细内容须参阅工程量清单。

12.14 除分包合同中另有注明外，本工程量清单中所有工程量是按清单内计量原则及"中元国际工程设计研究院"所发出的招标图纸计算，除非分包合同中另有注明或有设计变更或招标文件中明确为暂定金额项目。工程竣工结算时不会再按中标单位自行绘制的深化设计图纸重新计算或计量，投标人须按本次发出的招标图纸核实该等被提供的数量，并按招标文件要求，在规定的日期前以书面形式提出疑问（若有），若投标人未按招标文件中规定时间内，提出相关问题，则将被视为对该等在工程量清单中提供的数量表示认同。投标人提出的任何询问，只有由建设单位代表/招标代理机构向所有投标人发出的书面答复才应视为对招标文件具有影响力的。如投标文被接纳，该等答复将成为分包合同文件的一部分。

12.15 本分包工程设计变更含义仅限于：

（1）中元国际工程设计研究院出具了经建设单位确认的修改施工图纸。

（2）招标图纸或招标项目中明确为暂定项目的工作，竣工后根据中元国际工程设计研究院出具的正式竣工图纸，按招标文件中有关计算要求，重新计算相关费用，相关费用需经过业主及投资监理审核。

12.16 投标人须将投标函填妥，并于函上签名、盖章和填写日期。投标函上的金额须与工程量清单汇总表上的总额一致，若出现不一致时，以投标函上的大写金额为准。工程量清单中任何未填报的价目均视为已包括在投标金额内。

12.17 投标人应复核所填报的工程量清单计价表，确保准确无误。若在工程量清单中出现计算上的错误,则投标人须在签订分包合同前纠正及调整有关计算上的错误,使工程量清单中各汇总数前后一致,并与投标函上的金额也一致,纠正方式如下:

(1) 单价与数量的乘积与合计不一致时,以单价为准(除非单价有明显的小数点误差,此时以标出的合价为准,并修正单价)计算出正确的合价。

(2) 除按上述(1)条计算出的累计误差,无论净加或净减,若少于投标函上的金额扣减措施费用、暂定金额及暂定材料单价等项目的金额之总和的0.25%(包括0.25%)时,则该累计误差将会在投标函上的金额以单一整项金额作出调整,否则若高于0.25%(包括0.25%),则工程量清单中的单价(除措施费项目、暂定金额项目、暂定材料单价项目),按百分比作出相应的调整。

12.18 对计算错误的调整及纠正方式,只适用于中标单位。计算中期付款、最终结算及变更费用均按调整后的单价为依据。

12.19 "计价规范"内涉及工程量变更的规定应予删除,一切有关工程量变更的计价方式均按本分包合同规定执行。

12.20 工程量清单中以"项"为单位的项目报价金额应视为该项目为完成整个工程,包括设计变更工作的固定不变价。

12.21 投标单位必须充分考虑与包括总承包单位、综合篮球馆入口处钢结构分包单位、室外门窗与玻璃幕墙工程分包单位、石材幕墙分包单位、屋面工程分包单位等在内的所有现场施工单位的配合协调工作所需要的费用,并在投标报价中综合考虑,一旦中标,中标单位不得以任何理由要求调整此类费用。

12.22 措施费用填报要求

(1) 措施费项目清单计价表中,应包括下列项目:

1) 适用于本工程中的措施项目,并能满足招标文件而需建设单位支付的费用。

2) 投标人按工程的特性,为措施项目清单计价表内未有列项,但其认为有需要的项目,请投标人在"其他项目"栏目作出补充并填报相应价格,即措施费项目中,除包括措施项目清单计价表中所描述的项目外,还应包括中标单位实施本分包合同期间作为承包商理应责任包括的工作,但该工作并未直接描述在本措施费项目内,同时作为承包商在其实施期间所必须遵守的其他行为及工作,其中包括就具体工程实施的一般要求、其他直接费项目、不可量化但涉及费用的工作。

3) 措施项目清单包括的项目适用于本分包合同文件中约定的所有由承包商承建的工作。在该清单内所填写的金额应包括分包合同文件内所约定的整项工程及设计变更。

4) 对于本工程拟采用的外墙脚手架,投标单位应充分考虑与现场其他施工单位的配合协调工作,其中,对于综合篮球馆主入口处脚手架,在满足使用要求的情况下,可以考虑向此部位钢结构施工单位租用。投标单位应根据自身的施工方案将所有脚手架相关费用均在报价中予以考虑,一旦中标,无论采用何种脚手架施工方案,本部分的填报的费用均不会因设计变更或工作内容的变化而有所调整。

5) 投标单位需根据现场考察情况,并参考招标文件中提供的相关场地、设备信息,自行确定垂直及水平运输设备计划。一旦中标,本部分的填报的费用均不会因现场情况变化、设计变更或工作内容的变化而有所调整。

6) 根据沪建交[2006]445号《上海市建设工程安全防护、文明施工措施费用管理暂行规定》文件之规定,本项目的房屋建筑工程安全防护、文明施工措施费率定为3.3%。安全防护、文明施工措施费,以国家标准《建设工程工程量清单计价规范》的分部分项工程量清单合计(综合单价)为基础,乘以相应的费率计算费用。投标人应当按照招标文件的报价要求,根据现行标准规范和招标文件要求,结合工程特点、工期进度、作业环境以及施工组织设计文件中制定的相应安全防护、文明施工措施方案进行报价,报价不应低于招标文件规定最低费用的 90%,否则按废标处理。

(2) 请注意,措施费用将不会因设计变更或工作内容的变化而有所调整,措施费用将作为中标单位根据建设单位要求为圆满完成本分包工程所有工作,并通过质量验收而需发生的费用。

(3) 除另有说明,整个措施项目以"项"为计量单位。

(4) 本工程所有需要的专项施工方案的评审费用,请投标人以总价形式在措施费用中考虑,一旦中标,将不再调整。

12.23 特别说明:按国家计委计价格【2002】1980 号文规定,中标单位在领取中标通知书时,向招标代理单位支付代理服务费。

13 投标报价主材价格取定

13.1 对提供暂定价的材料、设备等,其主材价按暂定价计取(材料、设备的暂定单价指相应材料、设备送到工地现场的价格,包含材料、设备的接收、保管、场内运输、损耗、检验检测等方面的因素,请投标单位自行考虑在综合单价中),相关结算条件依据合同专用条件的约定。

13.2 对未提供暂定价的材料、设备等,其主材价(指到工地现场的价格)应由投标单位参考上海市建筑建材业市场管理总站发布的《上海建设工程造价与交易信息》2010 年 06 月 20 日— 2010 年 07 月 19 日的市场信息价自行报价,参考市场信息价报价的主要材料为:各类建筑与安装用钢材与有色金属,包括各类型钢、热镀锌钢材等。详细规格与种类要求可参阅招标图纸。

13.3 对造价信息中没有罗列的参考价格,可根据市场实际情况自行报价。

13.4 由于本工程项目工期较短,所有人工、材料和机械价格不会根据市场价格的波动而调整,请投标单位在投标报价中自行考虑相应市场风险。

13.5 投标报价中的人工、材料和机械价格及综合费率等将在暂定金额与新增项目单价中被沿用。

14 工程款支付方式

14.1 工程款支付方式按照合同条件第 25 条之要求执行。

14.2 分包合同签订时,若双方对付款方式另有约定,将在分包合同协议书中明确。

第三节 开标、澄清及评标(略)

18 评标办法

本工程采用综合评估法,商务标采用合理基准加(减)分法。对投标人标书中的深化设计、技术标、商务标进行综合评审,总分为 100 分。其中商务标 50 分(其中包括:工程报价 45 分、工期 3 分、质量 2 分),技术标 50 分(其中包括:深化设计 30 分、施工组织设计 20 分),分值保留小数点后两位。

各投标书由评标委员会成员各自评审打分,综合得分最高者为中标候选人,由评标委员会推荐给招标人,排名第一的中标候选人因不可抗力或其他原因,提出不能签订合同而放弃中标,招标人可以确定排名第二的中标候选人为中标人。排名第二的中标候选人因前款规定的同样原因不能签订合同的，招标人可以确定排名第三的中标候选人为中标人。如出现最高分并列时，则由评委无记名投票表决，得票最多者为中标人

18.1 技术标评标细则（共50分）

18.1.1 深化设计（30分）

由评委对各投标单位的深化设计进行评审打分，分值范围为0～30分，其中各项内容为：

18.1.1.1 符合宝山体育中心及图书馆改造项目总体定位和建筑各方面的要求（1～10分）。

18.1.1.2 根据目前存在的设计方案，对其中的节点进行评比和优化，符合各项现行的设计规范要求及限额设计要求（1～10分）。

18.1.1.3 提供的深化（优化）设计中充分考虑了与门窗、玻璃幕墙、墙面砖、石材幕墙各类围护结构交接处理方式（含顶部，中部，底部），充分考虑了在彩钢板与屋面/墙面交界处的收头处理（1～10分）。

18.1.2 施工组织设计（共20分）

由评委对各投标单位的施工组织设计进行评审打分，分值范围为8～20分，其中各项内容为：

18.1.2.1 施工技术方案（2～4分）；

18.1.2.2 施工总进度计划及主要设备、施工机械和劳动力配备计划（1～3分）；

18.1.2.3 质量、安全文明施工技术措施和保证措施（1～3分）；

18.1.2.4 施工现场管理机构的设置和现场管理保证体系（1～3分）；

18.1.2.5 根据以往施工经验对本工程提出针对性的措施（1～3分）；

18.1.2.6 投标人信誉、业绩、售后服务（2～4分）。

18.2 商务标（50分）

18.2.1 商务标评标原则

（1）评标委员会发现投标单位的综合单价或要素价格明显低于其他投标单位或者明显低于市场平均价的，使得其投标价可能低于其个别成本的，应当要求该投标单位作出书面证明并提供相关证明材料，投标单位不能合理证明或者不能提供相关证明材料的，评标委员会有权对其作不利于该投标单位的量化（量化标准为有效投标单位的最高报价）；

（2）工程内相同子目（项目特征、工作内容及主材相同）的综合单价报价前后不一致，评标委员会评审时有权对其作不利于该投标单位的量化（注：量化的标准按相同子目综合单价较大的单价对其作量化）；

（3）按上述修正量化而得出量化后的总报价作为评标打分的依据，评标价不等于中标价，该投标单位一旦中标，其中标价按最不利于该投标单位的原则处理。

18.2.2 工程报价（工程报价含措施费）（45分）

采用合理基准加（减）分法，商务评分时的投标价＝经评审的投标价－Σ暂定单价×工程数量－Σ指定单价×工程数量－Σ暂定金额－Σ指定金额

（1）甄别异常报价

对投标报价进行一次性甄别，对出现下列异常情况的报价只给常数分30分，不再进行基准价的加减评分。

1）最高报价高于次高报价5%者（含5%），计算式＝［（最高报价－次高报价）÷次高

报价]×100%；

2) 最低报价低于次低报价5%者（含5%），计算式＝[（次低报价－最低报价）÷次低报价]×100%。

(2) 计算合理基准价

在甄别后，对投标价进行评审，确定商务评分时投标价去掉一个最高报价、一个最低报价，然后用算术平均法求出本工程基准价。如有效标＜5家时直接用算术平均法求出本工程基准价。

(3) 计算得分

得出基准价后确定基准分为40分，然后根据以下规定，求出各投标单位的报价得分：

1) 总报价每高出基准价1%基准分减1分，最少减至35分；

2) 总报价每低于基准价1%基准分加1分，最多加至45分。

18.2.3 工期（3分）

以招标文件要求工期100天为基准工期。各家投标人的自报工期满足要求工期得2分，奖罚措施满足招标文件要求的得1分，自报工期大于要求工期者不得分。

经济处罚承诺必须在"上海市建设工程施工投标标书情况汇总表"的主要说明中列明，否则不作为评标依据。

18.2.4 质量（2分）

投标人自报质量等级为一次验收合格，争创白玉兰奖且奖罚措施满足招标文件要求者得2分，投标人自报质量等级为一次验收合格，无奖罚措施者得1分。

经济处罚承诺必须在"上海市建设工程施工投标标书情况汇总表"的主要说明中列明，否则不作为评标依据。

注意：如提供与本工程无关内容的将倒扣1～2分。总得分＝商务标得分＋技术标得分

定标原则：

各投标书由评标委员会成员各自评审打分，综合得分最高者为中标候选人，由评标委员会推荐给招标人，排名第一的中标候选人因不可抗力或其他原因，提出不能签订合同而放弃中标，招标人可以确定排名第二的中标候选人为中标人。排名第二的中标候选人因前款规定的同样原因不能签订合同的，招标人可以确定排名第三的中标候选人为中标人。如出现最高分并列时，则由评委无记名投票表决，得票最多者为中标人。

分包合同的签署：

中标单位按要求由法定代表人或授权代表与总包单位代表签订分包合同，发包人作为鉴证人。

第二章 分包合同格式（略）

第三章 图纸（略）

第四章 工程量清单（略）

第五章 投标文件商务部分格式（略）

第六章 投标文件技术部分格式（略）

第七章 附件（略）

13. 电梯采购招标案例

住宅工程电梯采购招标文件

投标方须知前附表

本附表是对投标方须知的补充和说明，与"投标方须知"部分具有同等的法律效力，务请各投标人注意。

序号	目录名	内容
1	投标邀请	项目名称：住宅工程电梯采购 招标编号：CBL-20120111-7706596
2	投标邀请	投标截止及开标时间：2012年2月15日上午9：30时 投标及开标地点：＊＊二楼工程部
3	投标人须知	投标保证金：2万元整；收款方式：支票；收款单位：＊＊公司
4	投标人须知	投标文件的份数：正本的数量：一份；副本的数量：四份
5	投标人须知	投标有效期：90天
6	投标人须知	投标保证金为投标保函时，其有效期：120天
备注		1. 投标单位对招标文件有疑问，请在2012年1月19日上午11：00时前将疑问内容书面传真至＊＊公司，1月20日下午17：00时前将答疑内容书面传真各投标单位 2. 各投标厂商在投标时，需提供3.5寸磁盘或光盘投标文件

第一部分　投标邀请

＊＊公司受委托，就住宅工程电梯采购进行国内公开招标。现欢迎合格的供应商参加投标。

一、招标文件编号：CBL-20120111-7706596

二、招标内容：

1. 最终用户：见招标文件。
2. 主要内容：详见招标书第二部分。
3. 交货地点：工程现场。
4. 交货期：合同生效后由甲方通知起60日历天内交货，安装工期为90日历天，共计150日历天。

三、对投标单位的要求：

1. 具有独立法人资格，注册资金为人民币500万元及以上；

2. 具有相应产品的制造许可证和安装、维修许可证；
3. 具有近三年的产品销售业绩；
4. 具有固定的售后服务、维修保养机构；
5. 制造商具有 ISO9001：2000 质量体系认证；
6. 代理商投标必须提供设备制造商对本项目的惟一授权书；
7. 具有良好的商业信誉，三年内没有重大的违法记录；
8. 满足招标文件的必须条款。

四、招标文件在＊＊公司发售：2012 年 1 月 11 日至 2012 年 1 月 16 日，9：30～11：30，1：30～15：30。

五、投标截止及开标时间：2012 年 2 月 15 日上午 9：30 时整。

第二部分　技术规格及要求

一、采购需求如下：

序号	货物名称	数量	交货期	交货地点	井道净尺寸
1	客用电梯	16	见前附表	翔江公路、惠亚路，工程现场	2m(W)×2.2m(D)

二、商务及技术要求

1. 项目概况

本次采购电梯将用于 1 号楼（B 型）15F、地下一层；2、3 号楼（A 型）15F、地下一层；4 号楼（B 型）17F、地下一层；5、6 号楼（A 型）23F、地下一层。每栋建筑拟配置 2 部客梯，其中一部兼作无障碍电梯，另一部兼作消防电梯。

2. 总体要求

（1）投标人提供的整套设备应能构成一个完整、连续运行的系统。需要采购人自行解决的设备、附件应在投标文件中列出，否则系统正常运行所缺的设备及附件，均视为免费及时提供。

（2）必须明确做出设备的分项报价清单，且对于电梯的主要部件（曳引机主机、门机、控制柜主要零部件等）应提供生产厂家、所用标准以及检验合格报告。

（3）投标人应提供设备运行周期的费用供采购人参考，其中包括主要备件及其安装、维修费用（包括空调，不含对机房的空调报价），该费用不得与实际出入过大，否则经审查认定后该投标将作废标处理。

（4）本次招标为交钥匙工程。

（5）投标单位不允许提供多方案、多报价的投标，但可提供可行的建议。

（6）投标方的缺项/漏项将根据其他投标单位的相应部分的最高价修正该投标单位的报价，作为该投标单位的评审价，如果该投标单位中标，其缺项/漏项将根据其他投标单位的相应部分的最低价修正该投标单位的报价，作为该投标单位的中标价。

3. 技术要求

（1）现场条件（略）

（2）设备规格及参数：

电梯主要参数一览表

电梯类型	1、2、3、4#（无障碍梯）	1、2、3、4#（消防梯）	5、6#（无障碍梯）	5、6#（消防梯）
数量(台)	6	6	2	2
额定负载	1000KG		1000KG	
额定速度	1.75m/s		1.75m/s	
停靠楼层	－1～16层/－1～18层（每层）	1～16层/1～18层（每层）	－1～24层（每层）	1～24层（每层）
控制方式	并联			
开门方式	中分式 光幕保护			
机房位置	顶置；小机房			
残疾人功能	是	否	是	否
是否带消防	否	是	否	是
备注	两部电梯轿厢相同楼层的按钮应布置在轿厢操纵箱面板的相同位置 投标电梯应留有必需的接口，以便日后空调和多媒体设备的安装			

（3）设备主要技术参数（略）

（4）电梯本身功能（略）

（5）执行的主要标准

投标单位提供的电梯及安装工程必须符合国家有关规范（有如有最新版本，按最新版本执行）

《电梯技术条件》(GB/T 10058—1997)

《电梯试验方法》(GB 10059)

《电梯安装验收规范》(GB 10060—93)

《电梯工程施工质量验收规范》(GB—50310—2002)

《电梯制造与安装安全规范》(GB 7588)

（6）电梯装修（略）

4．商务要求

（1）交货方式

（2）售后服务

5．其他要求（略）

6．其他说明（略）

第三部分　特殊条款

一、买卖双方

二、对投标单位的要求

三、安装和调试

四、检验

五、移交

六、保用期和日常维护

七、备品备件

八、报价原则和范围

九、付款方式

十、人员培训

十一、评标原则及方式

十二、中标服务费

中标单位必须在合同签订后 30 天内一次付清中标服务费，其金额按照国家计价格（2002）1980 号文标准（100 万元以下按 1.5％），100 万以上按文件规定收取。

十三、投标保证金：2 万元

第四部分　投标文件组成

一、招标文件

1. 招标文件的构成
2. 招标文件的澄清
3. 招标文件的修改

二、投标文件的编制

4. 投标语言和计量单位
5. 投标文件的构成
6. 投标报价
7. 投标货币
8. 资格证明文件
9. 货物技术规格说明
10. 投标文件的式样和签署

三、投标文件的递交

11. 投标文件的密封、标记和发送
12. 投标截止期

四、开标与评标

13. 开标
14. 投标文件的初审
15. 投标文件的评价和比较

五、授予合同

16. 采购单位的权利
17. 中标通知书
18. 签订合同

14. 弱电系统分包施工招标案例

弱电系统分包工程施工招标

第一章 投标须知前附表及投标须知

一、投标须知前附表

项号	条款号	内容	说明与要求
1	1.1	工程名称	弱电系统分包工程
2	1.6	建设地点	略
3	1.7	工程概况	总建筑面积约81562平方米，工程造价限额1800万元
4	1.8	招标形式	公开招标
5	5.2	承包方式	包工包料包工期包质量包安全文明施工
6	4.8	质量标准	必须达到现行《工程施工质量验收规范》的要求，一次性100%验收合格，白玉兰奖
7	2.1	招标范围	本工程弱电系统深化设计、设备材料供应、加工制作、施工安装及检测、调试、系统集成、各系统协调管理
8	4.4	工期要求	计划于2010年8月10日开工，总工期90日历天
9	6.1	资金来源	财政资金
10	7.1	投标单位资质等级要求	建筑智能化工程专业承包一级，建筑智能化系统工程设计专项甲级，涉及国家秘密的计算机信息系统集成资质乙级及以上，公共安全防范工程设计施工一级
11	16.2.1	工程报价方式	采用综合单价法
12	18.1	投标有效期	90天（日历日）
13	19.1	投标保证金	提交金额：人民币50万元整 请于投标截止前提交至＊＊路1188号7楼交易大厅内 保证金：支票 法定工作日9：00—11：00、13：30—15：00
14	39.1	领取招标文件	时间：2010年7月9日（星期五）下午14：30 地点：＊＊路1221号1202室
15	39.2	踏勘现场	时间：2010年7月9日（星期五）下午15：30 地点：＊＊路700号现场
16	39.3	招标答疑会	时间：2010年7月13日（星期二）上午9：30 地点：＊＊路1188号7楼
17	20.1	投标文件份数	6份（正本1份，副本5份）
18	22.1	投标文件提交地点及截止时间	时间：2010年7月29日（星期四）上午9：30止 地点：＊＊路1188号7楼
19	39.4	开标	时间：2010年7月29日（星期四）上午9：30 地点：＊＊路1188号7楼
20	39.5	评标	时间：另定。地点：＊＊路1188号7楼
21	第六章	评标方法及标准	本工程评标采用"综合评估法"

二、投标须知

（一）总则

（二）招标文件

（三）投标文件的编制

（四）投标文件的提交

（五）开标

（六）评标

（七）合同的授予

第二章　分包合同条款（略）

第三章　图纸及技术规格书（略）

第四章　投标文件商务部分格式（略）

第五章　投标文件技术部分格式（略）

第六章　评标办法

根据《招标投标法》、国家计委等七部委颁发的《评标委员会和评标方法暂行规定》、沪建招（2003）第043号文《关于印发施工商务评标办法的通知》特制定本工程的评标办法。

1　评标委员会

本工程评标委员会由招标人负责组建。评标委员会共5名成员，其中经济专家1名，技术专家3名，招标人或设计院代表1名，经济专家、技术专家从宝山区建设工程招标投标管理办公室专家库中随机抽取。评标委员会组长由各评委推荐产生。

2　评标方式

本工程采用综合评估法，商务标采用合理基准加（减）分法。对投标人标书中的深化设计、技术标、商务标进行综合评审，总分为100分。其中工程报价45分、工期3分、质量2分、深化设计30分，技术标20分，分值保留小数点后两位。

各投标书由评标委员会成员各自评审打分，综合得分最高者为中标候选人，由评标委员会推荐给招标人，排名第一的中标候选人因不可抗力或其他原因，提出不能签订合同而放弃中标，招标人可以确定排名第二的中标候选人为中标人。排名第二的中标候选人因前款规定的同样原因不能签订合同的，招标人可以确定排名第三的中标候选人为中标人。如出现最高分并列，则由评委无记名投票表决，得票最多者为中标人

3　评标细则

3.1　深化设计（30分）

由评委对各投标单位的深化设计进行评审打分，分值范围为0～30分，其中各项内容为：

3.1.1　无深化设计（0分）

3.1.2　基本符合设计要求（10～20分）

3.1.3　符合功能要求及限额设计，技术性能优秀（20～30分）

3.2　商务标（50分）

3.2.1　工程报价（工程报价含措施费）（45分）

采用合理基准加（减）分法，商务评分时的投标价＝经评审的投标价－Σ暂定单价×工程数量－Σ指定单价×工程数量－Σ暂定金额－Σ指定金额

（1）甄别异常报价

对投标报价进行一次性甄别，对出现下列异常情况的报价只给常数分30分，不再进行基准价的加减评分。

1）最高报价高于次高报价5%者（含5%），计算式＝[（最高报价－次高报价）÷次高报价]×100%；

2) 最低报价低于次低报价 5%者(含 5%)，计算式＝[(次低报价－最低报价)÷次低报价]×100%。

(2) 计算合理基准价

在甄别后，对投标价进行评审，确定商务评分时投标价去掉一个最高报价、一个最低报价，然后用算术平均法求出本工程基准价。如有效标＜5 家时直接用算术平均法求出本工程基准价。

(3) 计算得分

得出基准价后确定基准分为 40 分，然后根据以下规定，求出各投标单位的报价得分：

1) 总报价每高出基准价 1%基准分减 1 分，最少减至 35 分；
2) 总报价每低于基准价 1%基准分加 1 分，最多加至 45 分。

3.2.2 工期（3 分）

以招标文件要求工期 90 天为基准工期。各家投标人的自报工期满足要求工期得 2 分，奖罚措施满足招标文件要求的得 1 分，自报工期大于要求工期者不得分。

经济处罚承诺必须在"上海市建设工程施工投标标书情况汇总表"的主要说明中列明，否则不作为评标依据。

3.2.3 质量（2 分）

投标人自报质量等级为一次验收合格，争创白玉兰奖且奖罚措施满足招标文件要求者得 2 分，投标人自报质量等级为一次验收合格，无奖罚措施者得 1 分。

经济处罚承诺必须在"上海市建设工程施工投标标书情况汇总表"的主要说明中列明，否则不作为评标依据。

3.3 技术标（共 20 分）

由评委对各投标单位的施工组织设计进行评审打分，分值范围为 8~20 分，其中各项内容为：

3.3.1 施工技术方案（2~4 分）

3.3.2 施工总进度计划及主要设备、施工机械和劳动力配备计划（1~3 分）

3.3.3 质量、安全文明施工技术措施和保证措施（1~3 分）

3.3.4 施工现场管理机构的设置和现场管理保证体系（1~3 分）

3.3.5 根据以往施工经验对本工程提出针对性的措施（1~3 分）

3.3.6 投标人信誉、业绩、售后服务（2~4 分）

注意：提供与本工程无关内容的将倒扣 1~2 分。

总得分＝深化设计得分＋商务标得分＋技术标得分

4 评标人员注意事项

4.1 仔细研究标书，不受外来的干扰和影响，对各投标文件作出准确、合理的评审。

4.2 本着对招标人及投标人高度负责的原则，站在公正的立场，以科学的态度，推荐出较好的中标候选单位。

4.3 评标过程中必须保密，如发生泄密，追究有关人员责任。

第七章 附件（略）

15. 泛光照明分包施工招标案例

泛光照明分包工程施工招标文件

第一章 投标须知前附表及投标须知
一、投标须知前附表

项号	条款号	内容	说明与要求
1	1.1	工程名称	泛光照明分包工程
2	1.6	建设地点	北临海江路、东靠永清路、南临永乐路
3	1.7	工程概况	总建筑面积约81562平方米,工程造价限额700万元
4	1.8	招标形式	公开招标
5	5.2	承包方式	包工包料包工期包质量包安全文明施工
6	4.8	质量标准	必须达到现行《工程施工质量验收规范》的要求,一次性100%验收合格,白玉兰奖
7	2.1	招标范围	综合篮球馆、市民及图书馆,市民活动广场四根灯柱所有外立面竖向铝板前端LED泛光灯深化设计、材料设备的采购与安装等
8	4.4	工期要求	计划于2010年9月20日开工,总工期75日历天
9	6.1	资金来源	财政资金
10	7.1	投标单位资质等级要求	城市及道路照明工程专业承包三级及其以上资质,企业注册资金500万元人民币以上,三年内至少承接过2个合同价在300万元人民币以上的泛光照明工程
11	16.2.1	工程报价方式	采用综合单价法
12	18.1	投标有效期	90天(日历日)
13	19.1	投标保证金	提交金额:人民币14万元整 请于2010年9月6日提交至**路1188号农村商业银行 保证金形式:支票 法定工作日9:00—11:00,13:30—15:00
14	39.1	领取招标文件	时间:2010年8月20日14:30 地点:**路1188号7楼
15	39.2	踏勘现场	时间:2010年8月20日15:30 地点:**路700号现场
16	39.3	招标答疑会	时间:2010年8月24日9:30 地点:**路1188号7楼
17	20.1	投标文件份数	6份(正本1份,副本5份)
18	22.1	投标文件提交地点及截止时间	时间:2010年9月13日9:30止 地点:**路1188号7楼
19	39.4	开标	时间:2010年9月13日9:30 地点:**1188号7楼
20	39.5	评标	时间:2010年9月15日9:00 地点:**路1188号7楼
21	第六章	评标方法及标准	本工程评标采用"综合评估法"

二、投标须知
(一)总则

前言:

"泛光照明分包工程"已由设计单位完成初步技术要求,工程造价限额700万元。现经**建设工程招标投标管理办公室批准同意,本工程采用公开招标方式择优选定施工分包单位。

1 工程说明

1.1 工程名称：泛光照明分包工程

1.2 招标单位：＊＊体育局

1.3 设计单位：＊＊设计研究院

1.4 总包单位：＊＊（集团）有限公司

1.5 工程监理单位：＊＊监理有限公司

1.6 工程地点：北临海江路、东靠永清路、南临永乐路

1.7 工程概况：

本工程位于＊＊中心地段，北临海江路，东靠永清路，南临永乐路，由综合篮球馆、市民健身馆、图书馆、市民健身广场、体育局办公区以及附属建筑设施组成。设计中，将市民健身馆和图书馆2者结合在一起，形成一个单体建筑。因此，该项目地面主体建筑由综合篮球球馆、市民健身馆及图书馆共2个建筑组成，总建筑面积为 81562m^2，工程造价限额 700 万元。施工总承包单位已进场施工，目前已结构封顶，现场施工用电、用水等均已配备，投标人可以按招标文件规定的时间踏勘现场，以熟悉现场位置、交通情况、存放区、装卸物料限制，以及一切可能影响投标的其他情况。

1.8 根据《建筑法》、《招标投标法》以及相关文件规定，采用公开招标的方式，择优选定泛光照明施工分包单位。

1.9 本招标文件是＊＊体育局"泛光照明分包工程"施工招标过程中的规范性文件，是各投标单位编制投标文件的重要依据，也是总包单位和施工中标单位签订施工分包合同的依据，并将作为施工合同的附件之一，具有法律的约束效力。

1.10 本招标文件已经＊＊建设工程招标投标管理办公室备案。

1.11 本招标文件解释权属招标单位。

2 招标范围

2.1 本项目中综合篮球馆，市民及图书馆，市民活动广场四根灯柱所有外立面竖向铝板前端LED泛光灯的深化设计，设备材料供应、加工制作、施工安装及检测、调试等，具体位置参照提供的图纸。

上述工程范围招标图纸及技术规格说明书只是概括的，并不能视为完整无缺的，投标单位需根据有关规范，完成上述系统的深化设计，设备材料供应，加工制作，施工安装及检测、调试，产品试验及测试、成品保护、竣工验收，招标人和总承包人要求的一切配合工作及保修期内的保修等一切必要工作。

3 施工现场

3.1 现场供中标单位使用的场地由总承包人协调解决。凡需要使用该区域外的场地，由投标单位自行根据其施工组织设计，自行决定，但必须事先获得总承包单位、发包人和政府有关管理部门的同意。

3.2 发包人委托总承包人将确定的水准点与坐标控制点，以书面形式交给承包人，开工七天进行现场交验。中标之承包人展开工程前，须立刻全面检查与自身工作相关的已完成工程的定位、标高等，直至满意为止，若发现已完成工程有影响自身施工的差异或错误时，承包人须立刻通知总承包人。若承包人未能遵从此规定，使得本工程的任何项目因此等差异或错误而错误的建造，则在发包人或总承包人要求时，承包人须自费予以拆除及重建。

3.3 现场施工临时用电、用水临时设施等由总承包人协调解决，施工中发生的水、电费由中标单位自行负责。中标单位在施工中必须严格遵守有关市容、环境、防尘、防噪声等的规定，若发生因违反此类规定而被罚款事件，由中标单位自行负责。另外，中标单位在施工中必须严格遵守有关规定，不得扰民，若发生因违反此类规定而产生的纠纷，责任由中标单位承担。

4 工期质量要求

4.1 投标工期、质量作为评标考核内容。

4.2 中标单位的具体开工日期以招标单位提前5天下达的开工令为准。

4.3 投标单位应根据招标文件的要求工期，在投标书中明确写出施工进场日期、开工日期、竣工日期、总工期及施工计划进度表。

4.4 本工程计划于2010年9月20日开工，总工期75日历天。如不满足本条工期要求，视作未实质性响应招标文件。

4.5 一经竣工，承包人必须按照总承包人的要求在14天内对施工现场清理完毕，所有施工人员、施工机械和不须保留的临时设施等全部撤离现场，否则总承包人和发包人有权自行清理拆除，全部费用由承包人负责。

4.6 工程竣工，承包人应向总承包提交竣工报告及竣工图，由招标单位组织有关单位验收，验收时间不作为工期累计。工程验收合格，则施工单位提交竣工报告的当天即为竣工日期，如验收不合格，则返工时间作为工期累计。

4.7 各投标单位根据上述期限，合理竞争并自报工期，作出有依据的施工总进度计划表。若由中标单位原因造成整个工期延误（不可抗力除外），则总承包人有权对中标单位每逾分包合同工期一天，处以工程分包合同价万分之五的罚款，请投标单位对此作出承诺。

4.8 招标单位要求本工程质量必须达到现行（工程施工质量验收规范）的要求，一次性100%验收合格，白玉兰奖。若验收不合格或未获白玉兰奖，招标单位有权每次按分包合同价5%对中标单位进行罚款，直至验收合格为止。请投标单位对此作出承诺。

5 工程承包范围和方式

5.1 承包范围为本工程的招标范围，详见2.1条款。

5.2 本工程的承包方式以包工、包料、包质量、包工期、包安全文明施工的方式进行投标报价和承包施工。

5.3 施工分包合同形式采用固定总价合同。

5.4 中标单位对承建工程不得转包，如发现转包，总承包人有权终止合同，而由此造成的经济损失由中标单位负责赔偿。

5.5 中标单位需服从招标人及总承包人在工程建设全过程中作出的工程建设总体要求、规定、计划安排、工作措施和指令等。

6 资金来源

本招标工程资金来源为财政资金投资。

7 合格的投标单位

7.1 要求投标单位具有的资质等级：城市及道路照明工程专业承包三级及其以上资质、企业注册资金500万元人民币以上、三年内至少承接过2个合同价在300万元人民币以上的泛光照明工程。

7.2 投标单位应在投标资质验证时提供资格证明文件，以证明其符合投标合格条件和具有履行合同的能力，取得招标单位及有关管理部门的确认。

8　现场踏勘

8.1　投标单位应认真勘察施工现场，了解本工程特点及现场周围的地形、地质、地下管道管线、道路、使用空间和周围环境等情况，了解一切可能影响投标报价的资料。

8.2　招标单位向投标单位提供有关现场的数据和资料，是招标单位现有的能被投标单位利用的资料，招标单位对投标单位作出的任何推论、理解和结论均不负责任。

8.3　经招标单位允许，投标单位可为踏勘目的进入招标单位的项目现场，但投标单位不得因此使招标单位承担有关的责任和蒙受损失，投标单位应承担踏勘现场的责任和风险。

8.4　凡影响投标报价的费用，应事先单独列出。一旦合同签订后，不得以不完全了解施工现场和周围建筑物的情况为借口，提出额外补偿或延长工期要求。对于这些要求，招标单位不作任何考虑。

9　投标费用

投标单位应承担其编制投标文件与递交投标文件及踏勘现场等所涉及的一切费用。不管投标结果如何，招标单位对上述费用不负任何责任。

（二）招标文件

10　招标文件组成

10.1　招标文件包括以下内容：

第一章　投标须知前附表及投标须知

第二章　分包合同条款

第三章　图纸及技术规格书

第四章　投标文件商务部分格式

第五章　投标文件技术部分格式

第六章　评标办法

第七章　附件

10.2　除10.1内容外，招标单位在提交投标文件截止时间15天前，以书面形式发出的对招标文件的澄清或修改内容，均为招标文件的组成部分，对招标单位和投标单位起约束作用。

10.3　投标单位获取招标文件后，应仔细检查招标文件的所有内容，如有残缺等问题应在获得招标文件3日内向招标单位提出，否则，由此引起的损失由投标单位自己承担。投标单位同时应认真审阅招标文件中所有的事项、格式、条款和规范要求等，若投标单位的投标文件没有按招标文件要求提交全部资料，或投标文件没有对招标文件作出实质性响应，其风险由投标单位自行承担，并根据有关条款规定，该投标有可能被拒绝。

11　招标文件的澄清

11.1　投标单位若对招标文件有任何疑问，应于2010年8月23日上午11：00时以前，以书面形式向招标单位提出澄清要求（包括书面文字、传真等，下同）并加盖投标单位公章后递送至：＊＊工程项目管理有限公司。招标质疑函如以传真形式递交，投标单位应于招标答疑会召开时，将原件交至招标代理单位。

11.2　无论是招标单位根据需要主动对招标文件进行必要的澄清，或是根据投标单位的要求对招标文件作出澄清，招标单位都将于投标截止时间15日前以书面形式且招标答疑会的方式予以解答，答复将送给所有获得招标文件的投标单位。

12 招标文件的修改

12.1 招标文件发出后,在提交投标文件截止时间 15 日前,招标单位可对招标文件进行必要的修改或澄清。

12.2 招标文件的修改将以书面方式发给所有获得招标文件的投标单位,招标文件的修改内容作为招标文件的组成部分,对招标单位和投标单位具有法律约束作用。

12.3 招标文件的修改、澄清、补充等内容均以书面形式明确的内容为准。当招标文件、招标文件的修改、澄清、补充等在同一内容的表述上不一致时,以最后(即最晚时间)发出的书面文件为准。

12.4 为使投标单位在编制投标文件时有充分的时间对招标文件的修改、澄清、补充等内容进行研究,招标单位将酌情延长投标文件的截止时间,具体时间将在招标文件的修改、补充通知中予以明确。

(三)投标文件的编制

13 投标文件的语言及度量衡单位

13.1 投标文件和与投标文件有关的所有文件均应使用中文。

13.2 除工程规范另有规定外,投标文件使用的度量衡单位,均采用中华人民共和国法定计量单位。

14 投标文件的组成

14.1 投标文件由商务部分、技术部分两部分组成。按沪建建管(2005)第 092 号"关于精简建设工程投标文件的有关通知"的文件规定,投标文件不得使用硬封面包装。技术标内容采用 A4 纵向版(深化设计图纸可采用 A3),行距采用固定值 25 磅,字符间距采用标准值,自然页页数应控制在 150 页以内(含图表,不包括封面、目录及深化设计图纸),深化设计图纸可单独装订,正文用黑色宋体小四号字(图表字体不限)。投标书不按规定编制或提供与工程项目无关内容的,将在评审中作扣分处理。两个或两个以上投标单位提供相同无关内容的,将列为串标嫌疑,两个或两个以上投标单位之间使用同一台电脑编制投标文件的一律作串标处理。

14.2 商务部分主要包括下列内容:

14.2.1 投标承诺书(放在首页);

14.2.2 上海市建设工程施工投标标书情况汇总表;

14.2.3 投标报价综合说明;

14.2.4 报价表明细(分部分项及措施费项目);

14.2.5 主要材料设备汇总表;

14.2.6 综合单价分析表;

14.2.7 企业基本状况一览表;

14.2.8 投标单位业绩及介绍、营业执照、资质证书、安全生产许可证等附件;

14.2.9 法定代表人授权书。

14.3 技术部分主要包括下列内容:

14.3.1 编制说明;

14.3.2 主要分部分项工程施工方案;

14.3.3 质量目标及质量保证措施;

14.3.4 施工进度计划及工期保证措施;

14.3.5 安全文明施工保证措施；

14.3.6 保证节能、新工艺、新材料的技术措施；

14.3.7 工程投入的主要施工机械设备表；

14.3.8 劳动力安排计划；

14.3.9 项目经理简历并附项目经理资质证书复印件；

14.3.10 主要施工管理人员情况表；

14.3.11 免费培训操作、维修、保养人员的计划；

14.3.12 保修服务及长期技术支持的计划与承诺。

14.4 深化设计部分主要包括下列内容：

14.4.1 深化设计说明及合理化建议；

14.4.2 深化设计施工图；

14.4.3 设备材料说明一览表（数量、品牌、配置、等级、主要技术指标等）；

14.4.4 至少3分钟的多媒体动画光盘。

14.5 商务标与技术标均为明标。

15 投标文件格式

投标文件包括本须知第14条款中规定的内容，投标单位提交的投标文件应当使用招标文件所提供的投标文件全部格式（表格可以按同样格式扩展）。

16 投标报价

16.1 报价依据

16.1.1 本工程的招标文件、技术规格书、深化设计图纸、答疑会纪要等补充招标文件；

16.1.2 现行的建筑工程施工技术质量规程、规范、标准及安全文明施工等规定；

16.1.3 行业设计标准及验收标准。

16.2 报价原则

16.2.1 按提供的招标文件、技术规格书、设计方案等作深化设计，根据深化设计自行编制工程量清单分别报价，并提供工程量清单一切工作内容的费用。本工程的投标报价采用综合单价法，综合单价包括投标单位完成规定计量单位项目所需的直接费、间接费、利润和税金等所有费用，并考虑风险因素；本工程限额造价700万元，若投标报价超过此限额造价，作废标处理。

16.2.2 工程报价包括分部分项工程量清单报价、措施项目清单报价和其他项目清单报价。

16.2.3 投标单位按照招标文件的要求，技术规范、施工方案参照各类市场要素、价格信息及自身实力自主报价，但不得低于成本报价，所报的综合单价必须与工程子目中包括的工作内容相符。

16.2.4 分部分项工程量清单按照设计图纸、施工现场条件和规定的表式进行编制；措施项目包括：环境保护、文明施工、安全施工、临时设施、夜间施工、二次搬运、大型机械设备进出场及安拆、甲供材料设备的卸货、接受、保管、场内运输、脚手架、已完工程及设备保护费、工程保修、材料设备检测、试调、深化设计、垃圾消运、各系统配合费等内容，措施费为包干价，不论实际情况与投标时的估计有多大出入，也不论因设计变更引致工程量增减，该价款一律不予调整；其他项目包括：暂定金额项目、指定金额项目和零星工作项目费等内容。

16.2.5 分部分项工程量清单中的每一单项均需填写单价和合价，对没有填写单价或合价的项目费用，投标人无充分理由说明的，在商务标评审中按该项有效投标中最高报价予以修正，中标后视为已包括在报价清单的其他单价或合价之中，招标单位不会因此而免除投标单位应承担的一切责任。

16.2.6 主要分部分项的综合单价报价低于"平均报价"且明显低于市场合理低价，经评标委员会认定后，按照该项的有效标中最高报价予以修正。

16.2.7 暂定（指定）单价的材料（设备）项目的综合单价报价，扣除税金后等于或接近于暂定（指定）单价的，由投标人作补充综合单价分析并说明理由。如无充分理由，按照此项有效投标人中最高报价予以修正。

16.2.8 综合单价报"0"或"负"的报价，投标人无充分理由说明的，按照该项有效投标中最高报价予以修正。

16.2.9 各项修正值的总和，大于等于该投标人的分部分项工程量清单报价扣除暂定（指定）材料（设备）的总金额后的报价的10%作废标处理。

16.2.10 计入评标总价的修正值，不等于中标价，一旦中标，修正值按最不利于该投标人的原则处理。

16.2.11 投标人作出的优惠、让利应在投标文件中说明并提供相应的证明。没有列入投标文件，而在澄清、说明和补正时作的补充说明，评标时不予考虑。

16.2.12 总报价与分项报价之和应当相符，综合单价报价与综合单价分析表应当相符，工、料、机清单单价与分部分项综合单价中的工、料、机单价应当相符，当出现不一致或不相符时，以评标委员会评审的文件为准，且按最不利于该投标人的原则处理。

16.2.13 本工程所用材料除注明外均按优质品报价，并且注明材料生产地名称及制造商名称，招标文件内提供的设备材料的品牌及规格型号仅供参考，投标不限于此，但必须选用同等或高于此标准的设备材料。

16.3 建筑施工企业外来从业人员综合保险

为保障本市建筑施工外来人员的合法权益，规范施工企业用工行为，维护建筑市场秩序，按照《关于进一步加强在沪建筑施工企业外来人员综合保险工作的若干规定》（沪建建[2004]349号）文件精神，投标单位应在投标文件中提供本工程"用工计划表"，并单独列出预计使用外来从业人员用工数。外来用工综合保险费＝外来用工日数÷30×117.07元，计入整体措施费中。此综合保险费在措施费用报价清单中列支，中标后闭口包干。

16.4 工程量的核实确认

16.4.1 中标单位（以下称乙方）应每月向总监理工程师（投资监理）提交当月已完工程量的报告，总监理工程师（投资监理）接到报告后14天内按设计图纸核实当月已完工程量（以下称计量），并在计量前24小时通知乙方，乙方为计量提供便利条件并派人参加，乙方不参加计量的，投资监理和招标单位方自行进行，计量结果视为有效并作为工程价款支付的依据。

16.4.2 总监理工程师（投资监理）对承包方超出设计图纸和因自身原因造成返工的及未达到质量验收标准的工程量，不予计量。

16.5 工程结算依据和原则

16.5.1 招标单位提供的本工程全套施工图纸、设计说明书、设计变更、经各方确认的工程变更单、竣工图纸。

16.5.2 招标文件、投标文件。

16.5.3 施工合同及施工补充协议、经招标单位认可的施工组织设计。

16.5.4 施工图内容以外的施工项目内容，其工作量计算应以经招标单位认可的施工方案及验收签证手续为准。

16.5.5 因招标单位及设计单位原因变更图纸，其工程量和费用在结算时允许调整，结算时其单价必须以投标报价的单价为准进行计算，设计变更和现场签证所发生的费用，按实结算。

16.6 合同价款及调整

16.6.1 本工程采用固定总价合同，除非设计及招标单位变更，否则合同价款不作调整，合同价款由总承包人和中标单位依据中标通知书在协议书内约定。

16.6.2 若发生设计变更的，则投标时综合单价不变，工程价款相应调整，具体在合同中约定。

16.6.3 在合同执行期间出现的其他工程变更，也按前述报价原则计价，对合同中已有适用于变更工程的价格，按合同已有的价格计算，变更合同价款；合同中只有类似于变更情况的价格，以此作为基础确定变更价格，变更合同价款；合同中没有类似和适用的价格，由中标单位提出适当的变更价格，由招标单位批准后执行。暂定价材料的单价，中标单位在采购前二周应事先征得招标单位同意并办理书面签证后采购。具体在合同中约定。

16.6.4 招标单位保留部分设备、材料的供应和采购的权力。

16.8 工程款支付方式

16.8.1 本工程的预付款（工程备料款）为工程合同总造价的25%，招标单位按合同约定支付预付款。

16.8.2 工程备料款的扣回时间和比例：从甲方支付首期工程进度款开始，每期扣除工程备料款的25%，直至扣完为止。

16.8.3 工程进度款按当月审核后的进度款的70%支付。

16.8.4 当预付款加已付进度款合计支付到合同价款的80%后，招标单位停付工程款，经工程竣工验收及结算审计完成，并提交工程竣工图肆套以及提供两套符合工程档案资料管理部门规定要求的全部工程资料（包括所有分包项目）后，支付至工程结算款的95%。

16.8.5 竣工结算后预留工程结算总造价的5%为工程保修金，保修期满后30天内结清。具体工程款的拨付和竣工结算的具体办法在施工合同中予以明确。保修金额每年支付比例由招标单位与中标单位另行商定。保修期内如出现维修项目，中标单位不能及时进行修理，招标单位可自行进行修理，修理费用从保修金内扣除。

17 投标货币

本工程投标报价采用的币种为人民币。

18 投标有效期

18.1 本工程的投标有效期为90天，在此期限内，凡符合本招标文件要求的投标文件均保持有效。

18.2 招标单位在原定投标有效期内，如果出现特殊情况，经招标管理机构核准，可以根据需要以书面形式向投标单位提出延长投标有效期的要求，投标单位须以书面形式予以答复，投标单位可以拒绝这种要求而不被没收投标保证金。同意延长投标有效期的，投标单位不允许修改他的投标文件，但需要相应地延长投标保证金的有效期，但在延长期内，本须知第 19 条款规定的关于投标保证金的返还与没收的规定仍适用。

19　投标担保

19.1　投标保证金：人民币 14 万元整。

19.2　按沪建建（2005）第 065 号《关于上海市工程建设项目施工投标保证金实行集中提交的通知》的文件规定，投标单位最迟应于投标截止时间前提交投标保证金（注意资金到账时间间隔），地点：＊＊路 1188 号农村商业银行。

19.3　投标单位不按招标文件要求提交投标保证金的，其投标文件将被拒绝，作废标处理。

19.4　未中标单位投标保证金的退回：未中标单位凭招标人发出的未中标通知书至指定托管银行办理。

19.5　中标单位投标保证金的退回：中标单位凭经备案的合同至指定托管银行办理。

19.6　在投标过程中，有以下情况之一的投标保证金将被没收：

19.6.1　投标单位在投标有效期内撤回其投标文件或对其投标内容进行实质性修改、变更。

19.6.2　投标单位中标后在规定的时间内未能与总承包人签订分包合同。

19.6.3　中标单位未能在规定期限内提交履约担保。

20　投标文件的份数和签署

20.1　投标文件一式六份（其中一份正本，五份副本），并明确标明"正本"和"副本"。投标文件正本和副本如有不一致之处，以正本为准。

20.2　投标标书均应使用不能擦去的墨水打印或书写，字迹应清晰，易于辨认。

20.3　上海市建设工程施工投标标书情况汇总表必须加盖投标单位印章并经法定代表人或其委托代理人签字或盖章。由委托代理人签字或盖章的投标文件中须同时提交投标文件签署授权委托书。投标文件签署授权委托书格式、签字、盖章及内容均应符合要求，否则投标文件签署授权委托书无效。

20.4　除投标单位对错误处必须修改外，全套投标文件应无涂改或行间插字和增删。如有修改，修改处应由投标单位的印章或投标文件签字人签字或盖章。

（四）投标文件的提交

21　投标文件的装订、密封和标记

21.1　投标单位应将投标文件的正本和副本密封于资料文件袋（盒）内，封口及缝必须密封，加盖投标单位公章及法人代表印章，资料文件袋（盒）上注明项目名称及投标单位名称，并在规定时间内送至规定的地点，否则不予受理。

21.2　如果投标文件没有按本投标须知第 21.1 条款规定的要求进行，招标单位将不承担投标文件提前开封的责任，对由此造成的提前开封或未按规定密封、标记的投标文件将予以拒绝，并退还给投标单位。

22　投标文件、《投标保证金提交确认函》的提交

投标单位应于 2010 年 9 月 13 日 上午 9：30 前提交投标文件、《投标保证金提交确认函》至宝山区牡丹江路 1188 号 7 楼开标室。

23　投标文件的修改与撤回

23.1　投标单位可以在递交投标文件以后，在规定的投标截止时间之前，可以以书面形

式向招标单位递交补充、修改或撤回其投标文件的通知，补充、修改或撤回的内容为投标文件的组成部分，但在投标截止时间以后，不能更改投标文件。

23.2 投标单位的补充、修改或撤回通知，应按本招标文件的规定编制、密封、标志和递交（在包封上标明"修改"或"撤回"字样）。

23.3 在本招标文件规定的投标截止日期与投标有效期终止日之间的这段时间内，投标单位不能撤回投标文件，否则其投标保证金将被没收。

（五）开标

24 开标

24.1 定于 2010 年 9 月 13 日 上午 9：30，为投标截止期限，逾期按放弃投标处理。

地点：＊＊路 1188 号 7 楼开标室

24.2 在投标截止前，撤回通知的投标文件不予开封，并退回给投标单位；按本须知第 25 条规定确定为无效的投标文件，不予递交评审。

24.3 开标程序

24.3.1 开标会议在招标管理机构监督下，由招标单位或招标代理机构工作人员主持，招标办监管人员核验投标单位的相关证件（法人授权委托书及被委托人身份证原件），如投标单位交验的证件不符合上述规定，招标单位将拒绝其参加本工程开标，并对投标文件进行检查，确定它们是否完整，是否按要求提供了投标保证金，并交验《投标保证金提交确认函》。

24.3.2 由投标单位或其推选的代表检查投标文件的密封情况，也可以由招标单位委托的公证机构检查并公证。

24.3.3 经确认无误后，主持人宣布开标程序，按各投标单位标书送达的先后顺序当众拆封、宣读。

24.3.4 招标单位在招标文件要求提交投标文件的截止时间前收到的有效投标文件，开标时都应当众拆封、宣读。

24.3.5 招标单位对开标过程进行记录，投标单位代表确认签字并存档备查。

24.3.6 招标单位或招标代理机构应在开标后组织专业技术人员认真做好评标前的回标分析工作。

25 投标文件的有效性

25.1 投标文件有下列情形之一的，招标单位不予受理：

25.1.1 逾期送达的或者未送达指定地点的。

25.1.2 未按招标文件要求密封的。

25.2 投标文件有下列情形之一的，由评标委员会初审后按废标处理：

25.2.1 无单位盖章且无法定代表人或法定代表人授权的代理人签字或盖章的。

25.2.2 未按规定的格式填写，内容不全或关键字迹模糊、无法辨认的。

25.2.3 投标单位递交两份或多份内容不同的投标文件，或在一份投标文件中对同一招标项目报有两个或多个报价，且未声明哪一个有效，按招标文件规定提交备选投标方案的除外。

25.2.4 投标单位名称或组织结构与资格审查时不一致的。

25.2.5 未按招标文件要求提交投标保证金的。

25.3 评标委员会可以书面方式要求投标单位对投标文件中含义不明确、对同类问题表述不一致或者明显文字和计算错误的内容作必要的澄清、说明或补正。评标委员会不得向投标单位提出带有暗示性或诱导性的问题，或向其明确投标文件中的遗漏和错误。

25.4 投标文件不响应招标文件的实质性要求和条件的，招标单位应当拒绝，并不允许投标单位通过修正或撤销其不符合要求的差异或保留，使之成为具有响应性的投标。

（六）评标

26 评标委员会与评标

26.1 评标委员会由招标单位依法组建，负责评标活动。

26.2 开标结束后，按约定的时间评标，评标采用保密方式进行。

26.3 开标后，直到宣布授予中标单位合同为止，凡属于审查、澄清、评价和比较有关的资料以及中标候选人的推荐情况，有关授予合同的信息，都不应向投标单位或与评标无关的其他人泄露。

26.4 在投标文件的评审、澄清、评价和比较以及授予合同的过程中，投标单位对招标单位和评标委员或评标小组成员施加影响的任何行为，都将导致取消其投标资格。

26.5 中标单位确定后，招标单位不对未中标单位就评标过程以及未能中标原因作出任何解释。未中标单位不得向评标委员会或其他有关人员索问评标过程的情况和材料。

27 投标文件的澄清

27.1 为了有助于投标文件的审查、评价和比较，评标委员会或评标小组可以个别地要求投标单位澄清其投标文件。有关澄清的要求与答复，应以书面形式进行。

27.2 投标单位以书面形式确认的对有关问题的澄清、说明或者补正，经法定代表人或其委托代理人签字后，作为投标文件的组成部分，对投标方具有约束力。

28 投标文件的初步评审

28.1 开标后，经招标单位审查符合本须知第 25 条有关规定的投标文件，才能提交评标委员会进行评审。

28.2 评标时，评标委员会将首先审定每份投标文件是否实质上响应了招标文件的要求，就本条款而言，实质上响应要求的投标文件，应该与招标文件的所有规定要求、条件、条款和规范相符，无显著差异或保留。所谓显著差异或保留，是指对工程的发包范围、质量标准及运用产生实质性影响，或者对合同中规定的招标单位的权力及投标单位的责任造成实质性限制，而纠正这些差异或保留，将会对其他实质上响应要求的投标单位的竞争地位产生不公正的影响。

28.3 如果投标文件实质上不响应招标文件要求，评标委员会将予以拒绝，并且不允许通过修正或撤销其不符合要求的差异或保留，使之成为具有影响性的投标。

29 投标文件计算错误的修正

29.1 评标委员会将对确定为实质上响应招标文件要求的投标文件进行校核，看其是否有计算或表达上的错误，修正错误的原则如下：

29.1.1 如果数字表示的金额和用文字表示的金额不一致时，应以文字表示的金额为准。

29.1.2 当单价与数量的乘积与合价不一致时，以单价金额为准，除非评标委员会认为单价有明显的小数点错误，此时应以标出的合价为准，并修改单价。

29.2 按上述修改错误的方法，调整投标书中的投标报价，经投标单位书面确认同意后的报价对投标单位起约束作用。如果投标单位不接受修正后的投标报价则其投标将被拒绝。

30 投标文件的评审、比较和否决

30.1 评标委员会将按照本须知第 28 条规定，仅对实质上响应招标文件要求的投标文件进行评估和比较。

30.2 在评审过程中，评标委员会可以以书面形式要求投标单位就投标文件中含义不明确的内容进行书面说明并提供相关材料，也可以要求投标单位对其细微偏差进行纠正，原则为对其作不利于该投标单位的量化。

30.3 评标委员会发现投标单位的综合单价或要素价格明显低于其他投标单位或者明显低于市场平均价的，使得其投标价可能低于其个别成本的，应当要求该投标单位作出书面证明并提供相关证明材料，投标单位不能合理证明或者不能提供相关证明材料的，评标委员会有权对其作不利于该投标单位的量化（量化标准为有效投标单位的最高报价）。

30.4 工程内相同子目（项目特征、工作内容及主材相同）的综合单价报价前后不一致，评标委员会评审时有权对其作不利于该投标单位的量化（注：量化的标准按相同子目综合单价较大的单价对其作量化）。

30.5 按上述修正量化而得出量化后的总报价作为评标打分的依据，评标价不等于中标价，该投标单位一旦中标，其中标价按最不利于该投标单位的原则处理。

30.6 评标方法和标准

30.6.1 采用"综合评估法"即最大限度地满足招标文件中规定的各项综合评价标准，将报价、深化设计、施工组织设计、质量保证、工期保证、业绩与信誉等赋予不同的权重，用打分方法，评出中标单位。

30.6.2 评标委员会依据本招标文件规定的评标标准和方法，对投标文件进行评审和比较，向招标单位提出书面报告，并推荐总得分（高分）前三名的中标候选人。招标单位根据评标委员会提出的书面评标报告和推荐的中标候选人确定中标单位，招标单位应当确定排名第一的中标候选人为中标单位。排名第一的中标候选人放弃中标，因不可抗力提出不能履行合同，或者招标文件规定应当提交履约保证金而在规定的期限内未能提交的，招标单位可以确定排名第二的中标候选人为中标单位。排名第二的中标候选人因前款规定的同样原因不能签订合同的，招标单位可以确定排名第三的中标候选人为中标单位。

30.6.3 评标委员会经评审，认为所有投标都不符合招标文件要求的，可以否决所有投标。所有投标被否决后，招标单位重新进行依法招标。

（七）合同的授予

31 合同授予标准

本招标工程的施工合同将授予按本须知第 30.6.2 条款所确定的中标单位；

32 中标通知书

32.1 经建设行政主管部门备案审核，招标单位将在投标有效期截止前，以书面形式通知中标的投标单位其投标被接受。在该通知书（即中标通知书）中给出招标单位对中标单位按本合同施工、竣工和保修工程的中标标价（《合同条款》中称为"合同价格"）以及工期、质量和有关合同签定的日期、地点。

32.2 招标单位将以书面形式通知未中标的投标单位，发给未中标通知书。

33 合同协议书的签订

33.1 中标单位应按中标通知书中规定的日期、时间和地点，由法定代表人或授权代表前往与总承包人进行签订分包合同。分包合同最终签订的时间最迟不超过中标通知书发出后的30天。

33.2　如果中标单位不按以上的规定执行，招标单位将有充分的理由废除授标，并没收其投标保证金。

33.3　中标单位在与总承包人签订合同时，提出与招标文件规定相反的意见，招标单位有权取消其中标资格，由此产生的后果和经济损失均由中标单位负责。

33.4　中标单位在签订施工分包合同时，按招标文件中约定的格式，向总承包人提交经认可的银行开具的相当于合同价款10%的银行履约保函。

33.5　中标单位应当按照合同约定履行义务，完成中标项目施工，不得将中标项目施工转让（转包）给他人。

（八）其他

34　工程保修

承包人在向发包人提交工程竣工验收报告时，应向发包人出具质量保修书。质量保修书中应当明确建设工程的保修范围和保修期限及保修责任。

35　工程材料采购及保护和制品的供应

35.1　凡施工用的各种材料、半成品、成品都必须符合质量标准和设计要求，并附有质保书或出厂检验合格证等有关质保技术文件，如因材料不合格而造成的返工等各种经济损失，均由中标单位负责。

35.2　招标单位如有部分货源及设备，中标单位在采购前必须接受，招标单位保留部分材料设备的供应权利。

36　凡属对招标文件条款误而解造成的误差，开标后不得作任何调整。

37　投标单位应使用招标文件提供的格式，但表格可以按同样的格式扩展。

38　施工项目经理

本工程中标单位的项目经理，必须是由招标单位认可的并在投标文件中明确的项目经理担任，否则，招标单位有权立即终止合同，中标单位必须无条件退场，所造成的一切损失由中标单位承担。

39　招标代理服务费

按国家计委计价格【2002】1980号文规定，中标单位在领取中标通知书时，向招标代理单位支付代理服务费。

（九）投标日程安排

40　投标日程安排

40.1　定于2010年8月20日下午14：30，领取招标文件。

地点：＊＊路1188号7楼

40.2　定于2010年8月20日下午15：30，由招标单位接待现场踏勘。

地点：＊＊路700号现场

40.3　定于2010年8月24日上午9：30，招标答疑会。

地点：＊＊路1188号7楼

40.4　截标、开标

定于2010年9月13日上午9：30，为投标截止期限，逾期按放弃投标处理。

地点：＊＊路1188号7楼

40.5　评标

时间：定于 2010 年 9 月 15 日上午 9：00
地点：＊＊路 1188 号 7 楼

40.6 发中标通知书

投标有效期 30 日前发中标通知书。

第二章 分包合同条款（略）

第三章 图纸及技术规格书（略）

第四章 投标文件商务部分格式（略）

第五章 投标文件技术部分格式（略）

第六章 评标办法

根据《中华人民共和国招标投标法》、国家计委等七部委颁发的《评标委员会和评标方法暂行规定》、沪建招（2003）第 043 号文《关于印发施工商务评标办法的通知》特制定本工程的评标办法。

1 评标委员会

本工程评标委员会由招标人负责组建。评标委员会共 5 名成员，其中经济专家 1 名，技术专家 3 名，招标人或设计院代表 1 名，经济专家、技术专家从上＊＊政府采购专家库中随机抽取。评标委员会组长由各评委推荐产生。

2 评标方式

本工程采用综合评估法，商务标采用合理基准加（减）分法。对投标人标书中的深化设计、技术标、商务标进行综合评审，总分为 100 分，其中，工程报价 45 分，工期 3 分，质量 2 分，深化设计 30 分，技术标 20 分，分值保留小数点后两位。

各投标书由评标委员会成员各自评审打分，综合得分最高者为中标候选人，由评标委员会推荐给招标人，排名第一的中标候选人因不可抗力或其他原因，提出不能签订合同而放弃中标，招标人可以确定排名第二的中标候选人为中标人。排名第二的中标候选人因前款规定的同样原因不能签订合同的，招标人可以确定排名第三的中标候选人为中标人。如出现最高分并列时，则由评委无记名投票表决，得票最多者为中标人

3 评标细则

3.1 深化设计（30 分）

由评委对各投标单位的深化设计进行评审打分，分值范围为 0～30 分，其中各项内容为：

3.1.1 无深化设计（0 分）

3.1.2 基本符合设计要求（10～20 分）

3.1.3 符合功能要求及限额设计，技术性能优秀（20～30 分）

3.2 商务标（50 分）

3.2.1 工程报价（工程报价含措施费）（45 分）

采用合理基准加（减）分法，商务评分时的投标价＝经评审的投标价－Σ暂定单价×工程数量－Σ指定单价×工程数量－Σ暂定金额－Σ指定金额

（1）甄别异常报价

对投标报价进行一次性甄别，对出现下列异常情况的报价只给常数分 30 分，不再进行基准价的加减评分。

1) 最高报价高于次高报价 5％者（含 5％），计算式＝[（最高报价－次高报价）÷次高报

价]×100%；

2) 最低报价低于次低报价 5%者(含 5%)，计算式＝[(次低报价－最低报价)÷次低报价]×100%。

(2) 计算合理基准价

在甄别后，对投标价进行评审，确定商务评分时投标价去掉一个最高报价、一个最低报价，然后用算术平均法求出本工程基准价。如有效标少于 5 家时直接用算术平均法求出本工程基准价。

(3) 计算得分

得出基准价后确定基准分为 40 分，然后根据以下规定，求出各投标单位的报价得分：

1) 总报价每高出基准价 1%，基准分减 1 分，最少减至 35 分；

2) 总报价每低于基准价 1%，基准分加 1 分，最多加至 45 分。

3.2.2 工期（3 分）

以招标文件要求工期 90 天为基准工期。各家投标人的自报工期满足要求工期得 2 分，奖罚措施满足招标文件要求的得 1 分，自报工期大于要求工期者不得分。

经济处罚承诺必须在"上海市建设工程施工投标标书情况汇总表"的主要说明中列明，否则不作为评标依据。

3.2.3 质量（2 分）

投标人自报质量等级为一次验收合格，创白玉兰奖且奖罚措施满足招标文件要求者得 2 分，投标人自报质量等级为一次验收合格，无奖罚措施者得 1 分。

经济处罚承诺必须在"上海市建设工程施工投标标书情况汇总表"的主要说明中列明，否则不作为评标依据。

3.3 技术标（共 20 分）

由评委对各投标单位的施工组织设计进行评审打分，分值范围为 8～20 分，其中各项内容为：

3.3.1 施工技术方案（2～4 分）

3.3.2 施工总进度计划及主要设备、施工机械和劳动力配备计划（1～3 分）

3.3.3 质量、安全文明施工技术措施和保证措施（1～3 分）

3.3.4 施工现场管理机构的设置和现场管理保证体系（1～3 分）

3.3.5 根据以往施工经验对本工程提出针对性的措施（1～3 分）

3.3.6 投标人信誉、业绩、售后服务（2～4 分）

注意：如提供与本工程无关内容的将倒扣 1～2 分。

总得分＝深化设计得分＋商务标得分＋技术标得分

4 评标人员注意事项

4.1 仔细研究标书，不受外来的干扰和影响，对各投标文件作出准确、合理的评审。

4.2 本着对招标人及投标人高度负责的原则，站在公正的立场，以科学的态度，推荐出较好的中标候选单位。

4.3 评标过程中必须保密，如发生泄密，追究有关人员责任。

第七章 附件（略）